KB040379

과학혁명과 세계관의 전환 Ⅲ

SEKAI NO MIKATA NO TENKAN 3
— SEKAI NO ICHIGENKA TO TENMONGAKU NO KAIKAKU
written by Yoshitaka Yamamoto
Copyright © Yoshitaka Yamamoto, 2014
All rights reserved.
Original Japanese edition published in Japan by Misuzu Shobo, Limited.

This Korean edition is published by arrangement with Misuzu Shobo Limited, Tokyo in care of Tuttle-Mori Agency, Inc., Tokyo through Eric Yang Agency, Seoul.

이 책의 한국어판 저작권은 EYA(Eric Yang Agency)를 통해 저작권사와 독점계약한 동아시아 출판사에 있습니다.
저작권법에 의하여 한국 내에서 보호를 받는 저작물이므로 무단전재 및 복제를 금합니다.

과학혁명과 세계관의 전환

Ⅲ

세계의 일원화와 천문학의 개혁

山本義隆
야마모토 요시타카 지음
박철은 옮김

거장 야마모토 요시타카의
근대과학 탄생사 완결편

동아시아

일러두기

1. 본문 중 각주는 지은이의 주이고, 옮긴이의 주는 괄호와 '옮긴이'로 표시한다.
2. 이 책의 다른 장과 절을 지칭할 때는 [Ch.〈장 번호〉.〈절 번호〉]로 표시했다.
3. 인용문 중의 강조는 특별한 언급이 없는 이상 지은이에 의한 것이다. 인용문의 대괄호 [ ]는 지은이의 주이다.
4. 빈번히 참조·인용되는 문헌에 대한 주해에서 사용한 약칭은 책 뒷부분의 '주'를 참조하라.
5. 현대의 문헌에 대한 주해에서는 그 문헌이 몇 년에 공표됐는지가 중요하기 때문에, 참조 또는 인용한 것이 뒤에 출판된 번역본 등이라 할지라도 최초로 공표된 연대를 기록했다. 예를 들어 에른스트 지너Ernst Zinner의 『레기오몬타누스 평전』은 1968년에 독일어로 먼저 나왔고 1990년에 영문판이 출판되었는데, 이 책에서는 1990년도 영역판을 참조했다. 인용한 부분이 영문판의 80쪽일 때 주에서는 Zinner(1968), 영역 *Regiomontanus: His Life and Work*, tr. E. Brown(North-Holland, 1990)과 같이 명기했다.
6. 원서에서는 19세기 전반까지의 역사상의 인물은 일본어로 표기하고 19세기 후반 이후의 역사가와 연구자는 알파벳으로 표기했으나, 국내 번역서에서는 모두 한글과 영문 병기로 표기했다.
7. 이 책은 『과학의 탄생』, 『16세기 문화혁명』과 함께 3부작을 이루고, 그 3부작의 제3부에 해당한다. 하지만 서유럽과 이슬람권의 인명과 지명 표기는 앞의 두 저서와 다소 다르다.
8. 『과학혁명과 세계관의 전환』은 총 세 권으로 이루어져 있다. 원서의 방식에 따라 참고문헌 등은 마지막 권인 제3권에 싣는다.

웁살라
스웨덴
덴마크
북해
발트해
벤섬
로스토크
다다니스크
(단치히)
프론보르크
프러시아
케임브리지
런던
엘베강
브란덴부르크
토르니
라인강
작센
비텐베르크
오데르강
비스와강
브뤼셀
뢰번
캇셀
에르푸르트
라이프
치히
브로츠와프
(브레슬라우)
쾰른
네덜란드
프랑크푸르트
슈레젠
폴란드
쾨니히스베르크
파리
하일브론
뉘른베르크
프라하
크라쿠프
센강
슈트라스
부르크
뷔르템베르크
레겐스부르크
보헤미아
로렌
생디에
튀빙겐
울름
잉골슈타트
슬로바키아
아우구스부르크
도나우강
빈
바젤
린츠
프레스부르크
그란
장크트갈렌
오스트리아
부다
헝가리
펠트키르히
그라츠
스위스
그로스바다인
론강
크레모나
베네치아
파도바
포강
페라라
볼로냐
피렌체
피사
오스만제국
지중해
아드리아해
로마

16세기 중부 유럽

차례

제11장 튀코 브라헤의 세계
—강체적 행성천구의 소멸

제12장 요하네스 케플러
—물리학적 천문학의 탄생

제 9 장

혜성에 대한 시각의 전환

이원적 세계가
용해되기 시작하다

1. 혜성의 자연학적 이해

코페르니쿠스가 제기한 세계상의 혁명이 갖는 진정한 의미는 태양을 멈추고 지구를 움직인 것이 아니라 지구를 천체의 하나로 본 것이다. 즉 "특권적이고 고정된 중심물체로서의 지구를 거부함으로써, 코페르니쿠스는 지상의 영역과 천상의 영역을 암묵적으로 구별했던 아리스토텔레스의 전제와 그 외 그의 자연학의 주요한 전제들을 파괴했다".[1]

코페르니쿠스의 이론이 만들어 낸 자연학상의 문제들을 16세기 단계에서—코페르니쿠스 자신을 뛰어넘어—가장 첨예하고 빠짐없이 지적한 사람은 조르다노 브루노Giordano Bruno였다. 그는 신플라톤주의 및 쿠자누스와 루크레티우스에게서 받았던 영향, 그리고 독자적인 사색에 기반하여 1583년부터 1585년에 걸쳐 쓴 『무한·우주와 세계들에 관하여』의 끝부분에서 다음과 같이 말했다.

> 무한한 우주를 인정하는 것에 확신을 갖게 해주오. 원소와 천계를 안팎으로 한정하는 볼록구면과 오목구면을 쳐부숴 주시오. 수송천구라든가 천개天蓋에 고착된 별이라든가 하는 것들을 웃음거리로 만들어 주시오. …… 이 지구가 참된 유일한 중심이라는 생각을 무너뜨려 주시오. 제5원소라는 무지한 신앙을 버리게 해주시오. 이 우리의 별과 세계도, 우리의 눈에 들어오는 저 많은 별과 세계도, 같은 것으로 만들어져 있다는 것을 알려주시오.[2]

몇몇 천문학자가 관측에 기반하여 이 사실들 중 몇 가지를 확인하기 시작한 것은 이보다 조금 뒤인 1580년대 말이었다. 이 방향, 즉 천상세계와 지상세계가 정말로 다른 세계인가 하는 질문으로 어쩔 수 없이 눈을 돌리게 만든 것은 16세기 후반 신성과 혜성—특히 혜성—의 관측이었다. "혜성 이론과 혜성 관측이 고대와 현대의 상극적인 우주상에 중추적인 역할을 담당했다."[3] 그러나 혜성에 대한 천문학적 관측과 자연학적 고찰 그 자체는 코페르니쿠스 이전부터 시작되었다.

여기서는 혜성에 관한 과거의 언급을 재빨리 훑어보는 것으로 시작하자.

프톨레마이오스의 『알마게스트Almagest』에서도, 아리스토텔레스의 『천체론』에서도 혜성에 관한 언급은 없다. 아리스토텔레스가 혜성을 논한 것은 『기상론meteorologica』에서인데, 여기서 혜성은 한때 출현했다가 소멸하는 무지개나 번갯불과 같은 수준의, 대기 상층에서 일어나는 기상현상으로 간주된다. 새삼스럽게 군말할 필요는 없지만 아리스토텔레스의 세계상에서 끊임없이 생성하고 소멸하는 달 아래 세계는 흙, 물, 공기, 불이 이 순서대로 층을 이루고 있고, 영겁 불변하는 천상세계는 제5원소인 에테르로 이루어져 있다. 여기서 말하는 대기 상부와 달 궤도의 구면 하부에서 층을 이루고 있는 '불'이란 건조하고 뜨거운 순수한 존재이며, 그에 비해 일상적으로 우리가 보는 '불'은 어떤 연료에 이 순수한 '불'이 부가되어 발화한 것으로 간주된다. 원소로서의 '불'과 연소에 관한 이 생각이 아리스토텔레스 혜성론의 자연학적 기초이다.

우리가 이미 밝힌 바에 따르면 원환圓環을 그리며 이동하는 천체 아래에 있는 것 중 대지를 둘러싼 영역의 첫 번째 [가장 높은 곳의] 부분은 건조하고 뜨거운 증발물이다. 그렇지만 이 증발물과 이 아래에 있고 바로 이것에 이어지는 공기 대부분은 [천체의] 원환적인 이동이 불러일으키는 운동 때문에 회전하면서 대지 주변을 함께 움직이고 있다. 그리고 이것이 이러한 방식으로 회전하면서 움직일 때, 마침 바로 타기 시작할 상태가 되어 있다면 종종 불이 붙는다. …… 그렇지만 불의 시원이 위의 운동에 의해 이렇게 짙은 증발물 속으로 떨어졌다고 해도 그것이 급속히 대량으로 사물을 태울 정도로 강하지는 않고 또 바로 꺼질 정도로 약하지도 않으며, 오히려 어느 정도 강하고 어느 정도 대량의 것을 태울 힘을 갖고 있는 데다 동시에 타기 쉬운 증발물이 아래에서 올라와 이것에 더해질 때, 그 별이 혜성이 되는 것이다.[4]

즉 혜성이란 달 아래 세계 최상부에 있는 '건조하고 뜨거운 증발물', 즉 기체상의 가연성 물질이 하늘의 운동으로 발화하여, 어떤 조건하에서 그 연소가 일정 기간 지속된 것으로 간주되었다. 당연히 다 타면 소멸한다. 아리스토텔레스는 이 '증발물'이 지상에서 상승한 것과 천체의 운동으로 '불'의 영역에서 생성된 것 두 종류가 있다고 생각했는데, 어느 쪽이든 혜성이 대기 상층의 기상현상임에는 변함이 없다.

그런데 아리스토텔레스의 『기상론』에는 혜성을 행성의 일종으로 보는 사람들이 있었음이 기록되어 있다. 실제로 고대 그리스나 로마에서는 혜성에 관해 여러 다른 설이 있었다. 예컨대 피타고라스는 혜성을 여섯 번째 행성으로 간주했다. 이 점에 관해서는 기원후 1세기 로마의 세네카가 쓴 『자연연구Naturales Quaestiones』가 상세하다. 세네카 자신도 "혜성은 돌발적인 불이 아니라 자연이 만든 영원한 작품의 일부", "혜성은 영원한 것이며 다른 별[행성]과 같은 종류에 속한다고 보아도 전혀 무방하다"라고 말하며 그것이 상층대기의 일과성 현상이라는 아리스토텔레스의 생각을 부정했다.[5] 그러나 이러한 설은 당시에는 수용되지 않았던 듯하다. 세네카보다 조금 나중 사람인 플리니우스의 『박물지Naturalis historia』에도, 그보다 대략 1세기 뒤인 프톨레마이오스의 책에도 세네카의 혜성론에 대한 언급은 없다.

세네카의 견해가 중세에 전혀 알려지지 않았던 것은 아니다. 예컨대 13세기의 알베르투스 마그누스Albertus Magnus는 아리스토텔레스의 『기상론』에 단 주에서 세네카를 언급했다.[6] 그러나 세네카의 이론이 현실적으로 관심을 끈 것은 16세기가 되어서부터였고, 이 점에 관해서는 이 장 끝부분에서 되짚어 볼 것이다. 15세기에 이르기까지 유럽에서 권위를 획득하여 큰 영향을 미친 사람들은 혜성을 기상현상으로 분류한 아리스토텔레스, 혜성을 천문학 밖에 둔 프톨레마이오스였다. 무릇 혜성을 순간적인 존재로 볼 뿐이며 달보다 위의 세계는 불변이라는 아리스토텔레스 자연학의 대전제로 미루어보아도 그렇게 되어야만 했다. 게다가 행성천구가 서로 빈틈없이 접해 있다는 아리스토텔레스의 우주론에서는 혜성이 등장하여 침입할 수 있는 공간으로서는 달 아래의 세계, 대기의 상층부밖에 생각할 수 없다는 이유도 있었다. 따라서 아리스토텔레스의 혜성 이론에 도전하기 위해서는 그의 우주론 그 자체에 도전해야 했다. 이것이 아리스토텔레스의 혜성론이 장수한 이유를 설명해 준다.

이후 서유럽에서 혜성은 달 아래 세계에서 일어나는 현상이라고 널리 믿었다. 초기 아리스토텔레스 자연학에 대단히 관심을 보인 옥스퍼드의 로버트 그로스테스트Robert Grosseteste는 1222년경에 출간한 『혜성론』에서 "달보다 위의 영역에서는 변화가 있을 수 없으므로 혜성은 새로운 별은 아니며, 달보다 위의 새로운 현상일 리도 없다"라고 판정했다. 그에 따르면 혜성은 항성이나 행성의 힘에 의해 지상地上적 본성이 박탈당한 불, 즉 '일곱 행성 중 하나에 동화되어 승화昇華된 불'인 것이다.[7]

13세기 로저 베이컨의 『대저작Opus Majus』에서도 "대기 속 혜성이나 그 외 불의 출현" 혹은 "혜성이나 무지개처럼 공기 중에 출현하는 것"이라 했다.[8] 그로스테스트나 베이컨과 나란히 서유럽에 아리스토텔레스 자연학을 도입한 동시대인 알베르투스 마그누스도 혜성을 "대기 상층 하부에서 그 상부로 점차 상승한, 거친 지상적 증기가 불덩어리의 오목면과 접하여 확산되고 발화된 것"이라 기술했다.[9] 1299년에 출현한 혜성에 관해 리모주의 피에르Pierre de Limoges가 남긴 기록에서는, 혜성이 발생하는 장소가 "불덩어리와 접촉한 대기 상층부superior pars aeris"라 했다.[10] 이렇게 중세 유럽에서는 혜성의 발생구조나 원인에 관해서 여러 설이 있었지만 그것이 달 아래 세계의 것, 대기 상층의 불이라는 이해는 널리 공유되었다.

14세기에는 파리의 니콜 오렘Nicole Oresme도 혜성을 대기 상층의 불로 파악했고,[11] 동시대인 하인리히 폰 랑겔슈타인Heinrich von Langenstein은 혜성이 대기의 중간 정도에서 형성된다고 말했다.[12] 그리고 1410년 피에르 다이의 『세계의 상Ymago Mundi』에도 아리스토텔레스의 설이 그대로 실려 있다. 다이에 따르면 혜성은 "올림푸스 산의 정상에 달할 수 있을" 정도의 높이에서 일어나는 현상이다.[13]

16세기가 되어서도 페드로 데 메디나의 1538년 『코스모그라피아의 서Libro de Cosmografía』에서는, "밤에 불이 꼬리를 동반하며 달리는 듯 보이는 별은 별이 아니라 눈으로 보고 알 수 있듯이 불이며, 이 불은 대기 속에서 번개와 마찬가지로 생겨난다"라고 했다.[14] 역시 혜성은 천체라고는 간주되지 않았다. 그 직후 코페르니쿠스의 『회전론』에서도 "그리스인이 코메타이(머리카락) 내지 포고니아(수염)라 부른 별sydus" 즉 혜성이 나타나는 것은 "공기 최상층부suprema aeris regio"의 현상이라 간주했다.[15] 현재 알려져 있는 한에서 코페르니쿠스가 혜성을 언급한 것은 여기뿐이며 그는 혜성에 거의 관심을 두지 않았다.*1 『회전론』의 기술에 한정한다면 코페르니쿠스도 혜성을 천문현상이라고는 간주하지 않았다. 갈릴레오는 나중에 "혜성에 관한 가설을 전혀 다루지 않은 프톨레마이오스와 코페르니쿠스"라고 기술했다.[17]

---

*1 1533년의 혜성을 놓고 코페르니쿠스, 페트루스 아피아누스, 겜마 프리시우스 사이에서 논의가 있었다는 일설이 전해지지만, 그 내용은 잘 알려지지 않았다.[16]

2. 혜성징조설과 점성술

고대부터 중세에 걸쳐 혜성에 대한 관심은 주로 그것이 하늘에서 오는 특이한 메시지라 보였다는 것에 집중돼 있었다. 로마시대 점성술서인 마닐리우스의 『아스트로노미카Astronomica』에는 다음과 같이 쓰여 있다.

> 빛나는 혜성은 이와 같이 불행을 우리에게 경고하는 일이 많다. 혜성이 출현하면 질병이 유행하는 것이다. [혜성이 나타난 뒤에는] 지구는 죽은 자를 태우는 장작으로 가득 찰 우려가 있다. 대공大空, 아니 자연 전체가 초췌해지며 혜성의 불을 자신을 위해 준비된 묘지라 보고 있는 듯하다. 혜성이 예고하는 것은 이 외에 전쟁과 동란, 배신과 기만으로 점철된 외적의 불법적인 침공이다. 예컨대 사나운 게르만인이 조약의 신뢰관계를 유린하고 바루스 장군을 살해하여 로마 3년의 선혈로 전장을 붉게 물들인 것을 들 수 있다. 이때 하늘 가득히 기분 나쁜 횃불이 여기저기 떠도는 것이 보였다.[18]

혜성의 출현에 기반한 천변지이天變地異 예측—별점星占—은 원래는 이렇게 이교의 것이었으나 기독교 사회에도 계승되었다. 브란트는 15세기 말에 "이교의 술術과 결부되어 별점을 치는 것 등은 기독교도답지 않다"라고 강조했다. 그러나 그로부터 대략 200년이 지나서도 칼뱅파 철학자 피에르 벨은 '혜성은 불행의 징조다'라는 '세상에 퍼져 있는 선입견'에 관해 "그 설은 이교도가 개종하고도 아버지가 자식에게 대대로 전한 이교 미신의 잔재"지만 "기독교도도 예외가 아니어서 온갖 것을 전조로 보는 병에 걸려 있다"라고 자신의 저서 『혜성잡고Pensées diverses sur la comète』에서 한탄할 수밖에 없었다. 게다가 "기독교도는 이교도의 자손이며 우상숭배를 별도로 하면 이교도와 같은 과오에 빠져 있기 때문"이라는 것이다.[19]

여기서 말하는 별점은 이전에도 말했듯이[Ch. 7. 5], 엄밀하게는 헬레니즘, 그리스에서 형성된 점성술과는 달랐다. 즉 점성술은 천문현상을 지상 현상의 '원인'으로 이해하는 데 비해 별점은 천문현상을 지상 이변의 '전조'로 보았다. 점성술은 행성이나 천체의 특정 배치가 지상의 사물이나 생명에 어떤 작용을 미친다고 주장하는 것인데 그 관계에는 어떤 법칙성이 있는 데다 행성이나 천체의 규칙적인 운동은 원리적으로 미리 계산 가능하기 때문에 그 영향도 사전에 예측 가능하다고 생각되었다. 이것은 반드시 초자연적이고 마술적인 것이라고 생각되지는 않았다. 즉 점성술은 '의사擬似과학'이었다.

그에 비해 르네상스기에 이르기까지 혜성의 출현은, 드물게 기형으로 태어나는 동물과 마찬가지로 완전히 예측되지 않는 독립적인 초자연 현상이라 간주되었다. 16세기 최고의 천체 관측자였던 튀코 브라헤Tycho Brahe는 1577년 혜성에 관한 보고에서 혜성을 "신의 전면적으로 위대한 경이로서 하늘의 자연의 그 기적ain vberauss gross wunderwerck gottes vund ain *miracollo* in der natur des Himmels(강조 원문)"이라 표현하며 이렇게 말했다.

혜성은 그 기원이나 출현이 성신의 어떠한 자연적 원인에도 있지 않고 달이나 태양의 식에도 있지 않으며 전능하신 신께서 스스로 원하시는 때에 하늘에 둔 새로운 초자연적 창조물ein neues vnnd vbernattürlichs geschepff로, 그 의미나 영향은 행성들의 영향과 조금도 공통적이지 않을 뿐만 아니라 실제로는 행성들의 영향에 대항해 행성들의 통상적 작용을 강제로 뒤엎으려 한다.[20]

튀코는 파라켈수스에게서 영향을 받았다고 알려져 있지만[Ch. 10. 3], 그 파라켈수스는 혜성이나 훈暈(무리)이 나타내는 징조에 관해 "이 징조들은 모두 초자연적인 것이기 때문에 점성술이 아니라 마술과 관련된다"라고 분명히 말했다.[21] 고대부터 혜성은 단적인 경이驚異이자 괴이한 것으로 간주되었다. 이 점에서는 "혜성의 문제에 관해 많은 역사서가 혜성을 점성술 측면에서만 논하고 괴기나 경이로서의 중요성을 간과했다"라는 세라 제누스Sara Genuth의 지적은 전적으로 옳으며 중요하다.[22] 실제로 점성술에는 비판적이었다고 알려진 아우구스티누스나 루터 같은 인물도 혜성은 어떤 이변이나 재난의 징조 내지 신벌의 경고라고 주장했던 것이다.

3세기 알렉산드리아의 기독교 신학자 오리게네스는 한편으로는 2세기 후반 이교 지식인 켈수스의 "태양이나 달, 별은 강우나 더위, 구름, 벼락을 예언한다"라는 점성술적 언설에 대해 "하늘을 우러러 태양, 달, 별이라는 하늘의 만상을 보고 이것들에 현혹되어 궤배跪拜(무릎을 꿇고 절함)해서는 안 된다"라는 『신명기』의 구절을 인용해 비판했다. 그러나 다른 한편으로는 말했다.

중대한 사건이나 지상에서 생긴 것 중 최대급의 변화가 일어났을 때는 나라들이 변혁되고 전쟁이 일어나며 인간계에 생긴 것 중에서 지상을 진감시킬 효력 있는 사건의 징조가 되는 별이 나타난다는 것이 지금까지 관찰되어 왔다.[23]

오리게네스는 "별이 장래 일어날 사건의 원인이 아니라 전조라고 명확하게 말했다".[24] 7세기 세빌리아의 이시도루스Isidorus의 『어원론Etymologiae』은 '천문학'과 '점성술'을 구별하고, 나아가 점성술의 일부는 '자연적naturalis'으로서 일월성신의 운동과 계절의 추이가 갖는 관계를 논하며, 그 외의 부분은 '미신적superstiosus'으로서 예언에 관련된다고 간주했다. 이렇게 이시도루스는 점성술에 대해서는 부정적이었으며 그 견해는 현대인도 납득 가능하다. 그러나 혜성에 관해서는 "이런 종류의 별이 나타날 때는 질병이나 기근이나 전쟁을 지시한다"라고 역시 초자연적 징조설을 적었다.[25]

서유럽에서 점성술이 거의 잊혔던 시대인 8세기 잉글랜드의 가경자可敬者 베다Beda Venerabilis가 쓴 『사물의 본성에 관하여De natura rerum』에서는 "혜성은…… 돌연히 출현하여 왕위 교체나 질병, 전쟁 혹은 열풍을 고지한다"라고 했으며, 그의 『앵글인의 교회사Historia ecclesiastica gentis Anglorum』에서는 그 실 사례로서 이와 같은 기록을 확인할 수 있다.

주께서 탁신託身하시고 제729년, 태양 주위에 두 혜성이 나타나 보는 자마다 큰 공포를 느꼈다. 실제로 한 혜성은 아침에 태양이 동쪽에서 올라오기 전에 나타났고 또 한 혜성은 저녁에 태양이 서쪽으로 지고 나서 나타나서 마치 동쪽에서도 서쪽에서도 무서운 파멸이 올 예언인 듯 생각된 것이다. 혹은 한쪽은 아침의 도래, 다른 쪽은 밤의 도래에 앞선 것으로, 양쪽 다 흉사가 인간을 위협함을 상징한 것으로 받아들여졌다. 게다가 이 두 혜성은 완전히 불타버리려고 하는 듯이 북쪽을 향해 불의 횃불을 내걸었다. 이 혜성들은 1월에 나타나 약 2주간 존속했다. 당시 사라센인의 극렬한 해독害毒은 갈리아를 참혹한 손해로 황폐하게 만들었는데 그들 자신은 머지않아 이 나라에서 불신앙에 어울리는 벌을 받았다. 앞에서 언급한 주의 성인聖人 에그베르트는 이 해의 부활제 당일에 주의 곁으로 떠났다. 또한 부활제 종료 후 머지않아, 즉 5월 9일에, 노섬브리아인의 왕 오슬릭은 그 생애를 마쳤다.[26*2]

혜성에 관한 당시의 전형적인 반응이다.

나중에 핼리 혜성과 동일한 것이라고 판정된, 1066년 봄에 나타난 혜성은 밝고 꼬리가 커서 잘 보였는데, 그해 가을 잉글랜드 왕 해럴드 II세의 전사와 노르만 콘퀘스트Norman Conquest(노르만 정복. 잉글랜드의 에드워드 왕이 후사 없이 사망한 뒤 그의 외조카 해럴드

---

*2 베다는 『사물의 본성에 관하여』에서는 혜성을 천체 현상으로서 논했다. 이 점은 이시도루스도 마찬가지로 아리스토텔레스의 영향이 적었던 중세 전기에는 혜성을 달보다 위에 두는 데 의문은 없었던 듯하다.

그림 9.1 핼리 혜성(1066)이 그려진 바이외 태피스트리.
ISTI MIRANT STELLA(그들은 그 별에 경악하고 있다)라는 자수 옆에 그려진 것이 핼리 혜성이다.

가 왕위를 계승하자, 에드워드 왕과 친척 관계인 노르망디 공작 윌리엄이 이에 반발해 일으킨 전쟁 _옮긴이)의 징조였다고 사후적으로 해석되었다. 정복왕 윌리엄의 부인의 명으로 1073년부터 1083년에 걸쳐 제작된 바이외 태피스트리Bayeux Tapestry에 그 모습이 그려져 있다(그림9. 1).

아리스토텔레스 자연학이 서유럽에서 재발견되는 시대가 되면서, 12세기 콩슈의 기욤Guillaume de Conches이 쓴 『우주의 철학Philosophia mundi』에는 "제국에 이변이 일어날 때 나타나는 혜성에 관해서, 우리는 그것을 천체가 아니라고 생각한다. ……혜성은 천체가 아니라 어떤 사태를 지시하기 위해 창조자의 의지에 기반하여 타오르는 불인 것이다"라고 쓰여 있다.[27] 그리고 13세기 보베의 뱅상Vincent de Beauvais은 1264년의 혜성이 교황 울바누스 IV세의 죽음을 예시했다고 기술했다. 실제로 교황은 그 혜성이 출현했을 때 병상에 누워 3개월 뒤 혜성이 소멸한 바로 그날에 사망했다고 전한다.[28]

13세기 알베르투스 마그누스가 직접 아리스토텔레스의 『기상론』에 단 주에는, 8세기 중엽에 사망한 그리스 정교 신학자 다마스쿠스의 요한네스Iohannes Damascenus의 "혜성은 왕의 죽음을 예고하는 징조로서 만들어진다. 그것은 시초에 만들어진 별이 아니라 신의 명에 따라 적당한 때에 만들어졌다가 다시 소멸된다"라는 말이 기록되어 있다.[29] 르네상스기 이탈리아의 인문주의자 레온 바티스타 알베르티는 1430년대의 책 『가족론Della farmiglia』에서 혜성이 통상 "아주 유명하고 탁월한 군주의 종말과 죽음의 조짐"으로서 관측되었음을 기록했다.[30] 16세기 말에 쓰인 셰익스피어의 『율리우스 카이사르』에는 "거지가 죽어도 혜성은 나타나지 않고, 왕후의 죽음을 고하기 위해서 비로소 하늘은 화염을 뿜습니다"라고 언급되어 있다.[31] 오랜 세월동안 서유럽 전역에서 혜성의 출현은 초자연 현상이었고, 권력자의 죽음이나 도래할 대변동에 관한 하늘의 예고나 긴급한 메시지라 생각되었다.

물론 혜성징조설에 대한 비판이 없었던 것은 아니다. 아리스토텔레스의 『기상론』에는 "그것[혜성]이 다수 나타나는 것은 대풍大風과 한발旱魃의 전조이다. …… 많은 혜성이 잇달아 나타날 때는…… 수년 동안 건조한 큰바람이 분다"라고 쓴 것을 볼 수 있는

데, 아리스토텔레스의 경우 이것은 상층 대기 중의 연소라는 물리현상이 지표 대기에 야기하는 효과의 자연학적이고 인과적인 관계를 기술한 것이라 이해된다.[32] 그리고 12세기 이후 아리스토텔레스를 비롯한 고대 그리스 철학자들의 저작이나 이슬람 주석자들의 연구가 서유럽에 알려지게 되고부터는 서유럽에서도 혜성 출현에 대한 해석에 변화가 나타나기 시작했다. 혜성 출현 뒤에 종종 큰 가뭄이 오거나 역병이 발생함을 인정하면서도 그것을 초자연적 존재로서의 신의 자의恣意에 돌리지 않고 점성술 내지 자연학적 인과성의 논리로 이해하려고 하는 시각이 등장했다. 알베르투스 마그누스는 한편으로는 "혜성은 전조인가 원인인가 하는 질문에 대해서는, 그것은 본래 전조여야 한다"라고 말하면서 동시에 전조설에 대한 의문도 이야기했다.

> 철학자들은 혜성이 유력자의 죽음이나 전쟁의 조짐이라고 말하지만, 우리는 그것이 왜인지를 물어야만 한다. 그 이유가 명백하지 않은 것이다. 왜냐하면 [혜성을 만들어 내는] 증기는 왕이나 그 밖의 유복한 사람들이 사는 토지보다는 가난한 자가 사는 토지에서 더 많이 발생하기 때문이다. 게다가 혜성은 다른 어떤 것에도 좌우되지 않는 자연적 원인을 가짐이 명백하고 따라서 그것은 누군가의 죽음이나 전쟁과는 관련이 없는 듯 보이기 때문이다.

이 설문에 대한 알베르투스 자신의 해답은, 혜성이 화성에 작용하고 화성이 그 점성술적 영향 때문에 지상의 사물이나 인심에 작용하여 전쟁이나 파괴를 야기하며, 그 재해는 만민에게 닥치지만 "왕의 죽음은 그 명성 때문에 주목받는다"라는 것으로, 여기서는 징조설을 점성술의 일환으로서 인과적으로 해석하려고 하는 시각을 확인할 수 있다.[33]

14세기에 장 뷔리당Jean Buridan은, 혜성이 강풍을 낳는다고 하는 것은 혜성과 강풍이 동일한 원인, 즉 건조한 발산기發散氣의 과잉으로 생기기 때문이라고 주장했다. 그리고 혜성이 전쟁이나 모반을 예고한다고 하는 것은 이 뜨겁고 건조한 발산기가 급한 성질이나 모반이나 다툼을 불러일으키는 담즙의 작용을 활성화하기 때문이라고 말했다.[34] 동시대인 하인리히 폰 랑겐슈타인Heinrich von Langenstein도 마찬가지로 자연학적인 시각으로 보았다. 혜성은 대기 상층에 생기는 현상이기 때문에 대기 아래쪽에 영향을 미치는 일은 없다는 것이 그의 기본적인 주장이었다. 그에 따르면 혜성에 동반하여 역병의 유행이 보이는 것은 혜성이 발생하는 물리적 조건하에서 혹은 혜성의 발생에 부수하여 인체에 유해한 발산기나 역병의 원인이 되는 증기가 지구 내부로부터 생겨나기 때문이다. 즉 혜성이 예고하는 듯 보이는 재해는 혜성을 발생시키는 자연적 원인의 부산물이라 해석되었다.[35] 그러나 이러한 입장은 소수파였다.

프톨레마이오스에 관해 말해두자면, 그는 점성술서인 『네 권의 책Tetrabiblos』의 제2권에서만 혜성을 언급했다. 그 제13장에서는 "대기 상층에서 종종 생기는 현상 중 혜성은 일반적으로 한발이나 강풍을 예고한다"라고 하여 뚜렷한 아리스토텔레스의 영향을 보여준다. 그는 혜성을 『알마게스트』에서 다루지 않았지만 그것 자체가 그의 혜성 인식의 실상과 함께 혜성에 대한 관심의 정도를 보여준다. 『네 권의 책』 제2권 9장에는 혜성의 출현은 전쟁이나 폭염 등을 예언하며 그 머리가 출현하는 수대獸帶상의 위치와 그 꼬리가 가리키는 방향으로 그 재앙이 닥쳐오는 지역을 알 수 있고, 그 머리의 형상으로 예고되는 그 불행이 무엇인지를 읽어낼 수 있으며 그것이 나타나는 길이로 그 재해의 지속기간을 추측할 수 있다고 했다.[36] 이것만 봐서는 프톨레마이오스에게 혜성의 출현이 그것에 잇따르는 사태에 대한 자연학적이고 점성술적인 원인이었는지, 별점적인 전조라는 의미로서 이해되었는지 판별할 수 없다. 그러나 그 어느 쪽이든 혜성의 머리 위치나 꼬리가 가리키는 방향, 그리고 그 형상이나 지속기간에 관한 프톨레마이오스의 해석은 그 후로도 계속 이야기되었다.

3. 정량적 혜성 관측의 시작

어쨌든 혜성은 아리스토텔레스처럼 자연학의 대상으로 간주된 경우에도, 그것이 달 아래 세계의 불확실하고 불규칙한 현상이며 천체 운동에서 보이는 수학적 법칙이 적용된다고는 생각되지 않았다. 따라서 정량적 관측을 요구받는 일은 드물었고, 하물며 그 '궤도'를 기하학적으로 결정한다는 방향성은 거의 보이지 않았다. 무릇 혜성에 대해 '궤도'라는 관념을 생각하지는 않았다.

그러나 13세기 말부터 14세기에 걸쳐, 적은 수긴 했지만 혜성에 대해 어느 정도 정량적인 관측을 행했음이 알려져 있다.

프랑스 북서부 에브르의 사제로서 파리대학 의학부 교수이자 점성술사이기도 했던 리모주의 피에르가, 1299년 1월부터 3월에 걸쳐 보였던 혜성에 대해 1월 말과 2월 말에 그 위치를 측정한 기록(최초 금우궁[황소자리] 18도, 남경 30도, 거의 1개월 후 금우궁 14도, 남경 5도)이 남아 있다. 측정은 토르퀘툼torquetum으로 했는데, 제인 저비스Jane Jervis에 따르면 그것은 "필시 혜성 관측에 천문학 기기가 사용된 첫 사례"라 생각된다. 그리고 지속적인 관측이 아니었지만 그 위치가 정량적으로 결정된 거의 첫 사례이기도 하다. 그 기록에는 "최초로 출현했을 때에는 작은개자리 방향을 향해 있던 그 꼬리가 점차 북쪽으로 들려 올라가, 혜성 본체는 꼬리에 대해 남측 배치를 유지했지만 꼬리는 똑바로 화성 쪽을 향하기에 이르렀다"라고 하였다. 이렇게 꼬리 방향에 특별히 주의를 기울인 것은 물론 프톨레마이오스 이래 혜성 꼬리가 그 혜성이 예고하는 재해가 내려오는 지방 또는 인물을 가리킨다고 믿었기 때문이었다.[37]

피에트로 다바노Pietro d'Abano의 점성술 의학을 열심히 교육했던 파도바대학에서는 1315년에 등장한 혜성을 정량적으로 관측한 기록을 남겼다.

> 이 해 12월 초 하늘에 징조가 나타났다. 그것은 점성술사가 혜성cometa이라 부르는 꼬리가 있는 별stella crinita이다. ……12월 25일

17시에 그것은 극에서부터 18도 53초 위치에 있었고, 1월 15일 17시에 그것은 극에서부터 9도 48분 39초 위치에 있었다.[38]

동시대인 프랑스 왕 샤를 IV세의 궁정의사 모의 제페리도 점성술에 관한 논고를 몇 개 남겼는데, 그중에는 이 1315년의 것과 더불어 1337년의 혜성 관측이 포함되어 있다. 그는 1337년의 혜성에 관해서 그것 가까이에 있는 몇몇 항성을 관측하고 그 항성들과 극을 통과하는 원을 그림으로써 그 혜성의 위치를 정했고, 그 혜성이 극을 향해 움직인다는 것을 발견했다.[39] 15세기에 들어서 오스트리아 레오폴트 공의 시의侍醫인 울름의 야코부스 앙겔루스가 1402년 2월 초에 출현한 혜성의 3월 관측을 기록했다. 이 기록은 혜성에 관한 서문과 10장으로 이루어진 논고에 포함되어 있으며, 해당 부분(제6장)은 저비스의 논고에서 영역되어 있다.[40] 정량적이지만 3월 22일의 관측뿐이다. 여기서도 꼬리 방향에 대해 주의를 기울이고 있다.

이 관측들은 어떤 것이든 산발적이며 혜성의 운동이나 궤도를 조사한다는 의도는 희박했다. 무릇 혜성운동에 어떤 법칙성이 있다고는 생각하지 않았기 때문에 당연하다면 당연할 것이다.

정량적이며 지속적인 혜성 관측을 처음으로 실행하고 그 기록을 남긴 것은 15세기 피렌체의 파올로 토스카넬리Paolo dal Pozzo Toscanelli였다. 토스카넬리가 서방 항로를 통해 인도에 도달할 가능성을 지적했다고 하는 1474년의 편지와 지도가 콜럼버스에게 항해의 확신을 주었다고 종종 이야기되지만 이 콜럼버스에게 보낸 서간을 빼고 남아 있는 서간이나 논고는 없으며, 이 서간도 전사傳寫한 것이라 그 신빙성에 물음표가 붙는다.[41] 르네상스기 피렌체의 서적상 베스파시아노 다 비스티치가 남긴 교유록에는 토스카넬리를 "다른 누구보다도 천문학을 공부했고. …… 기하학에 정통했다. …… 그는 이 시대의 학식 있는 사람들 모두의 친구였고…… 라틴어, 그리스어를 따지지 않고 모든 자유학예서를 수많이 수집했다"라고 언급했다.[42] 토스카넬리는 의사임과 동시에 뛰어난 수학자, 천문학자(점성술사)로서 당시 피렌체의 지식인 사회에서는 상당히 이름이 알려진 인물이었다. 실제로 그는 피렌체의 인문주의 서클의 일원이기도 했고 니콜라우스 쿠자누스Nicolaus Cusanus나 건축가 브루넬레스키와도 친했다고 전한다.

토스카넬리는 청년 시절에 파도바대학에서 수학했는데 쿠자누스와는 필시 파도바에서 알게 되었으리라 생각된다. 쿠자누스의 1457년 수학 대화편 『원적법圓積法에 관하여Dialogus de circuli quadrature(원적법에 관한 대화)』에는 대화 상대로서 토스카넬리가 등장한다. 그는 쿠자누스와는 평생 친교를 나누었고, 1464년 쿠자누스가 임종할 때 친구이자 의사로서 입회했다.[43] 다른 한편으로 레기오몬타누스Regiomontanus는 1464년에 이 쿠자누스의 대화편에 대한 비판을 토스카넬리에게 바쳤다. 즉 레기오몬타누스는 학문적인 판정을 토스카넬리에게 맡긴 것이다. 이 일화는 쿠자누스와 레기오몬타누스 모두 수학자로서 토스카넬리를 높게 평가했음을 보여준다. 실제로 레기오몬타누스는 출판계획 내에서 토스카넬리를 '걸출한 수학자'라 기록했다. 이것은 필시 동시대인이 공유했던 평가이기도 했을 것이다. 또한 토스카넬리가 레온 바티스타 알베르티와도 친했다는 것, 나아가 그들이 협력하여 황도면의 경사각을 23도 30분으로 측정했다는 것이 레기오몬타누스의 서간에 기록되어 있다.[44]

이리하여 토스카넬리는 1433년, 1449~1450년, 1456년, 1457년(두 개), 1472년, 도합 여섯 개의 혜성 관측 기록을 남겼다. 게다가 각 혜성이 보이는 동안 며칠에 걸쳐 행한 지속적인 관측이었다. 이 기록들은 15장의 종이에 기록되었지만, 수고手稿로서 회람되지도 않고 파묻혔다가 결국 19세기가 되어 발견되었다. 그 전체는 1978년 저비스의 학위논문에 상세하게 실려 있으므로 이것에 의거해 살펴보자.[45]

그 최초의 관측인 1433년 10월에 출현한 혜성의 관측에 관하여, 헬먼Hellman의 책에서는 "극히 정확하고 그 혜성 궤도를 계산하는 데 필요한 모든 데이터를 제공한다"라고 한다.[46] 그러나 남아 있는 수고를 직접 조사한 저비스에 따르면, 그 위치는 전체 궤도가 매끈해지도록 항성 사이에 표시되었을 뿐으로 그 하나하나를 꼭 독립된 날짜에 엄밀하게 관측한 결과는 아닌 듯하다. 특기해야 할 것은 '혜성 꼬리의 묘사'이다. 즉 저비스에 따르면 "이 시점에서 토스카넬리가 가장 관심을 기울인 것은 이 혜성 꼬리의 길이와 방향이다"라고 하는데, "그것은 아마도 점성술적인 이유에서일 것이다"라고 생각되었다(pp. 112, 137).

그러나 토스카넬리의 이 일련의 혜성 관측은 나중에는 꼬리 방향에서 머리(본체) 위치로 관심이 변화했고 관측 방법도 진보하여 더 정확한 관측과 더 완전한 기술을 지향하게 되었다.

1449년 12월 26일부터 다음 해 2월 15일까지 행한 관측에서 혜성 위치는 그 주변에 있는 네 개의 항성을 골라 그 각자 두 개를 끈으로 이어 그 위에 혜성에 오도록, 즉 그 네 개의 항성이 만드는 사변형의 대각선의 교점으로서 결정되고 기록되었다(p. 137). 이 기록에 기반한 이 혜성의 경로가 꼭 매끄럽지는 않다는 것은 각자의 관측이 독립적으로 행해졌고 그 결과를 충실히 기입했음을 시사한다. 현대의 시각으로 회고하면 이 혜성 궤도를 알기 위해서는 이 방법이 당시로서 생각할 수 있는 최선이었다. 왜냐하면 오늘날 알려져 있는 항성의 위치를 사용함으로써 각 관측 시점에서 이 혜성이 정확히 어디에 위치하는가를 추정할 수 있기 때문이다.

나중에 핼리 혜성과 같은 것이라고 판정되는 1456년의 혜성에 관해서는 정량화의 경향이 더욱 진전되어, 6월 8일부터 7월 8일까지 거의 연일 합계 28개의 관측을 행했고 모두 황경黃經과 황위黃緯가 기록되어 있다. 그 위치는 6월 8일의 경도 56도 30분(금우궁 26도 30분), 경도 15도에서 7월 8일의 경도 163도 45분(처녀궁[처녀자리] 13도 45분), 위도 0도 30분까지 변화했다. 측정 시각이 기재된 것도 있다. 시각은 항성의 고도로 계산했을 것이다. 그 일부를 옮겨둔다.

6월 17일, 목요일, 밤 2시, 이 혜성은 서쪽에 있었고 정서방에서 북쪽으로 56도 거리, 고도 1도 40분 위치에서 보였다. 그것은 거해궁[게자리]의 경도 12도 30분, 황도로부터 북쪽으로 위도 14도 10분

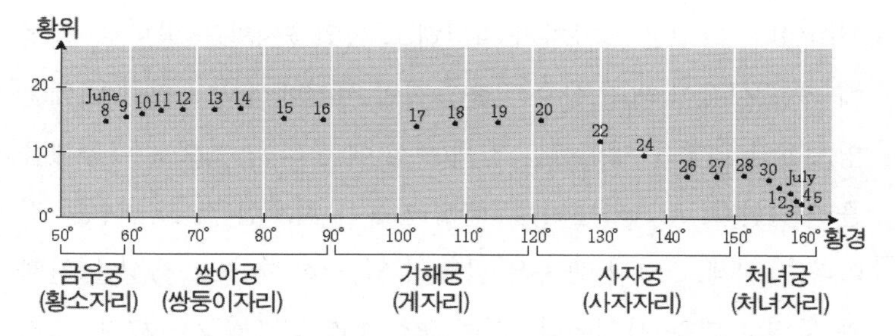

그림 9.2 토스카넬리의 1456년 혜성(핼리 혜성)의 연속적 위치 관측 기록. 숫자는 6월 및 7월의 날짜. 토스카넬리의 수고에 남아 있는 수치(Jervis (1978), pp. 121, 123)로 야마모토山本가 작성한 것.

위치. 6월 19일, 토요일, 밤 2시 34분, 혜성의 고도 1도 40분, 정서방에서 51도 30분 북쪽. 그것은 거해궁의 24도 50분, 그리고 위도 15도 20분에서 보였다(p. 120).

그리고 모든 관측이 정리되어 표시되어 있다. 이것을 그림 9.2에 표시해 두었다. 토스카넬리 자신도 마찬가지로 정리한 그림을 남겼는데, 그 이상 꼬리에 관한 기술은 없다. 또한 여기서 인용한 각도는 10분 내지 15분 단위까지 기록되었다. 즉 황경과 황위의 관측치가 1도의 $\frac{1}{4}$ 내지 $\frac{1}{6}$ 단위까지 표시되었다. 저비스에 따르면 "관측은 직접 경도와 위도를 읽어낼 수 있는, 호의 10분 단위까지 눈금이 새겨진 장치로 행했다"(p. 119).

토스카넬리의 이 일련의 관측은 서유럽에서 알려진 한 상당한 기간에 걸친 지속적·정량적인 혜성 관측의 첫 사례이며, 그림을 보면 알 수 있듯이 혜성의 궤도라는 관념을 선명하게 환기하는 것이었다. 그것은 당사자가 자각하고 있었을지와는 별도로, 혜성에 대한 시각이 대기 상층의 순간적인 사건에서부터 천공 내에서 영속적인 운동을 계속하는 천체(행성)에 준하는 것으로 이동했음을 의미한다. 토스카넬리는 "혜성을 흡사 천체인 것처럼 다룬" 것이다.[47] 실제로 그의 관측은 알려져 있는 한 최초로 혜성을 천체와 동렬로 다룬 사례이다. 그는 또한 1457년 1월 23~27일, 그리고 같은 해 6월 6일~8월 29일까지 두 혜성을 관측했고, 나아가 1472년 1월 8~26일의 관측을 기록했다. 단, 이 기록들은 1456년 것에 비해 간단하다.

혜성에 대한 이런 준행성적 시각은 당연히 아리스토텔레스의 자연학이나 기상론에 물음표를 던지는 일이었다. 그러나 토스카넬리가 이 관측들로부터 혜성까지의 거리를 추정하고 혜성이 달 아래 현상인지 아닌지를 판정하려 한 흔적은 확인되지 않는다. 그의 관측 동기는 원래 점성술과 관련된 것일 터이지만 상세한 바는 잘 알 수 없다. 어쨌든 이 기록들은 그의 생전에는 어디에서도 공표되지 않았기 때문에 동시대에는 아무런 영향도 미치지 않았다.

4. 포이어바흐와 혜성 관측

토스카넬리가 관측한 1456년의 혜성(핼리 혜성)은 유럽 각지에서 주목을 끌었다. 이때는 1453년에 콘스탄티노플을 함락시킨 뒤르크군이 베오그라드로 육박하고 있었기 때문에 위기감이 한층 커져 있었다. 19세기 초에 천문학자 라플라스는 “1456년 혜성의 긴 꼬리가 동로마 제국을 막 멸망시킨 튀르크인의 재빠른 성공에 경악한 전 유럽을 공포의 구렁텅이에 빠트렸다”라고 썼다. 로마에서는 교황 칼리스투스 III세가 공황에 빠졌다.[48]

빈Wien의 포이어바흐도 이것을 관측했다. 그의 관측 기록은 「그리스도 기원후 1456년 거의 6월 내내 나타난 혜성에 관한 판단」이라 제목을 붙인 수고에 남아 있고, 실제 관측은 6월 9일과 13일의 두 가지 기록이 있다.

> 6월 9일 밤, 한밤중 15분이 지나 나는 빈에서 혜성이 지평선에서 올라오는 것을 보았다. …… 그 머리는 쌍아궁[쌍둥이자리] 6도[황경 66도], 위도 19도, 그리고 꼬리 선단은 금우궁 26도[황경 56도]에서 위도는 북쪽을 향해 22도. 그 때문에 그것은 머리에서 꼬리[끝]까지 10도였다. 이 값은 기기로 결정되었다. …… 이것은 내가 이를 관측하기 6일 전인 6월 3일 밤에 목격되었다. 그 참된 연관을 발견하기 위해 그 출현과 위치를 끊임없이 확인하는 것을 비롯해 그것이 변화하고 있음을 발견했다. 이리하여 6월 13일 밤에 그 머리는 쌍아궁의 22도[황경 82도], 위도는 16도에 있었고 이로부터 이 혜성의 고유한 운동은 궁과 연계시켜 보면 4일에 경도 16도, 위도 3도임이 명백하다. 따라서 이 사이의 운동이 일정하다고 한다면 그것이 최초로 출현했을 때[6월 3일]에는 머리의 위치가 금우궁 12도[황경 42도], 위도 24도, 꼬리의 선단 위치는 금우궁 2도[황경 32도], 위도 27

도일 것이다.

관측은 토스카넬리의 것보다 거칠다. 그러나 특기할 만한 것은 포이어바흐가 혜성에 '고유한 운동motus proprius', 즉 수학적으로 파악할 수 있는 규칙적인 운동을 부여했다는 것이다.

> 이로부터 이 혜성이 삼중의 운동을 하고 있었다고 결론내릴 수 있다. 첫 번째로 그것이 출현한 점 가까이에 있는 항성과 함께 하루 한 번 매일 회전을 한다. 다음으로 그것은 수대獸帶를 따라 뒤쪽으로 꼬리를 좇아 한 달에 네 개의 궁을 [동쪽으로] 통과하는 고유한 운동을 한다. 세 번째는 그 고유한 운동 과정에서 황도에서 위도를 바꿔 움직이는 것이다.

포이어바흐 자신은 혜성을 행성의 영향을 받아 불의 영역 내지 공기 상층에서 점화된 건조한 발산기로 파악했고, 나아가 "이 첫 번째 운동은 그것이 형성된 불이 최상부의 공기 영역에서 생긴다"라고 말하며 혜성을 그때까지와 마찬가지로 달 아래 현상이라고 간주했다.[49] 그래도 토스카넬리가 혜성의 궤도라는 개념을 시사한 것이나 포이어바흐가 혜성의 규칙적 운동을 언급한 것은 달 아래 현상일 터인 혜성의 행동이 행성운동과 마찬가지의 방법으로 파악되고 마찬가지의 논리로 논의되기 시작했음을 의미한다. 그들은 스스로는 그렇다고 자각하지 않았다 해도 아리스토텔레스 자연학과 그 이원적 세계상과는 본질적으로 이질적인 시각으로 하늘을 파악하려고 했던 것이며 이것은 혜성 이해의 결정적인 전환이 도래하리라고 예견케 했던 것이다.

이 점에서 특히 의미가 있는 것은 포이어바흐가 이 혜성까지의 거리를 처음으로 추정한 것이었다.

실제로는 혜성까지의 거리를 추정하는 방법에 관해서는 훨씬 이전에도 이야기되었다. 14세기 전반의 유대인 천문학자 레비 벤 게르손Levi ben Gershon은 "달의 가장 낮은 구는 일주운동을 하는 꼬리가 있는 별[혜성]이나 마찬가지의 것이 보이는 운동에서 확인되듯이, 그것에 연결되어 있는 [달 아래] 원소 부분을 움직이고 있다" 라고 말하며 아리스토텔레스의 혜성 이론을 수용하여 혜성을 달 아래의 현상으로 파악했다. 그러나 그 뒤에 이어 이렇게 말했다.

> 지구에서 이 꼬리가 있는 별[혜성]까지의 거리는 어떻게 발견되는가. 하룻밤에 다른 천정天頂거리에 있을 때 이 혜성을 관측하면 된다. 왜냐하면 이것으로 이 혜성의 시차를 결정할 수 있고, 그 시차로부터 달에 대해 행한 것과 마찬가지의 방법으로 지구와의 거리를 결정할 수 있기 때문이다.[50]

혜성 고도 추정원리는 기본적으로 이것이 전부이다. 그러나 그가 실제 관측데이터에 기반하여 이 계산을 실행했다는 기록은 없는 듯하다.*3

---

*3 이 시대에 혜성에 시차를 사용함으로써 고도를 결정할 수 있다고 생각했던

1456년 혜성의 고도를 추정할 때 포이어바흐는 그 전제로 달 구면까지의 거리를 지구 반경의 33배로 하는 프톨레마이오스의 수치를 취했고, 나아가 지구 표면 대원의 각도 1도에 대응하는 거리를 16DM(도이치 마일)로 했다. 이로써 지구 반경은 $16DM \times 360 \div 2\pi = 917DM$. 따라서 지구 표면에서 달 구면까지의 거리는 $(33-1) \times 917DM \fallingdotseq 29000DM$.

포이어바흐에게 혜성 출현의 상한이 달 구면임은 의문이 없었고 그 하한은 다음과 같이 결정하려 했다.

> 건전한 정신의 소유자는 누구나 불덩어리의 두께에 2만 7,000DM을 부여하지 않는다. 혜성은 불의 영역 아래, 대기의 최상층부에 있으므로 이상으로부터 이 혜성은 1,000DM 이상의 높이에 있음을 유도할 수 있다. 이것은 나타나는 시차로 충분히 뒷받침된다.[51]

이 논의는 대단히 불명료하다. 원래 여기 쓰여 있는 불덩어리 두께의 상한 2만 7,000DM의 유래는 알 수 없으므로 이 논의의 옳고 그름은 판정할 수 없다. 이 값을 인정하면 대기층의 두께는 (29,000−27,000)DM=2,000DM 이상이고, 그러므로 대기 상층부에 있는 혜성의 고도는 1,000DM 이상이라는 것 같다. 어쨌든 시차의

것은, 혜성이 달 아래의 현상이기 때문에 시차가 충분히 크고, 당시 관측정밀도로도 그 관측이 불가능하지는 않았다고 생각되었기 때문으로 보인다. 이것은 레기오몬타누스 시대까지 계승되었기 때문에, 뒤에서도 언급하겠지만 지금의 시각으로 보면 너무 큰 시차를 얻었다 해도 불가사의하다고는 생각되지 않았다.

관측치도 써 있지 않으므로 이 결론의 타당성은 판단할 수 없다.

그래도 이것은 알려져 있는 한 처음으로 혜성의 고도와 크기를 추정한 것임은 인정해야 한다. 지너E. Zinner가 말했듯이 "이 도출은 포이어바흐의 혜성 논문에서 공간을 약간밖에 점하지 않으며 많은 독자들이 간과해 왔다. 그러나 이것은 설령 그 몇몇 상정이 의심스럽다고 해도 혜성까지의 거리와 그 크기를 결정하려는 최초의 시도로서 중요하다. …… 포이어바흐의 이 시도는 혜성에 관한 1472년 레기오몬타누스의 작업을 낳았고, 이리하여 16세기 독일에서 혜성에 관한 중요한 저작이 나오게 만들었다".[52]

단, 그 당시 혜성에 대한 주요한 관심은 여전히 징조 이론에 있었다. 포이어바흐 자신이 혜성에 대한 이 보고에서 특히 그 혜성이 천정을 통과하는 그리스나 달마치아나 스페인에서는 한발이나 악질이나 전쟁이 발생할 전조이며 출생 시 중천中天에 금우궁을 갖는 인물에게 어떤 종류의 문제trouble가 발생할 조짐이라고 말했다.[53]

5. 시차를 사용한 혜성 고도 추정

포이어바흐가 간단하게 기록한 혜성 시차의 정확한 정의와 관측에 의한 그 정밀한 결정법, 그리고 그것에 기반하는 지구-혜성 간 거리 산출법, 나아가서는 혜성의 머리와 꼬리 크기의 추정에 관하여 보다 체계적이면서 엄밀하게 논한 것이 레기오몬타누스의 논고 『혜성의 크기와 경도 및 그 참된 위치에 관하여, 16문제』(이하 『16문제』)였다(그림9.3). 1472년경에 쓰인 것이지만 레기오몬타누스 사후인 1531년—1456년의 핼리 혜성이 돌아와 다시금 혜성에 대한 관심이 높아진 해—에 요하네스 쇠너Johannes Schöner가 22페이지의 소책자로 인쇄하였고 1544년에 재판되었다. 그 1531년판 전문全文의 포토카피와 영역英譯은 저비스의 학위논문에, 그리고 1544년판은 레기오몬타누스의 『저작집』에 수록되었다.[54] 이것에 의거해 살펴보기로 하자. 그 구성은 표제대로 '문제'와 그 '해解'로 되어 있고 혜성(일반적으로 항성 천구 내측에 있다고 생각되는 천체) 시차의 정의와 지구와의 거리 관계는 문제 1과 문제 10으로 주어져 있다.

문제 1 혜성과 지구 사이 거리의 연구에 대한 서문

관측자는 지구 중심[*E*]에서 어떤 거리[에 있는 지구 표면의 어떤 점 *H*]에 위치하고 혜성의 중심[*G*]은 이 양자로부터 떨어진 점에 있으므로 이 세 점을 묶기 위해서는 서로 어느 각도를 이루는 세 직선이 필요하다. 단 그 세 점 중 한 점이 다른 두 점의 연장선상에 있는 경우, 즉 혜성이 마침 [관측자의] 바로 위에 있어 단 한 직선이 그 세 점을 포함하는 경우는 혜성의 [항성 천구상의] 참된 위치[*B*]가 외견상의 위치[*C*]와 일치하므로 제외한다. 혜성은 어딘가에 있지만 혜성이 머리 위 방향에서 멀어짐에 따라 이 두 [참된 그리고 외견상의] 위치는 항상 멀어진다. 그다음 머리 위에는 없는 혜성의 참된 위치는 외견상의 위치보다도 머리 위에 가깝다. 지구 중심 및 관측

75

IOANNIS DE MONTEREGIO GERMANI, VIRI VNdecunq; doctiſſimi, de Cometæ magnitudine, longitudineq;, ac de loco eius vero Problemata XVI.

PROBLEMA PRIMVM.

Diſtantiæ Cometæ à terra inueſtigandæ preambula qnædam accomodare.

Voniam centrum oculi quidem conſideratoris diſtat, â centro mundi: centrum autem Cometæ ab utroq; eorum remouetur, neceſſe eſt tres rectas memorata tria puncta iungentes ſemper cōcurrere ad angulos, niſi unum eorum quodlibet ex directo reliquorum duorum fuerit ſitum, id eſt, dum una & eadem recta linea, dicta tria puncta cōplectitur, quod quidem euenit Cometa ſupra uerticem capitum conſtituto, cū etiam idem eſt locus uerus Cometæ in cœlo & locus uiſus, alibi enim Cometa exiſtente, ſemper hæc duo loca diſcrepant, atq; eo amplius quo Cometa ipſe â ſummitate capitum remotior inuenietur. Locum autem uerum Cometæ â uertice capitū declinantis, uiciniorē eſſe ipſi uertici capitū, q̄ locum uiſum, facile doceberis, ſi prius à centro mundi, centroq; uiſus duas

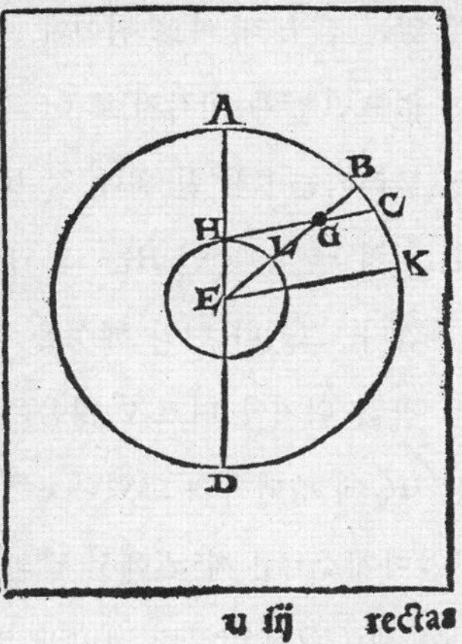

u iiij rectas

그림 9.3
『혜성의 크기와 경도 및 그 참된 위치에 관하여, 16문제』 첫머리.
*Joannis Regiomontani Opera Collectanea*에 수록된 1544년판에서.

자로부터 혜성의 중심에서 교차하는 두 직선을 긋고 그것들을 다시 연장하여 지구 중심에 중심을 갖는 제1동자[항성 천구] 위에 두 점 [B와 C]을 정한다. 설령 혜성에 도달하기까지는 [지구] 중심에서 그은 직선이 관측자로부터 그은 직선 아래에 있었다고 해도 혜성을 뛰어넘으면 역이 된다. 그림[9. 3]은 이 성질을 적절하게 나타낸다. 원 $ABCD$가 [항성 천구의] 대원을 나타내고 이것에 비교하면 지구 크기는 무시할 수 있다. 그 중심을 E로 한다. 점 H와 L을 포함하는 원이 지구를 나타낸다고 하고 H는 지구 표면상의 관측자이며 지구 반경 EH를 양측으로 원 $ABCD$까지 연장하여 두 점 A와 D에서 그 원과 교차한다고 한다. [그림에서] A는 위, D는 아래. A는 [관측자가 있는 점 H의] 바로 위이다. 그리고 혜성의 중심 G가 직경 AD 위에 없으면 E와 H[각자]로부터 G를 통과해 그은 두 직선을 연장하면 둘러싸는 [큰] 원 위에 점 B와 C가 기록된다. 그리고 혜성의 참된 위치locus verus인 B는 그 외견상의 위치locus visus인 C보다 A에 가깝다. 그러나 만약 혜성을 직경 AD상에 둔다면 외견상의 위치가 참된 위치와 다르지 않음은 명백하다. [큰 원의] 반경 EK를 직선 HG에 평행하게 그었다고 하면, 프톨레마이오스가 그의 대저작『알마게스트』 제5권에서 달의 시차를 다루며 논했듯이, 지구는 [천구] $ABCD$에 비하면 점이라 생각되므로 점 K와 점 C의 차이는 거의 알 수 없다. 따라서 점 C와 점 K를 자유롭게 바꾸어도 위험하지는 않다. 혜성의 중심[G]은 H에 위치하는 [관측자의] 눈에는 점 C로 보이는데, 장치를 이용한 관측자는 점 K를 [혜성의 위치로서] 알 수 있다. 왜냐하면 그 장치로 얻는 각 AHC는 각 AEK와 같기 때문이다. 각 AEK의 정점[E]은 원 $ABCD$의 중심에 있으므로 각 AEK와 4직각의 비로부터 원호 AK의 전全 원주와 갖는 비가 명백해진다. 그러나 A의 위치가 주어져 있으므로 K의 위치도 알 수 있을 것이다. …… 참된 위치를 외견상의 위치와 묶는 원호 BC를 혜성의 시차diversitas aspectus로 정의한다면 원호 BK도 마찬가지로 시차라 칭할 수 있다. 왜냐하면 그것은 원호 BC로 감지할 수 있을 정도의 차가 아니기 때문이다. 그리고 아래에서 제시하듯이 이 근사近似로 구하는 해解에 도달할 수 있다. 이리하여 우리는 위에서 언급한 혜성의 시차 탐구는 대단히 가치 있는 것이라고 할 수 있을 것이다. 실제로 만약 이것을 무시한다면 세계의 중심[즉 지구의 중심]과 혜성 간의 거리도, 혜성의 크기도, 다른 마찬가지의 사항도 측정할 수 없기 때문이다.[55]

이 이상의 설명은 불필요할 것이다.

이하 '문제 2'에서 '문제 9'까지는 실제 관측으로 혜성 위치를 결정하여 시차 BK를 추정하는 세 가지 방법이다. 하나는 혜성이 자오선을 통과하기 전후 각자 고도와 방위각을 측정하여 그 관측값과 두 번 관측한 시간차로부터 구하므로 이것은

'문제 2 고도권高度圈에서 혜성의 시차를 조사하는 것',

'문제 3 같은 것을 다른 방법으로 결론짓는 것',

'문제 4 지금까지 한 것을 다른 논의로 결론짓는 것'

에서 논의된다. 또 하나는 자오선 밖에 있을 때와 자오선상에 있을 때 혜성의 위치가 갖는 경도와 위도를 천구의로 측정함으로써 다음과 같이 논의한다.

'문제 5 장치를 이용하여 황도상에 있는 혜성의 참된 위치를 발견하는 것',
'문제 6 경도에서 혜성의 시차를 측정하는 것',
'문제 7 혜성의 외견상의 위도를 조사하는 것',
'문제 8 고도원에서 혜성의 시차를 다른 방법으로 조사하는 것'.

세 번째는 두 항성과 혜성이 이루는 각角 거리를 측정하는 것, 즉

'문제 9 혜성의 외견상의 위치를 간단하게 결정하는 것'.

그리고 '문제 10 세계의 중심 및 관측자와 혜성 간의 거리를 측정하는 것'에서 시차를 이용한 혜성 고도 계산을 이야기한다(그림9. 4 참조). 그 전반은 '문제 1'의 사실상의 반복이다. 후반 부분은

우리는 두 직선 EG와 HG를 구한다. 그 하나 EG는 세계의 중심[지구의 중심 E]과 혜성[G] 사이의 거리를 나타내고 또 한쪽 HG는 관측자[H]로부터의 거리를 나타낸다. 이것들을 일반적으로 인정되는 기지既知의 길이, 즉 지구의 반경 EH로 나타내자. 다음과 같이 하면 된다. [그림9. 4처럼] 직선 GH를 지구의 중심에서 그은 직선 E

N과 [점 N에서] 직각으로 교차하도록 연장한다. 관측에 따라 각 AHG, 따라서 다시 그 맞꼭지각 EHN을 알 수 있다. 여기서 점 H는 관측 장치의 중심이다. 이리하여 삼각형 EHN에서 변 HE의 두변 EN 및 HN 두 비를 구할 수 있다. 그리고 또한 앞서 언급한 [문제 2에서 문제 9까지의] 많은 논의에 따라 우리는 원호 BK를 측정하므로 이것에 대응하는 각 BEK와 엇각 EGN도 알 수 있다. 따라서 삼각형 GEN에서 변 GE의 두 변 EN, NG와의 비를 얻는다. 수직선 EN에 대한 두변 GE와 EH의 양쪽 비를 알 수 있으므로 이것들[GE와 EH] 사이의 비도 구할 수 있다. 이리하여 세계의 중심[지구의 중심]과 혜성 간의 거리[GE]가 명백해진다. 그러나 GE의 GN에 대한 비를 이미 알고 있으므로 NG가 HE와 갖는 비도 구할 수 있다. 그런데 NG의 NH에 대한 비도 이미 알고 있으므로 직선 NH와 NG의 직선 EH에 대한 비는 함께 얻을 수 있다. 이 작은 쪽 NH를 또 한쪽 NG에서부터 그으면 직선 HG가 남는다. 이렇게 하여 결정되어야 할, 관측자와 혜성 간의 거리[HG]의 직선 EH[즉 지구 반경]에 대한 비를 알 수 있다.[56]

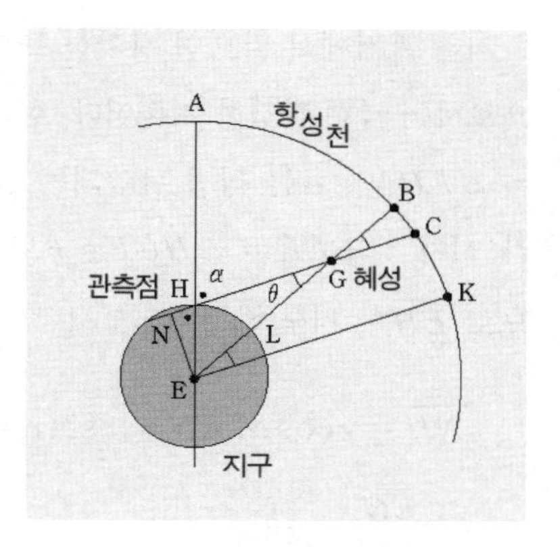

그림 9.4 혜성 고도 관측.

지금 관점에서 읽으면 장황한 느낌이 있지만 그래도 당시의 것으로서는 극히 간결한 기술이다. 현대식으로 표현하자면 $\angle AHG = \angle EHN = \alpha$는 직접 관측되는 양으로 기지, 또한 문제 1에 따라 시차 $\angle BEK = \angle HGE = \theta$도 얻을 수 있다(그림9.4). 그러므로 $\overline{EH}$ = 지구 반경 = r로서

$$\overline{NH} = r\cos\alpha,\ \overline{EN} = r\sin\alpha = \overline{EG}\sin\theta$$

$$\therefore\ \overline{EG} = \frac{\sin\alpha}{\sin\theta}r. \qquad (9.1)$$

따라서 관측점 H와 혜성 G 간의 거리는

$$\overline{HG} = \overline{NG} - \overline{NH} = \overline{EG}\cos\theta - r\cos\alpha.$$
$$= (\cot\theta\sin\alpha - \cos\alpha)r \qquad (9.2)$$

이 뒤는

'문제 11 혜성 중심과 지구 중심 내지 관측자 사이의 거리를 마일로 아는 것',
'문제 12 혜성의 외견상의 직경을 교묘한 도구로 발견하는 것',
'문제 13 혜성의 직경을 지구의 직경과 비교하는 것',
'문제 14 혜성의 체적을 측정하는 것',
'문제 15 혜성 꼬리의 길이를 조사하는 것',
'문제 16 혜성 꼬리의 체적을 발견하는 것'.

이며 내용은 자연히 명백할 것이다. '문제 12'의 '교묘한 도구'는

크로스스태프를 가리킨다.

나중에 튀코 브라헤는 1572년에 등장한 신성의 시차를 어림잡을 때 이 레기오몬타누스의 방법에 의거했다.

또한 레기오몬타누스는 이 혜성 고도 계산을 '문제 2'에서 다음과 같이 보충했다.

> 그러나 여기서 보인 모든 것은 두 번의 관측 동안 제1동자에 의한 것[항성천恒星天의 일주 연동]을 제외하고 혜성은 움직이지 않는다고 가정했다. 그러나 설령 움직였다고 해도 그렇게 짧은 시간에는 그 고유한 운동이 거의 확인되지 않을 것이다.[57]

즉 혜성의 운동을 무시하고 있다. 이것이 문제가 있음은 레기오몬타누스 자신이 깨닫고 있었다. 실제로 '문제 3'에서는 그것을 거부했다.

> 혜성의 고유한 운동이 몇몇 오차를 야기하는 것은 아닌가 하고 우려되는 경우에는 다음과 같이 하여 불안을 해소할 수 있다. 하루 동안 보이는 혜성의 고유한 운동을 취하고 거기서부터 두 관측의 시간 간격에 대해 그 고유한 운동이 얼마가 되는지를 계산해 내면 그것이 적도상에서 얼마에 대응하는지를 간단하게 결정할 수 있다. …… 1일간의 참된 고유운동을 결정하기 위해서는 그 나타난 최초의 혜성의 참된 위치와 그 나타난 최후의 혜성의 참된 위치를 고찰하고 그 사이의 일수에 혜성이 통과한 공간을 할당한다. 이렇게 하

면 혜성의 근사적近似的인 매일의 운동을 발견할 수 있을 것이다.[58]

그러나 혜성의 이동속도가 변화하는 경우에는 이 방법도 사용할 수 없다. 어쨌든 혜성에 대해 여기서도 포이어바흐와 마찬가지로 '고유한 운동'을 이야기하고 있다는 것은 주목할 만하다. 명백하게 혜성에 대한 시각이 변화하기 시작했던 것이다.

이 『16문제』에는 수학적인 일반론만이 쓰여 있고 현실적인 관측 데이터는 다뤄지지 않았다. 실제 관측 기록으로서는 1472년의 혜성에 관한 작은 논고 「혜성에 관하여」가 1548년에 야코프 치글러Jacob Ziegler의 책에 레기오몬타누스가 쓴 것으로서 수록되어 있다. 이것도 전문과 그 영역이 저비스의 논문에 수록되어 있다.[59] 단 저비스는 그 저자가 레기오몬타누스가 아니라 포이어바흐학파 중 누군가가 썼으리라고 추측했다.[60] 그러나 그것을 누가 썼든 이 논고는 1472년 혜성의 관측만이 아니라 앞서 언급한 레기오몬타누스의 방법으로 지구 간의 거리와 크기를 실제로 추정했다는 점이 주목할 만하다. 그 결론에는 다음과 같이 기술되어 있다.

> 나는 그 혜성의 시차가 6도 이상일 리 없음을 알았다. 이 시차에 따르면 혜성 본체는 지구 표면에서부터 지구 반경의 9배이며 그것은 적어도 8,200[독일]마일에 해당한다.[61]

앞의 '문제 10'의 논의에 기반하면 시차가 동일한, 즉 $\angle BEK = \angle HGC = \theta$가 일정한 경우 EG가 최대가 되는 것은 그림에서 N과 H가 일치하고 $\angle GHE=90°$이 될 때이다($a=90°$). 따라서 지구 반경$=r=917$DM으로서

$$\overline{EG_{\max}}\sin\theta=\overline{EH}=r$$

이에 따라 시차를 $\theta=6°$로 할 때, 혜성의 최고고도는

$$\overline{EG_{\max}}-r=(1\div\sin 6°-1)r\fallingdotseq 9r=8{,}200\text{DM}$$

이리하여 이 논고의 저자는 "이 위치는 대기 최상층부이며 불의 영역이 아니다"라고 결론짓고 다시금 혜성이 달 아래 현상이라고 확인했다.[62]

실제로는 시차 6도라는 것은 꽤 크고 상당한 오차가 포함되었으리라 생각된다. 원래부터가 이 혜성의 운동에 대해서는 "그것은 처음과 끝은 비교적 천천히 움직였다. 실제로 그것이 나타나 있던 중간 정도에는 극히 빨리 움직였는데 하루에 처녀궁 끝에서 [사자궁(사자자리)과 거해궁(게자리)을 넘어] 쌍아궁까지 거의 네 궁을 통과했다"라고 하여 혜성의 운동을 무시 내지 일정하다고 하는 레기오몬타누스 방법의 전제가 적용되지 않았다.[63] 오차는 부분적으로는 이 혜성의 빠른 움직임 때문일지도 모른다. 저비스의 판단으로는 "그러나 주요한 이유는 저자가 '정답'에 관한 선입관을 갖고 있었기 때문일지도 모른다. 혜성은 달 아래 세계의 것이며 따라서 문제의 시차는 적어도 1도 정도 달의 시차보다도 클 것이라는 데 의문의 여지가 없었던 듯하다"라고 한다.[64] 즉 처음부터 혜성은 달 아래의 현상이라고 믿어버렸던 것이다.

덧붙여 지너나 저비스는 레기오몬타누스가 이 『16문제』를 인쇄하지 않은 것은 1472년의 혜성 관측에서 이 전제가 성립하지 않음을 깨달았기 때문이 아닌가 하고 추측했는데, 생각할 수 없는 지적은 아니다.[65]

또한 이 『16문제』의 '문제 15'에는 "혜성 꼬리는 혜성 본체와 다른 물질은 아니지만, 단지 보다 희박하고 보다 가벼울 뿐이다. 그 희박함 때문에 빛이 꼬리를 통과하고 그 가벼움 때문에 꼬리는 위쪽으로 늘어난다고 간주된다"라고 쓰여 있다.[66] 가벼운 물체가 자연운동으로서 상승한다는 것은 아리스토텔레스 자연학에서 말하는, 기체상 물질이 대기 중에서 운동하는 현상이라는 이해이며 그런 의미에서 레기오몬타누스 또한 혜성을 달 아래 세계인 대기 상층에서 일어나는 현상으로 간주했음을 알 수 있다.

그러나 다른 한편으로 레기오몬타누스와 제자 발터의 혜성 관측결과는 그들의 천체 관측 결과와 나란히 기록되어 있다.*4 그런 한에서 레기오몬타누스나 발터는 혜성 관측을 천체 관측의 일환으로서 행한 것이며, 그런 의미에서 그들은 역시 천문학적 혜성 관측의 선구자였다.

---

*4 예컨대 제1권 그림3.8의 기록에서는 1491년 2월 17일경에 혜성을 언급하는 대목을 볼 수 있다. 이것은 발터가 쓴 것인데, 1472년 1월에도 혜성 관측 기록이 있다(*JROC*, p.659f.). 이것은 레기오몬타누스와 공동으로 행한 관측일 것이다. 또한 이 양자의 관측 데이터에 기반하여 나중에 에드먼드 핼리가 1472년의 혜성 궤도 요소를 계산했다고 알려져 있다(D. W. Hughes(1990), p.329).

6. 1531년의 핼리 혜성

15세기 단계에서 이 정도 작업이 이루어졌지만 혜성에 관한 시각 그 자체는 금방 변하지 않았다. 오히려 중세 기독교 사회에서는 음지로 내몰렸던 마술 사상으로 사람들이 눈을 돌리기 시작한 르네상스기, 나아가 로마 교회의 권위가 실추되어 종말이 현실감을 띠고 이야기되던 종교개혁 시대에는 혜성에 대한 초자연적 시각이 오히려 보강되었다.

이것은 1531년의 혜성에 대한 반응을 보면 현저한 형태로 알 수 있다. 나중에 핼리 혜성과 같은 것이라고 판정되는 이 혜성은 꼬리가 크고 밝았으며 유럽 전역에서 많은 사람들이 목격하여 관심을 모았다. 요하네스 쇠너Johannes Schöner는 이 혜성을 거의 연일 관측하여 그 위치를 기록했다. 그는 그해에 독일어 팸플릿『한 혜성은 무엇을 말하고 있는가』를 저술했다(그림9.5). 여기서는 이 혜성의 등장을 이야기하고 있다.

> 8월 15일 거의 오후 9시, 수평선보다 약 9도 위쪽, 서쪽 수평선과 한밤중 위치 사이의 4분의 1인 곳에서 나는 한 혜성을 확인했다. 그 본체와 꼬리는 천칭궁의 마지막 두 별 내지는 오히려 큰곰자리 방향으로 똑바로 향했다.[67]

하이델베르크대학 교수인 요하네스 비르둥Johannes Virdung도 이렇게 기록했다.

Was ein Comet sey: wo
her er kome/ vnd seinen vrsprung habe/
von vnderscheidung/ vnnd in was form vn gestalt sye erscheynen
Auch von irer bedeütung/ mit anzeygung etlicher histori/
vnd geschichten/ so denen Cometen nach geuolgt/
vnd sonderlich von dem Cometen erschinen im
Weinmonat des xxxj. iars. Durch Nico-
laum Pruckneruм beschriben.

그림 9.5 요하네스 쇠너, 『한 혜성은 무엇을 말하고 있는가』의 제목 페이지. 그림은 1531년의 혜성으로, 처녀궁에서 천칭궁으로 향하고 있다.

하이델베르크에서 나는 8월 17일 일몰과 심야 사이인 오후 9시경 학생들과 함께 이 혜성을 관측했다. 나는 그것이 천칭궁[천칭자리]의 일곱 별 아래에서가 아니라 오히려 거기에서 벗어난 곳에 있었고 서쪽 지평선에 접근하고 있음을 보았다. 즉 그것은 실제로는 최초로 사자궁에서 출현한 뒤 처녀궁, 그리고 마지막으로 천칭궁으로 들어간 것이다. 8월 17일에 최초로 내가 그것을 보았을 때 이미 많은 나라에서 훨씬 이전부터 목격되었음을 부정하지 않는다.[68]

이 혜성에게서는 페트루스 아피아누스Petrus Apianus도 큰 인상을 받은 듯하며, 다음 해인 1532년의 점성술적 예언 『프라크티카Praktika』에 이렇게 기록되어 있다.

> 혜성은 자연현상이지만 경고를 위해 신이 특별히 만들어 낸 것이다 zu einer warnung von Gott in sonderheit geschaffen ist. 나는 그 때문에 이 모든 것이 내 예언에 기록된 대로 일어난다고 언명하지는 않겠다. 왜냐하면 이 모든 것들은 신의 의지로 삽시간에 변경되고 신의 분노가 우리를 내버리기 때문이다.[69]

아피아누스에게도 신의 전조는 통상의 점성술 예측과는 다른 차원의 것이었다.

이 혜성에 대해 1705년에 천문학자 에드먼드 핼리는 “1531년에 아피아누스가 관측한 혜성은 1607년에 케플러와 롱고몬타누스가 더 정확하게 기록한 것과 동일하며, 그것은 나 자신이 1682년에 돌아오는 것을 확인하고 관측한 것과 같은 것이라고 믿게 만드는 많은 사실이 있다. 모든 궤도 요소는 일치하며 회전주기의 부등성을 제외하고 내 견해에 반하는 듯 보이는 것은 아무것도 없다" 라고 기록했다.[70] 이것은 1066년이나 1456년의 것과 동일한 것인데 핼리가 동정同定함으로써 혜성의 회귀성을 처음으로 확인한 것으로, 나중에 '핼리 혜성'이라 불리게 된, 약 76년 주기로 몇 번이나 돌아와 그때마다 주목받은 혜성이다. 그리고 1456년 때와 마찬가지로 1531년에도 큰 주목을 받았다.

레기오몬타누스의 『16문제』를 쇠너가 처음 인쇄한 것도 1531년이었다. 그것은 물론 혜성에 대한 높은 관심에서 촉구된 것이었다. 이번에는 종교개혁 한가운데에서 최후의 심판이 다가온다고 이야기되는 절박한 정황에 있었기 때문에 민심은 동요했고, 특히 독일에서는 이것에 관한 엄청난 수의 책자나 전단이 인쇄됨으로써 전보다 더 주목받았다. 독일에서는 그 전년에 루터파 제후나 도시가 슈말칼덴 동맹Schmalkaldischer Bund(루터파 교회를 지지하는 신성로마제국 내의 제후들과 도시들이 로마 가톨릭의 탄압과 신성로마제국 황제 카를 V세에게 저항하여 튜빙겐 지방의 슈말칼덴에서 결성한 동맹 _옮긴이)을 결성하여 결속을 강화했다. 다른 한편 가톨릭의 카를 V세는 아우구스부르크에서 제국의회를 소집하여 튀르크의 위협을 호소함으로써 루터파와 평화를 유지하기를 꾀했으나, 결국 결렬되어 오히려 분열을 보다 명확하게 만드는 결과가 되었다. 그리고 이 1531년 4월 30일에 황제의 최후통첩이 발표되었다. 프로테스탄트는 사실상 법 바깥으로 쫓겨났고 프로테스탄트와 가톨릭이 무력 충돌할 위기가 임박해 있었던 것이다.

위에서 언급한 비르둥은 이 혜성이 "비참함, 광범위하게 미치는 다툼과 전쟁, 그리고 유혈"을 예고한다고 기술했다.[71] 가톨릭, 츠빙글리파, 재세례파 3파가 항쟁하는 와중이었다. 그리고 1530, 1531년에 흉작이 덮친 장크트갈렌에서 이 혜성을 목격한 파라켈수스는 『1531년 8월 중순에 높은 산 위쪽에 나타난 혜성의 해석』을 독일어로 저술했고(그림9.6) 그 암시적인 의미를 "왕국의 붕괴를 고하는 것"이라고 논했는데, 이것은 전쟁이 임박했다는 현지의 불안을 뒷받침하는 것이었다.[72]

그림 9.6 1531년(왼쪽)과 1532년(오른쪽)의 혜성에 관한 파라켈수스의 예언 『혜성의 해석Usslegung des Commeten』의 표지.

혜성이 야기한 위기의식은 종교개혁 지도자들도 파악하고 있었다. 생애 처음으로 혜성을 목격한 멜란히톤은 그해 8월 요아힘 카메라리우스에게 보낸 편지에서 "우리는 혜성을 보았습니다. 그것은 10일 이상 하지점에서 모습을 드러냈습니다. …… 그것은 저에게는 우리의 영토를 위협하고 있는 듯 생각되었습니다"라고 불안을 내비치며 쇠너의 판단을 구했다. 이것은 8월 18일의 편지인데, 그 전날에는 점성술사 요한 카리온에게 "그것은 틀림없이 제후의 죽음을 의미할 터인데, 단 혜성의 꼬리는 폴란드 쪽을 향한 듯 보였습니다"라 말하며 역시 혜성이 지시하는 것에 대한 불안을 호소했다.[73]

그 전 해인 1530년에 루터와 멜란히톤은 스위스의 종교개혁 지도자 츠빙글리와 연을 끊었는데 이 츠빙글리는 이 혜성이 출현하고 2개월 뒤인 1531년 10월에 다른 몇 사람의 개혁 지도자와 함께 장렬하게 전사하였고, 가톨릭 측은 각지에서 세력을 회복하고 있었다. 이 일련의 뉴스를 듣고 멜란히톤은 임박한 재앙catastrophe을 확신했다.[*5]

다른 한편으로 점성술을 명확하게 부정했던 루터도 10월 슈팔라틴G. Spalatin에게 보낸 서간에서 이 혜성이 나타내는 징조의 해독을 시도했다.

---

*5 Kusukawa楠川幸子에 따르면 이 1531년의 혜성과 조우한 것을 계기로 하여 멜란히톤은 천문학과 점성술 학습을 중시하기 시작한 것으로 보인다(Kusukawa(1995), pp. 124~127, 167~170. 다음도 보라. Methuen(1996a), p. 395f.).

혜성은 저에게 황제[카를 V세]에게도 [그 동생] 페르디난드에게도 재앙이 닥쳐온다고 생각하게 만들었습니다. 왜냐하면 그것은 마치 두 형제를 가리키는 듯 처음 그 꼬리를 북쪽으로 향했다가 다음으로 남쪽으로 방향을 바꾸었기 때문입니다.[74]

뜻밖의 혜성 출현과 같은 '자연의 경이인 우주적 사상事象'은 점성술을 인정하지 않은 루터에게도 "기독교의 지고하시며 헤아릴 수 없는 신의 전능으로 전조로서 보내진 경고"를 의미했던 것이다.[75]

7. 아리스토텔레스 기상론의 권위가 흔들리기 시작하다

1531년 핼리 혜성의 출현이 특히 주목받은 배경에는, 마찬가지로 밝은 혜성이 1532년, 1533년에 잇달아 출현하여 혜성에 관한 관심을 지속시켰고 한층 더 높아지게 만들었다는 사정도 있었다. 이것은 "망원경이 사용되기 이전 시대, 혜성의 가장 인상적인 연속적 출현"이며 "토스카넬리와 레기오몬타누스 시대 이래 충분히 밝은 혜성을 어떤 기간에 걸쳐 관측할 최초의 기회"였다.[76] 종교개혁 지도자들과 회담하기 위해 당시 독일을 방문했던 잉글랜드 국교회의 개혁자 토머스 크랜머Thomas Cranmer는 "이렇게 많은 혜성이 이렇게 단기간에 출현한 적은 없었다"라고 기록했다.[77] 파라켈수스도 1531년에 이어서 1532년의 혜성에 관한 논고를 저술했다(그림9. 6).

이 1532년의 혜성에 관해서는 빈Wien대학의 수학교수 요하네스 푀겔린Johannes Vögelin이 한 관측과 레기오몬타누스의 방법을 사용해 시차와 고도를 추정한 기록이 남아 있다. 그에 따르면 시차는 35도라는 비현실적으로 큰 것이었다.[78] 그러나 당시 이 결과에 대한 의문은 제시되지 않은 듯하다. 혜성이 달 아래 세계의 것이라고 여전히 굳게 믿고 있었기 때문이었을 것이다. 그 신념을 의문시하게 된 것은 1550년대 이후이지만 혜성에 대한 새로운 시각이 생겨난 것은 1530년대 전반 일련의 혜성 관측에서부터였다.

앞서 언급했듯이 아피아누스는 한편으로는 혜성징조설을 말했으나 다른 한편으로는 1531년 8월 13일부터 23일까지 관측 기록을 남겼다. 이것은 1532년의 『프라크티카』에 기록되어 있다. 그뿐만 아니라 아피아누스는 1532년 9월, 1533년 6월, 1538년 1월, 1539년 5월에 출현한 네 혜성의 관측을 포함하여 1540년의 『황제의 천문학Astronomicum Caesareum』 제2부에 그 관측결과를 많은 도판을 덧붙여 기록했다. 이 속에서 혜성에 대한 자연과학적인 관찰과 새로운 지식을 읽어낼 수 있다.

특히 1531년의 혜성에 대해서는 궤도 개념을 말하고 있음이 주목된다.

혹 사람들은 옛 철학자나 점성술사에게는 당연하다고 간주되었듯이, 정해진 길을 갖지 않는 혜성의 매일의 운동에 대해서 원형 궤도나 승교점昇交點, Ascending node(천체가 남쪽에서 북쪽으로 올라가면서 황도면과 만나는 점 _옮긴이)이나 강교점降交點, Descending node

(천체가 북쪽에서 남쪽으로 내려가면서 황도면을 지나는 점 _옮긴이)을 할당하는 것은 오류라고 말할지도 모른다. 혜성은 별의 힘으로 대기 상층으로 올라간 뜨겁고 건조한, 지상의 유성油性이나 점성 증기 내지 발산기 이외의 어떤 것도 아니라고 생각되기 때문이다. 동시에 그 사람들은 혜성은 규칙적인 운동을 하지 않기 때문에 궤도를 갖지 않는다고 분연히 우겨댔기 때문이다. 우리가 혜성의 운동을 조사했을 때 그것이 불규칙하고 대기 중을 나는 새 같은 것이라면 나는 이 마지막 부분을 부정하지 않을 것이다. 그러나 그 운동을 어떤 법칙으로 확정하는 시도를 방해하는 것은 없다.[79]

그리고 『황제의 천문학』에 기록되어 있는 이 1531년의 혜성 관측 데이터는 나중에 핼리가 그것을 1607년, 1682년의 혜성과 같은 것이라고 확인하는 데 결정적이었다고 한다.[80]

나아가 또한 이 혜성 관측으로 아피아누스는 이 혜성이 태양의 눈부신 빛 속에서 한 번 보이지 않게 되고 난 뒤 다시 한 번 거기에서 출현한 것을 확인하고, 특기할 만하게도 혜성이 어디에서나 그 꼬리가 항상 태양에서 멀어지는 방향에 있음을 발견했다(그림 9.7). 8월 13일의 관측에서 아피아누스는 태양과 혜성의 머리(본체)와 꼬리의 끝 위치를 산정하여 결론지었다.

태양과 혜성 본체를 묶는 직선 및 태양과 혜성 꼬리 끝을 묶는 직선이 황도와 같은 각도를 이루고 있으므로 동일하다는 것은 확실하다. 이로써 태양에서 혜성으로 그은 직선을 연장하면 그것은 그 꼬리

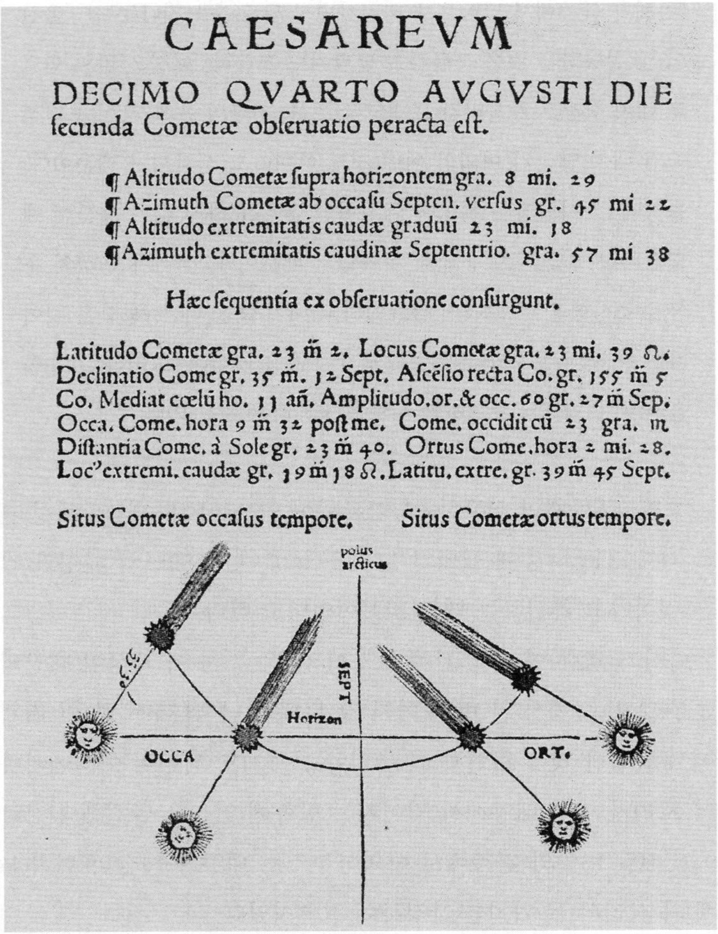

CAESAREVM

DECIMO QVARTO AVGVSTI DIE
ſecunda Cometæ obſeruatio peracta eſt.

¶ Altitudo Cometæ ſupra horizontem gra. 8 mi. 29
¶ Azimuth Cometæ ab occaſu Septen. verſus gr. 45 mi 22
¶ Altitudo extremitatis caudæ graduũ 23 mi. 18
¶ Azimuth extremitatis caudinæ Septentrio. gra. 57 mi 38

Hæc ſequentia ex obſeruatione conſurgunt.

Latitudo Cometæ gra. 23 m̃ 2. Locus Cometæ gra. 23 mi. 39 ♌.
Declinatio Come gr. 35 m̃. 12 Sept. Aſcẽſio recta Co. gr. 155 m̃ 5
Co. Mediat cœlũ ho. 11 añ. Amplitudo.or.& occ. 60 gr. 27 m̃ Sep.
Occa. Come. hora 9 m̃ 32 poſt me. Come. occidit cũ 23 gra. ♏
Diſtantia Come. à Sole gr. 23 m̃ 40. Ortus Come. hora 2 mi. 28.
Locꝰ extremi. caudæ gr. 19 m̃ 18 ♌. Latitu. extre. gr. 39 m̃ 45 Sept.

Situs Cometæ occaſus tempore. Situs Cometæ ortus tempore.

polus arcticus
SEPT
Horizon
OCCA
ORT.

그림 9.7 1531년의 혜성과 그 궤도. 아피아누스, 『황제의 천문학』에서.
혜성 꼬리가 항상 태양에서 멀어지는 방향으로 늘어나 있다.

의 정중앙을, 말하자면 세로로 관통하게 된다. 그리고 만약 이것이 옳다면, 그리고 실제로 옳은데, 그것은 꼬리가 태양 빛에 의해 형성되었음을 보여준다.[81]

이것은 『황제의 천문학』에서 인용한 것인데, 이 책에서는 단순한 관찰에 머물지 않고 혜성의 꼬리 방향과 태양 방향의 관계가 기하학적으로 증명되어 있다(그림9.8). 실은 혜성의 꼬리 방향에 관한 이 발견은 그 이전에 1531년 아피아누스의 『프라크티카』에 게재된 독일어 기록 「근년에 나타난 혜성의 관측과 판단에 관한 짧은 보고」에 공표되어 있었다. 그리고 1532년의 혜성에 관한 마찬가지의 사실도 역시 다음 해인 1533년의 『프라크티카』에 기록되었다. 실제로 이것들에는 혜성 꼬리가 항상 태양에서 멀어지는 방향을 향한다는 것이 본문에 기록되어 있을 뿐만 아니라 속표지 도판에 선명하게 그려져 있다(그림9.9). 겜마 프리시우스Gemma Frisius는 이 아피아누스의 발견을 1533년의 혜성을 스스로 관측하여 확인하고 1545년의 『천문학의 자막대』에서 지지한다고 표명했다.[82]

혜성 꼬리의 이 성질에 관해서는 같은 시기에 지롤라모 프라카스토로Girolamo Fracastoro도 깨닫고 있었다. 프라카스토로는 파도바에서 수학하여 1502년까지 거기서 논리학과 해부학을 배웠고 1509년 이후는 베로나에서 일했다. 파도바대학 시절 동료 의학생 중 한 명으로 폴란드에서 온 코페르니쿠스가 있었다고 전한다. 프라카스토로는 의사로서 유명했고 감염증과 매독 연구로 알려

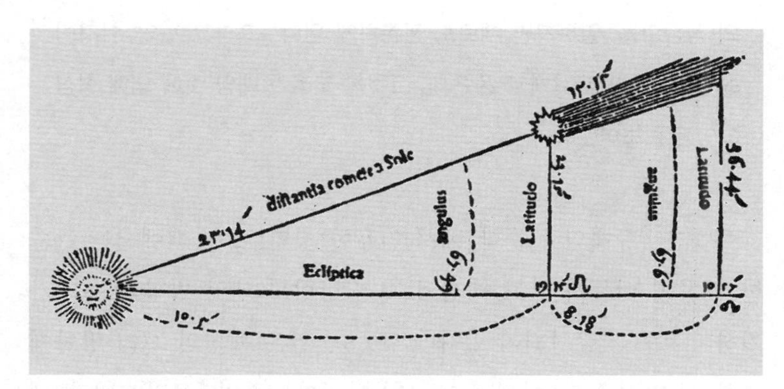

그림 9.8 혜성 꼬리가 태양에서 멀어지는 방향을 보임에 대한 설명.
『황제의 천문학』에서.

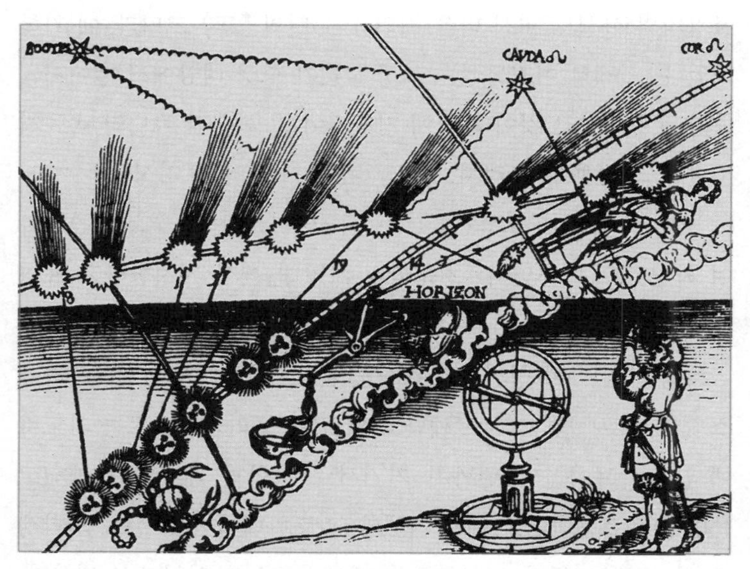

그림 9.9 1532년의 혜성. 아피아누스, 『프라크티카』(1533)의 속표지 그림.

졌다. 또 전염병에 별이 미치는 영향을 부정했다고도 한다.[83] 그는 또 천문학에도 관심이 높았고, 이미 썼듯이 1538년의 『동심구 내지 성신에 관하여Homocentrica sive de stellis』는 에우독소스 이래 행성운동의 동심구 이론을 부활시키려 한 것으로 알려져 있다[Ch. 1. 8]. 그리고 이 책에는 자신이 관측한 1531년, 1532년, 1533년의 혜성에 대해 "혜성 꼬리는 항상 태양의 반대 방향을 향한다"라고 기록되어 있다.[84]

아피아누스도 프라카스토로도 여전히 혜성을 달 아래의 현상으로 간주하긴 했지만, 혜성 꼬리의 방향에 관한 그들의 발견은 혜성이 태양과 크게 관련되며 따라서 아리스토텔레스 이래의 통설에 반하여 혜성의 출현은 천공의 사건이 아닌가 하는 중요한 의문을 환기하는 것이었다.

그 밖에도 아리스토텔레스 『기상론』의 기술에 반하는 혜성의 행동이 동시에 관측되었다.

겜마 프리시우스는 『천문학의 자막대』에서 "우리는 1533년 7월에 한 혜성이 카페라[마부좌의 α성]에서 은하를 따라 카시오페이아자리를 통과하여, 즉 [수대의] 궁을 [행성들의] 역방향으로, 그리고 멀리 북쪽을 향해 가는 것을 보았다"라고 기술했다.[85] 이 혜성에 관해서는 아피아누스나 링다우의 아킬레스 가서Achilles Gasser도 일련의 관측 기록을 남겼다. 그들이 6월 29일부터 7월 27일까지 행한 도합 72회의 관측에 따르면 경도는 81도에서 32도로, 위도는 12도에서 46도로 변화했다.[86] 1533년의 혜성이 이렇게 위도를 크게 변화시키면서 수대를 행성 반대 방향으로 진행한다는 사실은 그 외에도 많은 관측자가 확인했는데, 이는 아피아누스에 따르면 "점성술사나 철학자 사이에서 적지 않은 물의를 빚었다"라고 한다.[87] 왜냐하면, 처음에 보았듯이 아리스토텔레스에 따르면 달 아래 영역의 최상부에 있고 점화함으로써 혜성이 되는 "뜨겁고 건조한 증발물"과 "이 아래에 있고 바로 이것에 이어지는 공기의 대부분"은 태양이나 달이나 행성의 "원환적인 이동이 불러일으키는 운동에 의해 회전하면서 대지 주변을 함께 움직일", 즉 동쪽으로 이동할 터였다. 이것은 앞에서 인용한 레비 벤 게르손도 달 천구가 달 아래 원소 부분을 움직이게 한다는 표현으로 추인했다. 그렇다면 이 1533년의 혜성이 천구상에서 서북 방향으로 이동한 것은 아리스토텔레스 이래 인정해 온 혜성의 행동에 반하는 일이 된다.

16세기에 들어서면 코페르니쿠스의 『회전론』이 나오기 이전에 혜성을 관측함으로써 아리스토텔레스의 『기상론』에 반하는 몇 가지 사실이 명백해졌던 것이다.

8. 혜성에 관한 새로운 시각의 등장

지롤라모 카르다노Girolamo Cardano는 1550년의 『미세한 것들에 관하여De Subtilitate rerum』 제4권에서, 프라카스토로의 발견에 입각하여 혜성 꼬리는 항상 태양에서 멀어지는 방향을 향한다고 말했다. 그것만이 아니다. 그는 이 사실을 혜성이 일종의 투명한 구형

결정체이며 태양광선에 대해 렌즈 역할을 하고 태양빛은 이 혜성 본체를 통과해 빠져나가서 집속되며 그 광학적 효과로서 꼬리를 형성하기 때문이라고 물리학적으로 해석했다. 그는 또한 1532년의 혜성이 9월 22일부터 12월 3일까지 이동한 것이 한 달 즈음에 1도 이하였다는 사실에 기반하여 혜성이 달보다 천천히 움직인다고 판단했고, 지구 - 혜성 간의 거리와 함께 공전주기가 커진다는 아리스토텔레스의 이론에 의거하여 혜성이 "달보다 아래에는 있을 수 없다"라고 추론했다. 이렇게 카르다노는 아리스토텔레스 이론을 전면적으로 부정한 것은 아니었지만 혜성이 달 아래의 것이 아니라고는 확신했다.[88]

1557년에는 파리의 궁정수학관 장 페나Jean Pena도 혜성 꼬리가 태양에서 멀어지는 방향을 향한다는 아피아누스의 발견을 수용하여 카르다노와 거의 마찬가지로 논했다. 즉 혜성은 투명한 물체이고 그 꼬리는 혜성 본체에 의해 굴절되어 피라미드 형태로 집속된 태양광선다발이며, 나아가 혜성의 이동이 달보다 늦기 때문에 그것은 달보다 멀리 있다.[89]

세네카의 『자연연구』가 이 카르다노의 논의에 영향을 미쳤다고 지적된다. 피터 바커Peter Barker의 논문에서는 "16세기 내내 세네카의 저작은 아리스토텔레스 자연학에 대치되는 스토아 이론의 중요한 한 원천이 되었고 그의 영향은 혜성을 둘러싼 논의에서 반복되어 나타나게 되었다"라고 한다.[90] 『과학전기사전』의 'Seneca' 항목에도 "『자연연구』는 중세에 살아남아 12세기 서유럽의 고대과학 부흥에 기여했고 르네상스기에도 과학적 저작으로서 읽혔다"라고 기술되어 있다.[91] 다른 한편 제임스 루프너James Ruffner의 학위논문에는 "1577년 이후 아리스토텔레스의 설이 널리 방기되고 나서 비로소 세네카의 설은 진지하게 주목받게 되었다"라고 하며, 그 영향은 카르다노 사후에 나타났다고 한다.[92] 그러나 1342년부터 그다음 해에 걸쳐 쓰인 페트라르카의 『나의 비밀Secretum』에는 세네카의 이 『자연연구』가 인용되어 있으며,[93] 또한 15세기 초 울름의 야코부스 앙겔루스가 기술한 혜성에 관한 서적은 아리스토텔레스의 『기상론』과 함께 세네카의 『자연연구』를 본보기로 해서 쓰였다.[94] 그리고 1475년에는 나폴리에서 세네카의 저작집이 인쇄되었고 그의 여러 저작 중 137권의 요람기 본incunabula, 搖籃期本('요람'을 뜻하는 라틴어에서 유래했으며 활자인쇄술의 유년기라는 뜻으로 처음 사용되었으나 후에 15세기 말까지 인쇄된 서적을 뜻하게 되었다. '초기 간행본' 등으로 번역된다 _옮긴이)이 알려져 있다.[95] 세네카의 『자연연구』는 르네상스기에 확실히 읽혔으며 카르다노가 그 영향을 받았다 해도 불가사의하지는 않다.

구체적으로도 예를 들어보면, 카르다노는 혜성이 지구에서 생긴 증발물이 대기 상층에서 연소된 것이라는 아리스토텔레스의 설을, 지상에서 연료가 그렇게 높은 곳까지 올라가지는 않으며 혜성은 한번 형성되면 꽤 장기간 계속 빛나는데 연소가 그렇게 오래 이어질 정도의 연료가 지구에서 보급될 수도 없다고 거부했다.[96] 다른 한편으로 세네카도, 혜성이 대지에서 생겨난 발산물이 대기의 움직임(회오리바람)에 의해 상공으로 밀려 올라가 발화한 것이라는 설을 "혜성의 진행은 [대기의 흐름 같은] 혼란스럽고 불안정한 원인에 의해 밀려 움직인다고 사람이 믿을 만큼 뒤섞인 것도 어수선한 것도 아니다"라고 하며, "우리는 혜성이 별들에 섞여 [회오리바람이 도달할 수 있는 것보다] 더 높은 곳을 날고 있음을 보고 있다", 그러나 "회오리바람은 길게 지속될 수 없고 달보다 위 혹은 별[행성]이 있는 장소까지는 올라갈 수 없다"라고 논하며 마찬가지로 거부했다.[97] 두 사람의 논의에 많은 유사점이 있다.

그리고 또 카르다노는 혜성의 출현에 대해, 그것은 새롭게 생겨난 것은 아니며 그때까지 인간에게 보이지 않았을 뿐으로 "대기 밀도가 높아져서 대기가 건조하고 희박해졌을 때만, 혹은 뭔가 다른 원인으로 우리에게 모습을 드러내는 많은 별이 하늘에는 존재한다"라는 가능성을 이야기했다.[98] 이것에 대해서도 "혜성은 우연히 생긴 불이 아니라 우주 속에 편입된 것이며, 우주는 그렇게 빈번하게는 아니지만 그것들을 발진시켜서 숨겨진 곳에서 움직이는 것이다. 혜성 이외에도 얼마나 많은 천체가 비밀스럽게 결코 인간의 눈에 목격되는 일 없이 운행하고 있을까"라는 세네카의 소론에서 받은 영향을 지적할 수 있다.[99] 카르다노의 논리가 세네카의 논의를 채용했을 것이라는 바커 논문의 논의는 그 나름대로 설득력이 있다.[100]

중요한 것은 위 인용에서 읽어낼 수 있듯이 세네카가 혜성을 천체라 간주했다는 것이다. 『자연연구』에는 "우주에 관한 모든 연구는 하늘의 연구, 공중에 있는 것의 연구, 대지의 연구로 분류된다. 첫 번째 분야는 별의 성질이나 세계를 둘러싼 불의 크기나 형태를 조사한다. …… 두 번째 분야는 하늘과 대지 사이에 생기는 현상을 다룬다. 이것에는 구름, 비, 눈, (바람, 지진, 번개), 그리고 천둥……이 속한다"라고 한다(II. 1). 첫 번째인 '하늘의 연구'는 물론 천문학, 두 번째인 '공중에 있는 것'의 연구는 기상학, 세 번째는 지학地學에 대략 대응한다. 그리고 이 논의에서는 기상학에 혜성은 포함되지 않았다. 세네카는 말하기를, 천공에서 보이는 불 중에는 "장시간 머물러 있거나 강한 불을 갖고 있거나 하늘의 운동에 따르거나 혹은 독자적인 궤도로 운행하는 것도 있는데 이것들을 우리 스토아학파는 혜성이라 간주한다"(I. 15)라고 하였고 "혜성은 장시간 드러난 채로 있으며 신속하게 사라지지는 않는다"(VII. 21)라고 하였다. 다른 한편 "공기가 만들어 낸 것은 무엇이든 순간적인 것brevia이다. 그것은 유동적이고 변화하기 쉬운 것 속에서 생기기 때문이다"(VII. 22). 따라서 혜성은 대기현상일 수 없다.

이리하여 세네카는 "혜성이 앞에서 기술한 별[행성]과 같은 성상性狀을 갖는지 그렇지 않은지를 연구하는 것이 유익할 것이다. 왜냐하면 혜성은 그 별들과 몇몇 공통점을 갖는 듯 보이기 때문이다"라고 말하며(VII. 2), 혜성이 어떤 종류의 행성, 즉 '방황하는 별'(원문에서는 '혹성'. 일본어로 '행성行星'은 '혹성惑星'이라고 하며, 일부 별이 천구상의 한 점에 머물지 않고 우왕좌왕 위치를 바꾸는 모습을 표현한 것에서 왔다. 또한 영어 planet의 어원은 '방황하는 자', '방랑자'를 뜻하는 그리스어 플라네테스이다 _옮긴이)일 가능성을 시사하며, 혜성이 행성이라면 수대를 통과할 것이라는 이론異論에 대해서는 "독자적인 궤도를 갖고 그 별들[행성]에서 멀리 떨어진 곳을 운행하는 다른 별이 어찌 존재해서는 안 된다고 할 수 있겠는가"라고 반박했다(VII, 24). 즉 "혜성은 자신의 거처를 갖고 있고…… 스스로의 경로를 나아가며 사라지지 않고 떠나가는 것이다"(VII. 23).

이리하여 혜성을 둘러싸고 예전부터 내려온 아리스토텔레스 이론과 나란히, 그것과 크게 다른 세네카의 이론이 제시되었고, 무엇을 채용해야 하는지가 문제가 되자 혜성이 달 아래 세계의 것인지 천상 세계의 것인지를 결정하는 것이 그 판정의 리트머스 시험지로서 부상하게 되었다. 이에 대해 카르다노는 시차의 원리를 이용한 판정의 가능성을 주장했다. "혜성이 원소의 영역[달 아래 세계]에 있는지, 그렇지 않으면 하늘에서 만들어진 것인지를 분별하는 것은 극히 간단하다. 왜냐하면 달의 시차보다 큰 시차diversitas를 갖는다면 그것은 필연적으로 원소의 영역에 있다. 그러나 만약 작다면 그것이 하늘에서 만들어진 것in coelo fiet임은 의문의 여지가 없다".[101] 시차 측정은 레기오몬타누스도 언급했지만 레기오몬타누스의 경우에는 혜성이 달 아래의 것임을 전제로 한 다음 그 고도측정을 목적으로 했지 두 우주론을 판별하는 것이 목적은 아니었다. 이 점에서 카르다노의 문제의식은 명확했다.

카르다노, 그리고 이 시대에 다시금 주목받게 된 세네카의 논의는 아리스토텔레스의 『기상론』, 나아가서는 그 자연학 자체에 의문을 던졌다.

9. 세네카의 『자연연구』를 둘러싸고

세네카의 『자연연구』가 16세기 후반부터 17세기 초에 걸쳐 읽혔음은, 케플러가 1619년 혜성에 관한 논고의 속표지에 이 『자연연구』의 한 구절을 기록하였고 나아가 1621년 『우주의 신비』 제2판에서도 언급했다는 것을 미루어보면 명백하다.[102] 그리고 세네카의 논의는 단지 혜성을 둘러싼 것만이 아니라 한편으로는 아리스토텔레스 우주론의 근간과 관련됨과 동시에 다른 한편으로는 15세기에 레기오몬타누스가 언급한 학문적 진보라는 관념[Ch. 3. 5]을 고대에 제창하여 르네상스 이후의 자연연구 방식과 방향성을 제시하는 데 중요한 역할을 했다고 생각된다. 조금 언급해 두는 것도 무용하지는 않을 것이다.

무릇 혜성을 기상현상이라 보는 아리스토텔레스와 혜성을 천체의 일종으로 보는 세네카의 차이는, 근본적으로는 4원소로 이루어진 달 아래 세계와 제5원소의 천상세계를 다른 세계라 하는 전자의 이원적 세계와 그러한 구별을 인정하지 않는 후자의 일원적 세계의 차이였다. 번개와 천둥에 관해 이야기한 세네카의 『자연연구』 제2권에서는 "공기는 우주의 부분이다. 게다가 꼭 필요한 부분이다. 즉 공기는 하늘과 땅을 묶는 것이다", "대지는 우주의 부분이며 소재이다. …… 대지가 우주의 소재라는 것은 이 대지로부터 모든 동물, 모든 식물, 모든 별에게 식량이 분배되고, …… 이 정도로 많은 것을 요구하는 우주에게조차 여기서부터 식량이 공급되기 때문이다"라고 이야기한다(II. 4~5). 세네카에게 천상세계의 소재는 특별한 제5원소가 아니라 지상의 원소들과 동질의 것이었다. 이것은 불의 존재를 천공에서도 인정하는 앞의 인용이나, 별이 '응집한 화염'인가 '어떤 종류의 단단한 토질의 물체'인가 하는 『자연연구』 제7권 첫머리의 문제 제기에서도 읽어낼 수 있다. 따라서 혜성을 둘러싼 논의가 세네카의 영향을 받았다고 한다면 그 논의는 세계상의 문제와도 연관된다.

실제로 별이 화염인가 토질의 물체인가를 둘러싼 질문에 대해 세네카는 "이것들을 밝혀내 두는 것은 다음을 알기 위해서도 도움이 될 것이다. 즉 대지가 정지하고 우주가 회전하는가, 그렇지 않으면 우주가 정지하고 대지가 돌고 있는가 하는 문제이다"라고 부연했다(VII. 2). 솔직히 말해서 세네카의 이 논리는 다소 당돌한 느낌을 부정할 수 없고 이 지적이 16세기 후반에 코페르니쿠스를 둘러싼 논의에 어느 정도 영향을 미쳤다는 흔적은 발견되지 않지만 여기에 기록할 정도의 가치는 있다. 어쨌든 르네상스기에 세네카의 자연학을 발견한 인문주의자들은 고대의 자연인식이 아리스토텔레스 일변도가 아니며 또한 아리스토텔레스의 논의가 그다지 완전한 것도 아니었음을 알게 되었음에 틀림없다.

세네카가 자연학을 이야기한 것은 만년의 이 『자연연구』에서뿐이다. 필시 어느 연령이 되어 자연학에 몰두했으리라고 생각되는데, 그가 자연학의 현상에서 받은 인상은 알려진 것이 너무나도 적고 불확실했다는 사실이었다고 생각된다. 제6권에서는 이렇게 기술한다.

[지진에 관하여] 무엇보다도 먼저 말해두어야 하는 것은, 옛날의 이론은 그다지 엄밀하지 않고 조잡했다는 것이다. 여전히 진실 주변을 헤매고 있었다. 최초로 시도한 사람에게는 모든 것이 신기했다. 실로 이 이론들은 나중에 세련되게 다듬어진 것이다. …… 따라서 옛사람들의 설에는 관용의 마음으로 귀를 기울여야 한다. 처음부터 완전한 것은 하나도 없다(VI. 5).

그 때문에 세네카는 갖고 있던 지식만으로 완결된 체계를 구상하려고 한 아리스토텔레스와 달리 자기 시대의 하잘것없는 지식을 자각하며 겸허하게 말했다.

우리는 얼마나 많은 동물을 이 시대에 처음 알게 되었는가. 얼마나 많은 것을 이 시대에도 알지 못하고 있는가. 우리에게 알려져 있지 않은 많은 것을 도래할 시대의 사람들은 알 것이다. …… 자연도 스스로의 신비를 한 번에 전하지는 않는다(VII. 30).

그리고 혜성연구에서도 단정적으로 이야기하지 않고 장래에 발전하리라는 기대를 피력했다.

혜성이라는 지금까지 드물었던 우주의 장관이 여전히 확실한 법칙으로 파악되지 않았고 또한 방대한 간격을 두고 회귀하기 때문에 그 처음과 끝도 여전히 알려져 있지 않다고 해도 어째서 우리는 놀라는 것일까. …… 나아진 세월과 긴 기간에 걸친 세심한 노력이 지금은 아직 숨겨져 있는 것을 양지로 끌어낼 때가 언젠가는 올 것이다. 이 정도로 심원한 것을 탐구하기 위해서는 한 인간의 생애로는, 설령 모든 것을 하늘의 연구에 바쳤다 해도 충분하지 않다. …… 이러한 것은 몇 세대에 걸친 장대한 연구의 계승으로 비로소 선명해질 것이다. 이런 명백한 것을 우리는 알지 못했던가 하고 우리 자손들이 놀랄 때가 언젠가는 올 것이다(VII. 25).

세네카가 혜성의 '회귀'를 이야기하는 것은 흥미롭기도 하고 놀랄 만한 것이기도 하다. 어쨌든 세네카가 이야기한 '우리 자손이 놀랄 때'가 온 것은 16세기 후반에 시작하여 17세기 후반 뉴턴과 핼리에 이르기까지 천문학이 새롭게 발전함으로써였다. 이 시대는 또한 바스코 다 가마와 콜럼버스 뒤 100년 동안 서유럽인의 족적이 지구 전체에 미쳐 천문학에 한정되지 않고 무릇 고대인의 세계인식이 얼마나 빈곤한 것이었는지가 점차 밝혀진 시대이기도 했다.

신대륙 포교에 종사한 스페인인 예수회 신부 호세 데 아코스타는 1590년의 『신대륙 자연문화사the Historia natural y moral de las Indias(인디아의 자연사 및 도덕사)』에서 아리스토텔레스 『기상론』의 몇몇 오류를 지적하며, "자백하건대 나는 아리스토텔레스의 기상론이나 철학을 조소하고 경멸했다"고까지 잘라 말했다. 그는 또한 플라톤에 대해서도 『티마이오스』에 쓰인 바다 속에 잠긴 아틀란티스의 이야기에 관하여 "이 이야기를 멋진 재능 있는 사람들이 진지하게 다루면서 논했지만 조금 생각해 보면 대단히 어리석은 것이므로, 일고할 가치가 있는 역사 내지 철학이라기보다도 오이디우스의 이야기 혹은 만들어 낸 이야기와 닮았다"라고 평하며, "나는 진실을 말한다고, 플라톤을 신과 같다고 아무리 사람들이 말해도 그다지 존경하지 않는다"라고 표명했다.

다른 한편 아코스타는 세네카의 비극 『메데아Medea』의 한 구절,

> 긴 세월이 지난 뒤 이윽고 행운의 시대가 찾아와 끝없는 대해원까지 세계의 끝이 넓혀질 것이다.
> 위대한 국토가 발견되고 새로운 세계가 발견될 것이며 현재 우리에게 닫혀 있는 넓은 해원을 건너서.

를 인용하며 이것이 세네카가 서인디아스의 존재를 예언한 것이라고 하는 생각으로 많은 사람들이 기울어 있다고 말하고, "실로 문자 그대로 그것이 실현되었음은 부정할 수 없다"라고 인정했다.[103] 물론 세네카가 신대륙 발견을 예언했다는 해석은 완전히 억지이지만 이것이 세네카 재평가의 한 발로임은 부정할 수 없다. 이렇게 한편으로는 아리스토텔레스나 플라톤의 오류가 밝혀짐과 함께 다른 한편으로는 세네카의 평가가 높아졌던 것이다.

이 세네카는 『자연연구』 제7권의 위에서 말한 인용 뒤에서 계속해서 말했다.

> 어느 날인가 실증해 줄 사람이 나타날 것이다. 혜성은 어떤 영역에서 진행하는가, 왜 다른 별로부터 저렇게 떨어져 헤매는가, 어느 정도의

크기이며 어떤 것인지 등을. 우리는 지금까지 발견된 것으로 만족하자. 후세 사람들도 진리에 대해 어떤 공헌을 할 수 있도록(VII.25).

이 인용 부분은 케플러의 혜성에 관한 1619년 논고의 속표지에 쓰여 있다.[104] 케플러에게 큰 인상을 주었을 것이다. 새로운 발견을 통해 고대인의 세계인식을 뛰어넘자는 분위기가 퍼져 있었다.

10. 파라켈수스의 우주

아리스토텔레스가 묘사하는 하늘과는 다른 하늘, 즉 그의 우주론이나 기상론과는 다른 천계 모델은 또한 완전히 다른 방면에서 파라켈수스가 이야기했으며 이것이 역시 16세기 후반의 논의에 영향을 미치게 되었다. 루터보다 10년 늦고 멜란히톤보다 4년 빠른 1493년에 스위스의 아인지델른에서 태어난 의사 파라켈수스는, 페라라에서 수학한 뒤 종교개혁과 농민전쟁이 한창인 중부 유럽을 유랑하며 아카데미즘 바깥에서 민간에 계승되던 치료법에 귀를 기울였고, 농촌이나 광산지역의 농민이나 갱부 측에 서서 의료에 종사하는 동안 적지 않은 저서나 논문을 남겼으며, 1541년에 객사했다. 대학에서 가르치던 스콜라 의학을 거세게 규탄하는 그 저작 대부분은 생전에는 햇빛을 보지 못했지만, 사후 20년이 지나 재평가되어 1560년대부터 파라켈수스 리바이벌에 의해 묻혀 있던 원고가 출판되기 시작하면서, 그의 의학사상은 근대과학의 여명에 큰 영향을 미쳤다.

파라켈수스의 의료 활동이나 의학사상에 관해서는 여기선 극히 간단하게 접해두기로 하자. 그의 의학사상의 기본을 전개한 책 중 하나로 1529년부터 30년에 걸쳐 쓴 『파라그라눔Paragranum』(일역 『기적의 의술의 알맹이奇蹟の医の糧』)에서는 "이 [대학에서 교육되는] 철학은 아리스토텔레스나 알베르투스 [마그누스] 등이 쓴 것이다. 그러나 누가 거짓말쟁이들을 믿을 것인가. 그들은 [참된] 철학, 즉 자연의 빛에 기반하여 말하지 않고 공상에 기반하여 말한다"라고 스콜라 의학을 가식 없이 비판했으며, 나아가 예전부터 내려온 의학과 자신의 의학의 차이를 "나를 반대하는 자는 사변을 시도하지만 나는 자연의 가르침을 설한다. 사변이란 공상이며 공상은 몽상가를 만든다"라고 잘라 말했다. 사변보다 경험을, 이론보다 실천을 우선시해야 한다는 그의 의학과 의료 사상은 1530년대 말에 저술한 『의사의 미궁Labyrinthus medicorum errantium(헤매는 의사의 미궁)』에 나오는 "의사는 체험Experienz을 쌓아야 한다. 의학이란 하나의 크고 확실한 숙련이 아닐 수 없다. …… 그러므로 지식과 함께 체험을 쌓아야 한다"라는 언명에 집약되어 있다.[105]

실제로 파라켈수스는 기본적으로는 임상가였다. 프랑스병(매독)에 대한 뛰어난 임상관찰이나, 열악한 노동조건에서 일하는 광산노동자의 현상을 직시하여 갱부병坑夫病을 발견한 것, 그 원인이 광독에 있다는 것을 규명한 것, 그리고 정신질환의 증례연구 등은 현재의 시각으로 보아도 큰 가치를 갖는 의학적 공적으로 꼽힌다.[106] 이론적 방면에서는 갈레노스 이래의 체액병리학 비판이나 의화학의 제창 등에서 그의 독자성을 볼 수 있다. 그러나 파라켈수스는 꼭 체계적인 사상가는 아니었다. 그의 대우주macrocosmos(하늘)와 소우주microcosmos(인체)의 대응을 기본으로 하는 의료점성술, 4원소(불·공기·물·흙)와 3원질(유황·소금·수은) 이론에 기반한 의화학, 그리고 강한 종교적 신념으로 뒷받침된 의료윤리를 기본으로 하여 이야기되는 그의 의학사상은 난해할 뿐만 아니라 우리의 눈으로 보면 '공상적'인 논의에 빠져 있다고 생각되는 면도 적지 않다. 게다가 사용하는 단어도 익숙해지기 힘들며 솔직히 정확하게 이해할 수 없는 곳도 많다. 그러므로 의학사상 방면으로 이 이상 깊이 들어가지는 않기로 하자.[107]

여기서는 우리의 현재 문제와 관련이 있는 한에서 그가 묘사하는 우주상을 검토할 것이다. 그러나 그가 우주론이나 자연학을 주제로 삼아 논하지는 않았기 때문에 그의 몇몇 저작에서 찾아낸 단편을 그러모아 재구성해야 한다. 그의 신비적이고 난해한 표현이나 용어법은 꼭 일관된 것은 아니었으며 그것을 현대적으로 이해해도, 역으로 중세 스콜라학적 의미로 파악해도 둘 다 오해하기 십상인 위험이 있다. 어쨌든 이것을 충분히 인식한 다음 소묘해 보자.

파라켈수스는 물론 기독교도로서 천지창조를 믿었다. 이 세계 창조에 관해서는 『아테네풍의 철학』에서 연금술 용어를 사용해 상세하게 전개되었다.*6 이것에 따르면 창조의 최초에 원질료로

---

*6 『아테네풍의 철학Philosophia ad Athenienses』은 그 영역이 Waite ed., *The*

서의 '위대한 신비mysterium magnum'가 있었다(TEXT 1). 그리고 '모든 생성의 원리, 어머니이자 아버지는 "분리"이다'(TEXT 9), 즉 '위대한 신비'로부터 "분리"됨으로써 4원소(불 · 공기 · 물 · 흙)가, 그리고 나아가 모든 피조물이 생겨났고 이리하여 세계가 형성되었다.

> 위대한 신비로부터 만물이 분리되기 시작할 때, 그 다른 모든 것에 앞서 원소들이 그 자신의 본질에서 활성화하도록 원소의 분리가 일어난다. 불은 하늘, 천공의 큰 덮개가 된다. 공기는 물질이나 물체가 존재하지 않는, 그리고 아무것도 나타나지 않고 아무것도 보이지 않는 공간을 점하는 단순한 공허가 된다. …… 물은 유동성으로 전화轉化하여 다른 원소나 에테르 안에서 중심부에 있는 수로나 공동에서 위치를 발견한다. …… 땅은 지구에서 응고한다. …… 이러한 분리가 모든 창조 및 이 최초 분포들의 시작이다(TEXT 11).
>
> [네 개의] 원소는 각자가 그 자신의 장소에 내재하며 그 어느 것도 다른 것을 침범하지 않도록, 그것들의 본질에 준하여 만들어지고, 뒤이어 서로 분리되면 두 번째 분리가 첫 번째 분리에 이어진다. 그 두 번째 분리는 원소 그 자체로부터 생긴 것이다. 이리하여 불에 내

Hermetic and Alchemical Writings of Paracelsus, Vol. 2, pp. 249~281에 수록되어 있으므로 이것에 의거했다. 인용부분은 TEXT 번호로 지시하며 주석은 달지 않는다. 또한 이 책은 위서라는 설도 있으나, 파라켈수스 사상을 꽤 충실히 표현하고 있다고 생각될 뿐만 아니라 파라켈수스의 책으로서 널리 읽혔고 16세기 후반 파라켈수스 사상이 미친 영향이라는 점에서는 이것을 파라켈수스의 것이라 해도 문제는 없을 것이다. 또한 Pagel, *Paracelsus*, pp. 89~95 참조.

재하는 모든 것은 하늘로 전환되고, 그 한 부분은 말하자면 아치 내지 덮개로, 다른 부분은 거기서부터 줄기에서 꽃이 피듯이 생겨서 항성이나 행성, 그리고 천구가 포함된 모든 것이 만들어졌다. 그러나 이것들은 꽃을 단 줄기가 땅에서 생겨나듯이 만들어진 것이 아니라 그 원소로부터 생겨난 것이다. 실제로 이 줄기들은 땅에서 성장하지만 천체는 등불이 분리로서만 생겨나듯이, 분리만으로 천공에서 만들어진다. 이리하여 천공의 모든 것은 불에서 분리되었다(TEXT 12).

고대 그리스 철학 이래 불·공기·물·흙의 4원소가 이야기되었지만, 파라켈수스의 그것은 아리스토텔레스 자연학에서 이야기되는 것과는 상당히 달랐다.

무릇 파라켈수스에게는 달 아래의 세계와 천상 세계라는 구별은 없었다. 그의 세계는 하늘까지 포함해서 4원소로 구성되었다. 이 점에서 파라켈수스의 세계는 오히려 세네카의 것에 가까웠다. 아리스토텔레스가 제5원소로 이루어진 천상 세계와 달 아래 최상부인 불의 원소의 영역으로 엄격히 구별했던 머리 위의 두 영역이, 파라켈수스에게는 모두 불로 구성되는 단일 세계로 간주되었다. 즉 원소 불은 지구에서 올려다본 하늘 전부를, 즉 아리스토텔레스가 우주론과 기상론 둘로 구별하여 논한 현상 모두를 구성한다.

이것은 한편으로 위에서 말한 인용에서는 불에서 "항성이나 행성, 그리고 천구가 포함된 모든 것이 만들어졌다"라고 했으며 1531년의 『오푸스 파라미룸opus paramirum』에서도 "천공에서, 즉 불에서im Firmament, das ist im Feuer"라는 표현이 있고, 다른 한편으로는 “네 원소에서 모든 것이 생겨난다. …… 불에서는 천둥이나 벼락이나 눈이나 비가 생겨난다”라고 했으며, 나아가서는 1538년 『의사의 미궁』에서도 “물에서도 광물이, 카오스[공기]에서는 이슬이나 서리 등이, 불에서는 기상현상이 생긴다”라고 기술되어 있으므로 명백할 것이다.[108]

『파라그라눔』에서는 “아리스토텔레스의 『기상론』이란 무엇인가. 그것은 공상 이외에 아무것도 아니다”라고 했다. 그 이유가 명확하게는 기술되어 있지 않지만, 기본적으로는 아리스토텔레스적 이원세계를 부정한 것의 논리적 귀결일 것이다.[109]

따라서 파라켈수스에게는 천상세계가 영겁 불변하지도 않는다. 천체는 지상의 물체와 마찬가지의 성질을 갖는다. 아니, 무릇 우주 전체는 생명을 가진 한 통일체이며 천체도 또한 생명적 존재이다. 1525년경에 집필한『볼루멘 파라미룸volumen paramirum』(일역『기적의 의서奇蹟の医書』)에서는 천체가 인체의 건강에 미치는 병인을 언급하며 말했다.

> 천체die astrorum가 천체로서의 본성과 동시에 여러 성질을 갖는 것은 지상의 인간의 경우와 마찬가지이다. 동일한 천체가 또한 시시각각 변화하고 그때마다 보다 좋게도 나쁘게도, 또 보다 달게도 시게도, 보다 맛있게도 쓰게도 변한다. 천체가 좋은 상태에 있을 때에는 거기에서 나쁜 영향이 생기지 않지만, 나쁜 상태에서는 나쁜 영향이 생겨난다.[110]

이와 동시에 아리스토텔레스 이래 이 시대에 이르기까지 이야기해 온, 행성이나 태양이나 달, 나아가서는 항성들을 고착시켜 움직이는 강체적剛體的 천구도 파라켈수스의 우주에서는 존재하지 않는다. 『파라그라눔』에서는 이렇게 이야기한다.

> 천공의 별은 물체적인 것corpus을 갖지 않는다. 천체는 무언가에 올라타 있지도 매달려 있지도 않다. 또한 뭔가의 위에 서 있지도 나란히 있지도 않다. 오히려 깃털이 공중을 자유롭게 떠돌듯이 천체 또한 그렇게 있다. …… 하늘의 모든 별은 자유로운 상태에 있고 어떠한 것에도 매달려 있지 않다Im Himmel alle Sterne frei stehen und an nichts hängen.[111]

이러한 논의가 아리스토텔레스의 우주론에 직접적인 동요를 일으키지는 않았을 터이나, 다음 장 이후에서 살펴보겠지만 1570년대의 신성과 혜성을 둘러싸고 논의가 벌어졌을 때 하늘이 꼭 불변이지는 않다는 주장이나 강체적 천구를 폐기한다는 결단을 어느 정도 뒷받침했으리라는 것은 충분히 생각할 수 있다. 실제로 다음 장에서 살펴볼 것인데, 튀코 브라헤의 1578년 문서에서 파라켈수스의 영향을 현저하게 확인할 수 있다. 『의사의 미궁』은 파라켈수스 사후 20년이 지난 1561년에 발견되었고 『아테네풍의 철학』은 1564년에 인쇄되었다.

*

초자연 현상같이 보였던 혜성을 천문학 연구수법으로서 정량적으로 측정하기 시작하고 나아가 그 자연학상의 성질이 명백해짐에 따라, 혜성을 달 아래의 기상현상이라 보는 아리스토텔레스 이론에 대한 의문이 솟아나왔다. 그러나 혜성이 달보다 위의 것이라면 천상세계는 불생, 불멸이라는 그때까지 받아들여 왔던 아리스토텔레스의 이원적 세계상은 흔들린다. 레기오몬타누스는 혜성이 달 아래 세계의 것임을 의심하지는 않았으나, 혜성까지의 거리 측정법을 불충분하게나마 제창했다. 카르다노는 혜성이 달보다 위쪽에 있는 것이라고 생각했고 레기오몬타누스의 방법을 그 검증에 이용할 수 있음을 깨달았다. 어쨌든 중요한 것은, 이 레기오몬타누스와 카르다노의 방법과 이론에 따르면 관측의 정밀도만 좋아진다면 우주론에 대한 철학적 입장에 상관없이 정량적 측정 결과와 수학적 계산만으로 혜성이 달 아래 세계의 현상인지 아닌지가 판정되고, 그에 따라 아리스토텔레스 우주론의 옳고 그름 자체가 검증될 수 있다는 것이었다. 몇몇 결함을 지적할 수는 있지만 피터 바커Peter Barker와 버나드 골드슈타인Bernard Goldstein이 말하듯이 "토스카넬리가 여러 혜성을 수많이 관측한 것과 시차로 혜성까지의 거리를 결정하는 레기오몬타누스의 방법은 중세과학과 단절되는 혁신을 제기했다".[112]

이와 나란히 혜성 꼬리가 항상 태양에서 멀어지는 방향을 향한다는 발견과 거기에서 생겨난 혜성의 광학이론도 아리스토텔레스적 이해에 반해 혜성이 천상세계의 현상일 가능성을 시사했다. 아피아누스와 프라카스토로의 발견으로부터 40년 뒤에, 튀코 브라헤는 1578년에 덴마크 왕에게 제출한 1577년의 혜성에 관한 논고에서 그 점을 확실히 지적했다.

> 이 혜성은 다른 모든 혜성과 마찬가지로 태양에서 항상 똑바로 멀어지는 방향으로 향하는 꼬리를 갖고 있다. …… 이것으로부터 혜성 꼬리는 혜성 본체를 통과한 태양의 빛 이외에 아무것도 아님을 알 수 있다. …… 아리스토텔레스와 그 모든 추종자들은 혜성 꼬리가 대기 위쪽에서 불타는 희박한 유성물질의 화염이라는 그들의 견해를 유지할 수 없다. 만약 그들이 옳다면 그 화염이 태양과 상관되는 일은 없을 것이다. 즉 그것이 어디에 있어도, 또한 하늘이 아무리 회전해도 그 꼬리가 항상 태양에서 멀어지는 방향을 향하지는 않을 것이다.[113]

혜성의 광학이론 그 자체는 실제로는 일시적인 것일 뿐이었다. 그것을 한때 수용했던 케플러는 나중에 1618년의 혜성에 관한 1625년 문서에서 이야기했다.

> 나는 『광학[천문학의 광학적 부분]』에서 참된 혜성 꼬리는 혜성의 투명한 머리에서 굴절된 태양광선으로 형성된다고 말했다. …… 나의 견해가 보다 옳은 쪽으로 향했을 때 나는 그 생각을 버렸다. …… 나는 혜성 그 자체는 에테르와 같은 극히 순수한 물질이 아니

> 며 그 조밀함이나 희박함에 따라 그 내부에서 다르다고 인정한다. 그 머리는 응집된 안개 같은 것으로 다소 투명하고 꼬리 내지 수염은 태양광선을 통해 반대 측으로 방출된, 머리에서 온 발산물이며 그 연속적인 유출 뒤에 머리는 다 사용되어 소멸한다. 따라서 꼬리는 말하자면 머리의 죽음이다.[114]

혜성 꼬리는 그 머리(본체)에서 생긴 증발물effluvium ex capite로, 그 때문에 혜성은 이윽고 소멸해 간다는 이 케플러의 설은 놀라울 정도로 근대적modern이며 참모습에 다가간 것인데, 어쨌든 혜성의 광학 이론은 이렇게 17세기에는 쇠퇴했다. 따라서 "[혜성 꼬리에 대한] 이 광학이론이 아리스토텔레스 우주론을 추방하는 길을 열었다"라는 피터 바커의 주장은 다소 성급한 느낌은 있지만,[115] 16세기 후반에는 혜성의 광학이론이 혜성의 본질을 둘러싸고 아리스토텔레스 이론에 의문을 던지는 데 그 나름의 큰 역할을 했음은 부정할 수 없다.

그리고 또 이 시대에 고대 로마의 세네카가 기술한 『자연연구』가 부활했는데, 여기서 아리스토텔레스의 것과는 다른 혜성 이론을 이야기한 것도 아리스토텔레스 우주론의 권위를 뒤흔들었다. 나아가서는 파라켈수스의 사상도 아리스토텔레스와는 다른 세계를 이야기했다. 코페르니쿠스의 『회전론』 출현을 전후하여 아리스토텔레스 이래 이원적 세계상에 대한 비판의 단서가 이렇게 몇몇 채널에서 생겨났던 것이다. 다른 한편으로 지리상의 발견도 이 시대에 고대 플라톤이나 아리스토텔레스 이래의 세계인식이 많은 오류를 포함하는 불완전한 것임을 점차 밝혀냈다. 이렇게 다방면으로 스콜라학을 뛰어넘으려는 파도를 배경으로 하여 1572년의 신성과 1577년의 혜성의 등장이 고대 이래의 세계상을 해체하도록 크게 촉진시켰다.

제 10 장

아리스토텔레스적 세계의 해체

1570년대의
신성과 혜성

1. 1572년의 신성

비텐베르크학파가 코페르니쿠스 이론을 행성 위치와 운동의 예측만을 목적으로 하는 수학적 천문학에 자족하는 방식으로 다루는 한에서, 지동설과 천동설의 차이는 계산 편의의 차이일 뿐임은 명백했다. 즉 코페르니쿠스 설의 우주론적 주장은 다루지 않고 지나칠 수 있었던 것이다. 이 때문에 독일 프로테스탄트계 대학에서는, 자연학(우주론) 영역에서는 지구를 중심으로 하여 달보다 위의 세계와 아래 세계가 다른 세계라는 아리스토텔레스의 이원적 세계상을 이야기했고, 수학(천문학)에서는 상급 학생에게 코페르니쿠스 모델에 준한 계산기법을 교수하는 뒤틀린 상황이 출현했다. 그러나 원래 철학적·사변적이고 세계의 설명을 목적으로 하는 아리스토텔레스 자연학과 수학적·기술적이며 '현상을 구제하기' 위한 프톨레마이오스 천문학 사이에는 분열이 있었으므로, 이런 한에서 프톨레마이오스의 것이 코페르니쿠스의 것으로 바뀌어도 세계상에 큰 변화가 야기되는 일은 없었다고 말할 수 있다.

자연학 영역에서 아리스토텔레스 이론에 대한 회의, 특히 천상세계가 불변이라는 그 우주상에 대한 의문은 앞 장에서 보았듯이 이미 16세기 중기에 혜성을 둘러싸고 조금씩 이야기되기 시작했는데, 새로운 현상의 출현, 즉 1572년과 1604년의 두 신성 출현, 그리고 1577년의 혜성에 의해 공공연한 논의의 장에서 생겨났다.

나중에 '튀코 브라헤 신성'이라 불리게 되는 1572년에 출현한 신성은,*1 그해 11월 초에 카시오페이아자리에서 확인되었다. 알려져 있는 가장 빠른 기록은 메시나의 예수회 학교의 수학교사 프란체스코 모로리코가 남긴 11월 6일의 것이다. 「카시오페이아자리 가까이에 올해 나타난 새로운 별에 관하여」라는 제목의 이 수기 첫머리에서는 『창세기』 등의 인용이나 점성술에 관한 일반적인 기술 뒤에 다음과 같이 계속해서 말하고 있다.

> 내가 이것들을 말하는 것은 이 해, 메시나에서 혜성보다도 놀랄 만한 심상치 않은 징조signum insolitum et mirabilius cometis, 즉 지금까지 어떠한 별도 확인되지 않았거나 존재했다고 해도 선명하지 않아 기록할 가치가 없다고 간주해 온 장소에서 현저하고 이상하게 밝은 별stella insignis et eximii splendoris이 출현했기 때문이다.[1]

비텐베르크대학의 볼프강 슐러Wolfgang Schuler도 역시 11월 6일에 이 신성을 확인했다.[2] 이 별은 12월에는 더 밝아졌고 누구의 눈에도 띄게 되어 낮에도 보였다고 한다(그림10.1). 그 후 점차 밝기가 줄어들었지만 주위의 항성에 대한 위치를 바꾸지 않고 17개

---

*1 이렇게 새로이 나타나서 보이는 별은 현재는 그 밝기의 정도에 따라 '신성nova'과 '초신성super nova'으로 분류된다. 이 1572년의 신성은 현재의 기준으로는 '초신성'이었으리라 생각된다. 물론 그 발견 당시 신성과 초신성의 구별은 알려져 있지 않았고 현재 사용되는 '신성nova'이라는 단어도 없었으므로 이후 이 별을 본문 속에서는 단지 '신성'이라 부를 것이지만 이것은 당시 사용되던 'stella nova'의 역어이며 현대적인 '신성'과 '초신성'의 구별을 전제한 것은 아니다.

그림 10. 1 프라하에서 보였던 1572년의 신성(튀코 브라헤 신성).
오른쪽 위에서 크게 빛나고 있는 것이 신성이다. 왼쪽 산 위에 보이는 것이 태양, 그 대각선 위가 금성.

월간 계속 빛을 내다 이윽고 시야에서 사라졌다. 이런 까닭으로 이 새로운 별은 많은 서유럽인이 목격했다. 아니, "유럽의 거의 모든 천문학자가 이 신성을 주시했다"라고 하며 이것은 유럽 전역에 점재했던 "50명을 넘는 관측자가 기록한 팸플릿의 주제"였다.[3]

유럽사회에 주었던 그 충격은 거대했다.

왜냐하면 유럽에서는 플리니우스의 『박물지』에 "히파르코스는 생존 시에 출현했던 새로운 별을 탐지했다"[4]라고 기록되어 있는 것 이외에는 이러한 신성을 관찰한 기록은 알려지지 않았기 때문이다. 히파르코스 이전의 인물인 아리스토텔레스에 따르면 "과거 전체에 걸쳐 차례차례 전승되어 온 기록에 따르자면, 지상의 하늘은 전체에서도, 또한 그것에 고유한 어떤 부분에서도 명백하게 어떤 변화가 있었다고는 보이지 않는다"라고 했다.[5] 이 점에 관하여 1604년에 요하네스 케플러는 "[1572년에] 천문학자가 하늘에서 기적적인 현상을 발견한 이래 32년이 되는데, 그러한 현상은 우리 시대에 이르기까지 어떤 책에도 보고되어 있지 않다"라고 기록했다.[6] 20세기가 되어서도 아서 쾨슬러Arthur Koestler는 "기원전 125년, 히파르코스는 하늘에서 신성이 나타난 것을 발견했는데 그때 이래 이러한 사건은 전 세계의 누구 한 사람 보거나 듣거나 한 적이 없었다"라고 썼다.[7] 그러나 그렇지는 않았다. 1006년에 이리자리에 출현한 신성(초신성)의 기록이 중국이나 일본 문헌에서 발견된다. 일본에서는 후지와라노 유키나리藤原行成(972~1027)의 『권기権記』, 궁정의 중요한 사건을 기록한 『일대요기一代要記』, 작자미상의 『백련초百練抄』와 그 외에 기록되어 있다. 『일대요기一代要記』에는 "去三月廿八月戊子, 客星入騎, 色白青, 天文博士安倍吉昌奏之[지난 무자년 3월 28일 객성이 기騎에 들어왔다. 색은 청백이었다. 천문박사 아베노 요시마사가 이것을 보고했다]"라는 기록이 있다.[8] 후지와라노 사다이에藤原定家(1162~1241)의 『명월기明月記』에는 일본에서 보였던 '객성客星', 즉 신성의 642년, 1006년, 1054년, 1166년, 1181년 기록이 있다. 1054년의 기록은 황소자리에 나타난 초신성으로, 『명월기明月記』에 "天喜二年四月中旬以降丑時客星出…… 大如歳星[덴키天喜 2년 4월 중순(1054년 5월 하순) 이후 축시에 객성이 나왔다…… 크기가 목성만 하다]"라고 했으며, 중국의 송회요宋會要, Sun Hui Yao의 책에는 "晝見如太白, 芒角四出, 色赤白, 凡見二十三[금성같이 낮에도 보이며 다소 불그스름한 빛을 사방으로 뿌려 23일간 볼 수 있었다]"라고 전하므로 상당한 숫자의 사람들에게 주목받았을 터이다.*2 북미 선주민의 유적 벽화에도 이 신성으로 추정되는 그림이 그려져 있다고 한다.[9]

불가사의하게도, 유럽인은 이것들을 눈치 채지 못했거나 기록도 기억도 하지 않았다. 1006년, 1054년이라 하면 서유럽이 이슬람 사회를 경유하여 고대 그리스의 학문을 재발견하기 직전으로 중세 전기 이슬람 사회의 발달한 천문학이나 점성술을 알지 못했고 무릇 하늘에 관심을 두지도 않았던 것일까. 어쨌든 1572년의 신성 출현은 당시 유럽인에게는 전대미문의 사건이었다.

그렇다고 해서 이 사건이 곧바로 아리스토텔레스 우주상에 대한 의문을 불러일으키지는 않았다. 오히려 그것을 미증유의 사건이 일어날 전조로서 두려워했고 센세이셔널하게 받아들였다. 특히 그해에 성 바솔로뮤의 밤(8월 24일)의 위그노(프랑스의 신교도) 대학살이 있었고, 1568년에 종주국 스페인에 대한 독립전쟁이 시작된 네덜란드에서는 그 당시 신교도 탄압이 잇달아 일어났던 일도 있어서 전 유럽이 난리였으며, 이 신성의 출현은 인심에 동요를 일으켰다. 페트루스 아피아누스의 아들로 튀빙겐대학 교수였

---

*2 1006년(간코寛弘 3년)의 태음력 3월 28일은 율리우스력으로는 4월 28일이다. '객성客星'은 신성, '기騎'는 성좌명. '세성歲星'은 목성, '태백太白'은 금성이다.

던 필리프 아피아누스는 뷔르템베르크의 루트비히 대공에게 바친 보고에서 "그 혜성 내지 별은 전능하신 신의 경고로서 만들어졌다"라고 기술했다.[10] "전 독일에서 대공이나 군주들은 천문학자나 점성술을 소환하여 그 출현의 설명을 요구했다"라고 한다. 그러나 요구받은 '설명'은 그 자연학적 해명이 아니라 신성의 출현 그 자체에 들어 있는 신의 경고 내용이었다.[11]

덴마크의 청년귀족으로 프로테스탄트였던 튀코 브라헤Tycho Brahe는 나중에 상세하게 살펴보겠지만 이 신성의 정밀한 관측으로 유명해졌는데, 1602년에 출판된(쓴 것은 훨씬 이전) 『갱신된 천문학의 예비연구』(이하 『예비연구』)의 「결론」에서 이 1572년의 신성 출현은 "파국이 임박했다catastrophen impendere"라는 것을 나타낸다고 이야기했다.[12] 그리고 역시 프로테스탄트였던 헤센 방백*3 이자 스스로도 천체 관측에 종사했던 빌헬름 IV세는 일찍이 389년의 별(혜성)이 고트나 훈의 도래와 로마제국 몰락의 조짐이었듯이, 이번 신성도 튀르크의 침입을 예고한다고 말했다고 전한다.[13] 제네바에서는 칼뱅의 후계자 테오도르 베즈Théodore de Bèze가 이 신성의 출현을 그리스도 탄생 시에 출현한 베들레헴의 별의 재래라고 보고 이 신성을 그리스도 재림의 전조라고 파악했다.[14] 다른 한편으로 이 해는 또한 스페인과 베네치아와 교황청의 연합군이 레판트 해전에서 오스만 튀르크를 격파한 다음 해이기도 하며 아버지가 비잔틴 제국의 망명자였던 모로리코는 이 신성의 출현이

---

*3 방백方伯, Landgraf이란 방백령Landgrafschaft이라 불리는 지역의 군주를 말한다.

콘스탄티노플 탈환의 조짐이 아닌가 하고 낙관적인 꿈을 이야기했다.[15] 역시 예수회 천문학자 크리스토퍼 클라비우스Christopher Clavius는 "뭔가 중요한 것을 예고하기 위해 신이 그것을 만들었을" 가능성을 언급했다.[16] 경고나 예고의 내용은 여러 가지였지만 신의 메시지라는 점에서는 가톨릭도 프로테스탄트도 일치했다.

지구상에서 육안으로 확인할 수 있는 신성은 그렇게 자주 출현하지는 않았지만, 32년 후인 1604년에도 또 하나의 신성이 뚜렷하게 등장했다. 그리고 이때에도 크게 소동이 일어났다. 다음 해인 1605년에 처음으로 상연된 영국 극작가 벤 존슨Ben Jonson의 희극 『여우 볼포네Volpone or the Fox』에서는 "신성의 출현! 불길한 일이 잇따른다! 전조, 전조, 전조다!"라고 했다.[17] 같은 무렵, 영국 시인 존 던은 노래했다.

> 얼마 안 되는 동안, 하늘을 방황하는 혜성을 보면, 사람은 놀라고
> 천변지이라고 생각합니다. 그만큼 신기한 사건이지요.
> 그래도 천구의 운동과 일치하는 움직임을 취하는 신성이 있으면
> 기적이 됩니다. 천구에는 새로운 것은 없기 때문입니다.[18]

벤 존슨과 존 던 모두 튀코 브라헤 신성이 출현한 1572년에 태어났다는 것이 재미있다.

신성의 출현이 세계인식의 전환, 즉 우주론과 자연학의 근본적인 재인식에 무엇 때문에, 또한 얼마나 중요했는가는 그때부터 다시 약 4반세기 후인 1632년에 갈릴레오 갈릴레이가 코페르니

쿠스 이론을 옹호하는 책으로서 공표한 『주요한 두 세계 체계에 관한 대화Dialogo sopra i due massimi sistemi del mondo』(일역 『천문대화天文対話』)에서 간결하게 이야기했다.

우리는 이 세기가 되어 새롭게 얻은, 만약 아리스토텔레스가 이 시대에 있었다면 반드시 의견을 바꾸었을 것이 틀림없을 사건과 관측을 갖고 있다고 말할 수 있을 것입니다. 이것은 명백하게 아리스토텔레스 자신이 철학한 방식에서 얻은 생각입니다. 왜냐하면 그는 어떤 새로운 것이 생성하거나, 오래된 것이 소멸하거나 하는 것이 보이지 않으므로 하늘은 불변이라고 간주된다고 썼기 때문입니다. 따라서 그는 암묵 중에 만약 자신이 그러한 사건 하나라도 볼 수 있다면 그 반대를 취했을 것이고, 당연합니다만 감각적 경험을 자연학적 논의보다 우선시했으리라고 생각하게 합니다. ……
최근 하늘에서 발견된 사항이야말로 모든 철학자에게 충분한 만족을 줄 수 있는 것이며 또한 줄 수 있었다고 말할 수 있을 것입니다. 왜냐하면 개개의 천체에 대해서도 또한 하늘의 보편적인 공간 속에서도 종종 우리 사이에서 생성과 소멸이라 불리는 사건과 닮은 사건을 보아왔고 지금도 보고 있기 때문입니다. 즉 뛰어난 천문학자들은 어떤 의문도 없이 모든 행성보다 높은 곳에 있는 1572년과 1604년의 두 신성 외에 달의 천구보다 높은 부분에서 많은 혜성이 생성하고 소멸하는 것을 관측했습니다.[19]

즉 어느 정도의 시간이 지나고 나서 되돌아보았을 때 가장 중요한 문제라고 인정된 것은 이 현상이 달 아래 세계, 끊임없이 생성하고 소멸하는 지구 상층의 공기와 불의 영역의 사건인가, 그렇지 않으면 천상세계, 영겁 불변하는 에테르 세계의 사건인가였다. 판정은 그 신성에서 시차가 확인되는가 되지 않는가 및 항성천恒星天에 대한 운동이 확인되는가 아닌가에 달려 있었다. 전자라면, 즉 그럭저럭 시차나 운동이 있음이 확인된다면 그것은 달 아래의 현상이며 자연학적으로는 큰 문제는 아니다. 그러나 후자라면, 즉 시차도 운동도 확인되지 않고 따라서 항성천의 현상이라면 그것은 천계불변이라는 아리스토텔레스 세계상의 근간을 뒤흔드는 문제가 된다.

갈릴레오는 십 수 명이 행한 이 1572년 신성의 시차 관측 데이터를 들었다. 튀코 브라헤, 헤센 방백 빌헬름 IV세, 아우구스부르크의 천문 애호가 파울 하인첼Paul Heinzel, 비텐베르크의 포이어바흐와 슐러, 프랑크푸르트대학의 엘리아스 카메라리우스Elias Camerarius(뉘른베르크의 요아힘 카메라리우스의 주니어), 프라하의 궁정의이자 튀코의 친구 타데아스 하이에크Tadeáš Hájek, 발렌시아대학의 히에로니무스 무뇨스, 루뱅대학의 코르넬리우스 겜마Cornelius Gemma, 메시나의 프란체스코 모로리코, 뉘른베르크 출신으로 프랑크푸르트대학의 아담 울시누스, 역시 뉘른베르크 출신의 화가로 아마추어 천문관측자였던 게오르크 부슈Georg Busch, 그리고 에라스무스 라인홀트(『프러시아 표』를 작성한 에라스무스 라인홀트의 주니어)였다.

물론 이 모든 관측결과가 일치한 것은 아니었고 이것이 전부도 아니었다. 필리프 아피아누스도 이 신성에는 시차가 있다고 해도 극히 작다는 것을 인정했고, 역시 이 신성이 달보다 위의 것이라고 판단했다.[20] 도리스 헬먼Doris Hellman의 논문에 따르면 멜란히톤의 친구이자 하이델베르크의 교수 헤르만 비르켄이 1574년 『천구론』의 주석에서, 그리고 마찬가지로 리옹의 프란체스코 기운티니Francesco Giuntini가 1581년 『점성술의 거울Speculum Astrologiae』에서 이 신성이 카시오페이아자리의 항성과 마름모꼴을 만들었으며 시차도 보이지 않았고 운동도 보이지 않았기 때문에 출현한 것이 하늘의 에테르 영역이라고 기술했다고 한다.[21] 다른 한편 포이어바흐와 슐러는 19분의 시차를 관측했고 부슈 또한 '놀랄 정도로 큰 시차'를 발견하여 달 아래 현상이라 판단했다.[22]

로마에서는 클라비우스가 사크로보스코Johannes de Sacrobosco의 『천구론De Sphaera Mundi』 주석의 1585년판에서 이 신성이 항성천의 것이라는 확신을 표명했다. 그는 각지의 보고, 특히 모로리코의 관측에 기반하여 이 신성이 시차를 보여주지 않고, 또 항성천에서 위치를 바꾸지 않는다는 결론에 도달한 듯하다.[23]

영국에서는 존 디나 토머스 디게스가 그 시차를 측정했고 그 어느 쪽 결과도 그것이 천상세계의 사건임을 보여주었다. 디게스는 이 신성에 관해 인쇄된 보고로는 가장 빠르다고 간주되는 1573년 2월 출판된 『날개 내지 수학의 사다리Alae seu Scalae Mathematicae』에 그것을 기록했다. 1590년에는 토머스 후드Thomas Hood가 "가장 뛰어난 천문학자들은 그 새로운 별that new starre이 [항성]천구에 있다고 결론지었다. 왜냐하면 그들은 누구 한 사람 그것에서 모든 항

성에서 통상 관찰되는 운동 이외의 어떠한 운동도 발견할 수 없었기 때문이다"라고 말했다.[24*4]

1603년에 사망한 영국의 윌리엄 길버트의 유고에서는, 관측으로 이 별이 달보다 위의 것이라고 판단한 자로서 튀코, 하이에크, 무뇨스, 코르넬리우스 겜마, 디, 디게스, 그리고 독일의 미하엘 메슈틀린을 들었다.[25] 갈릴레오는 이 중 특히 튀코 브라헤와 헤센 방백 빌헬름 IV세가 '가장 정확한 관측자'라고 지명했다.[26] 이 두 사람과 메슈틀린은 중요하므로 절을 바꿔 설명하기로 하자.

2. 헤센 방백 빌헬름 IV세

빌헬름 IV세의 아버지 헤센 방백 필리프는 멜란히톤보다 7세 연하인 1504년생으로, 인문주의자이자 종교개혁에서 빨리 복음주의의 기치를 뚜렷하게 내건 개혁파로서 유능하고 야심적인 정치가이기도 했다. 1527년에는 가장 오래된 프로테스탄트계 대학인 말부르크대학을 교황의 인가를 받지 않고 창설했다. 황제에게 저항하는 동맹의 합법성을 확신했던 필리프는 1529년 가을에는 결과적으로는 실패로 끝났지만 프로테스탄트 통일전선을 형성하

---

*4 존 디는 이 별의 밝기가 점차 감소하여 이윽고 소멸한 까닭을 그것이 지구로부터 멀어졌기 때문이라고 해석했다. 토머스 디게스는 같은 현상을 관측하며 그것이 지구가 움직이고 있음을 나타내는 것은 아닌가 하고 생각했다(Johnson (1937), p. 155; Hellman(1944), p. 112).

기 위해 말부르크에서 루터와 멜란히톤을 취리히의 츠빙글리와 바젤의 외콜람파디우스Johannes Oecolampadius와 대면시켰다고 알려졌다. 그는 한편으로는 영내 수도원을 폐지했고 수도원과 교회령을 접수했지만 다른 한편으로는 튀빙겐의 농민운동을 탄압했고 그 지도자 토마스 뮌처Thomas Münzer를 처형했다. 필리프는 1534년부터 1536년에 걸쳐 루터파 지도자로서 슈말칼덴 동맹을 인솔했는데 나중에는 여성문제를 둘러싼 스캔들로 황제 카를 V세에게 굴복하게 되어, 1547년부터 1552년까지 투옥되었고 정치생명이 끊겼다.

1532년에 태어난 아들 빌헬름(그림10. 2)은 14세가 되기까지 궁정에서 교육받았다. 슈말칼덴 동맹과 카를 V세 사이의 전쟁이 시작된 1546년에 학습과 전쟁의 소란을 피할 목적으로 슈트라스부르크로 가게 되었는데 다음 해 아버지 필리프가 사로잡혔기 때문에 헤센으로 돌아갔다. 그리고 1552년에 아버지가 해방되기까지 빌헬름은 영방領邦 군주 대행으로서의 중책을 수행했는데 이 과정에서 정치적 능력을 인정받아 인근의 많은 군주들과 교우도 쌓았다. 아버지가 귀환한 뒤는 유명한 지리학자 메르카토르의 아들 르모르드 메르카토르를 수학 교사로서 불러서 수학과 천문학 학습에 진지하게 임했다.

빌헬름은 천문학만이 아니라 식물학에도 많은 관심이 있었다.

인문주의가 고대 문헌에 주목하여 그 복원에 힘씀으로써 고대 본초학에 새롭게 빛을 비추었고, 때마침 인쇄서적이 등장함으로써 15세기 초부터 16세기에 걸쳐 식물학에 대한 관심이 높아졌다.

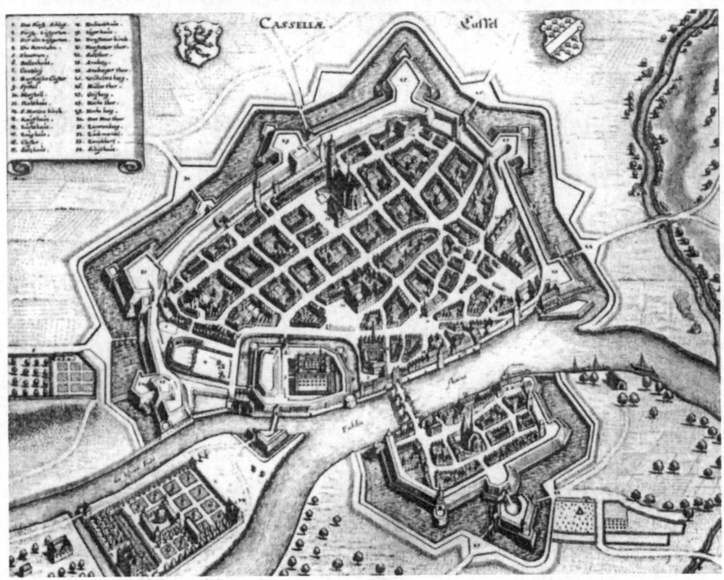

그림 10.2 헤센 방백 빌헬름 IV세(1532~1592).
1577년 45세 때의 초상과 그 관측기지가 있었던 카셀 성.

특히 독일에서는 아름다운 목판화 삽화를 덧붙인 본초학, 식물학 책이 잇달아 인쇄, 출판되었다. 이리하여 오토 브룬펠스Otto Brunfels가 1530년에 『본초사생도보本草寫生圖譜, Herbarum vivae eicones』(보통 『식물 생태도』 등으로 번역. _옮긴이)를, 히에로니무스 보크Hieronymus Bock가 1539년에 『신본초서新本草書, New Kreütter Buch』를, 튀빙겐대학 의학부 교수이자 멜란히톤의 친구인 레온하르트 푹스Leonhart Fuchs가 1542년에 『식물지De historia stirpium commentarii insignes』(식물의 역사에 관한 주목할 만한 코멘트. 보통 『식물사』로 번역. _옮긴이)를 출판하게 되었다. 브룬펠스, 보크, 푹스 모두 루터파 프로테스탄트였다.

그리고 이 과정에서 디오스코리데스의 『약물지』나 플리니우스의 『박물지』와 같은 고대 로마 문헌의 오류나 지중해 연안부와 유럽 중부의 식물종에 차이가 있음이 밝혀짐에 따라, 독일 국내에 자생하는 식물과 그 의료효과에 관심이 모이게 되었다. 이것은 고대 문헌의 발굴과 복원, 그리고 그 주석을 주안점으로 하는 인문주의적 연구로부터 실제 자연을 관찰하는 것으로 지적 관심이 전환되어 가는 과정이었다.[27] 빌헬름의 청년 시절에는 이 정도로 진전되어 있었다. 이리하여 빌헬름은 성내에 식물원을 조성하여 스스로 식물을 재배하거나 관찰을 했을 뿐만 아니라 같은 취미를 가진 인사들과 도판이나 종자를 교환함으로써 독일 식물학 연구의 정보 센터 역할을 하게 되었다.[28]

그러나 빌헬름의 자연학 연구는 천문학 쪽이 잘 알려져 있고 또한 중요하기도 하다.[29] 빌헬름이 천문학에 빠진 것은 아피아누스의 『황제의 천문학』을 접하고 그 회전원판이 만드는 행성운동

모형에 흥미를 품었기 때문이라고 전한다.[30] 최초의 천체 관측은 1551년으로 19세 때였다. 관측에는 7세 연상이었던 직인 에버하르트 발데바인Eberhard Baldewein이 협력했다. 발데바인은 아버지대부터 거주하던 성의 광열 관리자로서 빌헬름이 기계공으로 등용하여 관측기기의 제작에도 관여할 정도로[31] 유능했다. 중세유럽에서는 14세기 중기에 조반니 데 돈디Giovanni de Dondi가, 시간을 보여줄 뿐만 아니라 프톨레마이오스 이론에 따라 지구 주위를 주회하는 태양, 달, 행성 운동을 보여주는 정교한 천문시계astrolabium를 만든 것으로 알려졌는데,[32] 발데바인은 1561년에 "돈디의 후계자로서 고려될 만한 천문시계를 제작했다". 그것은 이전에 페트루스 아피아누스가 『황제의 천문학』에서 제시한 수 장의 두꺼운 종이로 이루어진 회전 원판인데, 행성 운행을 표시하는 모형을 힌트로 삼아 동판과 톱니바퀴로 만들어진 것으로 '빌헬름 시계Wilhelmsuhr'라 불렸고 큰 평판을 얻었다.[33]

초기 관측에서 빌헬름은 기존의 성표에 상당한 오류가 있음을 발견했고 또 코페르니쿠스나 쇠너, 프톨레마이오스 간에도 차이가 있음을 알아내어 보다 정확한 관측의 필요성을 통감하게 되었다.[34] 1558년부터 1560년까지는 요하네스 쇠너의 아들 안드레아스가 그에게 협력했다. 이리하여 뉘른베르크의 정밀기기 제작과 천체 관측 전통이 카셀의 궁정에 전해졌다.[35] 이 시기의 관측은 주로 카셀의 정확한 위도와 황도면 경사각 결정에 초점이 맞춰졌다. 그 후 일시 중단되었지만 카셀의 거성(그림10.2)에 관측용 탑(일설로는 발코니)을 건설했고 1567년에 아버지가 사망하기까지

규칙적인 관측을 계속했다. 주된 목적은 정확한 성표를 작성하는 것이었다. 관측기기로서 당초에는 목제 사분의가 사용되었는데 나중에는 발데바인이 제작한 두 황동제 사분의가 사용되었다. 레기오몬타누스와 발터의 지속적인 천체 관측을 계승하는 것으로 이 시기가 빌헬름 IV세 관측의 제1기였다.

안드레아스 쇠너는 해시계와 아스트롤라베에 관한 1562년의 책을 막시밀리안 II세에게 바쳤는데, 그 서문에 다음과 같이 쓰여 있다.

> 오늘날에는 수학적 기예에 뛰어나고 [그 방면에] 지식이 있는 제후가 여러 분 계십니다. 그분들은 스스로의 노력을 통해 이 학예들에 전념하셨고, 나아가 넓은 영역을 깊이 이해하고 계셨습니다. 그분들은 이 사항들에서 기쁨을 발견하셨습니다. 또한 장치를 설계하셨습니다만 저 자신이 이 제후들께서 설계하신 그 장치를 여러 개 보고 왔습니다. 이 분들은 하늘의 운동을 관측하며 어용 수학관[점성술사]의 직무와 별반 다르지 않은 일을 행하고 계십니다. 작센의 공작으로 저명한 아우구스트 선제후, 헤센의 방백 빌헬름 공, 작센의 요한 프리드리히 공과 그 형제분, 프란덴부르크의 요한 선제후 등은 틀림없이 이 분들 중에서 꼽을 수 있습니다. 제가 이 분들의 존명을 든 것은 그 영예를 찬양하고 그 불굴의 영광을 칭송하기 위해서입니다. …… [그렇지만] 더 위대한 분은 헤센의 방백 빌헬름 공 [빌헬름 IV세] 바로 그분입니다.[36]

이것은 과학사가 브루스 모란Bruce Moran의 논문에서 재인용한 것인데, 모란이 말했듯이 당시 독일에서는 이러한 정밀한 관측 장치의 개량이나 경제적으로 유용한 기술의 육성에 관심을 기울인 몇몇 영방군주를 볼 수 있었고, 그들은 유능한 직인이나 기능자를 고용하여 등용했다. 이러한 기술 지식은 영토의 정치적 지배를 강화하거나 경제적으로 발전시키는데, 특히 영토 측량이나 지도 제작, 사회자본 확충이나 광산 개발이라는 면에서 실제적으로 필요하다고 간주되었다. 옛 봉건영주에게도 상품경제가 침투하던 와중에 영토를 유지하고 경영하기 위해 산업가로서의 수완이 요구되었던 것이다. 혹은 화기의 발달, 특히 대포의 출현에 동반하여 발생한 병기 생산이나 축성, 그 밖의 군사상 문제를 해결하기 위해서도 기술적 지식이 요구되었다. 이런 까닭으로 이 영방군주들은 후원자patron로서, 또한 스스로가 실무자로서 "동떨어져 있던 학자와 직인 사이에 다리를 놓아 사회적 엘리트의 활동과 전통적으로 직인의 것이었던 과학적이고 기술적인 활동 사이의 거리를 좁히는 것을 도왔다".[37] 예를 들어 팔츠 선제후 오토 하인리히Otto Heinrich는 정밀한 수학적 장치의 제작을 후원했을 뿐만 아니라 자신도 그 설계에 관여했고, 작센의 아우구스트 선제후는 측량기기의 개량에 힘을 기울였다고 알려져 있다. 빌헬름 IV세도 단순히 천체 관측이나 천문학 연구의 후원자였던 것만이 아니라 스스로도 유능한 수리기능자였다.[38]

1567년 아버지의 사후, 아버지의 영토 중 카셀을 포함해 헤센 부분을 상속받은 빌헬름은 방백 업무에 쫓겨 관측이 정체되기 일

쑤였고, 이즈음의 관측은 태양의 자오선 고도 측정에 한정되었다.[39] 그러나 천체 관측에 관계했던 같은 취미의 인사들과 정보교환은 계속했다.

1572년의 신성에 관해서 빌헬름 IV세는 11월 28일에 작센의 선제후로부터 혜성도 유성도 아닌 것이 하늘에 출현했음을 알게 되었고, 12월 3일 밤에는 스스로도 확인하여 관측을 개시했다.[40] 덧붙여 이 시점에서 그는 "유럽에서 가장 뛰어난 [관측] 장치를 갖추었다"라고 생각된다.[41] 그리고 "카시오페이아자리에서 이 신성이 출현한 것은 빌헬름의 천문학에 대한 열정을 다시금 자극했다".[42] 이미 그해 12월 14일에는 포이처에게 보낸 서신에서 "그 시차는 3분보다 크지는 않다"라고 전했으며 그것이 달보다 위의 것이라고 지적했다. 나아가 다음 해 1월에는 비르텐베르크의 루트비히 공에게 보낸 편지에서 "이 별은 초자연적인 것입니다. 왜냐하면 정확하고 주의 깊은 관측으로 저는 그것이 유성이나 혜성이라는 것도, 그것이 [달 아래의] 원소의 영역에서 만들어졌다는 것도 발견할 수 없었기 때문입니다"라고 분명히 말하고, 그것이 천상세계의 사건이라는 확신을 표명했다.[43*5]

그리고 빌헬름은 이 신성의 관측으로 천체 관측으로 복귀하여 일류 관측자로서의 명성을 얻게 되었다. 15세 소년이었던 덴마크

---

*5 시차 θ가 3분 이내, 즉 $\theta \leqq 3' = \frac{\pi}{180} \times \frac{3}{60}$ 이라면, 신성까지의 거리 R는 지구 반경을 $1r$로 하여 $R = \frac{1r}{\theta} \geqq \times (180 \times \frac{20}{\pi}) = 1146r$.

의 청년귀족 튀코 브라헤가 1575년에 그를 방문한 것도 방백의 천문학자, 천체 관측자로서의 명성에 이끌렸기 때문이었다.

그 후 빌헬름은 1577년에는 관측조수인 크리스토프 로스만 Christoph Rothmann을, 나아가 1579년에는 기술자 요스트 뷔르기Jost Bürgi를 채용하여 관측태세를 강화했고 관측 장치도 개량하여, 1584년부터 1589년까지 카셀의 천체 관측은 최전성기를 맞이했다. 특히 중시했던 것은 태양과 항성을 지속적으로 관측하는 것이었고, 나아가 혜성 출현과 같은 특이한 현상에도 주의를 기울였다. 행성에 관해서는 토성과 목성의 합과 같은 특별한 사건을 빼면 어느 쪽이냐 하면 부차적으로 관심을 두었다. 카셀의 관측에서 기술적으로 주목해야 할 것은 뷔르기가 제작한 정밀한 시계로 뉘른베르크의 발터가 시작한, 시계를 사용한 천체 관측이 대략 완성되었다는 것이었다.[44] 어쨌든 유능한 로스만과 뷔르기의 협력을 얻어 카셀 성은 중부 유럽 천체 관측의 한 거점이 되었다.

이와 함께 중요한 것은 천문학·식물학 애호가나 군주들과 빌헬름 IV세 간의 교류가 중앙유럽에서 천문학이나 식물학의 정보 교환 센터로서의 그의 지위를 확립시켰다는 것이다. 당시 값진 편지는 수신인뿐만 아니라 널리 많은 사람들에게 읽혔고 때로는 복사되어 회람되는 것이 보통이었다. 따라서 빌헬름 IV세에게 편지를 보낸다는 것은 지금으로 말하자면 학술잡지에 투고하는 것에 가까운 것을 의미했다. 즉 카셀의 빌헬름 IV세는 17세기 과학혁명 시대 프랑스의 메르센이나 영국의 올덴버그와 마찬가지 역할을 담당해 학회나 학술잡지가 존재하지 않던 시대에 그것을 대

신하는 기능을 했던 것이다.[45]

천문학이나 식물학만이 아니었다. 아베 긴야阿部謹也의 책에는 "여러 영방 중에서도 헤센, 카셀의 빌헬름 IV세(재위 1567~1592)는 '경제국가' 건설을 위해 계획적인 노력을 쌓았고, 그를 위해 나온 다수의 문서가 잘 알려져 있으며 그가 각 지역과 교환한 편지는 제국과 유럽 전역에 걸친 것이었다"라고 한다.[46] 종교적으로는 루터와 멜란히톤이 사망한 뒤 루터파 내부에서 순정 루터파와 필리프주의자가 대립했던 와중에, 빌헬름은 온건하고 비교적 관용적인 후자에 위치하여 칼뱅파와도 유화적이었으며 많은 군주와 우호적 관계를 지켰다. 정치적으로도 유능하고 신뢰받았던 듯하며 대립하는 분파 간의 중재에 관여하는 일도 많았고, 또한 카셀은 지리적으로는 쾰른이나 프랑크푸르트나 라이프치히의 교역로에 해당했기 때문에 그는 넓은 통신망을 형성했다.[47]

3. 튀코 브라헤와 신성

1572년의 신성 출현 직후에 그것을 가장 센세이셔널하게 전하며 우주론에서 그것이 갖는 중대성을 가장 인상적으로 말한 사람은 덴마크의 튀코 브라헤였다(그림10.3). 그 때문에 이 신성은 나중에 '튀코 브라헤 신성'이라 명명되었다.

덴마크에서는 1523년에 크리스티안 II세의 뒤를 이은 프레데리크 I세가 킬에 인쇄소를 개설하여 자국어 성서의 출판을 허가하

그림 10.3
튀코 브라헤 탄생 400주년을 기념하여 1946년에 덴마크에서 발행한 우표.

며 '덴마크의 루터' 한스 타우젠Hans Tausen의 루터파 43개조 지지를 표명했는데, 이것이 덴마크 종교개혁의 발단이다. 그 후 1530년대 초의 내란과 공위空位 뒤, 1536년에 개혁파 크리스티안 III세가 왕위에 올라 사교들을 파면하면서 수도원의 토지를 압수했고 다음 해인 1537년에 비텐베르크로부터 루터의 제자 요한 부겐하겐Johannes Bugenhagen을 불러 덴마크 교회를 재편했으며, 1539년에 교회령을 공포한 뒤 덴마크 국제國制의 기초를 형성했다. 이리하여 덴마크 교회는 왕에게 종속되는 국가교회가 되었고, 덴마크의 종교개혁은 왕권의 지도하에 달성되었다.

튀코 브라헤가 태어난 것은 1546년으로, 코페르니쿠스의 『회전론』이 출판된 지 3년 뒤이자 루터가 사망한 해였다. 튀코는 젊어서부터 삼촌인 요르겐 브라헤Jorgen Brahe의 양자가 되어 그 밑에서 성장했다. 브라헤 일족은 대대로 추밀원Rigsraad 의원을 역임한 덴마크의 명문귀족으로 각자 국가의 요직에서 일하며 국왕을 보좌했다. 크리스티안 III세의 뒤를 이어 프레데리크 II세가 왕위에 취임한 1559년에 튀코는 코펜하겐대학에 13세로 입학했고 1562년에는 학업을 계속하기 위해 라이프치히대학으로 옮겼다. 유학한 곳이 코페르니쿠스처럼 이탈리아가 아니라 독일 대학이었던 것은, 덴마크에서는 루터파의 세력이 강했고 튀코 자신도 프로테스탄트였기 때문이었을 것이다. 코펜하겐대학 자체가 비텐베르크대학을 모델로 하여 부겐하겐이 1537년에 조직을 재편한 대학이었다.[48] 1575년에 쓰인 이탈리아인 카르다노의 『자서전De propria vita(자신의 삶에 관하여)』에는 덴마크의 초청을 거절한 이유로 "살고 있는 자들이 야만적이고 로마교회와는 다른 종교를 믿고 있기 때문"이라고 기술되어 있다.[49] 덴마크 측에서 보자면 종교적 차이와 함께 자신들을 이렇게 내려다보는 이탈리아에 대한 반감도 당연했으리라 생각된다. 이 세기말에 쓰인 셰익스피어의 『햄릿』에서는 덴마크의 왕자 햄릿이 유학한 곳이 비텐베르크대학으로 되어 있다. 이 시대 덴마크의 실정을 반영한 셈이다.

어쨌든 당시 덴마크 귀족의 자제는 대학에서 수사학이나 법학을 배웠고 그 후 궁정에 사후伺候하여 왕 곁에서 정치나 군사나 외교에 종사하는 것이 보통이었으며, 권세를 가진 귀족 가문 출신이었던 튀코도 당연히 그러한 길을 걷기 위해 대학에 가게 된 것이었다. 그러나 튀코의 진로는 후에 크게 바뀌었다.

튀코는 코펜하겐대학 재학 중에 천문학과 점성술에 관심을 품게 되었다. 이즈음에 사크로보스코의 『천구론』, 아피아누스의 『천지학의 서Cosmographicus liber』, 레기오몬타누스의 『삼각형 총설』을 입수했다고 알려져 있다.[50] 당시 코펜하겐대학의 교육은 천문학과 점성술을 중시한 멜란히톤의 영향을 강하게 받았다. 튀코는 또한 라이프치히에서는 수학교수 요하네스 호밀리우스Johannes Homilius의 지우知遇를 입었다. 1518년생인 호밀리우스는 카메라리우스의 사위로 비텐베르크대학에서 포이처와 함께 레티쿠스에게 배웠다고 알려져 있다.[51] 튀코가 호밀리우스에게서 코페르니쿠스 이론을 배웠으리라고 충분히 생각할 수 있다. 튀코는 또 라이프치히에서는 호밀리우스 밑에서 수학을 배웠던 바르톨로메오 슐츠에게 천문관측 기술 외에 지도학이나 측량술, 그리고 관측기기 제작을 배웠다고 한다.[52]

튀코가 천문학을 하게 된 계기는, 가상디가 쓴 전기—튀코의 전기로서는 가장 빠른 것—에 따르면 1450년 8월 21일의 개기일식—코펜하겐에서는 부분식—과 조우했기 때문이라고 한다. 이때 스타디우스의 『에페메리데스efemérides』를 구입했다.[53] 드라이어Dreyer가 쓴 전기에서는 튀코가 원래 점성술 예언과 홀로스코프에 큰 관심을 갖고 있었다고 쓰여 있다.[54] 나중에 튀코 자신이 저술한 『새로운 천문학의 기계Astronomiae instauratae mechanica』에 덧붙인 자전적 회상에서는 라이프치히에서 수학했던 1563년 16세 때 조우했던 토성과 목성의 회합 관측, 특히 그것이 『알폰소 표』에 기반하는 예보와는 1개월이나 어긋났고 『프러시아 표』에 의거한 스타디우스의 『에페메리데스』도 일시를 올바르게 지정하지 못했던 것이 그 후 천체 관측에 본격적으로 착수한 계기였다고 기록되어 있다.[55] 원래 토성과 목성의 회합에 주목한 것 자체가 그 이전부터 점성술에 관심을 기울였음을 시사한다. 어쨌든 일식이나 월식 같은 천상의 특이 현상의 출현을 예측할 수 있음에 감명을 받았으나 그 예보가 반드시 정확하지는 않았음에 인상을 받았던 것, 튀코는 이 두 가지 경험에서 크게 영향을 받았으리라고 생각된다. 1564년에는 첫 관측기기로서 겜마 프리시우스가 추천한 크로스스태프를 입수했다.

이리하여 튀코는 10대 학생 시절에 천문학과 천체 관측의 길을 걷기 시작했다.

1565년에는 한 번 덴마크로 돌아갔는데 그해에 양부가 사망했고, 다음 해 다시 비텐베르크, 로스토크, 바젤, 잉골슈타트, 아우구스부르크와 그 밖의 지역을 편력하며 천문학의 조예를 쌓았다. 이 동안에 튀코는 같이 천문학에 취미를 가졌던 인사들과 친교를 쌓았고 당시 천체 관측의 각종 장치에 관한 지식을 익혀 그 사용법을 숙달했다. 바젤에서는 최초의 사분의를 만들었다고 알려져 있다.[56] 1566년 4월부터 9월까지는 비텐베르크에 체재하며 카스파어 포이처의 지우知遇를 입었다. 튀코는 그 후 1570년, 1575년에도 비텐베르크를 방문했으며, 비텐베르크와 특히 밀접하게 연관이 있었다. 로스토크에서는 1566년 10월에 월식, 1567년 9월에 일식을 관측했다. 그 후 아우구스부르크에서는 시장 파울 하인첼과 안면을 텄고, 그의 협력으로 목제 사분의를 제작했으며 또한 아리스토텔레스의 연역적 자연학을 관측에 기반하는 수학적 법칙으로 치환할 것을 주장한 페트루스 라무스와 알게 되어 라무스에게서 가설을 필요로 하지 않는 천문학을 만들 것을 추천받았다고 전한다.[57]

튀코는 1570년 말에는 친부의 병환으로 덴마크로 돌아갔으나 아버지가 타계하고 난 다음 해인 1571년 가을 이후 체재했던 헤어바드Herrevad 수도원에 도구 공방이나 제지공장, 연금술 실험실, 천체 관측 시설이 있었기 때문에 여기서 그는 파라켈수스의 사상에 관심을 기울여 연금술에 열중했다고 전한다.[58]

이 시대에는 파라켈수스의 사상이 부흥했다. 그 한 지표가 전통적 의학에 반해 파라켈수스 의학을 옹호한 『철학적 의학의 이념』이 1571년에 바젤에서 출판된 것이다. 이 책은 실로 "공간된 후 100년간에 걸쳐…… 대단히 강한 영향력을 계속 유지했다"라고 한다.[59] 저자 페트루스 세베리누스Petrus Severinus는 파라켈수스가 사망한 다음 해인 1542년에 유틀란트에서 태어나 코펜하겐대학에서 수학했고 그 후에도 독일, 프랑스, 이탈리아에서 유학한 의사로, 1572년에는 『테오플라스투스 파라켈수스 서간』을 출판한 듯하며 파라켈수스의 신봉자였다. 이 세베리누스의 책은 전체 제목이 『파라켈수스, 히포크라테스, 갈레노스의 모든 이론에 대한 기초를 제공하는 철학적 의학의 이념Idea medicinae philosophicae, fundamenta continens totius doctrinae paracelsinae, hippocraticae et galenicae』인 것에서 알 수 있듯이 절충적 혹은 융화적인 색채가 강했고, 파라켈수스의 난해한 이론과 단편적인 기술을 그 나름대로 알기 쉽게 체계화함과 동시에 파라켈수스 의학에서 과격한 요소를 제거하여 그 사상을 '보다 상식에 가까운' 형태로 제기함으로써 파라켈수스 의학을 아카데미즘과 보수적인 의사들도 수용하기 쉽게 만든 것이었다. 이것이 그 성공 이유였다. 이것을 두고 덴마크 과학사가인 페테르 그렐Peter Grell은 파라켈수스가 '의학의 루터'라고 불리는 것에 따라서 세베리누스를 의학의 멜란히톤에 비겼다.[60]

이리하여 파라켈수스의 영향은 독일 국외로도 퍼져나갔다. 예컨대 로마 라테라노 대성당의 참사회원 호노라투스 드 로베르티스Honoratus de Robertis의 1585년 책에서는, 하늘은 제5원소가 아니라 불로 이루어져 있다고 이야기했다.[61] 이것은 세베리누스가 설명하는 바 파라켈수스의 신조였다. 특히 덴마크에서는 국왕 프레데리크 II세가 파라켈수스 의학에 강한 관심을 갖고 있었기 때문에 세베리우스는 1571년에 국왕의 시의로 임명받았고, 동시에 코펜하겐대학의 의학교수로 취임하여 1602년에 사망할 때까지 그 직에 머물렀다. 세베리우스와 동시에 역시 파라켈수스의 영향을 받았던 요하네스 프라텐시스Johannes Pratensis도 코펜하겐대학의 의학부 교수로 임명되었다. 덴마크와 코펜하겐대학에서는 이 시대에 덴마크에서 지배적이었던 리버럴한 멜란히톤신학에도 비견될 만한 세베리누스의 온건한 '수정 파라켈수스주의'가 체제에 허용되었던 것이다.[62]

튀코는 2세 연상인 프라텐시스와는 학생 시절부터 친구였는데 파라켈수스에 대한 관심을 공유하는 이 5세 연상의 세베리누스와도 친교를 맺어 정기적으로 연락을 주고받았다.[63] 파라켈수스주의 연금술에 관한 역사서에서는 세베리누스 등 '수정 파라켈수스주의자'에게 "파라켈수스의 체계는 의학만이 아니라 자연 전체도 적절하게 설명하는 화학철학이었다"라고 하며[64] "17세기에 이르기까지 이 세베리누스 타입의 파라켈수스주의가 덴마크 자연철학과 의학의 본질적 부분으로 계속 남았다"라고 하는데[65] 튀코의 문제의식도 또한 마찬가지였다. 즉 튀코가 연금술로 경도된 것은 천문학, 점성술, 연금술, 의학을 우주의 위대한 조화를 드러내는 경험과 관측을 통해 연구되어야 할 통일적인 범汎자연철학으로서 파악하는 파라켈수스 사상으로 인도된 것이었다.[66]

그리고 헤어바드 수도원에서 연금술 연구에 몰두했던 1572년에 조우한 신성이 튀코를 천문학으로 복귀시켰다.

관측자 그리고 천문학자로서의 튀코에게서 초기의 중대사건은 1572년의 신성과 조우한 것, 1577년의 혜성을 관측한 것, 그리고 그것들이 둘 다 달보다 위 세계의 사건임을 발견한 것이었다. 1573년에 그 자신이 기록한 『신성에 관하여De nova stella』의 첫머리에는 그 충격이 생생하게 그려져 있다.

> 작년 11월 11일 저녁 무렵, 일몰 뒤 항상 그랬듯이 갠 하늘의 별을 바라보았을 때 다른 것을 압도하면서 한층 더 밝게 빛나는 새로우며 익숙하지 않은 별이 거의 머리 바로 위에서 빛나고 있는 것을 깨달았다. 나는 거의 소년 시절부터 하늘의 모든 별을 완전히 자세히 알고 있었으므로(그러한 지식을 얻는 것은 그다지 어렵지 않다) 하늘의 그 위치에서 그렇게 눈에 띄게 빛나고 있는 별은 원래부터 멀리 작은 별조차 존재하지 않았음이 나에게는 완전히 명백했다. 나

그림 10.4
1572년의 신성(그림의 I)과 카시오페이아자리 왼쪽 위의 네모 칸 안 제일 아래에는 I Nova Stella(신성)이라고 되어 있다.
『신성에 관하여』(1573)에서.

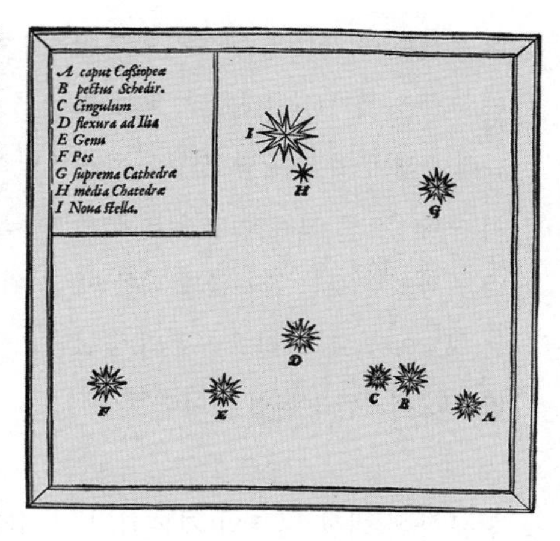

는 이 광경에 경악했으므로 내 눈이 어떻게 되었나 하는 의심까지 했다. 그러나 다른 사람들도 내가 지적한 위치에서 실제로 별을 볼 수 있었으므로 더는 의문이 없었다. 그것은 기적이었으며 그것도 세상이 시작된 이래 자연계 전체에 생긴 것 중에서 최대의 기적이거나, 또는 성서에 쓰여 있듯이 여호수아의 소원에 응해 태양이 역행했을 때의 기적 혹은 십자가형 때 태양이 숨은 것에도 비견할 수 있는 기적이었다.[67]

그리고 튀코는 이 '별'—정확히는 지금까지 별이라고 인식되지 않았던 천공의 위치에 출현한, 어떤 별보다도 밝게 빛나는 점—을 '신성 stella nova'이라고 불렀다(그림 10.4).

튀코는 이 신성을 '기적miraculum'이라고 파악했지만 거기에서 신학적 내지 점성술적·자연학적 논의로 곧바로 비약하지 않고 정확한 측정과 엄밀한 수학적 고찰로 임했다.

> 내 목적은 이 새로운 그리고 오늘 처음으로 출현한 별에 관한 어떠한 고찰을 제기하는 것인데, 그럼에도 나는 그 생성이나 그 출현 이유에 관해 무엇 하나 단언할 수 없다고 솔직하게 고백한다. 나는 단지 수학적으로 고찰할 수 있는 문제들만을 논할 생각이다. 따라서 나는 항성과 갖는 관계를 고려할 때 그 위치 및 그 수대獸帶에서 갖는 경도와 위도, 그리고 우주의 중심인 지구와의 거리 및 그 크기와 밝기와 색채만을 말할 것이다.[68]

천문학에 대한 튀코의 기본적인 자세가 여기에 표명되어 있다.

관측은 헤어바드 수도원에서 행해졌고 신성의 위치 결정에는 목제 육분의六分儀 및 간편한handy 반육분의가 사용되었다(그림10.5). 육분의는 바닥에 설치하는 것으로 그 두 축shaft은 호두나무로 만들어졌으며 길이는 약 5피트 반, 접합joint 부분은 황동이었다.[69] 그리고 그 일주시차가 검출되지 않았다는 것 및 주변 항성들과 갖는 위치관계가 변화하지 않는다는 것 때문에 튀코는 이 별이 항성천에 있다고 결론지었다.

> 따라서 이 새로운 별은 달 아래 세계의 원소 영역에 있는 것이 아니고 방황하는 일곱 별[태양, 달, 다섯 행성]의 천구에 있는 것도 아니며 다른 항성들과 함께 제8천구[항성천구]에 있다. …… 따라서 나는 이 별이 [아리스토텔레스의 자연관에서는 달 아래 세계의 현상이라 생각되던] 혜성이나 타오르는 유성 같은 것이 아니라, …… 창궁 자체 속에서 빛나는 별, 세상이 시작된 이래 우리 시대 이전에

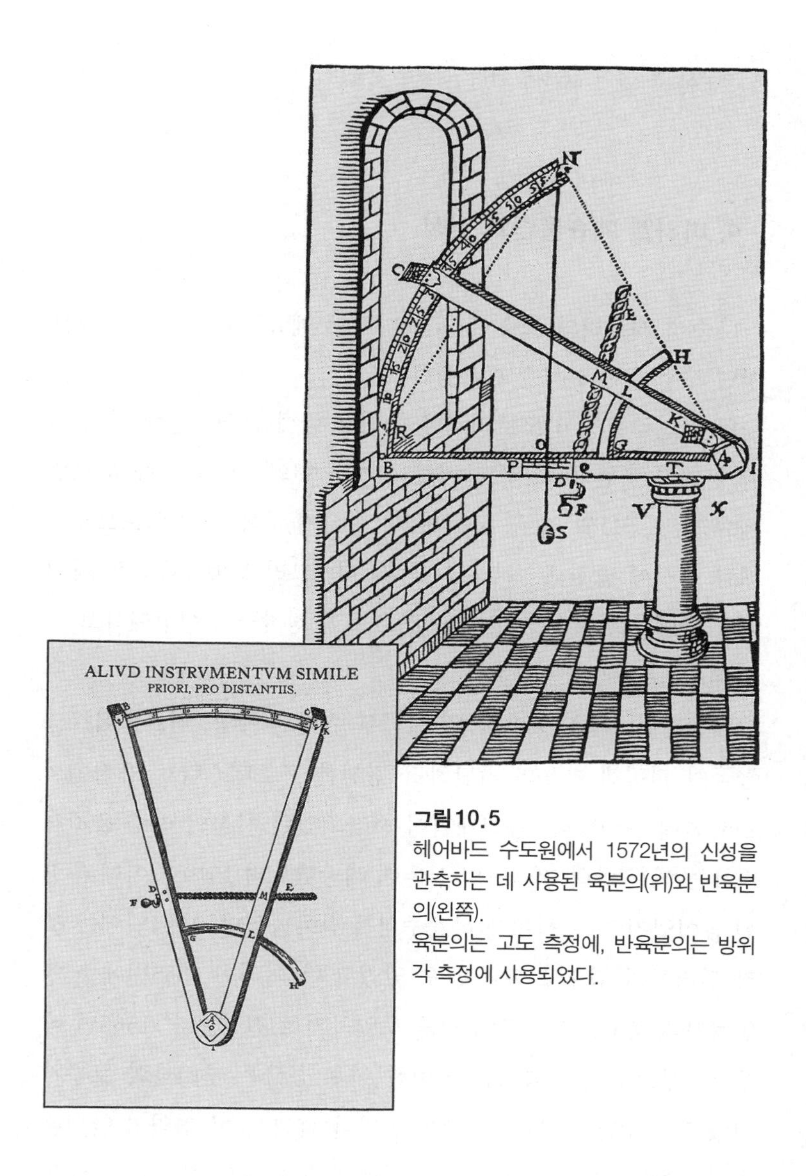

그림 10.5

헤어바드 수도원에서 1572년의 신성을 관측하는 데 사용된 육분의(위)와 반육분의(왼쪽).

육분의는 고도 측정에, 반육분의는 방위각 측정에 사용되었다.

누구도 본 적이 없는 별이라고 결론짓는다.[70]

4. 미하엘 메슈틀린과 신성

나중에 케플러의 스승이 되는 미하엘 메슈틀린Michael Maestlin도 청년 시절에 이 신성을 관측했다.

앞서 언급했듯이 모로리코와 슐러가 함께 11월 6일에 이 신성을 확인한 듯한데, 리처드 재럴Richard Jarrell의 학위논문에 따르면 메슈틀린도 '11월 첫 주 사이에' 이 신성에 주목한 적 있으므로,[71] 대략 동시에 발견했으리라고 생각된다. 그리고 메슈틀린은 자신의 관측에 기반하여 이 신성의 출현이 항성천구의 현상이라고 극히 빠른 단계에서 주장했다.

메슈틀린(그림10. 6)은 독일 서남부 슈바벤 지방, 뷔르템베르크 공국의 괴핑겐 마을의 가난하고 경건한 프로테스탄트 가정에서 1550년에 태어났다. 종교개혁이 시작되었던 시절의 영주 울리히 IV세는 헤센 방백 필리프의 삼촌에 해당했으며 1519년 이래 추방된 몸이었지만 그 사이에 복음주의를 받아들였다. 1534년에는 조카 필리프의 힘으로 복위할 수 있었고 다음 해인 1535년에는 영방국가의 종교로서 루터주의를 도입하기로 결정했다. 1555년 아우구스부르크에서 화의를 맞이한 이후 공국은 루터파의 보루가 되었고, 1618년에 30년 전쟁이 발발할 때까지 이 영역의 안정은 유지되었다. 즉 메슈틀린은 당시 독일에서 가장 평화로운 시대,

그림10.6
미하엘 메슈틀린(1550~1631)
28세 때의 초상.

그리고 사회적으로도 정치적으로도 평온한 땅에서 성장하여 한창일 때를 보낼 수 있었다고 말할 수 있다.

특기할 만한 것은, 이곳에서는 교육에 큰 힘을 쏟았다는 것이다. 뷔르템베르크 공국에서 초등교육을 위한 학교는 1520년에는 89개였는데 1559년까지 150개로 증가했고 1600년에는 400개를 넘었다.[72] 발전한 것은 초등학교만이 아니었다. 이즈음의 사정에 관해서는 아서 쾨슬러Arthur Koestler의 기술을 차용해 보자.

> 뷔르템베르크의 제후는 루터파의 교의에 귀의한 뒤에 근대적인 교육제도를 만들어 냈다. 그들은 당시 온 나라에서 미쳐 날뛰고 있던 종교논쟁에 버틸 수 있는 학식 있는 목사를 필요로 했고 유능한 행정관도 필요로 했던 것이다. 그리고 비텐베르크와 튀빙겐에 있는

프로테스탄트 대학은 새로운 교의의 지적 병기고兵器庫 느낌이 있었다. 몰수된 수도원이나 수녀원은 시설로서도 이상적이었으며 초등, 중등학교를 그물망처럼 설치하는 데 도움이 되었다. 그리고 이 초등, 중등학교는 재능 있는 젊은이를 대학이나 관청으로 보냈다. 장학금 제도와 '가난한 양민의 자제로 공부에 열심인, 신앙심 두터운 크리스천'에 대한 혜택이 있었으므로 입학지원자의 선출은 적절하게 행해졌다. 이 점에서 30년 전쟁 전의 뷔르템베르크는 현대복지국가의 소형판이었다고 말할 수 있다.[73]

메슈틀린이나 뒤의 장에서 살펴볼, 마찬가지로 슈바벤 지방에서 태어난 케플러가 가난한 가정에서 태어났음에도 고등교육을 받을 수 있었던 것은 이 덕분이었다. 메슈틀린이 소년 시절에 수학했던 쾨니히스브론의 수도원 학교Klosterschule는 원래는 가톨릭 수도원이었지만 종교개혁으로 복음주의 젊은이를 교육하기 위한 시설로 다시 만들어진 것이다. 여기서 초보적인 고전어와 수학을 배운 메슈틀린은 1568년에 튀빙겐대학에 학생 등록했다.

튀빙겐대학은 1477년에 창설되었다. 일찍이 만년의 로이힐린이 교편을 잡았고 뮌스터가 수학했으며, 멜란히톤이 인문주의 개혁을 진행한 대학이었다. 이곳은 종교개혁이 시작된 뒤 루터파와 츠빙글리파의 항쟁을 경험했는데 "종교개혁을 가장 빨리 환영한 대학 중 하나"였다.[74] 1538년에는 루터파의 지도권이 확립되었고 1547년에 울리히 IV세가 신학부의 일부로서 학비를 지급하는 성직자 양성기관인 신학원Stift을 창설했다. 이리하여 튀빙겐대학은 프로테스탄트계 남독일과 오스트리아의 종교적 중심이 되었고 그 신학원은 뷔르템베르크 루터파 정통주의 신학의 총본산의 위치를 점하기에 이르렀다. 이 신학원에서 메슈틀린이 수학했고, 나중에 케플러가 수학하게 된다.

메슈틀린이 공부했을 때의 수학교수는 필리프 아피아누스였다. 필리프는 가톨릭인 잉골슈타트대학에서 가르쳤으나 1568년에 이단 혐의로 추방되어 튀빙겐으로 옮겼다. 아버지 페트루스의 영향으로 측량이나 지도학에 관심이 높았던 그는 실용수학을 중시했고 겜마 프리시우스의 『산술』, 유클리드의 『원론』, 포이어바흐의 『신이론』, 아버지의 『천지학의 서』, 그리고 측량술과 측량기기 사용법을 강의했다고 알려졌다.[75] 메슈틀린은 나중에 해시계에 관해 기록했으며 또한 천구의나 지도, 사분의나 크로스스태프, 카메라 옵스큐라를 제작했는데,[76] 이 실제적인 지식들은 아피아누스에게서 배웠으리라 생각된다.

메슈틀린은 아직 학생 시절이었던 1570년에 코페르니쿠스의 『회전론』을 구입했다. 이 『회전론』은 스위스 샤프하우젠의 도서관에 현존하는데, 이것을 조사한 징거리치에 따르면 장기간에 걸쳐 기입된 상세한 메모가 있었고 메슈틀린이 『회전론』을 늘 곁에 두고 읽었다는 것이 지금도 전해지고 있다고 한다.[77] 메슈틀린이 받은 교육은 실용수학과 천문학을 중시한 멜란히톤의 교육개혁이 비텐베르크 이외의 루터파 대학에서도 결실을 맺었음을 보여준다.

1571년에 석사학위magister를 취득한 메슈틀린은 신학원에서 수학 보습교사repetens mathematicus로서 일하게 되었는데 그해에 스스로 집필한 『프러시아 표』의 신판을 간행했다. 극히 단기간에 당시 천문학의 최전선에 도달한 듯하다. 그리고 다음 해인 1572년 11월에 신성의 출현과 조우했다. 그의 관측 기록은 그 직후에 쓰였는데,[78] 여기서 그는 "이 신성이 어떤 전조인가 하는 논의는 다른 사람들에게 맡기자. 진리의 애호가인 천문학자가 말할 수 있는 것만으로 충분하다"라고 단언했다.[79] 튀코와 마찬가지로 정확한 관측이 그의 첫 번째 목표였다.

그의 관측은 그 별 주변의 네 항성을 두 개씩 끈으로 묶어 그 교점이 신성과 일치하도록 고르고 항상 그 별이 그 교점(네 항성이 만드는 구면 사변형의 대각선으로서의 대원의 교점)에 머문다는 것을 확인한다는 대단히 간단한 것이었다(그림10.7). 이 천체 위치 결정법은 토스카넬리가 1449~1450년의 혜성 관측에 사용한 것이다*6[Ch. 10. 7].

다른 한편으로 메슈틀린은 시력이 매우 뛰어났다고 전한다. 나중에 갈릴레오는 호메로스가 『일리아드』에서 '묘성의 일곱 별'이라 노래한, 갈릴레오 자신이 "천공의 극히 좁은 영역에 가둬져 있

---

*6 메슈틀린의 이 관측에 관하여 쾨슬러의 책에는 "메슈틀린은 당시 천문학 지도자 중 한 사람이었음에도 관측기기를 아무것도 갖지 않았던 듯하다"라고 했는데 이 시점에서 메슈틀린은 '당시 천문학의 지도자 중 한 사람'이기는커녕 대학을 막 나온 무명의 청년이었다. 나중에 메슈틀린의 보고를 수록한 튀코의 『예비 연구』 전문前文에는 "당시 메슈틀린은 가난했기 때문에 장치를 아무것도 쓰지 않았다"라고 쓰여 있다(Koestler(1959), p. 289; *TBOO*, Tom. 3, p. 58).

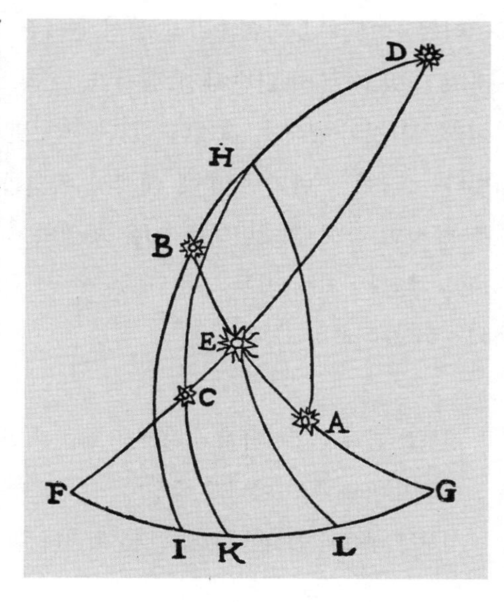

그림10.7
메슈틀린이 기록한 1572년의 신성 관측.
A는 카시오페이아자리의 제5성, B는 케페우스자리의 제8성, C는 카시오페이아자리의 제12성, D는 큰곰자리의 제20성.
중앙의 E가 신성.

는 황소자리의 여섯 별"(여섯이라고 한 것은 일곱 번째 별이 거의 보이지 않았기 때문이다)이라고 확인한 플레이아데스성단을 망원경을 사용해 실은 십 수 개의 별이 이루는 집단임을 발견했다.[80] 그러나 망원경이 없었던 시대에 메슈틀린이 묘사한 플레이아데스 그림에는 실로 11개의 별이 그려져 있었다고 한다.[81] 메슈틀린은 육안으로 6등성까지 식별했던 것이다. 뒤에서 언급하겠지만 메슈틀린의 이 특이한 능력은 나중에 달 표면 관측에서 큰 힘을 발휘하게 된다.*7

---

*7 이 점에 관해서 징거리치의 책 『아무도 읽지 않았던 코페르니쿠스』에는 메슈틀린이 『회전론』에 써 넣은 메모의 문자가 '극히 작다microscopic'는 것에서부터

어쨌든 1572년 메슈틀린의 신성 관측은 장치다운 장치도 사용하지 않았고 극히 단순하긴 했지만, 도리스 헬먼의 책에 나오듯이 '극히 정확'했다.[82] 그러나 이 단순한 관측으로 메슈틀린은 이 빛나는 점이 주변의 항성에 대해서 위치를 바꾸지 않는다는 것, 즉 항성과 함께 움직인다는 것을 확인하고 그에 대해 "새로운 별이라 부르는 것이 가능potius Stellam Novam dicendam esse"하다고 결론지으며 단언했다.

> 정확한 관측에 기반하여 우리는 이 특이한 천체stella는 단순한 기상현상이 아닐 뿐만 아니라 행성도 아니며 실제로는 제8천구, 즉 항성천구 내에서 꼽혀야 한다고 결론짓는다.[83]

이것만이 아니었다. 메슈틀린이 신성을 항성천구에 속한다고 판단한 근거에는 튀코의 것과 다른 또 한 가지 중요한 논점이 있었다. 관측 기록에서는 다시금 이어진다.

> 우리는 이 신성이 어떤 행성에도, 그 가장 늦는 것[토성]에도 따르지 않고, 항성들과 동일한 위치관계를 지키면서 항성들과 마찬가지로 가장 단순한 일주운동으로 움직이는 것을 관측했다. 이것은 그

"그는 상당한 근시였으리라 생각된다I suspect he was very nearsighted"라고 했는데(p. 240, 일역 p. 305), 이 추측은 완전히 오류이다. 원래 쓰는 문자가 극히 작다는 것은 오히려 다른 사람보다 시력이 뛰어남을 나타낸다고 보아야 할 것이다. 메슈틀린의 자필 수고는 Granada(2007), p. 100에 있다.

것[신성]이 어느 한 행성의 천구에 고정되어 있다고 한다면 있을 수 없는 일이다. 왜냐하면 그 경우에는 코페르니쿠스가 (『회전론』) 제 5권에서 제시했듯이 시차 운동을 면할 수 없을 것이기 때문이다. 따라서 이 별[신성]이 그 모든 행성들보다 높이 있고 그 때문에 창궁에서 항성들 사이에 위치한다는 것은 명백하다.[84]

여기서 말하는 '시차운동motus commutationis'이란 이전에 말했듯이[Ch.5.2], 지구운동에서 유래하는, 행성의 외견상의 역행운동을 가리킨다.

즉 튀코와 메슈틀린은 마찬가지로 신성을 항성천에 속한다고 판단했지만, 어디까지나 지구를 우주 중심에서 정지한 것으로 보고 신성이 거기에서 멀리 떨어진 항성천에 있다고 한 튀코와 달리, 이미 이 시점에서 메슈틀린은 코페르니쿠스를 따라 지구의 연주운동을 인정했으며 이 입장에서 이 신성이 행성천구보다 먼 항성천에 있다고 판단했다. 메슈틀린은 독일에서 레티쿠스와 가서A. Gasser를 잇는 코페르니쿠스주의자였다.

5. 고대적 우주상이 붕괴되기 시작하다

이 1572년 신성의 관측결과가 의미하는 바가 아리스토텔레스 이래 당대까지 일반적으로 수용되었던 우주상에 반한다는 것은 튀코, 빌헬름 IV세, 메슈틀린 모두 충분히 분별하고 있었다. 『신성에 관하여』에서 그 출현을 '기적'이라고 쓴 앞의 인용부분 뒤에서, 튀코는 다음과 같이 글을 이었다.

> 왜냐하면 하늘의 에테르 영역에서는 생성이든 소멸이든 어떠한 변화도 생기지 않으며 또한 하늘 및 하늘의 물체는 커지지도 작아지지도 않고 그 수나 크기나 밝기 그 외에도 어떠한 변화도 받지 않으며 세월이 지나도 온갖 측면에서 동일하게 머무른다는 데 모든 철학자가 일치하며, 사실이 명백하게 증명되어 있기 때문이다.[85]

빌헬름 IV세도 비텐베르크의 카스파어 포이처에게 1572년 말에 보낸, 시차가 3분을 넘지 않는다고 기록한 사건에서 이렇게 언명했다.

> 따라서 이 혜성comet[신성을 말함]은 금성의 구면 위쪽에 있고 태양천구보다 9지구 반경 이상으로 아래이지는 않을 겁니다. 따라서 그것이(지금까지 자연학자가 혜성을 두었던) [달 아래의 네] 원소의 영역이 아니라 태양에서 멀리 떨어져 있지는 않은 에테르 영역에 있다는 것에는 확실히 의문이 없습니다. 자연학에 따르면 이 장소에는 어떠한 것이든 생성이나 소멸이 없으므로 그것은 더욱 놀랄 만한 일입니다.[86]

메슈틀린은 더 나아가, 항성천이 그때까지 생각되던 것보다도 훨씬 크다는 코페르니쿠스의 주장에 기반하여 그 결과를 이해했다.

> 코페르니쿠스에 따르면 항성천구는 모든 것을 안에 포함하는 최고 위의 하늘이며, 따라서 아리스토텔레스나 그 외 모든 자연학자나 천문학자[의 견해]에 반하여 하늘은 생성이나 소멸을 결여하고 있지는 않다Coelum generationis & corruptionis non expers esse고 주장하고자 한다.[87]

가톨릭 측에서는 아리스토텔레스 자연학과 프톨레마이오스 천문학을 함께 신봉했던 클라비우스가 사크로보스코의 『천구론』에 단 1585년의 주석에서 망설이며 표명했다.

> 만약 이것이 정말이라면 하늘의 물질에 관한 아리스토텔레스의 견해를 어떻게 옹호할 수 있는지 아리스토텔레스주의자는 다시 생각해야 한다. 왜냐하면 천체는 제5원소 같은 것이 아니라 오히려—여기 달 아래 세계의 물질과 비교하면 붕괴하기 어렵다고 해도—변할 수 있는 물체mutabile corpus라고 말해야 하기 때문이다.[88]

튀코를 비롯한 몇몇 관측자의 이 발견은 확실히 서유럽사회의 세계인식(우주관)에서 충격적인 사실이었다. 린 손다이크Lynn Thorndike는 "1572년의 신성은 1543년 코페르니쿠스 이론의 출판을 웃도는 큰 충격이었다"라고 기술했다. 마찬가지로 앨런 채프먼Allan Chapman은 "근대천문학은 코페르니쿠스의 이론보다도 튀코의 1572년 신성 관측에서 탄생했다"라고 말했다. 아서 러브조이Arthur Lovejoy의 책에서도 "전통적 관념에 가장 심각한 타격을 가한 것은 코페르니쿠스의 추론이 아니라, 1572년에 튀코 브라헤가 카시오페이아 자리에서 신성을 발견한 것이었다"라고 했다.[89] 확실히 "1572년의 신성은 천문학의 전환점을 찍었다"라고 하며 "이 시대의 천문학 사상을 형성하는 데 이 1572년의 신성이 미친 영향은 아무리 크게 평가해도 지나치게 과하지 않다".[90]

물론 코페르니쿠스의 책은 아무나 간단히 읽을 수 있는 것은 아닌 데 반해 신성은 누구의 눈에도 보였기 때문에 큰 차이가 있었다. 그래도 1572년의 혜성이 충격적이라는 평가에는 역시 현대의 시각으로 볼 때라는 단서가 필요하다. 그 당시 신성이 천상세계의 것이라는 사실이 저항 없이 수용되었을 리가 없으며 또한 신성 출현이 갖는 의미를 모두가 똑같이 이해했던 것도 아니다.

카스파어 포이처는 시차를 발견할 수 없었음에도 그 신성이 천상의 것임을 인정하지 않았다. 1573년에 그 고집을 솔직하게 말했다.

> 시차를 계산함으로써 이해되는 그 [신성의] 지구와의 거리는 그것이 수성 구면에서 여전히 벗어나지 않았음을 보여줍니다. 그러나 행성에 대해서 그것은 움직이지 않으며 수대獸帶상에도 없습니다. …… 그렇다고 해서 창궁에서 새로운 창조 작업이 [6일간의 천지창조가 끝나 있을 터인] 현재도 이어지고 있다고 간단하게 단언할 수는 없습니다. 왜냐하면 『창세기』에서는 "제7일에 하나님은 쉬셨다"라고 확실히 이야기하기 때문입니다. …… 만약 그 타오르는 물질이 숭고하며 고귀한 에테르 영역의 물질이 뭉친 것이라면 아마도

그것은 목성 내지 금성의 반경보다 위쪽에서 빛날 것이라고 주장하는 게 됩니다. …… 만약 그것을 지구에서 유래한 부풀어 오른 발산물이 들어 올려 달보다 위로 밀어 올렸다고 한다면 하늘의 영역과 [달 아래의 네] 원소의 영역을 구별한 [아리스토텔레스의] 이론은 뒤집어지게 됩니다. 그러나 천년에 이르는 경험은 그러한 것이 어리석은 오류임을 보여줍니다. …… 변화가 생긴 것은 명백하므로 저는 그 [빛나는] 물체는 실제로는 [네] 원소의 영역에 포함되고 [네] 원소로 이루어진 물질이 타오르고 있다고 생각하는 방향으로 기울었습니다.[91]

마찬가지로 튀코의 친구이자 아우구스부르크의 천문애호가 파울 하인첼도, 자신의 관측에서 시차를 발견할 수 없었음에도 신성의 출현을 달 아래의 현상이라고 생각했다. 그리고 대학의 아리스토텔레스주의자들 대부분도 역시 튀코들의 주장을 인정하려고 하지 않았다.[92]

빈의 수학교수 바르톨로메오 라이사처Bartholomew Reisacher나 스페인의 펠리페 II세의 시의 발레시우스처럼 카시오페이아자리에서 출현한 이 천체는 시차가 보이지 않기 때문에 천상의 것이긴 하지만 새로운 것도 아니며, 원래 하늘에 있었으나 그때까지 인간에게 보이지 않았던 것이 대기 상태의 변화나 어떤 다른 원인으로 보이게 된 것이라고 주장한 자도 있었다.[93]

이 상황에 관해서는 1578년의 『혜성의 기원』에서 튀코 자신이 냉정하게 파악했다.

4년 전에 카시오페이아자리에서 출현한 신성 내지 혜성이 전혀 시차를 보이지 않았고 항성처럼 일정 위치에 머물렀으므로 그것이 달보다 아래의 불이나 대기 중의 것일 리 없을 뿐만 아니라, 내가 그 같은 별에 관한 소론에서 빠짐없이 증명했듯이 다른 별들과 함께 최상부의 항성천에 존재한다는 사실에 기반하여 몇몇 사람들은 아리스토텔레스의 견해를 의문시해 왔다. 그러나 그럼에도 그 후의 철학자 대부분은 혜성 내지 어떤 새로운 것이 하늘에서 생겨날 수 있다는 것은 불가능하다고 생각했으며 아리스토텔레스의 견해를 유지했다.[94]

이 시점에서 메슈틀린, 튀코, 헤센 방백에게 동조한 사람은 실제로는 여전히 소수였다.

그러나 1604년에 다시금 신성이 출현한 것이 튀코나 헤센 방백의 주장에 강한 순풍이 되었는데 그 발견 경위가 흥미롭다. 에페메리데스가 1604년 10월 8일에 목성과 화성이 궁수자리에서 회합할 것이라고 예고했다. 이것은 점성술에게는 중요한 사건이었으며 많은 천문학자나 점성술사가 이를 기다렸다. 예고되었던 회합은 그다음 날에 일어났는데 이때 회합 가까이에서 신성이 발견된 것이었다. 이 신성도 극히 밝아서 금성 정도의 밝기였다고 한다. 이것은 밝기나 색을 점차 바꿔가면서 수개월에 걸쳐 계속 빛났다가 이윽고 사라졌다.[95]

요하네스 케플러는 나중에 '케플러 신성'(보통 케플러 초신성Kapler's Supernova(SN 1604)이라고 부른다. 여기서 초신성을 신성으로 부르는 이유는 이 장 각주 *1 참조 _옮긴이)이라 명명된 이 신성에 관하여 이렇게 기술했다.

> 또다시 올해, 1604년 10월 9일 내지 10일에 극히 밝게 빛나는 별이 뱀자리에서 출현했다. …… 10월 17일, 18일, 21일, 28일에 행한 관측에서 이 별은 매일 뜨고 지는 것 이외의 운동을 하지 않았음을 보았다. 따라서 이 신성은 최외곽의 천구, 즉 창궁에 속하는 것이라 인정해야 한다.[96]

마찬가지로 클라비우스도 1604년 11월 18일의 서간에서 이와 같이 표명했다.

> 그 신성은 여기 로마에서도 보였습니다. 도구를 사용해서 우리는 몇몇 항성과 갖는 그 거리가 항상 일정함을 발견했습니다. 그러므로 그것은 창궁에 위치함에 틀림없다고 생각됩니다.[97]

덧붙여 그때까지 천문학에 그다지 흥미를 갖지 않았던 갈릴레오의 관심을 하늘로 돌리게 만든 것이 이 1604년의 신성이었다고 간주된다. 갈릴레오 연구의 일인자 스틸먼 드레이크Stillman Drake가 전하는 바로는 갈릴레오와 아리스토텔레스주의자 사이의 논쟁에서 "1604년의 신성은 폭풍의 중심이 될 운명에 있었다".[98]

그러나 천문학에 관해서 갈릴레오는 한참 뒤떨어진 주자였다. 실제로는 나중에 살펴보겠지만 1577년의 혜성이 1572년의 신성이 나타난 뒤에 천계불변의 도그마를 타파하는 데 보다 큰 발판이 되었다. 그 중심에 있던 사람은 역시 튀코 브라헤와 미하엘 메슈틀린이었다.

6. 튀코 브라헤와 천문학

신성에 관한 저작을 공표함으로써 덴마크 국내에서 튀코 브라헤는 이제 단순한 천문애호가가 아니라 천문학의 전문가이자 권위자로 주목받게 되었다.[99] 이리하여 튀코는 학생이나 친구들, 나아가 국왕의 강한 바람으로 1574년 9월부터 다음 해까지 코펜하겐대학에서 천문학에 관한 일련의 강의를 했다. 27세부터 28세에 걸친 때였다. 그 모두冒頭 강연 「수학에 관하여」에서 튀코는 천문학의 역사부터 설명하기 시작하여 코페르니쿠스까지 언급했다.

이렇게 튀코 브라헤는 대학에서 천문학을 일단 강의했지만 그는 대학에서 가르칠 자격으로서의 학위를 갖지 않았다. 그는 독일 대학에서도 배웠지만 학위는 취득하지 않았다. 원래 브라헤와 같은 상류귀족의 자제는 출생 그 자체로 스스로의 커리어를 걸을 자격credential을 갖고 있었으며 학위 같은 것을 필요로 하지 않았다. 대학교수 같은 일은 조금 낮은 신분의 사람이 노력해서 도달하는 지위로, 그러한 일을 하는 것은 말하자면 신분을 떨어트리는 일이기도 했고 유능한 평민이 일할 장소를 빼앗는 것이기도 하여 둘 다 당시 덴마크 귀족의 자제로서 가족이나 국가가 기대하

는 진로는 아니었다.[100]

그러나 천문학에 대한 동경을 포기할 수 없었던 튀코는 코펜하겐대학에서 강의한 뒤 외국으로 탈출을 꾀해 다시 독일로 향했다. 처음 방문한 곳이 빌헬름 IV세의 카셀로, 그 후 프랑크푸르트 암 마인, 바젤, 아우구스부르크, 그 외 여러 곳을 편력하다가 다시금 외국으로 탈출하여 바젤에 정주할 작정으로 일단 덴마크로 돌아왔다. 이때 국왕의 호출을 받았다.

튀코의 조력자였던 덴마크 국왕 필리프 II세는 헤센 방백 빌헬름 IV세의 조언도 있어서*8 튀코를 국내에 머무르게 하기 위해 외레순 해협에 있는 벤Hven섬을 일종의 봉토로서 연금과 함께 튀코에게 하사하여 여기에 관측기지를 건설하고 천체 관측에 전념하는 것을 인정했으며 그를 위한 재정적 지원도 약속했다. 1576년의 일이었다.

국왕의 이 제안은 국왕이 학문 그 자체에 어느 정도 조예가 있었던 까닭도 있었다. 실제로 프레데리크 II세는 페트루스 세베리누스를 시의로 채용했듯이 파라켈수스, 라무스, 브루노 등 혁신적인 사상가에게 호의적이었고 점성술이나 연금술에도 높은 관심을 기울였다.[101] 튀코가 벤섬의 관측시설에 연금술 실험실을 병설한 것은 튀코 자신의 희망이기도 했지만 동시에 연금술에 높은

---

*8 덴마크 국왕과 헤센 방백은 이미 1558년부터 연락을 주고받는 관계에 있었고 특히 1564년 이후 정치적·종교적으로 굳게 결부되어 있었다. Moran(1978), p. 31 참조.

관심을 기울였던 국왕의 의향도 배려한 것이라 생각된다.[102] 그러나 물론 순수한 학문적 관심만은 아니었다. 당시 천문학자는 동시에 점성술사이기도 했다. 그리고 점성술은 전쟁이나 그 밖의 정책 결정을 좌우하는 국가의 중대사였으며 종교적 행사를 위한 정확한 역의 작성, 나아가서는 농업에 큰 영향을 미치는 연간의 기후나 기상 예보도 그 작업의 중요한 일부였다. 1574년에 왕이 튀코에게 신성에 관한 강의를 요구한 것도 그 현상이 아리스토텔레스 우주론에 어떠한 의미가 있는지를 알고자 했다기보다는, 그 출현이 국가와 세계에 어떤 전조가 되고 무엇을 경고하는지를 알고 싶었기 때문일 것이다. 실제로도 그 후 튀코는 국왕을 위해 매년 점성술 예고를 상주上奏했으며 왕의 세 아들을 위한 홀로스코프도 만들었다.

어쨌든 이리하여 국가권력의 전면적인 비호하에서 튀코는 천체 관측에 전념할 수 있었다. 나중에 튀코는 이렇게 술회했다.

> 1576년, 나는 [벤섬에서] 천문학 연구에 아주 알맞은 기지 우라니보르의 건설에 착수했고, 그 사이에 건물만이 아니라 정확한 관측에 적합한 각종 천체관측 기기를 제작했다. …… 동시에 나는 또한 정력적으로 관측을 개시했다.[103]

이리하여 벤섬에서 행한 관측은 1576년 12월에 시작하여 이후 1597년까지 20년 넘게 지속되었다.

벤섬에는 남북으로 두 관측탑, 그리고 거주공간은 물론 도서관이나 연금술 실험실, 나아가 관측기기를 제작하기 위한 공방도 갖춰진 관측기지 우라니보르Uraniborg(하늘의 성)가 1581년에 완성되었고 1584년에는 대형 관측기기를 설치한 지하관측기지 스텔라보르Stellaborg(별의 성)도 증설되었으며, 나중에는 인쇄공방 나아가서는 제지공장까지 부가되었다(그림10.8).[104] 관측기기의 제작과 개량을 위해 덴마크만이 아니라 독일이나 네덜란드에서 뛰어난 직인을 채용했고 또 매일 관측하기 위해 필요한 조수assitant도 스스로 육성했다. 코펜하겐대학의 학생도 찾아와서 대학에서는 교수받지 못한 관측의 실기를 익혔다. 말하자면 천문학 교육에서 코펜하겐대학의 대학원 역할을 한 것이며 당시 유럽 대학에는 이와 같은 교육은 없었다.[105*9] 그러나 대학교육이 목적으로 한 것과 튀코가 요구한 자질은 달랐다. 문헌 해독 능력이나 논증 기술을 중시했던 대학에 비해 튀코에게 중요했던 것은 관측이나 기기 조작과 제작 기능이었으며 계산능력이었다. 가장 유능한 조수는 독일에서 채용한 금속세공직인 한스 크롤이었다.[106]

이리하여 완성된 벤섬의 시설은 현대로 치환하자면 대규모 첨단연구 교육기관 같은 것이리라. 그리고 또 벤섬의 튀코가 카셀

---

*9　케플러가 만년에 쓴 책 『꿈Somnium』에서는 벤섬에서 행했던 교육에 관해 "학생수가 10명을 밑도는 일은 좀처럼 없었고 때로는 30명 가까이 된 적도 있었다. 그[튀코]는 학생들에게 천체를 관측하는 여러 기계의 조작, 제도, 계산, 화학적 실험, 그 외 여러 과학적 연구방법에 관해 훈련시키는 것이 일상이었다"라고 기술되어 있다(영역 Kepler's Somium, p. 46f., 일역 p. 52). 단 에드워드 로즌Edward Rosen의 영역에 달린 주에서는 '30명 가까이'라는 표현은 과장이라 한다.

그림 10.8 벤섬의 관측기지 우라니보르(위)와 스텔라보르(아래).

의 빌헬름 IV세와 마찬가지로 각지의 천체 관측자와 연락을 주고받음으로써 우라니보르는 중부 유럽 천문학연구 정보센터 역할을 하게 되었다. 실제로 1596년에는 그 서간들을 정리해 『천문학 서간집 I Epistolarum astronomicarum libri Volume I』을 우라니보르에서 인쇄했다. 'I'이므로 순서대로 'II', 'III'……으로 낼 예정이었을 것이다. 이것은 오늘날의 시각으로 보면 극히 귀중한 문서이지만 당시로서는 최첨단 천문학 연구가 무엇을 문제로 삼았는지를 보여주었다는 점에서 바로 학술잡지에 해당했다. 튀코 자신이 천체 관측자이자 동시에 관측자의 육성에 종사한 교육자이기도 했으며, 나아가서는 관측기기의 설계와 개량, 제작을 감독했을 뿐만 아니라 우라니보르와 스텔라보르의 건물 설계에도 손을 댄 다재한 실무자였기에, 그때까지의 아카데미즘 학자와는 크게 달랐다. 나중에 튀코의 제자로 들어간 케플러는 튀코 사후에 튀코를 '최고 수준의 공장summus artifex'이라 기술했다.[107] 튀코의 지도는 현대 대학의 실험물리학 강좌를 교수하는 것에 가까운데, 당시 기준으로 튀코는 엄밀한 의미에서 학자로는 보이지 않았던 듯하다. 다른 한편으로 사설 감옥까지 갖추었던 벤섬의 영주 튀코는 섬에서는 절대 권력자였다. 봉건사회였기 때문에 가능했다고는 할 수 있으나 완전히 전근대 신분과 생활을 유지한 채로 극히 근대적인 작업에 힘쓴 것이다. 이런 의미에서 튀코가 모든 것을 지배하고 감독했던 벤섬은 공전절후의 연구기관이었다.[*10]

---

*10 우라니보르와 스텔라보르는 1597년에 튀코가 벤섬을 떠나고 머지않아 파

덴마크에서 튀코는 형식적으로는 국왕을 섬기는 영주였지만 그에게는 천문학이 전부였다. 훨씬 뒤인 1598년에 튀코가 쓴 글 속에 튀코와 천문학의 관계를 잘 나타내는 부분이 있으므로, 시대를 20년 정도 뛰어넘어 살펴보자.

실은 1588년에 국왕 필리프 II세가 홍거薨去한 뒤 튀코는 친왕과 그 측근들의 몰이해 때문에 1597년에는 벤섬을 내버리고 덴마크를 출국할 지경에 이르렀고, 1598년에는 관측기기 일체와 일족의 무리들을 이끌고 대륙을 떠돌다가 최종적으로 합스부르크가의 루돌프 II세에게 신세를 지게 되었다. 이때 독자적인unique 저서 『새로운 천문학의 기계』를 저술했다. 그가 그때까지 제작하여 사용하며 개량해 온 모든 관측기기의 구조와 성능을 큰 목판 도판을 덧붙여 상세하게 기재한 서적이며 당시의 최첨단 관측기기를 알 수 있다. 이것은 충실한 고전문헌의 라이브러리보다도 뛰어난 관측 장치의 컬렉션 쪽이 중요하다는, 자연과학 연구 본연의 자세가 근본적으로 전환되었음을 단적으로 상징하는 책이라 말할 수 있다. 아카데미즘 세계에서 교육을 받은 귀족이 이전에는 직인의 것으로서 멸시되던 기계에 관한 서적을 썼다는 것은 그 자체가 획기적인 일이었다. 16세기 문화혁명을 위로부터 보완하는 책이다. 이 저서 내에 흥미로운 다음 구절이 있다.

괴되었기 때문에 그 상세한 구조는 알려지지 않았으며, 튀코 자신이 남긴 기록에 기반한 몇 가지 추측만 남아 있다. Thoren(1965), Hannaway(1986), Shackelford (1993) 등 참조.

나는 이 천구의들이 분해 가능하고 나사로 다시 조립할 수 있도록 되어 있음을 덧붙여 두고 싶다. 철제 토대나 지주도 마찬가지이며 따라서 이 장치는 간단하게 다른 장소로 옮길 수 있다. 이것은 가능한 한 다른 모든 장치를 상처 입히지 않고 가능해야 한다. 왜냐하면 천문학자는 코스모폴리탄κοςμοπολίτην이며 자신에게 필요하거나 유용하다면 한 국가에 틀어박히지 않고 자신의 장치를 휴대하여 다른 장소로 옮길 수 있어야 하기 때문이다. 이러한 하늘의 학문이나 그 작업에 종사하는 사람들은 극히 소수로, 국가를 통치하려 하는 위정자들 사이에 이 학문들에 강한 관심을 갖고 그것에 종사하는 자를 등용하며 지원하는 것을 의무로 아는 인물은 극히 드물게만 존재하고 오히려 대다수는 과학에 종사하는 자를 혐오하며 자신의 무지 때문에 그 사람들이 도움이 되지 않는다고 간주한다. 따라서 신성한 천문학Divina Astronomia에 몸을 바친 자는 이러한 무지한 판단에 좌우되어서는 안 되고 오히려 그들을 높은 곳에서 내려다보며 그들의 잡소리에는 귀를 기울이지 말고 자신의 연구를 무엇보다도 중요한 것이라고 생각해야 한다. 그리고 위정자나 다른 사람들이 자신을 너무나도 괴롭힐 때는 그들의 지배에서 이탈해야 한다. …… 어떤 운명의 전환이 있다 해도 변하지 않는 굳은 결의를 갖고 어디에 있든지 땅은 아래에 하늘은 위에 있고, 정력적인 인간에게는 어떤 토지도 조국이라고 생각해야 한다[강조는 원문].[108]

중세 유럽에서 성직자는 국적을 뛰어넘어 일차적으로는 범유럽적 크리스트 교회에 귀속되었다. 또한 인문주의 시대에는 에라스무스 같은 인문주의자에게는 라틴어를 다루는 코스모폴리탄적 엘리트 지식인의 공화국이 바로 모국이었다. 그에 비해 튀코는 유서 있는 명문의 버젓한 귀족으로 그러한 사람의 발언으로서는 극히 진귀하다. 당시로서는 전례가 없는 국가의 재정적 지원을 받아 연구에 전념할 수 있었음에도 왕위가 바뀜으로써 나라에서 쫓겨나는 몸이 되었다는 큰 낙차가 코스모폴리탄적 감정을 더욱 불러일으켰을 테지만, 그렇다 해도 주목할 만한 구절이다.

역사학자 야코프 부르크하르트Jacob Burckhardt는 『이탈리아 르네상스의 문화』에서 르네상스를 특징짓는 지표 중 하나로서 국가나 당파나 가문에 구속되지 않는 개인의 발전을 들며 "풍부한 재능을 지닌 망명자 가운데서 발전한 세계주의cosmopolitanism는 개인주의의 한 최고단계이다"라고 기술했다. 그리고 "내 고향은 무릇 세계이다", "나는 어디에 있어도 태양이나 별빛을 바라볼 수 있지 않습니까"라고 말한 단테에게서 그 '최고단계'를 확인할 수 있다.[109] 그렇다면 우리는 만년의 튀코 브라헤에게서 또 한 명의 '최고단계'를 볼 수 있을 것이다.

튀코가 명문귀족 브라헤 일족의 자제로서 기대받고 약속받았던 영달의 길에서 등을 돌려 그 생애를 천체 관측에 바쳤고 관측기기의 제작과 개량이라는 직인의 수작업에 몰두했을 뿐만 아니라 평민 여성과 결혼한 것은, 당시 사회에서는 극히 생각하기 어려운 일이었고 어느 것이나 가족이나 일가를 곤란하게 만드는 일이었다.[110] 튀코의 인물상에 대해 사튼Sarton은 책에서 "오만하고 옹고집에 걸핏하면 화를 내며 불관용적이고 편협하며 편견에 사로잡혀 있고 집념이 강하며 겁이 많다"라고 온갖 욕설을 늘어놓았고,[111] 다른 책에서도 종종 그의 성격이나 됨됨이의 '결함'을 들고 있어 대체로 그 평판은 좋지 않았지만, 그렇다고 해도 흥미로운 인물이다.

7. 1577년의 혜성 관측

다시 튀코가 벤섬에서 관측을 시작한 시점으로 돌아가자. 우라니보르에서 관측을 시작하고서 1년 뒤, 그리고 신성을 발견한 지 5년 뒤인 1577년, 성 마르티누스의 축일(11월 11일)에 혜성이 출현했고 튀코는 11월의 13일에 관측을 개시했다. 튀코 자신에게는 31세에 처음으로 조우한 혜성이었다.

신성로마제국 황제 막시밀리안 II세가 붕어한 다음 해에 출현한 이 혜성은 크고 이목을 끌었으며 일반적으로도 큰 관심을 모았다(그림10.9). 튀코보다 2세 연하인 조르다노 브루노는 1584년의 책 『무한·우주와 세계들에 관하여』에서 "혜성은 때로는 한 달 이상이나 계속 타오릅니다. 최근 우리는 그중 하나가 45일 이상에 걸쳐 계속 빛나는 것을 생생히 보았습니다"라고 기술했는데[112] 이것은 이 1577년의 혜성을 가리킨다. 요하네스 케플러의 모친은 이 혜성을 보러 아직 여섯 살이던 요하네스의 손을 잡고 변두리의 높직한 언덕을 올랐다고 한다.[113] 1521년에 태어나 1538년부터 비텐베르크에서 루터와 멜란히톤에게서 배웠고 1559년부터 튀빙

그림 10.9 1577년의 혜성 그림.
위는 단면 인쇄된 전단지, 아래는 코르넬리우스 겜마의 1578년 책에서.

겐 신학교수를 역임한 야코브 헤르브란트Jacob Heerbrand는, 이 혜성의 출현을 인간이 회개하기를 요구하는 신의 분노가 나타난 것이라고 파악하고, 열렬한 설교를 했다고 전한다.[114] 프랑스에서는 "[그] 혜성은 음침한 머리카락을 격렬하게 흩뿌리면서 다가올 재액을 예고한다. 자신의 삶이 괴롭다고 생각하는 모후母后는 두려움에 떨며 운명이 적의에 넘쳐 우리 목숨을 노리고 있는가 하고 생각한다"라고 노래했다.[115] '모후'란 왕 앙리 III세의 어머니, 5년 전 성 바솔로뮤의 학살을 일으켰던 카트린 드 메디시스Catherine de Médicis를 가리킨다.

그러나 과학사상 그 출현은 "혜성에 관한 견해에 변화를 야기하였고", 그로 인해 "천문학의 역사에서 참된 분수령"이 되었다고도 한다.[116] 나중에 케플러는 "기억에 남겨야 할 그 1577년의 혜성Cometa illius memorabilis anni 1577"이라 말했다.[117] 왜냐하면 혜성 그 자체는 그때까지 얼마든지 목격되었지만 이때의 혜성은 그때까지와는 크게 다른 관심으로 보게 되었기 때문이다.

즉 5년 전에 신성이 출현함으로써 천계불변이라는, 그때까지 받아들여 왔던 도그마가 의문시되기 시작했지만, 그것만으로는 아직 불충분했고 사람들은 그 철저한 검증을 위해 새로운 증거를 하늘에서 찾았던 것이다. 튀코 자신은 앞의 신성에 관해 1573년에 보고한 시점에서는 혜성을 달 아래 세계의 현상이라 생각했었고, 그것과 비교해서 신성을 천상세계의 현상이라고 결론지었는데, 그 뒤에 이어서 이렇게 말했다.

이것들[혜성이나 유성]은 어느 것이나 하늘에서 만들어진 것이 아니라 달보다 아래, 대기 상층의 것이라고 모든 철학자가 증언했다. …… [다른 한편으로] 알바테그니우스[바타니]는 혜성을 달보다 위, 금성 천구에서 관측했다고 믿었다. 이것이 정말인지 아닌지 나는 아직 확실한 것은 모르겠다. 그러나 언젠가 이 시대에 혜성이 출현한다면 나는 참모습을 밝혀낼 생각이다.[118]

이때부터 대략 4년 뒤에 출현한 혜성이 바로 그때까지의 우주상에 대해 1572년의 신성이 불러일으킨 의심을 검증할 둘도 없는 기회를 준 것이다. 따라서 관측도 그때까지의 혜성에 대해 이루어졌던 간단하고 거친 것이 아니라 지속적이고 높은 정밀도를 추구하게 되었다. 관측 기술의 진보도 빠트릴 수 없다. 그리고 중부 유럽 각지에서 상당한 수의 관측가가 이 관측에 종사했다. 학회 같은 것은 여전히 존재하지 않았지만 벤섬의 튀코와 카셀의 빌헬름 IV세를 중심으로 한 정보교환 네트워크가 이미 존재했고 서간을 주고받아 관측정보가 전달되었다. 실제로도 많은 기록이 남아 있으며 그중에서도 튀코와 메슈틀린의 관측이 뛰어났다.

이때의 혜성이 특히 중요한 의미를 가진 또 하나의 이유로서, 웨스트먼은 1560년대가 되면 소수라고는 하나 코페르니쿠스 천문학의 수학적 측면에 정통했고 코페르니쿠스의 가설의 실재성에 처음 귀를 기울인 중요한 수학적 천문학자 그룹이 존재했었음을 들었다. 이 세대의 가장 저명한 멤버가 튀코와 메슈틀린이었다.[119]

그렇다 해도 혜성의 출현을 준비하고 기다렸으며 벤섬에서 묵

묵히 관측을 시작한 바로 그때에 안성맞춤인 혜성이 출현한 것은 행운이었다. 튀코가 그 기록으로서 1578년 봄에 쓴 전체 10절로 이루어진 독일어 보고 『혜성의 기원』*11이 남아 있다.

> 주후主後 1577년 11월 11일, 일몰 직후 저녁 무렵 하늘에서 이 새로운 탄생을 보았다. 즉 꼬리가 극히 큰, 항성같이 밝은 빛은 없고 그 시점에 거기에서 그다지 떨어져 있지 않은 곳에 있었던 토성과 외견은 대략 같은, 어슴푸레한 흰 빛을 띠는 혜성이 출현했다. 그 꼬리는 크고 길었고 정중앙 부근에서 어느 정도 만곡되어 연기를 통해 보이는 불꽃 같은 거무스름한 붉은색으로 빛났다. 이 혜성의 참된 시작은 내 견해로는 11월 10일의 심야 거의 1시간 뒤로, 그 조금 전에 생긴 신월과 같이 나타났다. 몇몇 뱃사람들이 발트해에서 11월 9일 저녁 무렵에 보았다고 보고했음은 확실한데, 나는 그것을 뒷받침할 수 없었다. 내가 그것을 내 장치로 최초로 관측한 것은 11월 13일이었다. 왜냐하면 그날까지 하늘은 그러한 관측을 하기에 충분할 정도로 개어 있지 않았기 때문이다. 이 혜성은 [다음 해] 1월 26일까지 2개월 이상에 걸쳐 볼 수 있었다. 단 그 사이 연속적으로 빛이 약해졌고, 날이 경과함에 따라 작아져 1월 13일에는 내 장치로는 거의 관측 불가능했고 내가 본 마지막 날인 1월 26일 전후에는 그것을 거의 확인할 수 없었다.[120]

---

*11 전체 제목은 『1577년의 혜성에 관하여 혜성의 기원 및 고대와 근년의 철학자가 그것에 관해 생각하고 지지하고 있는 사항에 관하여』.

튀코는 이 혜성이 11월에 출현한 이래 다음 해 1월 말에 시야에서 놓치게 될 때까지 관측을 계속했다. 벤섬의 관측기지는 아직 완성되지 않았으나 관측은 이미 개시되었고, 여전히 아마추어의 티를 벗은 정도였던 5년 전의 신성 관측에 비교하면 관측 장비도 기술도 현격하게 향상되었다. 그 후에 사용하게 된 대형 관측기기는 아직 만들어지지 않았으나 그래도 관측정밀도는 그 시대의 것으로서는 가장 뛰어난 것이었다. 실제로 이 1577년의 혜성 관측으로서는 튀코의 것이 가장 정확했고 19세기에는 그 궤도 요소를 결정하기 위해 사용되었다.[121]

그리고 튀코는 "이 혜성의 꼬리는 태양에서 항상 똑바로 멀어지는 방향을 향한다"라는 것을 확인하고, 이번에도 시차를 측정함으로써 이 혜성이 달보다 위쪽, 행성 영역에 있음을 발견했다.

> 나는 이것[혜성의 시차]을 결정하기 위해 충분한 주의를 기울였다. 왜냐하면 혜성의 위치와 본성에 관한 모든 과학은 이 점에 기반하며, 나는 적절한 장치를 사용하여 수많은 관측을 집행했고, 구면 삼각법에 의거하여 이 혜성까지의 거리는 최대 시차가 15분보다 크지 않고 오히려 그것보다 작다는 것을 발견했다. …… 따라서 기하학적 계산과 근사近似에 따라 이 혜성은 지구에서 적어도 230 지구 반경인 곳에 있다고 유도된다.[*12]…… 달이 가장 접근했을 때[따라서

---

*12 시차 θ가 각도로 15분 이하, 즉 $\theta \leqq 15' 15' = \frac{\pi}{180} \times \frac{15}{60}$이라면 지구 반경

달 아래 세계의 상한은] 52 지구 반경이기 때문에 이 혜성이 달보다 훨씬 위쪽인 금성 천구의 영역에 있다고 결론 내려 이해하는 것이 용이하다. …… 그러나 통상 이야기되는 하늘의 질서의 순서에 따르지 않고, 어떤 옛 철학자나 우리 시대의 코페르니쿠스의 견해를 확실하다고 간주한다면 수성은 그 궤도를 태양 주변에 두고, 금성은 태양을 거의 중심으로 보아 수성[궤도] 주변을 돌고 있다. 그러한 [수성과 금성이 태양 주변을 주회한다는] 추론은 코페르니쿠스의 가설같이 태양이 우주의 중심에 정지해 있다고 하는 경우 이외에도 진리에 완전히 반하는 것은 아니다. 그때 이 혜성은 달 구면과 앞서 언급한 태양 주변에서 보이는 금성 구면 사이에서 발생한 것이 된다. 왜냐하면 이 시각으로는 금성은 지구 반경의 296배 이하로 지구에 접근하지 않고 달은 지구에서 가장 떨어졌을 때 지구 반경의 68배 거리가 되므로, 달과 금성 사이에는 지구 반경의 228배 거리가 있기 때문이다. 이것으로부터 나는 이 혜성은 실로 이 공간, 앞서 언급했듯이 지구 반경의 230배 높이인 곳에서 생겨났다고 생각한다.[122]

앞에서 보았듯이 1573년의 『신성에 관하여』에서 튀코는 혜성을 달 아래의 현상이라고 보았으나 그 인식을 여기서 재검토했다. 그리고 1588년의 보고 『에테르 세계의 최근의 현상』(이하 『최

을 r로 하여 이 혜성까지의 거리 L은 $L = r\cot\theta \geqq \dfrac{r(180\times 60)}{(\pi\times 15)} = 229r$.

근의 현상』)에서 다시금 "이 혜성은 명백하게 에테르 영역에 존재한다Cometam hunc plane Aethereun extitisse"라고 결론지었다.[123]

이 결론은 물론 시차 측정에 따른 것인데, 이것은 레기오몬타누스가 제창한 방법에 기반했다. 그러나 그는 이때 레기오몬타누스가 혜성의 고유 운동을 무시했다는 오류를 지적했다.

> 레기오몬타누스는 이 논고에서 혜성은 제1동자의 운동[일주운동] 이외의 운동을 하지 않는다고 가정했다. 그러나 우리가 현재 논하는 혜성이나 그 외 거의 모든 혜성이 근소한 시간 간격에서도 확인할 수 있는 고유 운동을 행하므로 이 점에 관해서는 우선 정확히 결정할 필요가 있다. 레기오몬타누스는 그가 스스로 설정한 목표에 꽤 불리하게 작용하게 되는, 혜성이 갖는다고 가정한 큰 시차에 관해서는 그다지 의문의 여지가 없다고 판단함으로써 이것을 무시한 듯하다.[124]

메슈틀린도 마찬가지 결론에 도달했다. 메슈틀린은 1571년 튀빙겐에서 보습교사로 일한 뒤 1576년 말부터 슈투트가르트 북동쪽 바크낭의 교회에서 일했다. 몇 년 동안 교회에서 근무하는 것은 신학원에서 배운 학생의 졸업 후 의무였다. 천체 관측은 1572년부터 계속되었는데 그는 이곳에서 1577년의 이 혜성과 조우했다. 관측은 1577년 11월 12일부터 다음 해인 1578년 1월 6일까지 10회에 이르렀고, 지난 신성 때와 마찬가지로 끈을 이용한 것 외에 자작한 대형 사분의를 사용했다. 특히 같은 날 오후 6시와 9시

표 10.1 메슈틀린의 혜성 관측 기록

데이터	일시	경도(θ)	위도(ϕ)
1	11월 24일 오후 6시	278°35′	21°18′
2a	12월 02일 오후 6시	289°25′	24°46′
2b	12월 02일 오후 9시	289°33′	24°47′
3	12월 15일 오후 6시	301°48′	27°20′

에 이 혜성의 위치를 관측했고 혜성이 천구상에서 자신의 운동 이외의 위치변화를 보이지 않는다는 것, 즉 일주시차를 보이지 않는다는 것을 밝혔다. 방법은 튀코가 수정을 가한 레기오몬타누스의 방법으로, 데이터의 일부를 사용해 구체적으로 제시해 두자(표 10.1).[125] 데이터 1과 3에 따라 11월 24일부터 12월 15일까지를 21일간 평균한 혜성의 운동이 보이는 세 시간당 경도와 위도의 변화는

$$\Delta\theta = \frac{301^\circ 48' - 278^\circ 35'}{21\text{일} \times 24\text{시간}/\text{일}} \times 3\text{시간} = 8',$$
$$\Delta\phi = \frac{27^\circ 20' - 21^\circ 18'}{21\text{일} \times 24\text{시간}/\text{일}} \times 3\text{시간} = 2'.$$

이 결과와 데이터 2a, 2b를 사용하면 혜성의 고유 운동을 뺀 3시간당 시차는 이러하다.

$$\text{경도 } 289^\circ 33' - 289^\circ 25' - 8' = 0,$$
$$\text{위도 } 24^\circ 47' - 24^\circ 46' - 2' = -1'.$$

그뿐만 아니라 메슈틀린은 이 혜성에 대한 궤도를 고찰하고 그

것이 1577년 11월 5일에는 지구에서 155 지구 반경인 곳에, 그리고 1578년 1월 10일에는 1495 지구 반경인 곳에 있었다고 추정했다[126][상세한 바는 후술, Ch. 12. 1].

이리하여 메슈틀린은 그 혜성 궤도가 달보다 위에 있다고 결론지었다. 그리고 그는 이 보고를 이 해에 나타난 다른 혜성에 관한 관측과 합쳐 다음 해인 1578년에 튀빙겐에서 『에테르 영역의 혜성 관측과 증명Observatio et demonstratio cometae aetherae』이라는 표제로 출판했다(이하 『관측과 증명』). 여기에는 자신의 관측에 대한 신뢰와 자신이 확실히 표명되어 있다.

> 고백하건대 나는 만약 내 개인적이고 확실하며 반복해서 행한 충분히 주의 깊은 관측으로 그 혜성이 에테르 영역에 있음을 발견하지 않았다면 나는 결코 그런 것[이 혜성이 달보다 위에 있다는 것]을 간단하게는 믿지 않았을 것이다. 이렇게 나는 이 사실을 많은 경험으로 발견했다. 왜냐하면 이런 종류의 위대한 신의 작업에서는 권위자의 고찰이든 사람들의 의견이든 진리의 규칙 대신에 그것들을 받아들일 수는 없기 때문이다.[127]

튀코나 메슈틀린과 마찬가지로 시차를 관측함으로써 이 혜성이 달보다 위의 세계의 현상이라고 결론지은 자들은 빌헬름 IV세, 코르넬리우스 겜마, 튀빙겐에서 교육받은 팔츠의 궁정 의사이자 점성술사인 헬리세우스 뢰슬린이었다.[128*13] 1572년의 신성을 관측하고 튀코와 마찬가지 결과를 얻어 이것을 천상세계의 사건이라 생각한 프라하의 하이에크는 이번에는 5도를 넘는 시차를 관측하여 이 혜성을 달 아래의 현상이라 판단했다. 신성과 달리 고유 운동을 갖는 혜성은 시차를 측정하기가 더 어려웠다.[129]

빌헬름 IV세는 튀코보다 2일, 메슈틀린보다 1일 빠른 11월 11일부터 관측을 시작했다. 이 혜성에 대해 그는 11월 16·17·20·21·23·28·30일, 12월 1·2·3·6·30일에 각 하루당 수 회의 관측을 행하여 도합 67개의 관측 기록을 남겼고, 역시 시차가 관측되지 않음을 확인했다.[130] 그는 나아가 뢰슬린의 관측에 따라 1585년의 혜성에 대해서도 같은 것을 확인했고, "따라서 혜성은 달의 구 아래쪽, 대기 상층에서 생긴다는 철학자들의 원리는 타파되었다"라고 결론지었다.[131]

8. 튀코와 메슈틀린의 아리스토텔레스 비판

1572년의 신성은 일정 기간 빛나다가 이윽고 소멸했다. 튀코는 1577년의 혜성에 대해서도 다음 해의 보고에서 "혜성이 하늘에서 생겨났다die Cometten im himel anfang", "이 새로운 탄생diese neue geburt",

---

*13 헬리세우스 뢰슬린Helisaeus Roeslin/Röslin(1544~1616)은 의사로 의료 방면에서 천문학과 점성술을 배웠고 1572년의 신성과 조우함으로써 점성술 그 자체로 관심을 돌렸다. 그가 1577년의 혜성을 달보다 위의 것이라 판단한 것은 시차 측정에 따른 것이 아니라 그 운동의 정성적 특징 때문이었다(Hellman(1944), pp. 159~173).

혹은 이 혜성의 "참된 기원wahren angang" 등으로 말했으며, 1588년의 『최근의 현상』에서도 "혜성같이 신속하게 소멸해 가는 물체cometa tam cito evanida corpola"라 기술하며 그것이 순간적인 존재로서 생성하고 소멸했다고 파악했다.[132] 마찬가지로 메슈틀린도 1577년의 혜성에 대해 그것이 먼 곳에서부터 다가와서 먼 곳으로 멀어져 가는 것이 아니라 관측되기 시작하기 직전에 출현하여 관측되지 않게 된 직후에 소멸하는 일과성 현상이라고 간주했다.[133] 따라서 1570년대의 이 두 사건, 1572년의 신성과 1577년의 혜성 출현이 달보다 위의 현상이라는 관측은, 천계불변이라는 아리스토텔레스의 도그마와 그것에 기반하는 천상세계와 달 아래 세계를 다른 세계로 보는 이원론적 세계상에 대한 거의 최초지만 극히 강력한 반증이라 생각되었다.*14

튀코는 이것을 충분히 이해하고 1578년의 『혜성의 기원』에서 이렇게 언명했다.

> 하늘에는 어떤 새로운 것도 생길 수 없으며 모든 혜성은 공기의 상층에 위치한다는, 우리가 지금까지 종종 들어온 아리스토텔레스 철학은 유효할 수 없다. 왜냐하면 나는 이 혜성에 관해서는 세심한 관

---

*14 에드워드 그랜트Edward Grant의 『중세의 과학』은 중세자연철학과 그것이 근대 초기 자연과학과 갖는 관계를 아는 데 유익한 책이다. 그러나 아리스토텔레스 자연학을 타파한 것이 콜럼버스의 15세기 말 신세계 발견과 갈릴레오의 1610년 망원경을 사용한 천체 관측이라는 "두 가지 큰 사건"이라고 하며(일역 p. 264), 1570년대의 신성과 혜성을 전혀 언급하지 않은 것은 수긍할 수 없다.

측과 증명에 기반하여 그렇지 않음을 밝혔기 때문이다. 마찬가지로 대략 4년 전에 카시오페이아자리에서 1년 내내 볼 수 있었던 새로운 별도 하늘에 뭔가 새로운 것이 생길 수 있다im himmel etwas neues kan genneriert werden는 충분한 증거를 부여해 주었다. 왜냐하면 그것은 하늘의 낮은 부분에서가 아니라 최상부인 제8천구에 있었고 시차도 특유의 운동도 보이지 않았기 때문이다.[134]

메슈틀린도 같은 해의『관측과 증명』에서 이렇게 기술했다.

아리스토텔레스는 혜성에 관해 고찰한 극히 위대한 철학자이지만 에테르 영역[천상계]에 있는 혜성에 관해서는 고대 철학자를 논파하기 위한 목적 이외에는 언급하지 않았고, 오히려 혜성의 위치를 대기(혹은 그 위쪽의 불) 영역에 고정했다. 이 점에 관해 말하자면 아리스토텔레스는 [에테르 영역의 혜성에 관하여] 뭔가를 쓰는 것이 내키지 않았다고밖에 생각할 수 없다. 왜냐하면 필시 그가 살았던 시대에는(시차를 조사하는 방식이 아직 알려지지 않았으며 우리 시대가 되어서야 행해졌다 해도) 그러한 것은 출현한 적이 없고 [관측된 혜성] 전부는 1475년이나 1532년이나 그 밖의 때에 출현한 것과 같이 대기 영역에 속했기 때문일 것이다. 그러나 아리스토텔레스조차도 이런저런 단일한 예에서부터 보편적인 것으로 부적절하게 추론하는 일이 있을 수 있음을 스스로 증명한 것이다.[135*15]

---

*15 이것으로부터 알 수 있듯이, 이 시점에서 메슈틀린은 혜성 중에는 대기영

일설로는 1572년의 신성보다도 1577년의 혜성 쪽이 아리스토텔레스 자연학에 보다 큰 타격이었다고 간주된다. 천문학사 연구자 리처드 재럴은 튀코가 아리스토텔레스 자연학을 최종적으로 포기한 것이 이 1577년의 혜성 때문이었다고 주장했다.[136] 왜냐하면 아리스토텔레스는 신성의 존재를 몰랐고 그 때문에 신성에 관해서는 아무것도 말하지 않았기 때문이다. 그런 한에서 신성에 관해 지금까지 인류가 몰랐던 초자연현상이라고 할 수도 있었다. 아니, 그렇다기보다 신성이라는 불가해한 현상과 직면하여 그것을 "신의 놀랄 만한 새로운 창조"라 하는 것 이외에 당시로서는 달리 설명할 수가 없었다는 것이 오히려 옳을 것이다.[137] 튀코는 이미 보았듯이 그것을 '기적'이라 말했다. 빌헬름 IV세는 1572년 12월 작센 선제후 아우구스트에게 보낸, 신성을 확인했음을 알리는 편지에서 이 신성에 관하여 "필시 자연의 별이 아닐 것입니다 gewisslich kein naturliches stern ist"라 말했고, 다음 해 1월 뷔르템베르크의 루트비히 공에게 보낸 편지에 "이 별은 뭔가 초자연적인 것입니다dieser Stern aliquid supernaturale sei"라고 썼다.[138] 포이처는 1572년 루트비히 공에게 한 보고에서 그해의 신성을 "신의 특이한 작품

역(달 보다 아래)의 것과 에테르 영역(달보다 위)의 것 두 종류가 있고 게다가 그 대부분이 대기영역의 것이라고 생각했다(Hellman(1944), p. 152). 나중에 그는 모든 혜성이 에테르 영역의 것이라고 생각하게 되었다(Jarrell(1975), p. 16). 또한 헬리세우스 뢰슬린도 1477년의 혜성이 천상세계의 것이라고 판단했지만, 모든 혜성에 대해 그렇게 결론을 내린 것이 아니라 지상의 증발기에 의한 대기영역의 혜성도 있다고 생각했다(Hellman, ibid., p. 172).

으로 기적의 하나로 꼽혀야 하는 것Singulare Dei opus et inter miracula referendum esse"이라 기술했다.[139] 그리고 메슈틀린은 신성에 관한 보고에서 "이 돌연한 빛의 출현은 자연적 원인에 의하지 않는다non a naturali cuasa dependere", "초자연학적 원인에 의해 출현했다ab Hyperphysica causa exortus"라고 결론지었다.[140] 코르넬리우스 겜마에 이르러서는 신성을 "천사 내지 신 자신이 별의 형태로 모습을 드러낸" 것이라 했으며 인간 이성으로는 파악할 수 없는 수수께끼로 간주했다.[141]

이렇게 자연법칙 밖에 있는 한 신성이 천공에 돌연 나타났다가 다시 소멸했다고 해도, 그것은 그것대로 자연을 초월하는 신의 능력을 증명하는 것이긴 하나 그때까지 받아들였던 자연법칙이나 자연관을 재인식하는 데는 이르지 않았다.[142] 프로테스탄트 세계에서는 당대까지 인정되었던 절대적 권위가 붕괴되었으며, 이 시기는 로마 교황이 반그리스도이며 그리스도의 재래와 최후의 심판이 가까워졌다고 많은 사람들이 진심으로 믿었던 격변의 시대였다. 메슈틀린은 1573년의 보고에서 "이 신성은 세계의 최후의 시대에 최고의 조물주가 만들었다"라고 기술했다.[143] 전대미문의 일이 생겨도 불가사의하지는 않았던 것이다.

그러나 혜성은 과거에 수도 없이 관측되었고 아리스토텔레스도 그것에 관해 자신의 의견을 전개했다. 그 이래 2,000년 가까운 세월에 걸쳐 혜성의 출현은 아리스토텔레스를 좇아 달 아래 현상이라 믿었던 것이다. 그것이 부정된다면 오히려 그 영향은 클 것이다. "혜성 이론과 혜성의 관측이 예전부터 내려온 우주상과 새로

운 우주상의 대립에 핵심적인 역할을 했다"라고 하는 까닭이다.[144]

1577년의 혜성이 1572년의 신성과 결정적으로 다른 또 하나는 이 혜성이 어떤 궤도로 움직이는가라는 문제를 제기했다는 것이었다. 그리고 튀코와 메슈틀린의 관측은 단순히 이 혜성이 천상의 물체임을 밝힌 것만이 아니라 처음으로 혜성의 궤도를 생각하여 그것을 특정하기를 시도했다는 점에서 중요했다.[145] 그리고 그 과정에서 혜성의 운동에 태양이 극히 중요하고 중심적인 역할을 했음을 발견했다. 이것 또한 아리스토텔레스 우주론과 프톨레마이오스 천문학에 새롭게 심각한 의문을 제기했다.

튀코는 『최근의 현상』에서 "만약 우리가 이 혜성 역시도 흡사 그것이 본래의 것이 아닌 특이한 행성인 양 다른 행성들과 마찬가지로 그 주회 중심이 태양임이 밝혀진다고 이해한다면, 모든 것이 이 혜성이 보이는 겉보기 운동에 잘 들어맞는다"라고 말한 다음, 이렇게 기술했다.

> 혜성들은 태초부터 있었던 다른 별들이 하는 영속적 운동이 가능하도록 완전한 물체로 완전하게 만들어진 것이 아니므로 그 주회에서 절대적으로 정해진 운동을 하는 것은 아님은 있을 수 있는 일이다. 그것들은 어느 정도까지 행성들의 균일한 규칙성을 흉내 내지만 완전히 행성운동에 따르지도 않는다. 이것은 마찬가지로 세계의 에테르 영역에서 생길 터인, 앞으로 나타날 혜성에 의해 명백하게 제시될 것이다. 따라서 우리 혜성이 태양 주변을 주회하는 것이 완전한 원이 아니라 통상 알 모양이라 부르는 약간 길쭉해진 원이든지 그

렇지 않으면 완전한 원이지만 그 운동이 처음에는 느렸다가 점차 빨라졌든지 둘 중 하나일 것이다. 어쨌든 혜성은 확실히 태양 주변을 주회한다. 이때 [그 운동에] 어느 정도의 부등성이 동반한다 해도 혼란되거나 불규칙해지거나 하지는 않는다.[146]

여기서는 행성 그리고 의擬행성이 둘 다 태양 주변을 주회한다고 명백하게 기술되어 있다. 그러나 태양 자체는 중앙의 정지 지구 주변을 돈다(그림10.10). 이것은 나중에 튀코가 제창한 체계의 일부를 선취하는 것으로, 그 점에 관해서는 다음 장에서 살펴볼 것이다. 덧붙여 이 글은 진정한 천체 운동이 원이라는 원칙(도그마)은 포기하지 않았다 해도 하늘에 나타나는 물체의 운동 중에 원 이외의 것이 있을 수 있음을 포이어바흐에 이어 표명한 것이라 흥미롭다.*16

사실을 말하자면, 튀코의 아리스토텔레스 자연학 비판에서는 파라켈수스 혹은 세네카에게서 받은 영향도 꽤 명료하게 확인할 수 있다.

튀코의 조수 중 한 사람이 1591년에 우라니보르에서 작성한, 기상점성술에 관한 문서가 있다. 국왕의 요구에 답하여, 너무 바쁜 튀코를 대신해 작성된 덴마크어와 독일어 문서이다. 그 서문

---

*16 같은 시기 프랑스의 수학자 프랑수아 비에트François Viète(1540~1602)가 초고에서 프톨레마이오스 이론의 유도원에 타원을 사용했음도 알려져 있다(Schofield(1981), pp. 39~44. 다음도 보라. Donahue(1973), p. 192).

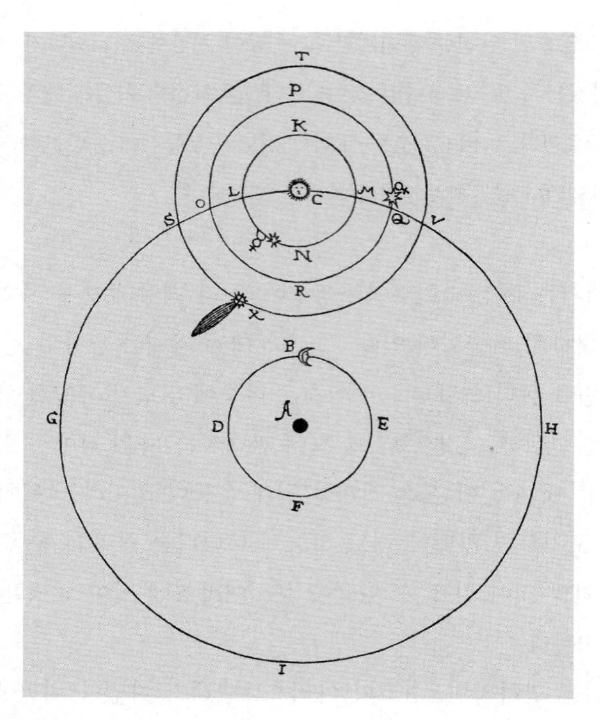

그림10.10
튀코 브라헤가 묘사한 달, 태양, 수성, 금성과 1577년의 혜성의 궤도.
『에테르 세계의 최근의 현상』(1588) 제8장에서.
태양(C)은 지구(A) 주변의 궤도를, 수성(☿)과 금성(♀)과 혜성(X)은 이 순서로 태양 주변 궤도를 주회한다. 1578년의 보고와 달리 여기서 혜성 꼬리는 금성에서 멀어지는 방향으로 묘사되어 있다.

은 튀코 자신이 쓴 것이라 생각되는데, 거기에는 "공기는 하늘과 땅 사이에 있고 그 양자를 구별하며 동시에 결부한다. …… 이 두 부분은 하위 부분(바다를 포함한 지구)이 상위의 영향을 받도록 서로 결부되어 있다. …… 그리고 여기서 공기는 그러한 자연적 작용 및 영향을 전달하는 매체이자 수단이다"라고 명기되어 있다.[147] 다른 한편 앞 장에서 보았듯이 파라켈수스의 우주는 '자연의 네 영역', 즉 불로 이루어진 하늘, 물과 흙으로 이루어진 지구, 그리고 그 중간에 있는 공기로 구성되어 있고, 공기는 매체로서 하늘의 영향을 인간에게 전달한다고 간주되었다.[148] 혹은 제9장에서 보았듯이 세네카의 『자연연구』에서도 "공기는 하늘과 땅을 묶는 것이다. …… 공기는 별의 힘을 지상의 것에게 전파한다"라고 이야기했다[Ch. 9. 9].[149] 이 논의들에서 명백한 상사성相似性을 확인할 수 있다.

튀코는 또한 파라켈수스와 마찬가지로 대우주로서의 천공과 소우주로서의 인체가 대응한다고 이야기했다. 그 대응관계는 논자에 따라 다양했다. 이 점에 관해 튀코가 기술하는 행성과 인체 부분의 대응은 파라켈수스의 것과 완전히 동일했지만 고대 프톨레마이오스의 것과도, 파라켈수스와 동시대인인 아그리파 폰 네테스하임의 것과도 달랐다.*17 또한 인체는 식료로서 섭취한 지상의 원소로 이루어졌기 때문에 사람도 하늘의 영향을 받는다는 튀코의 생각도 역시 파라켈수스의 것이었다.[151] 이 점들에 관해

*17 천체(행성, 달, 태양)와 인간 장기의 대응[150]

논자/천체	토성	목성	화성	금성	수성	달	태양
튀코 브라헤	비장	간	쓸개	신장	폐	뇌	심장
파라켈수스	비장	간	쓸개	신장	폐	뇌	심장
프톨레마이오스	비장	폐	신장	간		자궁/위	뇌/심장
아그리파	간		신장	신장	비장	폐	뇌/심장

파라켈수스가 튀코에게 미친 영향은 현저하다.

이렇게 파라켈수스의 영향을 받았다는 점에서도 튀코는 아리스토텔레스의 강한 영향력에서 이미 어느 정도는 해방되어 있었으리라고 생각된다. 튀코는 이 1578년의 보고에서 이렇게 이야기했다.

> 파라켈수스주의자들은 하늘이 제4원소인 불이며 거기서 생성과 소멸이 일어날 수 있다고 인정하고 믿었다. 따라서 그들의 철학에서는, 바로 대지나 금속 안에서 전설상의 이물異物이 발생하거나 동물 사이에서 괴물이 태어나거나 하는 것과 마찬가지로 혜성이 하늘에서 생겨나는 것도 있을 수 없는 일은 아니다. 왜냐하면 파라켈수스는, 하늘이나 별들 사이에 거처를 갖는 천상의 페나테스(수호신)가 언젠가 신의 명으로 많은 하늘의 물질을 사용하여 이러한 신성이나 혜성을 만들어 냈고 그것들의 참된 기원은 행성이 아니며, 오히려 행성에 대항하여 혜성이라 불리는 의행성pseudoplanetta에 의해 일어나고 예언되는, 장래에 일어날 사건에 대한 징조로서 인류에게 드러냈다고 생각했기 때문이다.[152]

파라켈수스의 죽음은 1541년으로 사후에 그의 평가는 높아졌으며, 이것도 아리스토텔레스 자연학에 반하는 견해를 뒷받침하는 데 어느 정도의 힘이 있었다. 덧붙여 파라켈수스 자신은 혜성이 하늘의 현상이라고 하면서도 어디까지나 그것은 어떤 사건의 전조라고 파악했고 그 점에 강조점을 두었다. 그에 비해 튀코는 그 현상이 아리스토텔레스 자연학에 대한 강력한 반증이 된다는 데 강한 강조점을 두었다. 이리하여 튀코는 이렇게 단언했다.

> 그 [혜성의] 위치와 경로는 달보다 훨씬 위쪽 하늘에 있다. …… 따라서 혜성은 지구에서 대기 속으로 끌려 올라간 것이고 하늘에서 발생할 수는 없다는 아리스토텔레스의 견해는 완전한 잘못ganntz falsch이다. 왜냐하면 그가 이 견해를 수립한 것은 그의 교묘한 사변에 의한 것aus seinem guet gedunckenl이며 수학적인 관측이나 증명에 의한 것은 아니기aus keiner mattematischer observtion order demonstration 때문이다.[153]

이것은 독일어로 쓰인 보고로, 따라서 원래는 널리 공표할 의도가 없었던 듯했기 때문에 표현도 단어사용도 대담하고 과감해졌을지도 모른다. 그러나 그 점을 감안해도 직설적인 아리스토텔레스 비판이다. 튀코는 원리로부터 연역적으로 논증하는 것보다도 정량적인 관측에 기반하는 수학적 추론을 확실성의 상위에 놓은 것이다. 이런 한에서 튀코의 방법은 극히 근대적이고 실증적이었다.

메슈틀린도 이 혜성이 금성 궤도 바로 가까운 곳을 통과해 태양 주변을 돈다고 판단했다. 이것 자체가 이전의 신성과 마찬가지로 아리스토텔레스 우주론에 정면으로 대립하는 발견이었다. 그러한 명확한 궤도는 대기 상층에서 타오르는 불 같은 것이라고는 생각할 수 없다는 것이 메슈틀린의 추리 근저에 있었다. 그리고 동시에 그것은 메슈틀린에게는 코페르니쿠스 이론이 옳음을 나타내는 것이었으리라 생각된다. 메슈틀린은 1577년의 혜성을

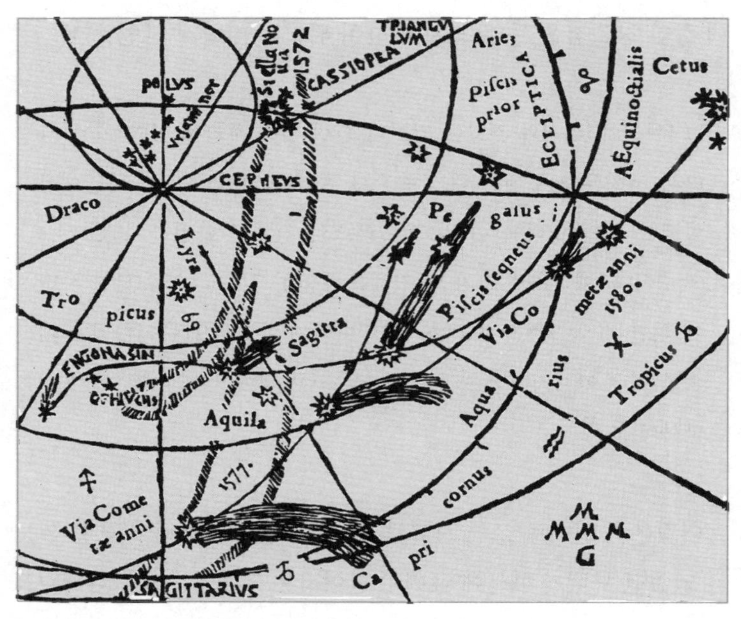

그림 10.11 1572년의 신성과 1577, 1580년의 혜성 궤도.
메슈틀린, 『1580년 에테르 영역의 혜성 관측과 증명』(1581)에서.
왼쪽 아래에서 대각선 위를 향한 곡선이 1577년의 혜성 궤도, 중앙을 횡단하는 곡선이 1580년의 혜성 궤도. 위쪽에 1572년의 신성.

관측하여 아리스토텔레스의 자연학을 비판하고 코페르니쿠스의 천문학을 지지한다는 두 결론을 유도해 낸 것이다. 이 점에 관해서는 나중에 살펴보기로 하자. 또한 메슈틀린은 1580년에도 혜성을 관측했고 이 혜성도 마찬가지로 천상세계의 것임을 확인하여 1581년에 『1580년 에테르 영역의 혜성 관측과 증명』을 출판했는데, 여기에 1577년과 1580년의 혜성 궤도 그림이 게재되어 있다(그림 10.11).

신성과 혜성의 관측과 그것들의 본질을 둘러싼 논의에 의해 우주론과 천문학 사이에서 발생한, 아리스토텔레스와 프톨레마이오스 이래의 분열과 상하관계를 더는 유지할 수 없게 되어, 그때까지는 오로지 하위의 수학적 천문학을 위한 것이었던 정량적인 관측의 결과가 직접적으로 상위의 우주론과 자연학의 논의에 개입하기 시작한 것이다. 이리하여 "16세기 말에 가까워짐에 따라 천문학과 하늘의 자연철학의 구분이 착실하게 무너져 갔다"라고 하며 "17세기를 목전에 둔 전환기에…… 철학자들은 천문학과 자연학의 그럴싸한 구별을 더는 유지할 수 없어졌다".[154] 자연과학으로서의 천문학의 지위와 성격에 중요한 변화가 생긴 것이다.

물론 그러한 논의가 매끈하게 아리스토텔레스주의자들에게 수용된 것은 아니었다. 15세기 말에는 사르디니아의 한 사교가 "경험적인 인식noticia experimentativa이 과학이라거나 자연학의 일부라는 주장은 어리석다. …… 자연학은 그 자체로도 그 모든 부분에서도 순수하게 사변적인 인식noticia speculativa이다"라고 주장했다.[155]

그 한 세기 이상 뒤에 파도바대학의 '아리스토텔레스주의자로서 명성 높은 교수'였던 체사레 크레모니니Cesare Cremonini에 따르면 천상세계에 대해서는 감각적 경험에 기반하는 방법(즉 시차를 이용하는 방법 같은 것)도 지상의 세계에만 통용되는 수학적 규칙도 적용할 수 없다, 왜냐하면 그러한 것은 실제로 천상세계가 지상 세계와 본질적으로 다름을 증명하는 근본원리에 저촉되기 때문이라고 간주된다. 이것은 1604년 신성에 관한 갈릴레오의 논의에 대한 반론이다. 즉 "측정이 자연학상의 결론을 좌우한다는 관

념은 [예전부터 내려온] 철학적 정신에는 수용되지 않았다"라는 것이다.[156]

그리고 통상 이러한 아리스토텔레스주의자의 논거를 무너뜨린 것이 갈릴레오의 망원경을 사용한 천체 관측, 특히 달 표면 관측이었다고 이야기된다. 그러나 갈릴레오가 망원경으로 달 표면의 모습을 밝히기 이전에 실은 메슈틀린이 육안 관측과 논증으로 동일한 결론에 도달했던 것이다.

9. 메슈틀린의 달 관찰

과학혁명에서 혜성이 행한 역할을 논한 바커Barker와 골드슈타인Goldstein의 논문은 "우리의 목적상 아리스토텔레스 패러다임의 가장 중요한 요소는 천상세계와 지상세계의 날카로운 구별이다"라고 단언했다.[157] 지금까지 거의 주목되지 않았던 듯하나, 사실 메슈틀린은 이 신성과 혜성에 관한 논고 외에도 달을 관측함으로써 아리스토텔레스의 이원적 세계상에 대한 중요한 반증을 제시했다.

메슈틀린은 1572년의 신성과 1577, 1578년의 혜성 관측으로 천문학자, 천체 관측가로서 명성을 드높였다. 1579년에는 『프러시아 표』에 기반하여 『신에페메리데스Ephemerides novae』를 작성했다. 1580년에 메슈틀린은 수학이나 천문학을 비호했던 루트비히 공의 청으로 하이델베르크대학에 부임하여 이곳에서 1582년에 천문학 교과서 『천문학 요강Epitome astronomiae』 등을 공간했다. 그리고 1584년에는 모교 튀빙겐대학에 불려갔다. 뷔르템베르크 정통 루터파의 거점학교였던 튀빙겐대학에서 메슈틀린의 수학 스승이었던 필리프 아피아누스가 일치신조에 서명하기를 거부한 일로 추방되었기 때문에 그 후임으로서였다.*18 이리하여 튀빙겐대학 학예학부 교수 메슈틀린이 탄생했고 이후 47년의 세월에 걸쳐 이 직에 머물렀다. 튀빙겐에서는 취임 4년 뒤인 1588년부터 1629년까지 학부장으로 도합 10회 선출되었으므로 두터운 신뢰를 받았던 듯하다. 그의 강의는 수준이 높았고 그의 『천문학 요강』은 기본적으로는 천동설의 입장에서 쓰였으나 상급 학생에게는 코페르니쿠스 이론의 학습을 추천했다. 그리고 그동안에 케플러와 만나게 되었다.

메슈틀린은 1572년 이래 계속 천체를 관측했다. 단 그는 충衝, opposition이나 합合, conjunction이나 식食, eclipse과 같은 특별한 상태를 관측했지 튀코와 같이 연속적이지는 않았던 듯하다. 그러나 특히 달과 태양에 관해서는 상세했고 이것들은 『식의 연구Disputatio de Eclipsibus』로서 1596년에 출판되었다. 이 책에 기록되어 있는 달에 관한 그의 중요한 발견은 신월新月이나 초승달일 때 태양이 직접 비추지 않은 달 표면 부분에서 회색빛이 보인다는 것, 그리고 그

---

*18 일치신조Formula Concordiae는 루터 사후 정통루터파와 필리프주의자의 대립이 격화되어 1577년에 정해진 루터파의 통일신조로, 정통루터파의 입장이 강화되었다. 이것은 1580년에 통일신조서[일치서Liber Concordiae]로 통합되었고 이리하여 루터파 교회가 최종적으로 확립되었다. 뷔르템베르크에서는 모든 교사와 목사가 이것에 동의하도록 요구받았다.

것이 지구의 반사광에 의한 것이라고 설명한 것이다. 이전에 지적했듯이 메슈틀린이 남보다 갑절로 시력이 좋았음을 상기해 주었으면 한다.

메슈틀린 본인이 쓴 이 기술은 케플러의 1604년 『광학』에도 똑같은 인용이 있으며 1610년의 『성계의 사자使者와의 대화Dissertatio cum Nuncio Sidereo(별의 메신저와의 대화)』에서도 다시금 지적되고 있다. 다소 길지만 중요하므로 전문을 인용해 두자.

> 달이 초승달의 상相에 있을 때, 달의 빛은 초승달 부분만이 아니라 달 전체에 퍼져 보인다. 관측자에게 알려져 있는 이 빛은 낮에 밝을 때는 감지할 수 없다. 이것은 일몰 직후 어두워지기 전 저녁 무렵에 잔존하는 햇빛 내지 일출 직전 동틀 녘의 햇빛이 있을 때 감지할 수 있다. 역으로 이 [달 표면의] 빛은 신월로부터 멀어짐에 따라 약해진다고 알려져 있다. 따라서 [지구에서 보아 달이 태양과 90도 각도를 이루는] 구矩 전후에 반달이 심야에 지평선상에서 보이는 상태에서는 확실히 이 빛은 극히 약하거나 전혀 관측되지 않는다(보인다고 해도 시력이 뛰어난 사람에게만 보인다). 이 빛은 나눌 수 있기 때문에,*19 (라인홀트를 포함해) 몇몇 사람들이 주장하는 것처럼 달 자체가 안에서부터 발하는 빛이 아니라 매달 보이는 강한 빛과

---

*19 '이 빛은 나눌 수 있다'의 원문은 'lumen hoc separabile est'. 도나휴Donahue의 역으로는 'this light's being separable', 로즌Rosen의 역으로는 'this light is detachable [from the moon]'이며, 지구와의 위치관계에 따라 나타나거나 사라지거나 하는 사실을 지적했으리라고 생각된다.

마찬가지로 다른 광원에서 빌려 온 것임을 알 수 있다. 만약 그렇지 않다면 이 빛은 [지표의] 공기에 햇빛이 비춰질 때보다도 심야일 때 잘 보일 것이다. 게다가 달로 향해 있는 이 빛의 원천은 달의 지구에 대한 위치관계로부터 드러난다. 왜냐하면 신월일 때 달은 태양과 지구 사이에 있고 지구가 태양에 비춰지는 면은 달 바로 아래에 있어 달과 접하고 있기 때문이다. …… 따라서 지구는 태양이 지구로 보내온 빛을 반사하여 달의 불투명하거나 밤인 부분으로 되던진다고 말할 수 있다. 마찬가지로 [지구가 달과 태양 사이에 오는] 만월에는 (완전히 같은 구조로) 달은 태양에서 얻은 빛으로 지구의 밤을 그 밝기에 따라 거의 낮처럼 밝힌다. 이 현상은 지구의 원이 달의 원에 비해 큰 것과 같은 비율, 즉 12대 1의 비율에서 더욱 현저하다. 이리하여 이 [달과 지구라는] 두 물체는 서로 태양빛을 차단할 때마다 한쪽이 다른 쪽의 밤을 비추게 된다. 이 생각은 그 빛이 점차 약해짐으로써 뒷받침된다. 왜냐하면 달이 신월 상태를 지나고부터는 지구가 비춰지는 중심부분에서 점차 벗어나 남은 부분이 점차로 [태양과 지구를 묶는 선에 대해] 대각선 방향이 되고 반사광의 강도는 점차로 감소하여 어두워져 가기 때문이다.[158]

이 사실은 갈릴레오가 망원경을 사용해 스스로 관측하여 1610년의 『성계의 사자Sidereus Nuncius(별의 메신저)』(일역 『성계의 보고星界の報告』)에 기재한 일도 있어,[159] 지금까지 종종 갈릴레오의 발견이라 간주되어 왔다. 옛날에는 갈릴레오의 책이 세상에 나온 직후에 주駐베네치아 영국 대사 헨리 워턴Henry Wotton이 국왕 제임스

I세에게 보낸 편지에서 "달은 구형이 아니며 융기한 부분을 많이 갖고 있고 실로 기묘하게도 지구가 반사하는 태양빛에 비춰진다고 [갈릴레오는] 주장하는 듯합니다"라고 그 놀라움을 전했다.[160] 현대에는 예를 들어 과학사가 버나드 코헨Bernard Cohen이 이것을 갈릴레오의 '놀랄 만한 발견'이라고 기술했다.[161] 그러나 케플러의 1610년 『성계의 사자(별의 메신저)와의 대화』에는 "이 빛이 우리 지구에서 나온 것이라는 증명은 이미 20년 혹은 그 이상 옛날에 메슈틀린이 행했다"라고 명기되어 있다.[162] 실제로는 이 사실은 레오나르도 다빈치가 이미 발견했으나 그는 그것을 자신의 노트에 기록했을 뿐 공표하지 않았다.[163] 최초로 공표한 것은 메슈틀린이며 따라서 '그 현상의 참된 본질을 발견한 자'는 메슈틀린이라고 말해도 좋다.[164]

어쨌든 이 사실은 달과 지구가 모두 스스로 빛나는 물체가 아니라 서로 태양빛을 반사하며 그런 의미에서 동일한 종류의 존재임을 강하게 시사한다. 이는 아리스토텔레스의 이원적 세계상에 대한 명확한 반론 중 하나였다.

그러나 메슈틀린의 발견은 여기에 머물지 않았다. 1596년에 출판된 케플러의 『우주의 신비』에는 다음과 같이 기술되어 있다.

> 달이 예컨대 대륙이나 해양이나 산악이나 대기나 어떠한 형태로 그것들에 대응하는 것과 같은, 지구의 많은 특징도 갖고 있음을 메슈틀린은 많은 추론으로 증명했으며, 나도 그 점에 관해 적어도 동의한다.[165]

케플러는 스스로도 1604년의 『광학』에서 이렇게 언명했다.

> 그런 까닭으로 달의 빛나는 부분은 수성水性의 물질이지만 칙칙한 부분은 육지나 도서이며, 다른 한편 달 전체는 아래에서 기술하겠지만 모든 방향에서 빛을 통과시키는 어떤 공기 형태의 정기精氣로 덮여 있다고 나는 결론짓는다.[166]

메슈틀린은 1606년에 『행성의 여러 운동에 관한 토론』을 저술했다. 이 책은 슈투트가르트의 도서관에 남아 있던 마지막 한 권이 제2차 세계대전으로 소실되었으므로 알려져 있는 한 현존하지 않는다. 그러나 이 책의 '달 표면상의 공기의 존재를 뒷받침하는 증거'에 관한 부분이 케플러의 유고 『꿈』에 상세하게 기록되어 있다.[167] 달은 지구와 마찬가지로 흙이나 물이나 공기를 갖는 원소적 물질이라 간주되기에 이르렀던 것이다.*20 코페르니쿠스가 극히 불충분한 형태로 시작했던 세계의 일원화를 크고 명확하게 진전시킨 한 걸음이었으며 괄목할 가치가 있는 논의이다. 물론 현재는 달 표면에 공기도 물도 없음이 알려져 있지만, 달이 지구와 같은 종류의 물질로 이루어진 동질의 물체라는 인식은 결정적인

---

*20 이 점에 관해서는 1584년 브루노의 『성회일의 만찬』에 "완전히 한 동일한 달과 지구della terra e della luna, il quale è tutto uno et il medesmo", 그리고 『무한·우주와 세계들에 관하여』에서도 "달(그것은 또 하나의 지구)"이라는 기술이 있음을 지적해 두어야 한다(Bruno, Opere, I, p. 542, 영역 p. 142, II, p. 89, 일역 p. 101). 상세한 바는 뒤에서 논의한다[Ch. 11. 10].

변화였다.

덧붙여 지구가 거대한 자석임을 밝힌 1600년 길버트의 『자석론De Magnete(자석에 관하여)』에서는 달이 지구에 영향을 미친다는 것을 지적한 뒤, 달과 지구는 "대단히 친밀한 물체로 본성상으로도 실체적으로도 대단히 유사하다"라고 기술했다.[168] 그리고 케플러는 이 길버트에게서 큰 영향을 받았다. 그는 1609년의 『신천문학新天文学』 서문에서, 중력을 "같은 종류의 물체 간에 작용하고 그것들을 서로 결합시키려 하는 작용"이라 정의하고 그러한 것으로서 지구와 달 사이에서 작동하는 중력을 이야기했다.[169] 즉 지구와 달을 명확하게 '같은 종류의 물체cognata corpora'라고 인정한 것이다. 메슈틀린과 길버트가 미친 영향을 명확하게 확인할 수 있다.

갈릴레오는 1609년에 망원경으로 달 표면을 관측하고, 다음 해 『성계의 사자(별의 메신저)』에서 거기에는 산이나 계곡이 존재하며 지구 표면과 마찬가지로 요철이 있음을 밝혔는데, 이것은 앞서 언급한 워턴의 편지에서도 볼 수 있듯이 유럽에 센세이션을 불러일으켰다고 한다. 완전한 원소인 에테르로 이루어진 완전한 물체로서의 구체라는 아리스토텔레스 이래의 달의 상, 나아가서는 천상 물체와 지상 물체는 본질적으로 다르다는, 그때까지 받아들여 온 전제가 뒤집어졌기 때문이다. 예를 들어 한스 슈퇴리히Hans Störig의 『서양과학사』는 갈릴레오의 이 보고를 "아주 신기한 것"이라 평했고, 에르빈 파노프스키Erwin Panofsky는 그것을 "갈릴레오의 망원경 덕분에 명백해진, 생각지도 못했던 특징"이라 말했으며, 토머스 쿤의 『코페르니쿠스 혁명』에서는 "망원경으로 달을 관측한 것은 천상의 영역과 지상의 영역이라는 전통적인 구별에 의문을 제기했다"라고 했다.[170] 그러나 이 사실은 이미 메슈틀린이 육안으로 발견했고 케플러가 저서에 기록했던 일이었다.

어쨌든 코페르니쿠스에서 데카르트와 갈릴레오를 거쳐 뉴턴에 이르는 기간의 과학에 대해 "만약 가장 중요한 논점을 하나 특기한다면 그것은 태양중심설 대 지구중심설을 둘러싼 것이 아니라 천상, 지상의 구별에 관련된 논의이다"라고까지 이야기된다.[171] 근대물리학을 형성하는 데 튀코와 메슈틀린이 맡았던 역할은 극히 중요했다.

10. 아리스토텔레스 비판에서 코페르니쿠스 이론으로

프톨레마이오스 천문학은 아리스토텔레스 자연학과 일체는 아니었다. 따라서 아리스토텔레스 자연학이 부정되었다고 해서 그것이 코페르니쿠스 체계를 지지하는 데 직접적으로 연결되지는 않았다. 그러나 프톨레마이오스 천문학의 근저에 아리스토텔레스 자연학이 있음을 고려한다면 후자의 부정은 코페르니쿠스 이론을 수용하는 길을 개척하는 일이 될 것이다. 그 길을 따라간 것이 메슈틀린과 영국의 토머스 디게스였다.

메슈틀린이 소장했던 『회전론』에는 그의 필적으로 "나는 코페르니쿠스의 가설과 견해에 동의한다ego Copernici hypothesibus et sententiae subscribo"라고 기술되어 있고 그 뒤에 이어서 이렇게 말한다.

코페르니쿠스가 행한 것은 현명한 학자가 자신의 재기를 과시하기 위해 하는 게임이 아니었다. 그는 붕괴할 위기에 처했던 천체 운동[의 이론]을 수복시킬 목적으로 임했으며 이 목적을 달성하기 위해서는 그것에 적절한 가설이 필요하다고 간주된다고 결단했던 것이다. 예전부터 내려온 가설에서는 관측 전체[를 설명하기]는 불충분했고, 그것들이 대부분의 증명의 고찰을 저지하여 많은 부조리를 낳았음을 그가 인정했을 때 최종적으로 그는 지구의 가동성이라는 바로 이 견해를 수용했다. 왜냐하면 그것은 현상을 성공적으로 설명할 뿐만 아니라 천문학 전체에 어떤 부조리도 들이지 않았으며 허용하지도 않았기 때문이다. …… 만약 누군가가 지금까지의 [지구중심] 가설을 현상에 합치하며 부조리를 동반하지 않도록 재정비했다면repurgeverit 나는 그 인물[의 이론]을 진지하게 검토할 것이며 그 인물은 다른 사람들을 납득시키게 될 것이다. 그러나 나는 실제로는 수학적 이론에 탁월한 사람들도 포함하여 몇몇 사람들이 이것을 추구했으나 여전히 완성되지 않았다고 보고 있다. 따라서 지금까지의 가설을 재정비한다는(오늘날까지는 내 부족한 능력으로는 이룰 수 없는) 과제가 달성되지 않는다면 나는 코페르니쿠스의 가설과 견해를 수용하고자 한다approbabo ego hypotheses et opinionem Coperinici.[172]

이는 1570년대에 쓰인 것인데, 코페르니쿠스의 작업이 현명한 학자가 자신의 재기를 과시하기 위한 게임이 아니었다는 단언은 루터나 멜란히톤이 지동설에 대해 당초 흘렸던 감상이 이 시점에서 다시 이야기되었음을 짐작할 수 있다.

그리고 메슈틀린은 제자 케플러가 코페르니쿠스를 지지한다고 표명한 데뷔작 『우주의 신비』를 저술했을 때 그 출판허가의 착수와 인쇄에 진력했고, 레티쿠스의 『제1해설』을 스스로 개정한 판에 직접 쓴 서문을 덧붙여 출판했다. 그 서문에는 아리스토텔레스 자연학에 대한 비판이 지구중심이론(천동설)에 대한 비판으로서 명확하게 이야기되고 있다.

> 예전부터 내려온 가설에서, 지구는 [우주의] 중심에 정지하고 있으나 그 최대의 근거는 무거운 것과 가벼운 것의 운동에서 유래하는 논의에 있다고 생각된다. 무거운 것은 세계의 중심을 향해 하강하고, 가벼운 것은 중심에서 위쪽을 향해 상승하기 때문이라는 것이다. 그러나 당신들에게 묻고 싶다. 무거운 것과 가벼운 것에 관한 이 경험적인 것은 대체 어디서 얻을 수 있는가. 그리고 그것에서부터 지구가 세계 전체의 중심이라는 것을 확실히 증명할 수 있기까지 이 물체들에 관한 우리의 지식을 부연하는 것이 무릇 가능한가. 실제로 우리가 무겁다든가 가볍다고 말하는 모든 사항의 근거, 즉 그 존재하는 장소는 지구 및 지구를 둘러싼 공기에 지나지 않는 것은 아닌가. 그런데 지구나 지구를 둘러싼 공기는 세계 전체의 광대함에 비교하면 대체 어느 정도인가. 그것들은 점punctum, 실로 자그마한 점punctulum이며 어느 쪽이든 협소하다고 말해도 좋을 것이다. 이것이 사실이며 이 작은 입자 내지 이 작은 점에서부터 세계 전체에 관해 언급하는 논의는 너무나도 근거가 박약하다고 철학자가 말하리라고 당신들은 생각하지 않는가. 그런 까닭으로 우리는

단순히 이 작은 점에 접근하거나 거기서부터 벗어나는 것들이 보여 주는 증거들에만 기반하여 이 점[으로서의 지구]이 극히 광대한 세계의 중심이라는 것을 확신할 수는 없다. 실제로는 이 무거운 것들이나 가벼운 것들은 코페르니쿠스가 (『회전론』) 제1권 9장에서 학문적으로 친근성affectio이라 부른 그 자연본성 때문에 그 본래의 장소[로서의 지구]로 접근해 가거나 거기서부터 벗어나는 것이다. 이 친근성이 태양이나 달이나 다른 빛나는 물체에도 갖춰져 있음은 보고 알 수 있듯이, 그것들이 그 효과로서 구형을 나타내고 있다는 것에서부터 확실하다고 생각된다. 그리고 그 [친근성 때문에 그것들이 집중하는] 장소가 세계의 중심이라고 한다면 그것은 때마침 우연히 그렇게 되었는 데 지나지 않을 것이다. 그러나 코페르니쿠스의 천문학 이론은 개별적인 것이나 작은 것에서부터 전체를 논하는 것이 아니라 전체에서 시작하여 부분에 미치고 있다.[173]

코페르니쿠스가 우주를 확대한 것이 아리스토텔레스 자연학에 대한 비판과 지구중심론을 부정하는 방향이라는 명확한 형태로 결부되고 있다. 이 논의는 원래는 천동설에 기반하여 쓴 저서『천문학 요강』의 1610년판에서 메슈틀린 본인이 덧붙인 다음 구절로 계승된다.

[예전부터 내려온 지구정지이론에 대하여] 이것을 인정한다면 항성천구, 즉 창궁의 일주운동 속도가 얼마나 심대하고 터무니없어지는지에 주목하자. 창궁의 고도 내지 반경이 2만 0110[지구 반경]이라

고 하면 그 직경은 4만 0220 지구 반경, 즉 (지구 반경을 860 독일마일이라 하면) 3458만 9200 독일마일, 따라서 이에 따라 직경과 원주의 비를 7대 22로 해서 창궁의 주周는 1억 0870만 8914 독일마일이 된다.*21 따라서 1일을 24시간으로 하고 어떤 별이 하늘의 적도에 있다고 한다면 1시간당 그 운동은 452만 9538, 즉 450만 독일마일[시간 3×107km]을 웃돈다. 코페르니쿠스도 이 터무니없는 속도에 충격을 받은 것이다. 이성과 자연과 관측에 보다 잘 합치하도록 세계의 구면을 지금까지와는 다르게 배치하고 지금까지와는 다른 가설을 고찰하도록 코페르니쿠스를 재촉한 몇몇 이유 중에서, 이해할 수 없고 이 믿기 힘든[크기의] 속도는 첫 번째 이유는 아니라고 해도 틀림없이 가장 뒤에 올 이유도 아니다.[174]

당초 전통적인 지구중심설의 입장에서 쓰인 『천문학 요강』은 판을 거듭함에 따라 코페르니쿠스 이론에 대한 언급이 늘어났다고 한다.[175]*22 이리하여 메슈틀린은 아리스토텔레스 자연학 비판에 머물지 않고 태양중심이론(코페르니쿠스 가설)의 적극적 지지

*21 이때 지구상의 적도 1주는 2×3.14×860 DM = 360×15 DM, 즉 적도상 경도 1도의 간격은 15 DM. 이것은 케플러의 것과 같은데 포이어바흐는 16 DM으로 취했다[Ch. 9. 4]. 또한 1 DM(독일마일) = 7.4km. 원주율은 $\pi = \frac{22}{7}$ 이 사용되었다.

*22 코페르니쿠스 이론을 믿었던 메슈틀린의 교과서 『천문학 요망』이 기본적으로 천동설의 입장에서 천문학을 이야기한 것은 정통파 신학의 비판이나 조소를 두려워하여 자기 규제했다기보다 초학자를 위한 입문서라는 성격을 고려했기 때문이었던 듯하다(Jarrell(1972), pp. 136f., 144f.).

로 자기의 천문학 사상을 발전시킴으로써 케플러의 등장을 준비하게 되었다. 메슈틀린은 실사구시 정신의 소유주였다.

그리고 메슈틀린의 아리스토텔레스 자연학 비판은 뚜렷하게 점성술 비판과 직결되었다. 실제로 메슈틀린은 이 시대에 점성술을 명확하게 부정한 소수의 천문학자 중 한 명이었다. 1580년에 메슈틀린은 『신에페메리데스』를 발행했는데, 그 서문에서 천문학 이론으로서는 코페르니쿠스를 따른다고 단언하고 나아가 "우리는 우리의 연구를 점성술보다 오히려 천문학에 바친다"라고 기술했다.[176] 이는 그때까지 나왔던 수많은 에페메리데스가 주로 점성술에서 사용되기를 기대하고 작성되었던 것과 결정적인 차이를 보인다. 남아 있는 메슈틀린의 수고를 조사한 재럴에 따르면, 메슈틀린의 초고 속에서 그가 쓴 홀로스코프는 발견되지 않았을 뿐만 아니라 홀로스코프 작성 의뢰를 거절하는 메슈틀린의 편지가 남아 있다.

> 점성술에 대한 견해를 저에게 문의하셨습니다만, 저는 그것에 대해 쓸 수 없고, 또 그럴 역량도 없습니다. 왜냐하면 공적으로도 사적으로도 저는 [그러한 것에] 종종 반대해 왔기 때문입니다. …… 지금까지 저는 점성술에 손을 댄 적이 없습니다.[177]

그리고 1618년의 혜성에 관해 친구에게 점성술적인 예언을 보내는 것을 거절하는 편지에서 "나는 점성술사가 아닙니다"라고 표명했다. 이 점에 관한 그의 태도는 장기간에 걸쳐 일관된다.[178*23]

이전에 언급했지만 점성술의 자연학적 근거에는 자연점성술이든 판단점성술이든 지구중심의 우주상이 있었다. 먼 옛날 그리스의 스토아학파는 아리스타르코스의 태양중심설을 격렬하게 공격했는데, 그것은 "만약 태양중심설을 인정한다면 점성술도 스토아학파의 종교도 모두 근본적으로 전복되는 사태에 이르기" 때문이었다고 한다.[179] 훨씬 지난 시대인 1586년에 태어나서 파르마의 예수회 학교에서 수학과 자연철학을 가르친 니콜로 카베오Niccoló Cabeo는 아리스토텔레스주의자로 그 목적론적 자연관을 수용했으며 점성술을 믿었는데, 그는 지구가 우주의 중심에 위치하는 것은 별들의 영향을 받아들이기 위해서였다고 했다.[180] 폴 쿠드르Paul Coudere의 책에 나오듯이 "점성술은 '지구'가 '우주'의 중심으로 간주되던 시대의 각인을 남겼다"라는 것이다.[181] 덧붙이자면, 별이 지상의 기상이나 인간의 신체를 지배한다고 생각하는 자연점성술에서는 별과 지표의 대기나 지상의 물체 사이의 거리가 그다지 크지 않고, 또한 행성구각은 서로 접촉하여 연속적으로 연결되어 있다고 암묵적으로 상정했다. 피에트로 다바노가 14세기 초에 낸 책에는 의료점성술이 유효한 근거 중 하나로 "이 하위의 세계[지상세계]가 상위의 운동에 필연적으로 연속되어 있다continuus" 라고 적혀 있다.[182]

그러나 메슈틀린은 이 전제를 부정했다. 그는 코페르니쿠스를

---

*23 손다이크Thorndike의 *HMES*, VI, p. 81에는 메슈틀린에 대해 "그는 코페르니쿠스의 가설을 채용했다. 그래도 그는 점성술적 판단을 믿었다"라고 하는데, 그 근거는 쓰여 있지 않다.

본받아서 한편으로는 지상과 천상의 물질을 동등한 것으로 간주했고, 다른 한편으로는 지상과 천공의 거리를 크게 확대한 것이다. 그런 한에서 그의 점성술 부정은 우주상 전환의 논리적 귀결이었다. 지구를 행성의 하나에 지나지 않는 것이라고 하면 당대까지 유지되었던 점성술의 자연학적 근거를 잃어버리게 된다. 원래부터가 천상의 물질이 지상의 물질과 동일하다면 그것이 일방적으로 지상에 영향을 미친다는 것은 논리적으로 생각하기 힘들다. 토머스 쿤의 말을 빌리자면 "점성술이나 그 배후에 있는 하늘의 힘이라는 생각은 지구가 행성이라면 대부분의 설득력을 잃어버린다. …… 점성술이 인간정신에 채웠던 족쇄가 코페르니쿠스 이론이 비로소 수용된 바로 그 시대에 드디어 느슨해졌다는 것은 결코 우연이 아니다".[183] 그런 의미에서 메슈틀린이 점성술을 부정한 것은 지금 보면 전적으로 이치에 맞았다고 할 것이다.

하지만 실제로는, 나중에 케플러의 예에서 살펴보겠지만, 코페르니쿠스 체계의 수용이 곧바로 점성술의 폐기로 결부되지는 않았다. 1603년 영국의 크리스토퍼 헤이돈Christopher Heydon은 "[코페르니쿠스가 말했듯이] 태양이 세계의 중심이라고 해도 그것을 점성술사가 염려할 것까지는 없다"라고 말했다.[184] 더구나 코페르니쿠스 이론이 그 우주론적 함의와 단절되어 단순히 행성 위치결정의 개량된 계산수법이라 간주되는 한 점성술에서도 오히려 유용하다고 간주되는 것은 피하기 힘들었다. 코페르니쿠스 이론에 기반하여 『프러시아 표』를 작성한 라인홀트도, 『프러시아 표』에 기반해 에페메리데스를 작성한 스타디우스, 필드도 점성술 신봉자였다. 전문 논문에 따르면 과학적인 세계상에서 점성술이 최종적으로 추방된 것은 17세기 말부터 18세기 초에 걸친 시기라 한다.[185] "코페르니쿠스보다 훨씬 뒤, 아니 갈릴레오 이후에도 홀로스코프는 계산되었고 발주되었으며 대금이 지불되었다"라는 것이다.[186] 이것이 시대의 복잡함이었다. 아니, 인간정신이 가진 관성의 강력함이라고나 해야 할까.

11. 튀코 브라헤와 점성술

튀코 브라헤는 천상세계가 영겁 불변이라는 아리스토텔레스적 관념에 의문을 제기했지만 거기서부터 태양중심이론으로 발전하지는 않았다. 실제로 다음 장에서 살펴보겠지만 그는 지구를 행성의 일종으로 넣지는 않았다. 이 점에서 메슈틀린과 현저한 차이가 있는데, 메슈틀린과의 또 다른 차이로 튀코는 점성술을 고집했다. 점성술을 놓고 튀코와 메슈틀린은 대조적인 태도를 보였다.

앞서 언급한 코펜하겐대학에서 한 강연 「수학에 관하여」의 후반 부분에서, 청년 튀코는 점성술의 중요성과 가치에 관해 꽤 깊이 개입한 견해를 피력했다. 이 부분은 드라이어나 토렌의 튀코 전기에 상세하므로 그것들에 의거하여 간추려서 기술해 두자.[187]

튀코는 천문학의 실제적 효용으로서 역의 제작과 함께 점성술을 들었다.

튀코가 말하길, 우리가 신의 지혜를 믿는 한 별의 영향을 부정할 수 없다. 인간의 생활에 태양이나 달이 갖는 중요성은 말할 것까지도 없다. 태양은 사계절의 순환을 만들어 내고, 달의 차고 이지러짐에 동반하여 동물의 뇌나 골수는 변동하며 조수의 간만이 생긴다. 다섯 행성과 제8천구도 목적을 갖지 않고 만들어졌을 리 없다. 이것들도 조물주의 지혜와 덕을 보여주도록 천공에서 규칙적인 운동을 하는 것이고 그로 인해 그 특유한 영향력을 갖는다. 경험을 쌓은 관측자는 행성의 배치가 기후에 큰 영향을 미친다는 것을 안다. 화성과 금성이 하늘의 어떤 장소에서 회합할 때 비나 벼락이 생기고 태양과 토성이 회합하면 대기가 탁해져 불쾌해진다. 태양과 항성은 매년 똑같이 움직이지만 행성은 그렇지 않기 때문에 기후는 해마다 다르다. 1563년에 목성과 토성이 게자리에서 회합한 뒤에는 질병이 크게 창궐했다.

자연에 미치는 별의 영향은 인정해도 인간에게 미치는 그 영향을 부정하는 사람들이 있다. 그러나 인간도 식료나 음료로 섭취한 원소들로 이루어져 있고 따라서 원소들과 마찬가지로 행성들의 영향을 받는다. 게다가 인체의 각 장기와 일곱 행성[태양과 달과 다섯 행성] 사이에는 큰 유사성과 대응관계가 있다(이 장의 각주 *17). 이 각 기관들의 기능과 각 행성에 대해 상정되는 점성술적 성격의 유사성은 점성술에 관해 쓴 다른 저자들도 지적했다. 출생 시에 토성이 좋은 위치에 있으면 학문에 탁월한 경향이 있고, 목성의 영향을 받았다면 법이나 정치에 끌린다. 화성은 사람을 전쟁이나 동란으로 치닫게 하고, 태양의 영향을 받았다면 사람은 영예나 존경이나 권력을 구하며, 금성이라면 사랑이나 기쁨이나 음악에 열중하고, 목성은 사람을 상업으로 유인한다.

많은 철학자나 신학자들은, 사람의 출생 시각을 특정하는 것은 어렵고 같은 시각에 많은 사람이 태어나는데도 그 사람들의 운명은 여러 가지이며, 다른 한편 전쟁이나 질병으로 많은 사람이 동시에 사망하지만 그들의 홀로스코프는 그러한 운명을 예언하지 않기 때문에, 점성술은 과학은 아니라고 말한다. 그리고 또 장래의 지식은 도움이 되지 않으며 바라지도 않는다고 하며, 신학자는 그러한 기술은 신의 말씀, 즉 성서가 금지하고 있고 사람을 신에게서 떼어놓는 것이라고도 말한다.

하지만 튀코는 다음과 같이 반론한다. 그러나 출생 시각은 그것에 이어지는 사건으로부터 정확하게 계산 가능하고, 진중한 점성술사는 전쟁이나 질병에 관해서는 일반적인 원인으로 발생하는 공공연한 재해를 항상 고려하고 있다. 교육이나 생활양식의 차이나 그 밖에 이런 종류의 사정이 동 시각에 태어난 사람들의 운명의 차이를 설명한다. 점성술은 성서가 금지하고 있지 않다. 성서는 마술을 금하고 있지만 점성술은 마술이 아니다.

튀코는 여기까지는 당시의 일반적인 점성술 이해를 거의 공유하고 있다. 점성술은 마술이 아니라는 주장에서는 점성술을 마술과 구별한 파라켈수스의 영향을 볼 수 있다[Ch. 9. 2]. 앞 절에서 보았듯이 행성과 신체기관을 대응한 것에서도 파라켈수스의 영향을 확인할 수 있다. 단, 이 점은 서적에 따라서 혹은 사람에 따라서 어느 정도 다르긴 하지만 대략적인 요점은 변하지 않는다.

그러나 이 뒤에 튀코는 자유의지의 문제에 관하여, 인간의 운명은 성상에 의해 절대적으로 정해져 있지는 않으며 사람은 그 의지에 따라 별의 영향을 뛰어넘어 그것을 변경할 수 있다고 주장했다.

> 인간의 자유의지는 별에 따르지 않습니다. 이성으로 유도되는 의지에 따라 의도하면 사람은 별의 영향을 뛰어넘는 많은 것을 이룩할 수 있습니다. …… 점성술사는 인간의 의지를 별에 붙들어 매지 않으며, 모든 별을 뛰어넘은 어떤 것이 사람 속에 있음을 인정합니다. 따라서 사람은 참으로 초속超俗적인 인간으로서 살기를 바란다면 어떠한 것이든 별의 나쁜 영향을 극기할 수 있습니다. 그러나 만약 사람이 맹목적인 욕구와 동물적인 성교에 지배된 생활을 선택한다면 신이 이 과오의 원인이라고 생각하면 안 됩니다. 신은 만약 사람이 바란다면 별의 악영향을 극복해 낼 수 있도록 인간을 만들어 내셨습니다.[188]

즉 인간은 별의 영향에 완전히 구속되어 있는 것은 아니며, 사람이 그 영향을 이길 무언가를 갖고 있을 때 신은 그 영향을 극복해 내도록 그 사람을 독려한다는 것이다.*24 별의 영향을 극복할

---

*24 이러한 생각은 이전에도 이야기되었다. 14세기 초 단테의 『신곡』「연옥편」 제16곡에서는 다음 기술을 확인할 수 있다(히라카와 스케히로平川祐弘 역).

> 너희 살아 있는 인간들은 어떤가 하면, 곧 원인을 하늘 탓으로 돌리며,
> 마치 천구가 만사를 필연성에 의해 움직이고 있다는 듯한 말투다.
> 가령 그렇다고 한다면 너희 인간들 안에서 자유의지는 사라진 셈이고

수 없다고 한다면 점성술은 무용한 기술이며, 장래에 관한 지식은 바람직하지도 않을지도 모르나 나쁜 영향을 피하려고 시도할 수 있기 때문에 점성술은 크게 도움이 될 것이다. 이것이 튀코의 견해였다. 이렇게까지 말한다면 판단점성술(특히 출생점성술)은 이미 의미를 잃어버린다고 생각되며, 실제로 튀코는 나중에는 홀로스코프에 기반하는 출생점성술에 대한 신뢰를 잃어버리고 왕에게 제출하는 예언집 작업을 중시하지 않게 된 듯하지만 그래도 자연점성술, 특히 기상, 기후, 나아가서는 천변지이에 대한 그 예측능력에 대해서는 의문을 제기하지 않았다. 실제로 우라니보르에서 행한 천체 관측이 본격화한 뒤 1582년의 10월부터 1579년의 4월까지, 튀코는 15년간에 걸쳐 벤섬의 기상관측 기록을 남겼다. 이것은 점성기상학을 검증하기 위한 것이리라 생각된다.[189]

이리하여 청년 튀코는 1574년 코펜하겐대학에서 행한 강의의 오프닝에서 그 뒤에 이어질 행성운동에 관한 강의의 의의를 이야기한 것이다.

튀코의 점성술에 관한 이해가 무엇이든, 어쨌든 점성술을 확실한 술術로 만든다는 목적이 관측정밀도의 향상을 재촉했고, 튀코

선행이 지복을, 악행이 가책을 받는 것은 정의에 어긋나는 일이 된다.
천구는 너희들의 행위에 시동始動은 부여하지만 만사가 그것으로 움직이는 것은 아니다.
가령 그렇다 해도 선악을 아는 빛이나 자유의지가 너희에게 부여되어 있다.
그리고 이 의지는 초기의 싸움에서는 천구의 영향을 받아 고투하지만
만약 의지의 힘이 충분히 양성되었다면 모든 것에 이겨낼 수 있을 것이다.

가 관측기기와 관측수법의 혁신을 부단히 수행하면서 지속적인 천체 관측에 임한 원동력 중 한 중요한 요소가 되었음을 인정해야 한다. 토렌이 말했듯이 "튀코 브라헤가 점성술의 잠재적 능력을 충분히 신뢰했음은 명백하다. 만약 그 후에 [천문학에 비교하여 점성술에 대한] 그의 열의가 옅어지는 일이 있었다고 해도 그것은 점성술의 잠재적 능력에 대한 그의 신뢰를 잃어버렸기 때문이 아니라 점성술의 발전에 천문학의 부흥이 불가결한 조건이라고 믿었기 때문이다".[190] 바꿔 말하면 튀코는 어느 정도나마 부정확한 관측에 의거하는 한 점성술은 신뢰할 수 없다고 판단한 것이다. 실제로 튀코는 만년인 1598년에 『새로운 천문학의 기계』를 집필했고 그 끝부분에 자전적 회상을 기록했는데, 거기서 이러한 내용을 확인할 수 있다.

> 점성술 분야에서 우리는 별의 영향을 연구하는 사람들에게 얕보이지 않을 정도의 작업을 해왔다. 우리 목적은 이 분야에서 과오나 미신을 일소하고 그 아래에 있는 경험과 가능한 가장 좋은 일치를 획득하는 것에 있었다. 왜냐하면 나는 이 분야에서 기하학적, 천문학적인 진리와 어깨를 나란히 할 수 있을 정도의 완전히 정확한 이론을 발견하는 것을 거의 불가능하다고 생각하기 때문이다. 청년 시절에 나는 예언을 다루고 추측을 논하는 천문학의 이 예측 부분에 보다 많은 관심을 기울였다. 나중에 나는 그 토대가 되는 별의 운행이 불충분하게만 알려져 있다고 느꼈으므로, 이 결함이 개선되기까지는 그 과제[점성술의 개선]를 방치하기로 했다. 그리고 최종적으

로 천체 궤도의 보다 정확한 지식을 얻고 나서 다시금 기회가 있을 때마다 점성술에 몰두하여, 점성술은 일반인만이 아니라 몇몇 수학자[천문학자]까지 포함하는 학식 있는 자들도 무가치하고 무의미하다고 생각하고 있다고는 하나, 실제로는 생각하고 있는 이상으로 신뢰성이 있다는 결론에 도달했다. 그리고 이것은 기상에 미치는 영향이나 기후의 예측에 관한 것[자연점성술]만이 아니라 출생 천구도에 의한 예측에 관한 것[판단점성술]에서도, 출생 시각이 정확히 결정되고 별의 경로와 그것이 하늘의 특정 부분에 들어간다는 점이 현실의 하늘과 아울러 사용되고 그 운동과 회전 방향이 정확히 산정되는 한 참이다. 이 두 가지에 관해 우리는 오늘날까지 사용해 온 것과는 다른 방법을 경험에 기반하여 개발해 왔다. 그러나 이 분야에서 적지 않은 사항을 이룩해 온 우리는 이런 종류의 점성술 지식을 타인에게 전할 생각은 없다. 왜냐하면 미신이나 과신을 동반하지 않고 그것의 본래적인 사용법을 아는 것을 누구나 부여받지는 않았기 때문이다. 따라서 우리는 이 분야에서 발견해 온 사항을 뭐든지 공표할 셈은 아니며, 한다고 해도 아주 조금밖에 되지 않는다.[191]

세심하고 양가적인 이 결론부의 해석으로서는 "점성술의 지적인 매력과 그 [낮은] 실효상의 유용성의 낙차가 너무나도 크기 때문에, 튀코는 종종 사실상 동시에 점성술을 비난하면서 옹호한 것이다"라는 빅터 토렌Victor Thoren의 지적이 타당할 것이다.[192] 이런 한에서 19세기의 물리학자 데이비드 브루스터David Brewster처럼

"튀코는 만년에는 점성술에 대한 신뢰를 완전히 버렸다"[193]라고까지는 도저히 단언할 수 없다. 어쨌든 청년 시절의 튀코는 점성술과 연금술을 기본으로 하는 자연 이해에 푹 빠져 있었으며, 만년에 점성술에 대한 회의가 커져 있었다고 해도 그의 생애에 걸친 천체 관측에 점성술 연구가 그 동기 중 하나였음은 사실이다.

*

16세기 후반에는 아리스토텔레스 자연학에 대한 의문의 목소리가 여러 방면에서 나왔다. 특히 1570년대의 신성과 혜성의 출현은 아리스토텔레스 자연학에 대한 의문을 무시할 수 없을 정도로 명확하게 만들었다. 무릇 아리스토텔레스에 한정하지 않아도 고대의 권위가 이전만큼 사람의 마음을 지배하지 않게 된 것이다. 루터가 '이교도' 아리스토텔레스의 철학보다 성서를 우선시하도록 주장했음이 알려져 있는데, 성서의 엄격한 해석이 아리스토텔레스 자연학에 모순된다는 것도 명백해졌다. 자연학적으로 한편으로는 일원적 물질관을 주장한, 그리고 일찍이 무시되었던 스토아 철학이 부활했고 세네카의 자연연구가 학습되었으며, 다른 한편으로 파라켈수스나 브룬이나 텔레지오라는 새로운 자연철학을 주장하는 자들의 등장을 맞이한 것이다.[194]

그리고 또한 윌리엄 도나휴가 지적했듯이 16세기 천문학, 점성술에 대한 높은 관심으로 많은 청중이 천문학자에게 몰렸고, 그 때문에 그들이 생각하고 있는 바를 대담하게 표명하게 되었다는 점도 있다.[195] 청년 튀코가 요청을 받아 대학에서 강의한 것도 그 한 사례일 것이다. 이 점에 관해 리처드 재럴의 지적을 덧붙여 두고 싶다. "1570년대 반아리스토텔레스 조류의 확대가 권위에 대한 신학적인 질문과 새로운 생각으로 행한 실험—아직 반세기에 미치지 않은 트렌드—이 여전히 현저하게 확인되는 프로테스탄트 독일에 집중되어 있음은 우연일 수 없다".[196]

어쨌든 아리스토텔레스 자연학에 대한 심각한 의문이 싹텄다. 그러나 아리스토텔레스 자연학을 부정했다고 해서 곧장 코페르니쿠스의 체계가 수용된 것은 아니었다. 그것은 함께 천계불변의 도그마를 매장해 버렸던 메슈틀린과 튀코의 차이에서 드러난다.

튀코 브라헤는 확실히 천상세계가 영겁 불변한다는 아리스토텔레스 이래의 신념이 오류임을 밝혔다. 그러나 그는 지상세계와 천상세계가 동일하다고는 어디서도 말하지 않았다. 튀코에게 지구는 어디까지나 우주의 중앙에 정지하는 불활성이자 수동적인 물체였고, 행성이나 태양이나 달과는 엄연하게 구별되었다. 이원적 세계상은 그 내용이 아리스토텔레스의 것과는 달랐다고 해도 유지되었던 것이다. 이에 비해 메슈틀린은 지구도 달도 동일한 물질로 이루어진 같은 종류의 물체라고 파악했다. 양자의 차이는 지구를 행성으로 분류한 코페르니쿠스 이론을 메슈틀린이 수용한 것에 비해 튀코는 어디까지나 지구를 우주의 중심에 정지시키는 우주상에 집착했다는 것으로 상징된다. 이 점은 다음 장에서 상세하게 살펴보자.

제 11 장

튀코 브라헤의 세계

강체적 행성천구의 소멸

1. 튀코 브라헤와 코페르니쿠스 이론

앞 장에서 청년 튀코 브라헤가 1574년에 코펜하겐대학에서 행했던 강연「수학에 관하여」를 언급했는데, 여기서 튀코는 코페르니쿠스 이론에 대한 자신의 견해를 상당히 명확하게 표명했다. 이는 당시 천문학의 상황에 대한 튀코의 인식과 이해를 아는 데 대단히 흥미롭다.

오늘날 정당하게도 제2의 프톨레마이오스라 불리는 니콜라우스 코페르니쿠스는 그 자신에 행한 관측에 기반하여 프톨레마이오스에게는 결함이 있음을 발견했습니다. 그는 프톨레마이오스가 제창한 가설이 수학적 공리에 적합하지 않을 뿐만 아니라 오히려 그것에 반하는 어떤 부적절한 것[등화점equant]을 안에 포함하고 있다고 판단했습니다. 나아가 그는『알폰소 표』에 기반한 계산이 천체의 운동에 합치하지 않는다는 것도 발견했습니다. 그런 까닭으로 그는 비범한 재능의 경탄할 만한 솜씨로 그 자신의 가설을 프톨레마이오스의 것과는 다른 방식으로 형성했고, 이리하여 천체 운동의 과학을 부흥시켜 천체 궤도를 그 이전의 누구도 생각하지 않았던 방법으로 보다 정확하게 고찰할 수 있게 만들었습니다. 왜냐하면 그는 예를 들어 태양이 우주의 중심에 정지하고 지구와 그것에 부속하는 원소[물 · 공기 · 불]가 달을 동반하여 3중의 운동으로 태양 주변을 주회하며 제8천구[항성천]가 정지하고 있다는 자연학의 원리에 저촉되는 구조를 주장하긴 했지만, 수학적 공리에 관한 한 부조리한 것을 무엇 하나 수용하지 않았습니다. 다른 한편으로 문제를 깊이 조사한다면 이 점[수학]에 관해서 현재 사용되는 프톨레마이오스의 가설에는 문제점이 있습니다. 왜냐하면 프톨레마이오스의 가설에서는 주전원과 이심원에 따른 천체 운동이 그것들의 원의 중심에 관해서 불규칙하게 행해지기 때문입니다. 이것은 부조리하며 이 단 한 가지 문제 때문에 프톨레마이오스의 가설은 천체의 규칙적인 운동을 적절하다고는 할 수 없는 방식으로 구원한 것입니다. 어쨌든 천체의 주회에 관해 오늘날 명백하며 두루 알려져 있다고 생각되고 있는 모든 것은 이 두 거장, 프톨레마이오스와 코페르니쿠스가 만들어 냈으며 전했습니다.[1]

이 부분은 덴마크의 과학사 연구자 크리스티안 모에스고르 Kristian Moesgaard의 영역에 의거했는데, 모에스고르에 따르면 이 강연이 코페르니쿠스 이론을 덴마크에 최초로 소개한 것이라 한다.

이 단계에서 튀코는 수학적으로는 코페르니쿠스가 프톨레마이오스를 능가했음을 인정했고, 지구에 운동을 부여했다는 점을 빼고 코페르니쿠스 이론을 전면적으로 승인했다. 청년 튀코 브라헤는 이렇게 코페르니쿠스에게 높은 평가를 내렸다. 따라서 그 후 일련의 강의에서 튀코는 행성운동을 “코페르니쿠스의 정신과 수치에 따라 코페르니쿠스의 수치를 사용했지만 모든 것을 정지 지구와 관련지어” 논했다.[2]

이렇게 튀코는 이 시점에서는 코페르니쿠스가 『알폰소 표』보다 정밀도가 좋은 예측을 가능케 했다고 이야기했지만, 코페르니쿠스의 수치에 관해서는 꽤 빠른 시기부터 그렇게 정확하지는 않다는 것을 깨달았다. 무릇 『알폰소 표』도 『프러시아 표』도 그다지 정확하지는 않았다는 것이 튀코의 천문학에 대한 관심의 발단 중 하나였기 때문에 당연하다면 당연하다. 1589년의 책 『새로운 천문학의 기계』의 끝부분에서 튀코는 천문학의 길에 들어섰을 때를 회상했는데, 거기에서는 "내가 항성 사이에 그은 직선으로 항성 내에서 그것들[행성]의 위치를 기술했을 때 그 시점에서 나는 이미 그것들의 위치가 알폰소 표와도 코페르니쿠스의 표와도 일치하지 않음을 깨달았다"라고 했다.[3] 그리고 튀코 자신이 천체 관측의 정밀도를 향상시킨 뒤 1578년경까지는 코페르니쿠스의 파라미터도 신뢰하기 힘들다는 것이 보다 명백해졌다.[4] 『알마게스트』에 게재되어 있는 고대의 관측데이터를 코페르니쿠스가 무비판적으로 유용했다는 것이나 코페르니쿠스가 사용한 관측기기가 꽤 허술한 것이었다는 것에 튀코는 다소 실망한 듯하다. 그래도 튀코는 코페르니쿠스의 수학적 이론에 대해서는 계속 높은 평가를 내렸다. 크리스토프 로스만의 1587년 편지에서 튀코는 코페르니쿠스를 이렇게 변함없이 칭찬했다.

> 걸출하며 비할 데 없는 거장인 니콜라우스 코페르니쿠스가 만약 이 작업(천문학의 부흥)에 임하는 데에 더할 나위 없는 완벽한 [관측] 장치를 손에 넣었다면 그는 이 과학을 훨씬 완성된 형태로 우리에게 남겨주었을 것입니다. 왜냐하면 이 학문을 만들어 내기 위해 필요하다고 간주되는 기하학과 산술을 완벽하게 이해한 탁월한 인물

이 이 세상에 존재한다면 바로 이 인물일 것이기 때문입니다. 이 점에서 그는 프톨레마이오스에 뒤지지 않습니다. 오히려 그는 어떤 분야, 특히 가설의 적절한 궁리[소주전원의 사용]와 포괄적인 조화에서는 프톨레마이오스를 크게 능가합니다. 그리고 지구가 회전한다는 그의 명백하게 부조리한 견해도 이 평가를 떨어트리지 않습니다. 왜냐하면 태양을 빼고 모든 행성에 대해서 프톨레마이오스의 가설에서 실제로 발견된, 원의 중심 이외의 점[등화점] 주변에서 균일하게 움직이도록 만들어진 원운동이라는 것은 실로 우리들 학문의 기본원리에 어긋나는 것이며, 그것은 자연운동으로서 감지할 수 없는 몇몇 운동을 지구에 부여하는 것보다도 훨씬 부조리하고 참을 수 없는 것이기 때문입니다. 이 [코페르니쿠스의] 가설로부터 많은 사람들이 생각하고 있는 몇몇 부적절한 결과가 야기되는 일은 없습니다.[5]

여기서 튀코가 프톨레마이오스 모델의 수학적 부조리—지구의 가동성을 웃도는 부조리—라고 하는 것은 등화점 이퀀트의 사용, 즉 중심 주변의 불균등한 회전이며, 코페르니쿠스 모델은 무엇보다도 등화점을 추방했다는 점에서 높게 평가받았다. 그 후에도 튀코는 이 점을 반복해서 이야기했다.*1 코페르니쿠스 이론은 수학

---

*1 케플러는 1600년의 편지에서 "코페르니쿠스를 답습한 튀코는 프톨레마이오스가 도입한 운동의 비균일성을 매우 싫어했습니다. 그 결과 달의 [운동의 원궤도로부터 발생하는] 모든 편의偏倚를 그 각자의 중심 주변에 있는 몇몇 원으로 나타내기 위해 많은 소원小圓을 사용했고, 그 복잡함 때문에 그 의도를 알 수 없게

적으로는 프톨레마이오스 모델보다 뛰어나다고 생각한 것이다.

다른 한편으로 튀코는 신성에 관한 1573년의 보고에서 "지구, 즉 우주의 중심terra, centro universi"이라고 이야기했듯이 일관되게 지구중심이론(천동설)의 입장이었다.[6] 튀코는 또한 1588년에 벤섬의 인쇄공방에서 출판한 『최근의 현상』에서는 "크고 활성이 부족하며 운동에 부적합한 물체grossum, pigrum, inhabileque ad movendum corpus"로서의 지구가 움직인다는 관념은 "자연학의 원리뿐만 아니라 성서의 권위에도 반한다non solum Physices proncipiis, sed etiam Authoritati Sacrarum literarum...refragari"라고 단언했다.[7] 같은 취지의 주장은 1584년이나 1598년의 서간에도 기록되어 있다[Ch. 5. 10]. 튀코는 이러한 자연학의 원리에 기반한 논증이나 성서에 기반한 신학적 논의만이 아니라 동서로 같은 속도로 발사된 두 탄환이 대략 같은 거리의 지점까지 도달한다는 경험적인 근거에서도 지구의 정지를 논했다.[8] 따라서 튀코는 지구의 공전(연주운동)뿐만 아니라 자전(일주회전)도 인정하지 않았다. 지구의 중심성과 부동성에 관한 튀코의 확신은 평생 변하지 않았다. 튀코는 철저하게 소박경험주의자이기도 했고 동시에 정통 복음주의 입장에 충실하기도 했다.

우주론적으로는 코페르니쿠스 이론을 인정하지 않았지만 수학적으로는 그 우위를 수용하는 한에서는, 튀코의 입장은 멜란히톤

되었습니다"라고 기술했다(Kepler to Ferdinand, Jul. 1600, *JKGW*, Bd 14, p. 121; Voelkel(1994), p. 162).

이나 라인홀트와 마찬가지로 비텐베르크 해석이었던 듯 생각되기도 한다. 그러나 단순히 '현상을 구제하기' 위한 수학적 이론으로서 코페르니쿠스 이론을 파악했고, 그런 한에서 지동설이냐 천동설이냐 하는 우주론상의 문제를 회피한 비텐베르크의 교수들과는 달리 튀코는 코페르니쿠스의 이론을 우주론적 주장으로서 파악하고 자연학의 입장에서 그 지동설을 거부했다. 피에르 뒤엠Pierre Duhem은 16세기의 천문학자를 천문학에서 사용되는 기하학적 도구device를 물리적 실재로 보는 '실재론자realist'와 수학적 허구로 보는 '허구론자fictionalist'로 분류했는데, 이 분류에 따른다면 튀코는 틀림없이 실재론자였다. 튀코는 행성 이론을 수학적 가정이 아닌 물리적 현실을 올바르게 나타내는 것이라고 생각했으며, 이것은 코페르니쿠스가 역설한 태양계 체계로서의 질서—행성 배열 순위의 확정—라는 문제로 튀코가 시선을 돌리도록 만들었고 이윽고 튀코는 코페르니쿠스를 따라서 체계화된 수학적 천문학과 지구정지를 고집하는 자연학적 우주론이 양립할 수 있는 독자적인 모델을 추구하게 되었다.

튀코 브라헤와 당시까지의 멜란히톤 서클의 또 한 가지 결정적 차이는 신성의 출현을 경험하고 혜성을 천상에 속하는 것이라고 판단함으로써, 튀코가 아리스토텔레스 우주론을 절대시하지 않게 된 것이다.

2. 튀코 브라헤의 천체 관측

결국 튀코는 뼛속까지 현실주의자였다. 다음 장에서 상세하게 살펴보겠지만 청년 케플러는 정칙입체(여섯 개의 정다면체)에 의거한 기하학적인 논의로부터 태양계의 질서—행성 궤도의 비율—를 아 프리오리a priori하게 도출하려 했다. 튀코는 1599년의 편지에서 케플러에 대해 말했다.

> 나는 천체의 운동이 어떤 종류의 대칭성에 적합하다는 것, 그리고 행성들이 이러저러한 것의 중심 주변에서 지구 내지 태양에서부터 다양한 거리를 취하며 주회하는 이유가 존재한다는 것은 부정하지 않습니다. 그러나 그 배열의 조화나 비례는 그 운동이나 운동의 상황이 명확히 정해져 있는 곳에서 아 포스테리오리하게 탐구되어야 하는 것으로, 귀하나 메슈틀린 씨가 하고 계신 것처럼 선험적으로 결정되어야 하는 것은 아닙니다.[9*2]

튀코에게는 직접적인 경험과 자신의 관측만이 미더운 것이었

---

*2 그 전년에도 튀코는 케플러의 스승 메슈틀린에게 같은 취지의 직언을 했다(Tycho to maestlin, 21 Apr. 1598, *JKGW*, Bd. 13, p. 204, Jarrell(1972), p. 142). 16세기의 '아 프리오리'와 '아 포스테리오리'의 용법은 '아 프리오리ex priori'가 '원인(원리)으로부터 결과(현상)를 추론하는 것', '아 포스테리오리ex posteriori'가 '결과(현상)로부터 원인(원리)을 추론하는 것'을 의미했다(Barker(1997), p. 356f., Barker & Goldstein(1998), p. 244; (2001), p. 91f.).

다. 이것은 튀코가 기상점성술을 검증하기 위해 15년간에 걸쳐 기상관측을 계속해서 기록했다는 것, 다른 한편으로 홀로스코프에 기반한 출생점성술에는 점차 신뢰를 잃어버렸다는 것에서도 가늠할 수 있다. 튀코는 1588년의 서간에서 "레기오몬타누스나 코페르니쿠스나 베르너나 그 외의 권위가 나를 움직이지는 않았습니다. 왜냐하면 천문학의 개혁은 인물의 권위로부터가 아니라 신뢰할 수 있는 관측 및 그것에 기반한 추론으로 행해져야 하기 때문입니다"라고 언명했다.[10]

튀코의 이 현실주의와 실증주의는 앞에서 본 혜성에 관한 1578년의 논고에서 명료하게 전개되었다. 여기에서 "아리스토텔레스와 그 추종자들은 그 모든 견해를 유지할 수 없다"라고 단정한 튀코는 더욱 나아가서 이것을 그들의 연구방법 그 자체의 결함에서 유래하는 것이라고 지적했다.

> 그들[아리스토텔레스주의자들]은 하늘의 에테르 영역이나 하늘의 물체 사이에 어떠한 변화가 생긴다든가 어떤 새로운 것이 거기에 생긴다는 것을 결코 수용할 수 없으며 이해할 수도 없다. 그들은 그러한 [하늘에 관한] 견해나 지식을 경험이나 주의 깊게 고안된 수학적 관측에서부터가 아니라 오히려 머릿속에서 생각한, 공이 많이 드는 논의로만 도출한 것인데, 그렇다면 이러한 사항으로는 진리에 접근할 수 없다. 이러한 문제에서는 진리는 오히려 적절한 장치를 사용한 틀림이 없는 관측으로 밝혀지고, 믿을 수 있는 것은 그 관측에서부터 삼각형의 과학[즉 수학]에 의해 증명되는 것이다.[11]

튀코는 천문학뿐만 아니라 우주론도 원리로부터 나오는 연역적 논증에 기반하는 스콜라학으로부터 정밀한 관측과 엄밀한 수학에 기반하는 근대 과학으로 변환시키려 한 것이다. 이것은 그의 1578년의 혜성에 관한 논의에서 명백하다.

> 한정된 지상地上적인 이해에 속박되어 있는 우리 인간은 혜성의 물질이 무엇인가나 그것들이 우리에게는 불가사의하게 생각되지 않는 방식으로 어떻게 생겨났는가 등을 설명하기 위한 적절한 발판이나 개념적 틀을 실제로는 갖고 있지 않다. 우리는 하늘 전체나 태양이나 달의 물질이나 본질matteria unnd wesen에 관해서도, 그 놀랄 만한 정묘한 운동의 원인에 관해서도 그것들이 태초부터 존재하여 눈에 보였음에도 만인의 동의를 얻은 지식ainiche wissenschafft을 갖고 있지 않다. 이 지상에서조차 우리가 눈으로 보고 손으로 집을 수 있음에도 그 자연본성nattur에 관해서는 결코 만족할 이해에 도달하지 않은 사물이 수많이 존재한다. 따라서 철학자는 해결할 수 없는 사항에 무용하게 몰두해서는 안 되며 자신의 무지ignorantia를 겸허하게 받아들여, 혜성은 그 본질이 숨겨져 있는 어떤 원인에 의해 생기며 우리는 신의 특별한 창조물로서 그것이 어떻게 생겨났는가를 알 수 없다고 말해야 한다.[12]

따라서 인간에게 가능한 것은, 예를 들어 혜성은 그 위치 변화를 정밀하게 관측하고 이로부터 수학적인 논의를 통해 궤도를 결정하고 운동을 추정하는 것이 전부이다. 그 이상으로 혜성의 자연 본성이나 그 운동의 원인에 관한 철학적인 다언多言은 무의미하다. 이런 입장은 1572년의 신성에 관한 "나는 단지 수학적 고찰을 할 수 있는 문제들만을 논할 생각이다"라는 표명 이래 일관되었다[Ch. 10. 3]. 여기서 사물의 형이상학적 본질 탐구를 목적으로 하는 고대 자연학에서부터 현상의 수학적 법칙의 확정을 목적으로 하는, 나중에 갈릴레오가 말하게 되는 근대 물리학으로의 전환의 선구적 표명을 읽어낼 수 있다.

실제로 튀코는 1577년의 혜성에 대해, 그것이 보이지 않게 되기까지 악천후나 태양에 너무 접근하여 관측 불가능했던 날을 빼고 13일분의 관측 데이터로부터 궤도형의 결정을 시도했다. 그 시점에서 그가 사용했던 관측기구는 수제이거나 기성 제품으로, 나중에 그 자신의 기준으로 보면 그다지 정밀도가 좋은 것은 아니긴 했지만 메슈틀린과 나란히 혜성 궤도를 처음으로 결정하려고 시도했다.

그리고 코페르니쿠스조차도 선인의 관측데이터를 무비판적으로 사용했는데, 튀코는 이를 단호하게 거부했다는 것이 그의 관측 자세의 또 다른 특징이다. 튀코는 앞서 언급한 1588년의 서간에서, 코페르니쿠스가 『회전론』 제4권 15장에서 고위도에 거주했기 때문에 관측하기 곤란했다고 변명을 하며 프톨레마이오스의 책에서 달의 최대위도를 유용했음을 비판했다.[13] 마찬가지로 코페르니쿠스는 『회전론』 제5권 30장에서, 수성의 궤도에 관하여 "그 원의 측정은 프톨레마이오스로부터 오늘날에 이르기까지 유효하다"라고 단정하고 자신의 관측이 아닌 고대의 관측 데이터에 의거했는데 그 이유로서 다음과 같이 해명했다. "이 행성운동 해석방법은 고대 사람들이 보여주었다. 그들은 보다 맑았던 하늘의 도움을 받았다. 나일강은 우리가 있는 비스트라강 같은 증기를 발산하지 않는다고 전한다. 보다 어려운 지역에 사는 우리는 자연 때문에 이 유익함이 결여되어 있다. 온화한 기후는 보다 드문데다 천구가 크게 기울어져 있기 때문에, 수성이 설령 태양에서 가장 멀어졌을 때에도 우리는 그것을 보기 힘들기 때문이다".[14] 코페르니쿠스의 이 변명을 염두에 두고, 조금이긴 하지만 보다 높은 위도였던 벤섬에서 관측했던 튀코는 단언했다.

> 천구는 여기 덴마크에서는 코페르니쿠스가 살았던 프러시아의 프롬보르크보다 기울어져 있고 우리가 살고 있는 작은 섬 주변 바다에서는 비스트라강보다도 많은 안개가 발생한다. 그러나 그래도 우리는 가장 추적하기 곤란한 행성인 이 수성조차도 종종 보다 정확하게 관측하고 있다.[15*3]

실제 정확한 관측을 무엇보다도 상위에 둔 이 자세는 튀코의 평생의 천문학 연구를 관통하는 것이었다. 이것은 1580년대에 본격화한, 벤Hven섬에서 이루어진 장기간에 걸친 지속적이고 계통적인 천체 관측과 한층 향상된 정밀도를 추구하는 만족할 줄 모르는 관측기기 개량으로 인해 실현되었다.

---

*3　위도는 프롬보르크가 54도 22분, 벤섬이 55도 54분.

이미 기술했듯이 근대 서유럽의 관측천문학은 포이어바흐와 레기오몬타누스가 부활시켰다. 이때 그들이 프톨레마이오스의 책을 따라서 부활시킨 관측 장치는 천체 간의 각도를 측정하는 크로스스태프 및 그것을 개량한 천체 관측용 스태프, 천정각天頂角을 측정하는 프톨레마이오스의 자막대와 사분의四分儀, 그리고 황경과 황위를 측정하는 황도천구의였다.

레기오몬타누스와 발터가 뉘른베르크에서 천체 관측을 개시한 뒤 뉘른베르크를 중심으로 한 남독일과 플랑드르 지방에서 이 관측기기들을 왕성하게 제작했고 수학이론에도 정통한 제작자가 배출되었다. 항해나 측량에 천체관측 기기가 널리 유용되었다는 사정도 있었다. 원양항해가 확대, 발전한 것은 물론이고 종교개혁으로 수도원이 해체되거나 봉건적 토지소유가 유동화되었고, 나아가서는 근대 국민국가 형성에 동반해 영토가 확정되었거나 국토 개발 등을 위해 토지를 측량할 필요성이 확대된 것도 원인이었다. 이리하여 뉘른베르크의 요하네스 베르너나 게오르크 하르트만, 잉골슈타트의 페트루스 아피아누스, 프리슬란트의 겜마 프리시우스 등이 천체관측 기기 제작이나 개량에 종사하게 되었다.

튀코 브라헤가 천체 관측을 개시했을 때는 유럽에는 이 정도의 축적이 이루어져 있었다. 그러나 튀코가 요구한 정밀도는 그 당시의 기준을 초월했다. 그런 까닭으로 벤섬에서 본격적으로 관측을 시작한 튀코가 요구한 관측기기나 그 부품은 기성 제품으로는 조달할 수 없었을 뿐만 아니라 튀코가 지시한 정밀도로 만들 수 있는 직인도 찾을 수 없었다. 따라서 튀코는 솜씨가 뛰어난 직인을 모집하여 스스로 재교육했고 우라니보르의 공방에서 직접 감독 지휘하며 제작하게 했다. 그리고 그를 위해서는 비용을 아끼지 않았다. 우라니보르를 건설 중이던 1579년에 이미 튀코는 친구에게 보낸 편지에서, 제작이 끝났거나 제작 중인 관측기기에 관해 "그것들은 크기로도 직인의 기량으로도 그 사용하기 편리함에서도 그 제작에 필요했던 다대한 경비나 노력에서도 그 빼어난 정밀도에서도 지금까지의 것이나 현금의 것 어느 것과 비교해도 손색없습니다"라고 언명했다.[16] 그리고 훨씬 뒤에 포이어바흐에게 보낸 편지에서, 그의 관측이 라이벌의 것보다 뛰어난 까닭을 빼지 않고 노골적으로 말했다.

> 우리 시대의 수학자[천문학자]들은 천체 운동을 탐구하기 위한 충분히 크고 적절한 장치를 소유하고 있지 않으므로 무리가 아닙니다. 왜냐하면 그들의 급료나 연수입을 전부 써도 적절하게 만들어진 장치 하나조차 구입할 수 없기 때문입니다. 실제로 저는 각자의 제작비가 대학교수의 최고 연봉조차도 훨씬 상회하는 장치를 소유하고 있음을 자각하고 있습니다.[17*4]

벤섬에서 튀코가 관측에 사용한 것은 기본적으로는 사분의(상한의象限儀), 천구의, 그리고 육분의로 그 대부분은 금속제였다. 그

---

*4 나중에 갈릴레오는 "막대한 경비를 들인 튀코 브라헤의 기구"라고 말했다(『天文対話(下)(천문대화(하))』, p. 152).

리고 그는 이 장치들 자체만이 아니라 그 관측 방법도 크게 개량했다.

3. 튀코 브라헤의 관측정밀도

나중에 필요해지므로 이야기가 조금 상세한 곳까지 들어가게 되는데, 튀코 브라헤의 관측정밀도에 관해 살펴두기로 하자.

천구의에 관해서 말하자면, 당시까지의 황도천구의가 비대칭인 데다 복잡했기 때문에 대형화하면 자체의 무게로 비틀어지는 결함이 있었던 것을 겜마 프리시우스의 책에 그려진 그림(제2권의 그림6.4)에서 힌트를 얻어 대칭성이 좋은 적도천구의로 다시 만들었고, 나아가 적경赤經과 적위赤緯를 읽어내기 위한 것 이외의 불필요한 부분을 제거함으로써 대형화가 가능케 되어 직경 7큐빗(약 270cm)의 것을 만들어 냈다(그림11.1(a)). 이럼으로써 천구의는 구조상 그 최고정밀도에 도달했고 각도로 15초까지 읽어 들일 수 있게 되었다고 한다.[18] 다목적으로 사용 가능한 육분의(그림11.1(b))에 관해 튀코는 1598년의 『새로운 천문학의 기계』에서 "특히 사용하기에 편리한 천문학용 육분의는 약 20년 전에 나 자신이 고안했다"라고 기술했다.[19*5] 사분의도 대형화시킴으로써 보다

---

*5 실제로는 육분의는 10세기 말에 바그다드에서 사용되었다는 설도 있고 또한 15세기에 사마르칸트에서 울르그 베그가 사용했다고도 한다(Gunther(1921),

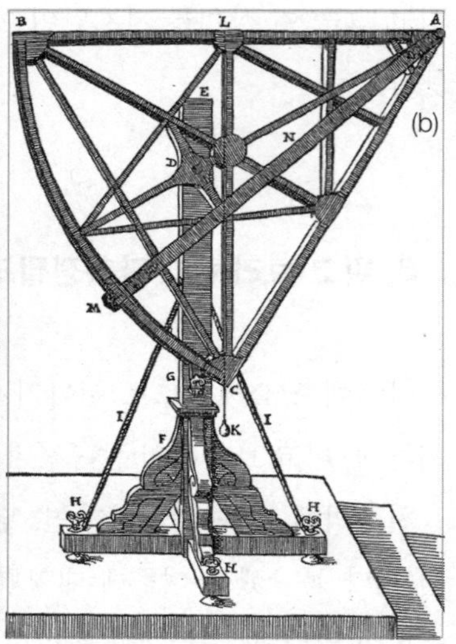

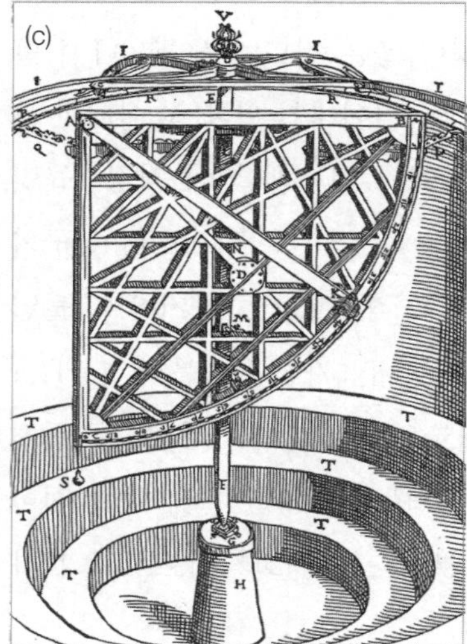

그림11.1
(a) 대형 적도천구의. 불필요한 부분을 전부 제거한 것.
(b) 튀코가 고안한 다목적용 육분의.
(c) 천정각과 방위각을 측정 가능한 회전식 사분의.

---

p. 359; J. A. Bennett(1987), p. 17).

정밀한 각도눈금을 매길 수 있었다. 그가 애착을 가졌던, 벽면에 설치한 사분의는 반경이 2미터에 가까웠고 모서리에는 1도의 6분의 1까지 각도눈금이 새겨져 있었으며 횡단선으로 그 10분의 1, 즉 각도로 1분까지 분할되었다(그림11.2).*6 사분의로서는 이것과는 별도로 고도만이 아니라 동시에 방위각도 측정 가능한 회전식(그림11.1(c))도 포함하여 튀코는 수 종류를 제작했다.

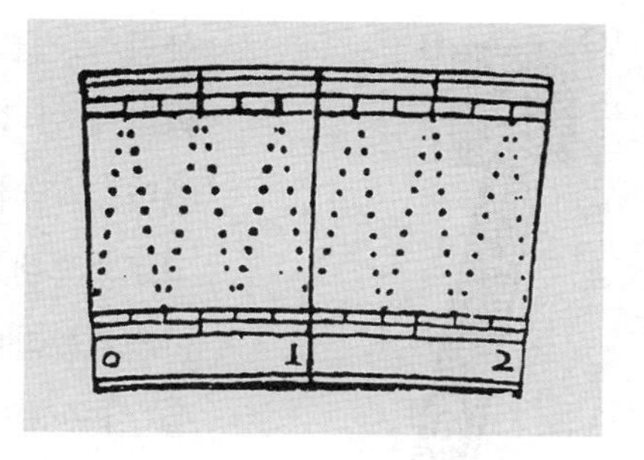

그림11.2 횡단선.

또한 최소의 눈금 간격을 다시 10등분하는 횡단선 방법은 라이프치히에서 학생이던 시절에 튀코가 호밀리우스에게서 배웠으리라고 간주된다.[20] 튀코는 『새로운 천문학의 기계』에서 이 방법은 직선으로 이루어진 평행사변형에서는 옳다는 것이 이전부터 알려져 있었으나 "곡선의 경우에도 그 길이가 충분히 짧고 직선에서 조금만 벗어났다면 검출 가능한 오차를 동반하지 않으며, 충

---

*6 이 벽면거치식 대형 사분의(졸저 『16세기 문화혁명 2』, 그림7.11)의 반경은 1,940mm이기 때문에 각도 1분의 호의 길이는 $2\pi \times 1{,}940\text{mm} \div (360 \times 60) = 0.56\text{mm}$였다. 따라서 오차는 이 정도 이내로 수렴되었으리라 생각된다. 튀코 자신의 기술로는 "따라서 10초의 호가 확실히 구별되고 그 절반인 5초의 호까지 어려움 없이 읽어낼 수 있다(『새로운 천문학의 기계』, 영역 p. 29)"라고 했는데, 5초는 호의 길이로 0.05mm이며 이것을 "어려움 없이 읽어낼 수 있다"라는 주장은 믿기 힘들다. 206쪽에서 인용한 로버트 훅의 비판 참조.

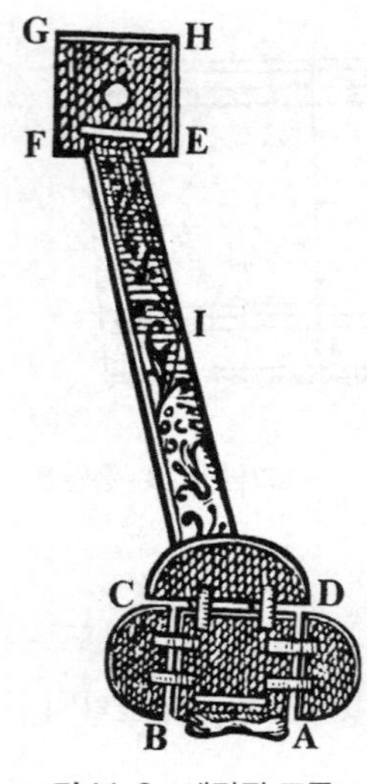

그림11.3 개량된 조준.

분한 근거를 갖고 사용할 수 있다"라고 말하며 이 점을 자신이 발안한 것이라고 했다.[21] 그러나 14세기 레비 벤 게르손이 크로스스태프의 직선 눈금만이 아니라 아스트롤라베의 원호 눈금에도 횡단선을 사용했었으므로[22] 반드시 튀코가 최초인 것은 아니었다.

또 당시까지 사분의 등에 장착되어 있던 조준척照準尺은 — 이미 코페르니쿠스의 프톨레마이오스 측정자에 관해 기술했듯이 [Ch. 5. 8] — 읽어낼 때 오차를 피할 수 없었으므로 튀코는 눈에 가까운 쪽의 핀홀을 가로세로로 평행하는 두 슬릿의 쌍으로 치환하고 대상 쪽의 핀홀을 슬릿 간격과 정확히 같은 폭의 한 장의 정방형 판으로 치환함으로써 그 결함을 없애는 데 성공했다(그림11.3). 관측자에게 한쪽 슬릿을 통해 관측대상인 별이 판의 측면에 접한 듯 보이고 또 한쪽 슬릿을 통해 그 별이 역시 판의 반대 측 측면에 접한 듯 보이도록 조준하는 것이다.

당시까지 널리 사용해 온 크로스스태프(십자간)는 부정확하다고 하여 튀코는 사용하지 않았다. 가장 큰 문제점은 천구상의 2점(두 별)에서 오는 광선은 눈의 망막상에서 점으로 교차하며 그 점과 스태프의 눈 측 끝까지의 길이('eccentricity'라 한다)를 정확하게 알 수 없었던 것이다. 레비 벤 게르손은 이 문제를 깨닫고 그것을 대략 1cm로 산정했는데 그 근거는 명확하지 않았다. 토머스 디게스나 겜마 프리시우스도 이 문제를 깨닫고 실제적인 해결책을 이야기했지만 얼마나 정확했는가는 명확하지 않다.[23] 그러나 튀코가 요구한 정밀도로서는 이 결함은 무시할 수 없었다. 하지만 튀코는 다음과 같이 기술했다.

> 크로스스태프로는 성간거리를 정확히 얻을 수 없지만 그 사용을 완전히 부정하지는 않는다. 특히 여행에서는 이것을 들고 다니기 간단하고 작은 상자에 넣을 수 있기 때문이다. 나는 이것을 하나 소유하고 있는데, 그것은 내가 만든 것은 아니며 유명한 수학자 겜마 프리시우스의 조카인 발터 아르세니우스에게 만들게 한 것이다.[24*7]

그 이래로 크로스스태프는 항해나 측량 이외에는 그다지 사용하지 않게 되었다.

튀코는 20년간에 걸쳐 벤섬에서 행한 관측 과정에서 도합 30개 가까운 관측 장치를 제작했는데, 이는 만족할 줄 모르고 개량을 거듭한 결과였다. 나아가 실제 관측에서는 메커니즘이 다른 복수 개의 기기를 병용했고 신뢰할 수 있을 정도로 일치하기까지 결과

---

*7 발터 아르세니우스를 '겜마 프리시우스의 조카'라고 번역했지만 '조카'의 원어는 nepos로, 한스 레더Hans Raeder 등의 영역에서는 grandson, 다른 한편 Thoren(1990), p. 18, n. 27 및 J. A. Bennett(1987), p. 40에는 nephew라고 하며, 장 페이루Jean Peyroux의 불역(p. 100)에서도 neveu(조카). 어느 쪽이 옳은지는 명확하지 않다. 여기서는 토렌 등에 따랐다.

를 크로스 체크함으로써 통계적 오차를 제거하려는 궁리를 했다. 관측오차에 관해 이러한 고찰과 배려를 한 것은 튀코가 최초라 생각된다. 이리하여 튀코의 벤섬의 천체관측기지는 당시 최고의 정밀도를 달성하게 되었다. 튀코의 이 관측 정밀도에 관하여 몇 사람의 연구자가 분석한 것을 살펴두자.

오래된 것으로는 실험과 그 장치 제작에 천재적인 수완을 발휘한 17세기의 영국 물리학자 로버트 훅Robert Hooke이 1674년에 이야기했다.

> 튀코는…… 그 자신이 조준을 고안하여 사용하기 쉽게 부착한 대형 장치로 각도의 10초의 정밀도까지 파악 가능하다고 주장했다. …… 그러나 케플러는 각도로 12초 이하[의 정밀도]는 불가능하다고 단정했다. 나는 자신의 경험으로부터 지금까지 사용된 통상의 어떤 조준으로도 1분 이하는 극히 어렵다는 것을 발견했다.[25]

1898년 발간된 아서 베리Arthur Berry의 『천문학 소사小史, Short History of Astronomy』에 따르면, 기준으로서 선택한 아홉 개의 항성은 튀코의 측정 오차가 거의 각도로 1분 이내, 다른 별에 관해서도 2분을 넘지 않았다고 한다. 다른 곳에서는 1983년 루퍼트 홀Rupert Hall의 책에서 오차가 거의 4분 이내로, 단 기본적인 항성에 대해서는 "튀코에 의해 올바른 값의 거의 1분 이내에 들어갔다"라고 했으며, 1990년 빅터 토렌의 책에서는 튀코가 자신의 공방에서 관측기기를 만들기 시작한 1582년 이전의 오차가 4분, 1585년의 혜성 관측에서 자신이 목표로 한 1분에 도달했다고 한다. 이 값은 행성이나 혜성이 어떤 시점에서 보이는 위치값이 반복할 수 없는 관측 정밀도의 한계였다.[26] 이 추정은 1577년과 1585년의 혜성 관측에 대한 파네쿡Pannekoek의 평가와 동일하다. 파네쿡에 따르면 종종 관측되는 주요한 항성에 대한 오차는 40초 이내, 다른 788개의 항성에 관해서는 1분이라 한다.[27]

과학사 관련 전문지에 게재된 논문에 기반하여 개별 연구자가 보다 상세하게 추정한 것을 기술해 두자면, 피터스C. A. F. Peters에 따르면 1585년의 혜성을 관측할 때의 오차는 적도천구의를 사용한 것은 적경이 49초, 적위가 81초, 육분의를 사용한 측정에서는 필시 45초. 다른 한편 벽면거치식 사분의로 행한 측정을 19세기 프랑스 천문학자 르베리에Urbain Jean Joseph Le Verrier의 표와 비교한 텁먼G. L. Tupman의 추정에 따르면 관측정밀도는 해마다 향상되어 매일 태양 고도를 측정한 것의 오차는 1582년부터 1590년까지 47초에서 21초로 감소했다고 한다.[28] 또한 표준이 되는 아홉 항성의 위치에 관한 튀코의 관측 기록과 컴퓨터로 행한 계산을 개별 관측기기마다 비교한 웨슬리W. G. Wesley에 따르면 모든 기기에서 오차 분포가 균일하게 30초에서 50초의 범위에 있었다.*8

요약하자면 튀코의 관측 오차는 1분 이내로, 그의 관측값은 각

*8 상세하게는 벽면거치식 사분의로 34″6, 목제회전방위 사분의로 32″3, 금속제 회전 사분의로 36″3, 휴대용 사분의로 40″1, 소형청동제 사분의로 48″8, 천체관측용 육분의로 33″2, 대형적도 천구의로 38″6. Wesley(1978) 참조.

도의 분 단위까지 신용할 수 있었다.

당대까지의 기록과 비교해서 말하자면, 루퍼트 홀에 따르면 과거의 관측정밀도는 고대의 히파르코스는 20분, 발터 이전의 관측에서 가장 정밀도가 좋은 것이 15세기 전반의 울루그베그로 10분, 즉 천체 관측의 오차는 고대부터 코페르니쿠스에 이르기까지 거의 변함없이 각도로 10분 이상을 예상할 수 있었다. 따라서 "튀코 브라헤 이전 이론은 그 결과가 관측과 호의 10분 이내에서 일치하면 적절하다고 생각되었다".[29] 그러나 튀코의 등장으로 관측정밀도는 일거에 한자리수 향상되었다.*9 이것은 동시에 코페르니쿠스 시대까지 이어졌던, 고대의 부정확한 데이터로부터 마지막이자 결정적으로 탈각한 것이었다. 다음 장에서 살펴보겠지만 케플러의 법칙을 발견하는 데 이 한자리수의 차이가 결정적이었다.

덧붙여 튀코는 망원경이 천체 관측에 사용되기 이전, 즉 육안으로 도달 가능한 최고의 관측정밀도를 달성했다고 종종 기술되었다(나도 쓴 적이 있다). 그러나 망원경을 사용한다고 해서 관측정밀도가 바로 향상되는 것은 아니다. 튀코가 사망하고 10년도 지나지 않아 갈릴레오가 망원경을 사용한 천체 관측을 개시했고 목성의 위성이나 그 외 그때까지 육안으로는 보이지 않았던 하늘의 사실을 몇 개나 발견했다. 이런 의미에서 튀코의 관측은 확실

---

*9 개별 관측에서는 동시대 잉글랜드의 토머스 해리엇Thomas Harriot이나 토머스 디게스가 거의 튀코와 같은 수준의 정밀도에 도달했다고 말하는 논자도 있다(Roche(1981), p. 23f.).

히 마지막 육안 관측에 해당한다. 그러나 천체 위치결정의 정밀도를 한계지은 것은, 채프먼Chapman이 지적했듯이 관측기기의 각도눈금—원의 분할—이 얼마나 정확한가이며 이것 자체는 망원경의 사용과 무관하다. 당시 사분의에서 각도를 정확히 90등분하여 1도의 눈금을 새기는 기술은 숙련된 직인의 솜씨를 요구했으며 그렇게 간단한 것이 아니었다.[30] 아니, 원래 사분의 부채꼴의 가장자리 부분이 정확히 90도가 되는지를 검토하는 방법을 둘러싸고도, 17세기 후반에는 물리학자인 로버트 훅과 천문학자인 요하네스 헤벨리우스Johannes Hevelius 사이에서 격렬한 논의가 있었다고 알려져 있다.[31] 이미 이 시대에 혹은 조준에 망원경을 덧붙인 사분의를 사용했으며, 이것은 분해능分解能을 대폭 향상시켰지만 눈금 그 자체의 정밀도에 변화는 없었다. 튀코가 도달한 한계는 육안에 의한 대상 식별의 한계이기도 했고 눈금 분할의 한계이기도 했으며, 적어도 후자는 망원경 등장 이후에도 당분간은 뛰어넘을 수 없었다. 토렌에 따르면 "망원경이 발명되었음에도 튀코의 관측 방법과 결과는 1670년대까지 계속 [관측 결과와 방법의] 정밀도를 판정하는 기준이 되었다"라는 것이다.[32]

그러나 무엇보다도 튀코의 관측이 당대까지 사용되던 것과 크게 다르고 결정적으로 중요한 전환이 된 것은 천체 운동을 정확하게 결정하기 위해서는 당대까지 사용된 방법같이 특별한 시점에서 산발적으로 관측하는 것으로는 불충분하다고 하여 그것을 지속적인 관측으로 치환한 것이었다.

코페르니쿠스든 프톨레마이오스든 달의 궤도를 세 번의 식을 관측하는 것만으로 결정했다. 그에 비해 튀코는 "이심원이나 주전원상의 다른 여러 지점에서 보다 많은 정확한 관측을 할 필요가 있다"라고 지적했다.[33] 그리고 또한 행성운동에 대해서도 "프톨레마이오스나 코페르니쿠스를 좇아 오늘날에 이르기까지 경솔하게 믿어왔지만, [행성의] 원일점이나 이심률이 단지 세 번의 관측으로 충분히 설명되지는 않습니다"라고 확실히 말했다.[34] 1598년의 『새로운 천문학의 기계』에서는 "날씨가 좋으면서 [태양과 달을 포함한] 행성은 물론이고 항성, 그리고 또 그때에 출현한 혜성에 관해 많은, 그리고 극히 정확한 관측을 우리가 행하지 않았던 주야는 거의 없다"라고 기술했다.[35] 이렇게 튀코는 20년이라는 장기간에 걸쳐 나중에 라이프니츠가 '헤라클레스적인 노력'이라고 형용하게 되는 관측을 매일 지속했다.[36] 그리고 여기서 아 프리오리하게 원궤도를 가정하여 특정한 점에서 행한 적은 수의(필요최소한의) 관측으로 그 궤도의 수개의 파라미터를 결정하는 것이 아니라 수집한 수많은 관측데이터 전체에 가장 잘 적합한 궤도형을 도출한다는, 나중에 케플러가 수행한 새로운 천문학 방법의 토대가 형성된 것이다.

오토 노이게바우어Otto Neugebauer의 『고대의 정밀과학』에서는 프톨레마이오스의 『알마게스트』에서부터 코페르니쿠스의 『회전론』까지가 '고대중세 천문학의 내적 일관성'을 보여주는 데 비해 "튀코 브라헤와 케플러에 이르러 전통의 마력은 타파되었다"라고 했다.[37] 이것은 관측데이터의 정밀도와 양, 그리고 데이터 처리와 궤도결정의 이 근본적인 변화를 가리킨다.

4. 튀코 브라헤의 체계에 대하여

이야기를 1577년의 혜성 관측 시점으로 되돌리자. 이 혜성을 관측함으로써 튀코에 의한 새로운 우주상의 모색이 시작되었다. 튀코는 이 혜성에 관한 보고인 『혜성의 기원』을 내고부터 10년 뒤인 1588년에 『최근의 현상』을 출판했다. 「제8장 천공에서 행성들의 주회궤도 사이에 있는, 혜성이 잘 주파할 수 있는 공간 내지 빈자리의 발견 및 그것들의 겉보기 운동이 근사적으로 보여주는 가설의 형성에 관하여」에 그의 새로운 체계가 묘사되어 있다.*10 그 결론 부분부터 살펴보자.

나는 고대의 천문학자나 자연철학자들이 수용했던 견해에 따라, 그리고 또 성서가 보증하듯이 우리가 사는 지구는 우주의 중앙에 위치하고 있으며 코페르니쿠스가 바란 것과 같이 연주회전하지는 않는다고 확신한다. 그러나 고백하자면 나는 행성들의 모든 궤도운동의 중심이 지구 가까이에 있다는 프톨레마이오스나 고대인이 믿었

*10 표제인 '최근의 현상'은 물론 1577년의 혜성을 가리킨다. 이 책은 원래 이 혜성에 관해 전체 여덟 장으로 이루어진 보고로서 쓰였고 벤섬의 인쇄공방에서 인쇄를 시작했으나, 어울리지 않게 신체계에 관한 이 장이 '제8장'으로서 갑자기 삽입되었다. 다음 장에서 보겠지만 우르수스가 유사한 체계를 빌헬름 IV세에게 말한 것이 그 '사정'의 배후에 있으리라고 상상된다. 스코필드에 따르면 제1~7장, 그리고 9장(당초는 8장) 일부는 혜성 관측에서 얼마 지나지 않은 1578년에 쓰기 시작했고 제8장과 9장의 나머지 그리고 제10장은 그 후인 1587년까지 썼던 듯하다(Schofield(1981), p. 52. Thoren(1990), pp. 248~260도 보라).

던 주장에는 가담하지 않을 것이다. 나는 하늘의 운동은 시간을 아는 데 도움이 되는 우주의 빛[태양과 달]만이 아니라 그 안에 다른 모든 것을 포함하는 가장 멀리 떨어진 제8천구도 그 회전의 중심에서 지구를 보고 있는 것이라고 생각한다.*11 그러나 나는 그 외의 원은 다섯 행성에 대해 그것들의 지도자이자 왕인 태양 주위의 주회를 유도하고 그 행성들은 그 주위에서 주회하는 궤도의 중심도 주회 회전하도록 태양을 항상 중심에서 본다고 주장한다. 왜냐하면 나는 이것이 태양과의 이각이 작은 수성이나 금성만이 아니라 다른 세 외행성에도 들어맞는다는 것을 발견했기 때문이다. 고대 사람들이 주전원으로 설명했고 코페르니쿠스가 지구의 주회운동으로 설명한 이 외행성들의 운동에서 보이는 부등성[유나 역행]은, …… 이 방법에 따르면 그것들[다섯 행성]의 궤도 중심이 연주회전하는 태양과 일치함으로써 극히 적절하게 표현된다.[38]

정지 지구 주위를 달과 태양과 항성천이 주회하고 그 태양 주위를 수성·금성·화성·목성·토성 다섯 행성이 이 순서대로 주회하는, 이른바 '튀코의 체계', 즉 '지구태양중심체계geoheliocentric system'의 제창이다(그림11.4).

이 『최근의 현상』 제8장의 영역은 마리 보아스Marie Boas와 루퍼

*11 '우주의 빛Mundi luminaria'은 태양과 달을 가리킨다. 『창세기』(I-6), "신은 큰 빛나는 것을 두 개, 즉 낮을 다스리기 위한 큰 빛과 밤을 다스리기 위한 작은 빛, 또한 별을 만드셨다"(『창세기』 쓰키모토月本 역)에 의거했다.

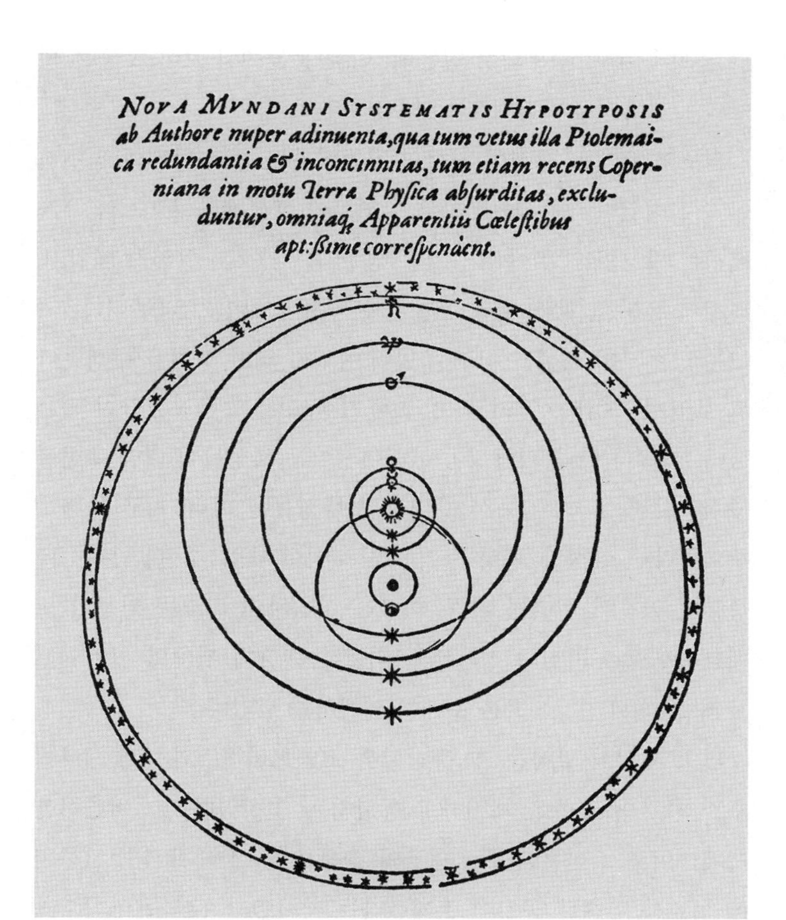

그림 11.4 튀코 브라헤의 체계.
그림 속 설명 번역: "한편으로는 예전부터 내려온 프톨레마이오스의 것에서 불필요한 것과 불합리한 것이 제거되고, 다른 한편으로는 근년의 코페르니쿠스의 것에서 지구의 운동에 관련된 자연학적인 부조리가 제거되어, 모든 것이 천계의 현상에 극히 적절한 형태로 대응하는, 저자가 조금 전에 발견한 새로운 우주체계의 가설".
『에테르 세계의 최근의 현상』(1588)에서.

트 홀의 논문에 수록되어 있는데, 이 논문들에서 보아스 등은 튀코의 사고과정을 다음과 같이 해설했다.

튀코의 체계는 혜성이 천상의 사건이라는 그의 발견의 필연적인 귀결이었다. 왜냐하면 그가 말했듯이 프톨레마이오스의 체계에서는 태양의 위와 아래 공간은 행성의 구각으로 완전히 메워져, 혜성의 운동을 위한 열린 공간이 존재하지 않았기 때문이다. 튀코는 당초부터 혜성은 지구 주변이 아니라 태양 주변을 주회한다고 보았던 듯하다. 그리고 어느 쪽 가설로도 그 운동공간이 필요했다. 그러나 만약 외행성이든 내행성이든 행성들이 태양 주변을 주회한다면, 그리고 동시에 태양이 행성들을 따라 지구 주변을 주회한다면 금성과 화성 사이에는 혜성이 태양 주변을 도는 데 충분한 공간이 열리게 된다. 어쨌든 이리하여 튀코는 일찍이 코페르니쿠스가 자신의 성과로서 역설한 태양계 전체의 질서—행성 배열순위의 결정—라는 문제를 채택하게 되었다.

튀코 자신이 말하는 그 출발점은 코페르니쿠스와 프톨레마이오스 각자의 결함을 제거하고 통합하는 것이었다. 그 결함이란 코페르니쿠스 이론에서는 지구의 운동 및 토성에서 항성천까지에 이르는 광대한 공간이 존재한다는 것이었고, 프톨레마이오스의 이론에서는 등화점 및 행성의 역행운동을 설명하기 위해 주전원을 사용한 것을 가리킨다. 튀코는 1588년에 포이처에게 보낸 서간에서 말한다.

저는 프톨레마이오스의 가설이 하늘의 현상을 상당한 정도로 구제했음을 인정하고는 있습니다. 그러나 이 가설에서는 원운동이 그 중심 주변에서 일정한 것이 아니라 다른 점[등화점] 주변에서 일정하므로 이 학예의 첫 번째 원리에 어긋납니다. 이 문제는 코페르니쿠스 자신이 자신의 가설에서 비판했습니다. 게다가 [프톨레마이오스의 가설에서] 가정되는 수많은 큰 주전원은 하늘의 많은 공간을 쓸데없이 점유하고 있습니다. 저는 더 적은 수의 원으로 모든 것이 해명되는 것은 아닌가 생각하고 있습니다. 그리고 외행성은 합에서 항상 주전원 가장 위[원지점], 충에서 항상 주전원 가장 아래[근지점]에 있고, 내행성이라 불리는 두 개는 그 평균운동이 항상 태양과 일치하며 그 주전원의 원지점과 근지점에서 태양에 가까이 있습니다만, 이 사실들이 어째서인지 어떠한 필연적인 원인도 자연의 보합도 이 점을 설명하지 않았음이 저에게는 큰 문제였습니다.[39]

이 점에서 튀코는, 코페르니쿠스의 가설은 "혼란되고 군더더기가 많은 프톨레마이오스의 [행성] 배열의 다른 모든 측면을 설명하는 데다가 수학의 원리에 저촉되지 않기" 때문에 훨씬 뛰어나다고 평가했다.

그러나 지구의 정지를 확신한 튀코는 동시에 실재론자였으며, 코페르니쿠스의 이론에 따르면 행성운동을 성공적으로 계산할 수 있기 때문이라고 해서 그대로 수용할 수는 없었다.

나는 이 쌍방의 가설이 적지 않은 불합리non levis absurditas를 포함하므로 어떠한 추론에 따라, 모든 점에서 수학뿐만 아니라 자연학에도 합치하며 신학상의 비판을 면하는 동시에 천계의 사건을 완전히 표현하는 가설을 발견할 수는 없는지 스스로 깊이 생각하기 시작했다. 그리고 결국 무리라고 생각하기도 했지만, 그 질서가 가장 적절하게 주어지고 그 때문에 어떠한 불일치도 볼 수 없는, 하늘의 운동의 배열에 마지막으로 생각이 미쳤던 것이다.[40]

그리고 튀코는 빌헬름 IV세의 궁정에서 종사한 크리스토프 로스만에게 보낸 서간에서 "그것[튀코의 신체계]은 고대 프톨레마이오스의 것과 근년의 코페르니쿠스의 것에 숨어 있던 수학적 부조리와 자연학적 부조리를 전부 제거했습니다"라고 역설했다.[41] 튀코 역시 수학적으로도 자연학적으로도 올바른 천문학이라는 포이어바흐와 레기오몬타누스의 이상을 추구했던 것이다.

이 지구태양중심계에 관해 튀코는 1588년에 "하늘의 회전에 관해 지금까지 발견되지 않았던 새로운 가설"이라고 말하며 그 독창성을 자찬했지만,[42] 튀코의 이 착상을 그보다 더 일찍 한 사람이 없었던 것은 아니었다.

내행성인 수성과 금성은 지구에서 보면 태양 방향에서 거의 일정한 각도의 범위 내에서 운동하고 프톨레마이오스 이론에서도 이것들의 주전원의 중심방향은 항상 태양 방향과 일치했으므로, 이것들이 태양 주변을 주회한다는 시각은 이전부터 존재했다. 옛날에는 아리스토텔레스와 동시대 사람인 폰토스의 헤라클레이데스가 말했다고 전하는데, 여기에는 이론도 많다.[43]

5세기 전반 북아프리카의 마르티아누스 카펠라Martianus Capella도 마찬가지 모델을 제창했다. 실제로 코페르니쿠스의 『회전론』에는 "카펠라나 몇몇 다른 라틴인"은 수성과 금성이 "다른 행성처럼 지구를 도는 것이 아니라" "태양 주변을 돈다고 생각했다"라고 기록되어 있다.[*12] 이 카펠라의 설은 그의 『필로로기아Philologia와 메르쿠리우스mercurius의 결혼』에 쓰여 있는 것인데 이 책은 중세 내내 널리 읽혔으며 튀코가 읽었을 확률이 높다. 그리고 또 중앙에 정지한 지구 주변을 달과 태양과 화성, 목성, 토성이 이 순서대로 주회하며 그 태양 주변을 수성과 금성이 주회하는 그림은 쾰른의 교수 발렌티누스 나이보두스의 1573년의 책에 '마르티아누스 카펠라의 견해'로서 그려져 있다(그림11.5). 웨스트먼에 따르면 이

---

*12 『회전론』(I-10). 케플러는 『우르수스에 대한 튀코의 옹호』에서 카펠라의 글을 인용했다.

> 이것들[행성의] 중 셋[화성, 목성, 토성]은 태양이나 달과 함께 지구 주변을 주회하는데 금성과 수성은 지구 주변을 돌지 않는다Venus vero Mercurius non ambiunt Terram. …… 그것들[수성과 금성]은 매일 뜨거나 지거나 하지만 그 원은 지구를 돌지 않고 태양 주변에 펼쳐진 궤도를 통과해 돈다. 그것들은 그 원의 중심을 태양으로 갖기 때문에 그것들은 때로 태양보다 높이 움직이며 때로 태양보다 아래로 와서 지구에 가까워진다(케플러 『옹호』 라틴어문 p. 127f. 영역 p. 198f. 다음도 보라. Heath(1932), p. 95).

그리고 케플러는 카펠라의 천문학이 로마의 플리니우스, 비트루비우스, 마크로비우스에 의거한 것이라 했다(Kepler, ibid., 라틴어문 p. 131, 영역 p. 205). 코페르니쿠스가 말한 "몇몇 다른 라틴인"은 이 사람들일 것이다(이 사람들의 설에 관해서는 Eastwood(1982)에 상세한 설명이 있다). 비트루비우스의 설은 『건축서』 제9서에서 "수성과 금성은 태양의 방사선을 중심으로 하여 그 주변에서, 그 길을 화관으로 장식하면서 되돌아오거나 역행하거나 또 늦어지거나 한다"라고 한다(p. 239).

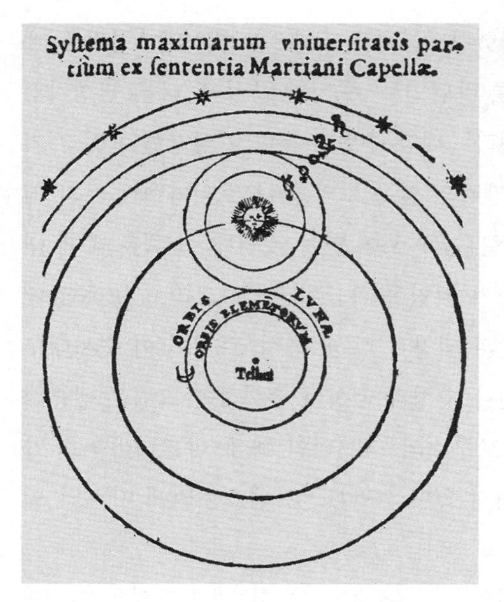

그림 11.5
마르티아누스 카펠라의 체계.
나이보두스의 책에서.

책은 튀코의 장서에 포함되어 있었고 당연히 튀코는 이 그림을 보았을 것이다.[44] 이것은 이전에 인용한 1578년의 『혜성의 기원』의 구절에서 간취할 수 있다[Ch. 10. 7].

그러나 이 카펠라의 체계를 세 외행성도 수성이나 금성과 마찬가지로 태양 주변을 주회하는 모델로 확장하는 데는 그 나름의 비약이 필요했다. 실제로 튀코는 1578년에 『혜성의 기원』을 저술하고 나서 새로운 체계를 제창하기까지 10년을 필요로 했다. 보아스 등이 말했던 것처럼 튀코의 체계는 혜성이 천상의 사건이라는 그의 발견의 필연적인 귀결이라고 해도 그것은 나중에 되돌아보았을 때의 이야기이며, 이야기는 그 정도로 단선적이지 않았다. 튀코는 카펠라의 체계를 외행성으로까지 확대하는 아이디어를 튀코와 거의 같은 세대의 천문학자 비티히에게서 얻었으리라 고 생각된다.

5. 파울 비티히

1546년경에 슈레젠의 브레슬라우(현 폴란드령 브로츠와프)에서 태어난 파울 비티히Paul Wittich는 1563년에 라이프치히대학에 학생 등록을 했다. 튀코가 이 대학에 학생등록을 한 다음 해였다. 1566년에 비티히는 비텐베르크대학에 학생등록을 했고 이후 1570년대에는 독일 각지를 편력하면서 천문학, 특히 코페르니쿠스 이론을 교수하며 천체 관측을 계속했다.

비티히는 1566년이나 1570년에 아마도 비텐베르크에서 튀코와 만났으리라고 추측된다. 확실하게 알려져 있는 것은 우라니보르의 건설이 거의 완성을 맞이하려 했던 1580년 6월에 비티히가 하이에크의 소개장을 갖고 벤섬을 방문하여 4개월에 걸쳐 섬에 체재했고 튀코의 천체 관측에 협력하며 튀코와 천문학에 관해 논의한 것이다. 그는 튀코에게 강한 인상을 주었던 듯하며 튀코는 그의 수학적 재능을 인정해 신뢰했다. 곧 자신의 오른팔이 될 수 있다고까지 기대했으리라고 생각된다. 튀코가 벤섬에 부재했던 1580년 10월 21·22·26일에는 비티히가 관측을 감독했다. 그해 11월 초에 비티히가 삼촌의 사망으로 섬에서 떠났을 때 튀코는 페트루스 아피아누스의 고가의 『황제의 천문학』을 선물했다. 비티히를 우라니보르에 묶어두고 싶었을 것이다. 그리고 그가 당연히 돌아올 것이라고 튀코는 믿었던 듯하다.[45]

그러나 비티히는 벤섬에 돌아가지 않았다. 1584년에 비티히는 카셀에 취임하여, 관측정밀도의 향상이라는 면에서는 라이벌 관계에 있던 빌헬름 IV세의 궁전에서 튀코가 사용했던 횡단선 방법이나 튀코가 발안한 조준척의 개량, 그리고 튀코가 고안한 육분의에 관해 이야기했고, 빌헬름 IV세는 이것들을 채용했다.[46] 필시 비티히는 벤섬에서 보고 듣고 학습한 것을 우라니보르의 '기업비밀'이라는 인식도 없이, 또 튀코가 창안한 것이라고 양해할 필요성도 느끼지 않고 그냥 카셀에서 말했을 것이다. 빌헬름 IV세 자신이 튀코와 같은 나라 사람인 란초에게 보낸 1585년 10월의 편지에서 부끄러워하는 기색도 없이 이렇게 보고했다.

> 우리는 파울 비티히의 조언으로 수학적 기기를 개량함으로써 이전에는 [호의] 2분까지 측정 가능했었으나, 지금은 [각도의] 분의 2분의 1까지, 실제로는 4분의 1까지 관측 가능하게 되었습니다.[47]

이 문맥을 보면 비티히에 대한 의혹도, 비밀 아이디어를 부정하게 입수했다는 꺼림칙함도 전혀 느껴지지 않는다. 그러나 이것을 안 튀코는 비티히가 우라니보르에서 기술개량의 비밀을 훔쳐내어 흡사 그것을 자신의 고안인 듯 빌헬름 IV세에게 선전했다고 생각하여 격노했다. 이 편지를 보게 된 튀코가 빌헬름 IV세에게 보인 반응은 격렬했다.

비티히라는 인물이 저명하신 전하에게 제안한 장치를 개량하는 방법을 그가 우리 쪽에 체재했을 때에 여기서 입수한 것은 의심의 여지가 없습니다. …… 저의 기억이 틀리지 않는다면, 그는 [15]80년에 여기서 우리에게 접근하여 손쉽게 저의 우정을 손에 넣었습니다. 왜냐하면 하나로는 저는 수학에, 특히 기하학에 관한 그의 재능을 인정했기 때문입니다. 또 하나로, 제 천문학 연구에서 언제까지나 기꺼이 제가 신뢰할 수 있는 친구로서 있고 싶다고 스스로 청했기 때문입니다. 이러한 이유로 저는 제가 고안한 것을 숨기지 않고 그에게 개진해 버렸습니다. …… 그러나 고작 1년의 4분의 1 남짓 제 곁에 체재한 단계에서 원하고 있던 것을 이미 충분히 입수했다고 판단한 그는 브라티슬라비아[브레슬라우]의 삼촌이 사망했으므로 재빨리 돌아가면 그 유산을 상속받을 수 있다고 주장했습니다. 그는 그 유산을 받으면…… 7주 내지 8주 뒤에는 여기로 돌아올 것이라고 약속했습니다. 그러나 그 이래 저 자신은 그와 만나지 못했고 그의 편지도, 그에 관한 편지도 받지 못했습니다. 저명하신 전하의 편지를 읽기 전까지는 그가 어디에 있는지도 듣지 못했습니다. …… 그리고 이 서간으로 곧 저는 그가 그쪽[카셀]에서 대부분 그가 여기서 보고 들은 장치의 설계를 공언한 것을 알았습니다. …… 긴 세월과 경험 속에서 제가 고안한 사항을 만약 그가 자신의 발안이라고 선언했다면, …… 그리고 누군가로부터 그것들을 배웠는지를 밝히지 않았다면 타인의 것, 선량하고 예의바른 인물이자 성실하고 정직하게 행동하는 어떤 수학자의 것을 자신의 것으로 하여 명성을 남기게 됩니다.[48]

그리고 튀코는 비티히를 소개한 하이에크에게는 "그는 내 아이디어를 내 동의 없이 자기 자신의 이름으로 공표했다"라고 따졌다. 이것은 1586년의 서간인데, 그 6년 후에도 튀코는 하이에크에게 보낸 서간에서 "그[비티히]는 제 [관측] 장치의 구조나 그 정밀화 방법, 그 조준 등을 그의 땅[카셀]에서 밝혔습니다. 그 결과 방백은 제 것을 흉내 낸 육분의나 사분의를 간단히 손에 넣어 이전보다 정확하고 발전된 관측을 할 수 있게 되었습니다"[49]라고 언급했다. 이러한 점에 관해서는 "우선적 권리에 관한 튀코의 반응은 편집증의 조짐이 보였다"라는 브루스 모란Bruce Moran의 평이 맞는 듯 생각된다.[50] 적어도 튀코의 반응은 과도했다. 그러나 다른 한편으로 튀코는 '튀코의 체계'라 불리는 것의 아이디어를 비티히에게서 얻은 것이다.

1586년에 사망한 비티히는 서적을 저술하지 않았지만 수학공식이나 세계체계에 관한 자신의 아이디어가 적힌 문서를 남겼고 또 자기가 소유한 수 부의 『회전론』 여백에 매우 뚜렷한 주석을 남겼다. 그중 하나는 라인홀트의 주석을 본보기로 하여 썼으리라고 보인다. 그러나 비티히는 라인홀트가 관심을 보이지 않았던 『회전론』 제1권에도 주목했고 코페르니쿠스가 행성의 배열순위를 확정하여 태양계 전체의 질서를 밝힌 것의 의의를 인정했다. 게다가 동시에 그것이 태양중심이론과 곧바로 결부되지는 않는다는 것도 꿰뚫어 보았다.[51]

비티히 사후, 튀코는 그 장서와 유고, 특히 비티히가 주석을 써넣은 『회전론』을 입수하기 위해 대단히 노력했다고 알려져 있다.

튀코는 혈안이 되어 비티히의 수고를 찾았던 것이다.[52]

오언 징거리치는 1973년에 바티칸의 도서관에서 여백에 주석이 쓰여 있는 코페르니쿠스의 『회전론』 초판본을 발견했다.[53*13] 여기에는 "원-튀코의 체계prot-Tycho system"라고 해야 할, 튀코의 체계에 도달하기 일보 직전까지의 아이디어가 남겨진, 1578년 1월 27일부터 2월 17일까지의 날짜가 기록되어 있고 몇몇 도판이 딸린 30페이지에 달하는 수기 원고가 포함되어 있었다. 징거리치는 당초 이 그림을 포함한 메모는 튀코 자신이 쓴 것이며 따라서 튀코 체계의 형성과정을 보여주는 족적이라고 생각했지만,[54] 나중에 그것은 비티히의 것으로 비티히의 사후 튀코의 소유가 되었음이 판명되었다. 그 경위와 도판을 포함한 비티히의 원고는 튀코의 체계 형성과정의 상세한 내용과 함께 징거리치와 웨스트먼이 1988년 아메리카 철학협회의 『트랜잭션』에 공표했다.[55] 그리고 여기에는 그림에 대한 주석으로서 "비티히는 그의 그림을 튀코 브라헤에게 보여주었으므로(튀코는 이것들을 잘 기억해서 1586년 비티히 사후에 이것을 입수하려 시도했고 성공했다), 튀코 자신의 지구태양중심 우주론geoheliocentric cosmology의 형성에 이것이 도움이 되었음은 명백하다"라고 기술했다.[56]

실제로 이 비티히의 수고에서 코페르니쿠스의 체계에서 튀코

---

*13 바티칸의 도서관에는 스웨덴이 30년 전쟁 때 점령지에서 약탈한 도서 중 일부가 소장되어 있다. 스웨덴 왕 구스타브 아돌프의 딸인 크리스티나 여왕이 가톨릭으로 개종했을 때 로마로 옮긴 것이다. 1648년에 프라하에 남겨져 있던 튀코의 장서 중 일부가 17세기에 이러한 경위로 바티칸의 도서관에 들어가게 되었다.

의 체계로 이행하는 과정을 선명하게 간취할 수 있다.

수고 197장(뒷면)에는 "[15]78년 1월 27일에 코페르니쿠스 선생의 가설로부터 내가 발견하여 구성한 가설의 제3의 계획"이라는 표제가 붙은, 태양을 중심으로 하는 외행성과 지구의 궤도, 그리고 198장과 그 뒷면에는 태양을 중심으로 하는 금성과 수성의 궤도가 각자 그려져 있다. 2월 1일 날짜인 205장에는 "코페르니쿠스 선생의 제3권 20장에서 유도된 세 외행성의 또 하나의 이론"이 있다. 이에 비해 207장 이하는 지구중심 모델이 그려져 있고, 208장에서는 "지구의 부동성에 적응하도록 만든 세 외행성 이론"이라 하며 "세 외행성의 주전원 반경은 이 경우 대궤도[태양 궤도, 즉 코페르니쿠스 가설에서는 지구 궤도]의 반경으로 취할 수 있다"라고 기술되어 있다. 따라서 이 그림에서 유도원과 주전원을 치환하면 (지구에서부터 유도원상의 주전원의 중심까지의 벡터와 주전원의 중심에서부터 행성까지의 벡터의 합의 순서를 바꾸면) 세 주전원은 일치하여 태양 궤도가 되고, 이것은 외행성에 대한 튀코의 체계와 다름없다. 여기서는 "나는 가설의 이 새로운 체계를 [15]78년 2월 13일에 생각했다"라고 한다. 그리고 208장(뒷면)과 209장에는 지구를 중심으로 하는 금성과 수성의 궤도가 각자 그려져 있고 「어떻게 하여 내행성 이론에서 코페르니쿠스[의 가설]가 프톨레마이오스의 견해에 따른 지구의 부동성 가설과 일치하게 되는가」라는 공통의 표제가 달려 있다. 이 그림에는 금성 주전원의 중심이 그리는 원에 "태양 및 태양 주변의 금성과 수성의 주전원 쌍방을 옮기는 이심원"이라 기재되어 있다. 즉 두 내행성이 함께 태양 주변을 주회하는 것이 카펠라의 체계이다. 그리고 2월 17일 날짜인 210장(뒷면)에는 「코페르니쿠스의 가설로부터 유도되어 지구의 부동성에 적응시킨 회전궤도」라는 표제가 달린 그림이 있다(그림 11.6). 2월 13일의 것을 다섯 행성으로 확대한 이 그림에서는 카펠라의 설과 마찬가지로 수성과 금성이 태양 주변을 주회하고 있을 뿐만 아니라 외행성의 주전원이 지구 주변의 태양 궤도와 동일하게 그려져 있다. 게다가 세 외행성에서 주전원의 중심에서부터 행성까지의 벡터가 모두 지구로부터 태양까지의 벡터에 동등하게(즉 길이도 방향도 동등하게) 그려져 있다. 태양 운동이 모든 행성운동에 대한 '공통의 거울이자 측정의 규준'이라는 거의 100년 전 포이어바흐의 지적을 명확하게 시각화한 것이다. 그리고 여기서도 외행성의 주전원과 유도원을 바꾸면, 외행성의 세 주전원과 내행성의 두 유도원은 모두 태양 궤도와 일치하고 이것은 그대로 행성 전체에 대한 튀코의 체계로 이행한다. 즉 이 그림은 '원-튀코의 체계prot- Tycho system'와 다름없다.[57*14]

이 논의로부터 알 수 있듯이, 튀코의 체계와 코페르니쿠스의 체계는 태양을 정지시킬 것인지 지구를 정지시킬 것인지의 차이가 있을 뿐으로 수학적으로는 등가이다. 튀코의 체계에서 태양을 고

---

*14 단, 태양 궤도의 이심 거리는 무시된다. 또한 각 행성의 유도원 반경 비율은 올바르지 않다. 실제로 비티히의 이 그림에서는 지구에서 볼 때 화성은 항상 태양보다 멀리 있지만 튀코의 체계에서는 그렇게 되지는 않는다. 덧붙여 Gingerich & Westman(1988), p. 48f.에 따르면, 몇몇 행성의 주전원을 동반한 궤도를 동일한 그림에 그린 것은 당시로서는 매우 드문 것이었다고 한다.

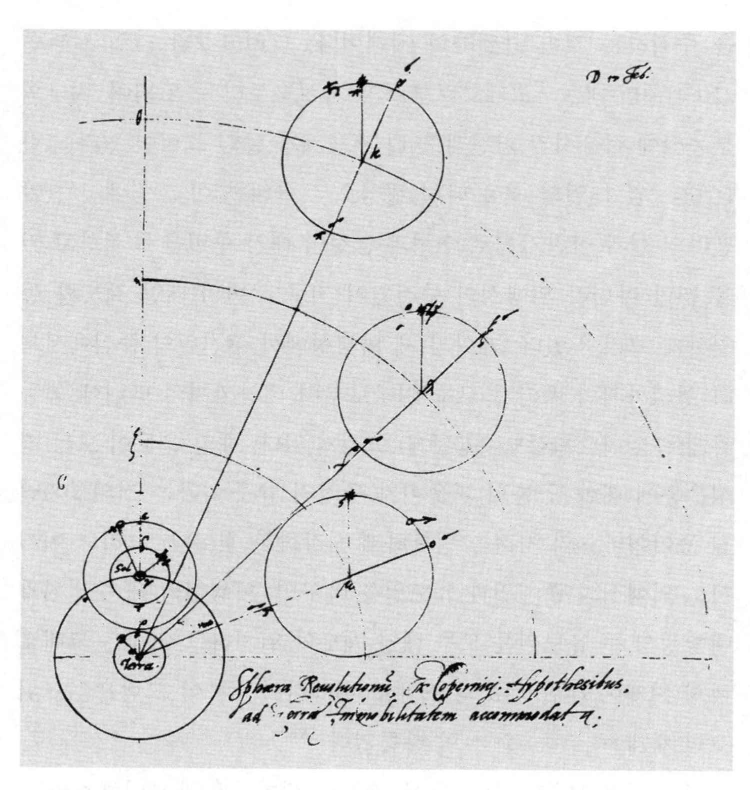

그림 11.6 원-튀코의 체계.

오언 징거리치가 바티칸 도서관에서 발견한 비티히의 문서 208장의 그림. 왼쪽 아래 소원이 지구[Tera], 그 주변의 원이 태양 궤도로, γ가 태양[Sol], 그 주변의 두 원이 수성과 금성의 궤도, μ, λ, κ가 각자 화성(♂), 수성(♃), 토성(♄)의 주전원 중심. 그 주변의 세 주전원이 모두 태양 궤도와 같은 크기로 주전원의 중심에서 각 행성까지의 벡터가 지구로부터 태양까지의 벡터와 일치함에 주의.

정시키면 코페르니쿠스의 체계가 나타난다. 따라서 양자는 지구에서 본 행성운동으로서는 동일한 결과를 주고, 행성운동을 관측하여 어느 쪽이 옳은지를 판정할 수는 없다. 튀코 체계의 신봉자로 알려져 있는 17세기 덴마크 천문학자이자 코펜하겐의 천문대 대장을 역임한 올레 뢰머Ole Christensen Rømer는 이렇게 이야기했다.

> 지구운동이라는 문제는 천문학과는 실제로 관련이 없다. 왜냐하면 이 학예가 의도하는 바 중 하나는 이 지상에 있는 우리에게 보이는 한에서 모든 별의 위치와 운동을 조사하여 결정하는 것에 있으며, 그것은 지구정지라는 튀코의 가설로도 움직이는 지구라는 코페르니쿠스의 가설로도 마찬가지로 용이하고 확실하게 이룰 수 있기 때문이다.[58]

실제로 개개의 행성 위치를 설령 코페르니쿠스의 이론으로 예측했다고 해도, 지상의 관측자에게 그것이 어떻게 보이는가를 구하기 위해서는 지구를 중심으로 하는 튀코의 체계로 다시금 변환할 필요가 있다.

따라서 코페르니쿠스의 체계로부터 튀코의 체계로 이행하는 것은 생각하기 어려운 것은 아니며 비티히나 튀코와 마찬가지의 아이디어를 착상한 사람은 그 외에도 있다. 케플러는 "코페르니쿠스의 가설이 공표된 이래 많은 사람들이 코페르니쿠스의 가설을 숙고함으로써, 튀코와 마찬가지의 방식을 착상했다"라고 증언했다.[59] 예를 들어 에라스무스 라인홀트가 이미 30년 전인 1545년부터 1553년에 걸쳐 쓴—곧 출판할 작정이었으나 그의 불의의 죽음으로 햇빛을 보지 못했다—, 코페르니쿠스의 『회전론』에 단 주석에서는 외행성에 대해 그 역행이나 유留를 주전원으로서가 아니라 태양 운동으로 설명하는 모델을 방불케 하는 기술을 볼 수 있다. 즉 "코페르니쿠스에게 지구의 위치가 *S*라 하면 내 것에서는 그것이 태양의 위치이다", "내 새로운 가설에서 태양의 위치는[코페르니쿠스가 말하듯이] 우주의 중심 *E*가 아니라 *S*이다", "프톨레마이오스에게서는 주전원의 반경, 코페르니쿠스에게서는 지구 궤도의 반경을 나타내는 직선 *ES*는 우리의 것에서는—우리의 새로운 가설에서는juxta novas hypotheses nostras— 태양 궤도의 반경이다" 등의 표현을 볼 수 있다. 이것으로부터 이 초고를 베를린에서 발견한 알렉산더 비르켄마이어Alexander Birkenmajer는 라인홀트가 외행성에 대해 튀코의 것과 유사한 체계를 구상했었다고 판단했다.[60] 튀코와 같은 세대였던 알자스의 의사 헬리세우스 뢰슬린도 튀코와 마찬가지 모델을 이야기했다.

그러나 이것들은 어디까지나 수학적인 논의에서였다. 그에 비해 튀코는 자신의 체계를 실재라고 보았다. 그리고 지구태양중심 체계를 수학적 천문학의 입장에서가 아니라 자연학적 우주론의 입장에서 보면 거기에는 높은 장벽이 하나 있었다. 그것은 지구의 정지, 운동의 문제를 별도로 하고 태양계를 전체로서 보았을 때 생기는 원-튀코의 체계로부터 튀코의 체계로 비약하는 것에 대한 장애이며, 그 장애는 물리학(자연학) 영역에서 나타났다. 태양-화성 간의 평균 거리는 태양-지구 간 평균 거리의 약 1.5배이기 때문에 튀코의 체계에서는 화성 천구가 태양 천구와 교차하게 된다. 게다가 원래 태양 궤도는 수성과 금성의 천구를 관통했다. 따라서 당시까지 믿어온 대로 행성이 강체적剛體的 천구에 고착되어 운동한다면 이것은 물리적으로 불가능했다. 이 문제는 튀코의 체계에서 "사활을 건 문제"였다.[61]

왜냐하면 이 시점에서 천체가 강체구에 고착되어 움직인다는 시각은 약간의 예외는 있었지만*15 거의 모든 천문학자나 자연철학자가 공유했기 때문이다. 나중에 튀코 브라헤 자신이 "나는 하늘이 별을 운반하는 어떤 실재하는 구로 구성되어 있다는, 오랜 세월에 걸쳐 수용되었고 거의 만인에게 인정받고 있는 견해에 여전히 사로잡혀 있었습니다", 따라서 "나는 이 천구들이 교차하는 기묘한 것을 허용할 수 없었습니다"라고 술회했다.[63]

여기서 튀코를 도운 사람이 빌헬름 IV세를 섬겼던 크리스토프 로스만이었다.

6. 크리스토프 로스만

1575년 4월에 청년 튀코가 카셀로 빌헬름 IV세를 방문했던 시

*15 예외는 1520년대 말에 "하늘에서 모든 별은 자유로운 상태에 있고 어떠한 것에도 매달려 있지 않다"라고 갈파한 파라켈수스[Ch. 9. 10], 중세 아리스토텔레스주의자가 말하는 결정질結晶質 천구의 존재를 광학적으로 고찰함으로써 1557년에 부정한 장 페나, 1572년의 신성이 위치를 바꾸지 않고 점차 그 밝기를 잃어버린다는 것을 지구로부터 직선상으로 멀어진다고 판단하여 다음 해인 1573년에 강체적 천구를 버렸다고 한 존 디, 그리고 1585년경에 '수송궤도라든가 천개天蓋에 고착된 별 같은 것을 웃음거리로 만들라'고 단언한 조르다노 브루노[Ch. 7. 1] 등.[62]

점으로 시간을 되돌려 보자. 공통의 관심을 가졌던 튀코와의 관측, 대화를 통해 다시금 천문학으로 되돌아온 방백은 그 후 1577년에는 뛰어난 수학자 크리스토프 로스만을 궁정수학관으로 임명하여 본격적으로 관측을 개시했다. 나아가 1579년에는 로스만의 조수로서 유능한 직인 요스트 뷔르기Jost Bürgi를 채용하여 관측기기 개량에 나섰다.

안할트의 베른부르크에서 1560년경에 태어난 로스만은 1570년대 중기에 비텐베르크대학에 재적했다고 알려져 있다. 그의 학업은 앙헬트=베른부르크의 군주 요아힘 에른스트Joachim Ernst의 후원을 받았다고 하는데 그 에른스트의 명으로 카셀의 관측시설을 시찰하러 방문한 것을 계기로 하여 로스만은 빌헬름 IV세를 섬기게 되었다.

다른 한편 원래 시계직인으로서 채용된 스위스 출신의 뷔르기는 극히 우수한 기술자였다. 고등교육은 받지 않았고 신분은 직인이었으나*16 천체관측 기기 제작이나 개량에 능력을 발휘하여 갈릴레오나 하위헌스에 앞서 진자의 등시성等時性을 발견했고, 나아가서는 수학에도 풍부한 재능을 보여 스코틀랜드의 존 네이피어John Napier와 나란히 대수를 발명했다고 알려져 있다. 빌헬름은 튀

---

*16 뷔르기를 채용했을 때 빌헬름 IV세가 제시한 조건은 연봉 30굴덴. 참고로 16세기 통상 직인의 연수입이 대체로 20굴덴, 대학을 막 나온 청년 케플러가 1594년에 그라츠주립학교의 수학교사로 취임했을 때의 연봉이 150굴덴, 그리고 튀코 브라헤가 1600년에 프라하의 루돌프 II세의 궁정수학관으로서 받은 연봉이 2,000굴덴(일설로는 3,000굴덴)이었다.[64]

코에게 보낸 편지에서 뷔르기를 "또 한 사람의 아르키메데스"라고 평했다.[65] 1577년에는 그때까지는 시침밖에 없었던 시계에 분침을 달았다고 전한다. 뷔르기가 만든 시계는 빌헬름 IV세의 말을 믿는다면, 하루에 1분 이상 어긋나는 일이 없었다고 한다.[66] 그리고 그는 태양과 별의 남중시각의 차를 측정함으로써 각도 측정 없이 별의 적경을 구하는 수단을 고안했다.[67] 발터에서 시작한, 천체 관측에 시계를 사용하는 일이 뷔르기의 손에서 거의 완성되었다.

이리하여 로스만과 뷔르기는 방백의 기대에 잘 부응하여 카셀 관측 기술의 개량과 관측정밀도 향상에 크나큰 공헌을 했다. 1584년에 비티히가 방문하여 우라니보르의 관측 수법이나 장치를 소개한 것도 카셀의 기술 혁신에 크게 기여했다. 카셀에서 행해진 관측을 상세하게 조사한 카르스텐 가울케Karsten Gaulke에 따르면 카셀 "관측 황금시대의 참된 시작은 파울 비티히의 방문으로 기록된다"라고 하며, 1584~1589년이 "카셀 관측소의 절정"이었다.[68]

16세기 끝 무렵에는 관측정밀도를 자랑하던 튀코 브라헤가 육분의에 관해 기술했다.

> 이 장치의 가치는 카셀의 육분의로 구한 [각] 거리가 덴마크에서 우리가 우리의 육분의로 구한 것에 [각도의] 분 이내, 실제로는 30초 이내에서 일치한다는 멋진 형태로 증명되었다.[69]

튀코는 육분의의 성능에 관하여 이야기한 것이지만, 이는 뜻밖에도 카셀의 높은 관측정밀도를 인정한 셈이었다. 실제로 카셀의 관측은 꽤 뛰어났고 튀코의 것에 비교해도 그렇게 손색은 없었다. 1585년의 혜성 관측에서는 위도나 경도의 관측값이 튀코의 것과 각도로 0.5분에서 1분의 차로 일치했다.[70] 빌헬름 IV세 자신이 그 혜성 관측에 관해 이렇게 단언했다.

> [벤섬과 카셀] 양쪽의 관측이 전체적으로 1분 이상 어긋나는 일은 거의 없습니다. 이것은 확실히 대단한 것으로, 우리 자신의 장치도 벤섬에서 사용되는 장치도 모두 정확하고 [양쪽의] 뛰어난 관측 정밀도를 말해줍니다.[71]

빌헬름 IV세의 스태프가 카셀의 위도를 측정한 값은 51도 19분으로, 이 값은 19세기 초 천문학적 지리학이 최전성기였을 때 겨우 10초의 수정을 요했을 뿐이었다.[72]

비텐베르크대학에서 수학한 로스만은 수학자로서 초기에는 비텐베르크 해석에 따른 코페르니쿠스 이론에 숙련되어 있었다. 즉 코페르니쿠스 가설을 계산의 편의로서 사용했다. 초기의 초고 『천문학』에서는 에라스무스 라인홀트의 『프러시아 표』를 많이 사용했으나 코페르니쿠스 이론의 우주론적 의의에는 개입하지 않았다.[73]

그러나 로스만은 카셀에서 관측 실무에 종사하여 관측정밀도의 향상을 지향하는 과정에서 아리스토텔레스 우주론에 대한 비판을 강화해 나갔다. 그 입장은 앞서 언급한 1585년의 혜성 관측을 통해 뚜렷해졌다. 이 혜성은 빛이 약하여 관측하기 곤란했기 때문에 그다지 주목받지 않았으나, 로스만은 이러한 작은 혜성에도 주의를 기울였다. 육분의를 사용한 로스만의 관측은 그해 10월 8일에 시작되었는데, 이것은 튀코가 시작한 관측보다 10일 빨랐다. 이 혜성을 관측한 것은 카셀과 우라니보르뿐으로, 양자의 관측은 11월 10일까지 계속되었다.

로스만은 관측종료 후인 11월 15일에 빌헬름 IV세에게 보낸 편지에서 이 혜성에 관한 관측보고를 공표하도록 촉구했고, 그 이유로서 "누구 한 사람 이 혜성에 관해서 쓰지 않았습니다만, 왜냐하면 그것은 충분히 주의를 기울이지 않으면 볼 수 없도록 기묘하게 나타났기 때문입니다. 그리고 또 그것이 시차를 보이지 않았고 대단히 높은 곳에 있어 태양 반대 측에 있기 때문이며, 태양에서 그렇게 멀리 있는 그러한 혜성을 우리가 어떠한 도구를 사용해 볼 것인지, 어떻게 관측할 수 있는지…… 사람들은 알고 싶어 할 것이기 때문입니다"라고 기술했다.[74]

여기서 특기할 만한 것은 토성의 천구가 있을 터인 영역을 움직이는 듯 보이는 이 혜성의 운동이 로스만에게는 행성천구의 존재를 부정하는 듯 생각되었다는 것이다.

또 하나 로스만이 주목한 것은, 그의 관측으로는 대기로 인한 빛의 굴절이 극히 낮은 고도에서 오는 빛(거의 수평적인 빛)에서 약간 확인된다는 것을 빼면 보이지 않는다는 것이었다. 매질밀도가 낮은 하늘의 에테르 영역에서 밀도가 높은 달 아래의 대기영역으로 입사된 빛은 굴절할 터이다. 그것이 보이지 않았기에, 로스만은 하늘의 에테르 영역이라는 것도 실제로는 존재하지 않는다는 것을 보여주었다고 생각했다. 즉 로스만은 지표에서 항성천구에 이르기까지 세계는 균일하게 공기로 차 있으며, 낮은 고도에서 오는 빛에서 확인되는 굴절은 지표의 증기 때문이라고 판단한 것이다.

이것은 이미 1557년에 장 페나가 유클리드의 『광학』 서문에 쓴 것이기도 했다. 그 논거는 달이 지평선상에 보일 때와 천정天頂에서 보일 때 그 크기가 변하지 않는다는 겜마 프리시우스의 측정이며, 페나는 "따라서 광학 이론은 우리와 항성천구 사이에 있는 것이 대기라는 것inter nos & fixarum stellaum globos, aera esse을 가르쳐 준다"라고 결론지었다.[75*17]

달의 겉보기 크기가 프톨레마이오스의 이론에서 유도되는 것처럼 크게 변화하지 않는다는 것을 겜마가 실측으로 보여줌으로써 코페르니쿠스를 높이 평가했음은 이전에 기술했다[Ch. 6. 8]. 이 점에 관해서 프톨레마이오스의 이론은 틀리지는 않지만 빛의 굴절 때문에 달의 겉보기 크기가 그만큼 크게 변동하지 않는다는 반론이 있었던 듯하다. 프톨레마이오스 자신이 『알마게스트』 제1권에서 지구와의 거리 변화로 천체의 겉보기 크기가 변화할 것이라는 논의—그의 금성이나 달 이론에 대해 지적받은 문제점—에 대해 이렇게 기술했다.

---

*17 프로방스 출신의 페나는 파리대학의 수학교수였으며 페트루스 라무스의 발전된 인문주의적 교육개혁의 협력자 중 한 사람이었다. 그는 코페르니쿠스를 '가장 저명'하며 '확실히 놀랄 정도로 총명한 인물'이라고 평했지만 코페르니쿠스가 주장한 지구의 운동을 인정하지는 않았다. 그리고 또 달과 지구의 거리 변화에 관해서는 프톨레마이오스 이론을 지지했다(Thorndike, *HMES*, IIIVI, p. 19f.).

그러나 우리는 그러한 변화가 일어나지 않음을 보았다. 왜냐하면 수평선상에서 그 [천체의] 크기가 겉보기상 변화하는 것은 [천체까지의] 거리가 감소함으로써가 아니라 지구를 둘러싸며 우리가 관측하는 지점과 천체 사이에 끼여 있는 습기의 증발물 때문이다. 이것은 물속에 있는 물체가 실제보다 크게 보이고 보다 깊이 잠기면 보다 크게 보이는 것과 같은 이치이다.

『알마게스트』에는 또 제9권에서 "[천체 사이의] 동일한 간격이 관측자에게는 수평선 가까이에서는 보다 크게, 천정 가까이에서는 보다 작게 보인다"고도 기술되어 있다.[76]

이에 대해 겜마는 1545년의 『천문학의 자막대』에서 이렇게 지적했다.

이러한 공상phantasia은 크로스스태프를 사용하면 용이하게 타파할 수 있다. 만월의 달이 적도보다 북측의 궁 내지 임의의 위치로 지평선에서 나타날 때 그 직경을 관측하고, 다음으로 그 같은 밤에 남중했을 때 관측한다. 그 직경이 최초로 [달이 지평선상에] 나타난 때와 1분도 변하지 않는다는 것을 발견했다면 공기 밀도가 별의 크기를 결코 변화시키지 않음을 확실히 의문의 여지없이 믿을 수 있다. 실제로 천체는 지평선 가까이에서는 크게 보이기는 하지만 장치를 사용해 관측하면 어떠한 차도 보이지 않는다. 대기 중에 나타나는 물체의 상은 대기가 빽빽할 때는 확실히 크게 보이지만 통상의 경험으로 알 수 있듯이 실제로는 크지 않다. 지평선 가까운 별들 사이의 거리는 그것들이 하늘 높이 있을 때보다도 크게 보이지만 그럼에도 크로스스태프로 측정하면 전혀 달라지지 않는 것이다.[77]

이 겜마의 관찰은 천상세계와 달 아래 세계의 경계에서 보이는 빛의 굴절의 존재 여부와 직접적으로는 관계가 없다고 생각된다. 그러나 이 논의는 에테르 영역과 대기 영역이라는 천공의 2층 구조에는 근거가 없다는 페나의 주장에 큰 영향을 미쳤다. 그리고 또 페나는 행성을 고착시켜 회전하는 결정질의 천구 또한 존재하지 않는다고 결론지었다.[78]

마찬가지로 로스만도 달 아래 4원소의 세계와 천상의 에테르 세계라는 아리스토텔레스의 이원적 세계 및 행성을 운반하는 강체적 천구의 존재를 함께 부정했다. 로스만은 보고 『1585년의 혜성의 정확한 기술』(이하 『1585년의 혜성』)[79]에서 이렇게 표명했다.

> 지금까지 대부분의 철학자는 행성 천구는 그 영역에서 [다른 물체의] 관통을 허용하지 않는 치밀한 강체적 물체로 그것에 고착된 행성을 그 자신이 회전함으로써 운송한다고 이야기해 왔으며 이것을 일반적으로 믿어왔다. …… 천체에 대한 이 신념은 가장 위대한 저작가들이 퍼트렸으므로 널리 보편적 공리로서 권위를 가진다. 그럼에도 진리에 대한 사랑에 강요되어 나는 그것이 절대적으로 오류임을 보여줄 것이다. …… 나는 또한 항성천구와 지구 사이에는 공기 원소 이외에 아무것도 없다는 것, 일곱 행성들도 그저 공기 속에서만 떠돌고 있음을 보여줄 것이다. …… 행성천구란 공기 이외의 어

떤 것도 아니며, 실재물이 아니라 오로지 사고의 작용으로 각 행성이 그 할당된 영역을 일탈하지 않도록 그 천구들이 확정되고 묘사되고 있는 것이다. …… 따라서 이제는 어떤 혜성이 토성의 영역을 어떻게 움직일 수 있는가는 명백하다. …… 혜성의 이 운동이 행성천구가 강체일 수 없다는 가장 강력한 논거가 된다. 왜냐하면 강체라면 그 영역을 관통시키는 것은 있을 수 없기 때문이다.[80]

강체적 천구의 존재에 대한 명쾌한 부정이다.

이 문제에 관해 로스만이 섬겼던 빌헬름 IV세의 견해는 어땠을까. 빌헬름 IV세 자신은 직접적으로는 이야기하지 않았으나 조르다노 브루노가 1588년 3월에 비텐베르크대학에서 행한 강연에서 이 점을 언급했으므로 브루스 모란의 논문에서 인용해 두자.

우리는 독일인 중에서는 천문학 일반의 연구를 육성하는 데 충분히 배려하고 계신 군주들을 발견할 뿐만 아니라…… 특기할 만하게도 천문학 연구를 구출하려 하시는 헤센의 위대하신 방백 빌헬름 공과 만났습니다. 공은 천문학을 프톨레마이오스 이론과 결부되어 있는, 경험에 맞지 않는 소요학파의 철학을 통해서가 아니라 경험을 통해 배우셨으며 감각이나 자신의 눈이 알리는 것을 멀리하지 않으셨습니다. 공은 천체가 붙어 있는 혹은 박혀 있는 구각이나 천구를 채용하기를 거부하셨습니다. 공은 혜성이 다른 별과 동일한 실체이며 에테르 영역의 공간 속 어디에서나 나타난다는 것, 그리고 그것이 대기층과 에테르층 두 층으로 이루어진 것이 아닌 단일하며 연속된 하늘의 존재를 증거한다는 것을 알고 계셨습니다. 공은 또한 새롭게 나타난 이 [혜성]별이 이치에 맞지 않는 이 구에 파고 들어갔다가 빠져나가는 것을 관측하셨습니다. 이것으로부터 빠져나가는 것도 분할도 변화도 불가능한 제5원소의 영역이라는 것이 환상에 지나지 않다는 것이 유도됩니다.[81]

브루노는 독일 군주의 천문학에 대한 관심을 과대평가하는 점이 있으며, 이 기술도 액면대로는 수용할 수 없다. 그러나 카셀의 궁정에서 강체적 천구 부정론이 널리, 그리고 호의적으로 이야기된 것은 사실일 것이다. 로스만은 자신감을 가지고 있었으리라고 생각된다.

그리고 다음 절에서 살펴보겠지만, 이 로스만의 보고가 튀코에게 지구태양중심체계—튀코의 체계—의 현실성을 확신하도록 만들었던 것이다.

7. 강체적 행성천구의 부정

로스만의 『1585년의 혜성』이 인쇄된 것은 그의 사후인 1619년인데, 1586년에는 수고로 튀코에게 보냈다. 이것을 받아든 튀코는 1587년 1월에 로스만에게 "그것을 몇 번이나 반복해서 읽었습니다. …… 대단히 기쁘게 생각합니다"라고 써서 보냈고, 또한 "귀하가 저에게 보내주신 부분에서, 귀하가 하늘은 전부 공기로 이루어져 있고 강체물질로 이루어지지 않았다고 단언하신 것에 저는 쾌히 동의합니다. 실제로 그것은 공기 이외에 아무것도 아닙니다"라고 전면적으로 찬성하는 뜻을 표명했다.[82] 튀코가 강체적 천구를 버린 것은 이때였다고 한다.[83]

실제로는 그 뒤의 편지에서 튀코 자신은 대기에 의한 빛의 굴절의 존재를 인정하고 "하늘의 실체는 극히 유동적이며 극히 순도가 높은 에테르이다"라고 말하며 천공에는 공기와 구별되는 에테르의 영역이 있다고 계속 주장했다.[84]*18 그러나 행성을 고착시켜 운송하는 강체적 천구라는 것이 존재하지 않는다는 결론은 로스만에게서 이어받았다. 1588년의 『최근의 현상』 제10장에서 튀코는 이렇게 언명했다.

> 하늘에 천구와 같은 것은 실제로는 존재하지 않는다non sint ulli Orbes realiter in Coelo. …… 현대 철학자들은 단단하고 통과할 수 없는 물질로 이루어진 몇몇 천구[구각]로 하늘이 분할되어 있고 천체[행성]가 그 몇몇에 고착되어 그것들과 함께 주회한다고 생각하는, 고대인의 거의 모든 것에서 보이는 믿음에 동의한다. 그러나 다른 증거가 없어도 혜성 자체가 이러한 견해는 올바르지 않다는 것을 극히 명쾌하게 우리가 믿도록 만든다.[86]

---

*18 튀코의 관측으로는 입사광선이 지표와 이루는 각도를 θ, 굴절에 의한 흔들림의 각도를 δ로 하여 $\theta < 30^\circ$에서 $\delta \geqq 0.5^{\circ\prime}$, 로스만의 관측에서는 $\theta \geqq 30^\circ$에서 $\delta = 0$, $\theta < 30^\circ$에서 $\delta \leqq 15'$ 내지 $20'$.[85]

그리고 튀코는 같은 책의 제8장에서 아리스토텔레스 이래의 우주상과는 완전히 다른 우주상을 이렇게 그려냈다.

하늘의 기계는 여러 실재하는 천구[구각]가 꽉 찬 단단하고 통과할 수 없는 물체로 이루어졌다는, 지금까지 대부분의 사람들이 믿었던 것이 아님을 혜성의 운동에서 볼 수 있을 것이다. 그것은 어디에서나 펼쳐져 있고 극히 유동적이고 단순하며, 이전에 생각되던 행성의 운동을 결코 방해하지는 않는다. 행성은 어떠한 장애와 만나지도 않고 어떠한 노력도 실재구에 의한 회전도 필요로 하지 않으며, 신이 지배하고 부여한 법칙하에 주회함이 증명될 것이다. 따라서 화성이 충의 위치에서 태양 자신보다 지구에 가까워진다는 사실로부터 천구 배치에 부조리가 생기는 것은 아님이 확정된다.[87]

이리하여 튀코는, 앞서 언급했듯이 태양과 달이 지구를 중심으로 주회하고 그 태양 주변에서 다섯 행성이 주회하는 '지구태양중심체계'—이른바 튀코의 체계—를 제창하기에 이르렀다.[*19]

---

*19 그러나 튀코는 어디에서도 로스만이나 비티히의 이름을 들지 않았다. 튀코는 1588년의 『최근의 현상』에서는 "천구의 회전에 관한 배열 내지 세계 전 체계의 통합에 관한 4년 이상 예전의 내 고안"이라 기술하며(*TBOO*, Tom. 4, p. 155f., 영역 p. 258) 1598년의 『새로운 천문학의 기계』에서는 자신의 체계를 "우리가 14년 전에 고안하여 만들어 낸 특별한 가설"이라고 기술했다(*TBOO*, Tom. 5, p. 115). 그리고 1589년 11월 1일에 하이에크에게 보낸 편지에서는 자기 체계의 발견이 '거의 6년 전'이라고 이야기했으며 1599년 12월 9일부로 케플러에게 보낸 편지에서는 더 확실하게 '1584년 내가 처음으로 고안한 가설'이라 말했다(*TBOO*,

퇴코 브라헤는 만년의 저서 『새로운 천문학의 기계』 끝부분에서 혜성 궤도가 행성 궤도나 태양 궤도에 속한다고 간주되는 구를 관통한다고 다시금 제시하며 이렇게 결론지었다.

> 내가 관측한 모든 혜성은 세계의 에테르 영역에서 움직였고, 아리스토텔레스나 그 추종자들이 몇 세기나 걸쳐 이유도 없이 우리를 믿게 만들어 온 달 아래의 대기 속을 움직이지 않는다. …… 혜성에 관련된 그 결론은 천공 전체는 극히 투명하고 유동적이며 단단하고, 실재적인 구로 꽉 차 있지 않아도 충분히 존재할 수 있다totum Coelum limpidissimum et liquidissimum esse, nullisque duris et realibus orbibus refertum, satis constare potest는 것을 의미한다. 왜냐하면 혜성은 일반적으로 어떠한 천구도 허용하지 않는 궤도를 통과하기 때문이다.[88]

사망 후인 1602년에 출판된 튀코의 『갱신된 천문학의 예비연구』에서도 "하늘에는 강체적 천구는 존재하지 않는다"라고 명기되어 있다.[89] 그리고 1609년에 케플러는 "브라헤가 혜성 궤도로부터 증명했듯이, 강체적 천구는 존재하지 않는다solidi orbes nulli sunt"라고 확인했다.[90]

이리하여 로스만과 튀코는 달보다 위의 세계는 불변하며 각자

Tom. 7, p. 199, *JKGW*, Bd. 14, p. 91, Scholfield(1981), p. 58; N. Jardine(1984), p. 24). 이 증언들을 믿는다면 튀코는 로스만의 교시 이전에 필시 1584년에는 자신의 체계를 구상했던 셈이다. 그러나 강체적 천구의 부정이라는 로스만의 교시가 없었다면 그 결론을 확신할 수 없었을 것이다.

의 행성이나 태양의 궤도를 포함한 투명한 강체구로 이루어진 양파 형태의 구조를 갖는다는, 아리스토텔레스 이래의 두 도그마를 동시에 매장했다. 이것은 "태양중심이론에 거의 필적할 정도의 극히 중대한 발견"이며 천문학 전환에 "결정적인 한 걸음"[91]이었다. 이때 로스만 자신이 『1585년의 혜성』에서 인정했듯이 이심원이나 주전원은 이제 "운동의 원인"이 아니라 "운동의 결과로서의 형상을 표현하는" 데 지나지 않는 것이며,[92] 행성운동의 원인으로는 행성천구가 운반한다는 고대 이래의 이미지를 대신할 완전히 새로운 시각이 요구되었다.

이것은 단순히 아리스토텔레스 이래의 우주론과 천문학 각자의 내용적 변경을 재촉할 뿐만 아니라 양자의 관계(학문적 서열) 그 자체의 전환을 의미했다. 즉 사물의 자연본성으로부터 세계를 설명하는 철학으로서의 우주론에 대해 하위에 놓였던, 관측과 계산에 기반하는 천체 운동 예측기술로서의 천문학이 실로 그 관측에 기반하여 상위에 있던 우주론의 변경을 강요한 것이다.

1973년 코페르니쿠스 탄생 500년 기념 심포지엄의 강연에서 웨스트먼이 "튀코가 강체구를 추방함으로써 천문학과 자연학의 새로운 기초 위에서 통일을 향해 중요한 한 걸음을 내딛었다"라고 평가한 것은,[93] '튀코'를 '로스만과 튀코'라고 고쳐 쓴다면 타당할 것이다.

8. 로스만과 코페르니쿠스 이론

로스만 자신은 한때 이 튀코의 체계에 대한 동의를 내비쳤으나, 곧 코페르니쿠스의 설에 크게 감화되었다. 그는 이미 『1585년의 혜성』에서, 태양이 정지하고 지구가 움직인다는 "신과 같은 코페르니쿠스divinus Copernicus"가 말한 견해를 "사람들이 믿고 있는 것보다는 훨씬 불합리하지 않다"라고 평하며 지동설로 기울어졌음을 표명했다.[94]

1588년 가을 로스만은 튀코가 『최근의 현상』을 선사한 것에 사례를 표하는 편지를 썼는데, 거기서 그는 "저는 제8장에 기술되어 있는 귀하의 새로운 가설에 대해서는 모든 점에서 양해하기 어렵습니다"라고 솔직하게 표명하며 그 논거를 들었다. 그중 하나가 행성에 대한 강체적 천구와 같은 것이 존재하지 않고 어떻게 태양이 자신의 주변에 다섯 행성을 주회하게 하면서 동시에 스스로는 지구 주변을 회전하는 곡예가 가능한가 하는 의문을, 튀코의 체계에 던졌다. 나아가 로스만은, 프톨레마이오스나 튀코는 관측되는 행성의 역행을 단순히 그것이 어떻게quomodo [how] 생겼는지밖에 말하지 않는다고 지적하며 그것과 대비하는 형태로 이렇게 논했다.

> 코페르니쿠스의 이론만은, 단순히 역행운동이 생긴다는 사실을 이야기하는 것만이 아니라 그것이 왜quare [why] 생기는지를, 행성 자신의 일관성이 없는 운동으로서가 아니라 지구의 운동으로서 우리

에게 그 운동이 역행운동으로 보인다고 설명하는 데 성공했습니다. …… 따라서 [코페르니쿠스의 이론에서는] 고유한 운동 이외에는 어떠한 운동도 허용되지 않습니다만, 그것은 참으로 아름답습니다.

겜마 프리시우스와 마찬가지로 로스만도 코페르니쿠스의 이론이 행성운동의 두 번째 부등성에 대해 '사실의 지식'을 '근거의 지식'으로 끌어올렸음을 높이 평가한 것이다. 그다음 로스만은 "지구가 다른 행성들과 마찬가지로 구형을 취하고 있고, 마찬가지로 공기 속에서 자유롭게 떠 있는libera in Aëre pendeat 한 그것이 운동에 적합하지 않다고 어떻게 말할 수 있겠습니까"라고 말하며, 튀코의 체계가 아닌 코페르니쿠스의 체계를 지지한다는 뜻을 확실히 선언했다.

지금까지의 논의나 그 외의 많은 것을 몇 번이나 다시 생각해 보았습니다만, 저에게는 코페르니쿠스의 가설 이외의 것이 올바르다고는 생각되지 않습니다.[95]

독일에서 선언된, 레티쿠스나 개서를 이은 코페르니쿠스 지동설 지지 표명이었다.

이에 비해 튀코는 다음 해인 1589년에 로스만에게 보낸 서간에서 코페르니쿠스가 주장하는 지구의 연주회전을 수용할 수 없는 또 다른 근거로서 항성의 연주시차가 검출되지 않는다는 논점을 들었다. 이미 보았듯이 코페르니쿠스는, 항성천까지의 거리가 충분히 크기 때문에 연주시차가 존재한다 해도 그 각도가 너무 작아서 관측되지 않는다고 사전에 도망칠 길을 만들어 두었다[Ch. 6. 3]. 그러나 이 시점에서 튀코의 관측능력은 코페르니쿠스 시대에 비해 한자리수 향상되어 있었고, 항성에 대해서는 1분의 각도까지 측정 가능하다고 튀코는 자인했다. 따라서 연주시차가 관측되지 않는다는 것은 그것이 있다고 해도 1분 이하라는 말이 되며, 그렇다고 한다면 토성과 항성천 사이의 거리는 태양과 토성 사이 거리의 700배를 족히 넘는다는 계산이 된다.[96]*20

그리고 튀코는 1598년에 케플러에게 보낸 편지에서는 "코페르니쿠스에 따르면 [항성] 천구의 높이는 거의 무한immensum pene해지고 이 단 하나의 불합리로 [항성] 천구의 이러한 위치는 부정될 것입니다"라고 단정했다.[97] 튀코는 자신의 관측에 자신감을 갖고 있었고, 또한 프톨레마이오스와 마찬가지로 우주의 질서를 목적론적으로 이해하고 있었으며, 아무 도움도 되지 않는 광대한 공간이 태양계와 항성천 사이에 끼여 있는 것은 수용하기 힘들었던 것이다.

튀코는 앞의 로스만에게 보낸 서간에서, 다시 3등성의 시직경을 각도로 1분으로 하고 이때 3등성은 지구 궤도의 크기가 된다

---

*20 지구 연주궤도의 평균반경을 a_T라 하자. 항성의 연주시차가 $\theta \leqq 1' = (\pi \div 180) \times (1 \div 60)$이라면 토성 궤도의 평균반경(토성과 태양 사이의 평균 거리)을 $a_S = 9.23a_T$으로 하여

태양에서 항성천까지의 거리 $= R = \dfrac{a_T}{\theta \div 2} \geqq \dfrac{180 \times 60 \times 2}{\pi \times 9.23} a_S = 745a_S$.

따라서 토성 궤도로부터 항성천까지의 거리는 $R - a_S \geqq 744a_S \fallingdotseq 700a_S$.

는 계산으로 그 '불합리'를 지적했다.

> 그렇다고 한다면 시직경에 어떤 것은 2분, 또 어떤 것은 거의 3분이나 되는 1등성에 대해서는 어떻게 말해야 하겠습니까? 덧붙여 제8천구[항성천구]가 더 높이 올라가게 되고, 따라서 지구의 연주궤도는 제8천구에서 보면 소멸해 버립니다evanescat. 이 사항들을 기하학적으로 추론해 보십시오. 그렇게 하면 이 [지구가 움직인다는] 가설에 얼마나 많은 불합리가 동반되는지를 귀하는 이해하실 것입니다.[98*21]

이러한 터무니없이 광대한 공간이나 말도 안 되는 거대한 물체가 존재한다고는 생각할 수 없다. 따라서 지구가 연주운동을 한다는 주장은 오류라는 것이 지동설을 부정하기 위해 튀코가 보충한 논점이었다. 로스만은 튀코의 이 논거를 다음 해인 1590년의 서간에서 정면으로 반론했다.

> 연주운동에 관해 말씀드리자면, 토성과 항성 간의 거리가 태양과 토성 간 거리의 몇 배나 되기 때문이라고 해서 그것이 어째서 있을

---

*21 3등성의 시직경이 1분이라면 그 크기(직경)는 $R \times 1' \geqq 2a_T$(각주 *20 참조), 즉 지구 궤도의 직경 이상으로 어림잡을 수 있다. 튀코는 나안 관측으로 1등성의 시직경을 2분, 6등성은 20초로 잡았다(Schofield(1981), p. 190). 나중에 갈릴레오는 망원경으로 한 관측에 기반하여 1등성의 겉보기 크기(시직경)는 5초 보다 크지 않다고 하며 튀코의 이 논의를 거부했다(『천문대화(하)』, p. 117).

수 없습니까? 혹은 또 3등성이 지구의 연주궤도 크기가 된다고 해서 어떤 불합리가 생깁니까? 그것이 신의 의지에 상반된다든가, 신의 본성상 불가능하다든가, 자연의 무한성에 합치하지 않게 됩니까? 귀하가 이것들로부터 불합리하다는 결론을 끌어내고 싶으시다면 그것을 귀하는 증명해야만 합니다. 어떤 사항이 많은 사람들에게 언뜻 불합리하게 보였다고 해서 그것이 [현실에서] 불합리하다고 증명하기는 쉽지 않습니다. 실제로 신의 지혜와 위엄은 훨씬 크고, 우주에 아무리 큰 공간이나 크기를 용인한다 한들, 그래도 조물주의 무한성에 비하면 하찮을 것입니다.

그다음 로스만은 "지구의 삼중 운동은 불필요합니다만, 일주운동과 연주운동으로 충분합니다"라고 단언했다.[99] 로스만은 코페르니쿠스가 말한 지구의 삼중 운동 중에서 세차운동만은 인정하지 않았는데, 지구의 연주운동(공전)과 일주운동(자전)을 함께 수용한 것이다.

덧붙여 고용주인 빌헬름 IV세 자신은 행성 이론으로서는 프톨레마이오스 설에 머물러 있었던 듯한데, 이설異說에 관용적이었기 때문에 카셀의 궁정에서는 코페르니쿠스설도 튀코의 이론도 개방적으로 이야기되었다고 한다.[100]

로스만은 1590년 8월에 벤섬을 방문하여 수 주 동안 체재했다. 표면적인 목적은 우라니보르의 관측시설을 시찰하고 튀코와 천문학적 논의를 교환하기 위해서였으나 동시에 통풍—일설로는 프랑스병, 즉 매독—에 걸려 있던 로스만이 치료를 받기 위해서였다고 한다. 즉 카셀의 갈레노스 의학에 기반한 치료에서 우라니보르에서 행했던 파라켈수스 의학적인 치료로 전환하기 위해서였다.[101]*22 그리고 튀코와 논의를 교환한 뒤 로스만은 코페르니쿠스 지지를 철회하고 튀코의 체계를 지지하는 쪽으로 돌아섰다고 전한다.[102]

그 후 로스만은 카셀로는 돌아가지 않고 고향 베른부르크로 돌아갔다. 매독의 치료에 성공하지 못했을지도 모른다. 그 뒤의 소식은 명확하지 않다. 그가 코페르니쿠스 지지를 포기한 경위나 근거에 관해서도 잘 알려지지 않았고 무릇 본래 생각에서 변심한 것인지 아닌지도 의문스럽다. 로스만이 튀코의 체계를 지지하는 쪽으로 돌아섰다는 것도 튀코가 말했을 뿐으로, 로스만 본인은 침묵했다. 완고하고 집요한 튀코에게 항복한 로스만이 뜻에 반하는 논의를 포기한 것이 참모습인 듯한 느낌도 든다.[103]

9. 튀코의 체계가 야기한 것

오늘날에는 프톨레마이오스의 지구중심체계로부터 코페르니쿠스의 태양중심계로 발전한 것이 보다 진실에 접근한 것이라고 하여 단적으로 '진보'라 평가받는 데 비해, 튀코의 지구태양중심체계는 천동설과 지동설 사이의 막간극이었거나 아니면 절충주

*22 당시 파라켈수스가 고안한 수은치료가 매독에 나름대로 효과를 보였다.

의적이고 혁신의 장해물같이 보인다. 튀코의 체계를 "역사적 골동품에 지나지 않는다only an historical curiosity"라고 평가하는 것은 그나마 나은 편이고, "튀코의 체계에 관해 뭔가 말할 수 있는 것이 있다면 프톨레마이오스 및 코페르니쿠스 양자의 모델이 가진 결함을 결합해서 이론의 해석을 돕기보다, 오히려 혼란을 야기했다는 것뿐이다"라는 지독한 논평까지 존재한다.[104]

확실히 현재의 시각으로 보면 튀코의 체계는 "프톨레마이오스의 것에는 만족할 수 없었으나 코페르니쿠스의 것에 비해서는 여전히 각오가 되지 않은 자에게 임시방편적stop gap"이었다는 측면도 부정할 수 없다.[105] 17세기 초에는 케플러 자신이 같은 취지의 말을 했다.

> 우주의 형상에 관해 학식 있는 사람들에게 소극적이기는 해도 과도하게 소극적이지는 않은데 추천할 만한 것은 브라헤의 견해이다. 왜냐하면 중도를 지켰기 때문이다. 이것은 한편으로는 코페르니쿠스의 것과 마찬가지로 주전원 같은 도움이 되지 않는 많은 장치로부터 천문학을 해방했고 행성계의 중심에 태양을 둠으로써 물리학 이론에 장소를 부여했으므로 프톨레마이오스의 것에서는 알려지지 않았던 운동의 원인을 안에 갖추고 있으나 다른 한편으로는 믿기 곤란한 지구의 운동을 제거함으로써 무학자들의 환심을 샀다.[106]

16세기 말부터 17세기 초에 걸쳐 우주론으로서의 코페르니쿠스 이론—태양중심체계—을 지지하는 사람들의 수는 확실히 손에 꼽을 정도였다. 그러나 그 외의 모든 논자가 프톨레마이오스 천문학을 지지했던 것은 아니며, 케플러가 말한 대로 '중도media via'로서의 튀코 체계는 많은 지지자를 얻었다. 그뿐만 아니라 17세기 내내 "코페르니쿠스 이론의 주요한 라이벌은 프톨레마이오스의 가설이 아니라 오히려 제3의 가설, 즉 튀코의 것이었다"라고까지 이야기되었다.[107] 특히 1609년에 갈릴레오가 망원경으로 천체 관측을 개시하여 금성의 차고 이지러짐을 발견했고 금성이 확실히 태양 주변을 주회함을 보여줌으로써 많은 사람들이 프톨레마이오스의 체계를 포기했지만, 그래도 지구의 부동성에 대한 확신이 간단하게 흔들리지는 않았다.[108]

이런 까닭으로 "튀코 브라헤의 지구태양중심체계는 가장 유망하고, 결국에는 가장 영향력이 큰 대안으로서 부상했다"라고 하며, 따라서 "튀코 브라헤의 기여를 진리의 진보에 불모이자 불필요한 장애 내지 현대 위치천문학의 창시자 중 일부의 후퇴적 일탈로서 부정하는 것은 16세기 과학의 정황과 과학적 정신을 완전히 오해하는 것"으로 이어지는 것이다.[109]

종교개혁에 직면한 가톨릭교회의 재생을 목적으로 생겨난 예수회가 학문을 중시했음은 잘 알려져 있다. 교황이 예수회를 인가한 것이 코페르니쿠스의 책이 나오기 3년 전인 1540년이며, 그 창시자이자 중심인물인 이그나티우스 데 로욜라Ignatius de Loyola가 예수회 선교사를 양성할 목적으로 로마대학collegio Romano을 창설한 것이 1551년이었고, 1600년에 예수회 학교는 이미 250개에 달했다.[110] 그 영향력은 결코 작지 않았다. 이 예수회의 교육정책에서 절대적 권위를 가졌던 것은 1565년부터 1612년까지의 오랜 세월에 걸쳐 로마대학에서 수학교수를 역임한 독일 출신의 크리스토퍼 클라비우스였다(그림11.7). 그리고 그의 노력으로 수학과 천문학 교육에 특히 큰 비중이 실렸다.[111]

튀코보다 9살 연상인 클라비우스는 16세기 후반부터 17세기 초에 걸쳐 가톨릭 세계의 1급 천문학자였고, 그레고리우스 VIII세의 1582년 역법개혁(그레고리력 제정)을 지도했을 뿐만 아니라 로마대학의 강의로서도, 혹은 수많은 교과서의 집필자로서도 가톨릭의 천문학 사상에 크나큰 영향을 미쳤다. 물론 코페르니쿠스의 이론에도 정통했으나 그 수용은 거부했다. 로마대학에서 널리 사용된 사크로보스코의 『천구론』에 단 클라비우스의 주석은 '주석'이라고는 해도 500페이지에 달하고 4단으로 접히는 판본의 대저로, 16세기 마지막 3분의 1세기 동안 상급 천문학 교과서로서 취급되었다. 그 1581년판에 다음과 같이 쓰여 있다.

> 코페르니쿠스의 가정이 오류나 불합리를 아무것도 포함하고 있지 않다면 현상을 구제하는 것이 문제인 한, 프톨레마이오스의 견해를 유지해야 할 것인지, 그렇지 않으면 코페르니쿠스를 채용해야 할 것인지 판단을 내리지 못할 것이다. 그러나 실제로는 코페르니쿠스의 이론에는 몇 가지 터무니없는 사항이나 오류가 포함되어 있다. 그것은 지구가 창궁의 중심에 없다고 주장하고 또 지구가 삼중의 운동을 하고 있다고 가정한다. 나는 그런 것은 생각할 수 없다. 왜

그림11.7 크리스토퍼 클라비우스(1537~1612).

냐하면 철학자들에 따르면 단일하고 단순한 물체는 단순한 운동을 한다는 것이 올바르기 때문이다. [코페르니쿠스 이론은 또한] 태양이 세계의 중앙에 있으며 일체의 운동이 박탈되어 있다고 가정한다. 이는 모두 철학자와 천문학자에게 통상 수용되는 이론에 반한다. 덧붙여 이 주장들은 성서가 많은 부분에서 우리에게 가르쳐 주는 바에 반하는 듯 생각된다. 이것이 왜 프톨레마이오스의 견해를 코페르니쿠스의 견해보다 우선해야 한다고 생각되는가에 대한 이유이다.[112]

이 주석은 저자 생전의 최종판인 1611년 판까지 몇 번이나 판을 거듭했지만 이 주장이 수정되는 일은 없었다. 클라비우스는 평생 프톨레마이오스 천문학과 아리스토텔레스 우주론에 충실했다.

그리고 동시에 그는 이 같은 주석에서 "이심원이나 주전원이 존재하는 것은 여덟 내지 열 개의 천구가 존재하는 것과 마찬가지로 거의 확실하다"라고 주장했고, 나아가서는 "이심원이나 주전원을 가정함으로써 모든 현상이 구제됨은 인정하지만, 그렇다고 해서 이 궤도들이 자연계에 실재한다는 말이 되지는 않으며 오히려 그것들은 허구이다"라고 주장하는 사람들을 자신의 '적대자'라고까지 단언했다.[113] 클라비우스는 천문학자가 행성운동으로부터 이심원이나 주전원의 존재를 추측하는 것과 자연철학자가 원소적 세계의 현상에서부터 원시적 물질의 존재를 추측하는 것은 같은 선상에 있다고 생각했다. "오류로부터 진리를 유도하는 것이 가능하기 때문에 현상에서부터 이심원이나 주전원을 유도하는 것이 올바르지 않다면 보편적인 자연철학도 붕괴할 것이다. 왜냐하면 이렇게 하여 누군가가 관측된 효과로부터 이런저런 원인을 이끌어 냈다 해도 나는 오류로부터 진리가 유도될 수 있으므로 그렇지는 않다고 말할 수 있게 되고, 그러면 철학자가 발견한 모든 자연적 원리는 근거를 잃어버리게 될 텐데 그것은 불합리할 것이다".[114] 이리하여 클라비우스에게도 천문학은 자연철학과 그 목적을 달리하지만 올바름이라는 점에서는 동등한 권리를 주장하기 시작한 것이다. 그의 목적은 프톨레마이오스 천문학과 아리스토텔레스 자연학을 조화롭게 일치시키는 것이었고, '현상을 구제하는' 것뿐인 수학적 천문학과 세계의 본질 규명을 목적으로 하는 자연학적 우주론을 개별적인 것으로서 다루며 당시까지 행해왔던 방식에 반성을 촉구한 것이었다.

이 때문에 이전에는 알려지지 않았던 혜성이나 신성의 현상으로 아리스토텔레스 자연학 자체의 문제점이 밝혀짐에 따라, 클라비우스에게서 배운 세대의 예수회 천문학자들 중에는 코페르니쿠스의 체계를 호의적으로 보는 자도 생겨났던 듯하다. 젊은 예수회 수도사 피에로 디니는 1615년에 갈릴레오에게 보낸 서간에서 "코페르니쿠스에 관한 한 아무 의문도 없습니다. …… 많은 예수회 수도사가 침묵하고는 있습니다만 내심 같은 의견입니다"라고 전했다.[115] 특히 1610년에 갈릴레오가 금성의 차고 이지러짐을 발견한 것은 금성이 태양을 중심으로 주회한다는 이미지를 강하게 뒷받침하게 되었고, 프톨레마이오스의 권위를 크게 손상시켰다.

이런 까닭으로 1612년 클라비우스 사후 교황청이 지동설을 금압한 17세기 전반 예수회 수도사 대부분이 받아들인 것은 프톨레마이오스 천문학이 아니라 튀코의 체계였다. 1613년 이래 태양흑점의 발견을 둘러싸고 갈릴레오와 싸운 예수회 천문학자 크리스토프 샤이너Christoph Scheiner는, 본심으로는 코페르니쿠스 이론의 지지자였다고도 하지만 표면적으로는 튀코의 체계를 지지했고, 또 로마대학의 클라비우스의 후계자 오라치오 그라시Orazio Grassi가 1618년에 주장했던 것도 튀코의 체계였다. 그리고 튀코의 체계는 "1610년에 예수회 공인 체계가 되었다".[116]

독일인 예수회 수도사로 예수회 학교에서 수학했고 1635년부터 1680년에 사망할 때까지 로마에서 교육과 연구와 저술에 종사한, 로마대학 수학교수로서 큰 영향력을 행사했던 백과전서적인 학자 아타나시우스 키르허Athanasius Kircher는 1641년에 이렇게 단언했다.

> 문제를 보다 깊이 고찰하는 자는 행성의 황경 운동은 가동지구 가설에 비해 고정지구 가설이 훨씬 쉽고 신속하며 올바르고 적합할 수 있음을 간취할 수 있을 것이다. 코페르니쿠스의 가설에 비해 프톨레마이오스와 튀코의 가설이 우선되어야 할 것이다.

그리고 1656년에 출판된 그의 『황홀한 여행Itinerarium extaticum』은 키르허 자신이 황홀경의 상태에서 행성천구를 돌아다니는 이야기인데, 이 우주는 튀코 브라헤가 묘사한 우주였다.[117]

키르허보다 수년 연상의 프랑스인 르네 데카르트도 청년 시절에 라 플레슈의 예수회 계통 대학에서 공부했다고 알려져 있다. 그의 『철학원리』는 1644년에 출판되었는데, 그 제3부 38페이지에서는 "코페르니쿠스의 가설을 거부하는 모든 사람이 현재는 일반적으로 용인하고 있는 브라헤의 가설"이라고 하여 튀코의 설이 널리 보급되었음을 엿볼 수 있다. 데카르트 자신은 코페르니쿠스의 체계와 튀코의 체계를 거의 동등하게 다루었다. 16페이지에서 "프톨레마이오스의 가설은 외관을 설명하는 데 충분하지 않다"라고 간단하게 프톨레마이오스의 체계를 거부한 뒤, 17페이지에서는 "코페르니쿠스의 가설과 튀코의 가설은 가설로서 보는 한 다르지 않다"라고 말하며 다음 설명을 덧붙였다.

> 두 번째는 코페르니쿠스의 가설, 세 번째는 튀코 브라헤의 가설이다. 이 둘은 단순히 가설인 한 마찬가지로 현상에 보다 적합하고, 양자 사이에는 코페르니쿠스의 가설 쪽이 어느 정도 간결하고 명석하다는 것 이상의 차이는 없다. 따라서 튀코는 단순한 가설로서의 설명이 아니라 사항이 현실에서 어떠한가를 설명하려고 했기 때문이라는 것 이외에 코페르니쿠스의 설을 변경할 이유가 없었을 것이다.[118]

데카르트의 이 책은 갈릴레오가 받았던 탄압을 들은 뒤에 나온 것이기 때문에 지구의 운동에 관해서는 신중하게 기술하고 있지만, 이러한 사정을 참작해도 튀코의 설을 높이 평가하고 있다.

17세기에는 수정된 튀코의 체계로서 새로운 지구태양중심체계도 이야기되었다. 1651년에 출판된 예수회 수도사 조반니 바티스타 리치올리Giovanni Battista Riccioli의 『신알마게스트Almagestum Novum』의 속표지에는 프톨레마이오스의 체계가 땅에 떨어지고, 코페르니쿠스의 체계와 튀코의 것을 약간 수정한 자신의 체계를 저울에 걸어 자신의 체계 쪽이 무겁다는 것을 보여주는 그림이 그려져 있다(그림11.8). 리치올리의 체계는 달과 태양과 목성과 토성이 지구를 중심으로 주회하고 수성과 금성과 화성이 태양 주변을 주회하는 변형된 튀코의 체계이다. 망원경을 사용함으로써 목성과 토성이 위성을 갖는다는 것이 발견되었으므로 이 둘은 태양과 동격으로 다루어진 것이다.[119] 여기서도 프톨레마이오스의 지구중심체계는 이미 과거의 것으로서 버려졌고, 그것을 대신하여 태양중심체계인가 그렇지 않으면 지구태양중심체계인가 하는 것이 문제가 되었다.

가톨릭 신학박사 학위를 가진 피에르 가상디Pierre Gassendi는 지동설을 둘러싼 논의에서 항상 제기되는, 지구가 움직인다면 공중에 있는 물체가 뒤처져 남지 않겠는가 하는 문제와 관련하여, 돛대 위에서 떨어진 물체는 배가 운동하는데도 돛대 기둥 근처에 떨어진다는 것을 실험으로 확인했다고 알려졌다.[120] 이런 까닭으로 그는, 본심으로는 코페르니쿠스의 이론이 사실에 가장 잘 합치한다고 생각했지만 종교상의 입장 때문에 튀코의 체계를 지지한다고 표명한 듯하다. 가상디가 쓴 천문학사에서는 포이어바흐와 레기오몬타누스가 프톨레마이오스를 부활시킨 뒤 코페르니쿠스가 지구의 운동에 관한 고대의 이론을 소생시켰고, '최후에' 튀코가 등장했다고 되어 있다. 헤닝거 주니어Heninger Jr의 책에는 "그는 암암리에 코페르니쿠스를 지지했지만, 최종적으로는 성서의 문구에 따라 마지못해 튀코의 가정에 동의했다"라고 한다.[121] 그림

그림 11.8 리치올리, 『신알마게스트』(볼로냐, 1651)의 삽화.
우측에서 저울을 손에 들고 있는 것은 그리스 신화의 정의의 여신 아스트라이아, 왼쪽에 서 있는 것은 100개의 눈 대신 망원경을 든 아르고스. 아래에 하는 일 없이 드러누워 있는 것이 프톨레마이오스.

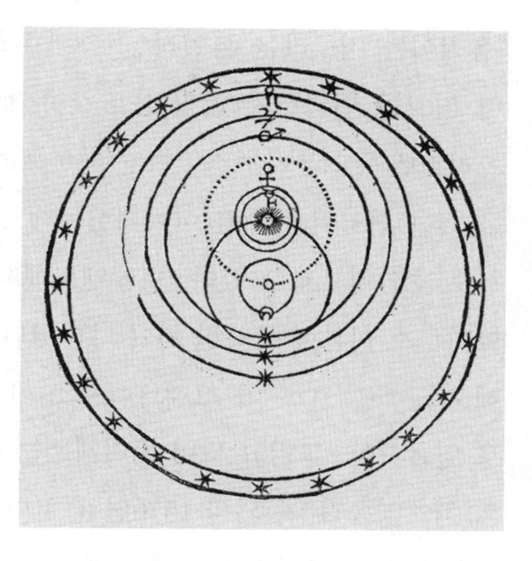

그림 11.9
가상디가 그린 태양계.
실선은 튀코의 체계, 점선은 태양 주변을 지구와 달이 도는 코페르니쿠스의 체계.

11.9는 1647년 출판된 가상디의 책『천문학 입문Institutio Astronomica』에 그려져 있는 태양계이다. 실선만을 보면 다섯 행성을 거느린 태양과 달이 중앙의 정지 지구 주변을 주회하고 있다. 즉 튀코의 체계이다. 그러나 점선을 지구 궤도로 보면 달을 거느린 지구 및 다섯 행성이 태양 주변을 주회하고 있다. 즉 코페르니쿠스의 체계이다.

17세기에 튀코의 체계를 높이 평가한 것은 일반적으로 가톨릭이었고, 이탈리아와 벨기에에서 강한 지지를 받았다.[122] 프로테스탄트가 강세였던 독일, 네덜란드, 잉글랜드에서는 튀코의 체계를 지지하는 자가 비교적 적었다고 한다. 네덜란드의 기술자 시몬 스테빈Simon Stevin이 1608년에 출간한 천문학 교과서에서는 프톨레마이오스의 가설과 코페르니쿠스의 가설이 대비되었고 전자는 "지구를 부동으로 하는 허위의oneyghen(영역 untrue) 이론", 후자는

"움직이는 지구라는 본연적인wesentliche(영역 true) 이론"이라 했으며 튀코는 언급하지 않았다[Ch. 6. 9]. 덴마크에서는 튀코의 제자 크리스텐 롱고몬타누스Christen Sørensen Longomontanus가 지구의 자전을 더한 튀코의 체계를 이야기했는데, 코페르니쿠스 이론에 대해서도 호의적으로 보았다. 잉글랜드에서는 비교적 일찍부터 코페르니쿠스 이론에 주목한 자가 나타났다. 이미 1556년에는 로버트 레코드Robert Recorde가 코페르니쿠스 이론을 간단하지만 호의적으로 언급했다. 그리고 토머스 디게스는 아버지 레오나르드 디게스의 책 『영속적 예측』의 1576년판 첫머리에 『회전론』 제1권의 영역을 여러 페이지 덧붙여 출판했다. 나아가 1600년 길버트의 『자석론』에서는 지구의 자전과 공전을 이야기했다.[123] 그러나 그와 동시에 "[1640년에 시작된] 내전 이전에는 코페르니쿠스를 확신하며 지지하는 자는 적었으나 프톨레마이오스의 체계는 이미 쓰이지 않게 되었다. 17세기의 20년 이후 천문학에 어떤 현실적인 관심을 가진 천문력(알마낙) 편찬자들 사이에서 프톨레마이오스의 충실한 지지자는 극히 소수였고, 그 대신에 그들 대부분은 튀코 브라헤의 이론으로 전향했다"고도 전한다.[124]

이런 까닭으로 17세기에 널리 논의된 쟁점은 프톨레마이오스 체계를 유지할 것인가 코페르니쿠스 체계로 전환할 것인가 하는 선택지가 아니라, 프톨레마이오스를 대신하는 것이 튀코의 체계인가 그렇지 않으면 코페르니쿠스의 체계인가 하는 선택지였다. 1674년 로버트 훅의 논문 「관측으로 지구의 운동을 증명하려는 시도」에서는 "여기서 내가 한 작업은 천문학의 원리를 말하는 것이 아니라 학식 있는 사람들에게 튀코의 가설과 코페르니쿠스의 가설 중 어떤 것을 채용해야 하는지를 판정하는 결정실험experimentum crusis을 제공하는 것이다"라고 했다.[125] 마찬가지로 1667년에 출판된 스웨덴의 천문학자 요한 포트의 일반인을 위한 책에는 코페르니쿠스의 설과 튀코의 설이 대비되어 있다.[126]

1691년이 되어서도 예수회 수도사 가스통 파르디는 여전히 튀코의 체계가 일반적으로 수용되었다고 말했다.[127] 스팀슨Stimson의 책 『코페르니쿠스 우주론의 일시적 수용』에는 1741년이 되어서도 튀코의 체계를 지지한다는 입장이 공공연하게 이야기되었다고 한다.[128] 실제로 1740년에는 파리의 천문대 대장 카시니 2세가 지구상에 사로잡혀 있는 관측자에게는 튀코의 체계가 바람직하다고 이야기했다.[129] 17세기 말부터 코펜하겐 천문대 대장을 역임한 올레 뢰머가 튀코 체계의 지지자였던 것도 단순히 같은 덴마크인이라서가 아니라 관측자의 입장에서 튀코의 체계를 우선했기 때문이리라고 생각된다.[130] 이렇게 실용적인 입장에서는 오히려 지구를 원점으로 취하는 지구정지계가 유리했다. 매콜리McColley의 논문에 따르면 영국 해군의 사령관이 쓴 1872년의 책에서는 튀코의 체계를 '진지하게seriously' 이야기했다고 한다.[131] 튀코 체계의 보급도와 수명은 현재 상상하는 것보다 훨씬 넓었고 길었던 듯하다.

10. 조르다노 브루노와 무한우주

행성천구가 존재하지 않는다는 판단을 튀코 브라헤가 인쇄물로 표명한 것은 1588년이지만, 튀코는 어디까지나 프톨레마이오스적 유한우주에 집착했다. 다른 한편으로 조르다노 브루노는 그 이전인 1584년에 천구 폐기를 무한우주론의 귀결로서 표명했다.

코페르니쿠스 개혁에 내포되어 있던—코페르니쿠스 자신이 반드시 지각하고 있지는 않았던, 혹은 분명히 말하지 않았던—자연학적이고 우주론적인 의미를 재빨리 통찰하여 그 귀결을 극한까지 밀고 나간 사람이 브루노였다.

튀코보다 두 살 연하였던 브루노(그림11. 10)는 1548년에 남이탈리아 나폴리 근교의 놀라에서 태어났다. 수도사로서 교육을 받았으나 이단이라는 혐의를 받아, 수도원을 탈주하여 교조적 가톨리시즘의 나라 스페인의 지배하에 있던 이탈리아를 벗어나 알프스 북쪽 나라들을 방랑했고, 마지막으로 이탈리아로 돌아와 체포되어 1600년에 화형에 처해졌다. 그의 우주론적 고찰은 영국 체재 중이던 1584년에 이탈리아어로 저술한 대화편 시리즈 『성회일의 만찬』, 『무한·우주와 세계들에 관하여』, 『원인·원리·일자에 관하여De la causa, principio, et uno』(이하 『만찬』, 『무한』, 『원인』으로 약칭)에서 전개되었다.

코페르니쿠스 이론을 브루노가 최초로 언급한 것은 『만찬』에서인데 여기에서는 "[『회전론』의] 제1권에서 코페르니쿠스는 대지의 운동을 가정하는 수학자의 입장만이 아니라 대지의 운동을 증명하는 자연학자의 입장에서도 호소했다"라고 기술돼 있다.[132] 브루노가 관심을 가졌던 것은 코페르니쿠스의 수학적 천문학이 아니라 그 근간에 있는 우주론과 자연학이었다. 실제로 브루노는 코페르니쿠스가 등화점을 폐지한 것에도, 행성 궤도의 순위나 비율을 결정한 것에도 주목하지 않았고, 지구에 운동을 부여하고 다른 행성과 마찬가지로 태양 주변을 주회하게 하였으며 우주를 확대시킨 것을 높이 평가했다. 그러나 브루노의 우주는 코페르니쿠스의 것을 뛰어넘었다.

그림11.10 조르다노 브루노(1548~1600).

이 『만찬』은 브루노의 대변자 테오필로Teofilo와 비판자 눈디니오nundinio를 중심으로 하는 대화로 논의가 진행된다. 여기서 테오필로는 이렇게 이야기한다.

> 그런데 모든 운동에 대해 고정된 부동의 기준점을 가져야 하는 우주의 바로 중심이자 한가운데에 지구가 위치하기 때문에 지구가 움직인다는 것은 현실적으로 생각할 수 없다고, 눈디니오는 이야기했

습니다. 이에 대해 놀라 사람[브루노]은 반론했습니다. 우주에 구면의 한계를 부여한 코페르니쿠스나 그 외의 많은 사람들이 생각했던 것처럼 태양이 우주 한가운데에 있고 부동이며 고정되어 있다고 주장하는 사람들도 완전히 마찬가지로 주장할 수 있습니다. 따라서 눈디니오의 이 논증은 (그것이 논증이라고 해도) 이 사람들[코페르니쿠스들]에 대한 반론으로서는 무의미하며 이것은 그 고유한 증명을 필요로 합니다. 그것은 또한 세계가 무한하며il mondo essere infinito 따라서 그 내부의 어떠한 물체도 본래적으로 그 한가운데에 있다든가, 주변에 있다든가, 그 중간에 있다고 하는 것은 불가능하다고 주장하는 놀라 사람에 대한 반론으로서도 의미가 없습니다. …… 물체적 세계가 한계를 가져야만 하고 그 결과 그 공간에 포함되어 있는 별들의 수가 유한해야 하며, 그뿐만 아니라 저절로 결정되는 그 중심이나 중앙이 존재한다는 것에서 조금이라도 그럴듯한 이유를 발견하는 것은 도저히 이루어질 수 없습니다.[133]

아리스토텔레스와 프톨레마이오스가 주장하는 지구중심의 유한우주, 코페르니쿠스가 주장하는 태양중심의 유한우주에 대해 브루노는 중심도 주변도 존재하지 않는 무한우주를 대치시킨 것이다.

무한우주에 관해서는 이미 1576년에 영국의 토머스 디게스가 이야기했다. 1572년의 신성이 달보다 위의 현상이라고 디게스가 판단했음은 이전에 언급했다. 존 디에게 교육을 받은 그는 또한 1576년의 『천구들의 완전무결한 기술』에서 코페르니쿠스의 『회전론』 제1권 영역에 해당하는 것을 덧붙였고, 영국에 처음으로 코페르니쿠스 이론을 소개한 것으로 알려졌다. 그때 그는 토성의 천구에 관해 "그것은 헤아릴 수 없는 빛으로 장식되어 있는 부동의 무한한 천구infinite Orbe immovable 옆에 있다"라고 기술하며 코페르니쿠스를 뛰어넘어 무한우주를 이야기했을 뿐만 아니라, 태양을 중심으로 한 행성계 그림에서 항성천구를 나타내는 원의 외측에 몇몇 항성을 써 넣음으로써 시각적으로도 우주의 무한성을 표현했고, 동시에 그때까지 믿어왔던 항성천구라는 것이 허구라는 인상을 주었다.[134] 이것은 존슨과 라키Johnson & Larkey의 1934년 논문에 의거한 것인데, 이에 따르면 우주의 무한성에 관한 형이상학적인 논의는 그 이전에 없었던 것은 아니지만 우주의 무한성을 코페르니쿠스 이론과 관련지어 논한 것이 이 디게스와 그 수년 뒤의 브루노였다는 것이다. 덧붙여 드레이크Drake가 지적했듯이 영국 체재 중에 브루노의 관심을 코페르니쿠스 이론으로 향하게 만든 것은 이 디게스의 책일 가능성이 높다.[135]

이 브루노의 우주상은 어떠한 관측에서 유래하는 것이 아니며 그의 자유분방한 철학적 사색에 기반한 것인데, 기본적으로는 고대 로마 루크레티우스Lucretius와 15세기의 니콜라우스 쿠자누스Nicolaus Cusanus에게 빚진 것이다. 실제로 루크레티우스는 『사물에 본성에 관하여』에서 "우주는 어느 방향으로도 한계는 없다", "우주가 무한한 이상 중심은 있을 수 없다"라고 읊었다.[136] 그리고 쿠자누스의 『무지의 지』에서도 특이한 고찰에 기반한 무한세계가 전개되었다. 즉 "세계는 유한한 것으로서는 파악할 수 없다". 그런데 한계가 없는 것에 대해 단어의 통상적 의미에서 중심은 존재하지 않는다. 따라서 "이 감각적인 땅이든 공기든 불이든 그 외 어떤 것이든 이것을 우주의 고정된 부동의 중심으로 삼는 것은 불가능하다. …… 중심일 수 없는 지구가 어떤 운동도 결여하고 있을 리 없다. …… 이로부터 지구가 운동한다는 것은 명백하다", "땅이 세계의 중심이 아니듯, 항성들의 구는 세계의 주周[둘레]가 아니다". 단 "사람은 어디에 있든 자신이 중심에 있다고 믿을' 뿐인 것이다"[137]

코페르니쿠스는 일찍이 지구가 점하고 있던 우주의 중심이라는 지위를 태양에게 내주었으나 루크레티우스, 쿠자누스, 브루노는 무릇 우주 중심의 존재 그 자체를 부정한 것이다.

쿠자누스와 마찬가지로 브루노의 논의도 극히 철학적이며, 수학적인 천문학 이론에 특단의 관심을 보이지는 않았다. 『만찬』 제4대화에서는 프톨레마이오스와 코페르니쿠스의 태양계 모델의 대비도(그림11.11)를 그리고 난 다음에 "코페르니쿠스의 이 이론은 계산하기에는 좋지만 기본적인 문제인 자연학적 근거에 관해서는 문제가 없지도, 유리하지도 않다"라고 이야기했을 뿐으로,[138] 그 후에 자신이 생각하는 자연학의 문제로 논의를 진전시켰다.

그러나 그 뒤의 논의는 그 직후에 쓰였으리라고 생각되는 『무한』에서 한층 명확하게 전개된다. 여기서는 "달 또한(이것은 또 하나의 지구입니다) 그 스스로 태양 주변을 돌면서 공중을 움직이고 있다고 말하지 않을 수 없습니다. 마찬가지로 금성, 수성, 그 외의 별들도 역시 다른 지구이며, 같은 생명의 아버지인 것[태양] 주변을 달리며 돌고 있을 뿐입니다"라고 하며,[139] 기본적 인식으로서 달도 행성도 각자 '다른 지구altre terre'로서 지구와 완전히 동등시하여, 아리스토텔레스 이래의 이원적 세계를 완전히 뛰어넘었다.

그림 11.11
브루노가 그린, 프톨레마이오스의 체계와 코페르니쿠스의 체계의 대비.

나아가 『무한』에서는 "무한한 크기의 물체를 생각한다면 그 중심도 주변도 말할 수 없습니다. …… 지구상에 있는 것은 지구가 중심이라고 말합니다. …… 달에 사는 것은 역시 중심과 주위가 정해진 고유한 반경을 갖는 고유한 영역의 중심에 자신들이 있다고 생각하게 마련입니다. 따라서 지구가 중심인 것과 마찬가지로 세계의 어떤 물체도 세계의 중심입니다. …… 지구가 우주의 절대적 중심이라는 것은 우리의 시각으로 그렇다는 것입니다"라고 하여, 우주 속에서 지구의 위치는 완전히 상대화되어 있다.[140] 쿠자누스에게서 받은 영향은 뚜렷했다. 이리하여 아리스토텔레스 자연학은 부정되었다.

세계를 무한하다고 하는 사람들에게 반대하여 세계의 중심 내지 주변을 상정하고, …… 중심을 지구에 두려고 하는 아리스토텔레스의 논의가 허망하다는 것이 명백해졌습니다. 결국 『천체론』 제1권이나 『자연학』 제3권에서 세계의 무한성을 부정하려고 하며, 이 철학자가 논하는 말은 충분하지 못하고 아무 의미도 없습니다.[141]

특히 결정적으로 참으로 신기한 것은, '우주'가 무한하다고 간주하는 데 그치지 않고 그 속에 무수한 '세계'가 존재한다고 말하고 있다는 것이다. 『무한』에서는 "세계와 우주는 다른 것", "우주는 무한한 공간을 갖고, 세계는 무수히 존재한다l'universo sarà di dimensione infinita, e gli mondi saranno innumerabili"라고 끝맺었다.[142] 여기서 말하는 무수한 '세계'는 무수한 태양계를 가리킨다.

태양은 무수하게 존재하고, 그 태양들의 주위를 도는 지구도 마찬가지로 무수히 존재한다. …… 지금 우리가 보고 있는 토성 저편에 존재하는 별들은 실제로 부동이며 우리가 보고 있는 태양과 같은 무수한 태양이나 화염을 형성하고 있고, 그 주변을 우리 눈에는 보이지 않는 지구와 동류의 별들이 회전하고 있다. ……
헤아릴 수 없는 별 중에는 그 외에도 많은 달이 있고 지구가 있으며 이 세계와 닮은 세계들mondi(복수)이 있다.[143]

결국 브루노가 그린 우주는 무수한 태양계를 포함하는 무한한 공간이었다.

저 유명한, 인구에 회자되는 원소들 및 세계 물체의 질서라는 것은 꿈이며 가공의 상상에 지나지 않습니다. …… 알아야 할 것은, 무한한 용적을 갖는 폭 내지 공간이 하나 존재하고 그것이 만물을 감싸며 만물에 침투하고 있다는 것입니다. 여기에는 이 세계[태양계]와 같은 물체가 무한하게 있는 데다, 그 어느 것이나 우주의 중심에 있다고 말할 수는 없습니다. 왜냐하면 이 우주는 무한infinito하며 중심도 없고 가장자리도 없기senza centro e senza margine 때문입니다. 이 우주에 있는 물체들은 우리 세계의 것들과 닮아 있고, 다른 장소에서 기술한 방식으로 우주 속에 존재하고 있습니다. 특히 앞에서도 보았듯이 특정하게 한정된 몇몇 중심이 있습니다. 그것은 화염과 타오르는 많은 태양으로, 이 태양을 둘러싸고 온갖 행성gli pianeti이나 지구le terre가 달리며 돌고 있습니다. 그것은 우리 가까운 곳에서 일곱 행성이 태양 주변을 주회하는 것과 마찬가지입니다.[144]

코페르니쿠스가 그렸던 우주, 디게스가 확대한 우주를 훨씬 초월한 광대한 우주상이다.

그런데 현재의 우리의 관심에서 보자면 또 하나 주목해야 할 것은, 이러한 우주상에 기반하여 브루노가 행성천구나 항성천구를 추방했다는 것이다. 『무한』에서 브루노는 이야기한다.

천권天圈, sfere에 볼록구면과 오목구면이 있고 그것이 기묘하게도 별을 부착한 채로 움직이고 있다고 상상하는 것은 아무리 생각해도 진실 같지 않습니다. ……

만물이 이 지구를 중심으로 한결같이 회전하고 있다는 공상은 버릴 수 있습니다. 지구는 주위에 있는 별에서 보면 자신의 중심 주변을 24시간마다 한 번꼴로 자전합니다. 이 자전이 우리에게 흡사 만물이 회전하고 있는 듯 비친다는 것을 우리는 명백하게 알고 있습니다. 따라서 별을 부착하고 우리 영역 주변을 돈다고 생각되는 저 여러 천구orbe라는 것도 완전히 버릴 수 있습니다.[145]

브루노는 이 『무한』에서 1577년의 혜성을 언급했으므로, 행성천구의 폐기를 둘러싸고 당시 튀코 브라헤가 했던 언설 등을 들어서 알고 있었으리라 생각된다. 그런데 로스만과 튀코가 행성천구를 추방한 것은 확실히 혜성 궤도나 행성천구의 교차에 얽힌 문제점을 해결했지만, 실은 아리스토텔레스 우주론과 자연학의 근간에 큰 문제를 제기했다.

아리스토텔레스의 『천체론』이나 『자연학』에서는 "운동하는 것은 모두 무언가에 의해 운동하게 된다"라 했으며,[146] 천체의 운동에 대해 그 '움직이는 것[운동하게 만드는 것]'을 특정할 필요가 생긴다. 그리고 그 '움직이는 것'을 차례로 소급해 가면 무한퇴행을 허용하지 않는 한 결국에는 천체들 운동의 궁극 원인으로서 '최초의 움직이는 것'에 도달한다. 『형이상학』에서는 이 '운동의 궁극적 원리'로서 항성천 외부에 존재하는 '부동의 제1동자', 즉 '신'을 놓았고, 이 제1동자가 항성천구를 24시간에 한 번 회전시켜 그 항성천구가 접하고 있는 토성의 구각을 회전시키고 토성의 구각은 목성의 구각을 회전시키는 식으로 차례로 다섯 행성과 태양과 달의 구각이 회전하게 되며, 그럼으로써 각 구각에 고착된 행성, 태양, 달이 각자의 속도로 지구 주변을 정해진 궤도에 따라 주회한다고 설명한다. 이것이 아리스토텔레스 우주론의 동력학이다. 중세 기독교 사회에서는 천구와 천구 사이에 천사가 개재介在함으로써 신의 뜻을 이어받아 각 행성 천구를 회전시키고 있다는 해석도 더해졌는데, 초자연적 존재가 천구를 회전시키고 그럼으로써 행성이 움직인다는 구도는 변하지 않았다.

어쨌든 자연학과 우주론 수준에서는 행성이나 항성 천구는 단순한 수학적 가상이 아니라 각자의 천체를 구동하는 실재 메커니즘으로서, 불가결한 물리적 역할을 담당했던 것이다. 이 점은 천동설에서도 지동설에서도 변하지 않았다.

이 때문에 행성천구의 폐기는 동시에 아리스토텔레스 이래 전해져 내려온 행성을 구동하는 메커니즘의 상실을 의미했다. 즉 브루노가 말했듯이 "이 지구를 중심으로 하여 많은 천체를 움직이고 조종하는 제1동자 같은 것은 존재하지 않는다"라는 것이고, 그와 동시에 "[하늘에서] 감수되는 온갖 물체들은 우리의 [지구라는] 물체와 전혀 다르지 않고 다른 물체로 이루어져 있지도 않다".[147] 그렇다면 지구를 포함한 천체는 대체 무엇 때문에 정해진 궤도 위를 움직이는가 하는 동력학적 질문이 어쩔 수 없이 문제로 제기된다. 과학사가 윌리엄 도나휴가 말했듯이 행성의 '운동 원인'이라는 문제는 강체적 천구의 존재가 부정됨으로써, "17세기의 천문학자와 자연철학자에게 가장 중요한 문제"로서 부상한 것이다.[148] 이미 에라스무스 라인홀트가 행성천구를 기술記述을 위한 가상적 구축물로 간주했을 때 행성운동의 원인으로서 "신에게 부여받은 어떤 내재적 힘divina vis insita"과 같은 것의 필요성을 말했다[149][Ch. 8. 8]. 그러나 로스만은 어쨌든, 튀코가 이 문제를 심각하게 받아들인 듯 보이지는 않는다. 앞에서 보았듯이 튀코는 행성 궤도운동을 신의 배려라고 말하고 넘어갔다.

천구가 없다고 한 뒤 행성의 운동 원인으로서 브루노가 제창한 것은 각 행성에 갖춰진 능동원리로서의 영혼이었다. 브루노는 이미 『만찬』에서 지구를 포함한 행성이나 달을 '이 위대한 동물grandi animali'이라 형용했고, 나아가 "지구와 그 외의 별들은 그 고유한 영혼인 내재적 원리dal principio intrinseco che è l'anima propria에 따라 각자의 위치적 차이에 따른 운동을 한다"라고 말하며 『무한』에서 보다 상세하게 논했다.

> 별[항성]들은 한 천개天蓋에 붙어 있는 것이 아니다. 얇은 판처럼 하늘의 정해진 위치에 꽉 풀로 붙어 있든가 못으로 단단하게 고정되어 있다…… 등의 어린애 같은 공상에는 일고의 가치도 없다. …… 또한 제8천天 혹은 제9천의 밖에 어떤 정신적인 것이 존재한다고 생각할 필요도 없다. 거기에도 지구나 달이나 태양 주위에 있는 것과 마찬가지의 대기가 있고 그것이 연속하면서 다른 무수한 별이나 거대한 생물을 에워싸며 무한히 전개되어 있는 것이다. …… 그러나 지구나 달이나 그 외의 별들이 회전운동을 하게 하거나 그것들을 빼앗아 가거나 하는 것은 이 만물을 감싸고 있는 대기가 아니다. 별들은 각자의 영혼della propria anima에 의해 각자의 공간을 통과해

움직인다.[150]

요컨대 "천구 같은 것은 공상의 산물이며 천체들을 움직이고 있는 것은 그것에 내재하는 자연본성인 움직이는 영혼의 힘이다la virtù dell'anima motrice e natura interna"라는 것이 브루노 행성 동력학의 기초였다. 당연히 지구에 대해서도 "이 우리가 살고 있는 지구라는 천체는 어떤 천체에도 부착되지 않고 자신의 영혼이자 본성인 내재원리로 움직이며essagitato dall'intrinseco principio, propria anima e natura, 태양 주변을 주회하고 그 고유한 중심 주변을 회전하고 있다".[151]

이렇게 브루노는 코페르니쿠스 이론이 야기한 자연학과 우주론의 변혁을 당시로서는 극한에 가까운 지점까지 부연했고, 그것을 아리스토텔레스 이래의 자연관에 대치시켰다. 브루노는 『원인』에서 "나는 많은 철학자 중에 아리스토텔레스만큼 공상에 기반하며 자연에서 괴리된 인물을 알지 못한다"라고 혹평했다.[152] 그렇다 해도 브루노 자신의 논의도 현실의 천체 관측에 의거한 것도 아니었고 수학적으로 엄밀하게 전개된 것도 아니었으며, 당장 천문학의 발전에 기여한 것도 없었다.

어쨌든 현재의 시각으로 되돌아보면 행성 천구의 폐지가 새로운 천문학으로 발전해 가기 위해서는 원격작용으로서의 힘 개념을 필요로 했으며, 그것이 없는 단계에서는 운동의 원인을 영혼에서 구하는 물활론으로 빠지든가, 그렇지 않으면 근접작용에 기반하는 소박기계론으로 향하게 되는 것이 어떤 의미에서는 필연이었다. 왜냐하면 강체적 천구를 폐기해도 아리스토텔레스 자연학의 큰 틀에 사로잡혀 진공眞空을 인정하지 않는다면 우주공간은 어떠한 유체적 물질로 차 있게 되기 때문이다. 튀코의 체계에 찬동했던 로마의 젊은 예수회 수도사 크리스토포로 보로는 1612년의 수고에 "별들이 박혀 있는 강체적 천구는 존재하지 않으며 오히려 우주의 기계는 극히 유동적인 에테르적 대기 이외의 어떤 것도 아니다"라고 썼다.[153] 그렇다면 그 우주유체 속 행성운동의 설명은 우선은 행성 자신의 의지에 의한 것이라 하든지, 아니면 그 유체의 압력 기울기에 의한 역학적 효과라 보든지 둘 중 하나가 되어야 할 것이다. 이것은 파트리치와 리디어트에게서 각자 현저하게 간취할 수 있다.

11. 파트리치와 리디어트

프란체스코 파트리치Franciscus Patrizi는 1529년에 다르마티아 해안의 케르소섬(현 크로아티아의 크레스섬)에서 태어나 잉골슈타트에서 수학했고, 1547년부터 1554년까지 파도바에서 철학과 인문학을 공부했다(그림11. 12). 그리고 1578~1592년에 페라라에서 플라톤 철학을 강의했고 1592년부터는 로마에서 교단에 섰으며, 1597년에 사망했다. 박식했다고 알려져 있는데, 드라이어가 말했듯이 "전적인 플라톤 숭배자였기 때문에 아리스토텔레스의 자연상에 반대했다"라고 하며, 르네상스 사상연구자 폴 오스카 크리스텔러paul oskar kristeller에 따르면 "그가 지향하는 바는 아리스토텔레

스의 폐위였다"라고 한다.[154]

주 저서는 『우주에 관한 새로운 철학Nova de universis philosophia』(이하 『새 철학』)으로, 이것은 1571년에 페라라에서, 1593년에는 베네치아에서 출판되었고 1596년에 이단이라는 평가를 받아 금서목록에 올랐다. 이것은 "새로운 독창적인 방식으로 아리스토텔레스적 전통에서 독립했고, 또한 그 전통에 반대하여", "물리적 우주의 체계적 기술을 꾀했다".[155] 우주론을 전개한 그 제4부 「범우주론Pancosmia」에서 그는 아리스토텔레스의 4원소를 대신해 공간spatium · 빛lumen · 열calor · 습기fluor라는 독자적인 4원소를 제창했다. 특히 공간은 시간과 존재의 질서에 이어 첫 번째 위치에서 사물의 존재 조건이었다. 이것은 물질적 물체로 이루어진 유한한 세계 공간과 그 세계 공간을 속에 포함할 수 있는 무한한 수학적 공간으로 이루어져 있다. 자연적·물질적 존재와 구별되고 물질적 존재를 그 속에 받아들일 수 있는 단순한 공허로서의 순수하고 균일한 수학적·기하학적 공간이라는 개념은 어떤 의미에서 데카르트를 뛰어넘어 뉴턴의 절대공간을 예견케 하는 것이었다.[156]

그림 11.12
프란체스코 파트리치(1529~1597).

천문학에 논의를 한정한다면 『새 철학』은 튀코 생전에 튀코의 체계를 언급한 소수의 인쇄물 중 하나로서도 알려져 있다. 스코필드에 따르면 파트리치는 튀코의 1588년 저작을 읽고 튀코가 강체적 천구를 유지했다고 오해했다는 점을 빼고는 튀코의 사색을 정확하게 더듬어 갔다고 한다. 다른 한편 손다이크의 책에서는 "그의 사상은 코페르니쿠스의 이론과 1572년의 신성 양쪽의 영향을 받았다"라고 한다. 실제로 파트리치의 우주론에서는 코페르니쿠스와 마찬가지로 지구는 그 자신의 주변을 일주회전(자전)하고, 항성천은 움직이지 않는다. 동시에 튀코를 따라 지구는 우주의 중심에 머무르고 태양은 지구 주변을 주회하며 다섯 행성은 태양 주변을 돈다. 그리고 달 아래 세계와 천상세계의 구별은 없고 강체적 천구는 존재하지 않는다. 강체천구의 부정에 관해서는 튀코의 견해를 오해했다는 점을 미루어 볼 때 독자적으로 도달했으리라 생각된다.[157]

여기서 천구의 속박에서 해방된 행성의 운동은 생물의 운동에 준해 이야기되었다. 즉 행성들은 '새가 하늘을 날듯이, 물고기가 물속을 헤엄치듯이' 공간 속을 어떤 것에도 방해받지 않고 자유롭게 운동한다. 이미 1572년에 쓴 『텔레시오에 대한 반론』에서 파트리치는 이야기했다.

> 어째서 우리는 별들이 의지나 욕망을 가진 생명체처럼 운동하지 않고 마치 판자 속의 마디처럼 하늘에 딱 고정되어 하늘과 함께 운동한다고 생각해야만 합니까. 그뿐만 아니라 별들은 가장 탁월한 물

> 체입니다. 어째서 그들을 판자 위의 마디 같은 것이 아니라 우리가 지각할 수 있는 가장 뛰어난 존재에 비길 수 없습니까. 개미나 애벌레나 가장 하등한 곤충조차 스스로 움직이는데, 그 스스로 신적인 물체인 별들이 보다 열등한 상태에 있다는 것을 어째서 우리는 받아들여야만 합니까. …… 그 별들이 그 자신의 자연본성과 자기보존의 감각으로 움직이게 됨을 대체 무엇이 방해한다는 것입니까. …… 어째서 당신은 칼데아인이나 아시리아인이나 피타고라스나 플라톤이나 플라톤학파 전부와 같이 별들을 하늘에 있는 생물이라고 생각하지 않고, 아리스토텔레스와 같이 별들이 하늘의 마디라고 주장합니까. …… 별들은 그 자신의 자연본성 때문에 그들이 결코 잊지 않는 정확한 형상과 질서 속에 있는 크고 작은 원을 그리고 있습니다. 별들은 진공 속에서가 아니라 확실히 하늘 속을, 요컨대 새나 물고기가 그 속에서 움직이는 공기나 물보다도 훨씬 유동적이고 미세한 실체 속을 공허라는 두려움 없이 그렇게 움직입니다.[158]

이것은 로즌의 논문에서 재인용한 것이다. 이 구절에 대해 파올로 로시Paolo Rossi는 "파트리치는 천구의 존재를 부정하는 지점까지 가버렸다"라고 판단했지만 로즌은 이 점에 관해서는 부정했다. 왜냐하면 그 뒤인 1577년 서간에서 파트리치는 "우주 공간은 12개 내지 14개의 구형 물체로 차 있다"라고 기술하며 예전부터 내려온 동심구 우주를 말했기 때문이다.[159]

파트리치가 다시금 확실히 행성천구를 부정한 것은 1591년의 『새 철학』에서였다. 그 제4권 「범우주론」에는 이렇게 기술되어 있다.

> 옛날이나 지금이나 천문학자의 연구와 노력은 (통상 이야기되듯이) '현상을 구제하는' 것을 향한다. 모든 현상은 우선 첫 번째로 하늘의 대상들을 보는 것, 두 번째는 그 운동을 고찰하는 것에 의해 관찰된다. 거의 모든 천문학자는 별들이 하늘에 고정되어 있음이 확실하다고 생각했다. 이 전제에 의거함으로써 그들은 하늘을 헤아릴 수 없는 괴물로 가득 채운 것이다.[160]

이리하여 파트리치는 "행성이 다른 별들과 마찬가지로 천구에 고정되어 움직인다는 것은 부조리하며 이 착각이 천문학과 자연학에 불합리를 들여왔다", "하늘에서 별들이 판자 속의 마디같이 고정되어 있다고 설명하는 천문학자나 철학자는 모두 틀렸다"라고 결론지었다.[161]

중요한 것은 브루노와 마찬가지로 파트리치가 행성천구를 부정함으로써 아리스토텔레스와 다른 행성운동이론을 설립할 필요성이 생긴다는 것을 간파했고 그 나름의 대답을 생각했다—부여하려고 했다—는 것이리라.

> 무익하고 불가능한 전제가 천문학에서 제거되었다면 모든 사항은 다시금 이해 가능하게 될 것이다. 사람은 하늘의 별들에게 자유로운 궤도를 주고, 거기에서 별들이 그 자신의 영들에 의해 움직이게 되며, 그 혼에 의해 운동하게 되고 지성의 질서에 의해 지배된다고

생각되는 바, 그리고 현실에서 그러한 바 현상의 모든 것을 설명할 수 있게 될 것이다. …… 별들은 동물, 신성한 동물이기 때문에 신적인 영혼과 생명과 지성을 가지고 있음에 틀림없다.[162]

요컨대 『새 철학』에서 이야기했듯이 "행성들은 그 자연본성상 길을 잃는 일은 있을 수 없다. 왜냐하면 그 자연본성은 일종의 영혼, 굳이 말하자면 이성적인 영혼이며 지성을 부여받았고 그 모두가 하늘의 영역에서 길을 잃지는 않기 때문이다"라는 것이다.[163]

태양계의 동적 질서에 대한 설명으로서, 아리스토텔레스 이래의 강체구 모델을 대신하는 것으로서 우선 제창된 것은, 이렇게 행성을 '영혼과 지성을 가진 존재'로 보는 물활론의 부활이었다. 알렉산더 코이레의 말처럼, 브루노의 행성도 파트리치의 행성도 "살아 있는 존재animated being로, 자발적으로 자유롭게 공간을 돌아다닌다"라는 것이다.[164]

강체적인 행성천구가 존재하지 않는다는 시각은 16세기 말에는 영국에서도 윌리엄 길버트나 토머스 리디어트Thomas Lydiat 등이 수용했다. 1603년에 사망한 길버트의 유고에는 행성은 어떠한 구와도 결부되지 않았고 세계의 태초에 주어진 충격impact에 의해 공허한 공간 속을 움직인다고 기술되어 있다.[165] 그리고 소멸한 행성천구를 대신할 행성의 동력학을 파트리치와는 완전히 다른 방향으로 구상한 사람이 1572년에 태어나 옥스퍼드에서 수학한 뒤 이 학교의 교단에도 섰던 성직자 리디어트였다.

우주론에 관한 1605년의 저서 『천문학 강의』에서 표명한 리디어트의 견해는 드라이어의 책에 따르자면 다음과 같이 정리할 수 있다.[166] 리디어트는 기본적으로는 지구중심설의 입장이며 항성천이 24시간에 지구 주변을 일주한다고 생각했다. 리디어트는 만약 항성천이 일주회전한다면 그것은 터무니없는 속도가 되기 때문에 그런 것은 불가능하다고 주장하는 코페르니쿠스에게 반론했다. 만약 코페르니쿠스와 그 동조자들이 새의 비약보다 빠른 속도를 본 적이 없다면 화살이나 대포의 포탄 등의 속도는 역시 터무니없는 속도가 될 것이다. 따라서 그때까지 본 적도 없는 속도이므로 불가능하다고 단정할 수는 없다.

그런데 1572년의 신성과 1577년의 혜성은 천상세계에서 변화가 생긴다는 것을 보여주었으며, 리디어트는 이것에 입각하여 달 아래 세계와 천상세계는 본질적으로 차이가 없음을 인정했다.[167] 리디어트는 성서의 기술을 문장 그대로 받아들이는 보수적인 성직자였지만 최신의 발견에 대해서는 진지하게 대하는 인물이기도 했다. 그리고 케플러의 저작에 강한 관심을 보였고 케플러를 높이 평가했다고 한다.[168] 실제로 그는 강체구의 존재를 부정했고, 하늘은 항성천과 함께 회전하는 유체(대기)의 거대한 소용돌이라고 생각했다. 그는 성서—『창세기』 첫머리—의 기술대로 천상에 물이 존재한다고 믿었던 것이다. 그리고 더는 강체구에 고정되어 있지 않은 행성은 동쪽에서 서쪽으로 흐르는 이 유체 속에서 떠오르고 그 유체의 소용돌이 운동에 뒤떨어져 감으로써 항성천구에 대해 동쪽으로 움직인다. 지구만은 대지를 갖고 있으므로 이 흐름에 저항해서 계속 정지한다. 행성운동이 원궤도에서 벗어나는 것은 이 유체의 밀도 기울기로 설명된다.

임의의 천체의 자연 위치가 [주변] 대기의 특유한 희박함 때문에 그 위치로 자리 잡고, 다른 한편 [하늘의] 적도는 회귀원보다도 크고 [남북의] 회귀원보다도 빨리 움직이므로 희박한 대기는 회귀선 아래보다도 적도 위에서는 보다 짧은 거리에서 발견된다(대기는 주어진 거리에서는 적도 아래에서 더욱 희박하다)는 것을 우리는 제시했다. 이에 따라 태양은 분점[춘분점, 추분점]에서는 지점[하지, 동지]에서보다도 지구에 접근하며, 따라서 태양은 적도를 통과해 한쪽 지점에서 또 한쪽 지점으로 움직일 때 원이 아닌 알 모양 곡선 부분을 그린다.[169]

행성과 태양의 궤도로서, 원 이외의 것을 말한 극히 초기의 예일 뿐만 아니라 단순한 수학적 기술의 수단으로서가 아니라 동력학적 원인의 결과로서 비원형 궤도를 이야기한 거의 최초의 예이다. 이것과 함께 흥미로운 것은 리디어트의 소용돌이 모델이 17세기의 데카르트 기계론—근접작용론—의 소용돌이 우주를 어떤 의미에서 선취했다는 것이다.

*

조르다노 브루노, 프란체스코 파트리치, 토머스 리디어트 모두 각자 단편적으로 새로운 관념을 이야기했다. 브루노의 무한우주와 파트리치의 수학적 공간은 뉴턴의 절대공간을, 리디어트의 소용돌이는 데카르트의 우주를 각자 암시했다. 그렇다고는 해도 코페르니쿠스의 수학적 우주와 튀코의 관측 모두를 도입한 이론과는 아직 먼 상태에 있었다.

코페르니쿠스가 제창한 지구의 운동과 튀코와 로스만이 폐기한 강체적 행성천구는 무릇 왜 지구를 포함한 행성운동의 구동력이 존재하는가 하는 동력학상의 문제를 전면에 내세웠다. 브루노나 파트리치의 물활론과 리디어트의 기계론은 이 질문에 대한 그 나름의 해답이었다. 그러나 애석하게도 설명능력이 뛰어나지는 않았다. 도나휴가 말했듯이 "이들의 대체 이론의 모든 중요성은 그 설명능력에 있는 것도 아니고 그것들이 스콜라 자연철학을 대신할 가능성을 보였기 때문도 아니며, 단순히 그것들이 존재한다는 것에 있었다".[170] 즉 아리스토텔레스 이론을 대신할 여러 시각을 이야기하기 시작한 것 자체가, 그리고 새로운 행성운동 동력학의 필요성을 의식하게 된 것 자체가 시대를 특징짓는다는 것이었다.

영혼에 의거한 물활론과 근접작용에 기반하는 기계론은 이 문제에 대해 16세기 후반부터 17세기 초에 걸쳐 사유된 두 해결방향이었다. 의외라고 생각될지도 모르지만 17세기 초에 유망하게 보였던 것은 모든 사물이 무기적이고 불활성적인 물질로 이루어졌다고 보는 기계론이 아니라 모든 사물에 영혼을 부여하는 물활론이었다. 이것은 특히 1600년에 지구가 거대한 자석임을 밝힌 윌리엄 길버트의 저서 『자석론』이 공표됨으로써 자연학적 뒷받침을 얻은 듯 생각되었다.

디게스의 영향을 받아 지구운동을 인정한 길버트의 『자석론』에서는 "지구는 그 자기적이고 본원적인 힘으로 스스로 회전한다"라고 했다.[171] 길버트는 '자력은 생명을 갖고' 따라서 지구가 자성을 갖는 것은 지구 영혼의 현현이라 생각했으며 지구의 이 자성이 지구의 자기운동을 설명한다고 생각했다. 실제로 길버트의 발견은 아리스토텔레스 자연학에서는 있을 수 없는 지구의 자기운동, 특히 자전에 자연학적 근거를 부여하는 것으로 이해(오해)됨으로써 지동설을 수용하는 데 높은 장애 중 하나를 소멸시켰다. 케플러는 코페르니쿠스의 체계를 지지한다고 표명한 1596년의 『우주의 신비』를 썼을 때 행성은 태양에서 방사되는 '운동령運動靈'으로 말미암아 구동된다고 생각했지만 그 후 길버트의 발견에 입각하여 모든 행성 및 달이나 태양도 거대한 자석이라고 생각했고 원격력으로서 천체 간에 작용하는 중력 개념에 도달했다.[172]

이런 한에서 케플러는 물활론의 영향을 받았지만 그가 단순한 물활론자는 아니었다. 브루노나 파트리치, 리디어트는 모두 튀코 브라헤에 이르기까지 축적되어 온 정밀한 관측 데이터에 전혀 주의를 기울이지 않았고 무릇 행성운동을 수학적으로 정확히 파악한다는 지향성도 보이지 않았다. 그리고 코페르니쿠스가 해명한, 체계로서의 태양계의 질서—행성 궤도의 배열순위와 그 비율의 결정—에도 관심을 보이지 않았다. 이에 비해 케플러는 태양계의 수학적 질서, 그리고 수학적으로 정밀한 행성 궤도의 확정에 관심을 집중함으로써 새로운 행성운동론을 만들어 냈고, 이것과 관련지어 물활론에도 기계론에도 없었던 새로운 개념으로서 수학적 함수로 표현되는 원격력을 도입하여 완전히 새로운 행성운동의 동력학—물리학으로서의 천문학(천체역학)—을 구상했다. 그 상세한 바는 장을 바꾸어서 논하자. 이야기는 대단원을 맞이한다.

제 12 장

요하네스 케플러

물리학적 천문학의 탄생

1. 메슈틀린과의 만남

요하네스 케플러(그림12.1)는 1571년에 뷔르템베르크 공국의 바일데어슈타트라는 마을에서 루터파 부모에게서 태어났다. 일가는 원래 뉘른베르크에서 살았으나 1520년대에 이주했다고 한다. 생가가 가난했음에도 교육을 받을 수 있었던 것은 앞에서도 말한 루터파의 교육정책 덕분이었다. 이리하여 그는 복음주의 기독교 성직자가 되기 위해 13세에 아델베르크의 초등 신학교에 입학했고 1586년부터는 마울브론의 신학교에서 공부했다. 이는 메슈틀린이 수학한 쾨니히스브론에 소재한 수도원 학교의 자매교로, 바로 20세기 독일 작가 헤르만 헤세의 소설 『수레바퀴 아래서』의 무대가 된 곳이었다. 그 후 케플러는 1589년에 급비생으로서 튀빙겐대학에 진학할 수 있었다. 17세 때의 일로 결코 빠른 편은 아니었다. 그리고 1591년에 학예석사magister 학위를 얻어 신학부에 진학했다.

이 케플러에게 큰 영향을 미쳐 그를 코페르니쿠스 이론에 개안하도록 만들어 준 사람이 튀빙겐대학의 스승이었던 미하엘 메슈틀린이었다. 코페르니쿠스 이론에 기반한 특이한 태양계 해명을 제창한 1596년의 데뷔작 『우주의 신비』(이하 『신비』)에서 25세의 청년 케플러는 이렇게 술회했다.

> 지금부터 6년 전 튀빙겐에서 내가 저 고명한 미하엘 메슈틀린 선생님 밑에서 공부했을 때, 나는 우주에 관해 지금까지 품었던 생각과

그림 12.1
케플러 탄생 400년을 기념하여
1971년 헝가리에서 발행된 우표.

는 다른 몇 가지 불합리한 점이 있음에 생각이 미친 것을 계기로 하여 코페르니쿠스에게로 기울어졌다. 메슈틀린 선생님은 강의 중에 종종 코페르니쿠스에 관해 이야기하셨다.[1]

메슈틀린의 교과서 『천문학 요강Epitome Astronomiae』은 천동설 천문학 개설서였지만 실제로는 그는 앞에서 이야기했듯이[Ch. 10. 4] 레티쿠스, 개서에 이어 독일에서 세 번째로 등장한 코페르니쿠스주의자였다.

메슈틀린이 1572년의 신성과 1577년의 혜성을 관측했고 이것들이 달보다 위에 있는 세계의 현상임을 밝혔으며 나아가 달 표면을 관찰함으로써 아리스토텔레스의 이원적 세계를 버렸음은 이미 기술했다[Chs. 10. 7, 10. 8]. 그는 1577년 11월 12일부터 다음 해 1월 8일까지 도합 10회에 걸쳐 이 혜성의 경도와 위도를 측정했고,[2] 그 운동이 규칙적임을 확인하여 튀코와 마찬가지로 그 궤도 결정을 시도했다. 그리고 관측 데이터로부터 이 혜성이 궁수자리 21도의 위치에서 황도면과 경사각 28도 58분에서 교차하는 평면상을 움직인다고 산정했고 그 궤도가 코페르니쿠스의 『회전론』에서 제시된 금성 궤도의 구에 있음을 발견함으로써 코페르니쿠스 이론을 지지하는 데 이르렀다고 이야기했다. 1578년의 저작 『관측과 증명』에서는 이렇게 기술하고 있다.

> 나는 통상의 가설에 따라 끈기 있게 고찰을 계속하여 모든 구면을 시도해서 계산했지만 이러한 작업으로는 이 혜성의 운동을 구제할 수 있는 어떤 것도 발견할 수 없었다. 그래도 나는 포기하고 물러나지 않고 이 [예전부터 내려온] 가설들을 곁에 두고, …… 코페르니쿠스의 책 전부를 조사함으로써 곧 금성의 위도가 설명되는 제6권 제2장에 있는 궤도를 발견했다. 그리고 그 크기와 주회가 이 혜성의 현상에 대응하며 그것을 정확히 만족하고 있음을 발견했으므로 이 혜성이 바로 금성의 구면을 골랐음이 확정된 것이다.[3]

이리하여 메슈틀린은 이와 같이 결론짓는다.

> 나는 이 놀랄 만한 혜성에 관한 정보와 그 운동의 증명을 오랫동안 사용되고 습관적으로 채용되어 온 가설에서 만들어 낸 것이 아니라, 앞에서도 말했듯이 코페르니쿠스의 견해에서 만들어 냈다. 내가 그리한 것은 새로운 것에 대한 애호에 속았거나 매료당해서가 아니다. 그런 것을 나는 옳다고 할 수는 없다. 그런 것이 아니라 내가 그것을 인정하는 데 이른 것은 오히려 어떻게 할 수 없는 필연성에 강요당해 어쩔 수 없어서였다.[4]

메슈틀린이 이 결론에 도달한 사고과정은 솔직히 말해 잘 알 수 없다. 과학사가 웨스트먼의 추측으로는 이 궤도가 어딘가 행성의 구면에 포함되어 있다고 상정하여 각 행성의 주전원을 생각했지만 그것으로는 설명이 잘 되지 않았고, 그다음으로 각 행성 궤도로서 행성의 것과는 다른 주전원을 생각했는데, 금성 궤도에 대해서만 그 나름대로 잘 들어맞았다는 것 같다.[5]

그러나 이 논의에는 비약이 있다. 원래 대단히 한정된 데이터, 경도차로 60도 내지 70도, 즉 전원주의 5분의 1에 미치지 않는 데이터에만 기반하여 원궤도를 결정하는 것은 꽤 무리가 있었다. 게다가 궤도면 경사각이 크고 위도가 크게 변화하기 때문에 그때까지 코페르니쿠스도 행했던 작은 기울기의 궤도면의 경우 위도를 분리해서 취급할 수 없다는 문제가 있었다. 이 때문에 이 혜성 궤도가 금성천구에 포함된다는 메슈틀린의 결론은 지금의 시각으로 보면 의미가 없다. 그뿐만 아니라 설령 그 궤도 결정이 크게 틀리지는 않았다고 해도 그것은 태양중심이론(코페르니쿠스설)을 입증하는 것이 아니었으며, 실제로는 지구중심모델(프톨레마이오스의 이론이나 튀코의 이론)로도 마찬가지 설명이 가능했다.

결국 재럴의 지적처럼 메슈틀린은 처음부터 코페르니쿠스 이론 쪽으로 기울어 있었고 혜성의 운동이 그것을 시도할 기회를 제공했다는 것이 참모습에 가깝다. 그리고 그것이 그의 관측 범위에서는 그 나름대로 잘 먹혔기 때문에 코페르니쿠스 설의 올바름을 뒷받침한다고 생각되었던 것이다.[6]

실제로 이 점에 관하여 메슈틀린이 소장했던 『회전론』에 쓰인,

1577년 이전의 메모라 생각되는 글귀로부터 긍정적인 판단을 내릴 수 있다. 『회전론』에 덧붙인 파울루스 III세에게 보낸 서간 중 하늘 전체가 밀접히 연관되어 있다고 쓰인 부분에서 메슈틀린은 밑줄을 그어, "완전히 이치에 적합하다. 이 우주 전체의 메커니즘은 확실하게 증명할 수 있도록 배치되어 있다. 실제로 이렇게 우주 전체는 그 전체를 혼란시키지 않고는 무엇도 치환할 수 없도록 운동한다"라고 기술하며, 제5권 제3장의 프톨레마이오스 이론에서 각 행성의 주전원 운동이 지구의 단일 운동으로 설명된다는 코페르니쿠스의 주장에 대해 "지구의 가동성을 뒷받침하는 또 하나의 논의"라고 쓰며 찬동하는 뜻을 표명했다.

메슈틀린이 무엇보다 주목하여 높이 평가한 것은, 그때까지 받아들여 온 이론에서는 각 행성의 운동이 각자 뿔뿔이 흩어져 서로 관련성이 없었다는 결함이 태양을 중심에 둠으로써 해소되었다는 것이었다. "[지구의 운동을 가정함으로써] 다른 행성의 겉보기 운동뿐만 아니라 모든 행성 궤도의 순서와 크기가 유도된다"라는 『회전론』의 대목에 대해 "확실히 이것은 중요한 논의이다. 궤도의 순서와 거리는 물론 모든 현상이 지구의 운동을 통해 결부된다", "나는 이 논의에 마음이 동하여 코페르니쿠스의 가설과 견해에 동의했다"라고 명기되어 있다[Ch. 10. 10]. 그리고 또한 『회전론』 제5권 3장의 「지구의 운동으로 야기되는 외견상 보이는 부등성의 일반적 설명」이 기재되어 있는 부분의 난외에는 "고대인이 주전원 운동이라 부른 운동은 세 외행성의 경우에는 지구의 속도가 그 행성들의 속도를 웃돌고, 두 내행성의 경우에는 그것들이

지구의 속도를 능가한다는, 그 [속도의] 차이와 다름없다"라고 올바르게 기술했다.[7]

메슈틀린은 1577년의 혜성을 관측하기 이전부터 코페르니쿠스 이론의 설명능력과 통합능력을 높이 평가했던 것이다. 1577년의 혜성은 그 확신을 다시금 확인하는 현상이었다. 어쨌든 1577년의 혜성이 코페르니쿠스의 이론으로 잘 설명된다는 메슈틀린의 결론은 청년 케플러에게 큰 영향을 미쳤다. 케플러는 『신비』에서 이와 같이 표명했다.

> 내가 이 [코페르니쿠스] 설에 찬성한 것은 경솔한 마음으로서가 아니라, 무엇보다도 우리 은사이자 저명한 수학자 메슈틀린의 든든한 후원 때문이다. …… 스승께서는 1577년의 혜성이 코페르니쿠스가 기술한 금성의 운동과 완전히 일치하여 움직이고, 달의 궤도보다 위쪽이 있다고 생각하여 그 궤도 전체가 금성의 천구에 있음을 발견함으로써 코페르니쿠스의 설을 수용할 제3의 이유를 나에게 보여주셨다.[8]

케플러는 윗어른으로 모셨던 메슈틀린에게 보낸 1595년 편지에서도 거의 같은 취지의 글을 기술했다. 혜성의 궤도에 관한 한 틀린 생각이긴 했지만 메슈틀린의 견해는 청년 케플러에게는 강한 인상을 남겼던 듯하다.

훗날인 1604년에 케플러는 혜성 궤도에 대한 메슈틀린의 답을 부정하게 되었다.

원으로 1577년의 혜성운동을 증명한 사람들은 극히 어려운 과제에 도전한 것이며, 더 주의깊이 조사해야만 한다고는 생각하지 않았기 때문에 완전히는 성공하지 못했다. 만약 마찬가지의 방식을 다른 혜성에 적용했다면 더 큰 어려움에 직면했을 것이다.[9]

그러나 케플러는 태양중심이론을 지지한다고 바꾸지는 않았다. 왜냐하면 위 인용에서 '제3의 이유'라고 했듯이 케플러는 코페르니쿠스 이론을 지지할 첫 번째와 두 번째 이유를 갖고 있었으며 이것들은 보다 강력했다. '첫 번째 이유'는 천문학적인 것으로 코페르니쿠스 이론의, 특히 행성의 역행이나 유留 등에 대한 뛰어난 설명능력 때문이었다. 그리고 '두 번째 이유'는 자연학적으로 고찰해도 코페르니쿠스의 가설이 사물의 자연본성에 오히려 보다 더 적합하다는 것이었다.[10] 아래에서 상세하게 살펴보겠지만 케플러는 이 두 가지를 평생 동안 확신했다. 케플러가 당초부터 코페르니쿠스 이론의 천문학(수학)과 우주론(자연학) 두 측면에 관심을 두었음에 유의해 주었으면 한다.

2. 케플러의 출발점

성직자를 지향하여 튀빙겐대학에서 공부했던 케플러는 이렇게 천문학에 이끌렸으나 그 시점에서는 아직도 "신학 학습에 힘쓰면서 짬짬이 천문학 공부를 계속"하는 상태였다.[11] 그러나 1593년에

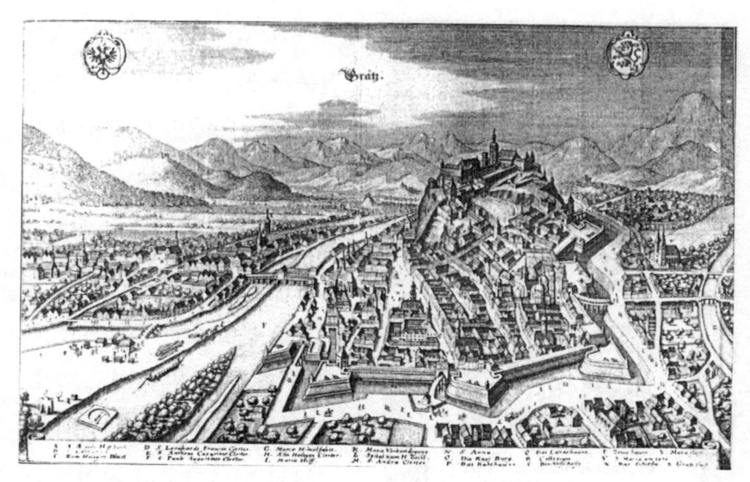

그림 12.2 스티리아의 주도 그라츠.

튀빙겐대학 평의회의 추천으로 그는 오스트리아 남동부 스티리아(별칭 슈타이어마르크)의 주도 그라츠의 주립학교 수학교수로 임명되었다(그림 12.2). 일차적으로는 수학 능력을 인정받았기 때문이었을 테지만, 그뿐만 아니라 코페르니쿠스의 지동설을 둘러싼 논의—지동설을 옹호한 것이 아니라 지동설이 성서와 모순되지 않는다고 열심히 주장한 것— 내지 그리스도의 편재를 둘러싼 논의에서 케플러는 루터파로서의 정통성에 의심을 갖게 되어 그대로 성직자가 될 수는 없다고 판단했을지도 모른다.[12]

당초 케플러로서는 바라던 바가 아니었던 듯하다. 주립학교의 수학교사는 주의 수학관을 겸임했으나 수학관이란 요컨대 점성술사로서, 주로 점성술을 위해 매년 캘린더나 프라크티카를 작성하는 업무를 맡았다. 1609년 그의 『신천문학』에서는 그 방면의

Schreib Calender/
Auff das Jahr nach deß Herren
Christi vnsers Erlösers Geburt.
M·D·XCVIII·
Gestelt durch M. Joannem Keplerum/
Einer Ersamen Landschafft deß Her-
zogthumbs Steyr Mathematicum.
Gedruckt zu Grätz in Steyer/
durch Hansen Schmide.

그림 12.3
케플러가 1598년에 그라츠에서 작성한 캘린더.

지식이 모자랐을 뿐만 아니라 천문학에 관련된 직무에 대한 "낮은 평가와 멸시" 때문에 교수로부터 그 분부를 들었을 때 당황했다고 한다.[13] 실제로 수학교사의 사회적 지위는 성직자보다 상당히 낮았다. 그러나 케플러는 최초로 만든 캘린더에서 한파의 내습과 빈 남부로 튀르크군이 침입할 것을 예언했는데, 그것이 우연히(?) 적중했기 때문에 점성술사로서 높은 평가를 받게 되었다(그림 12.3).[14] 어쨌든 이 시점에서 케플러 자신은 성직자가 될 꿈을 아직 버리지는 않았다.

그러나 이윽고 케플러는 코페르니쿠스 이론이 제기한 문제에 깊이 사로잡혔다. 그리고 쓴 것이 앞서 언급한 『신비』였다. 출판은 표지에는 1596년이라고 쓰여 있지만 정확히는 1597년 3월로, 서문에서는 그라츠 부임을 '때마침commode'이라고 형용했기 때문에 이 시절에는 천문학에 전념할 수 있는 직장에 취업한 것을 행운으로 간주했을지도 모른다.

무명의 청년 케플러가 쓴 『신비』가 세상에 나온 것은 스승 메슈틀린의 덕이 컸다. 메슈틀린은 코페르니쿠스 이론에 기반해 태양-행성 간의 정확한 거리를 계산하여 케플러에게 가르쳤을 뿐만 아니라 원고의 교열 및 인쇄업자를 소개한 것, 인쇄과정을 감독한 것, 튀빙겐대학에서 출판허가를 얻어낸 것 모두가 메슈틀린이 힘써준 덕분이었다. 1596년 11월 케플러에게 보낸 편지에서 메슈틀린은 "귀하께 알리지도 상담하지도 않았습니다만, 제가 개정하여 도판도 늘린 레티쿠스의 『제1해설』을 제 해설과 함께 덧붙였습니다"라고 전했다.[15] 이것은 예전의 제자에 대한 스승으로서의 단순한 호의를 넘어 코페르니쿠스 이론 옹호 전선에 출현한 젊은 원군에 대한 최대한의 후방지원이었다.

청년 케플러의 마음을 사로잡은 것은 일차적으로는 코페르니쿠스 이론이 태양계를 개별 행성 궤도의 집합으로서가 아니라 체계로서 그려냄으로써 개별 행성의 운동에 대한 통일적이고 합리적인 설명을 부여했다는 것이었다. 나중에 그의 이름을 붙이게 되는 유명한 행성운동 법칙을 발표한 1609년의 『신천문학』에서 케플러는 당시의 천문학이 처한 상황을 생생하게 묘사했다.

> 천문학자 사이에 두 학파가 존재함을 알아주셨으면 한다. 한쪽은 그 주된 제창자 프톨레마이오스와 예로부터 대다수의 사람들이 찬동한 쪽으로 잘 알려져 있다. 또 한쪽은 대단히 오래된 것은 아니지만 근년의 사람들[코페르니쿠스나 레티쿠스]의 것이라 생각할 수 있다. 전자는 개별 행성을 따로따로 다루고, 각자의 운동에 대한 원인을 그 자신의 궤도에 귀속시키는 데 비해 후자는 몇몇 행성을 상호 연관지어 그것들의 운동에서 공통적인 것이 발견되는 그것들의 특징을

단일한 공통 원인에서부터 이끌어 낸다.[16]

그리고 『비밀』에서는 이렇게 이야기한다.

예로부터 내려온 가설로는 [행성의] 역행현상이 어째서 그러한 횟수와 크기와 시간을 갖는지, 왜 그것이 태양의 위치나 평균운동에 딱 부합하는지를 설명할 수 없었다. …… 코페르니쿠스의 설은 고대인은 설명할 수 없었던 대부분의 현상에 이치에 맞는 설명을 부여하며, 그런 한에서 코페르니쿠스의 설이 틀렸다는 것은 있을 수 없다non posse falsa esse Copernici principia.[17]

이 시점에서 케플러는, 코페르니쿠스 개혁의 핵심을 코페르니쿠스에 의한 '우주의 형태와 그 부분의 확고한 균형', '천체들의 운동의 조화로운 결합'의 발견, 즉 태양계를 체계로서 파악한 것이라고 이해한 것이다. 이것은 또한 케플러 자신이 세계(우주)를 태양을 중심으로 하여 각 부분이 관련되는 조화로운 존재로 간주했다는 것, 동시에 그 조화로운 세계의 질서는 납득이 가는 형태로서 설명이 가능하며 따라서 설명되어야 한다고 확신했음을 이야기한다.

그렇다면 코페르니쿠스의 이론은 여전히 불충분했고, 나아가 설명이 필요한 문제를 남겼거나 제기했다고 생각된다. 케플러에게는 코페르니쿠스 이론(태양중심설)의 올바름은 이미 결착이 끝난 문제였으며, 문제는 그다음, 코페르니쿠스가 제창한 세계의 체계가 성립하는 근거, 즉 그 '원인'을 묻는 것이었다. "코페르니쿠스의 설에 따른다면 이 모든 것에서 대단히 멋진 질서ordo가 나타나는 것으로 미루어 보아 역시 그것에는 반드시 원인causa이 있음에 틀림없다"라는 것이며 『신비』의 목적은 코페르니쿠스가 "현상과 효과로부터 아 포스테리오리하게" 이끌어 낸 사실을 "원인으로부터, [신의] 창조의 이데아로부터ab causis, ab Creationis ideae, 즉 아 프리오리한 근거에 기반하여" 설명하는 것이었다.[18]

이때 '원인'에는 두 가지 의미가 담겨 있음에 주의하라. 케플러는 플라톤의 『티마이오스』에서 영향을 받았는데, 그 영향 중 하나가 '원인'에 관한 플라톤의 이중적 이해였다. 『티마이오스』에서는 이렇게 이야기한다.

> 이성과 지식을 사랑하는 자는 아무래도 지력知力 있는 것에 속하는 원인이야말로 첫 번째로 추구해야 하는 것으로 하고, 다른 것에 의해 움직여지고 또 필연적으로 다른 것을 움직이는 차원의 것에 속하는 원인 쪽은 두 번째로 해야 합니다.[19]

아리스토텔레스의 분류로는 전자가 '목적인目的因', 후자가 '동력인動力因'에 해당한다. 『비밀』 전반부(제2장)에서 "원인으로부터, [신의] 창조의 이데아로부터"라 할 때의 '원인'은 '목적인'을 가리킨다. 다른 한편으로 『비밀』 후반부(제22장)에서는 "행성 각자의 궤도에서 운동하는 방식이 빨라지거나 느려지거나 하는 원인causa"을 이야기했는데, 이것은 '동력인'을 가리킨다.

케플러의 목적은 코페르니쿠스가 밝힌 태양계의 질서에 대해 이 두 가지 의미의 원인을 탐구하는 것, 즉 우선 '우주의 형태와 그 부분의 확고한 균형' 속에서 목적인으로서 신의 창조의 계획을 밝히고, 이어서 '천체들의 운동의 조화로운 결합'에 대한 동력인을 밝혀내어 태양계의 질서를 동력학적으로 해명하는 것이었다. 케플러가 만년인 1620년에 쓴 『코페르니쿠스 천문학 개요』의 "아리스토텔레스의 『천체론』을 보완하는 것으로서 계획되었다"라고 기술된 그 제4권 속표지에서는 "여기서는 하늘의 물리학에 관한 자연학적 원인과 원형적 원인……이 제시된다'"라고 했다. 자연학적 원인은 동력인이며, 원형적 원인은(마지막 절에서 상세히 살펴볼 것인데) 신의 창조 계획을 의미하고 현재의 문맥에서는 목적인에 대응한다. 케플러의 의도는 평생 바뀌지 않았던 것이다.

3. 우주의 조화로운 질서

케플러는 코페르니쿠스 이론에 관해서 스스로가 최초로 도달한, 혹은 설정한 문제를 『신비』에서 이와 같이 이야기했다.

> 세 가지 사항, 즉 행성 궤도의 수와 크기와 운동이 가장 기본적인 문제였다. 나는 그것들이 왜 지금의 모습으로 있고 다른 방식으로 있지 않는지를 진득하게 탐구했다.[20]

여기서 '궤도의 수'란 지구도 포함해서 당시 알려져 있던 행성의 수(여섯 개)를 가리키고, '크기'는 그것들의 궤도 반경에 의해, '운동'은 공전주기에 의해 각자 정량적으로 나타난다.

행성의 수가 여섯 개라는 것은 물론 코페르니쿠스 이론에서 처음 이야기된 것이다. 당시까지는 우주의 중심으로서 지구 주변에 태양과 달을 포함한 일곱 '행성'이 주회한다고 생각했다. 코페르니쿠스 이론에서는 지구와 태양이 자리를 바꾸었고 달만은 지구 주변을 돌므로 중심인 태양 주변을 도는 행성은 지구를 포함해 여섯 개가 된다. 이 수에 최초로 주목한 사람은 레티쿠스였다. 레티쿠스에 따르면 6은 최초의 완전수이이기 때문에 신의 작품에 가장 어울린다고 간주되었다[Ch. 6. 2]. 케플러는 이것을 읽었지만 레티쿠스의 견해를 받아들이지 않았다. 1595년 메슈틀린에게 보낸 편지에서 케플러는 "신은 행성들을 어떤 수로 만들었습니다"라고 기술하고, 나아가 다음과 같이 이야기했다.

> 그러나 수는 양의 우유성偶有性입니다. 제가 말하는 것은 우주의 수입니다. 왜냐하면 우주가 만들어지기 이전에는 신 자신으로서의 삼위일체 이외의 수는 없었습니다. 따라서 만약 우주가 수적인 척도에 따라 만들어졌다고 한다면 양의 척도에 따라서일 것입니다.[21]

케플러는 수에 대한 상징적 의미부여나 수비학적 해석에는 동의하지 않았다.

다른 한편으로 '궤도의 크기'에 관해서는 코페르니쿠스 이전의 자연학자들은 달의 궤도구면에서 항성천까지는 태양 천구를 포함해 행성천구(두께가 있는 구각)가 빈틈없이 양파 형태로 들어차 있다고 생각했으므로 여기서 문제를 발견하지 않았다. 그러나 "코페르니쿠스의 설에서는 어떤 궤도구도 다른 것과는 접촉하지 않고 각 행성구 사이에는 양측의 구 어느 쪽에도 속하지 않는 큰 틈이 남겨져 있다". 그렇다면 "지고지선의 창조주이신 신이 무엇 때문에 행성구면들 사이에 그러한 광대한 공간을 남겼는가"에 대한 설명이 요구되었을 것이다.[22] 스승 메슈틀린에게 이즈음에 보낸 편지에 나오듯이 "조물주는 아무것도 이유 없이 기획하지 않는다"라는 것이다.[23]

프톨레마이오스는『행성가설』에서, 진공을 부정하는 입장에서 두께가 있는 행성천구 구각이 서로 접하고 있다고 가정하고 행성 궤도 반경의 비를 유도했다. 그러나 그의 천문학에서는 그 비를 관측값에서 이끌어 낼 이론이 없었으므로 이 가정은 검증할 수 없었다. 다른 한편 코페르니쿠스의 이론은 역으로 관측값에서부터 그 비를 이끌어 냈다. 그러나 코페르니쿠스 이론은 이것을 근거 짓는 논리를 갖고 있지 않았다. 케플러는 코페르니쿠스의 수학적 이론을 인정하면서 거기에 결락되어 있던 근거, 즉 '원인'을 물은 것이다.

그리고 많은 역사서에 쓰여 있듯이 이 질문에 대해『신비』에서 케플러가 내린 답은 플라톤의 정칙도형으로서의 정다면체(정4면체, 정6면체, 정8면체, 정12면체, 정20면체)에 각 행성의 궤도를 포함한 구각이 차례대로 포개져 들어가 있는 상태로 안팎으로 접하고

그림12.4
케플러의 태양계 모델.
외측(그림 위쪽)부터

토성의 구saturni orbis
|
정6면체cubus
|
목성의 구jovus orbis
|
정4면체tetrahedron
|
화성의 구martis orbis
|
정12면체dodecahedron
|
지구와 달의 구telluris et lunae orbis
|
정20면체icosihedron
|
금성의 구veneris orbis
|
정8면체octohedron
|
수성의 구mercurii orbis.

orbis는 여기서는 '구'라 번역했으나
실제로는 그림처럼 '구각'을 의미한다.
『세계의 조화』(1619)에서.

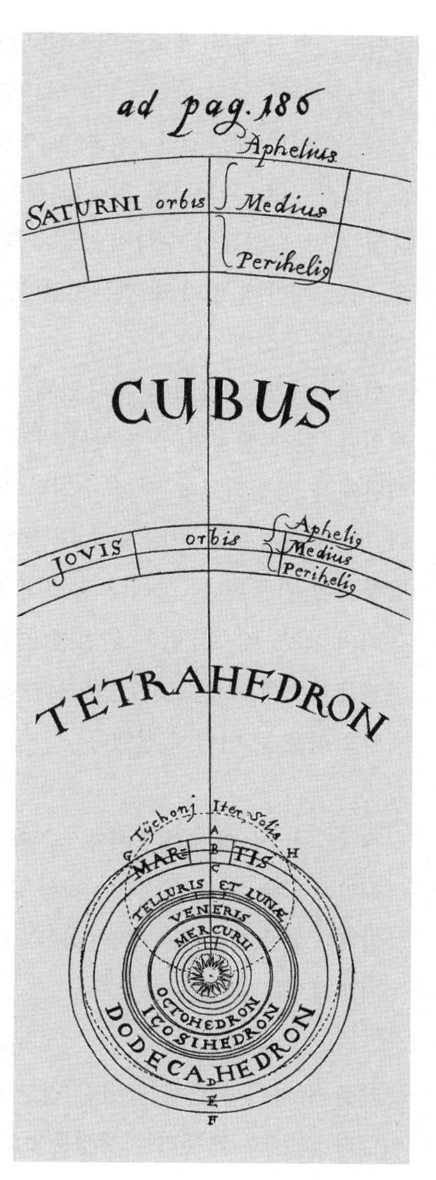

있다는, 즉 수성의 궤도구면 - 정8면체 - 금성의 궤도구면 - 정20면체 - 지구와 달의 궤도구면 - 정12면체 - 화성의 궤도구면 - 정4면체 - 목성의 궤도구면 - 정6면체(입방체) - 토성의 궤도구면이 이 순서대로 서로 외접하고 있다는 것이었다(그림12.4). 정다면체는 다섯 개밖에 없음이 수학적으로 증명되어 있으므로 따라서 행성은 여섯 개밖에 없다고 결론지었다.[24] 그리고 궤도 크기의 비를 계산으로 구했다.

현대인에게 케플러의 정다면체 이론은 너무나도 공상적으로 보인다. 원래 행성의 수는 여섯 개가 아니며 그 궤도 반경의 비는 태양계가 형성되었을 때의 우연적인 초기조건으로 결정된 것이다. 이런 까닭으로 현대에는 이 정다면체 모델은 청년 케플러의 망상같이 간주된다. 그러나 동시대 사람들의 시각은 달랐다. 케플러의 스승 메슈틀린은 튀빙겐대학의 전 학장이었던 마시아스 하펜레퍼에게 보낸 1596년의 서간에서, 제자 케플러의 '발견'을 자랑스러운 듯 이렇게 전했다.

> 세계의 천구들의 수와 순서와 크기와 운동을…… 조물주이신 신의 심원한 지혜로부터 설명하는 것을 감히 고안한, 아니 시도한 자가 일찍이 있었겠습니까. 그러나 바야흐로 케플러가 이것을 꾀하여 멋지게 증명해 보였습니다.[25]

케플러 자신이 평생 끌렸던 것도 다름 아닌 이 정다면체 모델이었다. 실제로 케플러는 행성운동의 법칙을 발견한 뒤인 1619년에 출판한 『세계의 조화』(이하 『조화』)에서 다시금 이 정다면체 모델의 논의로 회귀하여, 그 후 1621년에는 『신비』 제2판을 기본적인 정정 없이 출판했다. 케플러의 평생에 걸친 문제의식은 개별 행성의 운동이 아니라 행성계 전체의 질서 속에 반영된 신의 계획을 밝히는 것이었으며, 이 정칙도형 모델이 바로 우주의 질서에 대한 '목적인', 즉 신의 창조의 계획을 나타낸다고 생각한 것이다.

이 점에 관해 바커와 골드슈타인의 논문에서는 "케플러의 최초의 저작[『신비』]은 천문학의 연습exercise이나 새로운 우주론으로서의 코페르니쿠스 설을 옹호하는 것이라기보다는 본질적으로 신학적인 것으로서 읽혀야 한다"라고 한다.[26] 그렇게도 말할 수 있지만, 그것이 케플러의 전부는 아니다. 그것은 케플러가 고찰한 '원인' 중 '목적인'에 대해서만 해당하는 것으로, 또 하나인 동력인의 논의에는 들어맞지 않는다. 실제로 케플러는 『신비』 후반부에서 앞의 '세 가지 사항' 중 남아 있는 한 가지, 즉 '운동'의 고찰로 옮겨가서 이 정다면체 모델로부터 유도되는 궤도 반경의 비와 관측되는 공전주기의 비를 관련시켜 생각함으로써 '동력인'의 문제로 뛰어들었다.

코페르니쿠스는 지구를 포함한 행성과 태양 간의 거리 비를 확정하고 행성 궤도가 태양으로부터 멀어지는 순서대로 공전주기가 증가함을 보여주었다. 이것을 케플러는 "두 [행성의] 운동[즉 공전주기]의 비와 [태양과의] 거리의 비는 동일하지는 않지만 [경향상] 상사similis적이다"라고 파악함으로써 "예로부터 내려온 우주론에 대한 코페르니쿠스의 승리를 충분히 보증하는 것"이라고 생각했다.[27] 이것이 나중에 제3법칙의 발견으로 발전하는 문제의 단서였다. 그리고 케플러는 이 문제에 대해 태양이 행성을 구동하고 그 운동을 제어한다고 파악한 다음, 태양이 행성에 미치는 힘의 거리 의존에 기반하는 설명을 시도했다. 태양계의 질서를 둘러싼 완전히 새로운 시각이었으며 동력인을 둘러싼 이 문제 또한 케플러의 생애를 관통하는 동력학 이론 추구의 시작이었다.

또 하나 중요한 점은 다음 사실이다. 확실히 케플러의 정다면체 모델이라는 발상은 우리의 눈에는 공상적이다. 그러나 공상적이라 해도 케플러는 그것이 현실적 우주 모델로서 타당하기 위해서는 현실의 관측 데이터에 의해 검증되어야 한다고 확신했다.

실제로도 케플러는 코페르니쿠스가 사용한 각 행성 천구(구각)의 크기와 두께—궤도의 회전중심과 갖는 거리의 최댓값과 최솟값—로 자신의 정다면체 모델을 검증하려고 시도했다. 그 결과는 완전히 만족할 수 있는 것은 아니었다. 그러나 그것은 케플러에게 자기 이론의 완전한 부정을 의미하는 것도 아니었다. 왜냐하면 행성 궤도 크기의 상대적 비율에 대한 코페르니쿠스의 값과 케플러의 계산값이 엄밀하게 일치하지는 않았지만—우연이었지만—그럭저럭 일치됨을 보였음이 오히려 케플러에게 용기를 주었기 때문이었다.

> 궤도 전체를 통해 [정칙] 입체에 준해 행성에 부여된 위치와 코페르니쿠스가 정한 위치가 그렇게 크게 어긋나지 않고 또한 그 어긋남이 모든 [행성의] 회전에서 마찬가지로 확인되는 것도 아니다.[28]

게다가 케플러는 코페르니쿠스가 사용한 데이터가 충분한 정밀도를 갖지 않았다고 메슈틀린에게 배웠을 뿐만 아니라, 코페르니쿠스가 그 값들을 구할 때 의거한 수학적 이론 그 자체가 꼭 납득이 가는 것은 아니었다는 사정도 있었다. 케플러는 코페르니쿠스가 기록한 행성 궤도의 이심률에 대해서는 특히 의심의 눈으로 보았다. 코페르니쿠스 이론에 기반해 만들어진 『프러시아 표』로 예측한 행성의 위치가 그렇게 정확하지 않았다는 것도 알려져 있었다. 이런 까닭으로 케플러는 보다 정밀한 관측으로 얻은 데이터와 보다 정확한 계산에 맡겨진 수치라면 자신의 모델은 입증될 것이라는 생각을 품었다.

여기서부터 케플러에 일생에 걸친 사색이 시작된다. 4반세기 뒤의 『신비』 제2판 첫머리의 헌사에는 다음과 같이 쓰여 있다.

> 내가 그 [초판을 출판했을] 때 이래 저술한 천문학에 관한 거의 모든 저서는 이 소저小著의 이러저러한 중요한 장들에 관련되며 그 설명이나 완성을 포함한다.[29]

『신비』는 그 후의 케플러의 행보를 결정한 것이다.

성직자가 될 것이라는 꿈은 천문학에 몰두하는 가운데 어느덧 한쪽으로 치워져 있었다. 케플러는 성서에 신의 진정한 가르침이 있다고 주장하는 복음주의 성직자로서 사는 길은 단념했지만, 이후 스스로 말하기를 "성서에서 그토록 격찬하는 자연이라는 책lier Naturae"의 연구에 매진하게 되었다.[30] 케플러는 신의 말씀으로서의 성서의 학습에서 신의 조화로서의 자연의 학습으로 전환한 것이었다. 케플러는 『신비』를 쓴 1595년에 스승 메슈틀린에게 보낸 편지에 다음과 같이 썼다.

> 저는 자연이라는 책에서 인지되기를 원하고 계시는 신의 영광을 찬양하기 위해 이 작업을 가능한 한 빨리 출판하고 싶다고 갈망하고 있습니다. …… 일찍이 저는 신학자가 되고 싶다고 생각하여 오랫동안 번민했습니다만, 지금은 천문학으로도 저의 노력으로 신을 찬양할 수 있음에 생각이 미쳤습니다.[31]

케플러는 천문학 연구에서 루터적인 의미에서 스스로의 소명Beruf을 확인한 것이며, 그의 천문학적 목적은 조물주의 작품으로서의 자연 속에서 신의 계획, 나아가서는 신의 뜻을 발견하는 것이었다. 이리하여 자연연구나 천문학의 학습을 "신이 원하고 계신", "신이 명하신"이라고 거듭 말했던 필리프 멜란히톤의 천문학 연구 장려와 근본적으로 통한다는 것을 쉽게 알 수 있다. 이것은 1599년 헤르바르트 폰 호헨부르크Herwart von Hohenburg에게 보낸 서간에서 발견할 수 있는, 하늘의 법칙에 관해 "우리가 그것을 발견하기를 신이 바라고 계시다nos scire deus voluit"라는 표명이나 "사람에게 천문학 학습을 명하는 신의 목소리"라는 1609년 『신천문학』에서 볼 수 있는 표현으로도 뒷받침된다.[32] 케플러는 교육제도뿐만 아니라 교육사상에서도 멜란히톤 개혁의 계승자였다.

어쨌든 이 『신비』로 케플러는 일약 신진 천문학자로서의 명성을 확립했다. 역사적으로 봐도 징거리치가 말했듯이 "오늘날 케플러의 다면체는 현실과 동떨어진 망상으로 보이지만 우리는 『우주의 신비』가 본질적으로는 『회전론』 자체 이래 처음으로 코페르니쿠스 이론에 기반한, 일정한 중요성을 갖는 논저임을 인정해야만 한다"라는 것이다.[33] 실제로 『신비』는 코페르니쿠스 이론에 대해 『회전론』 출판 후에 그 우주론적 내용에 이르기까지 지지와 찬동을 공공연하고 열렬하게 표명한 최초의 인쇄물이었으며, 코페르니쿠스의 체계가 물리학적·동력학적으로 정초되어 있을 가능성을 처음으로 이야기한 논고였다.

4. 튀코 브라헤와 만나다

청년 케플러는 자신의 정다면체 모델의 검증과 참된 태양중심 이론의 뒷받침에 필요한 관측 데이터가 유일하게 튀코 브라헤의 것임을 알고 있었다. 그리고 튀코에게 『신비』를 증정하고 자신의 이론에 대한 판단을 바랐는데 이때 튀코로부터는 호의적인 답변을 받았다. 튀코는 1598년 4월 케플러에게 보낸 편지에서 행성들의 궤도 반경비가 케플러의 가설에 기반한 값과 코페르니쿠스의 값 사이에 약간의 어긋남이 있지만, 코페르니쿠스의 값도 충분히 정확한 것은 아님을 지적하며 이렇게 이야기했다.

저 자신이 몇 년간 행한 관측으로 얻은 각 행성 이심률의 보다 정확한 관측값을 사용한다면, 이 점에 관해 보다 정밀하게 검증할 수 있을 것입니다. 그러나 저는 덴마크에 남겨두고 온 천문학 작업을 완성시켜 출판하는 것만으로도 벅차므로 그것을 확인할 만큼의 시간적 여유가 없습니다.[34]

덴마크에서 튀코를 비호했던 프레데리크 II세는 1588년에 사망했고 후계자인 크리스티안 IV세와 튀코는 사이가 나빴기(또는 측근들이 그렇게 만들었기) 때문에, 1597년에 튀코는 벤섬을 포기하도록 내몰렸다. 벤섬의 관측을 유지하는 데 드는 경비가 지나치게 들었다는 것 외에,*1 프레데리크 II세가 튀코를 과도하게 우대한 것을 신하들이 시기했고, 튀코가 도민島民들에게 가혹한 과역을 가해 도민의 반감을 샀던 것도 그 원인이었다. 이 편지는 사실상의 망명같이 덴마크를 출국한 튀코가 대륙을 방황하던 도중 함부르크 근교의 반즈베크에서 발송한 것이다. 튀코가 1599년에 최종적으로 도달한 곳은 막시밀리안 II세의 아들로 1576년 이후 신성로마제국 황제가 된 프라하의 루돌프 II세 곁이었다. 합스부르크가의 루돌프는 물론 가톨릭이었지만 루돌프의 궁정을 포함해 프라하에서는 프로테스탄트파들도 허용되었다. 이것은 튀코와 케플러에게는 다행이었다.

---

*1 프레데리크 II세가 벤섬의 시설 건설과 유지에 소비한 총경비는 튀코의 증언으로는 '금 1톤을 넘었다'고 하며, 이것은 현대의 금액으로 1억 5,000만 달러 이상에 해당한다고 한다(Christianson(1961), p. 119).

당시의 새로운 과학은 교회가 공인한, 예전부터 내려온 스콜라학에 대해서는 새로웠다 해도, 그 새로움의 일부는 중세사회에서는 교회권력이 오히려 억압했던 점성술이나 연금술과 결부됨으로써 성립했다. 이것이 세속의 권력자에게 더욱 힘을 부여한다는 환상을 동반했던 것이다. 합스부르크가의 루돌프 II세는 바로 그러한 마술적인 힘의 환상에 사로잡혀 오컬트학에 깊이 빠진 인물이었다.

프라하 궁정에서 튀코의 신분은 '궁정수학관', 즉 점성술사였다. 전임자는 빈농 출신인 라이메르스 우르수스로, 덴마크의 유서 깊은 귀족집안 출신으로서는 아무리 봐도 영락한 셈이었다. 프라하에서 튀코와 만나게 된 케플러는 1601년에 스승 메슈틀린에게 보낸 편지에서 이와 같이 전했다.

> 튀코 브라헤가 이룩한 것은 1597년 이전에 달성되었습니다. 그때 이후 그의 처지는 악화되었고 그는 심한 마음고생에 시달려 유아화幼兒化되었습니다puerascere. 그는 모국이 그를 버린 배려 없는 처사에 재기불능이 되었습니다. 이곳의 궁정은 명백하게 그의 파멸입니다.[35]

튀코 자신이 현지에서 보낸 편지에서 "여기서는 나는 타관 사람이며 이전 모국에 있었을 때처럼 귀족으로서의 위신이나 걸출한 사람들과 맺은 혈연이나 인맥의 도움을 받고 있는 것도 아닙니다"라고 푸념하듯 썼다.[36] 그러나 튀코 본인은 천체 관측을 계속할 수 있으면 좋았던 것일지도 모른다.

덴마크를 떠난 튀코는 앞의 1598년에 반즈베크에서 보낸 편지에서 "오랜 세월에 걸쳐 노력과 금전을 쏟아 부음으로써 축적된, 이처럼 많은 천문학의 보물[관측 데이터와 관측기기 컬렉션]이 소실되는 것을 피하기 위해 저는 가족과 함께 고향에서 이 땅으로 왔습니다"라고 기술되어 있다.[37] 다음 해인 1599년에 프라하에 도착한 튀코는 루돌프 II세로부터 받은 새로운 관측기지 베나티크성에서 필시 꽤 간소화되었을 형태로 관측을 재개했다. 그러나 튀코의 관측은 벤섬에서 행했던 20년간의 것으로 사실상 종결되었고, 오히려 그 사이에 수집된 방대한 관측데이터를 해석하여 별표로 만들어 내야 할 국면에 도달해 있었다. 이 상황은 1598년에 출판되었으며 루돌프 II세에게 바친 튀코의 『새로운 천문학의 기계』에 묘사되어 있다.

> 모든 다섯 행성에 관해 말하자면, 이루어져야 할 것은 하나밖에 남아 있지 않다. 즉 (그것 이전의 10년간의 관측을 빼도) 25년을 넘는 주의 깊은 천체 관측으로 확정된 수치를 표현할 새로운 정확한 표를 작성하고 지금까지 사용해 온 표가 부정확함을 밝히는 것이다. 우리는 이 작업을 개시했고 그 기본적인 부분은 이미 끝냈다. 수 명의 계산자가 협력하고 있으므로 그것을 완전하게 만드는 것은 어렵지는 않을 것이다. 그 결과는 많은 사람들이 바라고 있는 장래의 천체력(에페메리데스)을 계산하는 기초로서 도움이 될 것이다. 같은 것을 태양이나 달에 대해서도 행할 수 있으나 우리는 태양이나 달에 관해서는 이미 표를 갖고 있다. 이렇게 하여 우리가 결정한 천체

들의 경로가 현상에 합치하고 모든 점에서 정확하게 주어짐을 후세 사람들에게 간단하게 보여줄 수 있을 것이다.[38]

계산조수를 구했던 튀코는 『신비』를 읽고 그 아이디어에 꼭 찬성하지는 않았지만, 케플러의 남다른 수학적 재능을 꿰뚫어 보고 채용하고 싶다고 생각했다.

다른 한편 그라츠에서는 합스부르크가의 페르디난트 대공(훗날의 황제 페르디난트 II세)이 1598년에 프로테스탄트 탄압에 착수하여, 프로테스탄트 색채가 진했던 주립학교는 폐쇄되었고 케플러는 탈출할 곳을 찾고 있었다. 이리하여 1600년, 운명에 이끌리듯이 케플러와 튀코는 프라하에서 만나게 되었다.

케플러는 다음과 같이 술회했다. 나는 [『비밀』의 정다면체 모델이 보다 높은 정밀도의 관측으로 입증될 것인지 알고 싶다고 생각했던] 그때 이래의 관측 데이터와 비교해 보기를 갈망했다. 내가 1597년에 자신의 책에 대한 의견을 묻고자 튀코에게 편지를 써서 보냈을 때 그가 답신에서 자신의 관측을 언급했기 때문에 나는 그 관측결과를 열람하기를 열망하게 되었다. 그뿐만 아니라 그 후 내 운명을 크게 좌우하게 된 튀코는 그 후에도 자신이 있는 곳에 오라고 몇 번이나 나에게 권했다. 저 땅[덴마크]이 너무나도 멀어서 내가 머뭇거렸을 때 그쪽이 보헤미아로 오게 된 것이었다. 이것을 나는 새삼스럽게 신의 섭리라 생각하고 싶다. 나는 이런 연유로 행성들의 정확한 이심률을 습득하려는 희망을 가슴에 품고, 1600년 초에 그를 방문했다.[39]

1600년 2월에 처음으로 튀코와 만난 케플러는, 일단 그라츠로 돌아갔다가 10월에는 정식으로 튀코 곁에서 일하기 위해 가족을 데리고 재차 프라하로 향했다. 이즈음에 지인에게 보낸 편지에는 "제가 튀코를 방문한 가장 중요한 목적 중 하나는 저의 『신비』와 지금 말씀드린 조화를 검증하기 위해 보다 정확한 이심률 값을 그에게서 배우고 싶다고 원했기 때문입니다"라고 정직하게 털어놓았다.[40]

그러나 일이 그렇게 간단히 진척되지는 않았다. 케플러는 수 명의 조수 중 한 사람으로서 익숙하지 않은 관측에 동원되었다. 1609년의 책 『신천문학』에는 케플러 자신의 관측 체험이 이와 같이 기술되어 있다.

> 강풍 때문에[횃불을 사용할 수 없었기 때문에] 눈금을 읽어내는 것은 오로지 붉게 타오르는 숯불에 의지해야만 했다. …… 대략 같은 시각에 행한 관측에 이 정도로 변동이 생긴 것은 추위와 찌르는 듯한 바람 때문이었다. 왜냐하면 맨손으로는 쇠로 된 기구를 다루어 잠금쇠를 조일 수 없었기 때문에 장갑을 꼈지만 그 때문에 분 단위로 정확하게 읽어낼 수 있도록 충분히 단단히 조준의를 고정할 수 없었던 것이다.[41]

전기도 가스도 없던 시대였고, 대륙성 기후인 중부 유럽에서 야간에 행한 관측은 특히 겨울철에는 가혹하고 혹독한 작업이었다. 그러나 이 경험은 결코 쓸모없지는 않았으리라고 생각된다.

케플러는 이렇게 자기 자신의 관측을 자세하게 기록한 목적은 "무엇 때문에 튀코 브라헤가 저렇게까지 세심한 주의와 기기의 정확성과, 조수들, 그리고 그 외 몇몇 장치를 필요로 했는가"를 알기 위해서였다고 말한다.[42] 케플러는 튀코의 관측현장에 입회함으로써 그 관측 데이터가 신용할 수 있는 것이라는 확신을 얻었으리라고 생각된다.

오히려 문제는 튀코가 그 데이터를 간단히 사용하게 해주지 않았다는 것이었다. 메슈틀린에게 보낸 편지에서 케플러는 "튀코는 그 자신의 관측을 타인에게 가르치는 데는 극히 인색parcus합니다"라고 불평했다.[43] 원래 튀코가 갖고 있던 데이터는 이심률과 같은 파라미터로 정리된 것뿐만 아니라 대부분은 가공되지 않은 관측 데이터의 집적으로, 이조차도 쉽게 보여주지는 않았다. 앞서 언급한 지인에게 보낸 편지에서는 이어서 다음과 같이 썼다.

> 튀코는 저에게는 그 대부분을 주지 않았습니다. 그는 그저 식사 도중이나 다른 기회에, 어떤 때는 어떤 행성의 원지점에 관해 또 어떤 때는 다른 행성의 승강점에 관해 그저 말이 나온 김에 하는 식으로 말해줄 뿐입니다. 그러나 제가 강하게 결의하고 있음을 알고는—필시 저를 길들일 가장 좋은 방법이라고 생각했을 것입니다—그는 한 행성, 즉 화성의 관측을 제 생각대로 해주려고 마음을 먹었습니다. 저는 다른 행성은 다루지 않고 화성에 매달리게 되었습니다. 저는 매일 화성의 이론이 해결될 날에는 다른 관측도 손에 넣게 되리라고 기대하고 있었습니다.[44]

사실을 말하자면 화성 궤도는 외행성 중에서 이심률이 최대이며, 당시까지와 같은 원의 조합으로는 간단히 설명할 수 없었던 것이다.*2 이미 기원전 4세기 그리스의 에우독소스의 동심구 모델에서 화성은 난제였다.[45] 고대 로마 플리니우스의 『박물지』에서도 "화성의 진로를 관찰하는 것은 대단히 어렵다"라고 기록되어 있다. 약 1500년 뒤에 겜마 프리시우스는 1545년의 『천문학의 지팡이』에서 관측에 따르면 화성에서는 에페레리데스의 계산값이 '허용할 수 없는 오차'를 보이기 때문에 플리니우스의 지적이 "합당하지 않은 것은 아니다"라고 언급했다.[46] 그리고 케플러의 1609년 『신천문학』의 헌사에서는 "레티쿠스는 화성의 운동에 경악하

---

*2 행성 궤도의 이심률은 큰 순서대로 수성 $e_1 = 0.206$, 화성 $e_2 = 0.093$으로 수성 쪽이 훨씬 크다. 본래의 타원궤도를 이심원의 궤도로 근사하는 것은 이심률을 e로 하여 $\frac{e^2}{2}$를 무시하는 것에 해당한다. 따라서 태양에서 본 각도의 오차 $\delta\theta$는 이 규모의 사이즈order이며, 수성에서는 $|\delta\theta_1| \approx 1.2°$, 화성에서는 $|\delta\theta_2| \approx 0.2°$이다. 그러나 지구에서 본 각도의 오차는 지구의 궤도 반경을 a, 수성의 궤도 반경을 a_1, 화성의 궤도 반경을 a_2, 지구와 이 행성들까지의 거리를 각자 r_1, r_2로 하여

$$|\delta\theta'_i| \approx \frac{a_i}{r_i}|\delta\theta_i| \leqq \frac{a_i}{r_{imin}}\frac{e_i^2}{2} \qquad i = 1, 2$$

여기서 $a_1 = 0.38a$, $a_2 = 1.52a$이며 따라서 거리 r의 최솟값은 수성에서 $r_{1\min} = a - a_1 = 0.62a$, 화성에서 $r_{2\min} = a_2 - a = 0.52a$. 결국 지구에서 관측되는 각도의 오차는 수성과 화성에서 각자

$$|\delta\theta'_1| \leqq \frac{0.38}{0.62}|\delta\theta_1| \approx 0.7°, \ |\delta\theta'_2| \leqq \frac{1.52}{0.52}|\delta\theta_2| \approx 0.7°$$

로 큰 차이는 없다. 그러나 수성은 관측하기 곤란했기 때문에 데이터가 풍부하지는 않았다. 데이터가 갖춰져 있는 것 중에서 해석하기 가장 곤란한 행성은 화성이었다.

여 어찌할 바를 몰랐다"라고 했다.[47] 이런 의미에서는 신입인 케플러가 화성을 떠맡게 된 것은 불리한 제비를 뽑게 된 셈이었다.

이심률이 큰 화성은 원궤도에 매달리는 한에서는 궤도를 결정하기 곤란했으나, 역으로 바로 그 때문에 타원궤도의 발견으로 이어졌다고 말할 수 있다. 나중에 케플러 자신이 "화성의 운동은 천문학의 숨겨진 비밀[타원궤도]에 도달할 수 있는 유일하게 가능한 길이며, 그것이 아니었다면 우리는 그 비밀을 영원히 알 수 없었을 것이다"라고 썼으며, 화성의 문제와 씨름할 처지가 된 연유를 '천우신조divina dispositio'라고 회고했다.[48] 이미 1602년 단계에서 케플러는 화성의 이론이 '모든 천문학의 열쇠'라고 인식했던 것이다.[49]

튀코는 1601년 10월 24일에 급서急逝했고, 튀코와 케플러의 공동연구는 2년을 채우지 못한 채 막을 내렸으며, 튀코의 죽음 바로 이틀 뒤에 케플러가 프라하 궁정수학관의 지위를 잇게 되었다. 튀코 생존 중에 케플러는 수 명의 조수 중 한 사람일 뿐이었으나, 튀코는 케플러의 탁월한 수학적 재능을 인정했었을 것이다. 임종에 임해 튀코는 자기 작업의 완성을 케플러에게 맡겼던 것이다.

케플러는 그해 12월에 스승 메슈틀린에게 보낸 편지에서 "저는 희망에 넘치고 있습니다"라고 표명했다.[50]

그 후 이전부터 튀코의 조수이자 사위였던 프란츠 텡나겔Franz Gansneb Tengnagel von Camp과 튀코의 학문적 유산 상속을 둘러싸고 소송에서 다투었는데,[51] 우여곡절은 있었지만 튀코의 비할 데 없이 귀중한 관측 데이터는 케플러에게 맡겨지게 되었다. 즉 그 시점에서 우주의 비밀을 해독할 능력을 가진, 세계에서 단 한 사람의 손에 넘겨진 것이었다. 케플러 자신이 그것을 자각하고 있었다. 1605년 크리스토퍼 헤이돈Christopher Heydon에게 보낸 서간에서 "저는 튀코의 사망에 즈음하여 그의 제자들에게는 지식이 없거나 불충분하므로 튀코가 남긴 관측을 그들의 의사에 반하여 대담하게, 어쩌면 난폭하게 입수했음을 부정하지 않습니다"라고 고백했다.[52] 이리하여 튀코의 유지를 이어 『알폰소 표』나 『프러시아 표』를 대신할 보다 정확한 천체표를 작성하는 작업이 케플러에게 돌아갔고, 그 과정에서 케플러는 화성 궤도 해석에 집중했다. 케플러 자신이 1619년의 『조화』에서 "브라헤의 관측 기록이 없었다면 내가 바야흐로 대단히 밝은 빛 속에서 확립한 모든 것이 암흑 속에 묻혀 잠들어 있었을 것이다"라고 썼다.[53] 그 경위를 약 80년 후에 라이프니츠는 "신의 섭리로 튀코의 관측과 땀의 결정체는 비할 데 없는 인물인 요하네스 케플러의 손에 넘어가게 되었다"라고 평했다.[54]

5. 케플러와 우르수스

결과는 해피엔딩 같았으나 거기에 이르는 여정은 꽤 구불구불했다. 특히 튀코의 체계(지구태양중심체계)를 놓고 튀코와 우르수스의 트러블에 휘말린 것 때문에 케플러는 고뇌했다. 그 과정에서 케플러가 농락당한 전말은 일화로서도 재미있고 튀코와 케플러 두 사람의 성격을 알 수 있어 흥미롭지만, 그 부산물로 생겨난 케플러의 특이한 소론 『우르수스의 대한 튀코의 옹호』(이하 『옹호』)는 그 이상으로 중요하다.

이 우르수스라는 인물은 그다지 알려져 있지 않지만 어떤 의미에서 흥미로운 인물이기도 하므로, 에드워드 로즌Edward Rosen의 책 『세 명의 궁정수학관』과 매콜리McColley의 논문에 의거해 간단히 기술해 둔다.

라틴명 라이마루스 우르수스Reimarus Ursus, 니콜라스 레이머 베어는 당시 덴마크 지배하에 있던 도일 북서부 홀슈타인의 가난한 양돈가에서 태어나 18세까지 돼지를 돌보면서 독학으로 라틴어, 프랑스어, 그리스어, 수학, 천문학을 익혔다고 하는, 형설지공螢雪之功의 노력을 한 인물이었다. 이 땅의 총독이었던 덴마크의 헨리크 란초에게 인정을 받아 1580년에는 라틴어 문법서를, 1583년에는 측량술 책을 썼다. 이렇게 사회적으로도 낮은 지위로 태어나 빈곤 속에서 성장하여 고등교육을 받지 않은 인물이 자력으로 학습해서 전문서를 낸다는 것은 필시 16세기 서유럽에서는 처음 생긴 현상일 것이다.

그 후 베어는 덴마크의 귀족 에리크 랑게를 섬겼고, 1584년에 랑게가 벤섬으로 튀코를 방문했을 때 수행하여 우라니보르에서 2주간 체재했다.[*3] 이때 미공개 자료를 훔쳐보고 베껴 썼다고 튀

---

*3 랑게는 연금술에 관심이 많았고 연금술적인 문제에 관해 튀코와 의견을 나누기 위해 종종 벤섬을 방문했다(Schackelford(1989), p. 199; Thoren(1990), p.

코에게 규탄받았으나 본인은 부정했다. 1585년 10월에 베어는 튀코의 것과 유사한 체계를 고안했고 카셀을 방문하여 1585년 5월에 윌리엄 IV세의 궁정에서 자신의 체계를 공개했다. 그 도상에 있었던 말부르크에서도 베어는 란초의 친구인 독일인 천문학자에게 자신의 체계를 이야기했다고 한다.

베어의 체계는 튀코의 것과 마찬가지로 태양과 달이 정지 지구 주변을 주회하고 그 태양 주변을 다섯 행성이 주회한다는 지구태양중심체계였으나, 화성 궤도와 태양 궤도가 교차하지 않는다는 것, 지구에서 항성까지의 거리가 여러 가지이며 항성천이 두께를 갖는다는 것, 그리고 지구가 자전하며 항성천이 정지하고 있다는 점에서 튀코의 것과 달랐다(그림12.5). 당시 튀코는 1577년의 혜성에 관한 보고를 썼는데, 1588년에 출판된 그 보고『최근의 현상』에는 이전에 이야기했듯이 혜성 관측과는 다른 차원의 새로운 체계에 관한 장이 포함되었다. 베어의 이론에 관한 소문을 듣고 급히 써서 덧붙였으리라고 생각된다[Ch. 11. 4].

1587년에 베어는 슈트라스부르크로 가서, 다음 해인 1588년 7월에 독일어 베어Bär(곰)를 라틴어화한 우르수스Ursus라는 이름으로『천문학의 기초Fundamentum Astronomicum』를 저술했다. 이것은 주로 천문학을 위한 기하학과 삼각법 해설로서 끝부분에 그의 체계가 기록되어 있다. 튀코가 자신의 체계를 공표한『최근의 현상』을 출판한 직후였다. 이리하여 우르수스, 즉 베어는 이 세계에

206; Christianson(2000), p. 91f.).

그림12.5
라이마루스 우르수스(베어)의 『천문학의 기초, 즉 정현과 삼각형의 새로운 이론』 속표지(옆)와 그 세계의 체계(아래). 세로와 가로 직선의 교점에 있는 것이 지구, 그 주변의 원이 태양 궤도, 태양 주변을 다섯 행성이 주회하고 있는데, 화성 궤도가 태양 궤도와 교차하지 않는다는 점이 튀코의 것과 달랐다.

NICOLAI RAYMARI VRSI DITHMARSI.
FVNDAMENTVM ASTRONOMICVM:
ID EST.
NOVA DOCTRINA
SINVVM ET TRIANGVLORVM.
EAQVE ABSOLVTISSIMA ET PERFECTISSIMA, EIVSQVE VSVS IN ASTRONOMICA Calculatione & Obferuatione.

Cui adiuncta funt:

I. Hypothefes nouæ ac veræ motuum corporum Mundanorum.
II. Extructio Canonis finuum, vulgaris quidem, fed folita vià facilior.
III. Sectio anguli datâ ratione, feu in quotlibet partes.
IV. Quadratio Circuli Demonftrabili ratione, eiusque Demonftratio.
V. Solutio Triangulorum vfitatiorum noua ac facillima ratione.
VI. Solutio plerorumque Triangulorum per folam prosthaphærefin.
VII. Eiufdem prosthaphæreseos Apodixis, Caufa, ac Demonftratio.

Omnibus feculis problemata fanè defideratifsima, aliaq; priùs nec audita nec antea vifa paradoxa quàm plurima.

ARGENTORATI.
Excudebat Bernhardus Iobin.
1588.

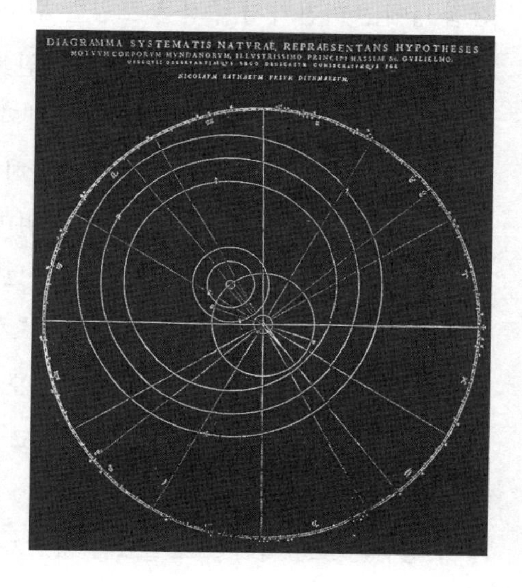

서 이름이 알려지게 되었고 1571년에 루돌프 II세의 궁정수학관으로 임명되었다. 튀코의 전임이었으며 빈농 출신의 인물로서는 파격적인 출세라 말할 수 있다. 그리고 1597년에 우르수스는 두 번째 저서 『천문학의 가설에 관하여de Astronomicis Hypothesibus』(이하 『가설』)를 출판했고 1600년 8월에 사망했다.

튀코는 이 우르수스의 체계가 벤섬에서 부정하게 훔쳐본 자료에 기반한 표절이라고 주장했고, 확실히 몰래 보았다고 믿어 의심치 않았을 것이다. 1588년 란초에게 보낸 서간에서 튀코는 『천문학의 기초』에 그려져 있는 우르수스의 체계를 나타낸 그림을 '순전한 표절merum furtum'이라고 단정했다. 다음 해인 1589년 로스만에게 보낸 서간에서도 "이 사기꾼[우르수스]은 자신의 표절을 노골적으로 드러냈습니다"라고 했다. 1596년에 공표된 『천문학 서간집 I』에는 마찬가지 주장을 포함한 튀코의 몇몇 서간이 수록되어 있다. 이에 대해 다음 해인 1597년 인쇄된 우르수스의 『가설』은 그 부제 『저자에 의해 고안되고 제창되어 출판된 천문학 가설에 관해 불손하게도, 그렇다기보다 사악하게도, 자신의 것이라 감히 우겨대는 어떤 인물에 대한 해명과 변명』을 보아도 알 수 있듯이 튀코에 대한 시비조의 반론이었다. 그 후에도 튀코는 1599년 케플러에게 보낸 서간에서 우르수스의 『기초』에 대해 "그 속에는 그 자신의 것은 무엇 하나도 없습니다. 오히려 모든 것은 그가 늘 하고 있는 것처럼, 타인에게서 가로채고 훔쳐낸surrepta et praerepta 것입니다"라고 잘라 말했다.[55]

이 경위는 로즌이나 스코필드의 책, 그리고 징거리치와 웨스트먼의 논문에 상세한데, 그 진상은 명확하지 않다. 과학사 문헌은 대체로 우르수스에게 점수가 박한 듯한데, 예를 들어 스코필드의 책에는 "상황증거는 그가 튀코의 것을 표절했다는 데 유죄임을 보여준다"라고 한다. 사튼Sarton에 이르러서는 "우르수스는 튀코의 체계를 훔쳤다. …… 우르수스는 배신자이자 강탈자였다"라고 처음부터 단정하고 있다. 그러나 "그가 튀코의 체계를 훔쳤다는 증거는 아무것도 없고, 그에게는 훔칠 필요도 없었다"라는 쾨슬러의 기술 쪽이 참모습에 가까운 것은 아닐까.[56] 이 점에 관해서는 튀코의 저작집을 편찬한 드라이어가 튀코의 전기에서 이야기하는 판정이 공정하다고 생각된다.

> 그렇지만 이 표절 고발은 극히 빈곤한 증거에 기반한 것으로, 나중에 평결하기로는 '증명되지 않았다'라고밖에 말할 수 없다. 레이머[베어]는 그의 저작에서 자신이 유능한 수학자임을 보여주었으며, 행성의 운행에 관해 튀코가 고안한 아이디어와 유사한 결론에 독립적으로 도달하지 않았다고 생각해야 할 이유는 존재하지 않는다.[57]

실제로 앞에서도 말했듯이 튀코의 체계가 그렇게 독창적인 것은 아니었던 것이다.

다른 한편으로 우르수스의 체계는 항성천이 정지하고 지구가 자전(일주회전)하고 있다는 점에서 튀코의 체계와는 달랐다. 나중에는 튀코의 제자인 롱고몬타누스도 거의 마찬가지 체계를 제창했다. 매콜리는 지구를 자전시키는 이 우르수스와 롱고몬타누스의 체계를 프톨레마이오스, 코페르니쿠스, 튀코의 것에 이어 '제4의 체계'라고 했다. 튀코는 지구의 부동성을 확신했기 때문에, 지구의 자전을 인정하는 우르수스와 롱고몬타누스의 체계는 '제4의 체계'라 불러야 할지 어떨지는 별도로 하더라도 튀코 체계의 단순한 변종이라고 하고 끝낼 수는 없다. 그뿐만 아니라 이 논문에 따르면 우르수스의 『천문학의 기초』에서는 과학적 우주론의 기초로서 "항성 자신은 키클라데스군도처럼 무한한 공간에 산재하고 서로 다른 것과는 크게 떨어져 분포되어 있다"라고 기술했고, 나아가서는 제8천구의 볼록구면과 오목구면이 제거되어 항성이 지구에서 부등한 거리로 분포되어 있는 그림이 첨부되어 있다고 한다.[58] 그렇다면 라이메르스 우르수스는 토머스 디게스나 조르다노 브루노와 나란히 무한우주의 선구적 제창자로 꼽혀야 할 것이다. 과학사에서 부당하게 낮게 평가되고 있다는 느낌을 부정할 수 없다.

우르수스는 빈곤한 환경에서 성장하여 독학으로 학문을 익힌 인물의 경우에 있기 십상인, 주변사람을 믿지 않고 완고한 성격이었기 때문에 오해받았을지도 모른다. 가난한 배경에서 출세한 인간에 대한 주위의 편견이나 멸시도 있었을 것이다. 그렇다 해도, 돼지를 돌보면서 고전어와 천문학을 익혔고 몇 권의 책을 저술했으며 최후에는 당시의 천문학자가 바랄 수 있는 최고의 지위인 황제의 수학관으로 인명되었다는 것만으로도 특기할 만한 일은 아닐까. 자서전을 남겼다면 그 충격impact은 토마스 플래터Thomas Platter의 것*4에 필적, 아니 능가했을지도 모른다.

그런데 1595년에 케플러는 우르수스에게 상찬을 하는 편지를 보냈다. 학생 시절에 케플러는 우르수스의 『천문학의 기초』로 수학(삼각법)을 배웠던 것이다. 나중에 케플러는 우르수스에게 편지를 보낸 동기를 "그는 나를 원조할 수도 억압할 수도 있는 궁정 수학관이었고, 그 영향이 스티리아까지 미쳤기 때문입니다"라고 메슈틀린에게 변명했다.[59] 그 시점에서 아직 무명의 청년이었던 케플러는 자신의 작업을 인정해 주기를 바라는 일심으로 여기저기 이름이 알려진 인사에게 상대를 가리지 않고 편지를 보냈던 듯하다.

케플러가 『신비』 출판으로 이름이 알려지게 된 뒤 튀코가 우르수스를 표절로 고발했을 때, 우르수스는 그것을 반론하는 문서인 1597년의 『가설』에서 케플러의 그 서간을 물론 본인의 양해 없이 게재했는데, 운이 나쁘게도 이것은 바로 케플러가 튀코의 제자로 들어가기를 희망하던 때였다. 튀코는 케플러에게 자신에게 충성한다는 증거로 이른바 우르수스의 체계가 튀코의 것을 표절한 것임을 논증하는 문서를 작성하여 공표하도록 요구한 것이다. 시의심猜疑心이 강했던 튀코는 케플러와 우르수스가 뒤로 손을 잡고 있

---

*4 토마스 플래터는 15세기 말에 스위스 산악지대의 한촌寒村에서 빈농의 자식으로 태어나, 어려서부터 방랑학생 집단에 들어가 구걸이나 절도로 소년, 청년 시절을 보냈고, 밧줄을 만드는 직인으로서 일하면서 독학으로 고전어(라틴어, 그리스어)를 습득하여 바젤 김나지움의 교장까지 올라갔으며, 1582년에 사망하였다. 자서전 『放浪学生プラッターの手記(방랑학생 플래터의 수기)』(阿部謹也(아베 긴야) 역)가 남아 있다.

지는 않은지 의심하며 억측했을지도 모른다.

그러나 우르수스가 정말로 튀코의 아이디어를 훔쳤는지 확신하지 못했을 뿐만 아니라 원래 튀코의 체계라는 것은 코페르니쿠스 체계의 일부 수정판 정도의 것으로, 호들갑스럽게 독창성을 주장할 정도의 것으로는 보지 않았던 케플러에게는 무릇 마음이 내키지 않는 일이었다. 실제로 케플러는 바이에른의 고관 헤르바르트 폰 호헨부르크에게 1598년 3월에 쓴 편지에서 솔직하게 밝혔다.

> 이탈리아의 마지니는 [우르수스와] 거의 마찬가지의 작업을 하고 있습니다. 다만 그는 [지구의 자전을 인정했던 우르수스가 이야기하는] 지구의 표면 운동을 항성으로 옮겼습니다. 그리고 다른 사람들, 알자스의 리슬린이나 최초로 제창했다고 생각되는 튀코 브라헤도 천문학적인 방식이라기보다는 오히려 철학적인 방식입니다만, [우르수스와] 마찬가지의 작업을 하고 있습니다. 요컨대 그 가설은 새로운 것이 아니라 새로운 것은 외관이며, 오래된 가설과 새로운 코페르니쿠스의 가설을 절충한 것입니다.[60]

다음 해인 1599년 2월 튀코에게 보낸 편지에서 케플러는, 마지니나 레슬린이 "마찬가지의 것을 코페르니쿠스의 가설로부터 각자 자력으로 이끌어 냈으므로 우르수스도 마찬가지의 것을 손쉽게 이룰 수 있었다고 저는 판단합니다"라고 주눅 들지 않고 기술했고, 같은 해 5월 헤르바르트에게 보낸 서간에서도 "튀코가 만들어 낸 우주는 코페르니쿠스 이론을 수정해서 손쉽게 이끌어 낼 수 있습니다"라고 잘라 말했다.[61] 케플러가 이 시점에서 유일한 스승으로 간주했던 메슈틀린 자신이 케플러의 『신비』에 덧붙인, 레티쿠스의 『제1해설』에 달았던 「서문」에서 튀코의 체계를 "실제로는 예전부터 내려온 가설에 대한 그 수정은 낡은 옷에 새로운 천을 덧댄 것과 마찬가지일 뿐으로 아마도 조만간 헛수고가 될 것입니다"라고 냉정하게 보고 있었던 것이다.[62]

따라서 케플러가 행한 것은, 표절 운운하는 문제는 접어두고 우르수스의 『가설』에서 이야기하고 있는, 오시안더의 것과 통하는 불가지론을 비판하는 것이었다. 이리하여 1600년 10월부터 다음 해 4월까지 집필한 것이 『옹호』였는데, 우르수스와 튀코의 예상치 못한 죽음으로 미완인 채로 방치되었고, 케플러의 생전에는 출판되지 않았다.[63] 당시 친하게 지냈던 다비드 파브리키우스David Fabricius가 그것을 출판하기를 권했는데, 케플러는 "나는 우르수스에 대한 반론을 썼지만 만족하지 못했습니다. 저는 가설의 역사에 관해 우선 프로클로스와 아베로에스를 조사해야 합니다. 조만간 적개심을 갖지 않고 가능하게 된다면 그것을 출판하기로 하지요"라고 응했다.[64]*5 쓴 것이 케플러의 마음에 차지 않았던 듯하다.

---

*5 프리슬란트 출신의 파브리키우스(1564~1617)는 한때(수 주 동안) 프라하의 튀코 밑에서 천체 관측에 종사한 적이 있었고, 지도 제작에도 종사했다. 성실한 인품으로 호기심이 왕성했으며 천문학적 지식도 풍부하여, 튀코 사후 케플러와 친하게 서간을 주고받았다고 알려져 있다. 변광성(물고기자리의 미라)을 발견했고, 또 갈릴레오와 독립적으로 태양흑점을 관측했다고 알려져 있다.[65]

6. 천문학의 가설에 관하여

확실히 이 『옹호』는 미완성이자 불명료한 곳도 있었고, 또한 원래 '코페르니쿠스의 옹호'가 아니라 '튀코의 옹호'를 위해 쓰였다는 제약도 있어, 케플러의 진의가 꼭 완전히 표명된 것은 아니다. 그래도 이 『옹호』는 "케플러 천문학 철학의 뛰어난 대요大要, summary"이며,[66] 오늘날의 시각으로 보면 그의 천문학 사상, 나아가서는 과학사상 일반을 살펴보는 데 극히 중요한 문헌이다. 현재는 그 라틴어 원문과 영역, 그리고 우르수스의 『가설』의 주요 부분을 영역한 것이 니콜라스 자르댕Nicholas Jardine의 책 『과학사와 과학철학의 탄생The Birth of History and Philosophy of Science』에 수록되어 있으므로 이것에 의지해서 살펴보기로 하자.

우르수스는 『가설』에서, 원래 튀코의 체계라는 것은 독창적인 것이 아니라 아폴로니우스의 이론에서부터 예측할 수 있고, 코페르니쿠스의 이론에서 끌어낼 수 있다고 주장함으로써, 자기에게 가해진 표절 혐의를 무효화하려고 했다. 그리고 보다 적극적으로 『가설』에서 이야기하고 있는 견해는, "가설이란 허구적 가정이며 참이 아니어도 혹은 통상적 표현으로는 실재적이지 않아도 전혀 상관없다"라고 했지만 "이러한 허구적 가정 내지 가설의 도움을 빌리지 않으면 천체 운동을 궤도로 확정할 수도, 천체 운동의 현상을 구제할 수도, 그 현상을 계산할 수도 없게 되기" 때문에, 천문학자에게는 그러한 가설의 사용이 허용되어 있다는 실용주의pragmatism가 전부이다.

가설 내지 허구적 가정이란 천체 운동을 추적하도록 설계되고, 천체 궤도를 확정하여 천체 운동을 구제하며, 그 계산 방법을 형성할 목적으로 고안되고 채용되며 도입된, 어떤 상상적인 원으로 만들어진 세계체계의 상상적인 형상의 묘사이다. 나는 세계 체계의 상상적인 형상에 관해 고안된 이미지라고 할 것이다. 이것은 세계체계 그 자체가 아니라 우리가 상상하여 마음속에서 그렸다고 주장하는 세계체계의 형상이다(우리가 이것을 진정한 것이라고 말하지 않는 것은 진정한 것을 알 수 없기 때문이다). 이리하여 만들어진 가설은 세계체계를 마음으로 그려내어 기술하기 위해 사용하는 어떤 종류의 허구와 다름없다. 따라서 이 가설들은 설령 천체 운동 그 자체와 일치하지 않아도 천체 운동의 계산방법에 그것들이 적합한 한에서, 그리고 천체 운동의 계산이 이것들에 의해 수행될 수 있는 것이라면 이것들이 현실의 세계체계에 전면적으로, 즉 모든 점에서 일치하거나 모든 본연의 모습에 일치할 필요는 없고, 또 그 가설을 만든 자에 대해서도 그러한 일치가 꼭 요구되는 것은 아니다. …… 이러한 연유로 천문학에 요구되는 것은 천체 운동의 현상과 외견을 만들어 내고, 그것들을 정확하게 계산하는 방법을 부여하는 것이며 이리하여 이 학예가 지향하는 목적을 달성할 수 있는 가설을 고안한다면 그 진위는 어찌되었든 그걸로 천문학자는 좋다고 여기는 것이다.[67]

이렇게 우르수스는 프톨레마이오스의 것과 튀코의 것과 코페르니쿠스의 것이 모두 같은 관측결과를 설명하는 한 그중 무엇이 참된 체계인지는 말할 수 없다는 주장을 했다.

여기에 있는 '가설은 허구이다'라는 주장은 가설은 당장 현상을 구제하면 된다는 것 이상으로 강한 의미를 갖고 있다. 일반적으로 '가설'이란 현상을 설명하기 위해 만들어진 가정이지만, 여기서부터 유도된 결과가 관측이나 실험으로 증명되었다면 그런 한에서 그 '가설'은 일정한 한도 내에서 타당한 진리라 인정된다는 것이 현재 우리의 이해일 것이다. 이에 비해 '가설'을 '허구'라 말해버리면 진리로서 인정받을 가능성은 처음부터 닫혀버린다. 그러나 당시는 오히려 우르수스와 오시안더 같은 이해가 일반적이었던 듯하다. 과학사가 브라이스 베넷Bryce Bennett에 따르면 "우르수스가 가설의 진리성을 거부한 것은 필시 논쟁하기 위한 것이었으리라고 해도, 이 시대의 천문학 실무자 대다수가 지녔던 철학적 입장의 전형이었다".[68] 그리고 또 니콜라스 자르댕이 말했듯이 "오시안더나 우르수스의 표명은 독일의 프로테스탄트대학에서 널리 보급되었던 온건회의파의 입장과 일치했다"라는 것이다.[69]

원래 당시에는 '가설'이라는 표현 자체에 '허구'라는 뉘앙스가 강하게 부착되어 있었다.

코페르니쿠스가 최초로 지동설을 이야기한 『소논고(코멘타리오루스)』의 정확한 제목은 『그 자신에 의해 수립된 천체 운동의 가설에 관한 소논고』였다. 1533년에 요한 알브레히트 비트만슈테터가 이것을 교황 크레멘스 VII세에게 보냈고, 교황과 그 측근들 앞에서 설명했을 때 교황을 비롯한 로마의 고위성직자 누구도 충격을 받은 흔적은 없었다[Ch. 5. 10]. 이것에 관해 알렉산더 코이레

Alexandre Koyré는 그 제목에 '가설Hypothesis'이라고 써놓음으로써, 코페르니쿠스의 이론이 우주의 실재 구조를 이야기하는 것이 아니라 가상 혹은 허구로서의 수학적 구성에 지나지 않는다고 그들이 받아들였기 때문이라고 해석했다.[70] 코이레의 이 해석이 얼마나 참모습에 접근했는지는 알 수 없다. 단순히 교황들이 사태의 중요성을 몰랐을 뿐이었을지도 모른다.

그러나 다음 예는 확실하다. 예수회 수도사로 갈릴레이와 대치했던 추기경 벨라르미노는 1615년의 서간에서 이렇게 표명했다.

> 지구는 움직이고 태양은 부동이라고 가정한다면, …… 모든 현상을 구제할 수 있다고 말하는 것은 실로 올바른 발언이며 어떠한 위험도 없습니다. …… 태양이 중심에 있고 지구가 하늘에 있다고 가정하면, 현상은 구제된다고 증명하는 것과 태양이 중심에 있고 지구가 하늘에 있는 것은 진실이라고 설명하는 것은 같은 것이 아닙니다.[71]

그리고 1620년에 로마교회는 코페르니쿠스의 『회전론』에 대해 "지구의 위치와 운동에 관한 원리들을…… 가설적으로 다루는 것이 아니라 극히 참된 것으로서 제시하고 있음에 의문의 여지가 없다"라고 판단을 내리고 10개소를 수정할 것을 명했는데, 그중 하나는 제1권 제11장의 제목 「지구의 삼중운동에 관한 논증」을 「지구의 삼중운동에 관한 가설과 그 논증」으로 변경해야 한다는 것이었다.[72] 여기서는 명확하게 '가설'이나 '가정'은 '참이 아니다', '현실이 아니다'라는 전제로 사용되었다.

이때 '가설'에는 수준이 다른 두 의미가 있음에 주의하자. 하나는 작은 스케일의 가설로 천문학 이론에서 개별 행성 궤도에 대한 이심원이나 주전원이라는 개개의 기하학적 도구device의 가정을 가리킨다. 예를 들어 16세기 중기 페트루스 라무스가 주장했던 '가설을 동반하지 않는 천문학'이라 할 때의 '가설'은 이러한 유의 기하학적이고 인위적인 궁리나 수법을 가리킨다. 또 하나는 큰 스케일의 가설로 코페르니쿠스의 체계나 튀코의 체계 같은 우주론적 주장을 가리킨다. 따라서 '가설은 진실을 나타내는 것이 아니다'라는 주장은 하나는 이심원이나 주전원은 실재가 아니라 계산을 위한 가상에 지나지 않는다는 주장이며, 또 하나인 세계의 중심에 지구가 있다고 할 것인가 태양이 있다고 할 것인가도 단순히 기하학적 추론의 편의 문제에 지나지 않음을 의미한다.

어느 쪽 가설에 관해서도 가설을 허구라고 보는 이러한 이해에 대해서, 케플러는 『옹호』에서 특히 전자의 가설에서는 '기하학적 가설'과 '천문학적 가설'을 구별했고, 나아가 후자의 가설에서는 '기하학적 가설'과 '자연학적 가설'을 구별함으로써 회의론이나 불가지론으로부터 천문학과 우주론을 구제하려고 시도했다.

전자의 구별은 기하학을 천문학의 보조학으로 자리매김하는 것에 기반한다.

> 행성의 겉보기 궤도와 그 운동의 기록을 서적으로 적어두는 것은 천문학의 특히 기계적이고 실제적인 부분의 작업이다. 그 진정한 궤도를 발견하는 것은 깊이 사유하는 천문학의 작업opus astronomiae

contemplativae이다. 다른 한편 그 참된 운동들의 정확한 상이 어떠한 원이나 선으로 종이 위에 그려질 수 있는가 하는 것은 기하학이라는 하급 법정inferiorum geometrarum subsellium이 관련되는 것이다.[73]*6

즉 현상의 기술이나 계산을 위한 기하학적 도구를 지정하는 것을 가리키는 '기하학적 가설'이 '착시에 의해 왜곡되지 않은 행성의 참된 운동verus motus'을 나타내는 것으로서의 '천문학적 가설'로 대치되었다.[74] 여기서 케플러가 말하는 '진정한 궤도via vera et genuina'의 의미는, 1618년의 『조화』에 나오는 "역행이나 유留라는 환시phantasia가 제거되고 행성의 참된genuinus 이심궤도상의 회전이 밝혀졌다면……"이라는 표현으로부터도 미루어 짐작할 수 있다.[75] 즉 행성의 역행현상을 주전원을 사용해 해명하는 프톨레마이오스의 설명은 기하학적 가설임에 비해, 그것을 관측자의 운동에서 유래하는 '착시visus commutatio'라 간주하는 코페르니쿠스의 설명은 참된 운동을 나타내는 천문학적 가설이라는 말이 된다.

그러나 케플러에게 무엇이 '착시'이고 무엇이 '진정'한 것이냐고 묻는다면, 그것은 결국 설명의 단순성으로 귀착한다. 『옹호』에서는 "어떤 천문학자가 달의 궤도는 알 모양을 그린다고 말했을 때

---

*6 인용문 중 '기계적이고 실제적인 부분mechanicae et practicae pars'의 '기계적'은 이 시대에는 '손으로 하는, 머리를 사용하지 않는' 혹은 '틀에 박힌, 루틴화되어 있는'이라는 이미를 갖고 있었다. 졸저 『16세기 문화혁명 1』 p. 12f. 참조. 실제로 케플러는 『신천문학』에서 단조로운 계산의 반복을 '기계적이고 지루한mechanica et taediosa'이라고 기술했다(*JKGW*, Bd. 3, p. 264, 영역 p. 418).

그것은 천문학적 가설이다. 그러나 그 인물이 그 알 모양은 어떠한 원[복수]에 의해 구성될 수 있는가를 제시할 때 그는 기하학적 가설을 사용하는 것이다"라는 구절이 있다.[76] 이 경우에는 행성 궤도가 그것에 고유한 단일 곡선으로 표현된다면 그것은 진정한 궤도이며, 그 조정措定이 천문학적 가설임에 비해 몇몇 원을 인위적으로 조합하여 설명하는 것은 기하학적 가설이 된다.

한편으로는 착시로 인한 부등성이 제거된 운동으로서의 '진정한 운동'을 나타내는 것이 천문학적 가설이며 다른 한편으로는 기하학적으로 단순한 곡선으로 표현되는 모델이 천문학적 가설이라는 이 2단계 논의의 배경에 있는 것은, "자연은 단순함을 좋아하고 단일성을 사랑한다. 자연 속에는 무용한 것이나 쓸데없는 것은 존재하지 않는다"라는 『신비』의 구절에 나타난 케플러의 기본적인 입장이다. 이것은 "자연은 가능한 최소의 수단을 사용한다는 것은 자연학에서 가장 널리 수용되고 있는 공리이다"라는 1609년 『신천문학』의 표명에서부터도 읽어낼 수 있다.[77]

그러면 왜 단순성이 진리성을 보증하는가를 다시 소구遡求한다면, 궁극적으로는 이 세계를 신이 창조한 것이기 때문이라는 이유로 귀착한다. 케플러의 자연관은 『티마이오스』의 끝부분에서 '이 우주는…… 감각되는 신으로서, 가장 큰 것, 가장 선한 것, 가장 아름다운 것, 가장 완전한 것으로서 탄생했다"라고 기술했고, 나아가 『국가』에서 '신은 단일한 성격'이라고 말한 플라톤, 그리고 "모든 것 안에서 가장 선하고 최고로 질서를 중시하는 공장工匠[으로서의 신]이 우리를 위해 창조한 우주"라고 말한 코페르니쿠스의 견해를 계승했다.[78] 이것은 『신비』에서 "가장 완전한 조물주라는 신이 가장 멋진 작품을 만들어 내는 것은 완전히 필연적인 것"이라고 기술되어 있는 대로이다.[79] 바꿔 말하면 가설에서 진리성의 기준은 그것을 '원인'에서부터 올바르게 이끌어 내어 설명할 수 있는 것이며, 그 주요한 '원인'이 '목적인', 즉 신의 창조 계획인 것이다. 이 점에서 케플러의 진리 개념은 현대의 상대주의적인 진리 개념과는 결정적으로 다르다.

7. 기하학적 가설과 자연학적 가설

케플러의 우르수스 비판은 우주의 스케일에서도 전개되었다.

그[우르수스]는 천문학 가설이 세계의 체계에 대한 진정하지 않은 가상적 형태의 묘사라고 선언한다. 이렇게 말함으로써 그는 허위falsum가 아닌 가설이 존재한다는 것을 명백하게 부정한다. …… 그리고 나아가 만약 그것이 올바르지 않다면 그것은 가설이 아니라고 말하고, 다시금 '허위라면ex falso 올바른 지식을 만들어 내는 것이 가설의 특징이다'라고 확신한다. 그렇다면 이 관점에서 지구는 움직이지도 않고 멈춰 있지도 않게 될 것이다. 왜냐하면 우르수스는 그 어느 쪽도 가설로서 인정하기 때문이다.[80]

이 우르수스의 입장으로는 원래 코페르니쿠스의 체계의 진위,

아니 모든 세계 체계의 진위를 묻는 것이 불가능하다.

이미 1595년에 메슈틀린에게 보낸 편지에서 케플러는 "진실이 때로 허위로부터 유도되는 일이 있고, 따라서 코페르니쿠스가 제창한 설은 틀렸으나, 거기서부터 그는 대단히 교묘하게[행성의 운동예측에 기반하여] 올바른 결론을 유도할 수 있었다"라고 말하는 사람들에 대해 불신을 표명했다.[81] 『신비』에서도 케플러는 "코페르니쿠스의 가설은 틀렸으나 그래도 그 가설로부터 마치 진실의 원리로부터 유도된 것처럼 정확한 현상이 유도되는 일도 있을 수 있다"라고 '강경하게 주장하는 사람들', 즉 "종종 어떤 논증에서 잘못된 전제로부터 삼단논법적인 필연에 따라서 진실이 유도되는 사례가 있음에 의지하여 예전부터 내려온 천문학을 지지하는 사람들에게 나는 결코 동의할 수 없었다"라고 술회했다.[82] 그리고 『신천문학』에서도 다시금 "허위로부터 진실이 결과한다ex folso verum sequi라는 변증가들의 공리를 나는 단호히 물리친다. 왜냐하면 그들은 그럼으로써 코페르니쿠스의 숨통을 끊으려고 하기 때문이다"라고 선언했다.[83]

이러한 논의에 대한 케플러의 반론은 두 가지이다. 하나는 '천문학에서는 원래 잘못된 가설에 기반하던 것이 모든 점에서 올바를 수는 없다'는 것으로, 따라서 잘못된 전제에 기반한 논의는 삼단논법을 쌓아나가면 이윽고 반드시 오류로 유도된다는 것이다.

> 만약 이런저런 가설 속에 있는 오류error가 몰래 숨어 있다고 해도 종종 올바른 결론을 얻는 경우가 있는데, …… 그러나 그것은 완전

한 우연이며, 그 어떤 진술 속 그 오류가 진실을 끌어내는 데 적합한 다른 진술과 만난 경우에 한정된다. …… 허위의 가설은 그것들이 종종 진리를 유도했다고 해도 논증 과정에서 다른 많은 가설과 결부된다면 진리를 계속 유도하는 것은 불가능해지고 마각을 드러낸다. 따라서 최종적으로는 논증 시 삼단논법의 연쇄과정에서 한 오류로부터 무수한 오류가 유도된다.[84]

이미 『신비』에서 케플러는 "본래 틀린 명제는 다른 닮은 사항에 적용되면 즉시 자기파탄을 일으킨다"라고 주장했으며, 이것은 케플러의 확신일 것이다.[85]

또 보다 적극적인 한 가지 입장은 자연학적인 고찰이 진위를 판정한다는 것이다. 예를 들어 튀코의 체계와 코페르니쿠스의 체계의 차이에 관하여, 케플러는 이렇게 말한다.

천문학에서 다른 가설이 천문학적으로 정확하게 동일한 결과를 부여하는 일이 있을 수 있다. …… 그럼에도 자연학적으로 고찰한다면 종종 그 결론들 사이의 차이가 명백해진다. 예를 들어 튀코가 자신의 가설로부터 코페르니쿠스의 것과 같은 값[행성의 좌표값]을 이끌어냈다 해도, 코페르니쿠스의 증명과 튀코의 증명이 의도하는 것 사이에는 그래도 차이가 있다. 즉 장래의 운동을 예측하려는 의도 외에 코페르니쿠스가 그 가설[의 귀결]로서 수용한 행성의 거대한 크기나 그 외의 것을 튀코는 피하도록 가정한 것이다. …… 그러나 [좌표] 값에만 주목하는 사려 없는 사람들은 다른 가설로부터 동일한 결과가

유도되고 허위로부터 진리가 실제로 유도될 수 있다고 생각한다.[86]

이렇게 관측되는 행성 위치의 수학적 예측을 부정할 뿐만 아니라 '그 가설들을 기하학적 근거와 자연학적 근거 양쪽에 기반해 평가'함으로써 가설의 진위를 판별할 수 있다는 것이 케플러의 기본적 입장이었다. 왜냐하면 "두 가설의 결론이 기하학 영역에서 일치했다고 해도 자연학 영역에서는 각자에게 고유한 귀결appendium (부가적인 결론)을 갖기" 때문이다.[87]

그렇다면 기본적인 운동에 관한 두 가설—하늘 속에서 지구가 움직이고 있다고 하는 가설과 하늘이 지구 주변을 회전한다고 하는 가설— 중 한쪽이 필연적으로 틀린 것이 되지 않을까. 확실히 서로 모순되는 명제 양쪽이 동시에 옳을 수 없다고 한다면 이 양쪽이 동시에 옳을 수 없고, 그중 한쪽은 완전히 오류omunimo falsum일 것이다.[88]

요컨대 케플러에게 올바른 천문학 가설은, 수학적으로 행성의 위치를 올바르게 예측할 것과 동시에 자연학적으로도 타당한 우주 모델이어야 했다. 케플러는 포이어바흐와 레기오몬타누스가 내건 천문학의 이상적인 후계자였다. 케플러는 코페르니쿠스 이론에 대한 멜란히톤이나 라인홀트 이래의 비텐베르크 해석도, 오시안더나 우르수스의 회의론도 거부하고, 코페르니쿠스의 우주를 실재 우주의 표현으로서 수용했던 것이다. 실제로 케플러는 『신비』에서, 프톨레마이오스나 튀코의 이론이 아닌 코페르니쿠스의 체계를 채택한 이유로서 앞에서 든 태양계의 체계화와 설명 능력의 향상 외에 "천문학에서 자연학 내지 우주론으로 관점을 옮겨도 코페르니쿠스의 가설은 사물의 자연본성에 반하지 않을 뿐만 아니라 오히려 그것을 더 잘 지지한다"라는 것을 들었다.[89] 마찬가지로 『신천문학』 서문에서는 프톨레마이오스, 코페르니쿠스, 튀코의 세 이론은 "[천체 운동 예측이라는] 실제적인 목적에서는 거의 등가이자 동일한 결과를 부여해 준다"라고 했지만 "하늘의 자연학을 묻고, 운동의 자연학적 원인을 탐구한다"라면 "세계에 관한 코페르니쿠스의 견해만이 (약간의 수정을 덧붙이면)*7 참이며, 다른 둘은 오류이다"라고 제시된다는 것이다.[90]

여기서 이야기하는 '자연학physica'은 일찍이 생 빅토르 수도원의 위고Hugo가 말한 "자연학은 사물의 원인을 그 결과 속에서, 또한 그 결과를 그 원인에 의해 추구하면서 고찰하는 것"을 의미했다.[91] 즉 자연학적 원인, 케플러의 경우는 동력인으로 천체 운동과 태양계의 질서를 인과적으로 해명하는 것을 가리킨다. 이때 정지태양을 중심으로 하는 이론만이 태양계를 합리적으로 설명할 수 있다는 것이 케플러의 기본적인 주장이었다.

예를 들어 "자연학적 원인을 고찰하는 데 몰두하고 있습니다"라고 말하는 케플러의 1605년 서간에서는, "천문학적 사항은 (프톨레마이오스, 코페르니쿠스, 튀코의) 세 가지 형식의 가설로 기술되

---

*7 '약간의 수정을 덧붙이면'이라고 했지만, 케플러의 개혁이 실제로는 꽤 근본적인 것임을 이후에 확인하게 될 것이다.

고 있습니다만, 자연학은 튀코의 형식과는 상당한 정도로 직접적으로 대립하고 있습니다"라고 단언했다.[92] 1599년 헤르바르트 폰 호헨부르크에게 보낸 서간에 나오듯이, "자연학적 내지 우주론적으로 논한다면 지구 하나가 그 궤도를 확대하여 모든 다섯 행성에 접근하는 쪽이 태양을 중심으로 갖는 다섯 행성의 천구가 지구로부터 벗어나 큰 원을 주회한다는 주장보다 훨씬 그럴듯하다".[93] 실제로 다섯 행성을 자기 주변으로 주회시키는 태양이 그 자신은 동시에 지구 주변을 주회한다는 운동은, 수학적으로는 말할 수 있고 그것으로 행성 위치를 예측하는 것도 가능하지만 그것은 '이상한 운동monstrosus motus'이며,[94] 자연학적·동력학적으로 있을 수 없다는 것이 케플러의 견해였다. 이것은 또한 프톨레마이오스의 주전원 이론이나 코페르니쿠스의 소주전원 이론을 거부한 이유이기도 했다.

비텐베르크학파는 수학적으로는 코페르니쿠스 이론에 의거하면서 그것을 단순한 '수학적 가설'로 간주했고, 자연학적 고찰을 회피하여 우주론적으로는 천동설에 머물렀거나 혹은 판단을 포기했다. 케플러는 그렇게 곡예적으로 이해할 수는 없었다. 케플러에게 태양중심이론은 수학적으로서만이 아니라 자연학적으로도 올바른 우주구조 이론이었다. 결국 "케플러의 과학 프로그램은 지구중심의 천문학과 우주론을 타도하는 대담한 시도였을 뿐만 아니라 이론과 실천에 이어서 수학적 과학의 회의론도 논구하는 것이었다".[95]

이때 케플러는 가설로서의 몇몇 천문학 체계의 어떤 부분을 두

말없이 참으로서 받아들였고 그 외의 부분을 완전히 부정하지는 않았다. 오히려 어느 쪽 가설도 어느 정도의 의의를 갖고 있음과 동시에, 많든 적든 불충분성을 포함하고 있음을 인정했다. 케플러는 그 가설들이 순차적으로 교대할 때마다 보다 좋은 체계가 형성되고 보다 진실에 접근해 갈 것이라고 확신했다. 『옹호』에는 다음과 같이 쓰여 있다.

> 그[우르수스]는 [회의론자] 피론Pyrrhon의 방식으로 모든 것이 불확실하다고 하여 참된 천문학 가설의 탐구를 포기했다. 가장 잘 구성된 천문학에도, 따라서 그 가설에도 역시 어느 정도의 결함이 있음은 누구도 부정하지 않는다. 이것이 그 [가설의] 갱신을 위해 오늘날에도 또한 큰 노력이 드는 이유이다.[96]

이리하여 케플러는 프톨레마이오스의 천문학으로도 우주의 참모습에 관한 몇몇 사실을 발견했고, 튀코나 코페르니쿠스 각자의 체계로도 한층 더 사실을 확립했음을 인정하고 이와 같이 결론지었다.

> 천문학의 도움으로 자연학 영역에서 이미 그러한 많은 사실, 앞으로 우리가 믿을 가치가 있고 확실히 믿어도 좋을 사실이 부여되며 우르수스의 절망에는 근거가 없다.[97]

이는 케플러가 코페르니쿠스를 뛰어넘어 새로운 천문학을 형성하게 된 원동력이었다.

과학이론에서 사실 예측이나 분류, 그리고 경제적 기술記述 이상의 가치나 목적을 인정하지 않는 피에르 뒤엠은 "우리의 결론 속에 있는 모든 것을 참으로서 확립된 것이라고 파악한다"라는, 가설을 둘러싼 이 케플러의 주장을 "자연학적 방법의 무제한적 힘에 대한 열광적이고 다소 소박한 확신"이라고 평했다. 케플러와 같은 소박하고 낙천적인, 이론의 진리성에 대한 신뢰에 버클리 이후, 혹은 마하 이후 의문과 제한이 더해진 것은 사실이다. 그러나 뒤엠은 "이러한 [케플러적인] 확신은 17세기를 열어젖힌 위대한 발명가들에게는 어지러울 뿐이었다"라고 이어서 말했다.[98] 가설적 이론을 현실적 세계와 보다 일치하도록 향상시킴으로써 절대적 진리에 점근적漸近的으로 접근한다는 케플러의 이 소박한 확신의 배후에는, 앞 절에서 조금 언급했듯이 자연이라는 책은 신의 완전한 계획에 준해 형성되었다는 자연 이해가 있었으나, 어쨌든 뉴턴 이후에 생겨난 철학적·인식론적 반성을 거치기 이전의 이 확신이 17세기 수학적 자연과학의 형성을 유도한 것은 인정해야 한다.

8. 물리학으로서의 천문학

무릇 케플러에게 천문학의 가설이란 수학적이며 자연학적인 이론의 총체를 가리켰다. 『신비』 첫머리에서 케플러는 지구운동을 코페르니쿠스는 단순히 '수학적인 근거에 기반하여' 논했으나 자신은 '자연학적 내지 그렇게 말해도 좋다면 형이상학적인 근거에 기반하여' 논한다고 표명함으로써, 자신과 코페르니쿠스가 취하는 자세의 차이, 나아가서는 중세 이래의 천문학과 갖는 차이를 말했다. 천문학과 자연학의 통합은 『옹호』에서는 천문학자의 '책무'라고까지 간주되었다.

> 천문학자는 사물의 자연본성을 탐구하는 철학자 공동체로부터 쫓겨나서는 안 된다. 천체들의 운동과 위치를 가능한 한 정확하게 예측하는 것이야말로 천문학자의 책무를 잘 수행하는 일이다. 그러나 그에 더해 우주의 형태에 관한 올바른 견해도 갖는 자는 보다 더 그 책무를 다하는 것이고 보다 더 칭찬할 가치가 있다. 확실히 전자는 관측되는 것에 관한 한 올바른 결론을 이끌어 낼 것이다. 그에 비해 후자는 관측되는 것에 관한 그 결론만이 아니라, 위에서 설명했듯이 자연의 가장 깊숙한 형태를 포함하는 결론을 유도했음도 높이 평가해야 하는 것이다.[99]

나중에 케플러는 튀코의 관측 데이터를 기초로 화성 궤도를 해석했고 자기 이름이 쓰이게 되는 유명한 행성운동법칙을 발견하여 그것을 『신천문학』에서 공표했는데, 이 책을 집필 중이던 1605년에는 튀코의 제자 롱고몬타누스에게 보낸 서간에서 천문학과 자연학의 관계에 관하여 "이 두 과학은 밀접하게 관련되어 있으므로 어느 쪽도 다른 쪽을 빼고는 완전해질 수 없다"라고 말했다.[100] 그리고 『신천문학』 서문에서 다시금 "나는 이 저작에서 천문학을 하늘의 자연학과 접붙였다Physicam coelestem Astronomiae permiscui", "천문학의 모든 것을 허구적 가설이 아니라 자연학적 원인에 맡긴다totam Astronomiam non Hypothesibus fictitiis, sed Physicis causis tradere"라고 선언했다.[101]

케플러가 굳이 이렇게 말해야 했던 데는 고대 이래 천문학과 자연학의 분열이 이 시대에도 뿌리 깊게 남아 있었다는 배경이 있었다. 이 상황은 1562년에 발렌시아의 예수회 수도사 베니트 페레이라Benet Pereira가 상세하게 묘사했다.

> 설령 자연학과 천문학자가 동일한 하늘을 논한다 해도 그들은 다른 방식으로 논한다. …… 나는 자연학과 천문학의 차이로 여섯 가지를 들 수 있다고 생각한다. 첫 번째 차이는 이것이다. 자연학은 하늘과 별의 실체에 관하여 그것이 불생이자 불멸인가, 그것이 단순한 것인가 합성된 것인가, 그것이 원소인가 그렇지 않으면 어떤 다섯 번째 실재인가를 물으나, 천문학은 이 사항들을 전혀 고려하지 않는다. 두 번째로, 하늘에 관해 자연학자는, 예를 들어 하늘은 유효한 원인을 갖는가 갖지 않는가, 하늘은 질료인을 갖는가, 그것들을 움직이는 지적 존재는 그 영혼이자 형상인가, 하늘의 목적인은 무엇인가, 그것은 어떻게 작용하는가라는 원인의 모든 속屬을 묻는다. 그러나 이 사항들은 천문학자에게는 관심 밖에 있다. 세 번째로, 하늘의 우유성偶有性에 관해 천문학자는 그 우유성 속에서, 예를 들어 거리나 가까움이나 크기나 비율에서 더 크다, 더 작다, 같다와

같은 어떠한 수학적인 척도가 발견되는 한에서 그 크기나 그 형상이나 운동을 주로 고찰한다. 그러나 자연학자는 하늘의 모든 우유성을, 천문학자가 다루는 것이기는 하나 실제로는 완전히 다른 방식으로, 즉 그것들이 하늘의 본성으로부터 유도된 것으로서, 그 실체에 적합한 것으로서, 그것에 필연적인 것으로서, 그 자연학적 작동의 실현으로서, 마지막으로 가감적 물체에 결부된 것으로서 고찰한다. 네 번째로, 천문학자는 사물의 자연본성에 합치하는 진정한 원인을 찾거나 조정措定하거나 하는 것과는 상관없이, 하늘에 나타나는 모든 사물을 항상 마찬가지로 적절하게 설명하는 원인만을 찾는다. 천문학자가 자연본성이나 건전한 이성과는 모순되는 듯 보이는 원리를 종종 설정하는 것은 이 때문이다. 이심원이나 주전원이나 비균일 운동이나 진동운동이나 그 외의 운동이 이런 종류의 것이리라고 생각된다. …… 다섯 번째로, 설령 자연학자가 천문학자와 동일한 문제를 다룰 때도, 전자는 아 프리오리하게 논증하지만 후자는 종종 극히 아 포스테리오리하게 논증한다. 예를 들어 자연학자는 지구가 구형인 것은 그 모든 부분이 마찬가지로 무겁게 중심을 향해 같은 정도로 접근하려고 하여 구 형태로 서로 눌러 응집하려고 하기 때문이라고 말할 것이다. 다른 한편으로 천문학자는 지구가 [태양] 사이에 들어감으로써 생기는 월식이 원형이므로 지구는 구형이라고 말한다. 여섯 번째로, 양자가 동일 사항을 설명하는 경우에도, 자연학자는 구체적이고 자연적인 원인을 부여하지만 천문학자는 일반적이고 수학적인 원인을 부여한다. 예를 들어 왜 하늘은 둥근지 묻는다면 자연학자는 하늘은 무겁지도 가볍지도 않게 천구를 움직이도록 만들어져 있기 때문이라고 대답할 것이다. 그러나 천문학자는 하늘의 모든 장소는 중심인 지구로부터 동일한 거리에 있기 때문이라고 대답할 것이다.[102]

케플러는 이렇게 분열되었던 천문학과 자연학을 『신천문학』에서 통합했다. 뒤 절에서 살펴보겠지만 이 책에서 케플러는 행성운동의 올바른 법칙을 발견했을 뿐만 아니라 이전의 강체적 천구에 의한 설명에서부터 천체 간에 작용하는 원격력에 의한 설명으로, 행성운동을 파악하는 방식의 패러다임 변환을 이룩했다. 이것은 당시까지 사용되었던 수학적 천문학에 자연학적 원인(동력인)의 개념을 도입함으로써 기술천문학을 천체역학으로 전환시킨 것이다. 『신천문학』 첫머리에는 케플러가 라무스에게 보낸 서간이 실려 있는데, 여기에는 "귀하는 이 가장 고귀한 학[천문학]을 위한 원조를 수학과 논리학에서만 구하고 계십니다만, 저는 빠트릴 수 없는 자연학의 지원이 배제되지 않도록 바라고 있습니다"라고 기술되어 있다.[103]

그러나 그를 위해서는 동시에 자연학 그 자체도 새로운 물리학으로 다시 주조할 필요가 있었다. 왜냐하면 르네상스 사상 연구자 오스카 크리스텔러Oskar Kristeller가 말했듯이, "아리스토텔레스주의자에게 자연학은 양이 아니라 질이 문제였고, 대상인 지구상의 물체는 본질적으로 천상의 별들과는 달랐다. 그 결과 아리스토텔레스 자연학은 형식논리학[삼단논법]과는 긴밀한 관계를 갖고 있었으나 수학으로부터는 분리되었고 또한 어느 정도는 천문학으로부터도 나눠져" 있었기 때문이다.[104] 따라서 수학적 천문학의 기초를 자연학에서 찾기 위해서는 자연학 자체도 수학화해야 했던 것이다.

라틴어 'physica'(영어의 'physics')는 고대의 '자연학'에도 근대 이후의 '물리학'에도 사용되었고, 번역어로 그 어느 쪽을 사용할지로 종종 고심하게 되는 용어이다. 근대 이전의 정성적이자 논증적인 것을 '자연학', 근대 이후의 정량적이고 수학적인 것을 '물리학'이라고 번역한다면, 케플러의 'physica'는 적어도 1609년의 『신천문학』 이후는 '물리학'이라고 번역해야 할 것이다. 케플러 자신이 그 전환점에 위치하고 있는 것이다. 본서에서도 이다음부터는 번역어를 그렇게 나눠서 사용할 것이다.

현대의 시각으로 보면 자연학에 의한 천문학의 기초, 즉 물리학으로서의 천문학이라는 이 케플러의 주장은 당연하다는 느낌이 들지만, 당시에는 획기적인 것이었다.

에라스무스 라인홀트는 포이어바흐의 『신이론』에 단 주에서, 기하학적 추론을 자연학적 고찰로 방해하여 혼란시키는 것이 잘못되었음을 이야기했는데, 이것이 비텐베르크학파의 기본적 입장이었다.[105] 케플러의 지인에게서 『신비』를 증정받은 프레토리우스도 솔직하게 써서 보냈다.

> 그것들[『신비』에 쓰여 있는 것]은 천문학의 영역에서 적지 않게 일탈하고 있거나 자연학으로 보다 많게 월경하고 있으므로, 저는 천문학자에게는 거의 어떠한 도움도 될 수 없다고 판단합니다.[106]

튀코의 제자 중 한 사람으로 튀코의 사위가 되어 튀코의 학문적 유산의 계승권을 주장해 케플러를 고뇌하게 만든 텡나겔은, 케플러의 저서에 자신의 서문을 싣는 것을 조건으로 튀코의 관측 데이터 사용을 인정했다. 그 때문에 『신천문학』 첫머리에는 텡나겔의 서문이 달려 있는데, 여기에는 독자에게 "브라헤의 견해에 반하는, 케플러 자연학[물리학]의 자의적인 일탈"에 마음이 동하지 않도록 하라는 기묘한 충고가 쓰여 있다.[107] 이것은 튀코 브라헤가 (그리고 그 아류Epigonen들) 케플러가 천문학에 도입한 자연학—천문학의 물리학화physicalizing—을 비판적으로 보고 있었음을 뒷받침한다.

케플러를 지동설에 눈뜨게 했고 케플러의 정다면체 모델에 높은 평가를 내린 스승 메슈틀린조차, 1616년 케플러에게 보낸 편지에서 이렇게 쓴소리를 했다.

> 달의 운동에 관해 선생은 그 모든 부등성을 자연학적 원인에 맡긴다고 말씀하셨습니다만, 저로서는 이해하기 힘듭니다. 오히려 이 문제에 대해서 저는 자연학적 원인을 고려해야 하는 것은 아니라고 생각합니다. 저는 천문학은 자연학적인 원인이나 가설이 아니라 천문학적인 원인이나 가설[즉 주전원이나 이심원]로 천문학적 방식으로 논해야 한다고 믿습니다. 실제로 천문학의 형식적인 기초인 계산은 기하학과 산술에 기반하며 자연학적인 추측에 기반하지 않습니다. 자연학적 추론은 독자를 계발하기보다는 오히려 혼란시킵니다.[108]

여기서 '천문학적으로'는 '수학적으로'를 의미한다. 1582년에 출판된, 대학에서 토론하기 위해 쓰인 메슈틀린의 교과서에서도, 천문학은 아리스토텔레스적인 의미에서 수학적 과학이며 자연학적인 과학은 아니라고 단언했다. 그는 당초부터 케플러의 자연학적[물리학적] 천문학에는 비판적이었다.[109]

케플러는 거의 사면초가였다. 따라서 자연학[물리학]의 원리로 천문학의 기초를 닦는다는 『신천문학』의 케플러의 프로그램, 그리고 천문학자는 자연학자여야 한다는 『옹호』의 케플러의 주장은, 당시 천문학의 학문적 성격과 신분에 근본적인 전환을 야기하는 것이었다. 브라이스 베넷은 학위논문 『케플러 혁명』에서 "[케플러의] 『옹호』는 그 독창성, 그리고 과학의 신분에 관한 보다 근대적인 논의를 선취했다는 점에서 그 후의 저작인 베이컨의 『노붐 오르가눔Novum Organum』이나 데카르트의 『철학원리』와 적어도 같은 정도로 중요한 저작이다"라고 평가했는데, 결코 과찬이 아니다.[110]

9. 물리학적 태양중심이론

자신의 저서에서 말했듯이 수학자로서 『회전론』을 쓴 코페르니쿠스와 천문학은 물리학이어야만 한다고 생각한 케플러는, 마찬가지로 태양중심이론을 이야기할 때도 근본적인 차이가 있었다. 코페르니쿠스는 기하학적으로 태양중심이론을 말했지만 그의 이론에서 태양은 행성에게 열이나 빛을 주는 것 이상의 물리적 역할을 하지 않았다. 확실히 코페르니쿠스의 체계는 비로소 행성 배열순위를 확정했고 행성 궤도 반경의 증대와 함께 공전주기가 길어지게 됨을 밝혔다. 그러나 그는 그 이상의 물리학적인 근거를 묻지 않았고 궤도 반경과 함께 공전주기가 길어진다는 아리스토텔레스의 혁명을 정량적인 법칙으로 정밀화하려는 시도도 하지 않았다.

이에 비해 케플러는 최종적으로 궤도 반경과 공전주기의 관계를 제4법칙으로서 정량적으로 파악했고 나아가서는 동력학적인 설명을 부여하려고 시도했는데, 그 출발점이 이 『신비』에 있었다. 『신비』에서 태양계 형성의 목적인으로서 정다면체 모델을 전개한 뒤 제20장에서 케플러는 '궤도거리에 대한 운동[주기]의 비'에 관련하여 동력인의 문제를 아래와 같이 설정했다.

> 우리가 한층 더 진실에 접근하여 이 비 중 어떤 규칙성을 기대한다면 다음 두 가지 결론 중 하나를 선택해야 한다. 즉 운동령運動靈이 [각 행성 각자에] 있고 그 힘이 태양에서 멀어짐에 따라 약해진다고 생각할 것인지, 그렇지 않으면 모든 천구의 중심, 즉 태양에 단 하나의 운동령이 있고 그것이 보다 가까운 천체에는 가까이에 있으면 있을수록 한층 강하게 작용하고 보다 먼 물체에 대해서는 그것이 멀기 때문에 그 힘이 말하자면 피폐해져 약해지는가이다.

그다음 케플러는 "빛의 근원이 태양에 있는 것과 마찬가지로,

…… 이 경우 우주의 생명, 즉 운동령anima motorix은 같은 태양에 할당된다"라는 것이 타당하다고 하여 후자의 가정을 선택, 제22장에서 태양이 "운동력의 원천fons animae moventis"이라고 다시금 확인했다.[111]

이것은 케플러가 일찍부터 가졌고 변하지 않았던 확신이었다. 그는 이미 학생 시절에 다음과 같이 썼다.

> 제1동자가 [아리스토텔레스 이래 이야기되듯이] 천구 전체에 퍼져 있다는 것은 어울리지 않으며 오히려 흡사 한 점에서 나오는 것같이 어떤 단일한 원천이 발한다는 것이 어울리고, 이 경우 세계의 어떤 부분도 어떤 별조차도 그 영예를 얻을 자격이 없다. 그것은 태양에 비로소 어울리며, 우리는 최대의 권리를 가지고 태양으로 되돌아간다. 태양만이 그 권위에서도 그 숭고함에서도 운동을 낳는 것motus officinae에 어울리며 적합하다.[112]

그리고 1595년 9월 메슈틀린에게 보낸 편지에서 "태양 속에는 운동령anima movens과 무한한 운동이 있습니다"라고 기술한 케플러는, 같은 해 10월의 편지에서도 "태양은 가동적인 것[행성]들의 중심에 있고 자신은 부동입니다만 운동의 원천fons motus으로서 아버지이신 신, 조물주와 닮은 모습입니다. …… 태양은 가동적인 것[행성]들이 위치하고 있는 도중의 공간을 통해 운동력을 분배합니다"라고 재차 주장했다.[113] 나아가 1606년의 『신성에 관하여』에서는 "운동에는 움직이게 하는 것, 움직여지는 것, 그리고 장소,

세 가지가 필요하다. 움직이게 하는 것motor은 태양이며, 움직여지는 것mobilia은 수성에서 토성까지이다"라고 오해의 여지가 없는 말로 기술했다.[114]

케플러는 1621년의 『신비』 제2판에서는 이 '영anima'이라는 단어를 '힘vis'으로 치환했고 물활론의 입장에서 물리학의 입장으로 동력인의 시각을 전환시켰지만, 이 점에 관해서도 실은 『신비』의 초판 「서문」에서 "태양에 있는 무한한 운동력infinita vis motus in Sole"이라고 썼으며, 위 1595년의 10월에 쓴 편지에서도 태양 '운동력virtus motus'의 방사를 이야기했다. 요컨대 케플러는 처음부터 중심에 있는 태양이 행성들에 작용(력)을 미쳐서 그 시스템을 가동시키고 개별 행성의 운동을 제어한다고 생각했던 것이다.

그리고 케플러의 이 확신을 강화시킨 것이 지구가 거대한 자석이라는 길버트의 발견이었다. 이것을 케플러는 태양도 큰 자석이라고 봄으로써 태양이 행성에 힘(원격력)을 미친다는 착상을 자연학적으로 뒷받침한다고 생각한 것이다.[115] 케플러는 1618년부터 1621년에 걸쳐 자신의 천문학 연구의 집대성으로서 『코페르니쿠스 천문학 개요』(이하 『개요』) 전 7권을 집필했는데, 1620년에 간행한 제4권에서는 "태양은 행성들의 운동의 제1원인prima causa motus planetarum이자 우주의 제1동자prima motor이다"라고 명기했다.[116]

태양을 동력인으로 해서 형성되는 태양계라는 역학적 우주상은 케플러의 생애를 관통했다.

최초로 태양에 동력인의 역할을 부과한 사람은 이전에 보았듯이 레티쿠스였다[Ch. 6. 2]. 케플러는 이 레티쿠스에게서 큰 영향을 받았다. 자신의 천문학 연구의 출발점이 된 『신비』의 서문에서 케플러는 종종 레티쿠스를 언급하며, 『제1해설』을 더 빨리 읽지 않은 것을 한탄하고 독자에게도 일독을 권했다. 그리고 레티쿠스가 말한 '운동의 원천'으로서의 태양계는 케플러에게서 보다 명확한 모습을 취하게 되었다. 특히 행성 궤도 반경의 증대와 함께 그 공전주기가 증대한다는, 코페르니쿠스가 확정한 관계를 케플러는 각 행성에게 미치는 태양의 작용이 거리와 함께 감쇠한다는 물리학적 사실을 시사하며 반영하는 것으로 생각했으며, 따라서 태양중심이론을 물리학적으로 뒷받침하는 유력한 사실이라 생각한 것이다.

나아가 케플러는 단일 행성운동에 대해서도 완전히 마찬가지로 행성 궤도상의 위치(태양과 행성 사이의 거리) 변화—접근과 이격—에 기반하여 태양의 작용이 증감한다고 생각함으로써 등화점(이퀀트) 모델의 역학적 해석을 시도했다.

등화점은 원래는 궤도상에 있는 행성의 속도가 균일하지 않다는 것—근일점에서는 빠르게 움직이고 원일점에서는 느리게 움직이는 것—에 대해, 회전의 균일성을 회복하기 위해 도입된 교묘한 방편이었다. 이에 비해 케플러는 오히려 행성의 속도변화(비등속성)를 사실로서 적극적으로 인정했고, 이것을 행성이 태양으로부터 멀어짐에 따라 태양으로부터 오는 힘이 약해지고 그 결과로서 속도가 감소한다고 물리학적·인과적으로 해석한 것이다. 「행성은 왜 등화점 주변에서 균일하게 움직이는가」라는 제목을 붙인 『신비』 제22장에서는 "행성의 진행이 빨라지거나 느려지거나 하는 원인이 각 궤도에 대해서도, 제20장에서 본 우주 전체에 대해서 [즉 모든 행성 궤도에 대해서]와 같다고 한다면"이라고 단언한 뒤에 다음과 같이 확실히 표명했다.

> 행성은 [각자의 궤도상에서] 이심원의 [태양을 중심으로 한] 공심원 외측 튀어나온 부분에 있을 때는 태양에서 보다 멀리 있고 보다 약한 힘virtus debilior을 받고 있으므로 보다 빨리 움직이게 될 것이다.[117*8]

천문학의 물리학화—동력인의 도입—는 행성운동의 균일성이라는 고대 이래 지배적이었던 도그마의 폐기를 재촉한 것이다.

특히 '이심거리의 이등분'이 되었을 경우, 즉 등화점과 태양(이심점)의 중심에 궤도원의 중심이 올 경우에는 원일점과 근일점에서는 행성의 속도가 태양과의 거리에 반비례하게 된다. 이것을 케플러는 행성에 대한 태양의 작용이 거리에 반비례하여 감소한다는 것을 나타내는 것으로 정량적으로 해석했다. 등화점이야말로 물리학적 태양중심이론으로 가는 문을 여는 숨겨진 열쇠였다.

이 문제는 『신천문학』에서는 케플러의 제2법칙(면적법칙)으로 발전하는 '거리법칙'으로 직결되므로, 또한 이심거리의 이등분이 실제로 지구 궤도에서도 성립하는가 하지 않는가 하는, 관측 데이터를 사용한 검증도 여기서 행해졌으므로 나중에 되돌아와 살

*8 이 논의는 속도가 더해진 힘에 비례한다는 잘못된 역학원리의 이해에 기반하는데, 이 점은 뒤에서 더 논의할 것이다.

펴보겠지만, 어쨌든 이리하여 케플러는 코페르니쿠스가 한 번은 거부한 프톨레마이오스의 등화점을 프톨레마이오스와는 완전히 다른 입장에서 다시금 부활시켰다. 케플러가 보기에 "이 사실[등화점 모델의 성공]에는 [물리학적인] 원인이 있었으나 프톨레마이오스는 그 원인에 생각이 미치지 못했다. 그러나 그 사실을 있는 그대로 받아들임으로써 프톨레마이오스는 흡사 맹인이 신에게 이끌려 목적지에 도달하듯이 올바른 파악에 도달했다"라는 것이었다.[118]

앞의 『옹호』에서는 '기하학적 가설'과 '천문학적 가설'의 구별에 입각하여 이렇게 이야기했다.

> 프톨레마이오스가 행성의 운동은 원일점에서 느려지고 근일점에서 빨라진다고 말했을 때, 그는 천문학적 가설을 세운 것이다. 그러나 그가 등화점을 도입했을 때는, 주어진 순간에 얼마나 운동이 증가하는지를 어림잡을 수 있도록 그는 기하학자로서 계산의 편의를 위해 그렇게 한 것이다.[119]

여기서 '기하학적 가설'과 대치되는 '천문학적 가설'은 사실상 '물리학적 가설'로 이해해도 좋다.

케플러에게 이심거리의 이등분을 동반하는 등화점 모델이 행성운동을 잘 설명한다는 사실은, 행성을 구동하고 있는 것은 태양이라는 주장을 확신하게 만드는 것이었다. 그리고 이 확신이, 바로 아래에서 살펴보겠지만 행성운동에 관한 케플러의 법칙의 발견으로 유도된다. "프톨레마이오스의 등화점에 대한 물리학적

해석이 케플러에게 얼마나 중요했는지는 아무리 강조해도 지나치지 않다”라는 것이다.[120]

덧붙이자면, 실은 여기서 케플러가 태양중심의 등화점 모델을 이야기함으로써 역사상 처음으로 참된 의미에서 원궤도를 말한 셈이다.[121] 실제로 프톨레마이오스의 지구중심 주전원 모델에서도, 코페르니쿠스의 태양중심 소주전원 모델에서도, 또한 물론 튀코의 모델에서도 행성의 실제 궤도는 복잡한 형상이다. 역설적이지만 케플러의 이 출발점만이 행성을 완전한 원궤도에 둔 것이며 역으로 그 때문에 케플러는 원궤도의 붕괴와 타원궤도의 필연성에 도달할 수 있었다고 말할 수 있다.

10. 케플러의 제0법칙

코페르니쿠스를 따라 항성천을 정지시키고 태양을 우주의 중심에 둔 케플러는, 항성천구상의 제1동자가 항성천구를 회전시키고 그 회전이 차례대로 내측에 전해져 행성들의 천구를 회전시킨다는 아리스토텔레스 이래 2,000년에 걸쳐 믿어왔던 우주의 구조를 폐기하고, 행성운동의 동력인을 태양에서 찾았다. 우주의 동적인 이해로서는 코페르니쿠스를 뛰어넘는 결정적인 전환이었다. 또한 태양이 빛과 열과 운동의 원천이며 태양계의 모든 행성을 구동하고 억제한다는 물리학적이고 동력학적인 케플러의 이 태양계 이론은, 역으로 태양은 태양계의 중심이어야 한다는 케플러의 확신을 강화했다. 1604년에 출판한 『광학』에서는 확실히 이렇게 단정했다.

> 태양은 그 자신과 다른 모든 것을 결부하는, 우리가 빛이라 부르는 작용을 그 내부에 갖는 특별한 물체이며, 또한 그것 때문에ab hanc causam [행성]궤도 전체에 평등하게 자기 자신을 나눠주도록 세계의 중앙 위치, 즉 중심점에 있는 것이 어울린다medius in toto mundus locus, et centrum debetur.[122]

마찬가지의 주장은 1609년의 『신천문학』에서 보다 명료하게 표명된다.

『신천문학』에는 부제 「튀코 브라헤의 관측에 의거한, 화성의 운동에 관한 주석에 의해 다뤄지는, 인과율 내지 천체의 물리학에 기반하다」가 붙었고, 나아가 그 「서문」에서는 "나는 천체의 물리학과 그 운동의 물리학적 원인을 탐구한다"라고 했다. 즉 이 책은 단순히 행성(화성)궤도의 결정만이 아니라 『신비』 이래의 문제의식에 천착한 천체 동력학 탐구를 의도한 것이었다.

행성운동의 동력인, 즉 '무엇이 행성을 움직이는가'라는 문제는 튀코 브라헤가 행성천구의 존재를 부정함으로써 중요한 문제로서 부상했다. 케플러는 『신천문학』을 집필 중이던 1605년 2월의 서간에서 "튀코는 천구를 폐기했습니다. 현재 저는 천구 없이 행성이 어떻게 움직이게 되는지를 쓰고 있습니다"라고 썼다.[123] 이에 이어 『신천문학』에서는 "이것은 작은 새들이 공기 속을 비행하듯이 행성들이 순수한 에테르 속을 비행하며 그 궤도를 완결시킨다는 것을 의미한다. 따라서 우리는 그 [운동의] 양식을 지금까지의 [강체구에 의한] 것과는 다르게 생각해야 할 것이다"라고 문제를 확실히 설정했다.[124]

이 경우에는 물리학적으로는 행성 자체 내지 태양 중 하나에서만 그 궤도운동을 제어하는 원인을 발견할 수 있다는 것인데, 이미 『신비』에서 보았듯이 케플러는 이것을 태양 본체에서 구했고 이를 태양중심설의 물리학적 근거로 생각했다. 『신천문학』 서문에서는 보다 명쾌하게,

> 브라헤가 혜성 궤도로부터 보여주었듯이 강체적 천구가 존재하지 않는 이상, 물체로서의 태양이 모든 행성을 그 주변에 주회시키는 힘의 원천이다Solis corpus esse fontem Virtus, quae Planetas omnes circumagit.

라고 했다. 그리고 여기서도 이것이 다시금 태양의 중심성의 근거로 간주된다.

> 태양이 우주의 중심에 있고 그 위치에 멈춰 있다는 것은 다른 이유와 함께 그것이 적어도 다섯 행성 운동의 원천이므로 가장 진실 같다.[125]

케플러에게 태양중심이론은 천문학의 물리학화와 일체였다.

그런데 태양중심체계를 이렇게 물리학적·동력학적으로 근거지은 케플러는, 모든 행성 궤도의 중심에 태양(진태양)이 아닌 지

구 궤도의 중심(평균태양)을 놓는 코페르니쿠스 이론은 행성들 중에서 지구를 특별 취급한다는 불충분성 외에도 간과할 수 없는 결함이 있다고 생각했다. 일찍부터 케플러는 코페르니쿠스 이론의 문제점 중 하나—중요한 하자—를 이 점에서 간파했다.

정다면체 모델을 제창한 그의 『신비』에서는 이렇게 이야기한다.

> 코페르니쿠스의 값은 다시 계산해야 한다. …… 그는 모든 행성의 최대거리와 최소거리, 그리고 그것들이 그때 수대상에 어떤 위치에 있는지를 태양의 중심[진태양]에서부터가 아니라 위대한 구[지구 궤도]의 중심[평균태양]에서부터, 흡사 이 점이 우주의 중심인 듯이 계산했다. 위대한 구의 중심은 항상 지구의 이심거리만큼 태양에서 떨어져 있음에도 말이다. 내가 지금 하려고 하는 것에 이들 값을 사용한다면 불합리한 결과가 생기게 될 것이다.[126]

이 '불합리'란 『신비』의 단계에서는 다음을 의미했다.

코페르니쿠스의 행성 궤도는 프톨레마이오스의 것을 평균태양 중심으로 치환했고, 등화점을 동반한 이심원을 이심원과 소주전원으로 고쳐 쓴 것이다. 따라서 궤도는 완전한 원이 아니며, 행성-태양 간의 거리는 평균태양에서부터이든 진태양에서부터이든 최댓값에서부터 최솟값까지의 값을 취하고 예의 정다면체에 내접, 외접하는 구면은 두께가 있는 구각이 된다. 그러나 프톨레마이오스 이론에서 태양 운동은 등속 원운동으로 단지 지구가 중심에서 벗어나 있을 뿐이며, 따라서 태양만은 중심 이외에 특별한 점으로서의 등화점을 필요로 하지 않는다(등화점이 중심과 일치한다). 따라서 이것을 태양정지계로 치환한 코페르니쿠스의 이론에서도 지구의 운동만은 태양에서 조금 떨어진 곳에 있는 평균태양을 중심으로 갖는 원운동이 되고, 평균태양과의 거리를 행성까지의 거리로 하는 코페르니쿠스 이론에서 지구 궤도만은 두께가 없는 구면이 된다. 정다면체 모델로 계산되는 행성 궤도의 크기와 그 실측값의 어긋남을 궤도의 이심률을 고려하여 구면에 두께를 줌으로써 어떻게든 해결하고자 노력했던 케플러에게, 이 점은 결코 무시할 수 있는 사소한 문제가 아니었다.*9

『신비』에서 케플러가 봉착한 이 문제는 『신천문학』으로 계승되어, 다시금 동력인의 관점에서 재검토되었다. 케플러는 『신천문학』 제1부(1~6장)에서 이것을 상세하게 논했고 제6장에서 총괄했다. "코페르니쿠스는 프톨레마이오스의 수치를 자신의 가설로 치환했을 때 행성의 이심거리를 태양 k에서부터의 거리가 아닌 지구의 균일운동이 상정되는 중심 β[평균태양]로부터 계산했다".[127]

---

*9 이 점에서는 튀코와 코페르니쿠스도 같은 잘못을 범했다. 케플러가 처음으로 튀코와 만난 뒤에 그라츠로 일단 돌아간 1600년 7월 지인에게 보낸 서간에서는, "나는 『우주의 신비』 이래 태양 본체를 기준으로 하여 모든 행성의 이심거리를 정했으므로, 튀코가 코페르니쿠스와 같이 그것을 태양(지구)궤도의 중심으로 취한 것은 아닌가 하고 크게 우려하고 있습니다"라고 했다(Kepler to Herwart, 12 Jul. 1600, *JKGW*, Bd. 14, p. 131; Koyré(1961), p. 396; Kozhamthadam(1994), p. 147). 그리고 케플러가 튀코와 공동으로 연구를 시작한 날에 첫 작업으로서 일지에 쓴 것은, 지구 궤도의 중심이 아니라 진태양을 기준으로 하여 화성 궤도를 조정하는 것이었다(Gingerrich(2004), p. 214).

이 경우에는 각 행성 궤도의 장축선을 진태양이 아니라 평균태양이 통과하게 된다. 그런데 "행성계의 중심이란 각 행성 장축선의 공통 교점이다".[128] 그렇다면 코페르니쿠스의 체계에서는 모든 행성 궤도의 장축선은 평균태양에서 교차하므로, 평균태양이 태양계(즉 우주)의 중심이라는 말이 된다. 그러나 그러면 행성들의 운동에 대해 태양이 하는 물리적 역할이 전혀 보이지 않게 된다. 원래 태양 본체가 아닌 태양 가까이 아무것도 없는 공간의 한 점이 우주(태양계)의 중심이라는 것은 케플러에게는 물리학적인 관점에서도 이해하기 힘든 것이었다. 따라서 다음 과제가 설정된다.

> 운동의 물리학적인 원인을 발견하기 위한 첫걸음은 모든 [행성의 궤도인] 이심원[이 실려 있는 평면]이 교차하는 점이 코페르니쿠스나 브라헤의 견해에 반해 (태양 가까운 곳의 점이 아닌) 물체로서의 태양corpus solaris의 바로 중심임을 입증하는 것에 있었다.[129]

결론은 말할 것까지도 없다.

> 행성의 원근 비율에 따라 행성의 완급을 제어하는 힘이 우주의 심장인 태양이 위치하는 점 k에서가 아니라 그 가까이에 있는 아무것도 없는 점 β[평균태양]에 존재한다고는 생각할 수 없다. …… 우주의 중심으로는 코페르니쿠스가 고정되어 있다고 말한 점 k(진태양)가 어울린다. 이러한 확실한 듯 생각되는 것에 이끌려 나는 행성의 부등성을 설명하기 위한 장축선은 점 β가 아니라 점 k를 통과한

다고 결론짓는다.[130]

이리하여 케플러는 "행성들의 장축선이 태양 본체에서 교차한다는 것을 발견했다".[131] 코페르니쿠스는 등속 원운동이라는 수학적 원리를 고집했지만 그에 비해 케플러는 우주의 중심에는 힘의 중심이 되어야 할 물체가 있어야 한다는 물리학적 원리를 중시한 것이다.

동시에 케플러는 궤도상에서 중심에서 가장 먼 점과 가장 가까운 점에 대해 당시까지 사용했던, 그리스어 γαια(지구)에서 유래하는 '원지점apogaeum or apogium'과 '근지점perigaeum or perigium'이라는(코페르니쿠스도 포함해 부적절하게 사용해 온) 용어 대신 라틴어 helios(태양)에서 유래하는 '원일점aphelium', '근일점perihelium'이라는 용어를 제창했다.[132] 행성 중에서 지구를 특별취급했던 것이 용어를 포함해 완전히 해소되어 명실 공히 태양중심이론에 도달했다고 말할 수 있다.

물론 이것은 튀코에 이르기까지 사용해 온 행성 궤도 파라미터의 수정을 요구했다.

그러나 이것만으로는 부족했다.

코페르니쿠스의 경우, 모든 행성의 궤도 평면은 평균태양에서 교차하므로 지구 이외의 행성 궤도 평면상에는 진태양이 없고, 따라서 지구 궤도면(황도면)에 대한 다른 행성 궤도 평면의 기울기가 진동하는 듯 보인다는 결과가 된다. 케플러는 프톨레마이오스부터 코페르니쿠스까지 계승된 '위도 이론'의 '기괴한 부분monstra'이라고 평했다. 이 사실은 코페르니쿠스 자신이 "행성들의 궤도는 이 [지구 궤도] 평면에 대해 기울어 있으나, 그 기울기의 각은 일정하지 않고 지구 대大궤도의 운동과 회전에 연동하여 변화한다"라고 인정했다.[133]

이에 비해 케플러는 진태양이 모든 행성 궤도의 장축선상에 있고 모든 행성의 궤도면과 황도면의 교선(절선節線)이 이 진태양을 통과한다는 것을 우선 "운동원인을 고찰함으로써 아 프리오리하게 도출했다".[134] 보다 중요한 것은 그것에 머물지 않고 화성 궤도면과 황도면이 진태양을 통과하는 선에서 교차한다고 했을 때 화성 궤도 평면의 황도면에 대한 기울기가 일정(약 1도 50분)해진다는 것을 튀코의 관측값으로 보여준 것이다(상세한 바는 부록 C-1).

이리하여 케플러는 이 결과가 단 한 행성만이 갖고 있는 성질이라고 할 이유는 없다고 논하며, 『신천문학』 제14장에서 "크게 확신하며" 이렇게 결론지었다.

> 어떠한 행성 이심원 평면의 황도면에 대한 경사각도 전혀 변화하지 않는다.[135]

이 사실, 즉 행성 궤도는 태양을 포함한 부동의 평면상에 있다는 명제는 케플러의 발견이다. 천문학자이자 천문학사 연구자이기도 한 징거리치는 "이 아이디어는 극히 중요하므로 우리는 이것을 케플러의 제0법칙이라 불러야 할 것이다"라고 제안했다.[136]

이 발견의 중요성은 이미 1804년 로버트 스몰이 케플러의 천문학에 관한 책에서 '가장 중요한 결론'으로서 지적했다. 즉 "관측되는 위도가 불균일하다는 사실을 두고, 프톨레마이오스는 주전원으로 그 이유를 돌렸고, 역으로 코페르니쿠스는 행성 궤도로 인한 것이라 했으며, 마찬가지로 있을 것 같지 않으나 튀코 브라헤가 궤도가 변형된 결과라고 한 [궤도면의] 진동이라는 것이 존재하지 않음이 이것을 발견함으로써 증명된 것이다".[137] 수학자 프리드리히 가우스의 1809년 저작 『원추곡선을 따라 태양 주변을 운동하는 천체의 운동 이론Theoria motus corporum coelestium in sectionibus conicis solem ambientum』에서는, 본문 첫머리에서 "우리는 모든 [천체] 운동이 본서의 모든 논의의 기초라 생각되어야 할 다음 법칙에 따라서 행해진다고 가정한다"라고 하며, 조목별로 그 네 개의 기초법칙을 든다. 그 첫 번째는 "모든 천체 운동은 태양의 중심을 포함하는 일정 평면상에서 행해진다"이다. 이것은 방금 본 '케플러의 제0법칙'과 다름없다. 그리고 다음 가우스가 든 제2·3·4법칙은 각자 케플러의 제1·2·3법칙이다.[138] 가우스는 이미 '케플러의 제0법칙'은 케플러의 제3법칙과 독립적인 데다 대등하게 중요하고 필요불가결한 법칙이라고 인정했던 것이다.

이것은 오늘날에는 너무나도 당연한 듯 생각되지만, 천문학적으로는 코페르니쿠스의 불충분성을 극복하고 지동설을 참된 태양중심이론으로 만들기 위한 극히 거대한 한 걸음이었다. 이것은 또한 물리학적으로는 태양계에서 태양의 동력학적인 역할에 주목함으로써 특단의 의미를 가진다. 과학사상 케플러 연구의 전기가 된 1956년 제럴드 홀튼Gerald Holton의 논문이 이야기하듯이, 케플러에 의해 비로소 태양이 태양계 기술의 수학적 중심이면서 태양계의 운동을 구동하고 제어하는 물리학적 중심, 그리고 신의 거처로서의 신학적·형이상학적 중심이 된 것이다.[139]

11. 원궤도의 붕괴

케플러는 이미 1601년 12월 20일 메슈틀린에게 보낸 편지에서 제0법칙을 이야기했다. 즉 행성 궤도의 장축선이 진태양을 통과하도록 취했을 때는 "[궤도] 평면 이동이나 그 경사각 변동에 관해 말하자면, 그런 종류의 것을 아무것도 발견할 수 없었습니다. 이 때문에 화성 이론은 극히 단순해졌습니다. 이것은 단 한 개의 원으로 이루어져 있습니다".[140] 케플러가 말하는 '화성과의 싸움'이 이 첫 번째에서는 빠르게 승리했다. 그러나 이 시점에서 케플러는 아직 원궤도에 사로잡혀 있었으며, 그 전제하에 『신천문학』 제2부(7~21장)에서 화성 궤도 결정이 전개되었다. 이것은 평탄한 길은 아니었다.*10 이하 수 절에 걸쳐 『신천문학』의 기술에 입각

---

*10 케플러가 자신의 법칙의 발견을 기술한 『신천문학』에 관해 이미 19세기 데이비드 브루스터David Brewster가 "케플러는 그가 그 위대한 발견에 도달한 수법 전체를 다행스럽게도 써서 남겼다. 다른 철학자라면 진중하게 덮어 가렸을 사항을 케플러는 숨기지 않고 공공연하게 말했고 상세하게 써서 기록했다"라고 지적했다(Brewster, *Martyrs*, p. 244f.). 그리고 쾨슬러도 케플러의 기술을 그의 실제 혼란스러웠던 사고과정을 그대로 보여주는 것으로서 논술했고, 마찬가지로 러셀 J. L. Russell의 논문에서는 『신천문학』에 대해 "산만하고 그 대부분은 단순히 화성

해 살펴보기로 하자.

케플러가 최초로 시도한 것은 등화점 모델을 검증하는 것이었다. 즉 화성 궤도로서 진태양을 통과하는 장축선을 갖는 원궤도를 가정하고 장축(*HI*)의 위치, 진태양의 위치에 있는 이심점(*A*)으로부터 궤도중심(*B*)까지의 거리 $\overline{AB}$, 궤도중심에서 등화점(*C*)까지의 거리 $\overline{BC}$를 관측 데이터로부터 결정하고 이것들이 이심거리의 이등분(*B*가 *AC*의 중심)을 만족하는지, 또한 그 궤도가 행성의 운동을 잘 설명하는지를 조사하는 것이었다(그림12.6 및 부록 C-2의 그림C.3). 사용한 데이터는 태양, 지구, 화성이 이 순서대로 일직선으로 늘어선 충일 때를 골랐다. 왜냐하면 지구의 황경은 튀코의 태양이론(지구에서 본 태양방향)으로 정하므로 충이면

의 문제를 풀기 위한 것으로, 좋지 않게 끝났던 케플러의 초기 시도를 기록한 것에 지나지 않는다"라고 했다(Koestler(1959), p. 314, 일역(지쿠마분코ちくま文庫) p. 184; Russell(1964), p. 6). 그러나 그 후 케플러의 유고나 서간을 상세하게 조사한 결과, 케플러가 그의 이름으로 낸 법칙에 도달한 실제 과정은 훨씬 착종되어 있었고, 오히려 『신천문학』의 기술은 비등속 타원운동과 물리학적 천문학이라는 당시 천문학의 상식과는 크게 동떨어진 그의 논의와 결론을 독자에게 납득시키기 위해 상당히 정리되었으며, 그 나름대로 주도하게 구성되어 있다는 시각이 생겨나기에 이르렀다. 그 최초로서 『케플러 전집』의 편자 막스 카스파어Max Caspar는 1937년에 "그[케플러]의 깊은 사색을 명백하게 드러내고 있는 그 내부구조는 엄밀한 논리에 따라 서술되었으며 극적으로 순서대로 작성되었다"라고 지적했다(*JKGW*, Bd. 3, Nachbericht, p. 439). 그 뒤도 뵐켈Voelkel이나 베넷, 징거리치가 마찬가지 견해를 제시했다(Voelkel(1994), pp. x, 2, 147ff., 176; B. H. Bennett (1999), Ch. 5; Gingerich(1973d), p. 309; idem(2004), pp. 76, 78). 특히 뵐켈의 1994년 학위논문(Pt. II)은 1600년부터 1609년까지 썼던 케플러의 서신과 초고로부터 케플러의 실제 사고과정을 밝혔다.

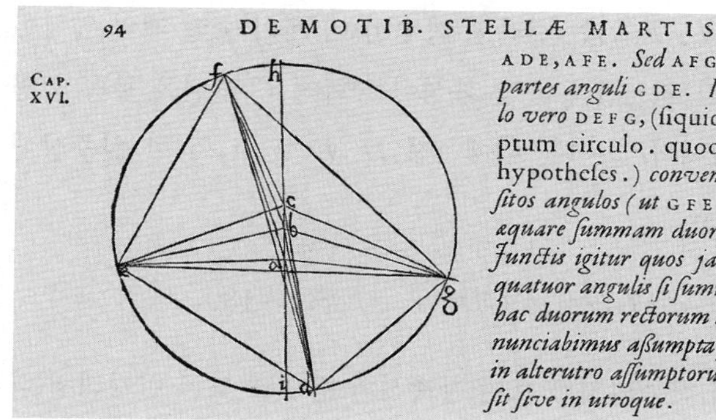

94 DE MOTIB. STELLÆ MARTIS

CAP. XVI.

ADE, AFE. *Sed* AFG *&* AFE *ſunt partes anguli* GDE. *In quadrangulo vero* DEFG, (ſiquidem eſt inſcriptum circulo. quod eſt hic inter hypotheſes.) *convenit binos oppoſitos angulos (ut* GFE, GDE *) ſimul æquare ſummam duorum rectorum. Junctis igitur quos jam invenimus quatuor angulis ſi ſumma differat ab hac duorum rectorum menſura, pronunciabimus aßumpta falſa eſſe: ſive in alterutro aſſumptorum falſitas inſit ſive in utroque.*

그림12.6 케플러의 화성 궤도 결정. 최초의 시도.
『신천문학』 제16장에서. 우측 문장의 번역은 이와 같다.
"그러나 *AFG*와 *AFE*는 각 *GFE*[문장 속 *GDE*는 오식]의 부분이다. 그리고 사변형 *DEFG*에서(만약 그것들이 여기서 가정한 대로 원주상에 있다면) 두 (*GFE*와 *GDE*와 같은) 대면하는 각의 합은 2직각과 같고, 따라서 만약 이 지금 발견한 네 개의 각[*AFG*, *AFE*, *ADG*, *ADE*]의 합이 2직각의 판정과 다르다면 그 가정은 오류이며, 가정한 값 중 하나, 혹은 양쪽이 오류라고 선언하게 된다".

이로부터 즉시 화성의 일심경도日心經度(황경)를 알 수 있기 때문이다. 튀코의 데이터에는 대략 해당하는 것이 1580년 11월부터 1600년 1월까지 열 개(케플러 자신이 행한 1602년과 1604년 관측을 포함하면 열두 개) 있었으며 케플러는 그중 네 개를 사용했다. 구하는 파라미터의 결정은 가능한 한 딱 데이터와 합치하도록 시행착오로 행했다. 그 상세한 바는 부록 C-2에 기록했으므로 여기서는 아주 간단히 기술한다.

그림12.6(그림C.3)에서 (그림의 알파벳 소문자를 대문자로 수정) 장축선 *HI*와 원일점 *H* 통과시각은 제1근사로서 튀코의 것을 사

용했다. D, E, F, G는 관측된 화성이 네 개의 충일 때의 위치이며, 필요한 각도는 관측값 및 화성이 등화점 C 주변을 등속 회전한다는 가정에서 얻는다. 이때 4점 D, E, F, G가 한 원주상에 올라갈 조건은

$$\angle DEF + \angle FGD = \angle GDE + \angle EFG = 180^\circ.$$

이 조건이 만족되지 않으면 장축선의 방향을 조금 변경해서 다시 행한다. 이것을 반복하여 최종적으로 위에서 말한 공원共圓의 조건이 만족되지 않으면, 다시금 이 4점 D, E, F, G를 통과하는 원의 중심 B를 정하고 그 점 B가 직경 HI 위(즉 직선 AC 위)에 있음을 확인한다. B가 AC 위에 올라오지 않을 때는 원일점 통과 시각을 약간 변경해서 다시 행한다. 케플러는 70회를 반복 시행하여 정해正解에 도달했다고 한다.

얻은 결과는 궤도 반경을 100,000으로 하여 $\overline{AB}=1$, 1,332, $\overline{BC}$=7,232($\overline{AB}$=18,564), 즉 $\overline{AB}:\overline{BC} \fallingdotseq 5:3$으로, 이 경우 '이심거리의 이등분' $\overline{AB}=\overline{CB}$는 성립하지 않는다(16장). 그러나 이 궤도를 케플러 자신이 행한 두 개의 관측도 포함하여 열두 개의 관측 데이터로 검증한 결과 경도(황경)가 최대로 2분 12초, 평균하여 1분 이내의 오차에서 일치했다.

> 이 방법으로 검토한 가설은 기본으로 취한 네 위치를 계산으로 재현할 뿐만 아니라, 그 외의 모든 관측결과도 2분의 범위 내에 들어감을 알 수 있다.[141]

여기까지는 일이 순조롭게 진행되었다.

그러나 위도 관측 데이터에 기반하여 화성 궤도의 이 이심거리를 다시금 구했을 때 $8,000 \leqq \overline{AB} \leqq 9,843$을 얻었다. 이 결과는 앞의 결과 $\overline{AB}=11,332$와 명백하게 어긋난다. 이것은 케플러에게는 간과할 수 없는 문제였다.

> 충opposition일 때의 위도 관측에서 도출된 우리 가정에서는 이심원의 이심거리가 1132이며 이것은 [위도 관측에서 도출된] 8000과 9943 사이에 오는 값과는 꽤 다르다. 따라서 우리가 가정한 것 중에 뭔가 오류가 있음에 틀림없다. 그러나 가정된 것은 행성이 움직이는 궤도가 완전한 원이라는 것, 그리고 장축선상의 이심원 중심에서부터 일정 거리 떨어진 정점定點[등화점]이 있고 그 점 주변에서 화성은 같은 시간에 같은 각도로 회전한다는 것뿐이다. 따라서 사용한 관측값에 오류가 없는 이상은 이 중 하나, 혹은 양쪽이 잘못된 셈이다.[142]

그러나 $\overline{AC}=18,564$를 고려한다면 위도 측정으로 구한 이심거리에서는 $\overline{AB} \fallingdotseq \overline{BC}$임이 제시되었으므로, 케플러는 프톨레마이오스가 주장한 '이심거리의 이등분'을 근거 있는 것으로서 인정했다.

> 프톨레마이오스가 그렇게 가정한 것에 근거가 없지는 않으며, 관측된 위도가 그것을 지지하고 있는 이상, 우리는 이 [이심거리의] 이

등분을 안이하게 폐기해서는 안 된다.[143]

그런데 이렇게 이심점과 등화점의 중점을 궤도중심으로 취하자, 이번에는 장축선상과 그것에 직교하는 방향에서는 관측과 양호하게 일치했지만 장축선에서 45도와 135도 방향에서는 일심황경日心黃經, heliocentric longitude에 각도로 8분의 오차가 생겼다. 코페르니쿠스 시절까지의 관측정밀도라면 8분의 차는 무시할 수 있었다. 실제로 케플러 자신이 지적했듯이 "프톨레마이오스는 관측정밀도를 10분, 즉 1도의 $\frac{1}{6}$ 이하로 줄이는 것은 불가능하다고 확실히 말했다".[144] 앞에서도 말했듯이[Chs. 5. 8, 11. 3], 각도의 10분이라는 관측 정밀도 한계는 튀코 직전까지 뛰어넘을 수 없었던 것이다.

그러나 튀코 데이터의 관측정밀도로 보면 이 차이는 무시할 수 없었다.

> 신의 뜻에 따라 우리는 저 근면성실한 관측자 튀코를 혜사받았으며 튀코의 관측으로 이 프톨레마이오스의 계산에서 8분의 오차가 보이게 된 이상에는 감사의 마음으로 신의 이 은혜를 무겁게 받아들여야 할 것이다. 왜냐하면 이 논의는 우리의 가정이 틀렸음을 보여주며, 이것에 의거하여 천체 운동의 올바른 형상을 발견하기 위한 노력을 가일층 계속하도록 재촉한다고 생각되기 때문이다. 이하에서는 나 자신이 솔선하여 이 길을 매진하도록 최선을 다할 생각이다. 실제로 만약 경도에서 이 8분[의 차]을 무시할 수 있다면 제16장

에서 발견한 가설의 정정[전 이심거리의 이등분]으로 충분하며 이것으로 끝났을 것이다. 그렇지만 이것을 무시하는 것이 허용되지 않았기 때문에 이 8분이 천문학 전체를 개혁하기 위한 길을 열었고, 본서의 큰 부분을 구성하는 소재가 된 것이다.[145]

이 지점에서 케플러는 플라톤과 갈라선다. 플라톤에게 수학적 진리가 정확하게 적용되는 것은 '진실재[이데아]'이며 엄밀한 인식은 현실 세계에는 없다. 하늘의 물체의 '참된 운동'이 원형임은 현실의 천체 운동으로 입증되어야 하는 것은 아니었다. 따라서 현실에서 관측된 천체 운동이 수학적 이론에서 다소 벗어나 있어도 문제는 없었다. 그러나 케플러는 달랐다. "만약 케플러가 엄격한 정통 플라톤주의자에 머물렀다면 관측 데이터와 정확하게 일치하는 것에 그렇게 집요하게 구애되지는 않았을 것이다"라는 과학사가 조브 코잠타담Job Kozhamthadam의 지적은 전적으로 옳다.[146] 케플러에게 이론적 가설은 어디까지나 실제 천체를 관측함으로써 입증되어야 하는 것이었다. 그리고 이 '관측'은 튀코의 축적된 데이터로 이미 제공되어 있었다. 1605년에 메슈틀린에게 보낸 편지에서 케플러는 자신의 낮은 사회적 지위와 적은 수입을 불평한 뒤 "저의 유일한 명예는 신의 배려로 튀코의 관측을 맡게 된 것입니다"라고 언명했다.[147] 케플러는 그 시대의 천문학에서 유일하며 최대의 재산을 받았던 것이다.

이어서 케플러는 제19장에서 "천체 운동의 올바른 형상을 발견하기 위해 노력한다"라고 언명했다. 여기에서 이미 아 프리오리하게 궤도를 원으로 결정하여 믿는 것은 허용되지 않는다는 자각을 읽어낼 수 있다. 자연법칙은 그럴듯한 원리로부터 연역적으로 논증되는 것이 전부일 수 없고 정확한 측정으로 엄밀하게 검증되어야 한다는 요청을 엄격하게 적용한 이 자세야말로, 2,000년에 이르는 아 프리오리한 원궤도라는 가정에서부터 연속적인 관측에 의거하여 궤도형이 결정되는 근대천문학으로 나아가는 전환점이었으며, 나아가서는 새로운 자연과학의 출발점이었다.

12. 지구 궤도와 태양중심이론의 완성

그래서 케플러는 전선을 한 걸음 후퇴시켜 태양중심이론일 때의 관측자 운동, 즉 지구 궤도를 결정하는 것으로 방향을 전환시켰다. 이때 케플러가 제16장에서 유도한 화성 궤도는 황경에 대해서는 각도 2분 이내의 오차에서 올바른 값을 주므로 '대용가설hypothesis vicaria'로서 화성의 경도를 결정하는 데는 사용되었다.

『신천문학』 제3부 전반(22~32장)은 지구운동—지구의 운동에서 보이는 부등성—의 해명에 적용된다. 지구 궤도를 정확하게 결정하는 것은 타행성에 대한 관측자의 정확한 위치를 확정하는 것일 뿐만 아니라 지구를 특별취급하지 않는다는 케플러의 입장에서도 강하게 요구되었으며 이것 자체로도 중요한 의미를 갖고 있었다. 지구운동의 부등성은 프톨레마이오스의 이론에서 '제1의 부등성'에 해당한다. 즉 타행성의 경우에서 보이는 유나 역행 등의 지구운동에서 유래하는 겉보기 부등성을 제거해도 남아 있는, 행성운동에 고유한 부등성—훗날의 시각으로 돌이켜보자면 본래의 비등속 타원운동을 등속 원운동으로 근사近似시킨 것에서 유래하는 부등성—을 그것 자체로서 나타낼 터이다. 따라서 지구 궤도의 결정은 행성운동 일반을 이해하는 데에도 극히 중요한 의미를 갖고 있었던 것이다.

『신천문학』 서문에서는 천문학을 물리적 원인으로 다룬다는 기본적 목표에 도달하기 위한 제1단계가 모든 행성의 궤도 평면이 태양의 본체에서 교차한다는 것(제0법칙)의 발견이며, 제2단계가 "지구 이론에서 등화원[등화점을 갖는 원궤도]이 존재하고 그 이심거리가 이등분되는 것을 이해하는 것이었다"라고 했다.[148] 지구 궤도 확정은 우선 이 제2단계의 문제(지구 등화점의 해명)를 둘러싸고 행해졌다.

케플러에게서 등화점의 부활은 강체천구의 부정과 밀접하게 관련되었다. 만약 강체적인 행성천구가 있다면 확실히 프톨레마이오스의 등화점은 부조리한 듯 생각된다. 그러나 이미 튀코에 의해 행성천구의 존재가 부정된 이상 등화점에 대한 그때까지의 비판은 근거가 빈약했다. 다른 한편 등화점 모델을 대신할 코페르니쿠스의 소주전원 모델에 대해서 케플러는 "이 가설은 물리학적으로는 입체적 천구를 인정하는 한에서는 가可하다고 판정할 수 있을지도 모르지만 브라헤가 충분한 근거로 행했듯이 입체적 천구를 거부한다면 실질적으로는 불가능한 것을 말하고 있다"라고 판정하며 간단하게 거부했다.[149] 이심원상의 점을 그 중심 주변으로 등속 주회시키고 나아가 그 동점 주변으로 소주전원 위의 행성을 등속 주회시키는 복잡한 움직임을 취하는 동력인은 생각할 수 없다는 것이었다. 문제는 어디까지나 물리학적으로 생각되었던 것이다.

그리고 여기서도 논의는 지구의 특별취급을 극복하는 방향으로 진행되었다. 왜냐하면 코페르니쿠스 이론에서도 태양만은 중심 주변으로 등속 원운동한다는 프톨레마이오스 이론을 계승했었고 그의 소주전원 이론을 등화점 모델로 고쳐 써도, 타행성은 등화점과 태양의 중점에 이심원의 중심이 오는데 지구만은 등화점과 이심원의 중심이 일치하게 되기 때문이다.

이리하여 케플러는 지구 궤도의 확정으로 논의를 진행했다. 이것은 지구 궤도의 이심원 중심 위치를 처음부터 가정하지 않고 관측으로 결정한다는 형태로 진행되었다. 지구 궤도(프톨레마이오스와 튀코에게는 태양 궤도)에 관해서는 진태양과 등화점으로서의 평균태양이 이미 알려져 있으므로 장축선도 기지既知였다. 이다음으로 천체 관측으로 지구 궤도의 정확한 위치, 즉 궤도중심을 확정하기 위해서는 궤도상 몇몇 지점의 지구 위치를 알아야 했다. 이것을 확정하기 위해서는 태양 이외에 공간 내에 또 하나 고정점이 필요했다. 이것을 케플러는 극히 교묘하게 공전주기 687일마다 동일 지점으로 돌아오는 화성에서 취했다. 케플러는 두 가지 방법으로 행했다. 그 상세한 바는 부록 C-3에서 기술했으므로 여기서는 결과만 기술한다.

첫 번째 방법은 제22장과 23장에서 행한 것이다. 지구 궤도의 궤도 반경을 a로 하고 얻은 결과는 등화점 C와 궤도중심 B 사이의 거리가 $\overline{CB}=0.01837a$. 다른 한편 튀코가 구한 진태양 A로부터 등화점 C까지의 거리는 $\overline{AC}=0.03584a$였다. $0.03584\div 2=0.01792\fallingdotseq 0.01837$이므로 이심거리의 이등분은 튀코의 태양이론(지동설로 고치면 지구이론)과 모순되지 않는다.

제24장과 25장에는 지구 궤도를 직접 구하는 또 한 가지 방법이 기록되어 있다. 이것은 튀코의 풍부한 데이터에 기반하여 태양과 화성을 사용해 삼각측량함으로써 세 점 이상의 지구 위치를 결정하는 것에 기초한다. 삼각측량의 기본은 두 정점定點에서 제3점의 방향을 측정하는 것인데, 여기서도 두 정점으로서 태양과 1공전주기마다 돌아오는 화성의 위치가 선택되었다(그림 12.7 및 부록 C-3의 그림 C.7).

결과는 $\overline{CB}=0.01530a$. 이것은 제22, 23장에서 구한 값($0.01837a$)보다 조금 작지만 케플러는 근소한 오차가 들어갈 수 있을 가능성을 인정해 제22, 23장의 것도 사실상 동일하다고 판단했다.[150] 케플러는 이 논의를 코페르니쿠스 모델뿐만 아니라 프톨레마이오스 모델과 튀코 모델 전부에서 행하여 사실상 동일한 결론을 유도했다. 그리고 제29장 첫머리에서 다시금 "나는 튀코가 얻은 이심거리를 절반으로 함으로써 태양 - 지구 간 거리를 얻을 수 있음이 충분히 확증되었다고 생각한다"라고 기술했다.[151] 케플러는 지구의 운동에 대해 제29장 이하에서는 튀코가 얻은 값 $\overline{AC}=0.03584a\fallingdotseq 0.036a$ 및 이심거리의 이등분에 기반하는 $\overline{AB}=\overline{BC}=0.0185a$를 사용했다.

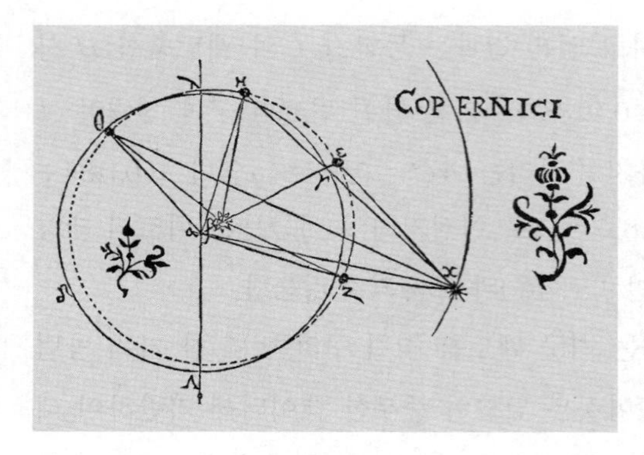

그림12.7
코페르니쿠스 이론에 기반하는 지구 궤도 결정. 『신천문학』에서.
우측 큰 원호는 화성 궤도. χ는 687일마다 돌아오는 화성, θ, η, ϵ, τ는 687일마다 돌아오는 지구. 실선은 a를 중심으로 하는 원, 점선은 관측된 궤도.

『신천문학』 제3부에서 케플러의 주요한 목적은 이심거리의 정확한 값을 구하는 것보다도 오히려 지구에 대해 이심거리의 이등분이 성립함을 입증하는 것이었다. 이것은 케플러에게는 바로 지구가 자연학적으로 다른 행성과 동등한 존재물임을 뒷받침하는 것이었다.

> 지구 주회궤도의 중심이 태양 본체와 등화점의 중앙에 있다는 것, 즉 지구는 그 궤도상을 불균등한 속도로 주회하며 태양에서 멀어지면 느려지고 태양에 가까워지면 빨라짐을 코페르니쿠스의 형태로 증명했다. 이것은 자연학적인 근거에 적합하고 [지구가] 다른 행성과 유사한 것임을 보여준다.[152]

그리고 지구에 대해 얻은 이 결과를 지금까지 다른 행성에 관해 알려져 있던 것과 합쳐 '이심거리의 이등분'이 모든 행성에 대해 성립한다고 결론짓고, 그 의미를 이렇게 이야기했다.

프톨레마이오스는 관측결과에 이끌려 상위 세 행성의 이심거리를 이등분했고, 코페르니쿠스는 그것에 따랐으며, 튀코에 의한 화성 관측도 마찬가지 결론을 종용했다고 나는 위에서 기술했다. …… 여기서 (튀코의) 태양 운동 이론에서도, (코페르니쿠스의) 지구운동 이론에서도 마찬가지의 것이 증명되었다. 금성이나 수성에 대해서도 그렇게 믿는 것을 방해하는 것은 없을 것이다. …… 따라서 모든 행성은 이 성질을 갖는다. 사실 나는 8년 전에 출판한 졸저 『우주의 신비』에서 프톨레마이오스의 등화점의 원인에 관한 논의를 뒤로 미루었으나, 그 까닭은 오로지 [천동설의] 태양 내지 [지동설의] 지구가 등화점을 갖고, 그것이 이심거리를 이등분하는지 않는지를 지금까지의 천문학Astronomia vulgari에서는 말할 수 없었기 때문이다. 그러나 지금이야말로 보다 진정한 천문학sincerior Astronomia에 기반하는 확증을 얻었으므로 [튀코의] 태양 내지 [코페르니쿠스의] 지구 이론에는 등화점이 포함된다는 것은 완전히 명백할 것이다. 그리고 이것이 증명된 이상 내가 『우주의 신비』[제20장, 22장]에서 프톨레마이오스의 등화점에 부여한 [물리학적] 원인은 올바르게 이치에 맞는다고 받아들이면 된다. 왜냐하면 그것은 모든 행성에 공통으로 널리 적용되기 때문이다.[153][*11]

이 결과는 지구와 그 외 행성의 궤도운동이 완전히 동일한 원리

*11 『신비』의 출판이 '8년 전'이므로 이 부분이 1605년에 쓰였음을 알 수 있다. 1609년에 출판된 책의 난외에는 "현재로서는 훨씬 이전"이라고 쓰여 있다.

에 따르고 있음을 처음으로 선언한 것이다. '이심거리의 이등분'은 이미 『신비』에서 이야기했듯이 케플러에게는 행성의 속도가 태양과의 거리에 반비례한다는 것, 따라서 물리학적으로는 행성이 태양에 의해 구동된다는 것을 의미했다. 그렇다면 이 결과는 지구도 포함해서 모든 행성이 태양에 의해 움직이게 됨을 나타낸다.

케플러는 여기서 태양중심이론의 물리학적 올바름을 확신했음에 틀림없다. 케플러는 『신비』의 1621년 제2판에 붙인 주에서 "지구는 태양 주변을 주회하는 운동에서는 모든 점에서 다른 각 행성과 동등하다"라고 기술했으며,[154] 이리하여 비로소 참된 의미의 지동설이 완성되었다. 『신천문학』 제3부의 제목에서 지구운동의 결정이 '보다 깊은 천문학으로 들어가는 열쇠'이며 여기에서 '운동의 물리적인 원인'이 밝혀졌다고 선언한 것은 이를 가리킨다. 『신천문학』에는 "나는 코페르니쿠스에게 동의하며 지구가 행성의 하나임을 받아들인다tellurem unam ex Planetis esse patior"라는 언명이 있는데,[155] 사실인즉 지구를 참된 의미에서 행성 중 하나로 삼은 것은 케플러였다.

실로 뵐켈이 말했듯이 "등화점은 케플러 물리학 원리의 수학적 표현이 되었다". 그리고 "지구 궤도에서 [이심거리] 이등분의 발견은 모든 행성운동의 물리학적 원인 규명으로 유도되고 새로운 천문학의 기초가 되었다"라는 것이다. 따라서 "이 책[『신천문학』]의 가장 중요한 발견 중 몇 개는 화성 관측에 의해 뒷받침되고 있기는 해도, 지구 이론에 관한 것이다"라고 말할 수 있다.[156]

13. 등속 원운동의 폐기와 면적법칙

『신천문학』 서문에서는 "고대인들은 자연의 원인을 알지 못했으므로 등화원이나 등화점을 상정해야 했다"라고 한다. 프톨레마이오스가 '현상을 구제하기' 위해 도입했고 코페르니쿠스가 추방한 등화점에서 케플러는 자연의 비밀을 밝힐 열쇠를 발견했다. 『신천문학』 제3부 후반(제33~40장)은 등화점이 제시하는 행성운동 비등속성의 수학적 법칙화(면적법칙의 제창)와 그 물리적 해석에 맞춰져 있다. 케플러는 이미 이전부터 등화점 모델의 물리적 내용은 근일점과 원일점에서 행성 속도가 태양과의 거리에 반비례하는 것이라고 주장했는데, 제32장에서 다시금 이를 표현했다.

> [행성이] 근일점에서 빠르고, 원일점에서 느린 것은 우주의 중심[태양]과 행성 사이에 그은 직선의 길이에 근사적으로 비례한다.[157][*12]

케플러는 극한개념을 사용하지 않았기(갖지 않았기) 때문에 나중에 갈릴레오가 도입하게 되는 '순간속도'라는 개념도 몰랐다. 케플러가 말하는 '빠름'이란 극소하지만 유한한 일정시간 Δt 간에 진행하는 거리(호의 길이)를 Δl이라 하고 후자를 전자로 나눈

---

*12 원문은 celeritatem in perihelio et tarditatem in aphelio proprotionari quam proxime lineis ex centro mundi로 직역했지만, 정확하게는 처음의 celeritatem(celeritas 신속, 빠름)은 tarditatem(tarditas 완만, 느림)으로 해야 할 것이다.

것($\Delta l/\Delta t$)을 가리키고, '느림'이란 극소하지만 유한한 일정 거리(호의 길이) Δl을 진행하는 데 걸리는 시간을 Δt이라 하고 역시 후자를 전자로 나눈 것($\Delta t/\Delta l$)을 가리킨다. 수학적으로는 '느림'과 '빠름'은 역수관계가 되지만 '빠름'에서는 일정시간 Δt에 대해 호의 길이 Δl가 변량, '느림'에서는 일정 호의 길이 Δl에 대해 시간 Δt가 변량이 된다는 데 주의하라. 따라서 케플러는 시간을 물을 때는 '느림'으로 논하는 쪽이 적절하다고 생각했을 것이다.

위 주장은 다음과 같이 도해할 수 있다(그림12.8).

> [그림에서 원일점 H와 근일점 I에서] 이심원의 호 HH'와 II'가 같다고 하면 소요시간 hh'와 II'의 비는 AH와 AI의 비와 같다. 더 확실히 말하자면 AH가 AI보다 길면 그에 따라 행성은 I의 원호보다도 H의 원호를 통과하는 데 보다 많은 시간을 요한다.[158*13]

그림에서 C(등화점)가 흰색 원의 중심, B가 검은색 원(이심원)의 중심으로 AC의 중점임에 주의하여

$$\frac{\widehat{hh'}}{\widehat{HH'}}=\frac{\overline{Ch}}{\overline{CH}}, \quad \frac{\widehat{ii'}}{\widehat{II'}}=\frac{\overline{Ci}}{\overline{CI}}, \quad \widehat{HH'}=\widehat{II'}, \quad \overline{Ch}=\overline{Ci}$$

*13 『신천문학』에서는 그림 속 점의 알파벳 지시가 그림마다 통일되어 있지 않아 알아보기 어렵기 때문에, 여기서 인용만이 아니라 이하의 인용이나 삽화도 포함하여 문장 속이나 그림 속 점의 알파벳 표기는 가능한 한 통일되도록 원전의 것을 일부 변경했다.

그림12.8
행성의 속도와 태양과의 거리.

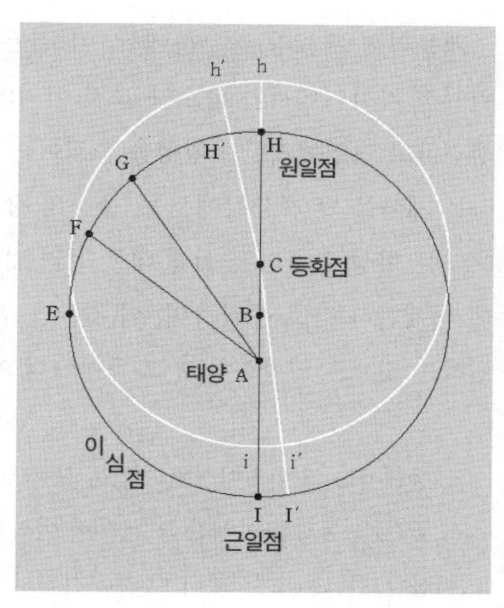

$$\therefore \widehat{hh'} : \widehat{ii'} = \overline{CI} : \overline{CH} = \overline{AH} : \overline{AI}.$$

다른 한편 등화점 C를 중심으로 하는 원 hh′II′상의 원호 길이의 비는 C를 중심으로 하는 각도의 비이며 따라서 소요시간(Δt)의 비가 된다. 그런데 이 경우 호 HH'와 호 II'의 길이가 같기 때문에 소요시간의 이 비는 '느림'의 비, 즉 '빠름(v)'의 역수의 비이며 이것이 진태양과 이 거리의 비와 같은,

$$\frac{1}{vH} : \frac{1}{vI} = \Delta tH : \Delta tI = \widehat{hh'} : \widehat{ii'} = \overline{AH} : \overline{AI},$$

즉 원일점과 근일점에서 행성 속도는 태양과의 거리에 반비례한다.

케플러는 제32장 끝부분에서, 이 결론은 장축단, 즉 근일점과 원일점 가까이에서는 옳으나 그것 이외의 점에서는 약간 차이가 생긴다고 단언했지만, 「행성을 움직이는 힘은 태양 본체에 있다」라는 제목을 단 제33장에서는 "운동의 강화와 완화intentio et remissio motus는 항상 우주의 중심에 대한 접근 및 중심에서부터 이격하는 데 비례한다"라고 주장하며, 이 결론을 궤도상의 모든 점에서 성립하는 것으로 일반화하고 그 동력학적 의미를 부여했다.

> 앞 장에서는 행성이 이심원의 같은 부분(내지 에테르 공기 속의 같은 공간)을 통과하는 시간[즉 느림]이 이심거리를 계산하는 시점始點[이심원, 즉 태양]에서부터 그 부분까지의 거리에 비례함이 증명되었다. 간단하게 말하자면 행성이 우주의 중심으로 간주되는 점에서부터 벗어나는 데 따라 보다 약한 힘으로 움직여진다는 것이다.[159]

마지막 부분은 속도는 작용하고 있는 힘에 비례한다는, 동력학에 대한 케플러의 오해에 기반한다. 이때 케플러가 생각한 태양에서 오는 힘은 인력이 아니라 궤도를 따라 행성을 미는 힘이다. 『신천문학』의 서문에 이 구동력에 관한 독특한 시각이 피력되어 있다.

> 태양은 한 위치에 멈춰 있으나 녹로轆轤(도자기를 만들 때 쓰는 돌림판 _옮긴이) 위에 놓인 것처럼 자전하고 있으며, 여기서부터 광대한 세계를 향해 빛과 닮은 자신의 비물질적 형상species immateriata을 방사한다. 이 형상은 태양 자전의 결과로서 우주 전체로 퍼지는 빠

른 소용돌이처럼 선회한다. 그리고 유출의 법칙에 따라 이 형상이 농도를 보다 조밀하게 혹은 보다 성기게 변화시키는 데 따라 보다 강하게 혹은 보다 약하게 행성을 붙잡고, 원을 따라 운반해 간다.[160]

태양에서 오는 형상形象, species, 즉 힘의 방사가 행성 궤도면 위를 2차원적으로 퍼지는 데 따라 그 힘이 태양과의 거리에 반비례하여 약해지고 그 회전하는 힘에 의해 행성이 원을 따라 접선방향으로 눌린다는 것이다.*14 이것은 물론 나중에 뉴턴이 말하는 인력과는 완전히 다르다. 그러나 행성을 '물질적materialta'이라고 간주했을 뿐만 아니라 행성이 태양에서 오는 힘에 의해 구동되고 제어된다고 확실히 말한 것은 케플러가 처음이다. 이 중요한 점에 관해서는 뒷 절에서 다시금 검토하기로 하자.

어쨌든 이리하여 케플러는 제33장에서 "태양이 체계의 중심에 있는 한 운동력의 원천은 태양에 속한다"라고 말하며 결론짓는다.

지상의 만물을 비추는 빛이 태양 속에 있는 불의 비물질적 형상임과 마찬가지로 행성을 그 안에 싸서 운반하는 이 힘virtus은 태양 자신 속에 있고 헤아릴 수 없는 능력을 갖는 비물질적 형상이며 우주의 모든 운동의 제1의 작용인actus primus omnis motus mundani이다.[161]

---

*14 '형상species'은 다의적인 단어인데 여기서는 방사되는 '능력virtus'이라 이해해도 좋다. 졸저 『자력과 중력의 발견(磁力と重力の発見) 1』(국역명은 『과학의 탄생』, 동아시아, 2005. _옮긴이), p. 252f. 및 『신천문학』, 영역 역자 용어사전Glossary의 Species 항목 참조..

필시 케플러가 가장 강조하고 싶었던 것은 이 점일 것이다. 제임스 뵐켈James Voelkel이 이 제33장을 "케플러의 태양중심이론 증명의 핵심"이라고 부른 까닭이다.[162]

우선 흥미로운 것은 케플러가 이 논의의 부산물by-product로서 제40장에서 도출한 법칙이다. 즉 일정한 길이를 가진 미소微小한 호의 길이를 통과하는 데 요하는 시간—'느림'—이 궤도상 어디에서나 태양에서부터 그 호까지의 거리에 비례한다면 궤도상의 정점定點(예를 들어 원일점)에서부터 임의의 점까지 소요되는 시간이 그 사이에 경과한 태양 - 각 미소 호 간 거리의 합에 비례한다. 즉 모든 미소 호의 길이가 동일하고 Δl라고 한다면, i번째의 미소 호를 통과하는 시간을 Δti, 그때의 속도를 vi, 태양에서부터 그 호까지의 거리를 ri라고 하면 케플러의 역학에서는,

$$\frac{\Delta t_i}{\Delta l} = \frac{1}{v_i} \propto r_i \qquad \therefore \quad t = \sum \Delta t_i \propto \sum r_i. \tag{12.1}$$

이것이 케플러의 '거리법칙'의 기초이다.

이것을 케플러는 '평균 아노말리(평균원점이각)'를 사용해 표현했다. 원래 평균 아노말리는 원일점에서부터 걸리는 시간에 비례한 각도로 정의되었다. 케플러 자신의 표현으로는

> 평균 아노말리란 행성이 원일점에 있었을 때부터 경과한 시간을 인위적으로 행성이 원일점에서 원일점까지 일주하는 전체 시간[주기]을 원과 마찬가지로 360도로 하는 방식으로 나타낸 것이다.[163]

즉 평균 아노말리 r는 공전주기를 T로 하여 $r : 360° = t : T$, 따라서 평균 각속도 즉 등화점에서 본 각속도를 $w = 360° \div T$로 하여

$$r = 360° \times \frac{t}{T} = wt. \tag{12.2}$$

이때 위의 '거리법칙'은 케플러 자신의 표현으로는

> 이심원[의 원주]을 처음 360등분하고 그것들이 [원호의] 최소단위라고 하며 그 한 부분[한 미소 호]의 내부에서는 [태양과의] 거리는 변하지 않는다고 가정한다. 다음으로 각 부분 내지 각 도수의 첫 거리를 제29장의 방식으로 찾아내고 그것들을 모두 합한다. 다음으로 주기에 끝수가 없는 수치를 할당한다. [지구의 경우] 이것은 실제로는 365일과 6시간이지만 이것을 360도, 즉 원 전체에 동등하다고 둔다. 이것이 천문학에서 말하는 평균 아노말리이다.[164]

즉 k를 1부터 360까지의 정수로 하고 원일점에서 k번째 부분(미소 호)의 끝점 G까지의 시간을 tG, 태양(이심점)에서부터 i번째 부분(미소 호)까지의 거리를 ri로 하여 (12.1)에 의해

$$t_G : T = \sum_{i=1}^{k} \Delta t_i : \sum_{i=1}^{360} \Delta t_i = \sum_{i=1}^{k} r_i : \sum_{i=1}^{360} r_i,$$

따라서 (12.2)에 의해 점 G의 평균 아노말리 rG는

$$r_G = 360° \frac{r_1 + r_2 + \cdots r_k}{r_1 + r_2 + \cdots r_{360}}. \tag{12.3}$$

행성운동이 비등속이라면 궤도형이 확정되었다 해도 행성이

궤도상의 각 점을 통과하는 시각을 구하기 위한 개별 수단이 필요해지는데 그 계산 수단을 부여해 준 것이 이 법칙이었다.

그리고 케플러는 최초로 이렇게 궤도를 360등분하여 이 계산을 시행했지만 계산이 너무나도 큰일이었기 때문에 이것을 대신하는 것으로서 면적을 생각했다. 즉 "이 모든 거리는 이심원의 면 안에 포함된다in plano eccentrici has distantias omnes inesse"라고 생각하고,[165] 그림12.8의 점 G 내지 F의 평균 아노말리를 구하기 위해 (12.3)의 우변 분모의 합을 원의 면적으로, 그리고 분자의 합을 그 경과한 호 HG 내지 HF 및 태양 A와 그 호 양단을 묶는 직선 AH와 AG 내지 AH와 AF가 둘러싸는 부채꼴의 면적으로 치환했다. 이리하여 케플러는 결론짓는다.

> [반원] HEI의 면적은 각도로 해서 180도로 나타나는 바 주기의 절반에 비례하고 따라서 면적 HAG, HAF는 호 HG, HF를 통과하는 시간에 비례한다. 이런 까닭으로 면적 HAG는 이심원의 호 HG에 대응하는 평균 아노말리 내지 시간의 척도가 된다.[166]

즉 원일점에서 각자의 점 G와 F까지 걸리는 시간 t_G와 t_F로 나타내면

$$t_G : t_F = \text{부채꼴 } HAG\text{의 면적} : \text{부채꼴 } HAF\text{의 면적}, \qquad (12.4)$$

이것이 '면적법칙', 즉 '케플러의 제2법칙'의 최초의 표현이다.

수학적으로는 다음과 같이 나타내는 쪽이 알기 쉽다. 특히 점 F를 일주한 점 H라 하면 t_F는 공전주기 T이므로

t_G : T=부채꼴 HAG의 면적 : 원의 면적,

따라서 점 G의 아노말리 (12.3)은

$$r_G = 360° \times \frac{t_G}{T} = 360° \times \frac{\text{부채꼴 } HAG\text{의 면적}}{\text{원의 면적}}. \quad (12.5)$$

이것을 (12.3)과 비교하면 태양에서부터 원호까지의 거리의 합의 비를 면적의 비로 치환했음을 잘 간취할 수 있다(또한 C가 등화점이기 때문에 $r_G = \angle HCG$).

이때 케플러는 이 면적법칙을 유도할 때 "내 논의에는 그렇게 중요하지는 않지만 오류추리paralogisum가 포함되어 있다"라고 인정했다. 그 까닭은 원호를 등분해도 태양이 원의 중심에 없을 때는 엄밀하게 말하면 태양에서 원호까지의 거리가 그 미소 부채꼴의 면적에 비례하지 않기 때문이다. 이것은 "면적의 사용은 태양에서 모든 점까지의 거리의 합을 정확하게 잰 것은 아니다"라고 고쳐 말해도 좋다.[167] 원주를 동등한 호로 $2N$등분하고 그 호의 끝점을 $K_i(i=1, 2, 3, \cdots\cdots, 2N)$로 하면($K_iK_{N+i}$가 직경), 그림12.9에서

$$\overline{AK_i} + \overline{AK_{i+N}} \geq \overline{K_iK_{i+N}} = \text{직경} = \overline{BK_i} + \overline{BK_{i+N}} \quad (12.6)$$

이므로 중심 B에서 그 호까지의 거리의 합과 이심점, 즉 태양 A

에서부터의 거리의 합을 비교하면 명백하게 태양에서부터의 거리의 합 쪽이 크다.[*15] 그러나 어느 경우도 원의 면적은 동일하므로 면적은 거리의 합에 정확하게 대응하지 않는다.

정답을 알고 있는 현재의 시각으로 보면 '면적법칙'이 올바르고 '거리법칙'은 근사적으로만 성립한다. 그러나 케플러는 당초에는 오히려 엄밀히 옳은 것이 '거리법칙'이고 그에 비해 '면적법칙'은 임시변통으로 계산하기 위한 방편이었기 때문에 어디까지나 '거리법칙'의 근사라고 생각했다. 이 논의는 『신천문학』 제40장의 것인데, 이 장의 제목 「물리학적인 가설로부터 가감차를 산출하기 위한, 불완전하지만 태양 내지 지구 이론에는 충분한 방법」이 '면적법칙'에 대해 이 시점에 케플러가 어떤 위치에 있었는지를 이야기해 준다.

현대의 역학이론에 기반하면, 올바르게는 속도가 아닌 속도의 동경動徑에 직교하는 성분이 힘의 중심 간의 거리에 반비례하는데, 그 근거도 중력이 중심력이며 이 경우에 각운동량이 보존되기 때문이다. 면적법칙을 처음으로 엄밀하게 증명한 사람은 뉴턴이다. 그러나 행성운동이 비등속임을 케플러가 인정했고, 이 법칙에 의거함으로써 시간 측도를 부여해 주는 면적을 도입한 의의는 크다. 실제로 뉴턴은 면적법칙으로, 시간도함수(변화율)를 면적

---

*15 케플러는 그림 12.9에서 점 A에서 직경 K_iK_{i+N}로 내린 수직선의 교점을 T_i라 하고 $\overline{AK_i}$를 $\overline{T_iK_i}$로 치환하면 그 합은 중심 간의 거리의 합과 같으므로, 이 $\overline{T_iK_i}$를 '직경거리distantiae diametrales'로 명명했다. 이 '직경거리'는 나중에 케플러의 추론에서 중요한 역할을 하게 된다.

비의 극한을 통해 기하학적으로 처리하는 수단을 얻은 것이다.[168]

케플러의 이 거리법칙에 이르는 논의는 속도가 힘에 비례하고 그 힘이 태양 간의 거리에 반비례한다는 이중으로 잘못된 전제에 기반했다. 그러나 결과로서 얻은 면적법칙은 옳다.

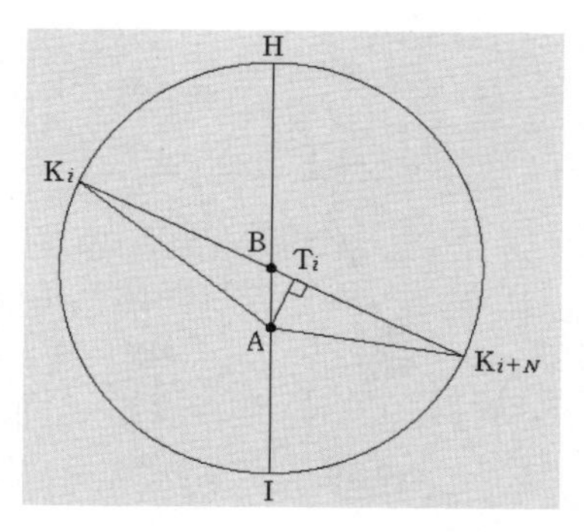

그림 12.9
이심점에 위치하는 태양(A) 간의 거리와 중심(B) 간의 거리 비교.

14. 타원궤도를 향한 길

이리하여 지구 궤도를 결정하고 나아가서는 지구를 포함한 모든 행성에 등화점 모델이 적용될 수 있다는 것에서 출발하여 면적법칙, 즉 제2법칙에 도달한 케플러는 이것을 갖고 『신천문학』 제4부(41~60장)에서 화성 궤도의 결정이라는 본래의 문제로 회귀한다.

제42장에서 케플러는 화성에 대해 이심거리의 이등분이 성립함을 다시금 확인했다. 지구와 태양 간의 거리는 이미 구했으므로 태양과 화성 간의 거리는 충이 아닐 때 지구에서 본 화성 방향과 화성의 1공전주기(687일) 뒤에 화성이 원래 위치로 돌아왔을

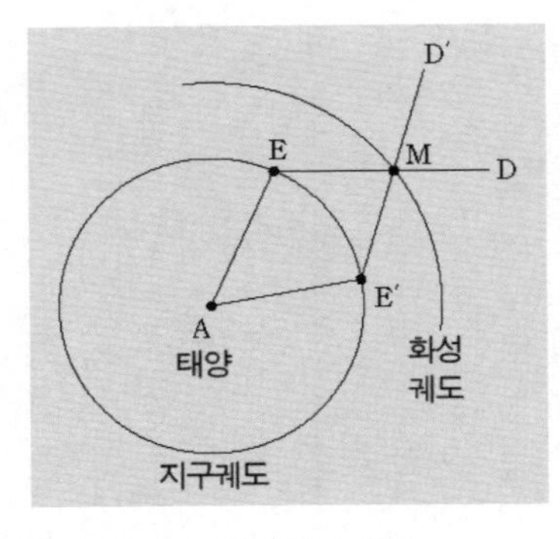

그림 12.10 화성의 위치 결정.

때의 지구(원래의 위치에서 약 43도 벗어나 있다)에서 본 화성 방향에서 산출할 수 있다. 그림12.10에서 E가 어느 시각의 지구의 위치로, 이때 화성은 그림의 $E \rightarrow D$ 방향에서 보인다. 화성의 1공전주기 뒤에 화성은 원래 위치로 돌아가고 지구는 E'의 위치에 와서 지구에서 화성은 $E' \rightarrow D'$ 방향으로 보인다. ED와 $E'D'$의 교점 M이 이때의 화성 위치이다. 이리하여 케플러는 화성의 원일점 거리와 근일점 거리를 정하여 궤도 반경을 100,000으로 하고 그 이심거리(중심 - 태양 간)를 9,246(이심률 0.09246)로 산출하여 이것이 등화점 - 태양 간의 절반 9,282와 거의 같음을 확인했다.

그리고 케플러는 제43장에서 화성 궤도가 원이라고 가정한 경우 화성 방향이 관측과 계산으로는 각도로 8분 어긋난다는 것도 다시금 확인했다. 상세하게 말하자면 이심원을 가정하여 계산한 진 아노말리(진원점이각) α의 값은 이심 아노말리(이심근점이각)가 $\beta = 45°$의 위치에서 약 8분 과잉, $\beta = 135°$의 위치에서 약 8분 부족했다.

이것은 계산된 행성의 속도가 원일점과 근일점 가까이($\beta \fallingdotseq 0°$, $\beta \fallingdotseq 180°$)에서는 실제보다 너무 커지고(너무 빠르고) 그 중간의 장축선에 직교하는 방향($\beta \fallingdotseq 90°$, $\beta \fallingdotseq 180°$)에서는 너무 작아진다(너

무 느려진다)는 것을 의미했다. 따라서 $\beta=90°$ 및 $\beta=270°$ 전후에서 궤도를 원 내측으로 조금 밀어 넣으면 그 부근에서는 미소 호를 보는 부채꼴의 면적이 감소하고 따라서 통과에 필요한 시간도 적어진다(속도가 증가한다). 다른 한편 이 변형에 의해 전체 면적도 감소하므로 원일점과 근일점 가까이를 통과하는 데 필요한 시간은 상대적으로 증가한다(속도가 감소한다).

> 명백하게 이 행성[화성]의 궤도는 원이 아니며 [원일점에서 벗어나면] 양측에서 서서히 [원의] 내측에 들어가고 근일점에서 원의 거리로 돌아간다. 이러한 형태는 통상 알 모양이라 부른다.[169]

이리하여 케플러는 제44장 끝부분에서 "행성 궤도는 원이 아닌 알 모양이다Orbitam planetae non esse cilculum sed figurae ovalis"라고 결론지었다. 이것은 2,000년에 걸친 기간 동안 원궤도에 사로잡혀 있던 것에서 해방되는 첫걸음이었으며, 여기서 완전히 새로운 천문학의 방향이 시작되었다.[170]*16 케플러는 제40장에서는 행성 궤도

---

*16 실제로는 케플러는 이 이전에 알 모양이라는 아이디어에 도달했었다. 화성 궤도와 씨름하는 과정에서 케플러는 다비드 파브리키우스David Fabricius에게 연구 진척상황을 하나하나 상세하게 보고했었는데, 1602년 10월 서간에서 "이렇게 하여 제가 앞에 보냈던 편지에서 언급했던 알 모양을 얻었습니다"라고 기술되어 있다(Kepler to Fabricius, 1 Oct, 1602, *JKGW*, Bd. 14, p. 278; Voelkel(1994), p. 267). 이 편지는 *Gesammelte Werke*에 20페이지에 걸친 긴 형태로 실려 있어, 시간을 들여 썼을 것이므로 알 모양figura ovalis에는 그보다 꽤 이전에 도달해 있었으리라 생각된다. 실제로 남아 있는 케플러의 노트에서 그해 봄에 "화성의 알 모

를 아 프리오리하게 원이라 했던, 당시까지 받아들여 온 가정을 "모든 철학자들이 권위를 부여한 데다가 형이상학에 잘 적합하기 때문에 그만큼 한층 유해하게 작용하여 [우리의] 시간을 빼앗은 원흉"이라고 호되게 비난했다.[171] 피타고라스나 플라톤 이래 코페르니쿠스와 튀코 브라헤에 이르기까지 우주론의 원리, 천문학의 공리로서 인정받아 온 원운동의 관념을 유해한 도그마로서 처음으로 단죄한 것이다.

케플러가 도달한 것은 원의 장축선 양측 부분에서 좁은 초승달 형태를 도려내고 얻은 알 형태의 궤도via ovalis라는 가정이었다. 그러나 그는 알 모양 곡선의 수학을 몰랐기 때문에 제49장과 50장에서는 계산을 위한 대체수단으로서 타원을 사용했다. 이때 케플러는 타원의 형상을 결정하는 데 극히 복잡한 작도법을 기록했다. 케플러의 설명은 난해하지만 에리크 에이튼Aric Aiton의 논문에 비교적 읽기 쉽게 재현되어 있으므로,[172] 상세한 설명은 이쪽에 양보하기로 하고 여기서는 결과만 기술해 두자.

이하에서는 타원(장반경 a, 단반경 b)에 그 장축 양끝에서 접하는 원을 '외접원', 이 '외접원'에서 타원을 뺀 남은 부분을 '초승달'이라 부른다. 처음에 케플러는

양 원circul Martis ovalis"이라고 기재한 부분을 볼 수 있다(Donahue(1993), pp. 79, 84). 그리고 『신천문학』 제20장 끝부분에 "천체[행성]궤도는 완전한 원이 아니라 알 모양이다orbitam sideris non esse perfectum circulum, sed ovalem"라는 가능성이 시사되어 있다(*JKGW*, Bd. 3, p. 182, 영역 p. 293).

$$\frac{\text{타원의 면적}}{\text{외접원의 면적}} = \frac{\pi ab}{\pi a^2} = \frac{b}{a}$$

로부터

$$\frac{\text{양측의 초승달의 면적}}{\text{외접원의 면적}}$$

$$= \frac{\text{외접원의 면적} - \text{타원의 면적}}{\text{외접원의 면적}} = \frac{a-b}{a}$$

라고 올바른 관계를 기술했다. 그러나 그 뒤에(그림12.11의 기호로 나타내어) "$\overline{BH}$[=원의 반경=a]의 2제곱과…… $\overline{AB}$[=이심거리=ea]의 2제곱의 비가 근사적으로 [외접]원의 면적과 두 초승달 면적의 비가 된다", 즉 $a^2 : (ea)^2 = a : a-b$로 이어진다.[173] 이것은 타원의 단반경 b를, e^2까지 취하는 근사에서 올바르게는 $b = \sqrt{1-e^2 a} = (1-e^2/2)a$로 해야 하는 것을 잘못해서 $(1-e^2)a$로 한 것에 해당한다. 그리고 이때 오차는 진 아노말리 α의 계산값이 $\beta = 45°$에 대해 8분 부족, $\beta = 135°$에 대해 8분 과잉, 즉 원궤도로 가정했을 때의 정반대가 되었다(상세한 바는 부록 C-4 참조). 즉 이 경우는 "행성은 장축선 양 끝 가까이 [$\alpha \fallingdotseq \beta \fallingdotseq 0°$, 180°]에서는 너

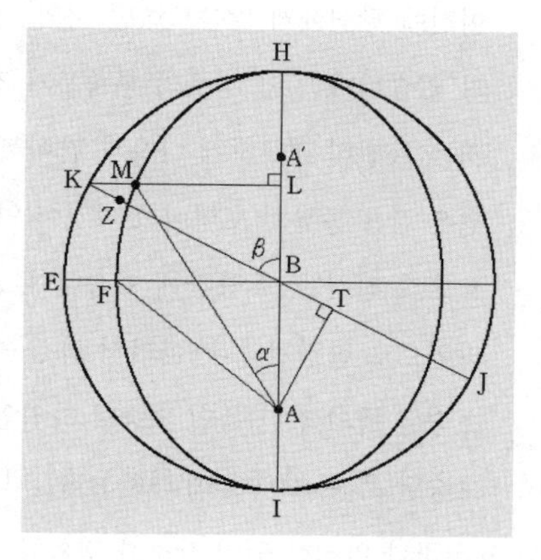

그림12.11
케플러의 제1법칙(타원궤도)의 발견.

무 느리고 평균 거리 가까이[$\alpha \fallingdotseq \beta \fallingdotseq 90°$, 270°]에서는 너무 빠르다".[174]

따라서 올바른 궤도는 원($b=a$)과 근사타원($b=(1-e^2)a$)의 중간, 즉 $b=(1-e^2/2)a$가 되는 타원일 것이라고 생각된다. 즉 이미 구했던 화성의 이심률 $e=0.09265$에 대해 원에서 도려내야 할 초승달의 폭 $a-b$는 알 모양을 근사한 위의 타원의 경우에는 $e^2a=0.00858a$가 되었지만 올바르게는 그 절반인 $e^2a/2=0.00429a$여야 한다.

케플러는 1605년 봄 즈음에는 이 결론에 도달했던 듯하다. 1605년 10월 파브리키우스에게 보낸 편지에는 타원궤도의 발견이 기술되어 있다.

> 완전한 이심원을 사용함으로써 구한 [태양 - 화성 간의] 거리가 제가 이전에 당신에게 말씀드렸던 저의 타원(그것은 알 모양과 거의 차가 없습니다만)의 경우의 부족분과 같은 만큼 과잉됨을 알았을 때 저는 완전히 정당하게 다음과 같이 생각할 수 있었습니다. 원과 타원은 같은 종류의 도형이고 이것이 역방향으로 같은 만큼 잘못돼 있으므로 진리는 그 중간에 있습니다. 그리고 타원 사이에 있는 것은 타원으로 한정됩니다. 따라서 화성 궤도는 확실히 원래의 타원에서 초승달 폭의 절반 폭인 초승달 타원입니다. 그런데 그 [원래 타원의] 초승달 폭은 100,000에 대해 858입니다. 따라서 평균 거리의 위치에서 구한 완전한 원이 감소한 정확한 거리는 429[=858÷2]의 폭이어야 합니다. 이것이 바로 올바른 해解라 할 수 있습니다.[175*17]

이리하여 케플러는 "제45장의 생각에서 도출되는 폭의 절반인 초승달 모양을 완전한 원에서 도려내야 한다"라고 결론지었다.[176]

새로운 국면을 향한 또 다른 돌파구는 여기서 화성 - 태양 간의 거리가 앞에서 기술한 '직경거리'로 주어짐을 우연히 깨달은 것이다. 이것을 케플러는 이심 아노말리가 90도가 되어 화성 궤도가 원에서 가장 벗어났을 때의 초승달 폭(그림 12.11에서 EF 간의 거리)이 이심원의 반경 $a=\overline{BF}$의 0.00429배라는 것, 이때 $\angle BFA$가 5도 18분에서 그 시컨트secant(여현의 역수, 즉 $1/\cos 5°18'$)가 1.00429라는 것에서부터 번뜩 떠올렸다고 증언했다. 즉 $\overline{FB}=(1-0.00429)a$에 대해

$$\overline{FA}=\overline{FB}\sec(5°18')=(1-0.00429)(1+0.00429)a \fallingdotseq a=\overline{EB}$$

를 깨닫고, 이 "새로운 빛으로 잠에서 깨어났다".[177]

그리고 케플러는 이 관계를 일거에 궤도상의 모든 점으로 일반화했다. 즉 그림 12.11에서 화성이 점 M에 있을 때, M에서 장축선 HI로 내린 수직선의 교점을 L, 이 수직선 ML이 L의 반대측에서 원과 교차하는 점을 K, 이심 아노말리를 $\angle HBK=\beta$($\beta=\angle HBM$이 아니다)로 하고, 태양 A에서 화성 M까지의 거리 $r=\overline{AM}$은 이심원(반경 a, 이심률 e)의 직경 KJ에 사영射影한 직선

*17 이것도 며칠이나 걸려서 조금씩 써 내려간 장문의 편지로, 실제로는 타원 궤도를 발견한 직후(1605년 봄)에 이 부분을 쓴 듯하다(C. Wilson(1968), p. 15, n. 47; Voelkel(1994), p. 291). 또한 케플러는 여기서는 '평균 거리의 위치'를 $\alpha=90°$에서가 아니라 $\beta=90°$의 점이라는 의미로 사용했다.

AK의 길이, 즉 A에서 이 직경 KJ에 내린 수직선의 교점을 T로 하여

$$r = \overline{KT} = \overline{KB} + \overline{BT} = a(1 + e\cos\beta) \qquad (12.7)$$

로 주어진다고 생각한 것이다. 이 $\overline{KT}$는 케플러가 '직경거리'라 명명한 것과 같다.

필시 수치계산에 연일 씨름했던 것과, 나아가서는 '직경거리'에 특히 관심을 기울였던 것이 그 배경에 있었으리라 생각된다. 케플러는 이 사실을 그 뒤 관측한 데이터의 몇몇 점에서 확인하고, 최종적으로 "제39장에서 아 프리오리하게 도입한 직경거리가 [태양-행성 간의 거리라는 것이] 모든 원주에 걸쳐 충분히 조밀하게 분포된 극히 신뢰할 수 있는 관측으로 확인되었다"라고 판정했다.[178]

15. 케플러의 제1법칙

이것으로 목표에 도달한 듯 생각되지만, 어디까지나 물리적 원인에 집착했던 케플러는 여기서부터 곧바로 궤도가 타원이라고 결론 내리지는 않았다. 『신천문학』은 서문에서 "이 저작에서는 천문학의 모든 것을…… 물리적인 원인에 맡겼다"라고 선언했다.[179] 따라서 원궤도를 폐기함과 동시에 그 원형성에서 벗어나는 것—현대적으로 표현하자면 대칭성 붕괴—에 대한 물리적 원인을

밝혔다. 구체적으로는 (12.7)의 관계를 동역학적으로 설명할 필요가 있었다. 이때 케플러의 생각으로는 태양의 작용은 앞서 언급했듯이 궤도 접선방향으로 행성이 구동한다는 것이지 태양과의 거리를 바꾸는 것은 아니었으므로 행성, 태양 간의 거리변화의 원인을 행성 본체에서 구하게 되었다.

당초 케플러는 이것을 행성에 갖춰진 영혼anima 내지 지성mens의 작용에서 구했고 일단은 거부한 주전원을 부활시켜 알 모양 궤도 모델을 행성이 그 영혼 내지 지성의 작용으로 행하는, 반경이 이심거리 ea와 같은 주전원 운동으로서 생각했다. 그러나 곧이 부자연스러운 아이디어를 버렸다. 왜냐하면 행성이 공간상의 단순한 점인 유도원상의 점 주변을 주회한다는 것은 행성이 아무것도 없는 기하학적 점인 평균태양 주변을 주회하는 것과 마찬가지로 케플러의 물리학적 천문학에서는 인정하기 힘든 발상이었기 때문이다.

그래서 케플러는 지구가 거대한 자석이라는 길버트의 발견을 이어받아, 제57장에서는 태양도 행성도 자석의 성질을 갖고 자석으로서의 행성이 그 극 방향을 따라 태양으로 견인되거나 반발되거나 함으로써 태양과 행성 간의 거리를 변동시킨다는 물리적·동력학적인 아이디어에 도달했다. 실제로 케플러는 태양과 행성 사이에 있는 자기적 상호작용을 가정함으로써 태양-행성 간 거리를 부여하는 (12.7) 식을 도출했다. 아니, 그보다는 (12.7)이 유도되도록 특이한 상호작용 모델을 고안했다고 해야 할 것이다(상세한 바는 부록 C-5 참조). 지금은 이 논의가 더는 의미가 없지만 케플러는 그것을 '성공'이라 생각했으며, 어쨌든 이리하여 케플러는 (12.7)이 옳음을 확신했으리라고 생각된다.

따라서 남은 문제는 화성까지의 거리가 이렇게 주어졌을 때 화성의 올바른 방향, 즉 진 아노말리 α를 발견하는 것이다. 케플러는 제58장에서 그 목적을 "거리를 관측결과에 일치시킬 뿐만 아니라 각도도 마찬가지로 올바르게 주는 물리적 가설을 발견하는 것"으로 설정했다. 물리적 고찰로 하면 자력에 의한 변동은 당연히 직경에 따라서일 것이리라고 생각되므로 처음에 케플러는 그림12.11에서 태양 A에서 거리 $r = a(1+e\cos\beta)$에 있는 행성의 위치를 반경 BK상의 점 Z로 설정했다. 그러나 이 경우에는 진 아노말리에 무시할 수 없는 5.5분의 어긋남이 생겼다. 그래서 그 바로 가까운 점에 있는, K에서 장축선 HI로 내린 수직선 HL상에서 태양 A와의 거리가 $r = a(1+e\cos\beta)$가 되는 점을 화성의 위치 M으로 하면 올바른 각도를 얻음을 발견했다.

얻은 궤도(이리하여 정해진 점 M의 궤도)가 확실히 타원임은 제59장에서 증명되었다. 이 장은 이 시점에서 행해진 케플러의 제1법칙과 제2법칙의 완전한 정식화이며 『신천문학』의 하이라이트이다. 증명은 일련의 보조정리에 따라 이루어진다. 최초의 정리는

> 타원은 원에 내접시키면 [중심에 대해] 서로 반대쪽에 있는 정점에서 그 원에 접한다. 그 접점과 중심을 통과하는 직경[타원의 장축]을 긋고, 다시 원주상의 다른 점에서 그 직경으로 수직선을 그으면 모든 이 수직선은 타원의 주周[둘레]에 의해 동일한 비로 분할된다.[180]

즉 앞의 그림12.11 및 다음 그림12.12에서 원의 반경 $\overline{HB}=a$는 그것에 내접하는 타원의 장반경이며 $\overline{FB}=b$가 그 타원의 단반경으로, 원주상의 임의의 점 K에서 장축선 HI에 내린 수직선 KL이 타원과 교차하는 점을 M이라 하고

$$\frac{\overline{ML}}{\overline{KL}}=\frac{\overline{FB}}{\overline{EB}}=\frac{b}{a}. \tag{12.8}$$

『신천문학』에서는 이 이전에 타원의 정의가 어디에서도 이야기되지 않았던 것처럼 보이므로 이것은 『신천문학』에서 제시한 타원의 정의라 생각할 수 있다.*18

정의 2와 3은 이 경우 N을 장축선상의 임의의 점으로 하여 그림12.12에서

---

*18 실제로 『신천문학』에서는 타원에 대해 두 정점定點과 갖는 거리의 합이 일정한 점이 그리는 궤도라는 정의는 명시적으로는 이야기되지 않았고 타원의 '초점'이라는 개념도 사용되지 않았다. 따라서 또한 '태양을 타원의 한쪽 초점으로 한다'는 언명도 없다.

케플러의 1604년 『광학』 제4장에서는 원추의 단면으로서 원추곡선이 정의되었고 또한 '초점(foci, focus의 복수형)'으로서 그 한쪽에서 나온 광선이 다른 곡선에서 반사되었을 때에 또 다른 쪽으로 향하는 특별한 점의 쌍으로서 정의되고 명명되었다. 그리고 타원 작도법으로서 두 고정된 핀에 그 사이의 거리보다 긴 실을 걸어 그리는, 보다 알려진 방법이 기술되어 있다(*JKGW*, Bd. 2, pp. 90~93, 영역 pp. 106~110). 따라서 두 정점을 묶는 분선의 합이 일정한 점의 궤도라는, 타원의 주지의 정의를 케플러가 몰랐던 것은 아니다. 어째서 『신천문학』에서 초점을 언급하지 않았는지 불가사의하다. 덧붙여 『광학』의 이 부분은 유럽의 수학문헌에서 '초점'이라는 단어가 최초로 도입된 것이라 간주된다(C. Wilson(1972), p. 102, 일역 p. 113; Belyi(1975), p. 652).

$$\frac{\text{타원 } HFI\text{의 면적}}{\text{원 } HEI\text{의 면적}} = \frac{\text{부채꼴 } HMN\text{의 면적}}{\text{부채꼴 } HKN\text{의 면적}} = \frac{b}{a}. \quad (12.9)$$

여기서 N은 장축선상의 임의의 점임에 주의하라.

정리 7에서 처음으로 N이 $\overline{FN} = a$가 되도록 특정된다. 즉 N을 그림12.11의 A와 일치시킨다. 이때 이심거리는 $\overline{BN} = \sqrt{a^2 - b^2}$, 따라서 $\overline{BN}/\overline{BH} = \sqrt{1-(b/a)^2}$ 이 이심률(e)이 된다. 이다음에 정리 11에서는 이 점 N과 M의 거리 $\overline{MN}$이 직경거리, 즉 N에서 직경 KK'로 내린 수직선의 교점을 T로 하여 거리 $\overline{KT}$와 같음이 제시되었다. 케플러의 기술은 알아보기 힘들지만, 이 논의를 현대식으로 고쳐 쓰면 그림에서 $\angle HBK = \beta$로서 $\overline{KT} = a\sin\beta$, 따라서 (12.8)에 의해 $\overline{ML} = b\sin\beta$, 다른 한편 $\overline{LB} = a\cos\beta$, $\overline{BN} = \sqrt{a^2 - b^2}$. 이상에 의해

$$\begin{aligned}\overline{MN} &= \sqrt{(b\sin\beta)^2 + (a\cos\beta + \sqrt{a^2 - b^2})^2} \\ &= a + \sqrt{a^2 - b^2}\cos\beta = \overline{\mathrm{KT}}. \quad (12.10)\end{aligned}$$

이것으로 케플러는 점 M이 타원상에 있음을 증명했다고 말하는 듯하다. 그러나 오히려 점 M을 장축에 직교하는 직선 KL 위에서 $\overline{NM} = \overline{KT} = a + \sqrt{a^2 - b^2}\cos\beta$가 되는 점으로 취했을 때

$$\overline{ML} = \sqrt{\overline{NM}^2 - \overline{NL}^2} = b\sin\beta \quad \therefore \frac{\overline{ML}}{\overline{KL}} = \frac{b}{a}. \quad (12.11)$$

따라서 (12.8)에 의해 점 M은 타원상의 점, 즉 화성 궤도 HMI는 확실히 타원이라고 논하는 것이 논리적일 것이다.

이렇게 하여 케플러는 "행성에 대해서는 완전히 타원적인 형태에

따르는 것 이외의 궤도 형태는 남아 있지 않다", "따라서 타원은 행성의 궤도이다Ergo ellipsis est Planetae iter"라는 제58장의 결론을 수학적으로 증명했다.[181]

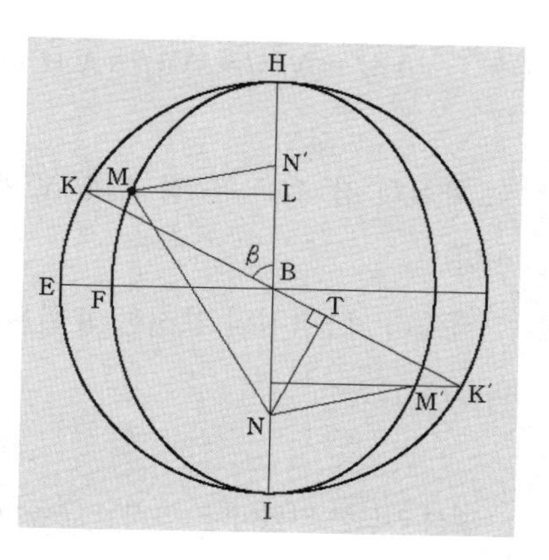

그림12.12
케플러의 제1법칙(타원궤도)의 증명.

나중에 케플러는 자신이 발견한 행성운동의 법칙에 기반하는 물리학적 태양중심이론을 전개한 『개요』의 1621년 제5권에서 앞의 인용과 마찬가지의 타원의 정의를 처음으로 기술하며, 그 뒤에 타원이 갖는 성질로서 "타원은 거기서부터 그것이 그려지는 바 두 점을 갖고, 그것을 나는 '초점'이라 입버릇처럼 말한다. 따라서 그 두 점의 초점에서 타원상의 임의의 점으로 그은 직선 내지 한 초점에서 타원의 중심에 관해 대칭적인[타원상의] 두 원으로 그은 직선의 합은 항상 장경長徑[장축, 긴지름]과 같다"라고 덧붙였다.[182]

이것을 이용하면 위의 논의는 다음과 같이 고쳐 쓸 수 있다.

그림12.12에서 직선 KT를 연장하여 원주와 교차하는 점을 K'라 하고, K'에서 장축선으로 내린 수직선이 타원과 교차하는 점을 M'라 하면. 완전히 마찬가지로 $\overline{NM'} = \overline{TK'}$. 여기서 장축선상에 중심 B를 끼고 N의 대칭 위치에서 N'를 취하면 $\overline{N'M} = \overline{NM'}$ 이므로

$$\overline{NM} + \overline{N'M} = \overline{NM} + \overline{NM'} = \overline{KT} + \overline{TK'} = 2a$$

로 확실히 점 M은 두 점 N과 N'를 초점으로 하는 타원상의 점이다.

케플러 제1법칙의 완전한 표현은 1619년의 『조화』에서 주어진다(그림12.13).

> 행성 궤도는 타원이다. 그리고 운동의 원천인 태양은 이 타원의 한쪽 초점에 있다 *Orbitam Planetae esse elliplicam, et Solem, fontem motus, esse in altero focorum hujus Ellipsis*[강조 원문].[183]

고대 이래 '천문학의 두 원리', 즉 '지구의 중심정지원리'와 '천체 원운동의 원리' 중 전자는 이미 고대에 의심받은 적이 있으며 코페르니쿠스가 거부했다. 그러나 후자, 즉 '원운동의 원리'는 아리스토텔레스가 『형이상학』에서 "운동은 연속적이기 위해서는

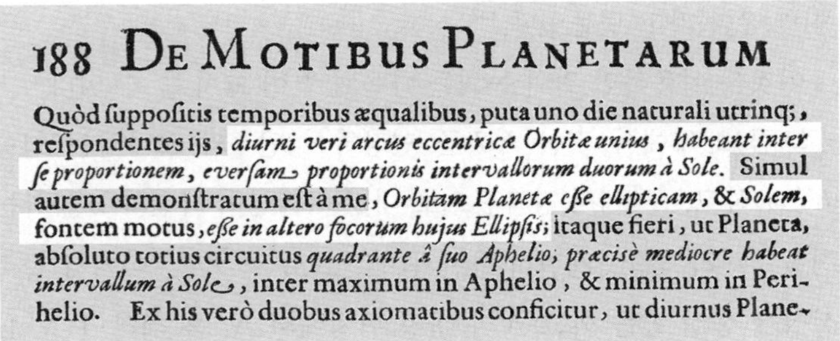

188 DE MOTIBUS PLANETARUM

Quòd ſuppoſitis temporibus æqualibus, puta uno die naturali utrinq;, reſpondentes ijs, *diurni veri arcus eccentricæ Orbitæ unius, habeant inter ſe proportionem, everſam proportionis intervallorum duorum à Sole.* Simul autem demonſtratum eſt à me, *Orbitam Planetæ eſſe ellipticam*, & *Solem*, fontem motus, *eſſe in altero focorum hujus Ellipſis*; itaque fieri, ut Planeta, abſoluto totius circuitus *quadrante â ſuo Aphelio, præcisè mediocre habeat intervallum à Sole*, inter maximum in Aphelio, & minimum in Perihelio. Ex his verò duobus axiomatibus conficitur, ut diurnus Plane-

그림12.13 케플러의 제1법칙과 제2법칙. 『세계의 조화』(1619)에서.

…… 특히 원운동이어야 한다"라고 논한 이래[Ch. 1. 2], 천체 주회의 영속성의 근거로 간주됨으로써 중세는 물론 코페르니쿠스나 튀코 브라헤를 포함해 마지막까지 견지되어 왔다. 12세기 마이모니데스는 "동일 궤도에서 정상적으로 반복되는 연속적인 운동의 필요성은 원형의 필연성을 함의한다"[184]라고 기술했다. 코페르니쿠스도 『회전론』에서 "지나간 것을 원래대로 되돌릴 수 있는 것은 그저 원뿐이다"라고 말했으며,[185] 마찬가지로 튀코는 1599년 케플러에게 보낸 서간에서 "하늘의 물체의 주회운동은 마땅히 원운동으로 구성되어야 합니다. 그렇지 않으면 그것이 언제까지고 같은 궤도에서 마찬가지로 되돌아오는 일은 있을 수 없으며 영원한 지속도 불가능합니다"라고 단정했다.[186]

그리고 에라스무스 라인홀트는 자기가 소유했던 『회전론』의 제목 페이지 여백에 "천체의 운동은 등속이며 원형이든가, 그렇지 않으면 등속이며 원형의 부분으로 이루어진다"라는 명제를 '천문학의 공리axioma astronomicum'라고 메모했다.[187] 원궤도의 도그마가 얼마나 강고했었는지 읽어낼 수 있다. 그러나 그 도그마는 케플러에 의해 이렇게 매장되었다. 갈릴레오의 1630년대 저서에서조차 무비판적으로 '원운동의 원리'에 의거하고 있음을 감안해 보면, 케플러가 도달한 이 지점의 선구성을 이해할 수 있을 것이다. 코이레가 말했듯이 "요하네스 케플러의 『신천문학』은 실제로 새로운 천문학이며 어떤 의미에서 코페르니쿠스의 것 이상으로 그러하다".[188]

덧붙이자면 케플러가 실제 관측에 기반하여 궤도가 타원임을 도출한 것은 화성에 대해서만이다. 그러나 위에서 보았듯이 이미 『신천문학』 제58장에서 타원궤도는 모든 행성으로 확장되어 그 결론이 『조화』나 『개요』로 계승되었다. 케플러는 지구도 포함하여 모든 행성의 운동이 동일 법칙에 지배됨을 확신했던 것이다.

이 점에 관하여 나중에 뉴턴이 케플러의 법칙에서 만유인력을 도출했고 그것에 기반하여 세계의 체계를 전개한 『자연철학의 수학적 원리(프린키피아)』의 1726년 제3판 제3부에서 "우리나라의 호록스가 지구를 아래 초점으로 가지며 타원상을 움직이는 달 이론을 최초로 전개했다"라고 기술한 이래[189] 천문학사에서는 타원궤도를 최초로 달에 적용한 것은 케플러 사후 제러마이아 호록스 Jeremiah Horrocks라고 전해져 왔다.[190] 그러나 실제로는 케플러는 달에 대해서도 타원궤도가 적용되어야 함을 이야기했다. 1627년의 『루돌프 표』에는 이렇게 쓰여 있다.

> 나는 달의 중심 경로를 완전한 원의 형태로 그렸지만, 그것은 본격적으로는 그 외[의 행성]와 마찬가지로 타원, 즉 약간 납작해진 원이며 그리고 또 그것에 대한 가감차 표는 타원으로 계산한 것이다.[191]

케플러는 태양계의 모든 천체의 궤도로서 타원을 발견한 것이다.

16. 제2법칙의 완성

『신천문학』 제59장은 타원궤도 확립 후에 다시금 면적 법칙으로 돌아간다. 이 장의 정리 8은 "원을 임의의 수 내지는 무수한 부분으로 분할하여 그 분할의 점을 원내의 중심 이외의 점 어딘가와 묶고 마찬가지로 중심과도 묶으면, 중심과 선분 사이의 합은 다른 점과 선 사이의 합보다도 작을 것이다"라고 하며, 정리 9는 "그러나 중심을 벗어난 점에서 그은 선분 대신에 [분할의 점에서] 중심으로 그은 직선에 그 점에서부터 내린 수직선으로 잘린 직선, 즉…… 직경거리를 취하면 그 거리의 합은 중심에서 그은 선분의 합과 같다"라고 했다.[192] 식 (12. 6)에서 제시된 사항이다.

그리고 나아가 정리 9는, 그림12. 12에서 원주상의 임의의 점을 K, 직경상의 임의의 점을 N으로 했을 때(이 경우 N은 초점이라고 한정할 수는 없다), 원주상의 정점定點 H에서 그려진 원호 HK를 등분하여 각 원호의 시점始點 Ki를 통과하는 직경에 N에서부터 내린 수직선의 교점을 Ti라 했을 때 $\overline{K_i T_i}$, 즉 KiN의 '직경거리'의 합을 부채꼴 HNK의 면적으로 잴 수 있다고 주장한다(상세한 바는 부록 C-6). 즉 "원 및 그 부분 HNK의 면적은 직경거리의 합으로 잴 수 있다Area circuli, et partes HNK, metriuntur summas distantiarum diametralium".[193]

여기서 점 N을 초점 A와 일치시키면 직경거리는 초점에서 타원상의 점 M까지의 거리이며, 정리 3에서 타원 경우의 부채꼴 면적도 원의 부채꼴 면적의 정수배임이 제시되었으므로 여기서부터 타원궤도에 대해서도 면적법칙이 옳다는 것이 유도된다.

우리로서는 이것으로 모든 것이 해결된 듯 생각하기 쉽지만 케플러에게는 이야기가 그렇게 간단하지는 않았다. 왜냐하면 케플러는 면적법칙이 아닌 거리법칙이 옳은 법칙이라고 생각했기 때문이다. 그렇지만 위의 타원궤도에 대한 면적법칙의 적용은 원궤도의 것을 그대로 전용한 것이었다. 원궤도의 경우는 원호를 등분하여 거기서부터 태양까지 이르는 거리의 합을 구했으므로 문제는 없지만 그것을 장축선에 직교하는 방향으로 $\frac{b}{a}$배함으로써 타원궤도로 치환했을 때는 타원의 호는 그 이상 등분되지 않으므로 거리법칙이 올바르게 적용된 것이 아니기 때문이다.

그러나 케플러는 정리 14에서 타원궤도의 경우에는 "타원을 원과 동수의, 그러나 예비정리 10에 반하여 불균등한 호로 분할했다고 하자. 즉 처음에 원 HKI를 균등한 호로 분할하고 그 각자의 호 끝점에서 [장축선] HI에 수직선 KL을 내려서 타원 HMI를 원호와 동수의 [불균등한] 호로 분할하고 그 호와 N 사이의 거리 합으로서 타원 면적을 사용한다. 이때에는 그 절차에 동반되는 오류는 완전히 상쇄된다"라고 면적법칙의 유효성과 타당성을 표명했다. 그러나 솔직히 말해 이 논의는 비약이 있고 명료하지 않다.[194]

이 문제점을 최종적으로 해결한 것은 나중의 『개요』였다. 케플러의 이해로는 태양에서 오는 힘은 행성을 태양 방향으로 끌어당기는 것이 아니라 태양에서 행성을 향하는 방향(동경방향)에 직교하는 방향으로 행성을 누르기 때문에, 『개요』 제5권에서는 그 힘에 비례하는 것은 행성속도의 동경에 직교하는 성분 $v_\perp$뿐이라고 한정된다. 따라서 타원호의 동경에 직교하는 방향의 길이를 $\Delta l_\perp$로 하여

$$v_\perp = \frac{\Delta l_\perp}{\Delta t} \propto \frac{1}{r} \quad \therefore \Delta_t \propto r \Delta_{l\perp}. \tag{12.12}$$

그렇지만 이 우변은 태양과 미소 원호의 양끝을 묶는 직선 및 원호 자신으로 만들어지는 미소한 부채꼴 면적의 2배이므로 결국 미소 호를 통과하는 시간은 이 미소 호와 태양을 묶은 선으로 만들어지는 미소 부채꼴(사실상 삼각형)의 면적에 비례한다. 즉 "각 [미소] 삼각형[의 면적]은 각자의 시간[원어 'mora'는 '늦음'이라는 의미도 있음]의 가장 정확한 측도이다". 따라서 유한한 경과시간은 동경이 훑쓴 면적으로 주어진다. 즉

> [태양의 위치] A에서 삼각형으로 분할되는 타원의 전면적이 모든 주기가 그 호로 분배되는 것과 같은 비율로 호 사이에서 분배된다. 따라서 한 [미소] 삼각형[의 면적]은 그 단일한 호[의 통과시간]의 가장 정확한 측도가 된다. 이것과 완전히 마찬가지의 증명은 나의 『화성에 관한 주석』(『신천문학』)의 제59장 291페이지[정리 14]에 있다. …… 단 여기서는 사항을 불명료하게 기술했었다. 대부분의 문제는 여기서는 거리가 양 그리고 선분으로서 고찰되었지 삼각형으로서 생각되지 않았던 것에 있다. 이것을 나는 인정해야 한다.[195]

또한 1618년의 『조화』 제5권 3장에는 『신천문학』에서 증명한

것으로서 "한 이심원상의 참된 해의 호끼리의 비는 충분히 정확하게 태양과 그 호 사이 거리의 2제곱에 반비례한다*diuruni veri arcus eccentricae Orbitae unius, habeant inter se proportionem, eversam proportionis intervallorum duorum à Solé*"(그림12. 13)라고 한다[강조 원문].[196] 이것은 태양과의 거리를 r, 진 아노말리 α의 시간변화를 $\dot{\alpha}$, $\Delta t = 1\text{day}$로 하면

$$\dot{\alpha}\,\Delta t \propto r^2 \qquad \therefore r^2\dot{\alpha} = \text{const.}$$

를 의미하고, (12.12) 식에서 $\Delta l_{\perp} = r\alpha\Delta t$로 한 것과 다름없으며, 제2법칙의 엄밀한 표현이다.

이리하여 케플러의 제2법칙이 확정되었다. 케플러의 제1법칙과 제2법칙은 프톨레마이오스 이래 코페르니쿠스에 이르기까지 사용되었던 등속 원운동, 주전원, 이심원, 등화점 등의 여러 개념을 모두 매장하게 되었다.

17. 제3법칙과 케플러의 물리학

케플러 자신은 개개의 행성 궤도와 운동을 발견하는 것이 궁극적인 목적이라고는 생각하지 않았다. 그의 참된 목적은 『신비』 이래의 테마로서, 태양계 전체의 질서와 조화를 물리학적으로 설명하는 것이었다. 『신비』에서 설정한 행성 궤도의 '수와 크기와 운동'에서 '수와 크기'는 정다면체 모델로 어떻게 해명되었다고 생각되었지만 '운동' 혹은 '운동과 크기'가 어떤 관계인지에 대해서

는 손도 대지 못 한 채 남아 있었다. 이것은 『신비』가 출판된 지 20여 년 뒤 제3법칙을 발견함으로서 해결되었다.

이 장기간에 걸친 케플러의 탐구를 지탱한 것은 태양이 행성의 운동을 구동한다는 물리학적 이해에 대한 확신과 함께 그것이 모든 행성을 관계 짓는 수학적 관계에 의해 표현되어야 한다는 신념이었다. 이리하여 최종적으로 도달한 케플러의 제3법칙, 즉 태양계 전체 행성 궤도의 크기와 공전주기의 관계는 1619년의 『조화』 제5권에서 비로소 표명되었다.

> **두 행성의 공전주기의 비는 정확히 평균 거리, 즉 궤도 자신[의 길이]의 3/2제곱의 비이다**proportio quae est inter binorum quorum cunque Planetarum tempora periodica, sit praecise sesquialtera proportionis mediarum distantiarum, id est Orbium ipsorum[강조 원문].

케플러가 이 해결책에 도달한 것은 1618년 5월 15일로, 그 이틀 뒤에 『조화』의 원고를 인쇄를 위해 보냈다고 한다. 여기에는 그 해결에 도달한 도정이 기록되어 있다.

> 여기서 다시 한 번, 당시에는 아직 명백하지 않았기 때문에 미해결로 방치해 두었던 22년 전 『우주의 신비』의 어떤 문제의 답을 삽입해 둔다. 브라헤의 관측결과를 사용하여 극히 장기간에 걸친 끊임없는 노력으로 드디어 궤도의 참된 간격이 발견되었을 때 마침내 궤도 비에 대한 공전주기의 참된 비가 판명되었기 때문이다. ……

표 12.1 케플러 제3법칙의 검증

행성	공전주기(T)	평균 거리(a)	$a^{3/2}/T$
토성	29.4571	9.510	0.996
목성	11.8621	5.200	1.000
화성	1.8809	1.524	1.000
지구	1.0000	1.000	1.000
금성	0.6152	0.724	1.001
수성	0.2408	0.388	1.004

주기 단위는 년, 거리 단위는 지구의 평균 거리.

> 브라헤의 관측결과와 씨름한 나의 17년간에 걸친 노력과 현재의 이 사색이 일치함을 멋지게 확인했으므로, 처음에는 꿈을 꾸고 있어서 구하던 결론을 미리 전제에 숨겨둔 것은 아닌가 하고 생각했을 정도였다.[197]

『조화』에는 관측값으로 뒷받침하지도 않고 이것만이 기록되어 있지만, 이 제5권의 조금 떨어진 곳에 기록되어 있는 수치를 표로 정리해서 제시하여 이 법칙의 경험적 타당성을 확인해 두자(표 12.1). 법칙의 주장과 관측값이 극히 양호하게 일치한다고 말할 수 있다.[198*19]

---

*19 원문에서는 지구의 평균 거리를 1000으로 했지만 여기서는 1.000으로, 또한 공전주기도 일 단위로 표기되어 있는데 연(지구의 공전주기) 단위로 고쳤다. 또한 1620년의 『개요』 제5권에서는 마찬가지의 관계가 새롭게 발견된 목성의 네 위성에 관해서도 성립함이 기록되어 있다(『개요』 *JKGW*, Bd. 7, p. 318f., 영역 p. 919).

케플러는 이 제3법칙이 개별 행성운동에 관한 진술인 제1·2법칙과는 달리 태양계 전체에 관한 것, 즉 모든 행성을 관련 짓는 것이며, 코페르니쿠스가 말하는 '천체들의 운동과 크기의 확실하고 조화로운 결합'을 정확하고 엄밀하게 표현하는 것으로서, 제1·2법칙 이상으로 중요하다고 생각한 듯하다. 그리고 이 법칙이 케플러에게 갖는 의미는 이 법칙이 태양을 동력원으로 하는 동력학적 우주론을 보다 강력하게, 보다 직관적으로 입증하는 것이라 생각했다는 점이었다.

이것을 가장 명백하게 읽어낼 수 있는 것은 대략 같은 시기에 쓰인 『개요』이다. 구면천문학의 첫걸음부터 케플러의 제3법칙에 이르기까지, 케플러 자신의 발견에 기반한 이 『코페르니쿠스 천문학 개요』는 이런 이유로 본래는 『케플러 천문학 개요』라 불러야 할 서적으로, 케플러 천문학의 집대성이며 참된 태양중심이론의 첫 포괄적 교과서이기도 했다.

> 이 제4권은 하늘의 모든 자연에 관해 귀에 익지 않은 많은 새로운 사항을 공표하므로 당신은 이론적 천문학이 물리학의 실로 일부임을 인정하지 않는다면 대체 물리학의 부분을 배웠는지 천문학을 배웠는지 의아하게 될 것이다.[199]

이렇게 이 제4권은 그 시점에서 행성운동을 동력학적으로 해명하려는 시도였다.

실제로 그 제2부 제1절에서는 『조화』에서 제창된 제3법칙이

“주기의 비는 궤도구의 [반경의] 비와는 같지 않고, …… 주主행성에서는 3/2제곱의 비에 정확히 같다”라고 이야기하고 있는데,[200] 이것만이 아니라 나아가 그 물리학적 근거에 관한 추측도 이야기되었다.

[질문] 어떠한 이유에서 당신은 태양이 행성운동의 원인, 혹은 운동의 원천이라고 생각하는가?
[대답] 그 이유는 임의의 행성이 다른 행성에 비해 [태양에서부터] 보다 멀리 있는 한 보다 완만하게 움직이므로, 주기의 비가 태양 간 거리의 3/2제곱의 비가 된다는 것이 명백하기 때문이다. 이것 때문에Ex hoc igitur, 태양이 운동의 원천이라고 생각할 수 있다.[201][강조 원문].

제3법칙을 태양이 행성을 구동함으로써 태양계 전체의 조화로운 시스템을 형성하는 결정적 증거라 생각한 것이다. 그리고 이 추론을 케플러는 자신의 운동법칙에 기반하여 전개했다.

이전에도 기술했듯이 태양의 구동력vis solis vectoria 이외에 행성 자신 속에는 운동에 저항하는 자연관성naturalis inertia ad motum도 존재하므로, 이것들은 그 물질에 비례하여 그 자신의 위치에 머무르려고 한다. 이 때문에 태양의 구동력potentia solis vectoria과 행성의 불활성impotentia planetae 내지 물질적 관성inertia materialis 사이에 경합이 생긴다. 그리고 각자는 어떤 비율로 승리하며 구동력은 그 행성을 그 위치에서 움직이고 물질적 관성은 스스로의, 즉 행성의 신체를 붙들고 있는 태양의 속박에서 해방된다.[202]

앞서 언급했듯이 케플러는 힘은 그것에 비례한 속도를 낳는다고 잘못 생각했다. 이 오류는 그의 관성 개념이 내포했던 오류와 서로 보완적이다. 그의 관성 개념은, 거슬러 올라가면 『신천문학』의 "행성 구체*20의 자연본성은 물질적materiata이며 사물이 처음부터 갖는 그 본성의 성질 때문에 정지 상태, 즉 운동을 결여한 상태로 향하려고 한다", "행성의 물체는 어디에 있더라도 단독으로 놓인다면[즉 다른 물체의 작용을 받지 않을 때는] 그 본성 때문에 정지하려고 한다"라는 그의 생각에 도달한다.[203] 18세기의 수학자 레온하르트 오일러에 따르면 '관성inertia'이라는 단어를 만든 것은 케플러인[204] 듯하지만 케플러의 '관성'은 이렇게 '정지 관성'이었다. 1580년대에 조르다노 브루노는 "사물에는 자각하든 하지 않든 상관없이 현재의 상태를 유지하고 싶다는 욕구가 내재한다"라고 말했다.[205] 이러한 넓은 의미의 관성은 그 외에도 이야기되었다. 보다 역학적으로 한정된, 물체는 힘이 작용하지 않으면 정지한다는 관성의 이해는 원래는 아리스토텔레스의 것이었다. 그러나 아리스토텔레스는 이것을 지상 물체(달 아래 세계의 4원소로 이루어진

---

*20 이 '행성의 구체planetariorum globi(복수형)는 뒤의 인용에 나오는 '행성의 물체planetae corpus(단수형)와 마찬가지로 구형의 행성 그 자체를 가리키지 행성을 고착시켜 주회하는 행성천구는 아니다.

물체)에 대해서만 이야기했다. 이에 비해 행성을 '물질적'이라고 파악하는 케플러는 지구는 둔중하고 불활성이라는, 튀코에 이르기까지 사용해 온 상식을 행성 일반으로까지 확장하여, 앞서 언급한 인용에서 보이듯이 '운동에 저항하는 자연관성' 내지 '물질적 관성'을 '행성의 불활성'으로서 행성에 대해서도 인정한 것이다.

따라서 케플러의 물리학에서는 지구만이 아니라 다른 행성에 대해서도 운동을 지속시키기 위해 밖에서부터 작용하는 힘이 필요하다. 따라서 모든 행성은 태양에서 오는 구동력과 자기의 관성 저항이 이루는 균형으로 그 궤도에 따른 속도를 얻게 된다.

이때 중요한 것은 케플러가 그 관성, 즉 물질의 관성inertia materiae을 '물질의 양', 즉 '질량'으로 정량화한 것이다. 이것은 1621년의 『신비』 제2판의 주에서 "그 물체의 체적과 물질의 밀도에 비례하는, 외부에서 더해진 힘에 항거하는 능력facultate renitendi montui extrinsecus illato, pro mole corporis et densitate materiae"[206]이라고 오해의 여지가 없는 형태로 표현되었다. 따라서 케플러의 운동법칙은 현대식으로 기술하면, 물체에 작용하는 힘을 $\vec{F}$라 하고 물체의 관성 즉 질량을 m이라 할 때, 그 물체의 속도는 $\vec{u} \propto \vec{F} \div m$으로 주어진다. 현재에는 힘이 더해진 물체에는 그 힘에 비례한 가속도 $\vec{\alpha}$이 생기는 것을 나타내는 운동방정식 $\vec{F} \propto m\vec{\alpha}$에 해당하는 것을 케플러는 잘못하여 $\vec{F} \propto m\vec{u}$라 생각한 것이 되며, 말하자면 이것이 '케플러의 운동방정식'이었다.

이렇게 역학원리 그 자체는 잘못되었다고 해도 천상세계와 달 아래 세계가 동일한 운동법칙에 지배됨을 자명한 것으로서 받아들인 것, 그리고 천상의 행성도 포함하여 물질적 물체가 모두 관성을 갖는다는 것을 말했고, 나아가서는 그 '관성'을 '물질의 양', 즉 '체적'과 '밀도'의 곱에 비례하는 것으로서 정량적으로 파악한 사람도 케플러가 효시이다.

그 반세기 이상 뒤인 1687년에 아이작 뉴턴은 근대역학의 출발점에 위치하는 『프린키피아』 첫머리의 '정의'에서, '물질의 양quantitas materiae'을 그 '밀도densitas'와 '크기magnitudo'의 곱으로 정의하고 "이하 '물체coprus'라든가 '질량massa'이라 할 때는 모두 이 '물질의 양'을 말한다"라고 단언한 다음, "'물질의 관성inertia massae'은 그 '물체corpus'에 비례한다"라고 기술했다.[207] 이 표현에서 케플러의 영향을 살펴볼 수 있을 것이다.

드디어 제3법칙이다. 원래 케플러는 『신비』 초판에서 "행성과 태양 간의 거리 1의 증가는 주기에서 2의 증가로 작용한다"라는 추측을 기록했다. 이것만으로는 무슨 말인지 잘 알 수 없지만, 그 의미는 『신천문학』에서 "행성의 공전주기는 거리 내지 원의 크기의 2제곱의 비일 것이다"라는 표현이 이야기해 준다.[208] 케플러는 이 '2제곱 법칙'을 유도하는 논의를 이미 메슈틀린에게 보낸 1595년의 서간에서 밝혔다.

> 제가 이전에 말씀드렸듯이, 태양에는 [행성을 구동하는] 운동령이 존재합니다. 모든 궤도에 대해서 같은 운동과 같은 강도[의 힘]가 태양에서 주어진다고 해도 그 궤도들의 [길이의] 차이에 의해, 어떤 행성은 다른 행성에 비해 보다 시간을 들여 주회하게 될 것입니다.

주기는 원주에 비례합니다. …… 그리고 원주는 반경, 즉 [태양 간의] 거리에 비례합니다. …… 그러나 보다 먼 행성을 보다 느리게 만드는 또 하나의 요인이 개입합니다. 빛에 관한 경험을 생각해 보십시오. 빛과 운동은 둘 다 그 기원[즉 태양]상 결부되어 있으므로 그 작용에서도 그러하며 그리고 필시 빛 자신이 운동을 전달하는 것일 겁니다. 태양 가까이의 작은 원에는 [원 전체로서는] 보다 멀리에 있어 보다 큰 원과 같은 만큼의 빛이 있습니다. 따라서 빛은 보다 큰 원에서는 보다 엷어지고 보다 작은 원에서는 보다 짙고 보다 강하며 그 강도는 원주에, 따라서 거리에 반비례합니다. 그러므로 동일한 관계가 운동[속도]에도 존재한다고 하면 (이 점에 관해서는 이 이상 적절한 것을 생각할 수 없습니다) 거리는 운동의 느림[공전주기]에 이중으로 작용합니다.[209]

원의 크기에 관계없이 '같은 만큼의 빛이 있다'란 수학적으로 나타내면 원궤도상의 단위길이당 빛의 강도를 태양 간의 거리의 함수로서, 즉 태양 간의 거리 r와 R로 $I(r)$과 $I(R)$로 나타내고 $I(r)\times 2\pi r = I(r)\times 2\pi R$를 의미한다. 이것으로부터

$$\frac{I(r)}{I(R)}=\frac{R}{r}.$$

즉 빛의 강도는 태양 간의 거리에 반비례한다. 이것과 마찬가지의 비율로 태양에서 오는 구동력 F도 변화하고*21 케플러 역

---

*21 같은 논의는 『신비』의 제20장에서도 주어져 있다. 빛에 관해서는 케플러의

학에서는 속도 u가 그 힘에 비례하기 때문에

$$\frac{u(r)}{u(R)} = \frac{F(r)}{F(R)} = \frac{R}{r}.$$

따라서 행성의 공전주기 T는

$$\frac{T(r)}{T(R)} = \frac{2\pi r/u(r)}{2\pi R/u(R)} = \frac{r^2}{R^2}.$$

이 추론은 『신비』의 제20장에서도 나오지만, 그 제21장의 제목은 「부정합에서부터 무엇이 추론될 것인가」이다. '부정합defectio'은 일역으로는 '수치들이 부정합한 것'이라고 쓴다. 케플러는 이미 이 시점에서 이 '2제곱 법칙'이 실제로 얻어진 관측 데이터와 엄밀하게 일치하지는 않음을 자각했던 것이다. 따라서 케플러는 『조화』에서 관측 데이터로부터 귀납함으로써 정확한 제3법칙을 발견한 뒤 새로운 고찰을 강요받게 되었다.

이리하여 케플러는 『개요』 제4권에서 제3법칙의 도출—동력학적 기초—을 시도했다. 그 구체적인 논의는 행성의 밀도 등에 관

1605년 『천문학의 광학적 부분』의 제1장 명제 9에서 "중심에 광원이 있는 두 큰 구면과 작은 구면의 [면적의] 비는 작은 구면과 큰 구면의 빛의 강도의 비와 같다. 즉 [면적과 강도는] 반비례한다"라고 하며 빛의 강도가 면적 즉 광원 간의 거리의 2제곱에 반비례한다는 주장으로 고쳐져 있다. 그러나 1609년의 『신천문학』에서는 제33장에서 "빛은 직선상으로 유출하여 구면상으로orbiculariter 퍼지지만 구동력은 직선상으로 유출하여 원환상으로circulariter 퍼진다"라고 했다. 케플러는 구동력 F에 대해서는 『신비』와 마찬가지로 거리에 반비례하여 감쇠한다는 생각을 평생 바꾸지 않았다(『광학』 *JKGW*, Bd. 2, p. 22, 영역 p. 227, 『신천문학』 *JKGW*, Bd. 3, p. 240, 영역 p. 380f.).

한 근거 없는 가정을 쌓고 있을 뿐만 아니라, 지금의 시각으로 보자면 원래 틀린 운동법칙에 의거한 것으로 이제 더는 의미가 없다. 그러나 이 논의는 그에게 힘 개념이 얼마나 중요했는지를 잘 보여주므로 부록 C-7에 기록해 둔다.

접촉력이든 원격력이든 '힘'이라는 표상은 원래는 인간의 근육 감각이나 자력이라는 지상地上의 경험에서 생겨난다. 그러한 표상을 이전에는 다른 세계로 보았던 천상세계로까지 확장한 케플러는, 태양이 행성에 미치는 힘이 태양과 행성 간 거리의 함수로서 수학적으로 제시되는 원격력이라고 하여 만유인력의 싹을 이야기했고, 천체 운동의 법칙들이 이 힘에서 역학원리(관성법칙과 운동방정식)에 기반하여 설명된다는 사상을 제창함으로써 태양계의 모든 행성운동이 통일적으로 이해된다고 생각했다. 바로 이로써 케플러는 천체역학이라는 사유 형식을 창출했고, 17세기의 새로운 역학 발전에 크나큰 족적을 남긴 것이다. 설령 현대의 시각으로 볼 때 그 운동방정식이나 관성개념이 잘못되었다 해도, 혹은 태양 힘의 작용이나 그 함수형이 부정확했다 해도 그 의의가 크게 바래지 않는다.

이와 동시에 최종적으로 케플러를 이끌었던 것이 튀코 브라헤가 장기간에 걸쳐 축적한 정밀하고 방대한 관측 데이터와 씨름한 것이었다는 것도 잊어서는 안 된다. 즉 천문학의 법칙은 한편으로는 역학원리에 근거해야 한다 해도 다른 한편으로는 정밀한 관측으로 검증되어야 한다는 원칙을 확립한 것도, 이 공적에 덧붙여야 한다.

다음 절에서 살펴보겠지만, 확실히 케플러에게는 신이 만들어 낸 태양계가 질서를 이루고 있는 한 행성들의 운동과 크기에는 어떤 조화로운 관계가 있을 것이라는 신념이 토대에 있었다. 그러나 그 관계를 수학적 법칙으로 표현한다는 그의 목표, 그 법칙(비록 그럴듯한 신학적인, 내지 형이상학적인 근거에 기반하여 아 프리오리하게 제창되었다고는 해도), 최종적으로는 관측 데이터로 엄격하게 검증되어야 한다는 그의 신념, 나아가서는 그 법칙은 동력학적으로 기초가 마련되고 설명되어야 한다는 자세, 이 세 가지는 그 후 근대물리학의 방향을 지시했던 것이다.

18. 플라톤주의와 원형 이론

현대 과학사에서 케플러의 위치는 무엇보다도 행성운동에 관한 법칙의 발견자로 기술되고 있다. 그러나 이것은 그 자신의 의식적인 본래 목적은 아니었다. 『신천문학』에서 『루돌프 표』에 이르기까지 보여준 그의 행적은 어느 쪽인가 하면 튀코에게서 관측 데이터를 물려받은 것에 대한 책무로서 부과되었거나 은의恩義로서 떠맡은 작업으로 내발적인 욕구로서 착수한 것은 아니었다. 또한 현대의 시각으로 볼 때 그의 천문학 공헌 중 하나는, 앞 절에서 보았듯이 동력인에 기반하는 천체 운동 이론이라는 사상을 형성한 것이다. 그러나 처음 기술했듯이 케플러는 플라톤을 따라 우주의 존재에 관해 근본적으로는 그 목적인을 추구했으며, 동력인의 문제는 오히려 부차적이었다. 이리하여 『신천문학』에서 결실을 맺은 행성운동에 관한 연구를 우선 끝낸 뒤, 그는 본래의 테마인 목적인의 연구로 복귀했다. 정칙도형에 기반하여 태양계 질서의 해명을 시도한 1596년의 『신비』에서 시작되는, 그의 일생에 걸친 연구의 요점은, 우주의 조화를 밝히고 '자연이라는 책'에서 신의 창조 계획을 읽어내는 것이었다.

이미 1600년의 서간에서 "세계의 조화에 관한 저의 연구"라는 언급이 보이며, 다음 해인 1601년의 서간에서도 "세계의 조화에 관해 오래 품어온 저의 연구"라고 이야기했다.[210] 그해 말에 쓴 다음 해의 점성술 예언집에서도 케플러는 '조화에 관한 책'의 집필을 예고했다.[211] 그 시점에서는 당장 착수할 수 있다고 생각했겠으나 대저 『조화』를 쓴 것은 1618년이었다.[*22] 그 3년 후에 케플러는 『신비』 제2판을 출판했는데, 그 서문에 덧붙인 주에서 "내 생

---

*22 『우주의 조화』의 원제 Harmonices mundi의 harmonices는 '화성' 내지 '화음'으로 번역해야 한다는 설도 있다(小川劭(오가와 쓰요시), 「理性で聴く惑星の音楽(이성으로 듣는 행성의 음악)」 참조). 이것은 꼭 비유적인 의미는 아니며 당시는 실제로 우주에서 그러한 소리가 울려 퍼지고 있다고 생각했음을 의미한다. 16세기 몽테뉴의 『에세이(수상록)』에는 "하늘의 궤도를 운행하는 천체는 단단하고 회전하면서 서로를 맞닿아 문지르므로 반드시 묘한 조화음을 낼 터이다. …… 그렇지만 지상 생물의 청각은…… 시종 그 소리를 듣고 있기 때문에 둔해져 어떤 큰 소리가 나도 지각할 수 없게 되었다"라는 철학자의 가설이 쓰여 있다(제1권 23장, 原二郎(하라 지로) 역 p. 77). 또한 1602년에 쓰인 캄파넬라의 『태양의 도시』에는 "행성운동이 연주하는 해조諧調(하모니)를 듣기 위한 청음기"라는 문장이 있다(近藤恒一(곤도 쓰네이치) 역, p. 103). 그러나 아래에서는 기시모토岸本 역에 맞춰 '조화'를 사용했다.

애와 연구와 저작의 모든 것은 이 소저[『신비』]에서 입각했다"라고 언명했다.[212] 그는 청년 시절에 떠올렸던 정다면체에 기반한 태양계 모델에 평생 집착했으며, 그가 전 생애에 걸쳐 추구한 것은 그것을 발전시킨 것으로서의 '세계의 조화'를 연구하는 것이었다.

케플러의 이 정다면체 모델은 너무나도 유명해서 케플러를 다룬 서적에서는 대개 언급되고 있다. 19세기 계몽주의 시대에는 물리학자 브루스터Brewster가 그것을 "케플러의 기교하고 이상한wildness and irregularity 재능을 보여주는 터무니없는 연구extraordinary research"라고 단언했다.[213] 새로운 시대에는 무릇 어울리지 않는 미망처럼 생각한 것이다. 그러나 20세기가 되자 이 케플러의 발상에 대해 '신플라톤주의'라는 딱지가 붙게 되었다. 예를 들어 1957년에 토머스 쿤은 "케플러는 수학적 신플라톤주의자 혹은 신피타고라스주의자로 모든 자연은 단순한 수학적 규칙성을 예증하고 그것을 발견하는 것이 과학자의 작업이라고 믿었다"라고 기술했다. 그리고 1971년 리처드 웨스트폴Richard Westfall의 책에는 "케플러의 작업은 신플라톤주의의 원리에 따라 코페르니쿠스 천문학을 완성한 것이다"라고 했다.[214]

실제로도 케플러는 『신비』의 제2장에서 "우리는 플라톤과 함께 "신은 언제나 기하학자이다"라고 말하지 않을 수 없다"라고 이야기하며, 다섯 정다면체의 사용에 관해서 "입체야말로 신이 태초에 창조해 주신 것이었다"라고 기술했다. 이 문장에서 플라톤의 『티마이오스』에게서 받은 영향을 쉽게 간취할 수 있다. 『신비』에서는 또한 피타고라스를 '지도자이자 권위이자 예언자'라 불렀다.[215] 그리고 『신비』 출판 다음 해에 갈릴레오에게 보낸 편지에서는 "우리의 참된 스승인 플라톤과 피타고라스"라고 했다.[216]

이 케플러 사유의 기초에 있는 것은, 하나는 태양중심우주에 대한 확신이며, 또 하나는 "우주는 신에 의해 무게와 척도와 수로 in pondere mensura et numero, 즉 신과 함께 어떤 영원한 이데아로 창조되었다"라고 하며 세계의 질서는 '[신의] 창조의 이데아'로부터 아 프리오리하게 도출된다는 신념이다.[217] 이 후자에 대해 20세기의 물리학자 볼프강 파울리는 "케플러는 이 원형적 이미지를 배경으로 해서 태양과 행성을 바라보았다"라고 지적했다.[218] 여기서 '원형archetypus'이란, 사크로보스코의 『천구론』에 대해 1271년 로베르투스 앙그리쿠스가 단 주석에서 '원형적 세계mundus archetypus'란 "세계의 창조에 앞서 신의 마음속에 존재하는 세계의 범형forma examplaris mundi이며 그것을 본떠서 세계는 만들어졌다"[219]고 했듯이, 신이 세계를 창조하는 데 기본적으로 사용한 관념이자, 그랬던 청사진의 구성요소를 가리킨다.

그리고 1605년 케플러의 서신에서는 "프톨레마이오스는 세계의 조물주의 존재를 몰랐으므로 세계의 원형을 생각하는 데는 이르지 못했습니다. 그것은 기하학 속에 있고 특히 유클리드의 저작에서 드러나 있습니다"라고 했고,[220] 다음 해의 저작 『신성에 관하여』에서는 "기하학은 말하자면 거의 세계의 원형이다"라고 말했다.[221] 나아가서는 1610년 케플러의 『제3의 조정자』에서도 "자연은 신의 모상이며 기하학은 신의 아름다움의 원형die Natur Gottes Ebenbildt und die Geometria archetypus pluchritudinis mundi"이라고 반복되었다.[222] 케플러에게 원형은 무엇보다도 기하학이었다.

『조화』에서 케플러는 다시금 정다면체 모델의 논의로 복귀했는데, 여기서도 플라톤의 영향을 도처에서 읽어낼 수 있다. 그 제1권의 서문에서는 "형태는 만들어진 것에 앞서서 원형 속에 있다. 피조물에 앞서 신의 마음속에 있다"라고 했으며, 제5권에는 "기하학의 직접적인 원천이며 플라톤이 말하듯이 "영원한 기하학을 실천하는" 창조주가 그 원형에서 일탈하는 일은 없다"라고도 기록되어 있다.[223] 케플러가 도입한 목적인은 즉 원형적 원인과 다름없었다.

그러나 케플러의 원형이 기하학의 정칙적 도형인 것만은 아니었다. 원형에는 기하학적 양量 사이의 조화로운 비례가 포함된다. 원래 케플러는 『신비』 제12장에서 정다면체의 면과 행성의 성상星相과 음악의 조화음, 즉 조화비의 관계를 설명했고, 『조화』에서 그것을 다시금 '원형'으로 들었다. 즉 "본질적으로 협화음정의 항項은 원래 가지可知적인 것이다. …… 왜냐하면 그 항이 가지적인 것이라면 지성이 미치며, 원형을 형성하는 데 채용할 수 있기 때문이다". 이때 "가지적이란, 선분의 경우는 선분 그 자체를 직경으로 직접 재는 것, 면적의 경우는 직경의 제곱으로 재는 것, 혹은 적어도 기하학적으로 정해진 방법으로, 설령 아무리 길게 연결되어 있는 것을 더듬어 간다 해도 최후에는 직경 혹은 직경의 제곱에 기반하는 크기로 만들어짐을 의미한다". 바꿔 말하면 "원형이 되는 조화비란 원이 분할됨으로써 구성 가능한 비"인 것이다.[224] 그리고 그 조화비가 협화음의 기초가 된다.

『조화』 제5권 3장에서 케플러는 행성 궤도의 비에 관하여, 그것이 정다면체 모델로부터 기하학적으로 얻어지는 비에 근사하고는 있지만 그 일치는 "최종적으로 천문학이 완전해지면 모두 갖추어질 것이라고 일찍이 약속했던 것만큼 완전한 것은 아니다", 따라서 "태양과 각 행성 간 거리의 비는 그대로 정다면체로부터 선택된 것은 아님이 명백해졌다"라고 솔직하게 고백했다.[225] 이 시점에서 케플러는 정다면체 모델이 원형을 정확히 나타내는 것이 아님을 인정했던 것이다.

그리고 그 결함을 보완하는 것으로서 케플러가 도전한 것은 원형으로서의 조화비에 행성의 속도비를 적용함으로써 태양계 질서를 새롭게 해명하려는 것이었다. 이 논의는 제4장 이후에 전개되었다. 제5장에서는 각 행성마다 근일점과 원일점에서 갖는 속도비에 화음을 할당하고 또 행성 간의 비에 관해서도 마찬가지로 화음을 할당하는 논의가 전개되었다. 그리고 제6장에서는 근일점과 원일점 사이 각 행성의 음계가 기술되어 있다(그림12.14). 이렇게 정다면체에 기반하는 기하학적 비에서 협화음에 기반하는 비로 전환을 꾀했다 해도 원형적 조화로 세계의 경과를 해명한다는 플라톤 이래의 목표는 일관되게 견지되었다.

르네상스기 서유럽에 큰 영향을 미친 5세기 신플라톤주의자 프로클로스를 케플러가 평생 칭찬했음도 지적되고 있다.[226] 15세기 말 이후 서유럽에서 신플라톤주의가 부활한 것에는 르네상스기의 열렬한 신플라톤주의자 피치노의 영향이 크다고 알려져 있는데, 이 피치노가 남긴 1477년 서간의 다음 구절은 1세기 뒤 케

HARMONICIS LIB. V. 207

mnia (infinita in potentiâ) permeantes actu: id quod aliter à me non potuit exprimi, quam per continuam seriem Notarum intermedia- CAP. VI.

Saturnus Jupiter Mars ferè Terra

Venus Mercurius Hic locum habet etiam)

rum. Venus ferè manet in unisono non æquans tensionis amplitudine vel minimum ex concinnis intervallis.

그림 12.14 『세계의 조화』 제5권 6장 각 행성의 원일점과 근일점 사이의 음계. 상세한 바는 Dreyer(1906), pp. 405~410; 小川劯(오가와 쓰요시) 「理性で聴く惑星の音楽(이성으로 듣는 행성의 음악)」 참조.

플러가 보여준 행보를 예지하는 듯하다.

> 수, 도형, 운동의 원인은 외적 행성보다도 오히려 사고와 관계한다. 그것들을 연구함으로써 정신은 육체적 요구뿐만 아니라 감각에서도 벗어난다. 그것은 내성內省으로 향하는 것이다. 요컨대 사물의 인식에서 플라톤적 질서란 이러한 것과 같다. 산술은 기하학에 이르고, 기하학은 입체기하학에 이른다. 입체기하학은 천문학을 부르고 천문학은 다시 음악을 부른다. 수는 도형에 앞서고, 도형은 입체를 전망한다. 입체 뒤에 운동체가 이어지고 음계와 음비는 운동을 상정한다.[227]

케플러에게 미친 플라톤주의, 신플라톤주의의 영향은 확실히 무시할 수 없다.

케플러에게 중요한 또 하나의 논점은 '신의 모상'인 인간이 신의 작품인 이 세계를 이해하는 능력을 신께서 내려주셨다는 확신이었다. 이미 1599년의 서간에서 케플러는 이렇게 이야기했다.

> 하늘 저편의 비물체적인 것은, 신이 우리가 알 수 있는 것으로서 드러내신 것을 뛰어넘는 것으로서 방기합시다. [그러나] 이것들[물체적인 작품]은 인간이 이해할 수 있는 범위 내에 있습니다. 왜냐하면 신이 신의 모상으로 우리를 만드셨을 때 신의 생각을 우리가 나눠 갖도록, 우리가 그것을 앎을 신이 원하고 계셨기 때문입니다.[228]

즉 인간은 기하학적 혹은 산술적인 '원형'의 관념을 생득적으로 갖고 있다—신이 창조 시에 인간의 혼에 심었다—는 것이다. 거의 20년 후의 『조화』에서는 이렇게 이야기한다.

> 기하학은 사물의 발생 이전에 영원의 옛날부터 신의 지성과 함께였다. 그것은 신 자신이며(신 자신이 아닌 것이 어떻게 신 안에 있겠는가) 신을 위해 세계창조의 모범exempla을 공급하고 신의 모상imago Dei과 함께 사람에게 옮겨 왔다. 눈을 통해 비로소 인간 안에 수용된 것은 아니다.

마찬가지로 "원형적 조화의 항은 미리 [인간] 정신 속에 현존한다"라고 하며, 또한 "이데아, 즉 조화의 형상적 원리는…… 자연적 직각直覺에 종속되므로, 논증을 통해서 비로소 내부로 수용되는 것이 아니라 태어나면서부터 [인간] 정신에 갖춰져 있다"라는 것이다.[229]

이렇게 인간에게는 생래적으로 갖춰져 있는 정칙적 도형이나 조화의 관념이 자연에 관한 감각 지각과 관념 사이를 중개하며, 따라서 자연에 관한 과학적 이론을 구성하기 위한 불가결한 전제가 된다. 즉

> 지각함agonoscere은 외부의 감각 대상을 내부에 있는 이데아와 대치하여 상호 합치를 판단하는 것이다. …… 외부에서 나타나는 감각적 대상이 이전에 인지한 사항을 상기시키는recordari 것처럼, 수학의 감각적 대상은 지각되면 미리 내부에 존재하는 지성적 대상을 불러 일깨운다.[230]

『조화』의 이 구절은 일찍이 플라톤이나 프로클로스가 말한 '상기' 이론과 다름없다. 케플러가 전하는 바로는, 프로클로스에 따르면 "정신은 온갖 사항을 근원적이고 원초적인 개념의 형태로 미리 소유한다"라고 하는데, 케플러 자신이 "플라톤의 수학적 대상에 관한 견해"로서 "인간의 지성은 원래 개념 내지 도형이나 공리, 문제의 귀결을 모두 완전히 알고 있다. 배우는 것처럼 보이는 것은 본래 스스로 알고 있는 것을 감각에 호소하는 도시圖示를 통해 상기하는adomonere 것에 지나지 않는다"라고 인정했다.[231] 케플

러는 바로 그 때문에 신이 창조한 이 세계를 인간은 올바르게 알 수 있다고 보았다.

19. 케플러에게 있어서의 경험과 이론

그렇다고 해서 케플러의 천문학을 플라톤주의 내지 신플라톤주의의 산물이라고 간단히 단정하는 것에는 다소의 의문이 남으며, 또한 그걸로 끝내버리면 케플러 천문학의 참된 중요성을 간과하게 된다.

이 케플러의 법칙의 형성에 대해서는 대조적인 시각이 존재했다.

한편으로 19세기 영국의 천문학자 윌리엄 허셜은 1830년의 『자연철학연구서론』에서 이렇게 기술했다.

> 몇 가지 수의 측정 결과를 수학적 공식으로 확정한다는 직접적인 프로세스로 도출된 법칙은 '경험적 법칙'이라 불린다. …… 이런 종류의 가장 멋진 예는 케플러가 도출한 행성운동의 위대한 법칙이다. 그것은 어떠한 이론적 조력 없이 오로지 관측을 서로 비교하는 것만으로 유도되었다. ……
>
> 케플러의 법칙은 이론적인 종류의 어떠한 고찰과도 독립적으로, 단순한 귀납 프로세스만으로 발견된 것이다.[232]

짐작건대, 케플러 법칙의 이론적 근거는 뒤에 뉴턴에 의해서 비로소 밝혀진 것이고, 따라서 케플러는 단지 관측으로써만 인도되었다는 판단이 이 시대에 있었을 것이다. 대략 같은 시대의 영국 철학자 존 스튜어트 밀도 1843년의 『논리학 체계System of Logic』에서, 케플러의 법칙을 한 쌍의 직접적으로 관측된 사실에 대한 간결한 표현이라고 평가했다.[233]

다른 한편으로, 허셜이나 밀과 동시대에 살았던 미국의 소설가 에드거 앨런 포는, 그 특이한 우주론적 수상록 『유레카』에서 완전히 반대되는 시각을 강조했다.

> 이 주요한 법칙들을 케플러는 추측했다. 바꿔 말하면 그는 그것을 상상한 것이다. 만약 그에게 그 법칙들에 귀납법으로 도달했는지, 연역법으로 도달했는지 알려달라고 청했다면 '나는 방법 따위는 모르지만 우주의 조직을 깨달았다. 그것은 이러하다. 나는 자신의 혼으로 그것을 붙잡아서 단지 직관으로 그것에 도달했다'라고 그는 대답했을 것임에 틀림없다.[234]

그러나 어느 쪽 시각도 일면적이다.

케플러는 한편으로는 그 우주론을 구상할 때 목적인을 전제로 한 원형적 조화라는 아 프리오리한 관념으로 유도되었다. 허셜이나 밀은 이 점을 완전히 무시했다. 1596년의 『신비』에서 케플러는 자신의 정다면체 모델의 그 나름의 성공에 입각하여, 코페르니쿠스의 체계가 "창조의 이데아로부터, …… 즉 아 프리오리한 근거에 기반하여" 올바르게 도출된다고 표명했다.[235]

그러나 그와 동시에 케플러는 우주에 대한 그 추론은 아 포스테리오리하게 관측함으로써 검증되어야 한다고도 확신했다. 이 점에서 포는 완전히 부정확하다. 1600년경에 쓴 『옹호』에서 케플러는 "하늘의 운동을 관측함으로써 천문학자는 올바른 방향으로 가설을 형성하도록 유도되지 그 역은 아니다"라고 분명히 말했고, 1603년의 편지에서도 "설은 관측에 기반하여 세워지고 확인되어야 한다"라고 단언했다. 실제로도 케플러는 행성운동의 중심을 평균태양이 아닌 진태양으로 취해야 함을, 『신천문학』 제6장에서는 자연학적으로 '운동원인의 고찰로부터 아 프리오리하게' 논했는데, 그 뒤의 장에서 '관측에 기반하여' 그 올바름을 검증했다. 그리고 『신천문학』의 본문 집필을 끝낸 뒤 썼다고 생각되는 그 「서문」에서는 "극히 힘든 증명과 엄청난 수의 관측을 처리함으로써" 타원궤도를 발견하는 데 이르렀다고 기술했다.[236] 이렇게 관측을 중시하는 자세는 그의 정다면체 태양계 모델뿐만 아니라 조화음계 이론에서부터 점성술의 성상 이론까지 관통하고 있다 (케플러의 점성술에 관해서는 부록 D 참조).

이 때문에 케플러는 아무리 공상적으로 보이는 가설을 설정해도, 혹은 방향을 잘못 잡은 전제에 기반해 착수했다 해도, 황당무계한 방면에서 헤매며 오도 가도 못하지 않고 그 나름대로 견실한 결론으로 유도되었다. 케플러가 원궤도를 폐기하고 타원궤도에 도달할 수 있던 것도 이 기본적 자세가 있었기 때문이다.

실제로 케플러는 그 착상에 플라톤주의의 영향을 강하게 남겼다 해도, 그리고 또 우주론적 고찰을 할 때는 피타고라스 이래 인정받았던 조화의 관념에 사로잡혀 있었지만, 전문적인 천문학 영역에서는 플라톤의 방식에서 크게 두 가지가 이탈했다. 하나는 앞 절에서 보았듯이 공전주기와 궤도 반경의 관계를 물음으로써 행성을 움직이는 힘은 무엇인가 하는 문제를 설정하여 천문학을 수학(기하학)의 영역에서 자연학(물리학)의 영역으로 전환한 것이다. 그리고 또 하나는 케플러에게 이론이나 법칙은 어디까지나 현실세계의 것이었기 때문에 실제 천체를 관측함으로써 검증되어야 하는 것이라고 파악했던 것이다.

원래부터 "감각되는 사물의 어떠한 것에 관해서도 지식은 성립할 수 없다"라고 말한 플라톤에게는 참된 의미에서의 앎scientia, 즉 인식episteme은 감각되는 것의 배후에 있고 이성에 의해서만 파악되는 진실재idea에 대해서만 가능했다. 따라서 그 진리성은 주관적이고 불안정한 감각에 의해 검증되는 것은 원래 아니었다. 그것은 기하학에서 말하는 삼각형이나 원에 관한 정리의 내용이나 진리성이 종이 위에 그려진 눈에 보이는 이러저러한 삼각형이나 원에 관한 것이 아니며, 그러한 것으로 검증될 필요도 없음과 같은 것이다.

이에 비해 케플러는 『신성에 관하여』에서, 피타고라스주의 철학자들을 다음과 같이 단정하고 그 방식을 비판했다.

> 이 종파의 철학자들은 감각에 부여된 것에 기반하여 추론을 시작하지도, 사물의 원인을 경험에 적합하도록 만들지도 않고…… 세계의 성립에 관한 견해를 스스로의 두뇌 속에서 날조해 내어 강요한다.

…… 그들은 일상적으로 경험되는 현상을 자신의 원리에 적합하도록 만들려고 하며 자의적으로 왜곡한다.[237]

플라톤이나 피타고라스의 학문관에 대한 케플러의 이러한 비판적인 태도는 음악이론을 둘러싼 그의 논의에서도 간취할 수 있다. 천문학의 경우와 마찬가지로 음계의 조화를 연구할 때도 플라톤은, 『국가』에서 "귀에 들리는 협화음이나 여러 음향을 서로 비교하는" 것은 "천문학을 하고 있는 자들과 같은 무익한 수고"라고 단언했다.[238] 이에 비해 케플러는 『조화』의 음계의 조화 이론을 상세히 설명한 부분에서, 한편으로는 "수에 의한 철학적 연구에 너무 열중하여…… 귀의 판단에 따르지 않고…… 청각의 자연스러운 직각直覺을 무시한" 피타고라스학파나 "추상적인 수 연구에 고집하여 귀로 판단하기를 버린" 프톨레마이오스를 비판했고, 다른 한편으로 자기의 입장을 "귀로 판단하는 데 들어맞으며 귀로 들어온 것에서 일탈도 하지 않는" 이론을 지향하는 것이라고 표명하며 이렇게 말했다.

나는 원인을 알 수 없어 고생하고 있었을 때도 분할법의 수를 정하는 데서는 내 귀가 나타내는 것에 따랐고, 이 점에서는 고대인들과 결별했다. 고대인들은 어느 정도까지는 귀의 판단에 따라서 진행했지만 이윽고 그것을 가벼이 보고, 굳이 귀를 막고 잘못된 추론에 따르게 되어 남은 도정을 마무리한다. 그러나 나는…… 현의 이러저러한 분할방법에 관해 스스로의 청각에 묻고, 여러 증언을 조사하도록 노력했다. 나의 탐구가 대단히 확실한 감각적 경험으로 지지 되고 있으며 자의적으로 고안해 냈는데도 진실이라고 강요한 것(피타고라스학파도 이 문제의 일부분에서는 이러한 비난이 마땅하다)이 아님을 확신해 주었으면 한다.

일례를 들자면 케플러의 판단으로는 "피타고라스는 협조음정의 수가 한정되어 있음을 수론적數論的으로 근거 지었으나, 실제로는 이 한정성은 무한한 능력을 갖지 않은 인간의 청각에서만 유래한다"라는 것이다.[239]

이렇게 케플러의 방법은 수학적 가설의 가정과 그 경험적 검증 양 측면으로 이루어져 있다. 론다 마르텐스Rhonda Martens가 말했듯이 "이론이 경험적으로 확증되는 것이야말로 케플러에게 가장 중요한 것이며", "다른 플라톤주의자들과 달리…… 케플러는 원형적 가설을 경험적 데이터에 비추어 검증했다"라는 것이다.[240] 이 점은 케플러가 프톨레마이오스의 조화이론에 관해 언급한 주장을 고려해 보아도 분명하다. 실제로 케플러는 『조화』 끝부분에서, 프톨레마이오스의 조화 이론은 상징적이고 시적이며 수사적인 데 비해, 자신의 천문학은 "공허한 상징적 해석에 따르지 않고 정량적이고 측정 가능한 진정한 비에 따라서" 하늘의 조화를 밝히는 것이라고 언명했다.[241]

이 대비는 또한 영국의 파라켈수스학파 의사이자 신플라톤주의의 영향을 받은 신비주의자 로버트 플루드Robert Fludd와 케플러의 논쟁에서도 읽어낼 수 있다. 이 점에 관해서는 프랜시스 예이

츠Frances yates의 다음 지적이 명쾌하다.

케플러는 정량적 측정에 기반하는 진정한 수학genuine mathematics, based on quantitative measurement과 '피타고라스적' 내지 '헤르메스적'인 수의 신비적 파악mystical approach to number은 근본적으로 다른 두 사상事象이라는 것을 대단히 확실히 이해했다. 따라서 자신과 플루드 사이에 있는 차이의 근원에는 수에 대한 기본적인 입장 차이가 있음을 그는 완벽하게 이해하고 있었던 것이다. 즉 그 자신의 수에 대한 자세는 수학적이면서 정량적이며, 그에 비해 플루드의 자세는 피타고라스학파적이면서 헤르메티즘적이었다는 것이다.[242]

플라톤이 눈에 보이지 않는 진실재로서의 추상적인 기하학적 형상을 연구하기 위한 보조적 수단으로서 종이 위에 그려진 현실의 원이나 삼각형을 사용했다면, 케플러는 눈에 보이는 현실의 천체 운동을 연구하기 위한 보조적 수단으로서 추상적인 기하학적 형상을 사용한 것이다.

따라서 케플러에게 정다면체에 내·외접하는 그의 행성구각 모델은 어디까지나 실제 관측데이터로 엄밀하게 정량적으로 그 옳고 그름을 판정해야 할 작업가설이었다. 실제로 케플러는 『신비』 제13장에서 이 정다면체 모델에 관해 말한 뒤 이렇게 확실히 선언했다.

우리는 이것에서부터 천문학적 문제인 행성 궤도의 거리와 [그것에 관한] 기하학상의 논증으로 이야기를 진행해 나가고자 한다. 만약 이 양자[행성들의 궤도 반경 비의 관측값과 기하학적 모델에 기반하는 계산값]가 일치하지 않으면 의심의 여지 없이 우리가 지금까지 행한 작업 일체는 쓸데없는 장난에 지나지 않게 되어버린다.[243]

그리고 1600년의 서간에서 케플러는 집필한 『신비』나 구상하던 조화의 연구를 언급하며 "이 아 프리오리한 사색들은 경험적 증거와 모순되어서는 안 되며 경험과 일치해야만 합니다"라고 다시금 말했다.[244] 앞에서 본 『옹호』에서 기술한 가설의 구별에 입각해서 고쳐 말한다면, 허구적인 것으로서의 기하학적 가설에 대치되는 천문학적 가설의 진리성은 그것이 신의 창조의 이데아로서의 원형적 조화에 의해 표현된다는 것, 동시에 신이 창조하신 '자연이라는 책' 속에서 읽어낼 수 있다는 것, 이 두 가지로 보증된다. 앞서 언급한 마르텐스가 말했듯이 "케플러의 저작 속에서 우리는 형이상학적인 세계상에 대한 경험적 검증의 최초이자 가장 엄격한 시도를 발견한다".[245]

케플러에게 천문학은 신의 창조의 계획을 밝히는 것이었기 때문에 엄밀한 수학적 적용이 가능했고, 또한 수학의 사용을 필요로 하기도 하는 수리과학이면서 현실의 천체 운동에 관한 과학이었으며, 따라서 관찰과 측정에 기반하여 검증되어야 하는 것이었다.

20. 마치며 — 물리학의 탄생

17세기 초 케플러의 법칙이 발견되고 1627년에 『루돌프 표』가 완성됨으로써, 행성운동(궤도와 주어진 시각에서 갖는 위치)을 예측하고 확정하는 것을 목적으로 한 고대 이래의 천문학은 일단 완성되었다. 『코페르니쿠스 천문학 개요』 그리고 『루돌프 표』는 케플러의 천문학자로서의 당대의 명성을 확립했으며, 『신천문학』 출판 직후에는 그다지 주목받지 않았던 케플러의 법칙에도 관심이 모이게 되었다. 1629년에 그단스크의 수학자 피터 크뤼거Peter Crüger는 서간에서 『루돌프 표』를 이미 많은 천문학자들이 사용했음을 인정하며 말했다.

> 저 자신에 관해 말씀드리자면, 루돌프 표와 그 규칙의 기초를 이해하는 것에 몰두하고 있습니다. 저는 그 목적을 위해 이 표의 입문서로서 케플러가 이전에 공간公刊한 『[코페르니쿠스] 천문학 개요』를 사용하고 있습니다. 이전에 몇 번인가 도전했습니다만 잘 이해할 수 없어 그때마다 포기했던 이 『개요』를 저는 새삼스럽게 손에 쥐고는 꽤 잘 이해할 수 있게 되었고, 그것이 이 표를 사용하기 위해 쓰였으며 또한 이 표에 의해 명료해짐을 알았습니다. …… 저는 이제 행성 궤도의 타원형을 거부하지는 않습니다. 『화성에 관한 주석』[『신천문학』]에서 케플러의 증명은 저를 납득시켰습니다.[246]

케플러에 대한 평가는 케플러 자신이 『루돌프 표』에 기반하여

1631년 수성의 태양면 통과를 예측했고 그 현상을 가상디 등이 확인함으로써 크게 높아졌다.[247] 그리고 1641년에 22세의 젊은 나이로 요절한 영국의 제러마이아 호록스는 『루돌프 표』에서 약간의 오류를 정정하여 1639년 금성의 태양면 통과를 예측하고 적중시킴으로써 케플러에 대한 평가를 더욱 높였으며 다음과 같이 이야기했다.

> 저는 케플러의 가설에 전면적으로 찬동하며 그가 말하는 지구의 일주운동과 연주운동 양쪽을 기꺼이 수용합니다. 저는 또한 이 운동들이 도움이 되지 않는, 원의 복잡한 조합에 의해 생기는 것이 아니라 자연학적이고 자기磁氣적인 원인에 의해 생기며 그것들은 태양의 자축 주변 회전에 달려 있다고 생각합니다. 궤도형이 타원이라는 것, 그 중심에 있는 것이 태양 본체이며 태양 가까이에 있는 가상의 점이 아니라는 것, 행성의 운동은 현실에서 불균등하며 겉보기 부동성은 그 이심성에서만 생기는 것은 아니라는 것, 그리고 마지막으로 그 궤도의 적도면에 대한 기울기는 연주운동의 영향을 받지 않고 일정하게 변하지 않는다는 것, 이것들을 모르는 사람은 천문학을 전혀 모르는 것입니다. …… 이것들은 케플러가 충분히 입증했으며 저는 그 뒤의 조사로 그것들이 엄밀하게 옳다는 것을 발견했습니다.[248]

이리하여 케플러의 법칙은 17세기에는 점차 수용되었다. 1809년에 수학자 프리드리히 가우스는 케플러 이후의 천문학 연구자에게, "문제는 완전히 미지의 요소를 도출하는 것이 아니게 되었고 이미 알고 있는 요소를 약간 수정하여 좁은 범위로 정할 뿐인 것이 되었다"라고 말했다.[249]

이와 함께 케플러의 천문학 사상은 당시까지의 천문학 세계를 크게 뛰어넘는 의미를 가졌다. 왜냐하면 케플러는 행성운동 법칙을 제창하여 해석할 때 그것이 물리학적·동력학적 원인으로 설명되어야 한다는 입장을 견지했기 때문이다.

만년의 『코페르니쿠스 천문학 개요』는 케플러 천문학 연구의 집대성이며*23 코페르니쿠스의 설을 보급시켜 자신의 3법칙을 인정하게 만드는 데 큰 힘이 있었는데, 그 이상으로 중요한 것은 천문학의 물리학화라는, 그가 『신천문학』에서 제창했지만 좀처럼 찬동받지 못했던 사상을 보다 명백한 형태로 이야기했다는 것이다. 실제로 그 첫머리는 다음 대화로 시작된다.

> [질문] 천문학이란 무엇인가?
>
> [대답] 천문학은 우리가 하늘이나 별에 착안할 때 생기는 사항의 원인을 제시하는 학문이다. …… 그것은 사물이나 자연현상의 원인을 탐구하기 때문에 물리학[자연학]의 일부이다.

---

*23 출판하는 데 1617년부터 1621년까지 걸렸던 『개요』의 집필은 1611년경에 시작되었다. 출판까지의 어려운 여정에 관해서는 Pantin(2009), pp. 222~226에 상세히 나와 있다.

그러고 나서 "통상 물리학은 천문학에는 불필요하다고 생각된다. …… 그러나 실제로 그것은 이 분야의 철학에는 가장 관계가 깊고 천문학자에게는 불가결한 것이다"라고 보충했다.[250]

그 배경에는 "동시에 똑같이 생기며 항상 같은 척도에 따르는 [두] 사상事象은 그 한쪽이 다른 쪽의 원인이거나 그렇지 않으면 그 양자가 같은 원인에서 생겼던 것이거나 둘 중 하나이다"라는 명제를 '자연철학의 공리'라고 간주하는 케플러의 인과성에 대한 생각이 있다.[251] 이것은 나중에는 데이비드 흄이 비판한 시각이지만, 오컴부터 오시안더에 이르기까지 공유되었던 회의론을 매장함과 동시에 갈릴레오, 보일부터 뉴턴에 이르는 근대 과학 탄생의 사상적 기반을 형성하는 것이었다.

과학사가 브라이스 베넷이 말했듯이 "케플러는 그때까지 누구도 할 수 없었던 방식으로 천문학의 "물리학화physicalizing"에 성공했다"라고 하며, 따라서 징거리치가 말했듯이 "최초의 천문물리학자the first astrophysicist"가 되었다.[252] 이것은 예측능력에는 어느 정도 뛰어났음에도 '현상을 구제하기'뿐인 수학적 천문학과, 사물의 본성으로 운동을 설명하지만 정량적 예측능력은 뒤떨어졌던 자연학적 우주론 양자의 결함을 동시에 극복하는 물리학적 천문학의 문을 열어젖혔음을 의미한다. 이것은 한편으로는 수학적 범주에 의존하지 않고 정량적 관측을 등한시했던 당시까지의 자연학을 수학적으로 재파악하여 정량적으로 관측에 기초를 두는 것이며, 다른 한편으로는 시종 수학적 기술만 하고 있던 천문학에 원인 개념을 도입하는 것이었다.

케플러에게 천문학의 물리학화의 열쇠가 된 것은, 필자의 이전의 책『과학의 탄생』(원서명은『자력과 중력의 발견』_옮긴이)에서 상세하게 밝혔던, 천체 간에 작용하는 원격력 개념을 도입한 것이었다.[253] 행성운동은 태양이 미치는, 그리고 태양 간의 거리와 함께 감쇠하는 원격력에 의해 제어된다는 것은 케플러 천체동력학의 기본적 이해사항이며, 이것은 천체 운동에 대한 완전히 새로운 시각이었다. 철학자 카시러는 "근대의 존재 개념은 처음부터 힘[의 개념]으로 구성되었다"라고 말했는데, 그가 말했듯이 "케플러는 뉴턴이 과학적으로 실행한 방법론적 사상을 스스로의 논리적 기본원리를 정력적으로 추구하는 가운데 이미 명료하고 확실한 것으로까지 끌어올렸던 것이다".[254]

이때의 케플러 논의의 전제인, 속도가 힘에 비례한다는 케플러의 동력학 원리든, 물체는 힘이 작용하지 않으면 정지한다는 그의 관성원리든, 혹은 태양의 힘은 행성을 동경에 직교하는 방향으로 밀며 그 힘은 거리에 반비례한다는 가설이든, 훗날의 역학 발전을 아는 입장에서 판단하자면 모두 틀렸다. 그리고 또 케플러의 자연사상에는 물활론의 잔재도 포함되어 있어서 근대자연과학의 입장에서 보면 위화감이 있는 말도 종종 흘렸으며, 케플러가 점성술에 집착했던 것도 알려져 있다(상세한 바는 부록 D 참조). 그가 천체 간의 중력을 구상한 배경에서, 근대기계론 사상과는 이질적이었던 길버트의 자기철학이나 혹은 점성술의 원격작용이 미친 영향을 명백하게 확인할 수 있다. 그러나 그 과정은 "미지의 영역을 향한 여정"이었으며,[255] 사물을 보는 구래의 시각이 혼입되어 있었다 해도, 혹은 낡고 폐단이 많은 용어를 혼재해서 사용했었다 해도 어쩔 수 없다.

본질적이고 중요한 것은 천체(행성이나 달)를 지상의 물체와 동일한 운동법칙이 지배하고 있다고 생각하고, 나아가서는 천체 간에는 거리의 함수로 표현되는 원격력이 작용한다고 주장하며, 그 힘으로 자신이 발견한 법칙으로 표현되는 행성운동을 동력학적으로 설명하려고 함으로써, 케플러가 뉴턴 이후 근대역학의 사상적 원형을 낳았다는 것이다.

*

15세기 중기 포이어바흐와 레기오몬타누스에서 시작하여 16세기 코페르니쿠스와 튀코 브라헤로 계승된 천문학의 발전은, 케플러에 이르러 동력인에 기반한 수학적 논의로 설명되는 한편, 관측으로 검증되는 수리물리학으로서의 천문학, 즉 천체역학이라는 새로운 독립적인 학문의 가능성을 밝혔다. 이것이 새로운 세계관을 열었다. 이때 '새로운'의 의미는 보이는 세계의 양상이 전환됨과 함께 세계를 보는 관점이나 자세 그 자체가 새로워졌다는 것이기도 하다. 이리하여 중세 스콜라학에서 상위에 있던 논증적이고 철학적·자연학적 우주론과 하위에 있던 실용을 위한 수학적·기술적 천문학이라는 학문의 위계는 파괴되었다.

그 과정은 또한 북방 인문주의와 그 후의 프로테스탄트 교육개혁을 배경으로 하여, 대학 아카데미즘의 교사들뿐만 아니라 궁정

어용수학관(점성술사)이나 지도 제작 등으로 생계를 유지한 수리 기능자와 그것에 협력했던 직인들이나 인쇄업자가 담당했으며, 중세 스콜라학의 현장과는 크게 다르게 변모했다. 그것은 고대 정밀과학으로서의 수학적 천문학의 복원과 계승, 늘 결과가 요구되는 실제적 기술로서의 점성술의 융성, 그리고 인쇄기술의 탄생과 정밀측정기술의 발전으로 추진되었으며 주로 직인이나 상인, 군인이 담당했던 16세기 문화혁명에 상보적인 변혁의 움직임이었다.

실제로는 그 과정을 견인해 온, 오스트리아를 포함한 독일의 천문학 연구는 케플러를 거의 마지막으로 해서 30년 전쟁의 혼란 속에서 붕괴되어 가기에 이른다. 그러나 한편으로는 16세기 문화혁명과, 다른 한편으로는 이 중부 유럽 천문학 연구의 이론적·수학적·기술적 발전의 그 총체적인 변혁의 흐름이야말로, 17세기 영국이나 이탈리아로 계승되었으며, 당시까지는 직인이나 마술사나 연금술사의 것이었던 실험이라는 생각을 받아들이게 되어 과학혁명을 낳는다.

후기

◪ 본서 『세계관의 전환』은 제 이전의 두 책 『과학의 탄생』, 『16세기 문화혁명』과 직접 이어지며, 이번 책과 함께 3부작을 구성합니다. 왜 서유럽에 근대과학이 탄생했는가를 문제의식으로 삼아 시작된 제 연구는 이로써 저 나름의 대답을 일단 얻을 수 있지 않았나 하고 판단하고 있습니다. 그런 의미에서 이번 책으로 3부작을 완결하고자 합니다.

제1부에 해당하는 『과학의 탄생』에서는 원격력의 발견과 계승이 근대물리학 형성의 열쇠가 되는 개념이라는 이해하에서, 그것이 어떻게 17세기 물리학 내에서 시민권을 획득했는지를 추적했습니다. 근대의 우주상은 최종적으로는 뉴턴이 원격력으로서의 만유인력을 기계론 철학을 주장하는 자들이나 아리스토텔레스주의자의 반대를 무릅쓰고 단순한 수학적 함수로서 천문학의 중심에 자리 잡게 함으로써 만들어졌다고 말할 수 있습니다. 고대 이래 아리스토텔레스 자연학과 근대 데카르트나 갈릴레오의 기

계론 철학 모두 기피했고, 오히려 자력으로 예증되는 '반감'과 '공감'이라는 마술적 개념으로서 이해되어 온 원격력 개념을, 지구가 거대한 자석이라는 길버트의 발견에서 촉발받은 케플러가 천체간에 작용하는 힘으로 조정함으로써 뉴턴의 출현을 준비하게 되었습니다.

『과학의 탄생』에서 전개한 이 스토리의 기본적 의의는 어느 쪽이냐 하면, 일반 독자분들보다도 전문 물리학자분들께서 잘 이해해 주실 듯합니다. 17세기 뉴턴주의자와 데카르트주의자의 논쟁에서부터 18세기 패러데이와 맥스웰의 장 이론 형성, 그리고 20세기의 아인슈타인을 거쳐 현재까지 근대물리학이 원격작용과 격투하면서 발전해 온 것을 감안하면 당연한 듯 생각되기도 합니다.

제2부에 해당하는 『16세기 문화혁명』에서는, 16세기에 들어서 직인이나 상인이 엘리트 성직자나 대학 아카데미즘의 문자문화 점령에 구멍을 내는 형태로 자신들이 생산 활동이나 유통과정에서 개발하여 습득해 온 기술이나 지식을 공공연하게 말하기 시작했다는, 지적 세계의 지각변동에 대해 밝혔습니다. 당시까지 범유럽적으로 학술어로서 사용된 라틴어를 대신해 직인이나 상인들이 때마침 등장한 인쇄술의 지지를 받아 각국의 속어로 저술에 임한 과정은, 종교개혁에서 성서를 각국의 언어로 번역하기 시작한 것과 함께 유럽의 언어혁명이라 부를 만한 것이기도 합니다.

고대 그리스의 학예를 12세기에 재발견한 이래 로마 교회 및 그 입김이 닿은 대학에서는 직인들의 수작업을 고상한 두뇌노동의 대극에 있는 멸시할 만한 기술로서 경멸했고 또 상인들의 계산기술을 교활하고 부도덕한 돈을 세는 수법으로서 기피하며, 오로지 정의와 논증에 기반한 용어의 학문으로서 스콜라학을 교육했습니다. 그에 비해 직인이나 상인들의 이 자기주장은 수작업에 기반한 관찰과 측정, 그리고 수량적인 파악과 기술을 통해 자연이나 사물과 교류하는 것이야말로 자연과 세계를 이해하는 데 보다 유효함을 호소한 것이었습니다.

그리고 제3부에 해당하는 본서에서는, 대학교육을 받기는 했지만 도구를 사용한 정밀한 관측과 복잡한 계산을 주된 수단으로 하여 천체 관측이나 지도 제작에 종사했고 스스로도 수작업이나 현지작업에 종사하며 직인들과 협력하여 관측기기 설계나 제작에 손을 댔으며 이후에는 인쇄출판에도 나선 수학적 실무자 mathematical practitioner가 등장하여, 천문학과 지리학의 변혁, 나아가서는 고대 이래의 우주상과 지구상에 전환을 강요해 나가는 과정을 밝혔습니다. 중부 유럽의 인문주의와 종교개혁을 배경으로 하여 탈아카데미즘화한 지식인이 담당했던 이 과정은, 직인이나 상인들의 16세기 문화혁명을 지식인 측에서 보완하는 것이라 할 수 있습니다.

예로부터 천문학이 다른 학예와 다른 것은, 천문학이 역산曆算과 점성술을 위한 실학이었다는 점입니다. 원래 천문학과 점성술은 구별되지 않았습니다. 따라서 천문학은 점성술을 위한 천체 운동 예측을 그 주된 업무로 삼았기 때문에, 또한 수작업으로 관측하는 것과 복잡한 수학적 계산을 필요로 했고 실제 관측으로 그 옳고 그름이 판정되는 한에서 가설검증형 성격을 가졌으므로, 이 점에서 당시까지 대학에서 행했던 다른 학예와는 근본적으로 달랐습니다.

코페르니쿠스에 이르기까지 대학 아카데미즘 내부에서는, 행성운동의 수학적 법칙을 구하는 기술적 관측천문학은 사물의 자연본성으로부터 인과적으로 세계를 설명하는 철학적·자연학적 우주론의 하위에 놓여 있었습니다만, 16세기를 통틀어 진행된 천문학의 발전은 그 학문적인 위계를 전도시켰습니다. 즉 행성이나 혜성의 정량적 관측 결과가 그때까지 퍼져 있었던, 천상세계와 달 아래 세계를 다른 세계로 보는 아리스토텔레스 이래의 우주상의 근간과 직접적으로 대립하게 되어, 그때까지 받아들여 왔던 자연관을 폐기할 것을 강요했습니다. 그 상세한 내용은 본문에서 설명한 대로입니다.

이 시대의 천문학 발전은 나아가서는 자연학의 목적을 사물의 본질 규명에서부터 수학적 법칙의 확립으로 전환했으며, 좁게는 특히 케플러가 힘 개념에 기반하는 물리학으로서의 천문학, 즉 천체역학이라는 새로운 학문영역을 만들어 냈습니다. 17세기 후반 뉴턴이 역학원리와 만유인력론에 기반해 세계의 체계를 수학적으로 해명한 것이 그 연장선상에 있습니다.

◪ 당시까지 대학에서 교육했던 아리스토텔레스 철학을 기축으로 한 스콜라학의 학문구조를 기각한, 코페르니쿠스부터 케플러 그리고 나아가 갈릴레오와 데카르트를 거쳐 뉴턴에 이르는 과정을 통상은 '과학혁명'이라고들 합니다. 그러나 저는 오히려 참된

혁명은 케플러 직후인 갈릴레오에서 시작한다고 생각합니다.

갈릴레오는 지동설의 보급에 큰 영향력을 발휘했다고 간주됩니다만, 천문학에서는 꼭 최전방에 서 있지는 않았습니다. 실제로 그는 원운동의 도그마에 사로잡혀 그 원운동을 여전히 지구를 포함한 행성의 자연운동이라고 파악했으며, 케플러의 비등속 타원운동이라는 주장도, 천체 간에 작용하는 원격력의 관념도 수용하지 않았습니다.

그렇지만 갈릴레오는 자연연구의 목적을 당시까지와 같은 사물의 형이상학적 본질, 이른바 자연본성의 구명이 아니라 정밀한 측정으로 검증되는 수학적 법칙성의 확립에 둠으로써, 케플러에 이르기까지 천문학이 달성한—본서에서 밝힌 바—학문의 위계 전도를 자신의 것으로 만들었습니다. 그것은 자신이 발견한 신성에 대한 튀코 브라헤의 "나는 그저 수학적 고찰이 가능한 문제들만을 논할 생각이다. 따라서 나는 항성과의 관계에서 그 위치 및 그 수대상의 경도와 위도, 그리고 우주의 중심으로서의 지구와 항성 사이의 거리 및 그 크기와 밝기와 색채만을 말할 것이다"라는 발언(본서 제10장 3절)과, 자신이 발견한 태양흑점에 관한 갈릴레오의 "태양흑점의 실체를 알아낸다는 것이 완전히 소용없는 기획이었다고 해서 그 위치, 그 운동, 그 형상과 크기, 그 투명도, 그 가변성, 그 생성과 소멸 등과 같은 특징을 아는 것이 결코 허용되지 않는 것은 아니다"라는 코멘트(S. Drake, *Discovery and Opinions of Galileo*, Anchor Books, p. 124)의 유사성을 비교해 보면 명확할 것입니다.

그리고 갈릴레오는 결정적인 한 가지에서 튀코와 케플러를 뛰어넘었습니다. 그것은 그가 근대적인 실험을 만들어 냈다는 것으로 천문학에는 없었던 것입니다.

갈릴레오는 지상 물체의 역학 법칙으로서 유명한 등가속도 낙하운동의 수학적 법칙을 제창했다고 알려져 있습니다. 이 점에 관해 갈릴레오는 만년의 『신과학 대화Discorsi e dimostrazioni matematiche intorno a due nuove scienze』에서 이렇게 썼습니다.

> 매체의 저항에서 생기는 교란이 무엇인지 말하자면, 뚜렷하지만 그 영향이 다양하므로 일정한 법칙도 적확한 논술도 말해줄 수 없습니다. 예를 들어 우리가 단지 지금까지 배운 공기의 저항을 생각하는 것만으로도 그 교란이 포물체의 무한하게 다양한 형태, 무게, 속도에 따른 무한히 다양한 방식으로 모든 운동에 대해서 행해짐이 확인됩니다. …… 따라서 문제를 과학적인 방법으로 취급하기 위해서는 우선 이 문제점들을 떼어내서 볼 필요가 있습니다. 즉 저항이 없는 것으로서 그 정리를 발견하고 증명한 다음, 그것을 사용해 경험이 가르쳐 주는 제약을 적용하여 그것을 응용하는 것입니다(『신과학 대화(하)』, 今野武雄(곤노 다케오) · 日田節次 역, 岩波文庫, p. 180).

이것이 갈릴레오 과학 방법의 모든 것을 보여줍니다. 실제로 갈릴레오는 사고실험으로, 공기저항이 없으면 모든 물체는 마찬가지로 등가속으로 낙하한다고 논증하고, 그 등가속도 운동의 수학적 법칙을 도출하여 매끄러운 경사면 위로 물체를 미끄러트림으로써 그 법칙을 검증해 냈습니다. 즉 경사면을 사용해 속도를 저감시킴으로써 공기저항의 영향을 줄여 진공상태의 낙하에 가깝게 만듦과 동시에, 낙하시간을 지연시킴으로써 시간측정을 보다 정밀화했고, 이리하여 이 법칙을 실험적·정량적으로 검증한 것입니다.

마찬가지로 당시까지 아리스토텔레스 자연학에서는 존재하지 않는다고 생각했던, 그리고 인류가 그때까지 본 적이 없었던 진공眞空을, 토리첼리는 교묘한 방식으로 유리관의 상부에 만들어 내 대기의 무게를 쟀고, 훅과 보일도 진공 펌프를 고안하여 토리첼리의 결과를 검증했을 뿐만 아니라 대기압 이하를 포함해 임의의 압력하의 기체상태를 인위적으로 만들어 냄으로써, 기체에서 처음으로 정밀물리학 법칙으로서의 '보일의 법칙'을 발견했습니다. 이 점에서는 네덜란드의 시몬 스테빈의 힘의 평형이나 유체 압력 연구도 들어두어야 하겠지요. 스테빈에 관해서는 드브리스Devreese와 반 덴 베르게Van den Berghe의 『과학혁명의 선구자 시몬 스테빈』(朝倉書店, 中澤聡(나카자와 사토시) 역) 및 그 책 뒤에 실린 저의 해석을 참고해 주시면 감사하겠습니다.

실험이 그때까지 없었던 것은 아닙니다. 그러나 그때까지 자연마술에서 종종 타인을 놀라게 하기 위한 퍼포먼스로서 행해졌거나 직인들이 무계획적인 시행착오로 행했던 실험을, 갈릴레오 등은 이론적으로 유도한 법칙을 목적의식적으로 검증하기 위한 것으로서 그 위치를 재설정한 것입니다.

18세기 철학자 칸트의 '경험적인 원리에 기반하는 한에서의 자연과학'에 관한 다음 지적이 그 전환을 가장 잘 나타낸다고 생각됩니다.

갈릴레오가 자기 자신이 선택한 무게의 구를 경사면을 따라 낙하시켰을 때, 혹은 토리첼리가 미리 자신이 알고 있던 물기둥의 무게와 같은 것이라 생각한 무게를 대기로 떠받쳤을 때, 혹은 더 나중에 슈탈이 어떤 것을 제거하거나 부가하거나 하여 금속을 석회로, 또 석회를 다시 또 금속으로 변화시켰을 때, 모든 자연연구자에게 한 줄기 빛이 비춰졌다. 그들은 이성은 이성 자신이 단독으로 자신의 기획에 따라서 생산한 것만을 통찰한다는 것, 이성이 항상적인 법칙에 따라 자신의 판단이 지니고 있는 원리들과 더불어 출발하여 이성 자신의 질문에 답하도록 자연을 강제하므로 이성은 걸음마 연습하는 아이가 줄에 이끌려 걷듯이 단순히 자연의 인도만 받는 것은 아니라는 것을 파악한 것이다. 그렇지 않으면 미리 기획된 계획에 따르지 않는 여러 우연적 관측이 이성이 찾고 필요로 하는 필연적인 법칙으로 서로 연결되지는 않을 것이기 때문이다. 이성은 그것과 일치하는 현상만이 법칙으로서 타당할 수 있는 원리를 한 손에, 자신이 그 원리에 따라 생각해 낸 실험을 또 한 손에 들고 자연에 맞서 나아가야 한다. 그것은 물론 자연에게서 배우기 위함이지만, 교사가 원하는 대로 입으로 흉내 내는 학생의 자격으로서가 아니라, 증인에게 자신의 질문에 대답하게 강요하는 정식 재판관의 자격으로서인 것이다(『순수이성비판』 熊野純彦(구마노 스미히코) 역, 作品社, 13페이지).

천문학에서도 정밀한 관측이 실행됨으로써 행성운동 모델(기하학적 법칙)의 검증이 행해졌습니다. 그러나 천문학은 자연에 대해서는 어디까지나 수동적으로 대면했습니다. 그에 비해 갈릴레오는 복잡한 지상의 자연에 능동적으로 대면했습니다. 그는 일상적으로 관찰되는 현상을 둘러싼 여러 가지로 착종되어 있는 몇몇 요인 속에서 본질적 원인과 부차적 교란요인을 선별하고, 후자를 최대한 억제함으로써 비로소 현상의 본질적 부분이 폭로된다고 생각했습니다. 즉 있는 그대로의 자연계에서는 볼 수 없는 이상적 상황을 머릿속에서 생각하고 거기서 일어나는 현상을 인위적·강제적으로 구성함으로써 비로소 그 법칙을 검토할 수 있다고 생각한 것입니다.

본서에서 이야기한, 15세기 포이어바흐와 레기오몬타누스에서 시작하여 16세기의 코페르니쿠스와 튀코 브라헤를 거쳐 케플러에 이르는 관측천문학의 발전과정은, 그 바로 한 걸음 앞에서 끝나 있습니다. 실제로 케플러의 법칙은, 엄밀한 수학적 개념으로 표현되고 정밀한 관측으로 검증되며 역학원리로 설명할 수 있다는 의미에서는 첫 근대물리학 법칙이었습니다. 그러나 이것은 어디까지나 실험이 불가능하며, 동시에 실험을 필요로 하지 않는 천체 현상이라는, 어떤 의미에서는 있는 그대로이자 이미 순수화·이상화되어 있는 현상에 대해 이루어진 발견이었습니다.

몇몇 요인이 착종되어 있는 지상의 현상에서 천문학과 동등하게 정밀한 법칙을 발견하기 위해서는 갈릴레오, 보일, 토리첼리의 실험 개념을 기다려야 했습니다. 인위적으로 구성된 이상적 상황에서 비로소 검증되는 정밀한 법칙의 확립을 목적으로 하는 계획 실험과학의 등장이 근대과학을 특징 지으며 근대과학이 갈릴레오로부터 시작한다는 것은 그런 의미에서입니다.

그리고 이 갈릴레오의 실험사상에서 비로소 자연에 대해 인간이 상위에 서서 자연을 능동적으로 대면하는 자세가 이야기됩니다. 이 점이야말로 결정적인 전환이었습니다.

이런 의미에서 과학혁명이 어떠한 것인지를 쓰려고 한다면 갈릴레오 이후의 전개를 기술해야 합니다만, 그것은 본서의 시간대 후의 스토리입니다. 본서는 그런 의미에서의 과학혁명 일보 직전에서 끝납니다. 그러나 적어도 그 계획실험과학 탄생의 전제조건, 나아가서는 근대과학 그 자체의 탄생 조건이 어떻게 형성되었는가는 『과학의 탄생』, 『16세기 문화혁명』, 『세계관의 전환』 3부작에서 밝힐 수 있지 않았나 하고 생각합니다. 이에 따라 여기서 붓을 놓고자 합니다.

이 갈릴레오 등의 실험사상에서부터 이윽고 과학기술이라는 사상이 생겨났습니다. 이것은 그때까지 따로따로 거의 왕래 없이 행해졌던 과학과 기술, 즉 한편으로는 기술적 응용과는 완전히 무관계하게 대학에서 논해온 논증적인 자연철학과, 다른 한편으로는 이론적 근거가 명확하지 않은 채로 직인의 세계에서 경험주의적으로 형성되어 온 기술을 과학이 뒷받침한 기술, 기술적 응용을 위한 과학이라는 형태로 통합되어야 한다고 생각한 것입니다. 근대 서유럽이 만들어 내고 서유럽의 우위를 확립하게 된 사상을 여기에서 찾을 수 있습니다. 어떤 문명에서도 그 나름의 기술은 있으며 자연을 이해하고 설명한다는 의미의 과학도 있었습니다. 그러나 그 두 가지를 의식적으로 통합한 것은 근대 서유럽뿐입니다. 그리고 이 기술사상은 갈릴레오의 실험사상의 근저에 있는, 인간은 자연에 대해서 상위에 있다는, 그때까지의 중세인에게서는 보이지 않았던 의식으로 뒷받침되었습니다.

이것은 갈릴레오와 동시대인인 프란시스 베이컨의 주장에 잘 나타나 있습니다. "자연의 비밀 역시도 그 길을 따라갈 때보다도 기술에게 시달릴 때, 한층 더 그 정체를 잘 드러낸다"라는 17세기 초 베이컨의 발언은 갈릴레오 실험사상의 핵심을 찌릅니다. 베이컨은 "기술이 자연과 경쟁하여 승리를 얻는 데 모든 것을 걸었다"라고 말하며 자연과학의 목적을 단적으로 "행동으로 자연을 정복하는" 것에 둡니다(『노붐 오르가눔』, 服部英次郎(핫토리 에이지로) 역, 河出書房新社, 인용순으로 275, 285, 230페이지). 근대 기술사상의 핵심을 직접적으로 말한 것일 것입니다.

그렇다고는 해도 실제로 과학이론이 뒷받침하는 기술이 탄생하는 것은 19세기 전자기학과 열역학의 형성, 보다 특정한다면 1820년대 전류의 자기작용과 1831년 패러데이의 전자유도 발견, 그리고 1840년대 열역학 제1법칙과 제2법칙의 발견 이후, 즉 19세기 후반의 일입니다. 이리하여 지하에 묻혀 있던 화석연료를 동력원으로 하는 대규모 기계공업이 생겨났습니다. 이즈음에 발생한 문제는 이전의 책 『16세기 문화혁명』의 「후기」에서 간략하게 묘사했으므로 여기서는 반복하지 않겠습니다.

단 그 연장선상에 있는 '원자력', 즉 핵에너지의 문제에 관해서만은 다시금 간단히 언급해 두고자 합니다.

『16세기 문화혁명』의 「후기」에서 저는 다음과 같이 썼습니다.

> 원자로에 관해 말하자면, 또 한 번 사고가 일어나면 가공할 만한 영향을 미치리라는 것은 이미 체르노빌에서 실증되었다. 그 심대한 사고의 영향이 지금까지의 기술과는 현격한 차이가 있다는 것은 지금도 사고현장이 사람의 출입을 거부하고 근린 지역의 거주가 제한되어 있다는 것에서도 알 수 있다.

이것을 쓴 것이 후쿠시마 원전 사고가 일어나기 4년 전이었습니다. 이어서 저는 다음과 같이 썼습니다.

> 그것만이 아니다. 원자로는 설령 무사고로 가동을 끝냈다 해도 방사선에 오염된 폐로가 되고 대량의 플루토늄을 포함하여, 운전기간 중에 축적된 방사성 폐기물과 함께 인간의 시간감각으로 말하자면 반영구적으로 격리되어야 한다.
>
> 20세기와 21세기의 인류—라기보다 일부 '선진국'—는 곳곳에 폐로와 방사성 폐기물 저장소를 남기고 있고, 몇백 년 뒤 사람들이 그것들을 유지하며 새어나오는 방사선에 대한 대책을 세우기를 강요당하게 되는 모습은 무섭다. 방사성 원자핵의 반감기를 단축시키는 기술이 발견된다고는 도저히 생각하기 힘들며, 백보 양보해서 장래 그러한 해결책이 발견된다고 가정해도 그것도 비용과 에너지를 요

한다. 그렇다면 어느 쪽이든 현대인이 이익을 얻은 에너지 사용의 뒤처리를 몇 세대 뒤의 자손에게 억지로 떠맡기는 일이 되고, 그것은 자손에 대한 배신일 것이다.

그리고 본서를 집필하던 중에 후쿠시마 사고가 일어났습니다.

후쿠시마 사고로 원전 사고가 야기한 심대한 피해는 물론이고 사용이 끝난 극히 위험한 연료가 불안정한 형태로 건물 내부의 풀에 저장되어 있다는 것도 널리 알려지게 되었습니다. 그 사용이 끝난 연료는 격납용기도 전혀 없으므로, 큰 지진이 일어나 풀의 냉각수를 잃어버리면 설령 원전 본체에 손상이 없다고 해도 무서운 사고로 발전합니다. 그리고 현재 일본 여기저기에서 다 사용된 연료가 거의 가득 찬 상태로 각 원자로에 저장되어 있습니다. 더 보관해 둘 곳이 없습니다. 재처리를 해도 사실상 원폭에밖에 사용할 수 없는, 여러 가지 의미에서 극히 위험한 플루토늄을 추출할 뿐이므로 사태는 보다 심각하다고 말할 수 있습니다. 지금까지 원전을 사용해 온 다른 나라들도 거의 같은 상태에 있습니다. 어느 쪽이든 사용이 끝난 연료는 무해해질 때까지 수십만 년을 필요로 한다고 합니다. 그렇게 뒤처리하는 것도 생각하지 않고 만들어진 기술이란 얼마나 무책임한 것인지 한숨이 나옵니다.

인류가 앞으로도 수세대에 걸쳐 지금까지와 같이 지구상에서 생존해 가기 위해서는 한시라도 빨리 탈원전으로 방향을 잡고, 우선은 지금까지 만들어진 원전과 그 폐기물의 뒤처리에 지혜를 모음과 동시에, 원전을 필요로 하지 않는, 나아가서는 애초에 화석원료의 낭비에 의존하지 않는 사회를 생각해야 할 것입니다. 적어도 그것은 지금까지 전 세계에 한정돼 있던 에너지 자원을 압도적으로 낭비해 온 일부 '선진국', 즉 미국과 일본과 유럽 몇몇 나라들의 책무라고 생각해야 할 것입니다.

『과학의 탄생』「후기」에서 저는 이것이 '원정 승부'라고 썼습니다. 실제로 이것을 썼을 때는 그 작업이 끝나면 '홈그라운드'인 20세기 물리학을 다루고 싶다고 생각했습니다. 구체적으로는 이전에 이와나미분코岩波文庫에서 『닐스 보어 논문집ニールス・ボーア論文集』을 냈을 때부터 생각했던, 20세기 물리학 사상 최대의 논쟁인 보어와 아인슈타인의 논쟁을 추적하고 싶다고 생각했습니다. 그러나 후쿠시마 사고를 직면하고 상황은 바뀌었습니다. 실제로 이 사고 뒤 얼마 지나지 않아 본서의 집필까지 진행되지 않게 되어 버렸습니다. 겨우 본서를 탈고하고 교정쇄 교정을 거의 끝낸 현재 생각 중인 것은, 메이지 이후 일본 과학기술의 어디에 문제가 있었는가 하는 것입니다. 저는 올해 지인에게 보낸 연하장에 다음과 같이 썼습니다.

> 메이지 유신으로 개국한 일본은 주권재민, 인권존중이라는 민주주의 사상을 서양에서 배웠습니다만 그와 동시에 서양과학기술도 배웠습니다. 메이지 관료국가는 민주주의에 관해서는 여러 가지로 에누리를 했고 그 결과가 메이지 헌법인 셈인데, 과학기술에 관해서는 한껏 수용하여 위에서 주도권을 잡고 그 진흥을 꾀했습니다. 이리하여 '식산흥업殖産興業, 부국강병'을 슬로건으로 하는 국책과학기

술이 생겨났습니다. 메이지 민주주의의 불충분성은 쇼와 20년의 패전으로 그럭저럭 반성을 강요당했습니다만 전쟁 중의 총동원체제로 다시 강화된 국책과학기술의 추진체제는 '식산흥업, 부국강병'이 '경제성장, 국제경쟁'의 슬로건으로 바뀌치기 되었을 뿐, 반성다운 반성도 없이 전후에 계승된 듯합니다.

네 개의 원전이 동시에 붕괴하여 다량의 방사성 물질을 방출하고 있고 사고 뒤 3년 가까이 지난 지금도 여전히 오염수를 계속 만들어 내고 있다는, 세계적으로도 유례가 없는 비참하고 중대한 사고를 일으켰으면서 누구 한 사람 책임도 지지 않고 반성도 없이 국가가, 원전의 유지와 재가동을 꾀할 뿐만 아니라 외국에 강매하려고까지 하고 있는 이 이상한 사태의 뿌리에는, 메이지 이래 '국책'으로서의 과학기술추진 그 자체의 문제가 있는 것은 아닐까요. 이 문제에 정면으로 진지하게 대면하지 않고는 과학사고 뭐고 의미가 없을 것입니다. 후쿠시마 사고 뒤 몇 번이나 집회나 데모에 참가하면서 그렇게 생각했습니다.

또한 본서는, 실은 고대 이래의 천문학 발전에 동반되는 수학의 진보에 관해 당초 원고에서는 언급했습니다만 양이 너무나도 방대해져서 삭제했습니다. 이 부분에 관해서는 잡지 『수학문화数学文化』의 편집부가 기고해 달라고 부탁해 주셔서, 연재로 게재하게 되었습니다.

◪ 본서를 쓰면서 물론 많은 자료가 필요했습니다.

덧붙여 작년 11월에 케플러의 『신천문학』 일역이 고사쿠샤工作舎에서 출판된 것을 최근 알게 되었습니다. 이 번역이 더 빨리 나왔었다면 꽤 도움이 되었을 텐데 하고 생각했습니다. 역자인 기시모토 요시히코岸本良彦 씨는 이전에 오쓰키 신이치로大槻真一郎 씨와 함께 케플러의 『우주의 신비』를 번역하신 이래 『우주의 조화』(본서에서는 『세계의 조화』), 그리고 이번 『신천문학』을 각자 혼자서 번역하셨는데, 이렇게 난해하고 중후한 서적의 번역작업에 힘써주신 그 노력에 머리가 숙여집니다.

각설하고, 실은 저는 30 몇 년 전에 과학사 관련 첫 작품으로서 『중력과 역학적 세계』라는 얇은 책을 썼습니다만, 이때 케플러의 매력에 사로잡혀, 머지않아 언젠가 본격적으로 천문학사에 도전하고 싶다는 막연한 바람을 갖고 있었습니다. 그 이래 근무처인 입시 학원 가까이에 있는 간다神田의 고서점가를 근무 후에 거의 매주 어슬렁거리면서, 천문학사 관련 서적이 있으면 바로 읽을 계획이 없었더라도 가능한 한 구입하려고 노력했습니다. 특히 외국 서적이나 오래된 문헌은 눈에 띌 때 입수해 두지 않으면 두 번 다시 손에 들어오지 않아 나중에 후회한 경우가 종종 있었기 때문에, 어떤 시기부터는 작심하고 상당히 무리해서라도 구입하려고 했습니다. 그것들이 이번에 모두 도움이 되었습니다.

그 외에 사용한 자료에 관해서는 국회도서관과 도립중앙도서관에 크게 빚을 졌습니다. 그 이외에도 필요한 자료는 지인이나 입시 학원에 아르바이트로 와 있는 학생들에게 의뢰해서 몇몇 대학에서 대출해서 복사했습니다.

겜마 프리시우스에 관해서는 도저히 입수할 수 없었던 신디 라멘스Cindy Lammens의 벨기에 헨트대학 학위논문을 도쿄대학 종합문화연구과 특임연구원인 나카자와 사토시中澤聰 씨가 현지에서 복사해 주셨습니다. 이것이 크게 도움이 되었음은 본문을 읽어보신다면 이해할 수 있으실 겁니다. 네덜란드어에 능통한 나카자와 씨는 앞서 언급한 『과학혁명의 선구자 시몬 스테빈』의 일본어 역자입니다.

그 외에도 국내에서는 도저히 발견할 수 없었던 자료를 제 이전 학생이자 소립자론 연구자이며 현재 박사후 과정으로서 외국에서 무사 수행하고 있는 간노 유미菅野優美 씨가 유럽과 미국 대학 도서관에서 복사한 것을 보내주셨습니다.

또한 중세 일본과 중국의 신성 기록에 관해서는 세이센淸泉여자대학 교수 아키모토 요시토쿠秋本吉德 씨께서 자료와 읽는 방법을 교수해 주셨습니다.

또한 원고는 윈도우 XP에 탑재된 TEX로 입력했습니다만 TEX는 입시학원의 물리과 동료인 가사하라 구니히코笠原邦彦 씨께서 인스톨해 주셨고 그 사용방법도 가르쳐 주셨습니다.

그리고 본서의 출판은 미스즈쇼보みすず書房 편집부의 이치하라 가나코市原加奈子, 모리타 쇼고守田省吾 씨께 크나큰 조력을 받았습니다.

이 모든 분들께 이 자리를 빌려 깊이 감사드립니다.

모든 원전이 멈춰 있는 2014년 1월

야마모토 요시타카山本義隆

부록 C

케플러의 법칙과 관련하여

C-1. 첫 번째 화성 궤도 결정 제0법칙의 검증

본문에서 기술했듯이 『신천문학』에서 케플러는 물리학적 고찰, 즉 행성운동의 원인은 태양이라는 상정에서부터 진태양이 행성 궤도의 중심에 있다는 것, 즉 모든 행성 궤도의 장축선상에 있고 이 진태양을 통과하는 절선에서 모든 행성 궤도가 황도면과 교차한다는 것을 우선 "아 프리오리하게 도출했다". 이것에서부터 절선節線(두 궤도면의 교선)이 진태양을 통과한다는 것, 나아가서는 지구 궤도면에 대한 화성 궤도 평면의 기울기(궤도면 경사각)가 일정해진다는 것을 유도할 수 있다. 이것이 케플러의 제0법칙이다.

『신천문학』 제13장에서는 아래처럼 실제 화성관측데이터를 이용하여 이것을 두 가지 방법으로 검증했다.

첫 번째 방법은 그림C.1에서 제시한 것으로, 화성(M)이 태양(S)과 지구(E)에서 같은 거리가 될 때를 고른다($\overline{SM}=\overline{EM}$). SE의 중점을 K, 화성 M에서 황도면(지구의 궤도면)에 내린 수직선의 교차점을 L이라 하면 $\angle MKL=i$가 화성 궤도면의 기울기가 된다. 화성의 지심위도(황위) $\angle MEL=\Phi$는 관측으로 구한다. 또 코페르니쿠스 내지 튀코의 이론을 사용하면 각 순간의 태양에서부터 화성까지의 거리 $\overline{SM}$ 및 지구까지의 거리 $\overline{SE}=2\overline{EK}$를 구할 수 있으므로 이때 지구에서 본 태양과 화성의 이격 $\theta=\angle MEK=\angle MSK$는 $\theta=\cos-1(\overline{EK}/\overline{EM})=\cos-1(\overline{SK}/\overline{SM})$으로 구할 수 있다. 그림에서

그림 C.1
화성 궤도면 경사각(i)
결정(첫 번째)

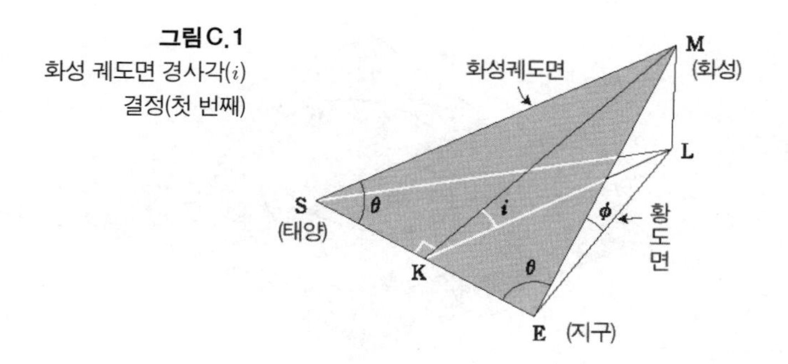

$$\overline{ML} = \overline{EM}\sin\phi = \overline{EM}\sin\theta\,\sin i.$$

이로부터 궤도면 경사각 $i = \sin^{-1}(\sin\phi/\sin\theta)$를 구할 수 있다.

이 조건에 완전히 들어맞는 데이터는 없지만 1586년 11월 2일 오전 4시 40분에 화성의 이격은 $\theta = 73°30'$으로, 이때 $\overline{SM} = \overline{EM}$의 조건을 대략 만족한다. 이때 화성의 위도는 $\phi = 1°47'$. 따라서

$$i = \sin^{-1}\frac{\sin(1°47')}{\sin(73°30')} \fallingdotseq 1°50'.$$

케플러는 그 외에도 조건에 가까운 상태의 점을 여러 개 들며 이에 가까운 i의 값을 얻었고, 이것들은 엄밀하게는 조건을 만족하지 않기 때문에 각자에 보정을 더해 그 결과로서 i가 일정하게 $1°50'$이라고 결론지었다. 단 그 보정 이론에는 잘 알 수 없는 곳이 있다.

또 다른 한 방법은 더 직접적이고 알기 쉽다. 그림C.2처럼 지

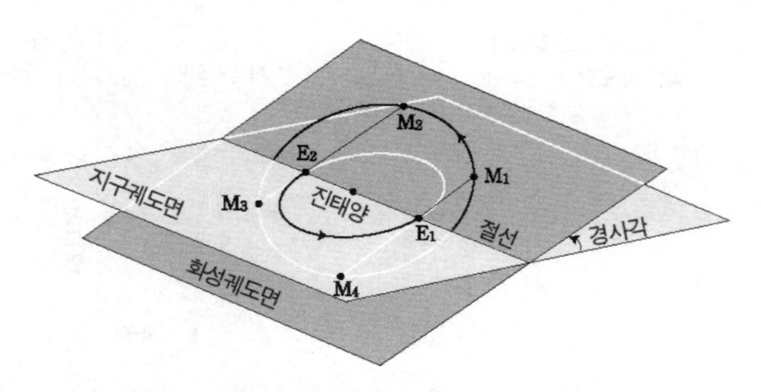

그림 C.2 화성 궤도면 경사각 결정(두 번째)

구와 화성 궤도 평면의 교선(절선)상에 지구가 오고(그림 E_1, E_2의 지구에서 본 태양이 절선상에 오고), 그 교선에 직교하는 방향으로 화성이 왔을 때(지구에서 본 화성과 태양의 이격이 90°가 될 때)의 화성(그림의 M_1, M_2, M_3, M_4) 고도를 측정함으로써 그 궤도면 경사각 i를 얻는 것이다. 케플러는 튀코의 데이터에서 해당하는 조건에 충분히 가까운 것을 네 개

1583년 4월 22일, 1°50′2/3
1584년 11월 12일, 1°50′
1585년 4월 26일, 1°50′보다 조금 크다
1591년 10월 16일, 1°50′

발견하여 그 경사각 i가 일정하다는 것을 보여주었다. 실제로는 이것들도 엄밀히 말하자면 조금씩 조건에서 벗어나 있으므로, 각자에 약간의 보정이 더해졌다.

C-2. 두 번째 화성 궤도 결정 등화점 모델의 검증

제0법칙의 확인에 입각하여 케플러가 『신천문학』에서 다음으로 시도한 것은, 화성 궤도에 대한 등화점(이퀀트) 모델의 검증이었다.

구체적인 목적은 화성 궤도로서 진태양을 통과하는 장축선을 갖는 원궤도를 가정하고(그림 C. 3)[*1] 장축(HI)의 위치, 진태양의 위치에 있는 이심점(A)에서 궤도중심(B)까지의 거리, 궤도중심에서 등화점(C)까지의 거리를 관측 데이터로 결정하고, 그것이 행성의 운동을 잘 설명하고 있는지를 조사하는 것이다.[*2]

사용하는 데이터는 태양, 지구, 화성이 이 순서대로 일직선으로 늘어선 충일 때를 고른다. 왜냐하면 지구의 황경은 튀코의 태양이론(지구에서 본 태양방향)으로 구할 수 있으므로 충이면 그로부터 바로 화성의 일심경도(황경)를 알 수 있기 때문이다.[*3]

화성의 공전주기 687일에 의해 충衝, oposition이 되는 간격은 (1.19)의 T 값, 즉

---

*1 케플러의 『신천문학』에서는 도형상의 점에 알파벳이 장과 그림마다 다르게 대응하여 극히 알아보기 어려우므로, 이하에서는 가능한 한 통일되도록 조금 변경했다.

*2 케플러는 물리적인 이유에서 행성이 가장 느리게 움직이는 것은 태양에서 가장 떨어진 때라고 하며, 이로부터 "ABC는 동일선상에 있음에 틀림없다"라고 했지만(『신천문학』 Ch. 16, *JKGW*, Bd. 3, p. 155, 영역 p. 255), '전이심거리의 이등분'을 처음부터 가정하지는 않았다.

*3 튀코의 태양이론은 이미 완성되어 있었던 소수의 이론중 하나로, 각도 1′의 범위에서 옳은 위치를 계산할 수 있었다.

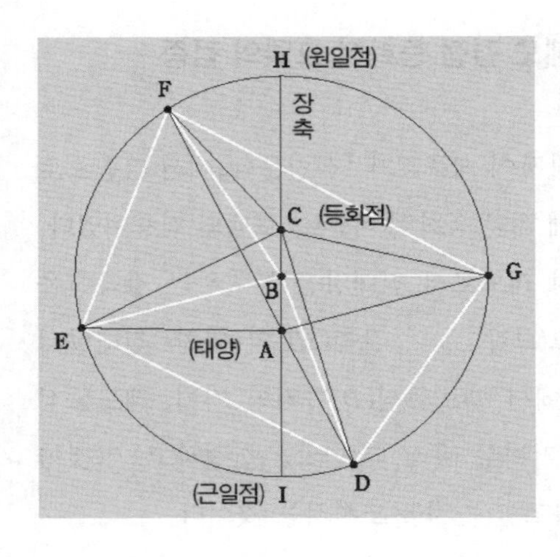

그림C.3
화성 궤도 결정

$$687\text{일}\times 365.25\div(687-356.25)=780\text{일}$$

을 얻을 수 있다. 튀코의 데이터에서는 1580년 11월부터 1600년 1월까지 열 개(케플러 자신의 1602년과 1604년 관측을 포함하면 열두 개)가 대략 해당했고[Ch. 15], 케플러는 그중 네 개를 사용했다.*4 구하는 파라미터의 결정은 가능한 한 데이터에 딱 합치하도록 시행착오로 행했다.

그림C.3에서 장축선 HI와 원일점 H의 통과시각은 제1근사로서 튀코의 것을 사용했다. 화성이 충일 때의 네 위치를 D, E, F,

*4 케플러는 실제로는 충 가까이서 측정된 튀코의 데이터를 사용하여 그것을 음미하고 수정(엄밀한 충일 때의 시각 데이터로 변환)했다. 튀코의 데이터가 그대로 사용된 것은 아니다. 게다가 튀코는 충을 평균태양에 대해서 취했으므로 케플러는 그것을 진태양으로 치환했다. 진태양에 대한 충을 구한 사람은 케플러가 최초이다.

G라 한다. $\angle HAD$, $\angle HAE$, $\angle HAF$, $\angle HAG$는 관측으로 얻을 수 있다. 다른 한편 $\angle HCD$, $\angle HCE$, $\angle HCF$, $\angle HCG$는 점 C가 등화점이며 화성은 그 주변으로 등속 회전을 한다는 가정하에 계산으로 얻을 수 있다. 따라서 $\triangle ACD$, $\triangle ACE$, $\triangle ACF$, $\triangle ACG$의 모든 각도를 알 수 있고, 변의 길이 $\overline{AD}$, $\overline{AE}$, $\overline{AF}$, $\overline{AG}$를 밑변 $\overline{AC}$를 단위로 해서 구할 수 있으며, 이로부터 $\triangle ADE$, $\triangle AEF$, $\triangle AFG$, $\triangle AGD$의 모든 각도를 구할 수 있고, 또한 $\overline{DE}$, $\overline{EF}$, $\overline{FG}$, $\overline{GD}$를 역시 $\overline{AC}$를 단위로 하여 얻을 수 있다. 이상의 결과로부터 $\angle DEF$, $\angle EFG$, $\angle FGD$, $\angle GDE$를 구할 수 있다.

이때 네 점 D, E, F, G가 한 원주상에 올 조건은

$$\angle DEF + \angle FGD = \angle GDE + \angle EFG = 180^\circ.$$

이 조건이 만족되지 않으면 장축선 방향(AH 방향)을 약간 변경해서 다시 행한다. 이것을 반복해서 최종적으로 위의 동일 원주상에 있다는 조건이 만족되지 않으면 다시 이 네 점 D, E, F, G를 통과하는 원의 중심 B를 정해 그 점 b가 직경 HI상(즉 직선 AC상)에 있음을 확인한다. 이것을 검증하기 위해서는 필요한 각도와 길이를 지금까지의 논의에서 얻을 수 있었으므로, 이것으로부터 다소 궁리하면 $\angle BAD$도 구할 수 있고, 이것이 $\angle CAD$와 같다는 것을 확인하면 된다. B가 AC상에 오지 않을 때는 원일점 통과시각을 약간 변경해서 다시 행한다.

케플러는 70회 반복 시행하여 올바른 해解에 도달했다고 한

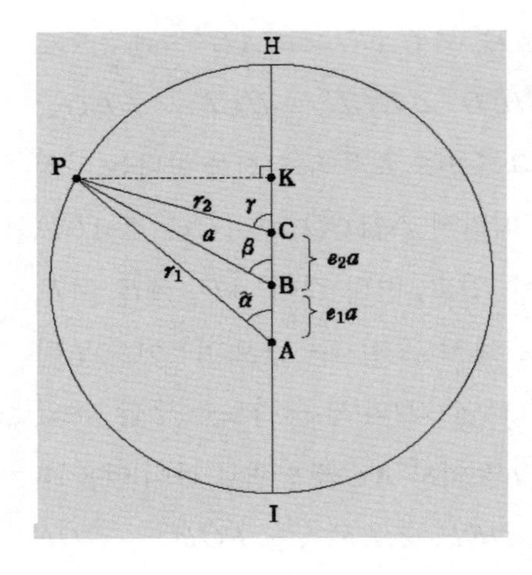

그림 C. 4
화성 궤도의 등화점 모델

다.[*5] 결과(『신천문학』 Ch. 16)는 원일점 경도가 사자자리 28°48′ 55″, 그리고 궤도 반경을 100,000으로 하여

$$\text{전이심거리} = \overline{AC} = 18{,}564,\ \overline{AB} = 11{,}332,\ \overline{CB} = 7{,}232.$$

'이심거리의 이등분', 즉 $\overline{AB} = \overline{CB}$는 엄밀하게는 성립하지 않았지만, 이 결과를 케플러 자신의 두 관측도 포함하여 열두 개의 관측 데이터로 검증한 결과 최대에서 2′12″, 평균하여 1′ 이내의 오차에서 경도(황경)의 계산값이 측정값과 일치했다.

경도에 관해서 이 결과와 관측이 양호하게 일치한 것의 배경을, 결과로부터 회고적으로 설명해 둔다. 그림 C. 4에서 P를 시각

---

*5 징거리치는 컴퓨터를 사용해 9회 반복함으로써 수렴함을 확인하고 케플러는 수치의 오류로 인한 화를 당했다고 판단했다(Gingerich(1964)). 이 케플러의 시행착오 과정에 관해서는 Gingerich(1973d); Voelkel(1994) 참조.

t의 행성 위치,

$$\angle PAH = \bar{\alpha} = \text{진아노말리},$$
$$\angle PBH = \beta = \text{이심아노말리},$$
$$\angle PCH = \gamma = \text{평균아노말리},$$

$\overline{BP} = \overline{BH} = a$, 두 개의 이심거리를 $\overline{AB} = e_1 a$, $\overline{CB} = e_2 a$로 하고 그림에 따라

$$\overline{AP} = r_1 = \sqrt{a^2 + (e_1 a)^2 + 2e_1 a^2 \cos\beta},$$
$$\overline{CP} = r_2 = \sqrt{a^2 + (e_2 a)^2 - 2e_2 a^2 \cos\beta}.$$

또한 점 P에서 장축선 HI에 내린 수직선의 교차점을 K라 하면(혹은 사인법칙에 따라),

$$\overline{PK} = r_1 \sin\tilde{\alpha} = r_2 \sin\gamma = a \sin\beta.$$

이상에 의해 e_1, e_2의 2제곱까지 취하는 근사에서

$$\tilde{\alpha} = \beta - e_1 \sin\beta + \frac{e_1^2}{2} \sin 2\beta \tag{C.1}$$
$$= \gamma - (e_1 + e_2)\sin\gamma + e_1 \frac{e_1 + e_2}{2} \sin 2\gamma. \tag{C.2}$$

다른 한편으로 올바른 타원운동(케플러 운동)에서 진아노말리 α는 β 및 γ에 의해 각자 (A. 15)(A. 18) 또는 (1. 29)(1. 32)로 나타난다.[*6] 따라서 $e_1 = 0.1133$, $e_2 = 0.0723$에 대해 $2e = e_1 + e_2$로 취하면 $e = 0.0928$, $e_1 = 1.22e$가 되고, 진 아노말리에서 등화점

모델의 올바른 운동(케플러 운동)과의 차는

$$\delta = \tilde{\alpha} - \alpha = (e_1 \frac{e_1 + e_2}{2} - \frac{5}{4}e^2)\sin 2\gamma = -0.03e^2 \sin 2\gamma,$$

(e_2가 걸려 있는 항에서는 $\gamma = \beta$로 해도 좋다). 따라서

$$|\delta| \leqq 0.03e^2 = 0.9'. \tag{C.3}$$

이것이 원궤도에 기반하는 등화점 모델의 경도가 정확하다는 근거이다. 여기까지는 일이 순조롭게 진행되었다.

그러나 이 결과에서는 '이심거리의 이등분'이 성립하지 않으므로, 제19장에서 케플러는 위도의 관측 데이터로부터 화성 궤도의 이심거리를 다시금 구했다.

그림C.5에서 A가 태양, B가 화성 궤도의 중심이라고 한다. 직선 KL을 통과하는 지면에 직교하는 평면이 지구의 궤도 평면(황도면), 지면이 자오면. 화성이 원일점(M_1)에 오고 동시에 지구가 화성과 같은 경도 위치(E_1)에 있을 때를 선택한다. 화성의 시위도視緯度($\angle M_1E_1K$)는 측정으로 얻을 수 있다. 일심위도($\angle M_1AK$)는 화성의 궤도면 경사각 1°50′와 궤도면상의 화성 운동에서부터 계산으로 구할 수 있다. 이것에서부터 거리 $\overline{AM_1}$을 $\overline{AE_1}$을 단위로 해서 구할 수 있다. 마찬가지로 화성이 근일점(M_2)에 오고 동시에 지구가 화성과 같은 위도인 위치(E_2)에 있을 때를 골라 $\overline{AM_2}$

---

*6 (A. 15), (A. 18) 또는 (1.29)(1.32)는 $\omega t = \gamma$로 하고 첨자 K를 생략하여 $\alpha = \beta - e\sin\beta + \frac{1}{4}e_2 \sin 2\beta = \gamma - 2e\sin\gamma + \frac{5}{4}e^2 \sin 2\gamma$.

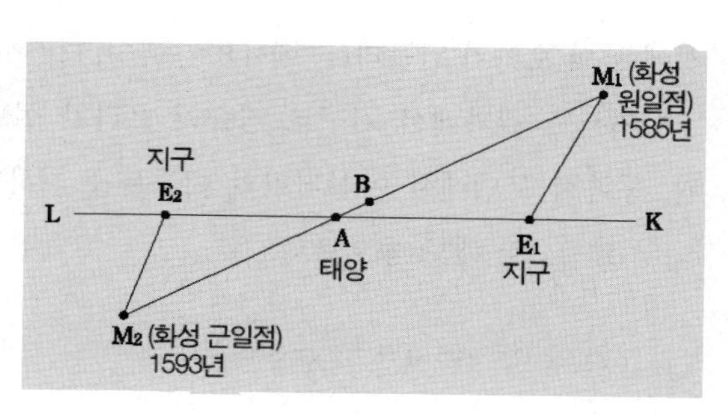

그림 C.5
위도를 사용한
화성 이심률의 결정

를 $\overline{AE_2}$를 단위로 해서 구한다. $\overline{AE_1}$, $\overline{AE_2}$는 이미 알고 있으므로 이리하여 $\overline{AM_1}$과 $\overline{AM_2}$를 지구 궤도 반경을 단위로 해서 구할 수 있으므로 A에서부터 M_1M_2의 중점 B까지의 거리(이심거리 $\overline{AB}$)가 산출된다. 이 결과 궤도 반경을 100,000로 하여 8,000 $\leqq \overline{AB} \leqq$ 9,843을 얻지만, 이것은 제16장에서 경도를 측정하여 구한 결과 $\overline{AB}$ =11,332와 명백하게 어긋난다. 이것은 케플러로서는 간과할 수 없는 문제였다.

그러나 위도 측정으로 구한 이심거리에서는 $\overline{AB} \fallingdotseq \overline{BC}$임이 드러났으므로 케플러는 프톨레마이오스가 주장하는 '이심거리의 이등분'을 근거 있는 것으로서 인정했다.

이것은 『신천문학』 제19장의 논의인데 지구 궤도를 재결정한 뒤 제42장에서 다시금 화성 궤도에 대해 이심거리의 이등분이 성립함이 밝혀졌다. 얻은 이심률은 0.09282였다.

그런데 이렇게 이심점과 등화점의 중점에서 궤도중심을 취하면, 이번에는 장축선상 및 그것에 직교하는 방향에서는 관측과 양호하게 일치했지만, 장축선에서 45°와 135° 방향에서는 일심황경에 8′의 오차가 남는다(45°에서 8′가 과잉, 135°에서 8′가 부족).

여기서도 결과에서 거꾸로 거슬러 올라가 설명해 두자. 이심원, 등화점 모델에서 이심거리의 이등분을 취하면 식 (C.1)에서 $e_1 = e_2 = e$로 해도 좋으므로,

$$\tilde{\alpha} = \beta - e\sin\beta + \frac{e^2}{2}\sin 2\beta,$$

따라서 케플러 운동의 (A.15) 또는 (1.29)와 비교해서

$$\delta = \tilde{\alpha} - \alpha = \frac{e^2}{4}\sin 2\beta. \tag{C.4}$$

즉 오차는 장축선에서 45°와 135° 방향에서 최대가 되고 그 크기는 $e = 0.0928$로 하여

$$|\delta|_{\max} = \frac{0.0928^2}{4} \times \frac{180 \times 60'}{\pi} = 7.4'.$$

이것이 45°와 135° 방향에 각도 8′의 오차가 생긴 이유이다. 그렇다는 것은 뒤집으면 튀코의 데이터가 오차 1′ 이내의 범위에서 옳은 값을 부여했음을 나타낸다.

C-3. 지구 궤도 결정 이심거리의 이등분에 관하여

『신천문학』에서 케플러는 지구 궤도에 대해 이심거리의 이등분이 성립함을 두 가지 방법으로 확인했다. 어느 쪽도 매우 교묘하다.

지구 궤도(프톨레마이오스와 튀코에게는 태양 궤도)에 관해서는 진태양과 평균태양(지구의 경우 등화점에 해당)이 이미 알려져 있으므로 장축선도 기지既知이다. 그다음 천체 관측으로 지구 궤도의 정확한 위치, 즉 궤도중심을 확정하기 위해서는 공간 내에 또 하나 고정점이 필요한데, 그것을 공전주기 1.88년 = 687일마다 동일 지점으로 돌아오는 화성에서 취한다.

최초의 방법은 제22장과 23장에서 제시된다.

이 고정된 화성 M과 평균태양 C를 묶는 선에 대해 지구가 대칭적인 위치 D와 E에 올 때를 선택한다(그림C. 6). 즉 $\angle MCD = \angle MCE = 64° \, 23\frac{1}{2}'$이며, 여기에서 D는 1585년 5월 18일 22시 30분, E는 바로 화성의 3주기 뒤인 1591년 1월 22일 7시의 지구의 위치로*7

$$\angle DMC = 36°51' \quad \therefore \angle MDC = 78°45\frac{1}{2}',$$
$$\angle EMC = 38°5\frac{1}{2}' \quad \therefore \angle MEC = 77°31'.$$

이것으로부터 $\overline{MC} = r$로 하여

$$\overline{DC} = \frac{\sin(\angle DMC)}{\sin(\angle MDC)} r = 0.61145r,$$
$$\overline{EC} = \frac{\sin(\angle EMC)}{\sin(\angle MEC)} r = 0.63186\,r.$$

---

*7 실제로는 이것에 딱 해당하는 데이터는 없고 가장 가까운 1585년 5월 30일 5시와 1591년 1월 20일 0시의 데이터로 계산하여 구한 것.

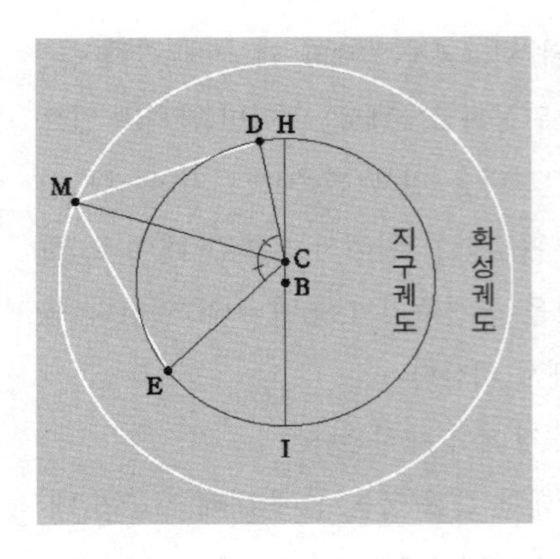

그림 C.6
지구 궤도 결정(첫 번째)

다른 한편, CD와 원일점 H 방향의 각도(D의 평균 아노말리)가 $\angle DCH = 17°38'$이라고 알고 있으므로 장축선상에 있는 궤도중심을 B로 하여

$$\angle DCB = 180° - 17°38' = 162°22',$$
$$\angle ECB = 162°22' - 64°23\frac{1}{2}' \times 2 = 33°35'.$$

이 값만으로 지구 등화점의 이심률, 즉 원궤도의 반경 $a = \overline{BH} = \overline{BD} = \overline{BE}$에 대한 $\overline{CB}$의 비를 구할 수 있다. 케플러는 기하학적으로 복잡한 작업을 했지만 대수적으로는 다음과 같이 하면 된다. $\angle CDB = \alpha$, $\angle CEB = \beta$라 한다. $\triangle CDB$와 $\triangle CEB$ 각자에 대한 사인법칙은

$$\frac{\overline{CB}}{\sin\alpha} = \frac{a}{\sin 162°22'} = \frac{0.61145r}{\sin(180° - \alpha - 162°22')}$$
$$\frac{\overline{CB}}{\sin\beta} = \frac{a}{\sin 33°35'} = \frac{0.63186r}{\sin(180° - \beta - 33°35')}$$

축차근사로 이것을 풀면 sin = 0.005565, 따라서 $\overline{CB}$ = 0.01837a이다. 다른 한편 튀코가 구한 진태양 A에서 등화점에 해당하는 평균태양 C까지의 거리는 $\overline{AC}$ = 0.03584a였다. 0.03584 ÷ 2 = 0.1792 ≒ 0.01837이므로, 이심거리의 이등분이 튀코의 태양이론(지동설로 고치면 '지구이론')과 모순되지 않음을 확인할 수 있다.[*8]

제24장과 25장에서는 또 다른 한 방법이 기록되어 있다.

지구 궤도의 결정은 태양에서 지구까지의 거리 결정이라는 형태로 행해지고, 구체적으로는 튀코의 풍부한 데이터에 기반하여 태양과 화성을 사용한 삼각측량으로 얻는다. 삼각측량의 기본은 두 정점定點에서 제3의 점 방향을 측정하는 것인데, 여기서도 두 정점으로서 태양과 1공전주기마다 오는 화성의 위치를 선택한다. 즉

화성이 그 이심원상의 동일 지점에 돌아오는 시점의 세 개 혹은 [그

---

*8 케플러는 『천문학의 광학적 부분』 제11장에서 근일점과 원일점에서 태양의 시직경이 31′과 30′이라는 것에서부터 지구의 원일점 거리 r_1과 근일점 거리 r_2의 비 $\frac{r_1}{r_2} = \frac{31}{30} = 1.033$을 튀코의 이심거리 0.036a를 이등분해서 얻은 비 $\frac{r_1}{r_2} = \frac{(1+0.018)a}{(1-0.018)a} = 1.036$과 비교하여, 양자가 대략 같다는 것에서부터 지구 궤도 이심거리의 이등분이 옳다고 말했다. 즉 "겨우 1′을 넘지 않는 여름과 겨울의 [태양] 시직경의 차가 태양의 참된 기하학적 이심률과 얼마나 잘 합치하는지가 얼마나 멋진 일인가"(*JKGW*, Bd. 2, p. 292, 영역 p. 353). 단 이 논의는 다소 번거롭고 오히려 시직경의 비에서 직접 얻을 수 있는 이심거리

$$\overline{AB} = \frac{r_1 - r_2}{r_1 + r_2}a = 0.017a$$

를 튀코의 값 $\overline{AB}$ = 0.018a와 비교하는 것이 간단하다.

것 이상의] 임의의 수의 관측위치[지구의 위치]를 찾아내고 그 위치를 기반으로 하여 지구의 운동이 균일하게 보이는 점[등화점]에서 주전원 혹은 연주궤도원의 같은 수의 점까지의 거리를 삼각형의 법칙에 의거해서 구한다. 세 점으로 원이 결정되므로 이 세 점을 관측함으로써 원의 위치와 다시금 임시로 정한 그 장축선과 등화점의 이심값을 구한다. 네 번째 관측점이 있으면 그것을 이용해 테스트할 수 있다.*9

그림C.7에서 화성(M)의 위치(평균태양 C에서 본 방향)를 알 수 있는 어떤 날을 기준으로 해서 고른다. 이때 지구가 E_1(케플러는 다시금 논의를 간단히 하기 위해 특히 화성의 위도가 대략 0이 될 때를 골랐다). 화성의 공전주기 687일마다 화성은 이 위치로 돌아온다. 그러나 그동안 지구는 시점 E_1에서 궤도상을 $687 \div 365.25 = 1.88$회 돈 위치(약 43° 어긋난 위치) E_2, E_3, E_4, ……로 움직인다. 각 시각 지구에서 본 화성 방향(E_iM 방향)은 튀코의 관측데이터에서 얻을 수 있고 지구 방향(CE_i 방향)은 튀코의 태양이론으로 구할 수 있다(표 C.1 CE_i 방향은 춘분점 방향에서 본 각도).

이리하여 지구, 평균태양, 화성이 만드는 삼각형 E_iCM으로 평균태양에서 지구와 화성을 보는 각도($\angle E_iCM$) 및 지구에서 태양과 화성을 보는 각도($\angle CE_iM$)도 알 수 있고, 이것에서부터 평균태양과 화성의 정위定位값 M까지의 거리 $\overline{CM}$을 단위로 한, 태양

---

*9 『신천문학』 Ch. 24, *JKGW*, Bd. 3, p. 198, 영역 p. 316.

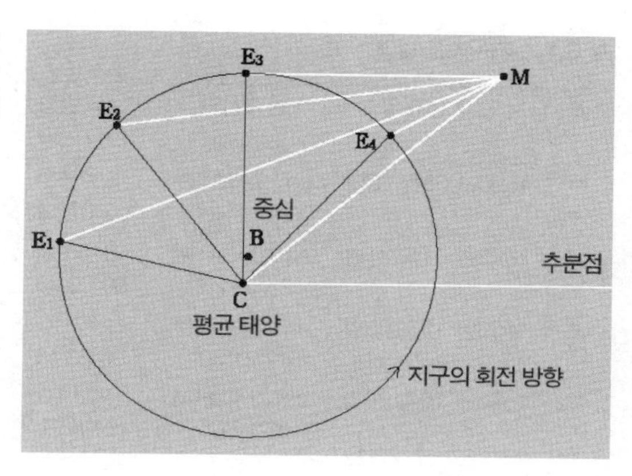

그림 C.7
지구 궤도 결정
(두 번째)

에서 지구까지의 거리 $\overline{CE_i}$를 이렇게 구할 수 있다.

$$\frac{\overline{CE_i}}{\overline{CM}} = \frac{\sin(\angle E_iMC)}{\sin(\angle CE_iM)}.$$

코페르니쿠스의 이론에서는 평균태양은 지구 궤도원의 중심에 있으므로 이것이 옳다면 모든 $\overline{CE_i}$가 같을 터였다. 그러나 결과는 그렇지는 않았다(표 C.1). 즉 C는 궤도원의 중심이 아니며 코페르니쿠스의 지구이론(튀코 브라헤의 태양이론)이 오류임을 알 수 있다.

여기서 원궤도를 가정하면 E_1, E_2, E_3, E_4는 그 원주상에 있고*10 이리하여 지구 궤도와 그 중심 B를 알 수 있으며 평균태양 C는 지구 궤도의 등화점에 해당하므로 등화점의 이심거리 $\overline{CB}$

*10 상세하게 말하자면 E_1, E_2, E_3, E_4 중 세 점으로 원이 결정되고 남은 한 점이 그 원주상에 있으면 옳은 궤도를 구한 셈이 된다.

표 C.1 지구궤도 결정

E_i	관측 연월일	관측시각	CE_i방향	
—		$\angle E_iMC$	$\angle CE_iM$	$\overline{CE_i}/\overline{CM}$
E_1	1590년 03월 05일	pm. 7시 10분	352°59′	
—		20°47′45″	32°07′14″	0.66774
E_2	1592년 01월 21일	am. 6시 41분	310°06′	
—		35°46′23″	60°03′03″	0.67467
E_3	1593년 12월 08일	am. 6시 12분	267°13	
—		42°21′30″	96°22′14″	0.67794
E_4	1595년 10월 26일	am. 5시 44분	224°20	
—		03°23′05″	174°58′10″	0.67478

가 결정된다. 케플러가 여기(제25장)서 구한 결과는 궤도 반경을 a로 하여 $\overline{CB}=0.01530a$였다. 이것은 제22·23장에서 구한 값($0.01837a$)보다 조금 작지만, 케플러는 약간의 오차가 들어갈 수 있을 가능성을 지적하며 사실상 제22·23장의 것과 동일하다고 판단했다.*11

C-4. 알 모양 궤도 근사의 오차

배경은 다음과 같다. 이 경우 e를 $\sqrt{2e}$로 한 것은 아니다. 타원의 단반경 $b=\sqrt{1-e^2a}$를 잘못하여 $(1-e_2)a$로 했을 뿐으로, 태양의 이심거리에 관해서는 ea로 했으므로 그림12.11에서

*11 현재 알려져 있는 지구 궤도의 이심률은 $e=0.0167$.

$\overline{AM} = r$, α를 $\widetilde{\alpha}'$로 하여

$$\overline{ML} = r\sin\widetilde{\alpha}' = \frac{b}{a}\overline{KL} = (1-e^2)a\sin\beta,$$
$$\overline{AL} = r\cos\widetilde{\alpha}' = \overline{AB} + \overline{BL} = ae + a\cos\beta.$$

따라서 이 근사타원으로 계산한 진 아노말리 $\widetilde{\alpha}'$는

$$\tan\widetilde{\alpha}' = \frac{(1-e^2)\sin\beta}{e+\cos\beta}.$$

이것은 e^2까지 취하면

$$\widetilde{\alpha}' = \beta - e\sin\beta \tag{C.5}$$

가 되고 이 경우의 오차는 (A.15)와 비교해서

$$\delta' = \widetilde{\alpha}' - \alpha = -\frac{e^2}{4}\sin 2\beta. \tag{C.6}$$

궤도를 원으로 했을 때의 오차 δ(C.4)와 부호가 정확히 역이 된다.

C-5. 타원궤도의 자기작용에 의한 설명

『신천문학』 제57장에는

행성의 물체가 거대한 구형의 자석이라고 한다면 어떠할까. (코페르니쿠스가 행성의 하나라 한) 지구에 관해서는 의문이 없다. 길버

> 트가 그것을 증명했다. 이 작용을 더 명확하게 기술한다면 행성의 구는 양극을 갖고 그 한쪽[의 극]이 태양을 구하며, 다른 쪽[의 극]이 태양을 기피하는 것이다. 그러므로 이런 종류의 축을 자침을 이용해 그리고 그 끝이 태양을 구한다고 하자. 그러나 그 태양으로 향하는 자기적 성질이 있음에도 그 구가 이동하는 사이 그 자침은 평행을 지킨다고 한다.*12

라고 하며 자기작용 모델로 타원궤도를 설명했다.*13 즉 태양은 중심에 한쪽 극을 갖고 표면에 다른 쪽 극을 갖는 단극자와 같은 자석이며, 다른 한편 자석으로서의 행성은 그 N극과 S극을 묶는 선이 항상 궤도의 장축선과 직교한다고 간주된다. 따라서 행성이 원일점 또는 근일점에 있을 때($\beta=0°$ 또는 $\beta=180°$일 때)는 N극과 S극이 태양과 등거리에 있어, 행성은 전체로서는 힘을 받지 않지만 궤도를 따라 움직이면서 둘 중 한 극이 태양에 근접하고, 그 결과 이심 아노말리가 β일 때 태양에서 $e\sin\beta$에 비례하는 인력을 받는다고 생각한다.*14

---

*12 *JKGW*, Bd. 3, p. 350, 영역 p. 550.

*13 케플러가 길버트의 자기철학에서 강한 영향을 받았고 행성 간의 중력이라는 관념에 도달한 것에 관해서는 졸저 『자력과 중력의 발견 3』 제18장을 참고해 주셨으면 한다.

*14 케플러의 표현으로는 '평균 아노말리의 정현(正弦, 사인)이 행성이 태양으로 끌어당겨지는 힘의 크기의 측도이다(*JKGW*, Bd. 3, p. 353, 영역 p. 556)'. 여기서는 '평균 아노말리'라 되어 있으나 전체에 미소微小한 양 e가 걸려 있으므로 '이심 아노말리'로 치환해도 사실상 차이는 없다.

즉 행성이 원일점($\beta=00$)에서 움직이기 시작하면, 최초에는 태양으로 끌려가는 측의 극이 태양으로 향하기 때문에 $e\sin\beta$에 비례하는 힘으로 태양 쪽으로 끌려가 근일점($\beta=\pi$)에서 가장 태양에 근접하며, β가 증가하면 태양과 서로 반발하는 극이 태양을 향하기 때문에 태양에서 벗어난다. 그리고 여기서도 케플러의 동력학에서는 속도가 힘에 비례하기 때문에 태양에서부터 $a(1+e)$의 거리에 있었던 원일점에서 각도로 β만큼 이동한 점에서는 중심을 향해 다시금

$$\triangle r(\beta)=ea\int_0^\beta \sin\beta' d\beta'=ea(1-\cos\beta) \tag{C.7}$$

만큼 이동한다($\triangle r(\beta)$는 태양과의 거리 r의 감소분).

물론 케플러는 이렇게 현대적인 적분계산을 한 것은 아니다. 실제로는 케플러는 수치계산으로 합을 구하여 그 결과로부터 사실상의 적분공식에 도달했다.

이 계산을 정리하여 제57장에 쓰여 있는 수치를 그대로 기술하면 다음과 같다. $\varepsilon=1°$이라 하여

$$\sum_{i=0}^{89}\sin i\epsilon=57.89431.$$

이것은 $\varepsilon=1°=\pi/180=1/57.297$에 대해

$$\frac{1}{\epsilon}\int_0^{\pi/2}\sin\beta d\beta=\frac{1}{\epsilon}=57.89431$$

로 한 것이 된다. 이때

$$\sum_{i=0}^{14} \sin i\epsilon = 2.08166 = 0.03594 \sum_{i=0}^{89} \sin i\epsilon$$
$$\text{cf. } 1 - \cos 15^\circ = 0.03407,$$
$$\sum_{i=0}^{29} \sin i\epsilon = 7.92598 = 0.13691 \sum_{i=0}^{89} \sin i\epsilon$$
$$\text{cf. } 1 - \cos 30^\circ = 0.13397,$$
$$\sum_{i=0}^{59} \sin i\epsilon = 29.08017 \fallingdotseq 0.50000 \sum_{i=0}^{89} \sin i\epsilon$$
$$\text{cf. } 1 - \cos 60^\circ = 0.50000.$$

따라서 $\epsilon = 1^\circ$에 대해 일반적으로

$$\left(\sum_{i=0}^{n-1} \sin i\epsilon\right) \div \left(\sum_{i=0}^{89} \sin i\epsilon\right) = 1 - \cos n\epsilon$$

가 성립한다는 것이 케플러의 논의이다. 대수적으로는

$$2\sin\frac{\epsilon}{2} \sum_{i=0}^{n-1} \sin i\epsilon = \sum_{i=0}^{n-1} \cos\left(i - \frac{1}{2}\right)\epsilon - \cos\left(i + \frac{1}{2}\right)\epsilon$$
$$= \cos\frac{\epsilon}{2} - \cos\left(n - \frac{1}{2}\right)\epsilon.$$

여기서 ϵ가 충분히 작다고 하고 $2\sin\frac{\epsilon}{2} = \epsilon$, $\cos\frac{\epsilon}{2} = 1$로 하면

$$\epsilon \sum_{i=0}^{n-1} \sin i\epsilon = 1 - \cos n\epsilon.$$

이리하여 (C.7)이 유도된다.

따라서 행성에서 태양까지의 거리는

$$r(\beta) = a(1+e) - \Delta r(\beta) = a(1 + e\cos\beta) \tag{C.8}$$

이 되고 이것은 본문의 (12.7)과 다름없다. 이리하여 케플러는 이

렇게 결론짓는다.

> 자석이 우리가 가정한 배치가 되도록 행성이 태양에 대해 놓였다고 한다면 그 자기 물체의 칭동秤動은 그 버스트 사인versed sine[$1-\cos\beta$]으로 잴 수 있는 거리가 된다. 실제로 관측에 따르면 행성은 이심 아노말리의 버스트 사인으로 잴 수 있는 왕복운동을 한다. 이것은 행성의 물체가 자기적이며 태양에 대해 앞서 언급한 것처럼 배치되어 있다는 것과 완전히 정합한다.*15

즉 (12.7)의 직경거리가 행성-태양 간의 거리라는 사실은 관측으로 검증될 뿐만 아니라, 자기적 상호작용에 기반하는 케플러의 특이한 동력학적 모델로도 성공적으로 설명된다는 것이다. 물론 현재의 시각으로 보면 근거가 없는 논의이지만, 타원궤도에 대한 케플러의 확신을 강화하는 것이었다.

C-6. 화성 궤도 결정 세 번째 직경거리와 면적법칙

그림12,12에서 원의 중심 B가 원호 HK를 보는 각도 $\angle HBK = \beta$를 n등분하여 $\angle HBK \div n = \frac{\beta}{n} = \epsilon$로 하고, 그것에 맞춰 원호를 n등분하여 i번째 원호의 시점始點을 K_{i-1}, 따라서 $K_n = K$,

*15 *JKGW*, Bd. 3, p. 354, 영역 p. 558.

그리고 $\angle HBK_i = \beta_i = i\epsilon(\beta_n = n\epsilon = \beta)$라 한다. 또한 반경 HB를 연장한 직경상의 임의의 점으로 N을 취해 $\overline{BN} = c$라 한다. 이때

$$\text{부채꼴 } HNK\text{의 면적} = \frac{1}{2}a(a\beta + c\sin\beta). \tag{C.9}$$

다른 한편 K_i를 통과하는 직경에 N에서 내린 수직선의 교차점을 T_i라 하면 NK_i에 대응하는 직경거리는 $\overline{K_iT_i} = a + c\cos\beta_i = a + c\cos i\epsilon$으로 그 합은

$$\sum_{i=0}^{n-1} \overline{K_iT_i} = \sum_{i=0}^{n-1} (a + c\cos i\epsilon). \tag{C.10}$$

케플러는 여기서도 수치계산을 행했는데 결과는

$$\sum_{i=0}^{n-1} \overline{K_iT_i} = na + \frac{c}{\epsilon}\sin\beta = \frac{1}{\epsilon}(a\beta + c\sin\beta). \tag{C.11}$$

이것은 부채꼴 HNK의 면적 (C.9)에 비례한다.[*16]

---

*16 계산은 대수적으로 나타내면

$$2\sin(\frac{\epsilon}{2})\sum\cos i\epsilon = \sum\sin(i+\frac{1}{2})\epsilon - \sin(i-\frac{1}{2})\epsilon$$
$$= \sin(n-\frac{1}{2})\epsilon + \sin(\frac{1}{2})\epsilon = 2\sin(\frac{n}{2}\epsilon)\cos(\frac{n-1}{2}\epsilon).$$

$\sum$는 $i=0$에서 $i=n-1$까지의 합을 취한다. 따라서 n을 충분히 크게 하고 그것에 맞춰 $\varepsilon = \frac{\beta n}{n} = \frac{\beta}{n}$을 충분히 작게 취하면 $2\sin(\frac{\varepsilon}{2}) = \epsilon$, $n-1 = n$으로 하면 되고 위 식은

$$\epsilon\sum\cos i\epsilon = 2\sin(\frac{n}{2}\epsilon)\cos(\frac{n}{2}\epsilon) = \sin n\epsilon = \sin\beta.$$

물론 이것은 다음의 적분공식에 대응한다.

$$\int_0^{\beta}\cos\beta' d\beta' = [\sin\beta']_0^{\beta} = \sin\beta.$$

즉 "원 및 그 부분 HNK의 면적은 직경거리의 합으로 잴 수 있다". 그런데 『신천문학』 제59장 예비정리 3에서 타원 경우의 부채꼴 면적도 원 부채꼴 면적의 정수배임이 제시되었으므로, 여기서부터 타원궤도에 대해서도 면적법칙이 옳다는 것이 도출된다.

조금 더 자세하게 현대식으로 정리해서 쓰면 다음과 같다. 타원궤도에서 N을 태양 위치로 두면(N을 초점 A에 일치시키면) $c = ea$이므로

$$\text{부채꼴 } MAH\text{의 면적} = \frac{b}{a}\text{부채꼴 } KAH\text{의 면적} = \frac{ab}{2}(\beta + e\sin\beta).$$

다른 한편으로 K_i에서 장축선 HI로 내린 수직선이 타원을 가르는 점을 $M_i(K_n = K,\ M_n = M)$이라 한다. (12.7)에 따라

$$\overline{AM_i} = \overline{K_iT_i} = a(1 + e\cos i\epsilon)$$

$$\therefore\ \text{부채꼴 } MAH \text{ 면적} \propto \sum_{i=0}^{n-1}\overline{AM_i}.$$

여기서 마찬가지로 타원궤도에 대해서 $\overline{AM_i} \propto \triangle t_i$라 하면

$$t = \sum_{i=0}^{n-1}\triangle t_i \propto \sum_{i=0}^{n-1}\overline{AM_i} \propto \text{부채꼴 } MAH \text{ 면적의 면적.} \tag{C.12}$$

이것이 면적법칙의 내용이다. 타원 1주周에 시간은 주기 T, 면적은 πab이므로

$$\frac{t}{T} = \frac{\text{부채꼴} MAH\text{의 면적}}{\text{타원의 면적}} = \frac{ab(\beta + e\sin\beta)/2}{\pi ab}. \tag{C.13}$$

여기서 $\omega = 2\pi / T$는 평균회전각속도이므로 평균 아노말리를 $\gamma = \omega t$로 하면 케플러의 제2법칙의 수학적 표현으로서

$$\gamma = \beta + e \sin\beta \gamma = \beta + e\sin\beta \qquad \text{(C.14)}$$

를 얻는다. 나중에 '케플러 방정식'이라 불리는 것이다.

C-7. 케플러 사유의 실례 제3법칙의 역학 모델

케플러는 『코페르니쿠스 천문학 개요』 제4권에서 행성의 공전 주기 T는 궤도 반경 r(정확하게는 장반경 a)의 3/2제곱에 비례한다는, 그가 발견한 제3법칙—동력학적 기초—을 도출했다. 이 논의는 지금의 시각으로 보면 의미가 없지만 그의 발상법의 특징을 잘 보여주므로 그 개략적 내용을 소개해 둔다.

문답형식으로 쓰인 『개요』 제4권 제2부 4절에는 다음 기술이 있다.

> [질문] 운동의 고찰 처음에 당신은 행성들의 주기는 그것들의 궤도 내지 원의 3/2제곱의 비와 정확하게 같음을 발견했다고 말씀하셨습니다. 저는 그것의 원인을 묻고 싶습니다.
>
> [대답] 네 개의 원인이 모여 [공전] 주기의 길이를 결정한다. 첫 번째는 궤도의 길이이다. 두 번째는 옮겨지는 물체의 무게 내지 양이다. 세 번째는 구동력의 강도이다. 네 번째는 옮겨져야 할 물질이 점하

는 부피이다. 왜냐하면 물레방아에 달려 있는 날개, 판자 내지 날개가 보다 넓고 보다 길다면 그 폭이나 길이에 따라 기계로 전환되는 수류의 힘은 그만큼 보다 크기 때문이다. 그리고 재빨리 회전하는 태양에서 오는 형상形象, species이 이루는 이 하늘의 소용돌이에서도 마찬가지이며 이 형상이 운동의 원인이다.[*17]

즉 케플러는 태양에서 오는 힘(비물질적 형상의 방사) f는 태양과의 거리 r에 반비례해서 감쇠($f \propto 1/r$)하지만, 개개의 행성이 실제로 받는 힘은 그 체적 V에 비례한다, 즉 개개의 행성을 궤도를 따라 미는 실제의 힘 F는 $F \propto VF$로 주어진다고 생각한다. 이 때 속도가 힘에 비례하고 질량에 반비례한다고 생각하는 케플러의 역학에서는 행성의 속도 u와 공전주기 T는

$$u \propto \frac{F}{m} \propto \frac{Vf}{m} \quad \therefore\ T = \frac{2\pi r}{u} \propto \frac{rm}{fV}. \tag{C.15}$$

케플러는 행성의 체적이나 질량에 관해서는『개요』제4권에서 이것들이 태양과의 거리의 간단한 멱승에 따라 변화한다고 선험적으로 가정했다. 이 가정을 케플러는 '원형'적 근거를 갖는다고 생각했던 듯하지만, 물론 지금의 시각으로 보면 대체로 근거가 빈약하고 이해하기 힘들다. 어쨌든 케플러의 발상을 살펴보기 위해 다음과 같이 인용해 둔다.

---

*17 *JKGW*, Bd. 7, p. 306f., 영역 p. 905.

[질문] 행성구체globus의 상호 비를 묻습니다.

[대답] [지구] 크기의 서열이 [그 행성의 궤도] 구sphaera[크기]의 서열과 동일하다는 것 이상으로 자연본성에 적합한 것은 없다. …… 물체는 직경, 표면[적], 표면이 감싸는 공간이라는 세 가지 차원*18을 갖고, 표면의 비는 직경의 2제곱의 비이며, 물체의 [체적의] 비는 직경의 3제곱의 비이다. 구의 이 세 가지 비 중 하나가 [태양 간] 거리의 비와 같을 터임은 타당하다. 예를 들어 토성은 지구에 비해 태양에서 약 10배 멀다. 따라서 지구에 비해 토성의 직경은 10배 크고 면적은 100배 크며 체적은 1,000배 크든가, 그렇지 않으면 면적이 10배 크고 그 때문에 체적의 비가 거리의 3/2제곱의 비가 되며 토성은 지구에 비해 약 30[$=10^{3/2}$]배 크든가…… 그렇지 않다면 체적 자체가 거리의 비를 이루어 토성은 지구의 10배 크기에 지나지 않든가 셋 중 하나이다. …… 이 세 가지 양식 중에서 원형적인 논증으로부터도, 벨기에인의 망원경으로 관측한 직경으로부터도, 첫 번째 것은 논의할 여지가 없이 거부된다. 지금까지 나는 두 번째 양식을, 레무스 쿠이에타누스는 세 번째 양식을 받아들였다. 나는 원형적인 논거에, 레무스는 관측에 무게를 두었다. 나는 이러한 섬세한 문제에서는 관측은 예외를 허용하지 않을 정도로 충분히 확실하지는 않다고 위구危懼했던 것이다. 그럼에도 나는 [지금은] 레무스의 입장과 관측을 인정한다.*19

---

*18 여기서 말하는 것은 직경이 1차원, 표면[적]이 2차원, 체적(표면이 감싸는 공간)이 3차원이라는 것이다.

여기서 레무스의 관측이라 불리는 것은 다음과 같다.

충의 위치에 있을 때의 지구에서 본 토성의 시직경이 $\theta_S = 30''$, 목성의 시직경이 $\theta_J = 50''$. 각자의 궤도 반경은 지구의 궤도 반경 a_E로 나타내고 $a_S = 9.5a_E$, $a_J = 5.2a_E$. 따라서 이것들의 직경 D_S와 D_J는,

$$D_S = 2(a_S - a_E)\tan(\theta_S/2) \fallingdotseq 8.5a_E\theta_S = 8.5a_E \times 30'',$$
$$D_J = 2(a_J - a_E)\tan(\theta_S/2) \fallingdotseq 4.2a_E\theta_J = 4.2a_E \times 50''.$$

따라서

$$\frac{D_S}{D_J} = \frac{8.5 \times 30}{4.2 \times 50} = 1.21.$$

다른 한편 태양 간의 거리비에 대해서

$$\left(\frac{a_S}{a_J}\right)^{1/3} = \left(\frac{9.5}{5.2}\right)^{1/3} = 1.22.$$

이 두 비는 같다고 봐도 좋다. 따라서 토성과 목성의 체적비는

$$\frac{V_S}{V_J} = \left(\frac{D_S}{D_J}\right)^3 = \frac{a_S}{a_J}$$

즉 행성의 체적은 태양과의 거리에 비례한다($V \propto r$)는 것이다. 꽤 자의적인 가정과 소수의 관측치에 기반하는, 거의 우연의 일치로 이루어진 이 논의는 물론 일반적으로 성립하는 것은 아니다. 그러나 케플러 논의의 특징을 어떤 의미에서 잘 보여준다. 이

*19 *JKGW*, Bd. 7, p. 281f., 영역 p. 878f.

리하여 케플러는 $f \propto 1/r$이므로 $F = fV$는 태양과의 거리에 관계없이 일정하다고 결론짓는다.

다른 한편으로, 행성의 밀도($\rho = m/V$)는 태양에 가까울수록 크고 태양과의 거리의 1/2제곱에 반비례한다고 한다.

> [질문] 이 여섯 구체의 희박함raritas과 농밀함densitas에 관해 어떠한 관계가 성립합니까?
> [대답] 첫 번째로 물체의 밀도가 동일하다는 것은 적합하지 않다. …… 두 번째로 태양에 가까운 물체는 보다 치밀하다는 것이 보다 적절하다. 태양 자체는 우주 전체에서 가장 치밀하다. 왜냐하면 그 다양하고 헤아릴 수 없는 힘은 그것[고밀도]을 증거 짓는 데 어울리는 원인을 갖기에 틀림없기 때문이다. …… 물질의 양copia materiae의 비 및 밀도의 [역수의] 비는 모두 태양 간 거리의 1/2제곱의 비다. 즉 물질의 양과 밀도는 그 비에서 역이며 물질의 양이 보다 많으면 그 큰 물질의 밀도는 보다 작다.[*20]

즉

$$\rho(\text{밀도}) \propto 1/\sqrt{r}, \quad V(\text{체적}) \propto r$$

$$\therefore \quad m(\text{질량}) = \rho V \propto \sqrt{r},$$

따라서 (C.15)에 따라

---

*20 *JKGW*, Bd. 7, p. 283f., 영역 p. 880f.

$$T \propto \frac{rm}{fV} \propto r^{3/2} \tag{C.16}$$

즉 케플러 자신의 표현으로는

다른 행성의 무게 내지 물질의 양의 비는 앞에서 증명했듯이 거리의 1/2제곱의 비와 같다. …… 그러나 제3과 제4의 원인[구동력의 강도와 행성의 체적]은 다른 행성의 비교에서 서로 균형을 이뤄 상쇄된다. 그러나 거리의 단순한 비와 [질량의 비인] 1/2제곱의 비를 합치면 거리의 3/2제곱의 비를 얻는다. 따라서 주기의 비는 거리의 3/2제곱의 비가 된다.*21

---

*21 *JKGW*, p. 307, 영역 p. 905f.

부록 D

케플러와 점성술

D-1. 케플러의 점성술 비판

그라츠주 수학관 시절부터 프라하의 루돌프 II세 밑에서 일하던 궁정수학관 시절까지, 케플러의 생업은 매년 역을 작성하는 것이었으며 해마다 점성술적 예언을 하는 것이 의무였다. 케플러에게 이 작업 자체는 역시 생계를 위한 방편이었으리라고 생각된다.

케플러의 가장 만년의 작업이 된 『루돌프 표』의 「서문」은 다음과 같이 시작한다.

> 별의 과학은 두 분야를 포함한다. 그 첫 번째는 천체의 운동과 관련되고 두 번째는 달 아래의 자연에 미치는 그 영향과 관련된다. 옛날 사람들은 통상 그 양자를 동일한 말 astrologia로 불렀다. 그러나 그 두 분야는 확실성 측면에서도 큰 차이가 있으므로 나중에는 이것들을 다른 명칭으로 부르게 되었다. [천체] 운동 이론은 그 운동의 법칙이 불변하며 최고의 원리로 확립되어 있으므로 천문학astronomia이라 불리고, 또 한쪽 부분은 추측이 많고 옛날부터 불리는 공통의 명칭인 점성술astrologia이 여기에만 사용되게 되었다.*1

루터 시절까지는 구별 없이 사용되었던 '점성술'과 '천문학'을 확실히 구별한 것에서부터도, 점성술에 대한 케플러의 태도를 미루어 짐작할 수 있다.

---

*1 Kepler(1627), *JKGW*, Bd. p. 36, 영역 p. 360.

여기서 또 한 가지 주목해야 할 것은, 점성술의 근거를 "달 아래의 자연에 미치는 천체의 영향effectus sideris in natura sublunaris"이라고 파악했다는 것이다. 그렇다면 달 아래 세계를 천상세계와 구별했던 이전의 이원적 세계상과 마지막에 결정적으로 결별한 케플러가 점성술을 완전히 포기했으리라고 생각하기 쉽지만, 꼭 그렇지만은 않았다는 것에 케플러의 복잡성이 있었다.

1610년에 케플러가 독일어로 출판한 『제3의 조정자』(이하 『조정자』)는 전통적인 점성술사 헬리사에우스 레슬린과 점성술에 비판적인 의사 필리프 페젤의 논쟁에 끼어들었으나, 실제로는 페젤의 점성술 비판에 대한 반론이라는 색채가 강한데, 여기서 다음과 같은 자학적인 술회를 발견할 수 있다.

> 나는 이렇게 [장래에 관해] 알고 싶어 한다는 것이, 누구한테서도 비판받지 않았고 정당하다고 인정받아 온 천문학 연구에 도움이 된다는 것을 솔직히 인정한다. 실제로 점성술은 어리석은 딸ein närrliches Töchterlin이지만, …… 그러나 그 어머니인 극히 총명한 천문학ihre Mutter die hochvernünfftige Astoronomia은 이 어리석은 딸이 없다면 어떻게 살 수 있었을까. 세상은 더욱 어리석고, 이 총명한 늙은 어머니인 천문학 자신은 정직하며 그녀 또한 그 거울이기 때문에, 그 딸의 어리석은 행동에 곤혹을 느끼고 기만당해야 한다.
>
> 그럼에도 천문학자의 봉급은 너무나도 적기 때문에 저 딸의 벌이가 없었다면 어머니는 틀림없이 밥을 굶었을 것이다. 만약 사람이 장래의 추세를 하늘에서 알 수 있다는 희망을 품을 정도로 어리석지

않았다면, 그대들 천문학자여, 그대들도 신의 영광을 찬양하며 천체의 운동을 연구한다고 말할 정도로 현명해질 수 없었을 것이다. 실제로 그랬다면 당신들은 천체의 운동에 대해 전혀 몰랐을 것이다. 실제로 그대들은 성서에 기반해서가 아니라 바빌로니아의 미신적인 서적에 기반해서 다섯 행성을 다른 천체와 구별한 것이다.
자연에 관한 지식을 순수 이성과 지혜 이외로부터 얻을 수 없었다면, 우리는 결국 그 지식에 도달할 수는 없었을 것이다.
모든 호기심이나 모든 경탄은 그 최초 단계에서는 단순한 어리석음 이외에 아무것도 아니다. 그러나 이 어리석음이 촉구하여 직접적으로 철학으로 통하는 길로 인도한 것이다.*2

'어리석은 딸'로서의 점성술이 '가난한 어머니'인 천문학을 부양한다는 이 표현은 나중에 『루돌프 표』의 「서문」에서도 사용되는데, 이 직유에는 학문으로서의 천문학의 발전이 의사과학으로서의 점성술의 실천에 힘입고 있었다는 것과 천문학자 자신이 그 생계를 사기적인 점성술 장사에 의거해 왔다는 이중의 의미가 들어 있다.

실제로도 이 『조정자』에서는 통상의 점성술에 대해서 꽤 직접적이고 가차 없는 비판을 전개한다. 예를 들어 점성술 의료에 대해서는 "나는 인간의 지체에 [수대의] 12궁을 할당하고 12궁에 행

---

*2 Kepler, *Tertius Interveniens*, *JKGW*, Bd. 4, p. 161, VII. 이하 『조정자』의 주석.

성을 배분하여 이 할당으로 사혈 스케줄을 결정하는 변덕을 변호하고 싶지는 않다. 이 어린애 같은 관측은 내가 생각하는 것과는 아무 공통점도 갖지 않는다"라고 언명되어 있다.[*3] 그리고 케플러는 수대zodiacus나 집domus이라는 고대 이래 받아들여 온 점성술 관념을 결국 인간 상상의 산물이라고 하며 명확하게 거부했다. 수대나 집이라는 관념을 조작하여 점성술에 이론적 기초를 부여한 것은 프톨레마이오스의 『네 권의 책』인데, 이 책에 대해서도 케플러는 『루돌프 표』의 「서문」에서 "그 책 속에서는 카르디아인 대부분의 시시한 사항nugae이 어떤 종류의 학예형식artis forma으로 변환됨을 볼 수 있다"라고 단언했다.[*4]

케플러는 17세기 초 튀코 브라헤의 후임으로 루돌프 II세에게 수학관, 즉 점성술사로서 고용되었고 매년 점성술 예언을 덧붙인 역을 작성하라는 의무를 부여받았다. 1601년 말에 다음 해의 역을 위해 쓴 『점성술의 보다 확실한 기초에 관하여De Fundamentis Astrologiae Certioribus』(이하 『기초』)의 첫머리에서는, 대중은 수학관에게 예언을 구하지만 나는 그러한 민중의 기대에 영합하지 않는다고 단호하게 선언하며 확실히 예언할 수 있는 것은 올해도 예언이 넘쳐나리라는 것이라고 빈정거리며 이야기했다.

명제 II: [점성술사가 쓴] 이 소책자가 말하는 것 중 몇 가지는 사건

---

*3 『조정자』 *JKGW*, Bd. 4, p. 226, XCIII.

*4 Kepler(1627), *JKGW*, Bd. 10, p. 48, 영역 p. 364.

에 의해 입증되겠지만, 대부분은 시간과 경험에 따라 공허하고 무가치하다vana et trrita는 것이 폭로될 것이다. 민중에게 항상 있는 일이지만 그 후자 부분[빗나간 예측]은 잊히고 전자[적중한 예측]는 인상 깊게 사람들의 기억에 받아들여질 것이다.*5

케플러는 점성술이 사회적으로 갖고 있던 뿌리 깊은 생명력의 가장 큰 비밀을 알아맞혔다.

그러나 천체가 지상의 물체나 생명에게 영향을 미친다는, 점성술의 근간에 있는 자연관을 케플러가 완전히 부정한 것은 아니다. 1598년 3월 은사 메슈틀린에게 보낸 편지에서는 "저는 루터파 점성술사이며 무의미한 것nugae은 내버리고 그 핵심 부분nucleus만 유지합니다"라고 했다.*6 이 말은 케플러의 점성술 사상을 연구한 필드Field의 논문에도 인용되어 있는데, 여기서 필드는 "케플러의 [점성술] 개혁은 루터의 교회개혁과 같은 정도로 급진적으로 보인다. 그러나 그는 모든 것 중에서 가장 급진적인 개혁, 즉 점성술을 완전히 각하하기 한 걸음 앞에서 멈춰섰다"라고 지적했다.*7 케

---

*5 『점성술의 보다 확실한 기초에 관하여』는 *JKGW*, Bd. 4, pp. 1~35에 수록되어 있으며 그 전문 영역은 Field(1984), pp. 229~268 및 *Proceedings of the American Philosophical Society*, Vol. 123(1979), pp. 85~116에 있다. 단락마다 로마 숫자가 붙어 있으므로 인용할 때는 그것을 명제번호로서 표기하며 주석으로 기록하진 않는다.

*6 Kepler to Maestlin, 15 Mar. 1598, *JKGW*, Bd. 13, p. 184.

*7 Field(1984), p. 220. 다음도 보라. Aiton(1997), p. xxi.

플러는 점성술을 완전히 버리지는 않았던 것이다. 그것은 케플러가 『조정자』의 속표지에서 "몇몇 신학자나 의사나 철학자, 그리고 특히 페젤에 대한 경고"로서, 미신에 찬 점성술적 신념에 대해 그들이 이치에 맞는 비난을 하고 있다는 데는 찬성의 뜻을 표하면서도, 동시에 "목욕물과 함께 아기까지 버려버리는 일이 없어야 한다"라고 경고한 것에서 미루어 보아도 알 수 있다.

나아가 1602년 12월 다비드 파브리키우스에게 보낸 편지에서는

> 점성술에 관해 제가 당신에게 써서 보낸 것을 부디 진지하게 받아들여 주십시오. 만약 제 기억이 옳다면 제가 그것을 완전히 버리지는 않았다는 것을, 실례와 함께 조리 있게 고찰함으로써 보여드렸을 터입니다. 만약 당신이 이 분야에서 무언가를 이룩하셨다면 당신은 저 이상으로 큰 영예를 얻게 될 것입니다. 왜냐하면 점성술은 인간에게 보다 직접적으로 도움이 되기 때문입니다.*8

라고 했다.

1610년에 갈릴레오는 망원경을 사용한 천체 관측 결과를 『성계의 사자使者(별의 메신저)』의 표제로 발표했다. 여기에는 달에 산이나 크레이터가 있다는 것, 지금까지는 보이지 않았던 항성이 몇 개 있다는 것, 은하가 수많은 항성의 집단이라는 것 등 외에 목성

---

*8 Kepler to Fabricius, 2 Dec. 1602, *JKGW*, Bd. 14, p. 323, Baumgard(1951), p. 71.

이 네 개의 위성을 갖고 있다는 센세이셔널한 발견이 기록되어 있었다. 이것은 당시 유럽 사람들에게 충격을 야기한 듯하며, 영국 대사 헨리 워튼은 제임스 I세에게 한 보고에서 갈릴레오의 이 발견이 점성술의 숨통을 끊었다고 전했다.*9 케플러는 이 발견의 중요성을 즉시 인정했으며, 시간을 두지 않고 『성계의 사자(별의 메신저)와의 대화Dissertatio cum Nuncio Sidereo』를 출판하여 갈릴레오에게 응원을 보냈다. 그 속에 다음 구절에 있다.

> 제가 생각하기에, 어떤 종류의 다른 비판과 대결하기 위해서는 여기가 바로 좋은 기회일 것입니다. 어떤 사람들은 우리의 지상의 점성술, 혹은 기술적으로 말하자면 성상의 설명이 틀렸다고 보지는 않을까요? 왜냐하면 우리는 [목성의 위성을 몰랐던] 지금까지는 성상을 구성하는 행성의 숫자를 틀렸었기 때문입니다. 그러나 그들은 틀렸습니다. 왜냐하면 행성들은 그 충격이 지상에 도달하는 어떤 정해진 방식에 따라 우리에게 영향을 미칩니다. 행성들은 성상을 통해 작용하고 성상이란 지구의 중심 혹은 눈에서 형성되는 각도에 의해 생겨나는 경향affctus이기 때문입니다. 명백하게 행성 그 자체가 우리에게 작용하지는 않습니다만, 그 성상의 작용을 통해서만 그 원리를 공유하는 지상의 마음에 제어나 자극을 주는 것입니다.*10

---

*9 Nicolson(1948), p. 55; Thomas(1971, 80), 上 p. 519; Sobel(1997), p. 56.

*10 Kepler(1610), *JKGW*, Bd. 4, p. 306, 영역 p. 40f.

케플러는 여기서 목성의 위성은 목성에서 거의 벗어나지 않으므로 성상, 즉 관측자가 보아 두 별이 이루는 각도에는 큰 영향은 없다고 하며 그때까지 사용되었던 이론의 유효성을 보증했다. 그것은 어쨌든 여기에 점성술에 관한 케플러의 생각이 명료하게 나타나 있다. 즉 행성이 지상에 미치는 작용은 '성상星相, aspectus'을 통해서이며 또한 인간에 대해 행해진다는 것이다. 실제로도 『기초』의 명제 LXIIX에는 "강한 성상이 작용하고 있을 때는 모든 종류의 혼은…… 각성되고 활성화된다"라고 이야기했다.

그의 '성상 이론doctrina de aspectibus'은 그가 주의를 기울여 남긴, 점성술의 핵심부분이다. 1619년의 책 『세계의 조화』에서는 『조정자』에서 '내가 성상의 [이론의] 참된 것을 옹호했다'는 것을 이야기했다.*[11] 이 점은 다음 절에서 상세하게 보기로 하고 케플러가 인정한, 별들이 인간에게 미치는 영향을 먼저 살펴두자.

케플러가 생각하는, 행성이 인간에게 미치는 영향은 "**별은 마음을 돌리게 하지만 강요하지는 않는다**astra inclinant non necessitant"라는 『조정자』의 표현에 집약되어 있다.*[12] 이리하여 인간 자유의지의 여지는 남아 있다. 따라서 홀로스코프로 운세를 판단하는 것 등을 케플러는 신용하지 않았다. 출생 시 별의 배치는 그 인물이 정치가에 적합하다든가 학자에 적합하다든가 예술가에 적합하다든가 하는 성격이나 기질을 결정하기는 해도, 그 인물이 현실에서

*11 『조화』 *JKGW*, Bd. 6, p. 257, 일역 p. 359, 영역 p. 349.

*12 조정자』 *JKGW*, Bd. 4, p. 243, CXIX, 강조 야마모토山本.

어떠한 생애를 보낼 것인지, 하물며 장래 어떠한 사건과 조우할 것인지는 그 인물의 의지나 그 외 많은 우연적 요소에 좌우된다는 것이 케플러의 기본적인 입장이었다. "각 사람의 장래에 일어날 사건이 사람의 자유의지에 좌우되는 것인 한so ferrn sie von des menschen freinem willen dependirn, 나는 장래에 관한 예언 같은 것을 옹호할 마음은 털끝만큼도 없다"라는 것이다.*13

케플러의 점성술에 관한 적극적인 입장은 그의 출발점인 『신비』에서부터 1601년의 『기초』, 그리고 만년의 『조화』에 이르기까지 여러 차례 전개된다. 그리고 이 책들에서 별이 인간에게 미치는 영향의 존재에 대한 이해가 그 나름대로 일관적이다. 『기초』의 기술을 살펴보자.

> 명제 LXIX: 혼의 경향상 어떤 과잉된 예언 이상의 것을 점성술에서 구하는 것은 성취할 수 없다. 이 경향이 장래 어떠한 현실을 만들어 낼지를 결정하는 것은 정치적인 사항에서는 다른 원인들과 함께 인간의 자유의지이다. 왜냐하면 인간은 자연의 단순한 소산이 아닌 신의 상像이기 때문이다. 따라서 어떤 특정한 지역이 평화롭게 지켜질 것인지 전쟁이 발발할 것인지는 정치적 경험을 쌓은 인물이 판단할 문제이다. 왜냐하면 그러한 인물의 예측능력은 점성술사의 능력에 결코 뒤떨어지지 않기 때문이다. 이렇게 말해도 좋다면, 국가는 하늘의 영향에 뒤떨어지지 않는 의지를 갖고 있다. 만약 어떤

*13 『조정자』 *JKGW*, Bd. 4, p. 198, LV.

지역에서 전쟁이 있다면 그것은 병사나 사령관의 혼이 계략이나 전투나 작은 분쟁이나 그 외의 움직임에 적합한 아래 날일 것이다. 1월 12일, 2월 5·14·24일, 3월 5·14일, 4월 5·25일, 5월 4·12·31일, 6월 9·21일, 7월 8·13·19일, 8월 1·9·15·25·30일, 9월 20·27일, 10월 3일, 11월 5·18·30일, 12월 25일. 왜냐하면 경험이 이것을 확증하기 때문이다.

이렇게 열거한 날짜가 어떠한 근거를 갖고 있는지는 알 수 없다. 읽기에 따라서는 입장상 그해의 예언을 요구받고 있는 이상 아무것도 쓰지 않을 수는 없었다 해도, 전쟁의 귀추는 결국은 지도자의 전망이나 전술이나 통솔력, 혹은 병사의 상태나 전의에 의거하는 것임을 강조하고 많은 날짜를 들어서 그다음 일은 위정자의 선택에 맡기며 자신의 책임을 가볍게 만들려 했다는 의심이 들지 않는 것도 아니다.

그러나 하늘은 사람의 혼에 경향을 줄 뿐으로, 그다음은 자유의지의 문제라는 입장은 일관적이다. 1619년의 『조화』에서는, 예를 들어 "행성 간에 많은 성상이 생기는 시기에 태어난 사람은 대개 각고정려刻苦精勵하게 된다. 그들은 소년 시절부터 저축하는 습관을 익히고, 혹은 국가의 통치자로서 태어나거나 선택되며 또 연구에 몰두하거나 한다"라고 했다.*[14] 그리고 케플러는 그때까지의 자신의 생애를 회고하며 천문학자로서의 자신의 연구성과로서 자

*14 『조화』 *JKGW*, Bd. 6, p. 278, 일역 p. 390f. 영역 p. 375.

신의 눈에 띄는 발견을 열거하고 나서, 이어 이렇게 말한다.

> 내 연구성과에 관해 말하자면, 그것을 조금이라도 암시하는 사상事象을 하늘에서 구했으나 아무것도 발견할 수 없었다. ……그 발견의 이유를 점성술사가 [내] 출생 시의 성명星命(원문은 星回り로 사람의 운명을 관장하는 별자리 운수, 별자리로 인한 운명이라는 뜻. '팔자'와 비슷한 의미이다 _옮긴이)에서 구하려고 해도 헛수고로 끝날 것이다. …… 내 출생 시의 성명이 행한 유일한 작용은 재능과 판단력이 적은 심지에 불을 붙여, 정신을 피로를 모르는 작업으로 몰아붙이며 알고 싶다는 욕구를 조장했다는 것이다. 요컨대 성명은 정신이나 여기에서 기술한 성능을 불어넣지는 않았으며, 단지 자극한 것에 지나지 않는다. 이 예로부터 출생아의 부모, 성별, 재산, 자식, 처妻의 수, 종교, 주군, 친구, 적, 유산, 가족, 거주지, 그 외 무수한 사항에 관해 출생 시의 성명만으로 점성술이 도저히 정확하게 대답할 수는 없다는 것을 누구나 쉽게 이해할 수 있을 것이다.*15

그리고 이 난외에는 "어떠한 개개의 사건도 별에 의하지 않는다Nulli eventus individui ex astlis". "점성술 항목의 무내용성Vana Astrologiae capita"이라 메모되어 있다. 점성술로 사람의 운명을 예측하는 사람도 있겠지만 "그러나 그것은 추측이며, 그 이상의 것은 아니다"라는 것이다.

---

*15 『조화』 *JKGW*, Bd. 6, p. 280, pp. 392ff., 영역 p. 377f.

결국 케플러가 신뢰할 수 있다고 말한 점성술적 예언은 인간의 자유의지가 관여하지 않는 현상에 관한 것, 즉 오로지 자연점성술이며, 그 대부분이 기상예측이었다.

D-2. 성상의 이론과 혼을 가진 지구

그러나 다른 한편으로 케플러는 점성술의 보다 이론적인 기초를 일관되게 추구했다. 로버트 웨스트먼이 말했듯이 케플러는 "태양중심의 점성술heliocenric astrology을 발전시킨 유일한 코페르니쿠스주의자"였다.[*16]

1606년 영국의 토머스 해리엇은 서간에서, "저는 10년 전에 [황도] 12부분[궁]의 분할이나 집의 지배나 [서로 120도 각을 이루는] 3궁이나 그 외의 [지금까지 점성술에서 사용해 온] 사항을 모두 추방했습니다. 그리고 단지 성상aspectus만을 유지했고 점성술을 조화의 이론doctrina harmonica으로 전환시키려고 했습니다"라고 이야기했다.[*17] 『기초』 명제 XLIX에서도, 집의 분할과 같이 그때까지 사용해 온 점성술 처방이 "점성술의 어리석은 부분"이며 "여기에서 모든 마술적 미신이 파생된다"라고 잘라 말했다. 케플러는 점성

---

*16 Westman(2011), p. 378.

*17 Kepler to Thomas Harriot, 2 Oct. 1606, *JKGW*, Bd. 15, p. 349. 다음도 보라. Rosen(1984b), p. 267.

술의 유효범위를 한정한 다음에, 아리스토텔레스와는 다른 관점에서, 말하자면 플라톤적인 조화의 이론으로 점성술의 기초를 놓으려 한 것이다.

프톨레마이오스에서 튀코 브라헤에 이르기까지의 점성술은 천상세계와 달 아래 세계를 다른 세계로 간주하는 아리스토텔레스 자연학을 근거로 삼아 전자가 후자에 영향을 미친다는 이론으로 뒷받침되고 있었다. 케플러는 코페르니쿠스와 함께 이 이원세계를 부정한 것이며, 이런 한에서 당대까지 받아들여 왔던 점성술 논의는 유효성을 상실했다. 케플러가 이것에 대치시킨 것은 그의 천문학을 관통하는 조화비의 이론이었다.

그는 이미 『신비』 12장에서 정다면체(정칙면체)의 면과 행성의 성상(두 행성에서 오는 빛이 지구상에서 이루는 각도 내지 그 각도가 수대의 원주에서 잘라내는 원호)과 음악의 조화음이 갖는 관계를 상술했다. 그 뒤 『조화』에서 발전시켜 나간 문제였다. 점성술의 기하학화, 단적으로 점성술의 플라톤주의적·피타고라스주의적 해석이라 말할 수 있을 것이다. 이것은 『기초』에서 보다 상세하게 설명된다.

명제 XXXVII: 조물주이신 신은 물체적 세계의 구조를 양量인 물체의 형상에서 도출했기 때문에—내가 『신비』에서 증명했듯이—물체들의 위치나 간격이나 크기가 서로 정칙입체에서 생기는 비를 이룬다고 가정하는 것이 이치에 맞다. 그리고 이때 세계의 생명인 물체들의 운동은 그것들 사이의 비가 정칙적 평면도형에서 도출되는 경우에는 서로 협화協和하여 기분 좋게 울리든지 그렇지 않으면 강하게 작용한다. 왜냐하면 평면도형이 입체의 상像이듯이, 운동은 물체의 상이기 때문이다. 사정이 허락한다면 언젠가 조화에 관한 내 저서에서 제시할 생각이지만, 기하학에서 다섯 개보다 많은 정다면체가 존재할 수 없는 것과 완전히 마찬가지로, 정칙평면도형 비교에서 생기는 여덟 개보다 많은 조화비는 존재하지 않는다.

명제 XXXIIX: 운동을 결정하는 여덟 개의 비가 존재하기 때문에, 하늘이 지상에 미치는 작용, 즉 어떤 종류의 운동은 여덟 개의 조화적 비가 있는 각도의 크기로 나타나고 천체에서 오는 빛이 서로 그 각도를 이뤄 지상에서 교차할 때에 존재하는 것이다. 실은 고대인들은(통상 성상이라고 부르는) 다섯 개, 즉 합·충·구矩·삼분三分·육분六分밖에 인정하지 않았다. 그러나 추론을 통해 나는 또한 오분五分·배오분倍五分·일배반구一倍半矩 세 가지로 유도되었는데, 이것은 그 뒤의 경험에서 반복해서 확인되었다. *18

---

*18 성상을 이루는 두 행성에서 오는 광선의 각도(황경차)는 합이 0도, 충이 180도, 구가 90도, 삼분이 120도, 육분이 60도, 오분이 72도, 배오분이 144도, 일배반구가 135도에 대응한다. 또한 케플러의 용어로는 일반적으로 두 별의 광선이 이루는 각도는 성위星位, configuratio, 그 각도가 특히 이러한 특별한 값일 때 성상星相, aspectus이라 한다. 그리고 두 광선에서 성상은 두 음의 조화음에 대응하고 이것들은 함께 조화harmonia라 불린다. 특히 2배 비에서 생기는 조화는 "음에 동반되면 옥타브라고 부르고 별의 광선에서 확인되면 충의 성상이라 명명된다". (『조화』 Lib. 4, Ch, 1, 일역 p. 291). 'aspectus'에 대한 '성상'이라는 역어는 기시모토岸本 역 『조화』 및 『케플러와 세계의 조화』(와타나베渡辺 편저)에 수록된 필드 논문의 오타니大谷 역에 따랐으나, 오쓰키大槻·기시모토역 『신비』에서는 'aspectus'가 '성위'로 번역되어 있음에 주의하라.

즉 두 행성에서 오는 광선이 어떤 조화적인 비를 이루는 각도로 지상에서 교차할 때 그것은 '성상'이라 불리며, 천체는 그 '성상'을 통해 지상에 영향을 미친다는 것이다. 이 점이 바로 케플러 점성술 이론의 근간이다. 이미 데뷔작 『신비』에서 "성상의 효력은 광선이 교차하는 지표의 한 점에서 만들어지는 각도에서 생긴다"라고 분명히 언급되었다.*19 그리고 그런 한에서 우주의 중심에 있는 것이 태양인지 지구인지는 문제가 되지 않는다.

게다가 이 플라톤주의적 성상 이론은 케플러의 경우, 특이하게도 지구에 대한 물활론적 이해로 뒷받침되고 있었다. 『조정자』에서는 "이 하위의 세계 즉 지구에는 기하학을 잘 하는 정신적 자연 Geistische Natur이 갖춰져 있어 그것이 하늘의 광선의 기하학적이며 조화적인 교차로 활성화된다"라고 이야기했다.*20

무릇 케플러 천체이론에서는 물활론의 영향을 강하게 확인할 수 있다. 케플러가 천체 간에 작용하는 인력을 구상한 것은 지구가 거대한 자석이라는 길버트의 발견에 기반한 것이었는데, 이 길버트의 발견 자체를 지구는 영혼을 갖는 생명체라는 지구상地球像이 뒷받침했다.*21 케플러는 태양이 행성에 미치는 운동력vis motorix이라는 관념을 역사상 거의 처음으로 제창했는데, 그것은 원래는 운동령anima motorix으로서 생각한 것이었다. 그러나 운동

*19 『신비』 *JKGW*, Bd. 1, p. 45, 일역 p. 164, 영역 p. 137.

*20 『조정자』 *JKGW*, Bd. 4, LXIV p. 209,

*21 상세한 바는 졸저 『자력과 중력의 발견 3』 제17장 참조.

령을 운동력으로 재파악함으로써 케플러가 물활론에서 기계론으로 믿던 바를 바꾸었다고 간단히 결론지을 수는 없다. 1619년 『조화』에서 케플러는, 조석潮汐의 원인으로서 한편으로는 달이 지구에 미치는 힘을 생각했지만, 다른 한편으로 조석을 '지구의 호흡'이라고도 상상했다.

> 바닷물의 간만은 달의 움직임에 맞춰 일어난다. 실제로 『신천문학』 서문에서 말한 대로 서로 합체하려고 하는 물체적인 힘에 의해 철이 자석에 끌리듯이 파도가 달로 끌어당겨짐이 확실하다고 생각된다. …… 단, 동물에게 주야의 교대와 마찬가지로 수면과 각성의 교대가 있듯이 지구도 그 호흡을 태양과 달의 운동에 맞춘다고 주장하는 사람이 있다면, 철학에서는 이 설에 편견을 갖지 말고 귀를 기울여야 한다고 생각한다. 특히 폐나 아가미의 역할을 맡은 유연한 부분이 지구 깊숙한 곳에 있음을 보여주는 징후가 생긴다면 그렇게 해야 할 것이다.*22

대략 1세기 전에 레오나르도 다빈치가 이렇게 기술했다. "대지의 육체는 어류, 고래, 또는 범고래의 성질을 갖고 있다. …… 대지의 육체는 저 대양을 갖는데, 이것 또한 세계가 호흡[조석]함으로써 6시간마다 팽창하거나 수축한다".*23 이러한 물활론적 지구

---

*22 『조화』 *JKGW*, Bd. 6, p. 270, 일역 p. 378f., 영역 p. 388.

*23 『レオナルド・ダ・ヴィンチの手記(下)(레오나르도 다빈치의 수기(하))』 p.

상을 케플러도 공유했던 것이고, 그것이 그의 점성술 사상의 심층적 기반에 존재했다. 1607년의 혜성에 관한 다음 해의 논고에서는 혜성이 지상에 미치는 영향에 대해 이렇게 이야기했다.

강력한 별의 배치든, 새로운 혜성이든, 하늘에 어떤 정상적이지 않은 사태가 출현했을 때는 자연 전체, 그리고 자연적 사물의 모든 생명적인 힘lebhaffte Kräffte이 그것을 감지하고 두려워한다. 하늘과의 이 공감sympathia은 지구 안에서 그 내적인 작용을 규제하는 생명적인 힘에 특히 속한다. 만약 그것이 어떤 지점에서 공포를 느꼈다면 그것은 그 성질에 따라 많은 습한 증기를 배출하며 호흡한다. 이것으로부터 장마나 홍수, 그리고 이와 함께 (우리는 대기 속에서 살고 있기 때문에) 역병이나 두통이나 현기증이나 (1582년 때처럼) 카타르나 (1596년의 경우처럼) 페스트까지도 야기된다.*24

그리고 행성 배치의 성상이 지구에 영향을 미치는 것은 바로 지구가 영혼anima을 갖고 있기 때문이라고 『기초』의 논의를 계속한다.

명제 XLIII: 농부들은 어떤 음정이 다른 음정과 이루는 기하학적 비

150.

*24 Kepler(1608), *JKGW*, Bd. 4, p. 62, Genuth(1997), p. 101. Caspar(1948), p. 302도 보라.

> 례에 관해서는 무지하며, 그래도 현의 외적 조화가 농부의 귀를 통해 그 마음속에 들어가 그를 기쁘게 한다. …… 지구 내부에는 성장력이 있는 영혼적인 힘이 있고 그 영혼적인 힘에는 어떤 종류의 기하학적인 감각이 갖춰져 있다. 그리고 이 힘은 부단히 작용하고 있지만 성상의 이런 종류의 자양분이 주어질 때 가장 활성화된다. …… 협화음에 귀를 기울이게 됨과 마찬가지로 지구는 광선들의 기하학적 수렴에 의해 자극을 받고…… 대량의 증기를 발한發汗한다.

즉 지구에는 영혼이 있고 두 행성에서 오는 광선이 특정 각도를 이뤄 원을 조화롭게 분할할 때에만 지구의 영혼은 그것에 감응하며, 그럼으로써 지표의 기상이나 기후가 변동한다.

더 세련된 논의는 『조화』에서 전면적으로 전개된다. 그 기본은 "별빛의 방사 속에 나타나는 비의 규칙에 따라 대기현상을 불러일으키는 달 아래 자연이라 불리는 영혼"의 존재를 인정하는 것이다.[*25] 즉 "성상이 대기를 요동시키기 위해서는 우선 대기 혹은 대기를 혼란시키는 근원을 다스리는 어떤 종류의 이성ratio을 작동시킬 필요가 있다"라는 것으로, 이것은 지구에는 영혼이 있음을 의미한다. 그리고 "이 방사광선의 조화가 유입되는 특별한 영혼을 철학자는 달 아래의 자연이라 부른 것이다". 이 "영혼은 행성의 빛나는 광선을 어떤 방식으로 식별하는" 것이며, 따라서 "지구에 달 아래의 자연이라 불리는 영혼이 없었다면, 행성은 그것 자

---

*25 『조화』 *JKGW*, Bd. 6, p. 105, 일역 p. 139, 영역 147.

체로서도 적절한 성상에 의해서도 지구에게 어떤 작용도 미칠 수 없었다"라고 생각된다. 이것은 "지구 구체는 동물의 몸에 해당한다. 또한 동물과 그 영혼의 관계와 마찬가지의 것이 지구와 여기서 연구하는, 성상의 출현에 따라 폭풍을 불러일으키는 달 아래의 자연 사이에도 있다"라고 바꿔 말할 수도 있다. 이렇게 하여 하늘(성상)은 땅에 영향을 미친다.*26 요컨대 지구의 영혼은 한편으로는 성상에 반응하는 능력을 갖고, 그와 동시에 기후변화의 원인이기도 하다. 그리고 이것이 "달 아래의 자연natura sublunaris"을 형성한다. 단적으로 "지구상에서 관찰되는 여러 움직임이 원소의 운동이나 물질의 성질에서만 유래하는 것이 아니라 영혼의 존재를 증명하는 것이다".*27

그러나 동시에 케플러는 다음과 같이 말하며 이 논리의 경험적 근거를 강조했다.

> 관습적인 형용사가 덧붙여져 달 아래의 것이라 불리는 원소를 다스리는 자연에 관해서는, 이미 20년 이상 전부터 나는 유사한 설을 세우기 시작했다. 그러나 이러한 설로 기울어진 것은 플라톤 철학의 저작을 읽거나 그것에 대해 감탄해서가 아니라, 오로지 기후를 관

---

*26 『조화』 *JKGW*, Bd. 6, pp. 267, 237, 271, 241, 268, 일역 pp. 373f., 329, 379, 336, 376, 영역 147, 361, 322, 366, 327, 363. 기시모토역에서는 'anima'를 '혼', '정신'이라 나눠 번역했는데 그 구별 기준을 잘 알 수 없으므로, 여기서는 '영혼'으로 통일했다.

*27 『조화』 *JKGW*, Bd. 6, p. 375, 일역 p. 532, 영역 560.

찰하고 그러한 기후를 불러일으키는 성상을 고찰했기 때문이었다. 즉 나는 행성이 합이 되든가 일반적으로 점성술사가 널리 알린 성상이 되면 그때마다 반드시 대기 상태가 어지러워짐을 확인했다. 약간의 성상밖에 없는 경우, 혹은 성상이 생겼어도 이미 끝나버린 경우에는 대기가 대개 평정을 지킨다는 것을 확인한 것이다.*28

물론 이것만으로는 이 증언을 액면대로 받아들여도 좋은지 고개를 갸웃거리게 된다. 그러나 이미 『신비』에서 케플러는 "천상天象을 주의 깊게 관찰하는 자는 대기 변동이 성상[의 효력]을 뒷받침함을 부단히 경험한다"라고 이야기했고,*29 나아가서 『조정자』에서도 1592년부터 1609년까지 16년간에 걸쳐 기상관측을 계속해왔다고 증언하며, 실제로 그 사이에 관측된 성상과 기상 이상 간의 관계의 실례를 몇 가지 기술했다.*30 여기서도 케플러는 점성술의 이론적 근거를 대는 국면에서는 플라톤주의자였으나, 동시에 이 이론이 실제 경험과 관측으로 검증되어야 한다는 실증주의적 입장을 견지했다.

이 케플러의 일련의 논고는 일류 천문학자로서는 점성술에 대해 거의 마지막으로 진지하게 고찰을 한 것이었다. 물론 점성술이 학문세계에서 곧장 추방되어 완전히 영향력을 잃어버린 것은

---

*28 『조화』 *JKGW*, Bd. 6, p. 265, 일역 p. 371, 영역 359f.

*29 『신비』 *JKGW*, Bd. 1, p. 42, 일역 p. 163, 영역 135.

*30 『조정자』 *JKGW*, Bd4, p. 205, 254. Field(1984), p. 202; idem(1988), p. 128f.

아니었다. 그러나 통속적 점성술에 대한 케플러의 비판은 천문학 분야에서 판정점성술과 같은 종류를 거의 추방하게 되었다. 다른 한편으로 케플러가 점성술에 특이한 기초를 설정한 것이 그 뒤에 거의 영향을 미치지는 않았다. 파울리가 말했듯이 "점성술에 대한 케플러의 특이한 생각은 이해받지 못했다"라는 것이다.*[31]

*31 Pauli(1952), 일역 p. 190.

참고문헌

1차자료

- **Acosta, José de**, 1590, 『新大陸自然文化史(신대륙 자연문화사)』(인디아의 자연사 및 도덕사the Historia natural y moral de las Indias _옮긴이)(上下(상하)) 增田義郎(마쓰다 요시오) 역, 『大航海時代叢書 III, IV(대항해시대총서 III, IV)』(岩波書店, 1966).
- **Agrippa von Netteshaim**, 영역 *Occult Philosophy of Magic*, Bk. 1, ed. W. F. Whitehead(The Aquarian Press, 1975).
- **Alberti, Leon Battista**, 1432~1434, 1441, 『家族論(가족론)』 池上俊一(이케가미 슌이치)·德橋曜(도쿠하시 요) 역(講談社, 2010).
- **Albertus Magnus**, *Speculum Astronomiae*, 라틴어-영어 대역 *Astrology, Theology and Science in Albertus Magnus and his Contemporaries*, ed. P. Zambelli(Kluwer Academic Publication, 1992), pp. 208~273.
- ________, On Comets(Commentary on Aristotles's *Meteorologica*), tr. L. Thorndike, *SBMA*, pp. 539~547.
- ________, 『鉱物論(광물론)』 沓掛俊夫(구쓰카케 도시오) 편역(朝倉書店, 2004).
- **Al-Bitrūjīī**, 영역 *On the Principles of Astronomy*, tr. and ed. B. Goldstein(Yale University Press, 1971).
- **Amerigo Vespucci**, 『四回の航海(네 번의 항해)』, 『新世界(신세계)』 長南実(초난

미노루) 역, 『大航海時代叢書 I(대항해시대총서 I)』(岩波書店, 1965), pp. 249~338.
- Apianus, Petrus, 1533, *Instrument Buch*, mit einem Nachwort von Jürgen Hamel(reprinted; Leipzig, 1990).
- ________, 1540, *Astronomicum Caesareum*(reprinted; Edition Leipzig, 1967).
- Aristoteles, 『アリストテレス全集(아리스토텔레스 전집)』(岩波書店).
- Augustinus, Aurelius, 『神の国(신국)』(1~5) 服部英次郎(핫토리 에이지로) 역(岩波文庫, 1982~1991).
- ________, 『告白(고백록)』(上下(상하)) 服部英次郎(핫토리 에이지로) 역(岩波文庫, 1976).
- ________, 『自由意志(자유의지론)』 泉治典(이즈미 하루노리) 역, 『アウグスティヌス著作集 3 初期哲学論集(3)(아우구스티누스저작집 3 초기철학논집(3))』(教文館, 1989), pp. 5~234.
- ________, 『アウグスティヌス著作集 6 キリスト教の教え(아우구스티누스 저작집 6 기독교의 가르침)』 加藤武(가토 다케시) 역(教文館, 1988).
- ________, 『アウグスティヌス著作集 別巻 II 書簡集(2)(아우구스티누스 저작집 별권 II 서간집(2))』 金子晴勇(가네코 하루오) 역(教文館, 2013).
- Azurara, Gomes Eannes de, 『ギネー発見征服誌(기니 발견정복지)』 長南実(초난 미노루) 역, 『大航海時代叢書 II(대항해시대총서 II)』(岩波書店, 1967).
- Bacon, Francis, 1605, 『学問の進歩(학문의 진보)』 服部英次郎(핫토리 에이지로)·多田英次(다다 에이지) 역, 『世界の大思想 6(세계의 대사상 6)』(河出書房, 1966), pp. 3~198.
- ________, 1620, 『ノヴム·オルガヌム(노붐 오르가눔Novum Organum)』 服部英次郎(핫토리 에이지로)·多田英次 역, 『世界の大思想 6(세계의 대사상 6)』(河出書房, 1966), pp. 199~411.
- ________, 『ベーコン随想集(베이컨 수상록)』 渡辺義雄(와타나베 요시오) 역(岩波文庫, 1983).
- Bacon, Roger, 영역 *The Opus Majus of Roger Bacon*, 2 vols., tr. R. B. Burke (1928; reprinted, Thoemmes Press, 2000), 高橋憲一(다카하시 겐이치) 역, 제2부 『中世思想原典集成 12 フランシスコ会学派(중세사상원전집성 12 프란시스코회 학파)』(平凡社, 2001), pp. 705~762, 제4, 5, 6부 『科学の名著 3(과학의 명저 3)』(朝日出版社, 1980).
- Bayle, Pierre, 1680, 『彗星雑考(혜성잡고)』(혜성에 대한 다양한 생각들Pensées

diverses sur la comète _옮긴이) 野沢協(노자와 교) 역, 『ピエール・ベール著作集 第一巻(피에르 벨 저작집 제1권)』(法政大学出版局, 1978).

- **Beckmann, Johann**, 1780~1805, 『西洋事物起原(서양사물기원)』(I, II, III) 特許庁技術史研究会(특허청기술사연구회) 역(ダイヤモンド社, 1980~1982).
- **Beda Venerabilis**, 『事物の本性について(사물의 본성에 관하여)』 別宮幸徳(벳쿠 유키노리) 역, 『中世思想原典集成 6 カロリング・ルネサンス(중세사상원전집성 6 카롤링 르네상스)』(平凡社, 1992), pp. 83~115.
- ________, 『イギリス教会史(앵글인의 교회사)』 長友栄三郎(나가토모 에이자부로) 역(創文社, 1965).
- **Bernardus Silvestris**, 『コスモグラフィア(코스모그라피아)』 秋山学(아키야마 마나부) 역, 『中世思想原典集成 8 シャルトル学派(중세사상원전집성 8 샤르트르학파)』(平凡社, 2002), pp. 483~580.
- **Biondo, Flavio**, 『イタリア案内(抄)(이탈리아 안내(초서))』 黒川正剛(구로카와 마사타케) 역, 『原典 イタリア・ルネサンス 人文主義(원전 이탈리아 르네상스 인문주의)』 池上俊一(이케가미 슌이치) 감수(名古屋大学出版会, 2010), pp. 271~314.
- **Blagrave, John**, 1585, *The Mathematical Jewell*(reprinted; Da Capo Press, 1971).
- **Blundville, Thomas**, 1594, *A plaine Treatise of the first Principles of Cosmographie*(reprinted; Da Capo Press, 1971).
- **Boethius**, 『哲学の慰め(철학의 위안)』 渡辺義雄(와타나베 요시오) 역, 『世界古典文学全集 26(세계고전문학전집 26)』(筑摩書房, 1966), pp. 347~435.
- **Brahe** → Tycho Brahe.
- **Brant, Sebastian**, 1494, 『阿呆船(바보배)』(上下(상하)) 尾崎盛景(오자키 모리카게) 역(現代思潮社, 1968).
- **Bruno, Giordano**, 1584a, *La cena de le ceneri*, in *Opere italiane 1*(UTET, 2002), pp. 425~590, 영역 *The Ash Wednesday Supper*, translated with an introduction by S. L. Jaki(Mouton and Co., 1975), 약칭 『晩餐(만찬)』.
- ________, 1584b, *De l'infinito, universo e mondi*, in *Opere italiane 2*(UTET, 2002), pp. 7~167, 『無限・宇宙と諸世界について(무한・우주와 세계들에 관하여)』 清水純一(시미즈 준이치) 역(現代思潮社, 1967), 약칭 『無限(무한)』.
- ________, 1584c, *De la causa, principio et uno*, in *Opere italiane 1*(UTET, 2002), pp. 591~746, 『原因・原理・一者について(원인・원리・일자에 관하여)』 加

藤守道(가토 모리미치) 역(東信堂, 1998), 약칭『原因(원인)』.

- **Buridan, Jean**, *Quaestiones super libris quattuor de caelo et mundo*, ed. E. A. Moody(1942, reprinted; Kraus Reprint Co., 1970),『天体・地体論四巻問題集(천체・지체론 4권 문제집)』青木靖三(아오키 세이조) 역『科学の名著 5 中世科学論集(과학의 명저 5 중세과학론집)』(朝日出版社, 1981), pp. 5~317.
- **Calvin, Jean**,『旧約聖書注解 詩編 IV(구약성서주해 시편 IV)』出村彰(데무라 아키라) 역(新教出版社, 1974).
- ________, 1543,「占星術への警告(점성술에 대한 경고)」,『カルヴァン小論集(칼뱅 소론집)』波木居齊二(하기 세이지) 편역(岩波文庫, 1982), pp. 133~178.
- **Campanella, Tommaso**, 1602,『太陽の都(태양의 도시)』, 近藤恒一(곤도 쓰네이치) 역(岩波文庫, 1992),『太陽の都 詩編(태양의 도시 시편)』坂本鉄男(사카모토 데쓰오) 역(現代思潮社, 1967).
- ________, 1616,『ガリレオの弁明(갈릴레오의 변명)』澤井繁男(사와이 시게오) 역(工作舎, 1991).
- **Campanus of Novara**, *Campanus of Novara and Medieval Planetary Theory: Theorica planetarum*, edited with an introduction, English translation and commentary by F. S. Benjamin Jr. & G. J. Toomer(The University of Wisconsin Press, 1971).
- **Cardano, Girolamo**, 1545, 영역 *The GREAT ART or The Rule of Algebra*, tr. and ed. T. R. Witmer with foreword by 0. Ore(The M. I. T. Press, 1968).
- ________, 1550, *De subtlitate*, in *Girolamo Cardano Opera Omnia*, Lib. 3 (1662, reprinted, Johnson Reprint Corporation, 1969).
- ________, 1576,『カルダーノ自伝(카르다노 자서전)』(자신의 삶에 관하여De propria vita _옮긴이) 清瀬卓(기요세 다카시)・澤井繁男(사와이 시게오) 역(平凡社, 1995).
- **Celtis, Conrad**, 라틴어-영어 대역 *Selections from Conrad Celtis 1459-1508*, ed. L. Forster(Cambridge University Press, 1948).
- **Cassiodorus**,『要綱(요강)』田子多勢子(다고 다세코) 역,『中世思想原典集成 5 後期ラテン教父(중세사상원전집성 5 후기라틴교부)』(平凡社, 1993), pp. 327~417.
- **Chaucer, Geoffrey**,「名声の館(명성의 집)」笹本長敬(사사모토 히사유키) 역,『初期夢物語詩と教訓詩(초기 꿈이야기 시와 교훈시)』(大阪教育図書, 1998), pp. 103~264.

- ________, 『カンタベリー物語(캔터베리 이야기)』(上中下(상중하)) 桝井迪夫(마스이 미치오) 역(岩波文庫, 1995).
- Colón, Hernando, 『コロンブス提督伝(콜럼버스 제독전)』 吉井善作(요시이 젠사쿠) 역(朝日新聞社, 1992).
- Columbus, Christopher, 青木康征(아오키 야스유키) 편역 『完訳 コロンブス航海誌(완역 콜럼버스 항해기)』(平凡社, 1993).
- Copernicus, Nicolaus, *Nicolai Copernici de hypothesibus motuum caelestium a se constitutis commentariolus*, Prowe, *NC*, II, pp. 184~202, 영역 *The Commentariolus*, tr. and ed. E. Rosen, 2nd ed., *TCT*, pp. 55~90, 영역 Swerdlow(1973), pp. 433~510, 「ニコラウス・コペルニクスの小論(니콜라우스 코페르니쿠스의 소론)」 高橋憲一(다카하시 겐이치) 역, 『コペルニクス・天珠回転論(코페르니쿠스 천구회전론)』(みすず書房, 1993), pp. 83~119, 약칭 『小論考(소논고)』.
- ________, 1524, 'Epistola contra Wernerum,' Prowe, *NC*, II, pp. 172~183, 영역 'Letter against Werner,' *TCT*, pp. 91~106.
- ________, *Nicholaus Copernicus Complete Works* I *The Manuscript of Nicholas Copernicus'· On the Revolutions · Facsimile*, A limited facsimile edition for the five hundreds anniversary of his birth(초고의 팩시밀리판; Macmillan and PWN-Polish Scientific Publishers, 1972).
- ________, 1543, *De revolutionibus orbium coelestium, libri* VI(reprinted; Culture et Civilisation, 1966), 영역 *On the Revolutions*, translation and commentary by E. Rosen(The Johns Hopkins University Press, 1992), *On the Revolutions of the Heavenly Spheres*, tr. C. G. Wallis, *GBWW*, 16, pp. 497~838, 제1권, 『コペルニクス・天珠回転論(코페르니쿠스 천구회전론)』 高橋憲一(다카하시 겐이치) 역(みすず書房, 1993), pp. 3~67, 약칭 『回転論(회전론)』.
- Cuningham, William, 1559, *The Cosmographical Glasse*(reprinted; Da Capo Press, 1968).
- Cusanus, Nicolaus, 1440, 『知ある無知(무지의 지)』 岩崎允胤(이와사키 지카쓰구)・大出哲(오이데 사토시) 역(創文社, 1966).
- Dante Aligihieri, 『神曲(신곡)』 平川祐弘(히라카와 스케히로) 역(河出書房新社, 1992).
- ________, *Convivio*(RCS Libri, 1999), 『饗宴(향연)』 中山昌樹(나카야마 마사

키) 역(1925),『ダンテ全集(단테 전집)』5, 6(reprinted; 日本図書センター, 1995).

- **Dee, John**, 1570, *The Mathematical Praeface to the Elements of Geometrie of Euclid of Megara*(1570), with an introduction by Allen G. Debus(Science History Publications, 1975).
- **Descartes, René**, 1637,『屈折光学(굴절광학)』青木靖三(아오키 세이조)·水野和久(미즈노 가즈히사) 역,『デカルト著作集 1(데카르트 저작집 1)』(白水社, 1973).
- ________, 1644,『哲学の原理(철학의 원리)』井上庄七(이노우에 쇼시치)·水野和久(미즈노 가즈히사)·小林道夫(고바야시 미치오)·平松希伊子(히라마쓰 키이코) 역,『科学の名著 II-7 デカルト(과학의 명저 II-7 데카르트)』(朝日出版社, 1988).
- **Digges, Leonard**, 1576, *A Prognostication Everlastinge*, Corrected and Augumented by Thomas Digges(reprinted; Walter J. Johnson, 1975).
- **Digges, Thomas**, 1576, 'A Perfit Description of the Cælestiall Orbes according the most aunciente doctrine of the PYTHAGOREANS, lately revived by COPERNICUS and by Geometricall Demonstrations approved,' in F. R. Johnson & S. V. Larkey, 'Thomas Digges, The Copernican System, and the Idea of the Infinity of the Universe in 1576, *The Huntington Library Bulletin*, No. 5(1934), pp. 69~117.
- **Donne, John**,『ジョン・ダン全詩集(존 던 전시집)』湯浅信之(유아사 노부유키) 역(名古屋大学出版会, 1996).
- **Dürer, Albrecht**,『自伝と書簡(자서전과 서간)』前川誠郎(마에카와 세이로) 역(岩波文庫, 2009).
- **Ficino, Marsilio**, 1489, *De triplici vita*, 라틴어-영어 대역 *Three Books on Life*, A Critical Edition and Translation with Introduction and Notes, by C. V. Kaske & J. R. Clark(The Renaissance Society of America, 1998).
- ________, 1493,「光について(빛에 관하여)」平井浩(히라이 고) 역,『ミクロコスモス 初期近代精神史研究 第1集(미크로코스모스 초기근대정신사연구 제1집)』(月曜社, 2010), pp. 290~319.
- **Filarete**, 영역 *Treatise on Architecture*, tr. J. R. Spencer(Yale University Press, 1965).
- **Flamsteed, John**, *The Gresham Lectures of John Flamsteed*, ed. E. G. Forbes (Mansell, 1975).

- Fontenelle, Bernard Le Bovier de, 1686, 『世界の複数性についての対話(세계의 복수성에 관한 대화)』 赤木昭三(아카기 쇼조) 역(工作舍, 1992).
- Frisius → Gemma Frisius
- Galileo Galilei, *Galileo's Early Notebooks: The Physical Questions*, tr. W. A. Wallace(Univeristy of Notre Dame Press, 1977).
- ________, 1610, 『星界の報告(성계의 보고)』(별의 메신저/천문학 소식Sidereus Nuncius _옮긴이) 山田慶児(야마다 게이지)·谷泰(다니 유타카) 역(岩波文庫, 1976).
- ________, 1623, 『偽金鑑識官(위폐감식관)』(분석자Il Saggiatore _옮긴이) 山田慶児(야마다 게이지)·谷泰(다니 유타카) 역, 『世界の名著 21 ガリレオ(세계의 명저 21 갈릴레오)』(中央公論社, 1973), pp. 271~547.
- ________, 1632, 『天文対話(천문대화)』(주요한 두 세계 체계에 관한 대화Dialogo dei due massimi sistemi del mondo _옮긴이)(上下(상하)) 青木靖三(아오키 세이조) 역(岩波文庫, 1959, 1961).
- Gauss, Karl Friedrich, 1809, 영역 *Theory of the Motion of the Heavenly Bodies Moving about the Sun in Conic Sections*, translated and with an appendix by C. H. Davis(1857, reprinted; Dover, 1963).
- Gemma Frisius, 영문초역 *De Radio Astronomico et Geometrico*, Ch. 16, in Goldstein(1987), pp. 171~173.
- ________, "Gemma's annotations," Lammens, *Sic patet iter ad astra*, Vol. II (2002).
- Gerson, Jean Charlier, 1402, 「学者の好奇心を戒む(학자의 호기심을 경계한다)」 徳田直宏(도쿠다 나오히로) 역, 『宗教改革者著作集13カトリック改革(종교개혁자 저작집 13 가톨릭 개혁)』(教文館, 1994), pp. 91~100.
- Gilbert, William, 1600, *De magnete*(reprinted; Culture et Civilisation, 1967), 『磁石論(자석론)』(자석에 관하여De Magnete _옮긴이) 三田博雄(미타 히로오) 역, 『科学の名著(과학의 명저)』(朝日出版社, 1981).
- Gilbertus Porretanus, 『デ·ヘブドマディブス註解(데 헵도마디부스 주해)』 伊藤博明(이토 히로아키)·富松保文(도미마쓰 야스후미) 역, 『中世思想原典集成 8 シャルトル学派(중세사상원전집성 8 샤르트르학파)』(平凡社, 2002), pp. 195~267.
- Godwin, Francis, 1638, 「月の男(달세계 인간)」 大西洋一(오니시 요이치) 역 『ユートピア旅行記叢書 2(유토피아 여행기총서 2)』(岩波文庫, 1998), pp. 1~60.
- Gower, John, 『恋する男の告解(사랑하는 남자의 고해)』 伊藤正義(이토 마사요

시) 역(篠崎書店, 1980).

- **Gregory, David**, 1726, *The Elements of Physical and Geometrical Astronomy*, 2 vols.(reprinted; Johnson Reprint Corporation, 1972).
- **Guillaume de Conches**, 『宇宙の哲学(우주의 철학)』 神崎繁(간자키 시게루)·金澤修(가나자와 오사무)·寺本稔(데라모토 미노리) 역, 『中世思想原典集成 8 シャルトル学派(중세사상원전집성 8 샤르트르학파)』(平凡社, 2002), pp. 269~404.
- **Halley, Edmond**, *Correspondence and Papers of Edmond Halley*, arranged and edited by E. F. MacPike(Oxford at the Clarendon Press, 1932).
- **Harris, John**, 1704, *Lexicon Technicum: Or an Universal English Dictionary of Arts and Sciences: Explaining not only the Terms of Art, but the Arts themselves* (London).
- **Hartmann, Georg**, 1528, 영역 *Hartmann's Practika*, tr. and ed. J. Lamprey (Classical Science Press, 2002).
- **Heine, Heinrich**, 1835~1836, 『聖霊物語(성령이야기)』 小沢俊夫(오자와 도시오) 역(岩波文庫, 1980).
- ________, 1834, 『ドイツ古典哲学の本質(독일 고전철학의 본질)』 伊東勉(이토 쓰토무) 역(岩波文庫, 1951).
- **Herschell, John Frederick William**, 1830, *A Preliminary Discourse on the Study of Natural Philosophy*(reprinted; Johnson Reprint Corporation, 1966).
- **Hooke, Robert**, 1674, *An Attempt to Prove the Motion of the Earth by Observations, in Early Science in Oxford*, Vol. 8, ed. Gunther, pp. 1~28.
- **Hrabanus Maurus**, 『事物の本性について(사물의 본성에 관하여)』 熊地康正(구마치 야스마사) 역, 『中世思想原典集成 6 カロリング·ルネサンス(중세사상원전집성 6 카롤링 르네상스)』(平凡社, 1992), pp. 261~287.
- **Hugo de Sancto Victore**, 『ディダスカリコン(学習論)―読解の研究について(디다스칼리콘(학습론) — 독해의 연구에 관하여)』 五百旗頭博治(이오키베 신지로)·荒井洋一(아라이 요이치) 역, 『中世思想原典集成 9 サン=ヴィクトル学派(중세사상원전집성 9 생빅토르학파)』(平凡社, 1996), pp. 25~199.
- **Isidorus**, 영역 *Etymologies*, in *Studies in History, Economics and Public Law*, Vol. 48(1912) pp. 9~274.
- **Johannes Saresberiensis**, 『メタロギコン(메타로기콘)』 甚野尚志(진노 다카시)·中澤務(나카자와 쓰토무)·F.ペレス(F. 페레스) 역, 『中世思想原典集成 8 シャル

トル学派(중세사상원전집성 8 샤르트르학파)』(平凡社, 2002), pp. 581~844.

- Jonson, Ben, 『古ぎつね(여우 볼포네)』 大場健治(오바 겐지) 역(国書刊行会, 1991).
- Kepler, Johannes, *Johannes Kepler Gesammelte Werke*, Bd. 1~19, herausgegeben von M. Caspar et. al. (C. H. Beck, 1938~1975), 약칭 *JKGW*.
- ________, 1596, *Mysterium cosmographicum*, *JKGW*, Bd. 1, pp. 1~80, 라틴어-영어 대역 *The Secret of the Universe*, tr. A. M. Duncan, introduction and commentary by E. J. Aiton, with a preface by I. B. Cohen(라틴어문은 1621년 제2판의 복각, Abaris Books, 1981), 『宇宙の神秘(우주의 신비)』(우주구조의 신비 _옮긴이) 大槻真一郎(오쓰키 신이치로)·岸本良彦(기시모토 요시히코) 역(工作舎, 1982), 약칭 『神秘(신비)』.
- ________, 1600, *Apologia pro Tychone contra Ursum*, N. Jardine(1984) 라틴어문 pp. 85~133, 영역 pp. 134~207, 약칭 『擁護(옹호)』.
- ________, 1601, *De fundamentis astrologiae certioribus*, *JKGW*, Bd. 4, pp. 1~35, 영역 *On giving Astrology sounder Foundations*, tr. J. V. Field, Field (1984), pp. 229~268, 영역 'Johannes Kepler's *On the More Certain Fundamentals of Astrology*, Prague 1601', foreword, notes and analytical outline by J. B. Brackenridge, newly translated from the Latin by M. A. Rossi, *Proceedings of the American Philosophical Society*, Vol. 123(1979), pp. 85~116, 약칭 『基礎(기초)』.
- ________, 1604a, *Astronomiae pars optica*, *JKGW*, Bd. 2, 영역 *Optics Paralipomena to Witelo & Optical Part of Astronomy*, tr. W. H. Donahue (Green Lion Press, 2000), 약칭 『光学(광학)』.
- ________, 1604b, "Bericht von einem ungewohnlichen Newen Strern," *JKGW*, Bd. 1, pp. 394~399, 영역 "A Thorough Description of an Extra-ordinary New Star which first appeared in October of this year 1604," tr. J. V. Field & A. Postl, *Vistas in Astronomy*, Vol. 20(1977), pp. 333~339.
- ________, 1606, *De stella nova*, *JKGW*, Bd. 1, pp. 147~356.
- ________, 1609, *Astronomia nova*, *JKGW*, Bd. 3. 영역 *New Astronomy*, tr. W. H. Donahue(Cambridge University Press, 1992), 약칭 『新天文学(신천문학)』.
- ________, 1610a, *Tertius Interveniens*, *JKGW*, Bd. 4, pp. 145~258, 약칭 『調停者(조정자)』(제3의 조정자 _옮긴이).
- ________, 1610b, *Dissertatio cum nuncio sidero*, *JKGW*, Bd. 4, pp. 281~311,

영역 *Kepler's Conversation with Galileo's Sidereal Messenger*, the first complete translation with an introduction and notes by E. Rosen(Johnson Reprint Corporation, 1965).
- ________, 1618~1621, *Epitome astronominae Copernicanae*, *JKGW*, Bd. 7, 영문초역 *Epitome of Copernican Astronomy*, IV(1620), V(1621), tr. C. G. Wallis, *GBWW*, 16, pp. 839~1004, 약칭 『概要(개요)』(코페르니쿠스 천문학 개요 _옮긴이).
- ________, 1619, *Harmonices mundi*, *JKGW*, Bd. 6, 영역 *The Harmony of the World*, translated with an introduction and notes by E. J. Aiton, A. M. Duncan & J. V. Field(American Philosophical Society, 1997), 『宇宙の調和(우주의 조화)』 岸本良彦(기시모토 요시히코) 역(工作舎, 2009), 약칭 『調和(조화)』.
- ________, *Appendix Hyperaspistis*, *JKGW*, Bd. 8, pp. 413~425, 영역 *The Controversy on the Comets of 1618*, tr. S. Drake & C. D. O'Malley(University of Pennsylvania Press, 1960), pp. 339~355.
- ________, 1627, "In tabulas Rudolphi praefatio," *JKGW*, Bd. 10, pp. 34~44, 영역 "Preface to the Rudolphine Table," tr. O. Gingerich & W. Walderman, *Quarterly Journal of the Royal Astronomical Society*, Vol. 13(1972), pp. 360~373.
- ________, 영역 *Kepler's Sominium*, translated with a commentary by E. Rosen(The University of Wisconsin Press, 1967), 『ケプラーの夢(케플러의 꿈)』 渡辺正雄(와타나베 마사오)·榎本恵美子(에노모토 에미코) 역(講談社, 1972).
- Langland, William, 『農夫ピアズの幻想(농부 피어스의 환상)』 池上忠弘(이케가미 다다히로) 역(新泉社, 1975).
- Laplace, Pierre Simon, 『確率についての哲学的試論(확률에 관한 철학적 시론)』 樋口順四郎(히구치 준시로) 역, 『世界の名著 24 現代の科学 I(세계의 명저 24 현대의 과학 I)』(中央公論社, 1973), pp. 161~230.
- Las Casas, 『インディアス史(인디아스사)』(1~5) 長南実(초난 미노루) 역, 『大航海時代叢書 II21-25(대항해시대총서 II21-25)』(岩波書店, 1981~1992).
- Leibniz, Gottfried Wilhelm, 1689, 『天体の運動についての試論(천체의 운동에 관한 시론)』 横山雅彦(요코야마 마사히코)·西敬尚(니시 다카히사) 역, 『ライプニッツ著作集 3(라이프니츠 저작집 3)』(工作舎, 1999), pp. 396~424.
- Leonardo da Vinci, *The Literary Works of Leonardo da Vinci*, compiled and

edited from the original manuscripts by J. P. Richter, 2 vols.(Phaidon, 1970).

- ________, 『レオナルド・ダ・ヴィンチの手記(레오나르도 다빈치의 수기)』(上下(상하)) 杉浦民平(스기우라 민페이) 역(岩波文庫, 1954, 1958).
- **Lucretius Carus, Titus**, 『物の本質について(사물의 본성에 관하여)』 樋口勝彦(히구치 가쓰히코) 역(岩波文庫, 1961).
- **Luther, Martin**, 1520, 『ドイツ国民のキリスト協貴族に与う(독일국민이 기독교 귀족에게 보내는 글)』 成瀬治(나루세 오사무) 역, 『世界の名著23ルター(세계의 명저 23 루터)』 松田智雄(마쓰다 도모오) 편집(中央公論社, 1979), pp. 79~180.
- ________, 1525, 『奴隷的意志(노예의지론)』 山内宣(야마우치 센) 역, 상동, pp. 181~260.
- ________, 초역 『卓上語録(탁상담화)』 塩谷饒(시오야 유타카) 역, 상동, pp. 521~542, 초역 『卓上語録(탁상담화)』 植田兼義(우에다 가네요시) 역(教分館, 2003), 초역『ルターのテーブルトーク(루터의 테이블 토크)』藤代幸一(후지시로 고이치) 역(三交社, 2004), 약칭『語録(담화)』.
- ________, 『ルター神学討論集(루터 신학토론집)』 金子晴勇(가네코 하루오) 역(教分館, 2010).
- ________, 1527, 「ヨーハン・リヒテンベルガーの予言への序文(요한 히리텐베르거의 예언에 대한 서문)」,『ヴァールブルク著作集 6(바르부르크 저작집 6)』 pp. 99~106.
- **Maestlin, Michael**, 1596a. "M. Michael Maestlin Goeppingensis," *JKGW*, Bd. 1, pp. 82~85.
- ________, 1596b, "De dimensionibus orbium et sphaerarum coelestium," *JKGW*, Bd. 1, pp. 132~145, 영역 "Michael Maestlin's Account of Copernican Planetary Theory," tr. A. Grafton, *Proceedings of the American Philosophical Society*, Vol. 117(1973), pp. 523~550.
- **Maimonides, Moses**, *The Guide for the Perplexed*, translated from original Arabic text by M. Friedländer, 2nd ed.(Dover, 1956).
- **Manilius, Marcus**, 『点星術または天の聖なる学(점성술 또는 하늘의 성스러운 학문)』(아스트로노미카Astronomica _옮긴이) 有田忠郎(아리타 다다오) 역(白水社, 1993).
- **Melanchthon, Philip**, 영역 "Oration on Orion," W. Hammer(1951), pp. 312~319.
- ________, 영역 *Orations on Philosophy and Education*, ed. S. Kusukawa

and tr. C. F. Salazar(Cambridge University Press, 1999).

- **Milton, John**, 1667, 『楽園の喪失(실낙원)』 新井明(아라이 아키라) 역(大修館書店, 1978).
- **Montaigne, Michel**, 『エセー(에세이)』 原二郎(하라 지로) 역, 『世界古典文学全集 37, 38(세계문학전집 37, 38)』(筑摩書房, 1966, 1968).
- **Moxon, Joseph**, 1674, *A Tutor to Astronomy and Geography*(reprinted; Burt Franklin, 1968).
- **Newton, Isaac**, *Philosophia Naturalis Principia Mathematica*, 1687, 1st ed. (reprinted; Culture et Civilisation, 1965), 1726, 3rd ed. Assembled and edited by A. Koyré & I. B. Cohen(Harvard University Press, 1973), 영역 Motte's Translation Revised by Cajori(University of California Press, 1947).
- **Oresme, Nicole**, 라틴어-영어 대역 *Le livre du ciel et du monde*, ed. A. D. Menut & A. J. Denomy, tr. A. D. Menut(The University of Wisconsin Press, 1968), 초역 『『天体・地球論』からの抜粋(발췌 『천체, 지구론』)』 横山雅彦(요코야마 마사히코) 역, 『科学の名著(5)中世科学論集(과학의 명저(5) 중세과학논집)』(朝日出版社, 1981) pp. 331~344,
- ________, 영역, *An Attack upon Astorology*, ed. E. Grant, *SBMS*, pp. 488~494.
- **Origenes**, 『ケルスス駁論(켈수스 논박)』(I, II) 出村みや子(데무라 미야코) 역, 『キリスト教教父著作集(기독교 저작집)』(8, 9)(教文館, 1987, 1997).
- ________, 『緒原理について(원리들에 관하여)』 小高毅(오다카 다케시) 역(創文社, 1978).
- **Ovidius**, 『変身物語(변신이야기)』(上下(상하)) 中村善也(나카무라 젠야) 역(岩波文庫, 1981, 1984).
- **Oviedo, Gonzalo Fernández de**, 1535, 『カリブ植民者の目差し(카리브 식민자의 시선)』 染田秀藤(소메다 히데후지)・篠原愛人(시노하라 아이토) 역(岩波書店, 1994).
- **Palmer, Samuel**, 1732, *The General History of Printing*(London, printed by the Author).
- **Paracelsus, Philippus Theophrastus**, *Theophrastus Paracelsus Werke*, besorgt von W. Peucert, I-V(Wissenschaftliche Buchgesellschaft, 1965~1976), 약칭, *TPW*.

- ________, *The Hermetic and Alchemical Writings*, 2 vols., ed. A. E. White (Shambhala Boulder, 1976).
- ________, 1530, *Paragrarum*, 『奇蹟の医の糧(기적의 의술의 알맹이)』 大槻真一郎(오쓰키 신이치로)·澤本亙(사와모토 와타루) 역(工作舎, 2004).
- ________, *Astronomia Magna oder die ganze Philosophia sagax der grossen und kleinen Welt*(Peter Lang, 1999).
- ________, 1538a, *Sieben defensiones*, *TPW*, II, pp. 497~531, 영역 *Seven Defensiones, the Reply to Certain Calumniations of His Enemies*, translated with an introduction by C. L. Temkin, in *Four Treatises*, ed. E. Sigerist(The Johns Hopkins University Press, 1996) pp. 1~41.
- ________, 1538b, *Labyrinthus medicorum errantium*, *TPW*, II, pp. 440~495, 『医師の迷宮(의사의 미궁)』 由井寅子(유이 도라코)·澤本亙(사와모토 와타루) 역(ホメオパシー出版, 2010).
- **Pedro de Medina**, 1538, *A Navigator's Universe: The LIBRO de COSMOGRAPHÍA of 1538 by Pedro de Medina*, translated and with an introduction by U. Lamb, 수고의 팩시밀리 복각판과 영역(The University of Chicago Press, 1972).
- **Petrarca, Francesco**, 『イタリア誹謗者論駁(이탈리아 비방자 논박)』 近藤恒一(곤도 쓰네이치) 역, 『原典イタリア·ルネサンス 人文主義(원전 이탈리아 르네상스 인문주의)』 池上俊一(이케가미 슌이치) 감수(名古屋大学出版会, 2010), pp. 35~93.
- ________, 『わが秘密(우리의 비밀)』 近藤恒一(곤도 쓰네이치) 역(岩波文庫, 1996).
- ________, 『無知について(무지에 관하여)』 近藤恒一(곤도 쓰네이치) 역(岩波文庫, 2010).
- **Peurbach, Georg**, *Theoricae novae planetarum*, *JROC*, pp. 753~795, 영역 *New Theories of the Planets*, *Aiton*(1987), pp. 9~43, 약칭 『新理論(신이론)』.
- ________, "Indicium magistri Georgii de Peurbach super cometa, qui anno Domini 1456to per totum fere mensem IunII apparuit," Lhotsky & d'Occhieppo (1960), pp. 271~277.
- **Pico della Mirandola**, 1496, 『人間の尊厳について(인간의 존엄에 관하여)』 大出哲(오이데 사토시)·阿部包(아베 구루미) 역·伊藤博明(이토 히로아키) 역(国文

社, 1985).

- Pierre d'Ailly, 영문초역 *Ymago mundi*, tr. E. Grant, *SBMS*, pp. 630~639.
- Platon, 『プラトン全集(플라톤 전집)』(岩波書店).
- Platter, Thomas, 『放浪学生プラッターの手記ースイスのルネサンス人(방랑학생 프래터의 수기—스위스의 르네상스인)』 阿部謹也(아베 긴야) 역(平凡社, 1985).
- Plinius, Gaius Secundus, 『プリニウスの博物誌(플리니우스의 박물지)』(I, II, III) 中野定男(나카노 사다오)·中野里美(나카노 사토미)·中野美代(나카노 미요) 역(雄山閣, 1986).
- Plotinos, 『エネアデス(에네아데스)』 水地宗明(미즈치 무네아키)·田之頭安彦(다노가시라 야스히코) 역, 『プロティノス全集第一巻(플로티노스 전집 제1권)』(中央公論社, 1986).
- Plutarchos, 『プルターク英雄伝 4(플루타크 영웅전 4)』 河野与一(고노 요이치) 역(岩波文庫, 1953).
- Pomponius Mela, 『世界地理(세계지리)』 飯尾都人(이오 구니토) 역, 『ディオドロス 神代地誌(디오도로스 신대 지지)』(龍渓書舎, 1999), pp. 471~570.
- Ptolemaios(영어명 Ptolemy), 영역 *Ptolemy's ALMAGEST*, tr. G. J. Toomer, with a forword by O. Gingerich(Princeton University Press, 1998), 영역 *The Almagest*, tr. R. C. Taliaferro, *GBWW*, No. 16, pp. 1~495, 『アルマゲスト(알마게스트)』 薮内清(야부우치 기요시) 역(恒星社厚生閣, 1993), 이하 『数学集成(알마게스트)』.
- ________, *Geographia*, ed. S. Münster, with bibliographical note by R. A. Skelton(Basel, 1540, reprinted; The World Publishing Company, 1966).
- ________, *Claudius Ptolemaeus COSMOGRAPHIA*, with bibliographical note by R. A. Skelton(Ulm, 1492, reprinted; Amsterdam, 1993).
- ________, *Claudius Ptolemaeus COSMOGRAPHIA*, with an introduction by R. A. Skelton(Strassburg 1513, reprinted; Amsterdam, 1966).
- ________, 『プトレマイオス地理学(프톨레마이오스 지리학)』 織田武雄(오다 다케오) 감수, 中務哲学郎(나카쓰카사 데쓰오) 역(東海大学出版会, 1986).
- ________, 영역 *Planetary Hypotheses*, Goldstein(1967), pp. 5~12, 이하 『惑星仮説(행성가설)』.
- ________, 그리스어-영어 대역 *Tetrabiblos*, ed. and tr. E. F. Robbins(Harvard

University Press, 1964), 이하 『四巻之書(네 권의 책)』.

- **Poe, Edgar Allan**, 1848, 『ユリウカ(유레카)』 谷崎精二(다니자키 세이지) 역, 『ポオ小説全集 V(포 소설전집 V)』(春秋社, 1963), pp. 6~124.
- **Rabelais, Francois**, 『第二の書 パンタグリュウエル物語(제2의 책 팡타그뤼엘 이야기)』 渡辺一夫(와타나베 가즈오) 역(岩波文庫, 1973).
- **Regiomontanus, Johannes**, *Johannis Regiomontani Opera Collectanea*, zusammengestellt von F. Schmeidler(1949, republished; Otto Zeller Verlag, 1972), 약칭 *JROC*.
- ________, "Der Briefwechsel Regiomontan's mit Giovanni Bianchini, Jacob von Speier und Christian Roder," von M. Curtze, *Abhandlungen zur Geschichte der mathematischen Wissenschaften mit Einschluss ihrer Anwendungen*, Heft 12, 13(1902), pp. 185~336(이 pp. 263~266 부분의 영역은 Swerdlow(1990), pp. 170~174에 있다).
- ________, 1474, *Der Deutsche Kalender des Johannes Regiomontanus* (reprinted mit einer Einleitung von Ernst Zinner, Harrassowitz, 1937).
- ________, 1531, 영역 *Sixteen Plobrems*, Jervis(1985), pp. 96~112(1978), pp. 156~182, 원전 *De cometa magnitudine, longitudineque ac de loco eius vero, problemata XVI*의 포토 카피는 같은 책(1978), Appendix, pp. 226~236에 있다.
- ________, 1533, 라틴어-영어 대역 *On Triangles*, tr. B. Hughes, with an introduction and notes(The University of Wisconsin Press, 1967).
- **Reinhold, Erasumus**, 1549, 영역 "On Johannes Regiomontanus," Melanchthon, *Orations*, pp. 236~247.
- **Rem, Lukas**, 「史料 ドイ中世商人の日記の邦訳(2)「ルーカス・レームの日記(1494~1541)(사료 독일중세상인의 일기 일역(2) 「루카스 렘의 일기(1494~1541))」, 山本健(야마모토 켄), 『敬愛大学国際研究(게이아이대학 국제연구)』 第12号, 2003年11月, pp. 133~171.
- **Rheticus, Joachim**, 1536, 영역 "On the Astronomy and Geography," Melanchthon, *Orations*, pp. 113~119.
- ________, 1541, *Narratio prima*(제4판; Kepler, *Mysterium cosmographicum* (1596)에 덧붙여진 것) *JKGW*, Bd. 1, pp. 88~126; 초판(1541)의 영역, *The NARRATIO PRIM of Rheticus*, *TCT*, pp. 107~196, 약칭 『第一仮説(제1해설)』.
- ________, *G. J. Rheticus' Treatise on Holy Scripture and the motion of the*

earth, with translation, annotations, commentary and additional chapters on Ramus-Rheticus and the development of the problem before 1650, by R. Hooykaas(Amsterdam; North-Holland, 1984), 『最初のコペルニクス体系応護論(최초의 코페르니쿠스 체계 옹호론)』 高橋憲一(다카하시 겐이치) 역(すぐ書房, 1995).

- **Richard of Wallingford**, 라틴어-영어 대역 *Tractatus Albionis*, in *Richard of Wallingford*, An edition of his writings with introduction, English translation and commentary by J. D. North, I(Oxford at the Clarendon Press, 1976) pp. 245~401.
- **Robertus Anglicus**, *Commentary*, in *The Sphere of Sacrobosco and Its Commentators*, ed. and tr. L. Thorndike(The University of Chicago Press, 1949), 라틴어문 pp. 143~198, 영역 pp. 199~246.
- **Sacrobosco, Johannes**, *The Sphere of Sacrobosco and Its Commentators*, ed. and tr. L. Thorndike(The University of Chicago Press, 1949), 라틴어문 pp. 76~117, 영역 pp. 118~142, 영역 *On the Sphere*, tr. L. Thorndike, annotated by E. Grant, *SBMS*, pp. 442~451, 『天球論(천구론)』 横山雅彦(요코야마 마사히코) 역·주, 『神戸大学教養部論集(고베대학 교양부론집)』 No. 42(1988), pp. 57~106, 약칭 『天球論(천구론)』.
- **Saresberiensis, Johannes**, 『メタロギコン(메타로기콘)』 甚野尙志(진노 다카시)·中澤務(나카자와 쓰토무)·F. ペレス(F. 페레스) 역, 『中世思想原典集成 8 シャルトル学派(중세사상원전집성 8 샤르트르학파)』(平凡社, 2002), pp. 581~844.
- **Seneca, Lucius Annaeus**, 『自然研究(자연연구)』(자연의 문제들Naturales quaestiones_옮긴이) 土屋睦廣(쓰치야 무쓰히로) 역, 『セネか哲学全集(세네카 철학전집)』(3, 4)에 수록(岩波書店, 2005, 2006); 『自然研究(全)一自然現象と道徳生活(자연연구(전)—자연현상과 도덕생활)』 茂手木元蔵(모테기 모토조) 역(東海大学出版会, 1993).
- **Shakespeare, William**, 『ジュリアス・シーザー(율리어스 카이사르)』 小田島雄志(오다시마 유지) 역(白水社, 1983).
- **Small, Robert**, 1804, *An Account of the Astronomical Discoveries of Kepler*, A reprinting of the 1804 text with a forward by William D. Stahlman(The University of Wisconsin Press, 1963).
- **Stevin, Simon**, *The Principal Works of Simon Stevin*, 5 volumes in 6 books,

ed. E. Crone, E. J. Dijksterhuis, R. J. Forbes, M. G. J. Minnaert & A. Pannekoek (Amsterdam, 1955~1966).

- **Tacitus, Cornelius**, 『ゲルマーニア(게르마니아)』 泉井久之助(이즈이 히사노스케) 역(岩波文庫, 1979).
- **Tempier, Etienne**, 『1270年の避難宣言/1277年の禁令(1270년의 피난선언/1277년의 금령)』 八木雄二(야기 유지)·矢玉俊彦(야다마 도시히코) 역, 『中世思想原典集成 13 盛期スコラ学(중세사상원전집성 13 전성기 스콜라학)』(平凡社, 1993), pp. 643~678.
- **Thevet, André**, 1558, 『南極フランス異聞(남극 프랑스의 특이한 것들)』 山本顕一(야마모토 겐이치) 역주, 『大航海時代叢書 II-19 フランスとアメリカ大陸(대항해시대 총서 II-19 프랑스와 아메리카대륙)』(岩波EB書店, 1982), pp. 157~501.
- **Thierry de Chartres**, 『六日の業に関する論考(6일간의 작업에 관한 논고)』 井澤清(이자와 기요시) 역, 『中世思想原典集成 8 シャルトル学派(중세사상원전집성 8 샤르트르학파)』(平凡社, 2002), pp. 437~473.
- **Thomas Aquinas**, 『神学大全(第3冊)(신학대전(제3권))』 山田晶(야마다 아키라) 역(創文社, 1961).
- ________, 『形而上学注解(형이상학 주해)』 有働勤吉(우도 긴키치)·中山浩二郎(나카야마 고지로) 역, 『中世思想原典集成 14 トマス·アクィナス(중세사상원전집성 14 토마스 아퀴나스)』(平凡社, 1993), pp. 337~502.
- ________, *Commentary on Aristotle's Physics*, tr. R. J. Blackwell, R. J. Spath & W. E. Thirlkel(Dumb Ox Books, 1999).
- ________, 『君主の統治について―謹んでキプロス王に捧げる(군주의 통치에 관하여―삼가 키프로스왕께 바침)』 柴田平三郎(시바타 헤이자부로) 역(慶應義塾大学出版会, 2005).
- **Tolosani, Jovanni Maria**, 1546/47, "Alle origini della polemica anticopernicana," *Studia Copernicana*, Vol. 6(1973), pp. 31~42.
- **Tycho Brahe**, *Tychonis Brahe Dani Opera Omnia*, edited J. L. E. Dreyer, 15 vols.(Copenhagen, Gyldendal), 약칭 *TBOO*.
- ________, 1573, *De nova stella*(reprinted, Culture et Civilisation, 1969), *TBOO*, Tom. I, pp. 2~71, 이 중 pp. 16~30는 *TBOO*, Tom. 3, p. 97~107에 수록되어 있고, 영문초역 *On the New Star*, tr. J. H. Walden, *A Source Book in Astronomy*, ed. H. Shapley & H. E. Howarth(McGrawhill Book Company,

1929), pp. 13~19, 약칭 『新星(신성)』.

- ________, 1574, *De diciplinis mathematicus oratio*, *TBOO*, Tom. 1, pp. 145~173, 약칭 「数学について(수학에 관하여)」.
- ________, 1578, *De cometa anni 1577: Vonn der cometten uhrspring*, *TBOO*, Tom. 4, pp. 378~396, 영역, Christianson(1979), pp. 132~140, 약칭 『彗星の起原(혜성의 기원)』.
- ________, 1588, *Mundi aetherei recentioribus phaenomenis*, *TBOO*, Tom. 4, pp. 4~258, 영문초역(제8장) Boas & Hall(1959), pp. 253~263, 약칭 『最近の現象(최근의 현상)』.
- ________, 1598, *Astronomiae instauratae mechanica*(reprinted, Culture et Civilisation, 1969), *TBOO*, Tom. 5, pp. 2~166, 영역 *Tycho Brahe's Description of his Instruments and Scientific Work*, tr. and ed. H. Raeder, E. Strömgren & B. Strömgren(København, 1946), 불역 *Mécanique de L'astronomie Rénovée*, tr. Jean Peyroux(Albert Blanchard, 1978), 약칭 『機械(기계)』.
- ________, 1602, *Astronomiae instauratae progymnasmata*, *TBOO*, Tom. 2, 3, 약칭 『予備研究(예비연구)』.
- ________, *Epistolarum astronomicarum*, *TBOO*, Tom. 6, 7.
- ________, 1632, 영역 *Learned Tycho Brahe his astronomical Conjecture of the new and much admired Star which appeared in the year 1572*(reprinted; Da Capo Press, 1969).
- **Vesalius, Andreas**, 1543, *De humani corporis fabrica*(reprinted; Culture et Civilisation, 1964).
- **Vespasiano da Bisticci**, 『ルネサンスを彩った人びと—ある書籍商の残した『列伝』(르네상스를 수놓은 사람들—어떤 서적상이 남긴 『열전』)』 岩倉具忠(이와쿠라 도모타다)·岩倉翔子(이와쿠라 쇼코)·天野恵(아마노 케이) 역(臨川書店, 2000).
- **Vitruvius**, 『ウィトルーウィウス建築書(비트루비우스 건축서)』 森田慶一(모리타 케이치) 역(東海大学出版会, 1979).
- **Vives, Juan Luis**, 1531, 영역 *On Education: A Translation of the DE TRADENDIS DISCIPLINIS of Juan Luis Vives*, together with an introduction by F. Watson (Cambridge at the University Press, 1913).
- **Waldseemüller, Martin**, 1507, *Cosmographiae introductio* by Martin Waldseemüller and the English translation of Joseph Fisher and Franz von Wieser(1907, U.S.

Catholic Historical Society, reprinted, Ann Arbor, 1966).

- **Walther von der Vogelweide**, 「この世の終りは間近に(이 세상의 종말은 지척에)」 高津春久(코즈 하루히사) 역, 『ミンネザング(ドイツ中世叙情詩集)(민네장(독일중세서정시집))』(郁文堂, 1978), p. 309f.
- **Wilkins, John**, *The Mathematical and Philosophical Works of the Right Rev. John Wilkins*, two volumes in one(1708, reprinted; Frank Cass, 1970).
- **Wolfram von Eschenbach**, 『パルチヴァール(파르치팔)』 加倉井粛之(가쿠라이 슈쿠시)·伊東泰治(이토 야스하루)·馬場勝弥(바바 가쓰야)·小栗友一(오구리 도모카즈) 역(郁文堂, 1974).
- **작자미상**, 『旧約聖書 I 創世記(구약성서 I 창세기)』 月本昭男(쓰키모토 아키오) 역(岩波書店, 1997).
- ________, 『旧約聖書 XI 詩編(구약성서 XI 시편)』 村田伊作(무라타 이사쿠) 역(岩波書店, 1998).
- ________, 『ザクセンシュピーゲル·ラント法(작센슈피겔 란트법)』 久保正幡(구보 마사하타)·石川武(이시카와 다케시)·直居淳(나오이 준) 역(創文社, 1977).
- ________, 『パニュウルジュ航海期(파뉴르주 항해기)』 渡辺一夫(와타나베 가즈오)·荒木昭太郎(아라키 쇼타로) 역, 『世界文學体系 74 ルネサンス文学集(세계문학체계 74 르네상스 문학집)』(筑摩書房, 1964), pp. 189~223.
- ________, 『ヘルメス文書(헤르메스 문서)』 荒井献(아라이 사사구)·柴田有(시바타 유) 역(朝日出版社, 1980).
- ________, 『実伝 ヨーハン·ファウスト博士(실전 요한 파우스트 박사)』 松浦純(마쓰우라 준) 역, 『ドイツ民衆本の世界 III 7ファウスト博士(독일민중서적의 세계 III 파우스트 박사)』(国書刊行会, 1988), pp. 7~186.
- ________, *The Theory of Planets*, tr. O. Pedersen, *SBMS*, pp. 451~465.

자료집·사전

- **Cohen, M. R. & Drabkin, I. E. ed.**, 1948, *A Source Book in Greek Science*, (Harvard University Press), 약칭 *SBGS*.
- **Dinzinger, H. ed.**, 『カトリック協会文書資料集(改訂版)(가톨릭협회 문서자료집(개정판))』 revised and enlarged by A. Schönmetzer, 浜寛五郎(하마 간고로) 역(エンデルレ, 1974).

- Gillispie, Charles Coulston, editor in chief, 1970~1980, *Dictionary of Scientific Biography*, 16 vols.(Charles Scribner's Sons), 약칭 *DSB*.
- Grant, Edward ed., 1974, *A Source Book in Medieval Science*(Harvard University Press), *SBMS*.
- Kish, George ed., 1978, *A Source Book in Geography*(Harvard University Press).
- Ohonuki(大貫隆) · Natori(名取四郎) · Miyamoto(宮本久雄) · Momose(百瀬文晃) ed., 2002, 『岩波キリスト教辞典(이와나미 기독교 사전)』(岩波書店).
- Straver, Joseph Reese, editor in chief, 1985, *Dictionary of the Middle Ages*, 5 vols.(Charles Scribner's Son), 약칭 *DMA*.
- The Science Museum, London and The National Museum of American History, Smithonian Institution, 1998, 『科学大博物館ー装置 · 器具の歴史辞典(과학대박물관—장치, 기구의 역사사전)』 橋本毅彦(하시모토 다케히코) · 梶雅範(가지 마사노리) · 廣野喜幸(히로노 요시유키) 감역(朝倉書店, 2005).
- Tokyo Teikoku Daigaku(東京帝國大學文學部史料編纂所編) ed., 『大日本史史料(대일본사 사료)』.
- Uchiyama(内山勝利) ed., 『ソクラテス以前哲学者断片集(소크라테스 이전 철학자 단편집)』 전 6권(岩波書店, 1973).

2차자료 · 연구서

- Aaboe, Asger & Price, Derek J. de Solla, 1964, "Qualitative Measurement in Antiquity: The Derivation of Accurate Parameters from Crude but Crucial Observations," *Histoire de la pensée*, XII, pp. 1~20.
- Abe(阿部謹也), 1998, 『物語 ドイツの歴史(이야기 독일의 역사)』(中公新書).
- Adamczewski, Jan, 1972, 『ニコラウス · コペルニクスーその人と時代(니콜라우스 코페르니쿠스— 그 사람과 시대)』 小町真之(고마치 마사유키) · 坂元多(사카모토 이사오) 역(日本放送出版会, 1973).
- Aiton, Eric John, 1978, "Kepler's Path to the Construction and Rejection of his First Oval Orbit for Mars," *Annales of Science*, Vol. 35, pp. 173~190.
- ________, 1981, "Celestial Spheres and Circles," *History of Science*, Vol. 19, p.

75~114.

- ________, 1987, "Peurbach's *Theoricae novae planetarum:* A Translation with Commentary," *Osiris*, 2nd series, Vol. 3, pp. 4~43.
- ________, 1991a, 「休みなき60年ーケプラーの生涯とその時代(쉼 없는 60년—케플러의 생애와 그 시대)」 原純夫(하라 스미오) 역, 渡辺(와타나베) 편 『ケプラーと世界の調和(케플러와 세계의 조화)』, pp. 23~38.
- ________, 1991b, 「異端か正統かーケプラーの神学(이단인가 정통인가—케플러의 신학)」 原純夫(하라 스미오) 역, 渡辺(와타나베) 편, 상동, pp. 39~59.
- ________, 1997, "Introduction," in Kepler's *The Harmony of the World*, English translation (American Philosophical Society), pp. xi-xxxvIII.
- **Ali Abdullah Al-Daffa'**, 1977, 『アラビアの数学ー古代科学と近代科学のかけはし(아라비아의 수학—고대과학과 근대과학의 가교)』 武隈良一(다케쿠마 료이치) 역(サイエンス社, 1980).
- **Andrewes, William J. H. ed.**, 1996, *The Quest for Longitude* (Collection of Historical Scientific Instruments, Harvard University).
- **Applebaum, Wilbur**, 1969, *Kepler in England: The Reception of Keplarian Astronomy in England 1599-1687*, State University of New York, Ph. D. Thesis.
- **Aoki(青木康征)**, 1983, 「コロンブス研究(5) コロンブスの結婚をめぐって トスカネリの書簡 (前)(콜럼버스 연구(5) 콜럼버스의 결혼을 둘러싸고 토스카넬리의 서한(전))」, 『人文研究(인문연구)』(神奈川大学人文会) 通号 87, pp. 1~24.
- ________, 1989, 「コロンブス研究(6) コロンブスの結婚をめぐって トスカネリの書簡(後)(콜럼버스 연구(6) 콜럼버스의 결혼을 둘러싸고 토스카넬리의 서한(후))」, 『人文研究(인문연구)』(神奈川大学人文会) 通号 105, pp. 71~91.
- **Aoki(青木康征) ed.**, 1993, 『完訳 コロンブス航海誌(완역 콜럼버스 항해지)』(平凡社).
- **Arber, Agnes**, 1938, 『近代植物学の起原(근대 식물학의 기원)』 月川和雄(쓰키카와 가즈오) 역(八坂書房, 1990).
- **Armitage, Angus**, 1947, 『太陽よ, 汝は動かずーコペルニクスの世界(태양이여, 그대는 움직이지 않으니—코페르니쿠스의 세계)』(岩波新書, 1962).
- **Ash, Eric H.**, 2007, "Navigation Techniques and Practice in the Renaissance," *The History of Cartography*, Vol. 3, pp. 509~527.
- **Avi-Yonah, Reuven S.**, 1985, "Ptolemy vs Al-Bitrūjī: A Study of Scientific

Decision-Making in the Middle Ages," *AIHS*, Vol. 35, pp. 124~147.

- **Bagrow, Leo**, 1985, *History of Cartography*, 2nd ed.(Precedent Publishing).
- **Baldasso, Renzo**, 2007, *Illustrating the Book on Nature in the Renaissance: Drawing, Painting, and Printing Geometric Diagrams and Scientific Figures*, Columbia University Ph. D. Thesis.
- **Baldwin, Martha**, 1985, "Magnetism and the Anti-Copernican Polemic," *JHA*, Vol. 14, pp. 155~174.
- **Bangert, William**, 1986, 『イエズス会の歴史(예수회의 역사)』 岡安喜代(오카야스 가요)·村井則夫(무라이 노리오) 역(原書房, 2004).
- **Barker, Peter**, 1990, "Copernicus, the Orbs, and the Equant," *Synthese*, Vol. 83, pp. 317~323,
- ________, 1993, "The Optical Theory of Comets from Apian to Kepler," *Physis*, Vol. 30, pp. 1~25,
- ________, 1997, "Kepler's Epistemology," *Method and Order in Renaissance Philosophy of Nature: The Aristotle Commentary Tradition*, ed. D. A. Di Liscia, E. Kessler & C. Methuen(Ashgate), pp. 355~368.
- ________, 2000, "The Role of Religion in the Lutheran Response to Copernicus," *Rethinking the Scientific Revolution*, ed. M. J. Osler(Cambridge University Press), pp. 59~86.
- ________, 2004, "How Rothmann changed his Mind," *Centaurus*, Vol. 46, pp. 41~57.
- **Barker, Peter & Goldstein, Bernard R.**, 1984, "Is Seventeenth Century Physics Indebted to the Stoic?" *Centaurus*, Vol. 27, pp. 148~164.
- ________, 1988, "The Role of Comets in the Copernican Revolution," *SHPS*, Vol. 19, pp. 299~319.
- ________, 1998, "Realism and Instrumentalism in Sixteenth Century Astronomy: A Reappraisal," *Perspectives on Science*, Vol. 6, pp. 232~258.
- ________, 2001, "Theological Foundations of Kepler's Astronomy," *OSRIS*, Vol. 16, pp. 88~113.
- ________, 2003, "Patronage and the Production of *DE REVOLUTIONIBUS*," *JHA*, Vol. 34, pp. 345~368.
- **Baumgardt, Carola**, 1951, *Johannes Kepler: Life and Letters*(Philosophical

Library).
- **Beaujouan, Guy**, 1963, "Motive and Opportunities for Science in the Medieval University," *Scientific Change*, ed. A. C. Crombie(Heinemann Educational Books), pp. 219~236.
- **Beaver, Donald deB.**, 1970, "Bernard Walter: Innovator in Astronomical Observation" *JHA*, Vol. 1, pp. 39~43.
- **Ben-David, Joseph**, 1971, 『科学の社会史(과학의 사회사)』 潮木守一(우시오기 모리카즈)·天野郁夫(아마노 이쿠오) 역(至誠堂, 1974).
- **Belyi, Yu. A.**, 1975, "Johannes Kepler and the Development of Mathematics," *Vistas in Astronomy*, Vol. 18, pp. 643~660.
- **Benjamin Jr., Francis & Toomer, G. J. ed.**, 1971, *Campanus of Novara and Medieval Planetary Theory*(The University of Wisconsin Press).
- **Bennett, Bryce Hemsley**, 1999, *The Keplerian Revolution: Astronomy, Physics, and the Argument for Heliocentrism*, University of Western Ontario Ph. D. Dissertation.
- **Bennett, J. A.**, 1987, *The Divided Circle: A History of Instruments for Astronomy, Navigation and Surveying*(Phaidon-Christie's).
- ________, 1991, "The Challenge of Practical Mathematics," *Science, Culture and Popular Belief in Renaissance Europe*, ed. S. Pumfrey, p. L. Rossi & M. Slawinski(Manchester University Press), pp. 176~190.
- ________, 2006, "The Mechanical Arts," *The Cambridge History of Science*, Vol. 3, pp. 673~695.
- **Bernal, J. D.**, 1954, 『歴史における科学(역사에서의 과학)』 4 vols., 鎮目恭夫(시즈메 야스오) 역(みすず書房, 1967).
- **Berry, Arthur**, 1898, *A Short History of Astronomy*(reprinted; Dover, 1961).
Biagioli, Mario, 1989, "The Social Status of Italian Mathematicians, 1450~1600," *History of Science*, Vol. 27, pp. 41~95.
- **Birkenmajer, Alexander**, 1957, "Le Commentaire inédit d'Erasme Reinhold sur *DE REVOLUTIONIBUS* de Nicolas Copernic," *Histoire de la pensée*, II, pp. 171~177.
- **Blair, Ann**, 1990, "Tycho Brahe's Critique of Copernicus and the Copernican System," *JHI*, Vol. 51, pp. 355~377.

- **Blum, Paul Richard**, 2001, "The Jesuits and the Janus-Faced History of Natural Sciences," *Religious Confessions and the Sciences in the Sixteenth Century*, ed. J. Helm & A. Winkelmann(Brill), pp. 19~34.
- **Blumenberg, Hans**, 1975, 『コペルニクス的宇宙の生成(코페르니쿠스적 우주의 생성)』(I, II, III) 後藤嘉也(고토 요시야)·小熊正久(오구마 마사히사)·座小田豊(자코타 유타카) 역(法政大学出版局, 2002, 2008, 2011).
- **Boas, Marie**, 1962, *The Scientific Renaissance 1450-1630*(Collins).
- **Boas, M. & Hall, R.**, 1959, "Tycho Brahe's System of the World," *Occasional Notes*, Royal Astronomical Society, Vol. 3, pp. 253~263.
- **Bornkamm, Heinrich**, 1947, 영역 *Luther's World of Thought*, tr. M. H. Bertram(Concordia Publishing House, 1958).
- **Borst, Otto**, 1983, 『中世ヨーロッパ生活誌(중세 유럽 생활지)』(1, 2) 永野藤夫(나가오 후지오)·井本晌二(이모토 쇼지)·青木誠之(아오키 모토유키) 역(白水社, 1998).
- **Bowden, Mary Ellen**, 1974, *The Scientific Revolution in Astrology: The English Reformers 1558-1686*, Yale University Ph. D. Thesis.
- **Boyer, Carl B.**, 1968, 『数学の歴史(수학의 역사)』 5 vols., 加賀美鐵雄(가가미 데쓰오)·浦野由有(우라노 유) 역(朝倉書店, 1983~1984).
- **Brann, Noel L.**, 1988, "Humanism in Germany," *Renaissance Humanism: Foundations, Forms, and Legacy*, ed. A. Rabil Jr., Vol. 2(University of Pennsylvania Press), pp. 123~155.
- **Brewster, David**, *The Martyrs of Science: Lives of Galileo, Tycho Brahe and Kepler*, A new edition with portrait(Chatto and Windus, Piccadilly).
- **Brett, G. S.**, 1908, *The Philosophy of Gassendi*(Macmillan).
- **Britton, John & Walker, Christopher**, 1996, 「メソポタミアの天文学と点占術(메소포타미아의 천문학과 점성술)」, 『望遠鏡以前の天文学(망원경 이전의 천문학)』 ed. Walker, Ch. 2.
- **Bronowski, Jacob & Mazlish, Bruce**, 1960, 『ヨーロッパの知的伝統(유럽의 지적 전통)』 三田博雄(미타 히로오)·宮崎芳三(미야자키 요시조)·吉村毅(요시무라 쓰요시)·松村啓(마쓰무라 케이) 역(みすず書房, 1969).
- **Brooke, John Hedley**, 1991, 『科学と宗教―合理的自然観のパラドクス(과학과 종교—합리적 자연관의 패러독스)』 田中靖夫(다나카 야스오) 역(工作舎, 2005).

- **Brosseder, Claudia**, 2005, "The Writing in the Wittenberg Sky: Astrology in Sixteenth Century Germany," *JHI*, Vol. 66, pp. 557~576.
- **Bruckhardt, Jacob**, 1860, 『イタリア・ルネサンスの文化(이탈리아 르네상스의 문화)』(上下(상하)) 柴田治三郎(시바타 지사부로) 역(中公文庫, 1974).
- **Bühler, Curt Ferdinand**, 1960, *The Fifteenth-Century Book: The Scribes, the Printers, the Decorators*(University of Pennsylvania Press).
- **Burdach, Konrad**, 1926, 『宗教改革・ルネサンス・人文主義(종교개혁, 르네상스, 인문주의)』 坂口昴吉(사카구치 고키치) 역(創文社, 1974).
- **Burke, Peter**, 1986, 『イタリア・ルネサンスの文化と社会(이탈리아 르네상스의 문화와 사회)』 森田義之(모리타 요시유키)・柴野均(시바노 히토시) 역(岩波書店, 1992).
- **Burnham, Patricia M.**, 2005, "Celestial Images: An Overview," *Celesitial Images* (Boston University Art Gallery), pp. 11~15.
- **Burtt, Edwin Arthur**, 1932, *The Metaphysical Foundations of Modern Physical Science*, revised ed.(reprinted; Routledge and Kegan Paul Limited, 1972), 『現代科学の形而上学的基礎(현대과학의 형이상학적 기초)』 市場泰男(이치바 야스오) 역(平凡社, 1988).
- **Byrne, James Steven**, 2006, "A Humanist History of Mathematics? Regiomontanus's Padua Oration in Context," *JHI*, Vol. 67, pp. 41~61,
- ________, 2007, *The Stars, the Moon, and the Shadowed Earth: Viennese Astronomy in the Fifteenth Century*, Princeton University Ph. D. Thesis.
- **Cajori, Florian**, 1917, 『復刻版 カジョリ初等数学史(복각판 카조리 초등수학사)』 小倉金之助(오구라 긴노스케) 보충번역(共立出版, 1997).
- **Campion, Nickolas**, 2009, 『世界史と西洋占星術(세계사와 서양점성술)』 鏡リュウジ(가가미 류지) 감역, 宇佐和通(우사 와쓰)・水野友美子(미즈노 유미코) 역(柏書房, 2012).
- **Capp, Bernard**, 1979, *Astrology and the Popular Press: English Almanacs 1500-1800*(Faber and Faber).
- **Carmody, F. J.**, 1951, "Regiomontanus's Note on Al-Bitrūgi's," *ISIS*, Vol. 42, pp. 121~130.
- ________, 1952, "The planetary theory of Ibn Rushd," *Osiris*, Vol. 10, pp. 556~586.

- **Caroti, Stefano**, 1986, "Melanchthon's Astrology," *Astrologi hallucinati*, ed. Zambelli, pp. 109~121.
- **Carter, John & Muir, Percy H.**, 1983, *Printing and Mind of Man*, 2nd ed. revised and enlarged (Karl Pressler).
- **Caspar, Max**, 1937, "Nachbericht," *JKGW*, Bd. 3, pp. 423~484.
- ________, 1948, 영역 *Kepler*, tr. and ed. D. Hellman, with new introduction and references by O. Gingerich(Dover, 1993).
- **Cassirer, Ernst**, 1922, 『認識問題 1(인식문제 1)』 須田朗(스다 아키라)·宮武昭(미야타케 아키라)·村岡晋一(무라오카 신이치) 역(みすず書房, 2010).
- **Chabás, José**, 2002, "The Diffusion of the Alfonsine Tables: The case of the *Tabulae resolutae,' Perspectives on Science*, Vol. 10, pp. 168~177.
- **Chabás, José & Goldstein, Bernard**, 2003, *The Alfonsine Tables of Toledo* (Kluwer Acadmic Publishers, 2003).
- **Chapman, Allan**, 1983, "The Accuracy of Angular Measuring Instruments used in Astronomy between 1500 and 1850," *JHA*, Vol. 14, pp. 133~137,
- ________, 1989, "Tycho Brahe—Instrument designer, observer and mechanician," *Journal of the British Astronomical Association*, Vol. 99, pp. 70~77.
- ________, 1990, *Dividing the Circle: the development of critical angular measurement in astronomy 1500-1850*(Ellis Horwood).
- **Chastel, André**, 1954, 『ルネサンス精神の深層ーフィチーノと芸術(르네상스 정신의 심층—피치노와 예술)』 桂芳樹(가쓰라 요시키) 역(平凡社, 1989).
- **Christianson, John Robert**, 1961, "The Celestial Palace of Tycho Brahe," *Scientific American*, Vol. 204(1961), pp. 118~128.
- ________, 1964, *Cloister and Observatory: Herrevad Abbey and Tycho Brahe's Uraniborg*, University of Minesota Ph. D. Thesis.
- ________, 1967, "Tycho Brahe at the University of Copenhagen, 1559~1562," *ISIS*, Vol. 58, pp. 198~203.
- ________, 1968, "Tycho Brahe's Cosmology from the *Astrologia* of 1591," *ISIS*, Vol. 59, pp. 312~318.
- ________, 1973, "Copernicus and the Lutherans," *Sixteenth Century Journal*, Vol. 4, pp. 1~10.

- ________, 1979, "Tycho Brahe's German Treatise on Comet of 1577: A Study in Science and Politics," *ISIS*, Vol. 70, pp. 110~140.
- ________, 2000, *On Tycho's Island: Tycho Brahe and his Assistants, 1570-1601*(Cambridge University Press).
- **Cipolla, Carlo M.**, 1967, 『時計と文化(시계와 문화)』 常石敬一(쓰네이시 게이치) 역(みすず書房, 1976).
- **Clagett, Marshall**, 1959, *The Science of Mechanics in the Middle Ages*(The University of Wisconsin Press).
- **Cohen, Bernard**, 1960, 『近代物理学の誕生(근대물리학의 탄생)』 吉本市(요시모토 이치) 역(河出書房新社, 1967).
- ________, 1985a, *The Birth of a New Physics*, revised and updated(W. W. Norton).
- ________, 1985b, *Revolution in Science*(Harvard University Press).
- **Collingwood, Robin George**, 1945, 『自然の観念(자연의 관념)』 平林康之(히라바야시 야스유키)・大沼忠弘(오누마 다다히로) 역(みすず書房, 1974).
- **Copenhaver, Brian P. & Schmitt, Charles B.**, 1992, 『ルネサンスの哲学(르네상스의 철학)』 榎本武文(에노모토 다케후미) 역(平凡社, 2003).
- **Coudere, Paul**, 1951, 『占星術(점성술)』 有田忠郎(아리타 다다오)・菅原孝雄(스가와라 다카오) 역(白水社, 1973).
- **Crane, Nicholas**, 2002, *Mercator: The Man who Mapped the Planet*(A Phenix Paperback).
- **Crombie, Alistair Cameron**, 1959, *Augustine to Galileo*, 2 vols. 2nd ed.(Heinemann Educational Books), 『中世から近代への科学史(중세에서 근대로 가는 과학사)』(上下(상하)) 渡辺正雄(와타나베 마사오)・青木靖三(아오키 세이조) 역(コロナ社, 1962).
- ________, 1971, *Robert Grosseteste and the Origins of Experimental Science 1100-1700*(Oxford at the University Press).
- ________, 1994, *Styles of Scientific Thinking in the European Tradition*, 3 vols.(Duckworth).
- ________, 1996, "Mathematics and Platonism in the Sixteenth-Century Italian Universities and in Jesuit Educational Policy," *Science, Art and Nature in Medieval and Modern Thought*(The Hambledon Press), pp. 115~148.

- Crosby, Alfred W., 1997, 『数量化革命(수량화 혁명)』 小沢千重子(오자와 치에코) 역(紀伊国屋書店, 2003).
- Dalché, Patrick Gautier, 2007, "The Reception of Ptolemy's *Geography*(End of the Fourteenth to Beginning of the Sixteenth Century)," *History of Cartography*, Vol. 3, pp. 285~360.
- Dales, Richard C., 1967, "Robert Grosseteste's Views on Astrology," *Medieval Studies*, Vol. 29, pp. 357~363.
- Danielson, Dennis, 2004, "Achilles Gasser and the Birth of Copernicanism," *JHA*, Vol. 35, pp. 457~474.
- ________, 2006, *The first Copernican: Georg Joachim Rheticus and the Rise of the Copernican Revolution*(Walker & Company), 『コペルニクスの仕掛人ー中世を終わらせた男(코페르니쿠스의 배후자—중세를 끝낸 남자)』 田中靖夫(다나카 야스오) 역(東洋書林, 2008).
- Dargan, Edwin Charles, 1905, 『世界説教史(II) 14~16世紀(세계설교사(II) 14~16세기)』 関田寛雄(세키타 히로오) 감수, 中嶋正昭(나카지마 마사아키) 역(教文館, 1995).
- Debus, Allen G., 1977, *The Chemical Philosophy: Paracelsian Science and Medicine in the Sixteenth and Seventeenth Centuries*, 2 vols.(Edinburgh University Press), 『近代錬金術の歴史(근대 연금술의 역사)』 川崎勝(가와사키 마사루)·大谷卓史(오타니 다쿠시) 역(平凡社, 1999).
- ________, 1978, *Man and Nature in the Renaissance*(Cambridge University Press), 『ルネサンスの自然観—理性主義と神秘主義の相克(르네상스의 자연관—상극적인 이성주의와 신비주의)』 伊東俊太郎(이토 슌타로)·村上陽一郎(무라카미 요이치로)·橋本真理子(하시모토 마리코) 역(サイエンス社, 1986).
- Dear, Peter, 2001, *Revolutionizing the Science: European Knowledge and its Ambitions, 1500-1700*(Princeton University Press), 『知識と経験の革命—科学の現場で何が起ったか(지식과 경험의 혁명—과학현장에서 무엇이 일어났는가)』 高橋憲一(다카하시 겐이치) 역, 이것은 2nd ed.(2009)의 역(みすず書房, 2012).
- Devreese, J. T.& Van den Berghe G., 2003, 『科学革命の先駆者 シモン・ステヴィン(과학혁명의 선구자 시몬 스테빈)』 中澤聡(나카자와 사토시) 역·山本義隆(야마모토 요시타카) 감수(朝倉書店, 2009).
- Dijksterhuis, E. J., 1950, 영역 *The Mechanization of the World Picture*, tr. C.

Dikshoorn(Oxford University Press, 1961).

- **Dillenberger, John**, 1960, *Protestant Thought and Natural Science: A Historical Interpretation*(Abingdon Press).
- **Dingle, Herbert**, 1951, 「コペルニクスと惑星(코페르니쿠스와 행성)」 菅井準一(스가이 준이치) 역, 『近代科学の歩み(근대과학의 발걸음)』(국역명은 『과학의 역사』, 다문, 1996. _옮긴이) ed. J. Lindsay(岩波新書, 1956), pp. 26~39.
- **Dobrzycki, Jerzy**, 1975, "The Role of Observations in the Work of Copernicus," *Vistas in Astronomy*, Vol. 17, pp. 27~29.
- ________, 2001, "Notes on Copernicus's Early Heliocentrism," *JHA*, Vol. 32, pp. 223~225.
- **Dobrzycki, Jerzy & Kremer, Richard L.**, 1996, "Peurbach and Marāgha Astronomy? The Ephemerides of Johannes Angelus and their Implications," *JHA*, Vol. 27, pp. 187~237.
- **Dodds, Eric Robertson**, 1951, 『ギリシア人と非理性(그리스인과 비이성)』 岩田靖夫(이와타 야스오)・水野一(미즈노 하지메) 역(みすず書房, 1972).
- **Donahue, William H.**, 1973, "A Hitherto Unreported Pre-Keplerian Oval Orbit," *JHA*, Vol. 4, pp. 192~194.
- ________, 1975, "The Solid Planetary Spheres in Post-Copernican Natural Philosophy," *Copernican Achievement*, ed. Westman, pp. 244~275.
- ________, 1993, "Kepler's first Thoughts on Oval Orbits: Text, Translation, and Commentary," *JHA*, Vol. 24, pp. 71~100.
- ________, 2006, "Astronomy," *The Cambridge History of Science*, pp. 562~595.
- Drake, Stillman, 1975, "Copernicanism in Bruno, Kepler and Galileo," *Vistas in Astronomy*, Vol. 17, pp. 177~191.
- ________, 1978, *Galileo at Work: His Scientific Biography*(The University of Chicago Press), 『ガリレオの生涯(갈릴레오의 생애)』(1, 2, 3), 田中一郎(다나카 이치로) 역(共立出版, 1984~1985).
- **Dreyer, John Louise Emil**, 1890, *Tycho Brahe : A Picture of Scientific Life and Work in the Sixteenth Century*(reprinted; Dover Publications, INC., 1963).
- ________, 1906, *A History of Astronomy from Thales to Kepler*, revised with a foreword by W. H. Stahl(Dover, 1953).

- **Duhem, Pierre**, 1908, 영역 *To Save the Phenomena: An Essay on the Idea of Physical Theory from Plato to Galileo*, tr. E. Doland & C. Maschler, introductory essays by S. L. Jaki(The University of Chicago Press, 1969).
- ________, 1914, 『物理理論の目的と構造(물리이론의 목적과 구조)』 小林道夫(고바야시 미치오)·熊谷陽一(구마가이 요이치)·我孫子信(아비코 신) 역(河出書房新社, 1991).
- **Duncan, David Ewing**, 1998, 『暦をつくった人々(역을 만든 사람들)』 松浦俊輔(마쓰우라 슌스케) 역(河出書房新社, 1998).
- **Dunne, John Thomas**, 1974, *Between Renaissance and the Reformation : Humanism at the University of Vienna, 1450-1520*, University of Southern California Ph. D. Thesis.
- **Durand, Dana**, 1933, "The earliest modern maps of Germany and Central Europe," *ISIS*, Vol. 19, pp. 486~502.
- ________, 1952, *THE VIENNA-KLOSTERNEUBURG MAP CORPUS—A Study in the Transition from Medieval to Modern Science*(Brill).
- **Eagleton, Catherine**, 2006, "Medieval Sundials and Manuscript Sources: The Transmission of Information about the Navicula and the *Organum Ptolomei* in Fifteenth-Century Europe," *Transmitting Knowledge*, ed. S. Kusakawa & I. Maclean, pp. 41~71.
- **Eastwood, Bruce S.**, 1982, "Kepler as Historian of Science: Precursors of Copernican Helicocentrism according to *DE REVOLUTIONIBUS*, I 10," *Proceedings of the American Philosophical Society*, pp. 367~394.
- **Eisenstein, Elizabeth**, 1979, *The Printing Press as an Agent of Change: Communication and Cultural Transformations in Early Modern Europe*, Vol. 2 (Cambridge University Press).
- ________, 1983, 『印刷革命(인쇄혁명)』 別宮貞德(벳쿠 사다노리) 감역, 小川昭子(오가와 아키코)·家本清美(야모토 기요미)·松岡直子(마쓰오카 나오코)·岩倉桂子(이와쿠라 게이코)·国松幸子(구니마쓰 유키코) 역(みすず書房, 1987).
- **Emura(江村洋)**, 1987, 『中世最後の騎士ー皇帝マクシミリアン一世伝(중세 최후의 기사—황제 막시밀리안 1세전)』(中央公論社).
- ________, 1990, 『ハプスブルク家(합스부르크가)』(講談社現代新書).
- **Eliade, Mircea**, 1968, 『エリアーデ著作集 1 太陽と天空神(엘리아데 저작집 1 태

양과 천공신)』 久米博(구메 히로시) 역(せりか書房, 1974).

- **Elton, G. R.**, 1963, 『宗教改革の時代1517-1559(종교개혁의 시대 1517~1559)』 越智武臣(오치 다케오미) 역(みすず書房, 1973).
- **Ernst, Germana**, 1986, "From the watery Trigon to the fiery Trigon: Celestial Signs, Prophecies and History," *Astrologi hallucinati*, ed. Zambelli, pp. 265~280.
- **Fantoli, Annibale**, 1993, 『ガリレオ—コペルニクス説のために, 協会のために(갈릴레오—코페르니쿠스 이론을 위해, 교회를 위해) 大谷啓治(오타니 게이지) 감수, 須藤和夫(스토 가즈오) 역(みすず書房, 2009).
- **Febvre, Lucien**, 1925, 『フランス・ルネサンスの文明(프랑스 르네상스의 문명)』 二宮敬(니노미야 다카시) 역(ちくま学芸文庫, 1996).
- **Febvre, Lucien & Martin, Henri-Jean**, 1971, 『書物の出現(서적의 출현)』(上下(상하)) 関根素子(세키네 모토코)・長谷川輝夫(하세가와 데루오)・宮下志朗(미야시타 시로)・月村辰雄(쓰키무라 다쓰오) 역(ちくま学芸文庫, 1998).
- **Feynman, Richard P.**, 1963~1965, *The Feynman Lectures on Physics*, 3 vols. (Addison-Wesley Publishing Company).
- **Field, J. V.**, 1984, "A Lutheran Astrologer: Johannes Kepler," *AHES*, Vol. 31, pp. 189~272.
- ________, 1988, *Kepler's Geometrical Cosmology*(The Athlone Press).
- ________, 1991, 「宇宙の完全性を求めて—ケプラーのコスモロジー(우주의 완전성을 찾아서—케플러의 우주론)」 大谷隆昶(오타니 다카노부) 역, 『ケプラーと世界の調和(케플러와 세계의 조화)』 渡辺正雄(와타나베 마사오) 편(共立出版, 1991), pp. 61~82.
- **Fischer, Joseph & Wieser, Franz v. ed.**, 1903, *The Oldest Map with the Name America of the Year 1507 and the Carta Marina of the Year 1516 by M. Waldseemüller*, edited with assistance of the Imperial Academy of Science at Vienna(Innsbruck).
- **Flake, Otto**, 1929, 『フッテン—ドイツのフマニスト(후텐—독일의 후마니스트)』 榎木真吉(에노키 신이치) 역(みすず書房, 1990).
- **Forbes, Eric G.**, 1975, *Greenwich Observatory*, Vol. 1(Taylor & Francis).
- **Forbes, R. J.**, 1956, 「動力(동력)」 中山秀太郎(나카야마 히데타로) 역, 『技術の歴史 4 地中海世界 下(기술의 역사 4 지중해세계 하)』 ed. C. Singer et al.(筑摩書

房, 1978), pp. 516~545.

- Forbes, R. J. & Dijksterhuis, J. E., 1963, 『科学と技術の歴史(과학과 기술의 역사)』 広重徹(히로시게 데쓰)·高橋尚(다카하시 히사시)·西尾成子(니시오 시게코)·山下愛子(야마시타 아이코) 역(みすず書房, 1977).
- Forster, Leonard, ed., 1948, 라틴어-영어 대역 *Selection from Conrad Celtis 1459-1508*(Cambridge University Press).
- Freiesleben, Hans Christian, 1978, 『航海術の歴史(항해술의 역사)』(원저 제2판) 坂本賢三(사카모토 겐조) 역(岩波書店, 1983).
- French, Peter, 1972, 『ジョン·ディー—エリザベス朝の魔術師(존 디—엘리자베스조의 마술사)』 高橋誠(다카하시 마코토) 역(平凡社, 1989).
- Frugoni, Chiara, 2001, 『ヨーロッパ中世ものづくし—メガネから羅針盤まで(유럽중세의 모든 것—안경에서 나침반까지)』 高橋友子(다카하시 도모코) 역(岩波書店, 2010).
- Fujishiro(藤代幸一), 2006, 『ヴィッテンベルクの小夜啼鳥(비텐베르크의 밤꾀꼬리)』(八坂書房).
- Fukuhara(福原嘉一郎), 1982, 「初期ドイツ人文主義とそのジレンマ(초기 독일 인문주의와 그 딜레마)」『早稲田大学大学院文学研究科紀要(와세다대학 대학원 문학연구과 기요)』 No. 28, pp. 181~193.
- ________, 1984, 「15世紀末ドイツ人文主義の方向(15세기 말 독일인문주의의 방향)」, 『教養諸学研究(교양제학연구)』 No. 76, pp. 1~15.
- Garin, Eugenio, 1957, 『ルネサンスの教育(르네상스의 교육)』 近藤恒一(곤도 쓰네이치) 역(知泉書館, 2002).
- ________, 1967, 『ルネサンス文化史—ある史的肖像(르네상스 문화사—어떤 사적 초상)』 澤井繁男(사와이 시게오) 역(平凡社, 2000).
- ________, 1973, "Alle origin della polemica anticopernicana," *Studia Copernicana*, Vol. 6, pp. 31~42.
- Gascoigne, John, 1990, "A Reappraisal of the Role of the Universities in the Scientific Revolution," *Reappraisal of the Scientific Revolution*, ed. Lindberg & Westman(Cambridge University Press), pp. 207~260.
- Gaulke, Karsten, 2009, ""The first European Observatory of the Sixteenth Century, as founded by Landgrave Wilhelm IV of Hesse-Kassel": A serious historiographic Category or a misleading marketing Device?" *European*

Collections of Scientific Instruments, 1550-1750, ed. G. Starano, S. Johnston, M. Miniati & A. Morrison-Low (Brill), pp. 87~99.
- **Genuth, Sara Schechner**, 1997, *Comets, Popular Culture, and the Birth of Modern Cosmology*(Princeton University Press).
- **Gerl, Armin**, 1968, "The most recent Results of Research on Regiomontanus," Zinner, *Regiomontanus*, pp. 325~343.
- **Gerrish, B. A.**, 1962, 『恩寵と理性―ルター神学の研究(은총과 이성―루터 신학 연구)』 倉松功(구라마쓰 이사오)·茂泉昭男(시게이즈미 데루오) 역(聖文社, 1974).
- ________, 1968, "The Reformation and the Rise of Modern Science," *The Impact of Church upon its Culture*, ed. J. C. Brauer(University of Chicago Press), pp. 231~265,
- ________, 1982, *The Old Protestantism and the New: essays on the reformation heritage*(T&T. Clark).
- **Giard, Luce**, 1991, "Remapping knowledge, reshaping institutions," *Science, Culture and Popular Belief in Renaissance Europe*, ed. S. Pumfrey, p. L. Rossi & M. Slawinski(Manchester University Press), pp. 19~47.
- **Gillispie, Charles C.**, 1960, 『科学思想の歴史―ガリレオからアインシュタインまで(과학사상의 역사―갈릴레오에서 아인슈타인까지)』 島尾永康(시마오 나가야스) 역(みすず書房, 1965).
- **Gimpell, Jean**, 1975, 『中世の産業革命(중세의 산업혁명)』 坂本賢三(사카모토 겐조) 역(岩波書店, 1978).
- **Gingerich, Owen**, 1964, "The Computer Versus Kepler," *American Scientist*, Vol. 52, pp. 218~226.
- ________, 1971, "Apianus's *ASTRONOMICUM CAESAREUM* and its Leipzig Facsimile," *JHA*, Vol. 2, pp. 168~177.
- ________, 1972, "Johannes Kepler and the New Astronomy," *Quarterly Journal of the Royal Astronomical Society*, Vol. 13, pp. 346~373.
- ________, 1973a, "The Role of Erasumus Reinhold and the Prutenic Tables in the Dissemination of Copernican Theory," *Studia Copernicana*, Vol. 6, pp. 43~62.
- ________, 1973b, "Copernicus and Tycho," *Scientific American*, Vol. 224, pp. 87~101, 「コペルニクスとティコ・ブラーエ(코페르니쿠스와 튀코 브라헤)」, 『サ

イエンス(사이언스)』 1974년 2월, pp. 90~104.

- ________, 1973c, "From Copernicus to Kepler: Heliocentrism as Model and as Reality," *Proceedings of the American Philosophical Society*, Vol. 117, pp. 513~522.
- ________, 1973d, "Kepler's Treatment of Redundant Observations or, The Computer versus Kepler Revisited," *Internationales Kepler-Symposium, Weil der Stadt 1971: Referate und Diskussionen*, herausgegeben von F. Krafft, K. Meyer & B. Sticker, pp. 307~314.
- ________, 1975a, ""Crisis" versus Aethetic in the Copernican Revolution," *Vistas in Astronomy*, Vol. 17, pp. 85~93.
- ________, 1975b, "Copernicus and the Impact of Printing," *Vistas in Astronomy*, Vol. 17, pp. 201~207.
- ________, 1975c, "Commentary: Remarks on Copernicus' Observations," *Copernican Achievement*, ed. Westman, pp. 99~107.
- ________, 1975d, "Kepler's Place in Astronomy," *Vistas in Astronomy*, Vol. 18, pp. 261~278.
- ________, 1978, "Science in the Age of Copernicus," *Harvard Library Bulletin*, Vol. 26, pp. 401~416.
- ________, 2000, "The Copernican Revolution," *The History of Science and Religion in the Western Tradition: An Encyclopedia*, ed. G. B. Ferngren (Garland Publishing), pp. 334~339.
- ________, 2002, *An Annotated Census of Copernicus' De revolutionibus* (Brill).
- ________, 2004, 『誰も読まなかったコペルニクス(아무도 읽지 않았던 코페르니쿠스)』 柴田裕之(시바타 야스시) 역(早川書房, 2005).
- **Gingerich ed.**, 1975, *The Nature of Scientific Discovery*(Smithonian Institution Press).
- **Gingerich, Owen & Dobrzycki, Jerey**, 1993, "The Master of the 1550 Radices: Jofrancus Offsius," *JHA*, Vol. 24, pp. 235~253.
- **Gingerich, Owen & MacLachlan, James**, 2003, 『コペルニクス(코페르니쿠스)』 林大(하야시 오키) 역(大月書店, 2008).
- **Gingerich, Owen & Voelkel, James R.**, 1998, "Tycho Brahe's Copernican

Campaign," *JHA*, Vol. 29, pp. 1~34.

- **Gingerich, Owen & Westman, Robert S.**, 1988, "The Wittich Connection: Conflict and Priority in Late Sixteenth-Century Cosmology," *Transactions of the American Philosophical Society*, Vol. 78, Part 7.
- **Godwin, Joscelyn**, 1979, 『キルヒャーの世界図鑑—よみがえる普遍の夢(키르허의 세계도감—되살아나는 보편의 꿈)』 川島昭夫(가와시마 아키오) 역, 澁澤龍彦(시부사와 다쓰히코)·中野美代子(나카노 미요코)·荒俣宏(아라마타 히로시) 해설(工作舍, 1986).
- ________, 2009, *Athanasius Kircher's Theater of the World*(Thames & Hudson).
- **Goldstein, Bernald R.**, 1965, "The 1006 Supernova in Far Eastern Sources," in collaboration with Ho Peng Yoke, *The Astronomical Journal*, Vol. 70, pp. 748~753.
- ________, 1967, "The Arabic Version of Ptolemy's *PLANETARY HYPOTHESES*," *Transactions of the American Philosophical Society*, Vol. 57, pp. 3~55.
- ________, 1972, "Theory and Obserbation in Medieval Astronomy," *ISIS*, Vol. 63, pp. 39~47.
- ________, 1977, "Levi ben Gerson: On instrumental Errors and the Transversal Scale," *JHA*, Vol. 8, pp. 102~112.
- ________, 1978, "The Role of Science in the Jewish Community in the Fourteenth Century France," *Annales of New York Academy of Sciences*, Vol. 314, pp. 39~41.
- ________, 1985, *The Astronomy of Levi ben Gerson(1288-1344)* (Springer Verlag, 1985).
- ________, 1987, "Remarks on Gemma Frisius's *De Radio Astronomico et Geometrico*," *Acta historica scientiarum naturalium et medicinalium*, Vol. 39, pp. 167~180.
- ________, 1994, "Historical Perspectives on Copernicus's Account of Precession," *JHA*, Vol. 25, pp. 189~197.
- ________, 1996a, "The Pre-Telescopic Treatment of the Phase and Apparent Size of Venus," *JHA*, Vol. 27, pp. 1~12.

- ________, 1996b, "Levi ben Gerson and the Brightness of Mars," *JHA*, Vol. 27, pp. 297~300.
- ________, 1997a, "Saving the Phenomena: The Background to Ptolemy's Planetary Theory," *JHA*, Vol. 28, pp. 1~12.
- ________, 1997b, "The Physical Astronomy of Levi ben Gerson," *Perspectives on Science*, Vol. 5, pp. 1~30.
- ________, 2002, "Copernicus and the Origin of his Heliocentric System," *JHA*, Vol. 33, pp. 219~235.
- **Goldstein, Bernard & Barker, Peter**, 1995, "The role of Rothmann in the dissolution of the celestial spheres," *BJHS*, Vol. 28, pp. 385~403.
- **Gouda(合田昌史)**, 1988, 「海のうえの天地学—16世紀ポルトガルの素人学問(바다위의 천지학—16세기 포르투갈의 아마추어 학문)」, 『科学史研究(과학사 연구)』 Vol. 27, pp. 75~83.
- ________, 2006, 『マゼラン—世界分割を体現した航海者(마젤란—세계분할을 체현한 항해자)』(京都大学学術出版会).
- **Gouk, Penelope**, 1988, *The Ivory Sundials of Nuremberg 1500-1700*(Whipple Museum of the History of Science).
- **Grafton, Anthony**, 1973, "Michael Maestlin's account of Copernican Planetary Theory," *Proceedings of the American Philosophical Society*, Vol. 117, pp. 523~550.
- ________, 1999, *Cardano's Cosmos: The Worlds and Works of a Renaissance Astrologer*(Harvard University Press), 『カルダーノのコスモス—ルネサンスの占星術師(카르다노의 코스모스—르네상스의 점성술사)』 榎本恵美子(에노모토 에미코)·山本啓二(야마모토 게이지) 역(勁草書房, 2007).
- **Granada, Miguel A.**, 2007, "Michael Maestlin and the New Star of 1572," *JHA*, Vol. 38, pp. 99~124.
- **Grant, Edward**, 1962, "Late Medieval Thought, Copernicus, and the Scientific Revolution," *JHI*, Vol. 23, pp. 197~220.
- ________, 1978a, "Cosmology," *Science in the Middle Ages*, ed. Lindberg, pp. 265~302.
- ________, 1978b, "The Principle of the Impenetrability of Bodies in the History of Concepts of Separate Space from the Middle Ages to Seventeenth

Century," *ISIS*, Vol. 69, pp. 551~571.
- ________, 1987, "Celestial Orbs in the Latin Middle Ages," *ISIS*, Vol. 78, pp. 153~173.
- ________, 1994, *Planets, Stars, and Orbs: The Medieval Cosmos, 1200-1687* (reprinted; Cambridge University Press, 1996).
- ________, 1996, *The Foundations of Modern Science in the Middle Ages: Their religious, institutional, and intellectual Contexts*(Cambridge University Press), 『中世における科学の基礎づけ―その宗教的, 制度的, 知的背景(중세 과학의 기초―그 종교적, 제도적, 지적 배경)』 小林剛(고바야시 고) 역(知泉書館, 2007).
- **Grell, Ole Peter**, 1995, "The Reception of Paracelsianism in early modern Lutheran Denmark: from Peter Severinus, the Dane, to Ole Worm," *Medical History*, Vol. 39, pp. 78~94.
- ________, 1998, "The Acceptable Face of Paracelsianism: The Legacy of *IDEA MEDICINE* and the Introduction of Paracelsianism into Early Modern Denmark," *Paracelsus: The Man and His Reputation, His Idea and Their Transformation*, ed. Grell(Brill), Ch. 11.
- **Grendler, Paul F.**, 1989, *Schooling in Renaissance Italy: Literacy and Learning 1300-1600*(The Johns Hopkins University Press).
- **Grossmann, Maria**, 1975, *Humanism in Wittenberg, 1485-1517*(B. De Graaf).
- **Günter, Frank**, 2001, "Melanchthon and the Tradition of Neoplatonism," *Religious Confessions and the Sciences in the Sixteenth Century*, ed. J. Helm & A. Winkelmann(Brill), pp. 3~18.
- **Gunther, R. T.**, 1921, *Early Science in Oxford*, Vol. 1(reprinted; Dowsons of Pall Mall, 1971).
- **Gurevich, A. J.**, 1984, 『中世文化のカテゴリー(중세문화의 카테고리)』 川端香男里(가와바타 가오리)·栗原成郎(구리하라 시게오) 역(岩波書店, 1992).
- **Haasbroek, N. D.**, 1968, *Gemma Frisius, Tycho Brahe and Snellius and their Triangulations*(Publication of the Netherlands Geodetic Commission).
- **Hall, A. Rupert**, 1954, *The Scientific Revolution 1500-1800: The Formation of the Modern Scientific Attitude*(Longmans, Green and Co.).
- ________, 1983, *The Revolution in Science 1500-1750*(Longman).

- **Hallyn, Fernand**, 2004, "Gemma Frisius: A convinced Copernicanism in 1555," *Filozofiski vestnik*, Vol. 25, pp. 69~83.
- **Hamel, Jürgen**, 1990, "Nachwort," Petrus Apianus, *Instrument Buch*(reprinted; Leipzig), pp. I-XIV.
- **Hammer, William**, 1951, "Melanchthon, Inspirer of the Study of Astronomy with Translation of his Oration in Praise of Astronomy(De Orione, 1553)," *Popular Astronomy*, Vol. 59, pp. 308~319.
- **Hammerstein, Helga Robinson**, 1986, "The Battle of the Booklets: Prognostic Tradition and Proclamation of the Word in early sixteenth-century Germany," *Astrologi hallucinati*, ed. Zambelli, pp. 129~151.
- **Hannaway, Owen**, 1986, "Laboratory Design and the Aim of Science," *ISIS*, Vol. 77, pp. 585~610.
- **Hanson, Norwood Russell**, 1958, *Pattern of Discovery*(Cambridge University Press), 『科学理論はいかにして生まれるか(과학이론은 어떻게 만들어지는가)』 村上陽一郎(무라카미 요이치로) 역(講談社, 1971).
- ________, 1961, "The Copernican Disturbance and the Keplerian Revolution," *JHI*, Vol. 22, pp. 169~184.
- **Hartner, Willy**, 1964, "Medieval Views on Cosmic Dimensions and Ptolemy's Kitāb Al-Mansūrāt," *Histoire de la pensée*, XII, pp. 254~282.
- ________, 1977, "The Role of Observations in Ancient and Medieval Astronomy," *JHA*, Vol. 8, pp. 1~11.
- ________, 1980, "Ptolemy and Ibn-Yūnus on Solar Parallax," *AIHS*, Vol. 30, pp. 5~26.
- ________, "Al-Battānī," *DSB*, I.
- **Haskins, Charles Hormer**, 1924, *Studies in the History of Medieval Science* (reprinted; Ungar Publication Co., 1960).
- ________, 1957, 『大学の起原(대학의 기원)』 青木靖三(아오키 세이조)·三浦常司(미우라 쓰네시) 역(八坂書房, 2009).
- **Hattori(服部良久)**, 2007, 「歴史叙述とアイデンティティ―中世後期·人文主義時代のドイツにけるその展開(역사서술과 아이덴티티—중세후기, 인문주의시대 독일에서의 그 전개)」, 『知と学びのヨーロッパ史―人文学·人文主義の歴史的展開(앎과 배움의 유럽사—인문학, 인문주의의 역사적 전개)』 南川高志(미나미가

와 다카시) 편저, 제6장(ミネルヴァ書房), pp. 141~166.

- **Hayton, Darin**, 2004, *Astrologers and Astrology in Vienna during the Era of Emperor Maximilian I(1493-1519)*, University of Notre Dame Ph. D. Dissertation.
- **Heath, Thomas**, 1931, 『ギリシャ数学史(그리스 수학사)』 平田寬(히라타 유타카) 역(共立出版社, 1998).
- ________, 1932, *Greek Astronomy*(reprinted; Dover, 1991).
- **Helden, Albert van**, 1985, *Measuring the Universe: Cosmic Dimension from Aristarchus to Halley*(The University of Chicago Press).
- **Hellman, Clarisse Doris**, 1944, *The Comet of 1577: Its Place in the History of Astronomy*(Columbia Univeristy Press).
- ________, 1960, "Maurolyco's "Lost" Essay on the New Star of 1572," *ISIS*, Vol. 51, pp. 322~336.
- ________, 1963, "Was Tycho Brahe as Influential as He Thought," *BJHS*, Vol. 1, pp. 295~324.
- ________, 1964, "The Gradual Abandonment of the Aristotelian Universe: A Preliminary Note on some Sidelights," *Histoire de la pensée,* XII, pp. 283~293.
- ________, "Brahe, Tycho," *DSB*, II.
- **Hellman, C. Doris & Swerdlow, Noel**, "Peurbach" *DSB*, XV.
- **Hellmann, Gustav**, 1897, "Die Anfänge der magnetischen Beobachtungen," *Zeitschirift der Gesellschaft für Erdkunde zu Berlin*, Bd. 32, pp. 112~136.
- **Henderson, Janice Adrienne**, 1973, *On the Distance between Sun, Moon and Earth according to Ptolemy, Copernicus and Reinhold*, Yale University Ph. D. Dissertation.
- ________, 1975, "Erasmus Reinhold's Determination of the Distance of the Sun from the Earth," *The Copernican Achievement*, ed. Westman, pp. 108~129.
- ________, 1991, *On the Distance between Sun, Moon and Earth*(Brill).
- **Heninger Jr., S. K.**, 1977, *The Cosmographical Glass: Renaissance Diagrams of the Universe*(The Huntington Library).
- **Herlihy, Anna Freedman**, 2007, "Renaissance Star Charts," *The History of Cartography*, Vol. 3, pp. 99~122.
- **Herrmann, Ditter B.**, "Wilhelm IV, Landgrave," *DSB*, XIV.

- **Hewson, J. B.**, 1983, 『交易と冒険を支えた航海術の歴史(교역과 모험을 뒷받침한 항해술의 역사)』 杉崎昭生(스기사키 아키오) 역(海文堂, 2007).
- **Hill, Christopher**, 1965, 『イギリス革命の思想的先駆者たち(영국혁명의 사상적 선구자들)』 福田良子(후쿠다 료코) 역(岩波書店, 1972).
- **Hind, Arthur M.**, 1935, *An Introduction to a History of Woodcut*, 2 vols. (reprinted; Dover, 1963).
- **Hine, H. M.**, "Seneca," *DSB*, XII.
- **Holton, Gerald**, 1956, "Johannes Kepler's Universe: Its Physics and Metaphysics," *American Journal of Physics*, Vol. 24, pp. 340~351, republished in *Thematic Origins of Scientific Thought: Kepler to Einstein*(Harvard University Press, 1973), pp. 69~90.
- **Hooykaas, R.**, 1984, 『最初のコペルニクス体系擁護論(최초의 코페르니쿠스 체계 옹호론)』 高橋憲一(다카하시 겐이치) 역(すぐ書房, 1995).
- **Howse, Derek**, 1980, 『グリニッジ・タイム(그리니치 타임)』 橋爪若子(하시즈메 와카코) 역(東洋書林, 2007).
- ________, 1996, "The Luner-Distance Method of Measuring Longitude," *The Quest for Longitude*, ed. Andrewes, pp. 149~162.
- **Hughes, Barnabas**, 1967, "Introduction," in Regiomontanus, *On Triangles*, pp. 3~18.
- **Hughes, David W.**, 1990, "Edmond Halley: His Interest in Comets," *Standing on the Shoulders of Giants: A Longer View of Newton and Halley*, ed. N. J. W. Thrower(University of California Press), pp. 324~373.
- **Huizinga, Johan**, 1920, 『ルネサンスの問題(르네상스의 문제)』 里見元一郎(사토미 모토이치로) 역, 『ホイジンガ選集 4(하위징아 선집 4)』(河出書房新社, 1990), pp. 43~111.
- **Huntley, Frank Livingstone**, 1962, *Sir Thomas Browne*(The University of Michigan Press).
- **Ionides, S. A.**, 1936, "Caesars' Astronomy(Astronomicum Caesareum) by PETER APIAN, Ingolstadt 1540," *Osiris*, Vol. 1, pp. 356~389.
- **Ishida(石田五郎)**, 1973, 「かに星雲はこうして天文学に登場した(게성운은 이렇게 천문학에 등장했다)」, 『かに星雲の話 超新星の爆発(게성운 이야기 초신성 폭발)』(제1화)(中央公論社).

- **Ito(伊東俊太郎)**, 1975, 「「科学革命」以前の科学('과학혁명' 이전의 과학)」, 『思想史のなかの科学(사상사 속의 과학)』(木澤社), pp. 45~69.
- **Jardine, Lisa**, 1996, *Worldly Goods: A New History of the Renaissance*(Double day).
- **Jardine, Nicholas**, 1979, "The Forging of Modern Realism: Clavius and Kepler against the Sceptics," *Studies in History and Philosophy of Science*, Vol. 10, pp. 141~173.
- ________, 1982, "The Significance of the Copernican Orbs," *JHA*, Vol. 13, pp. 168~194.
- ________, 1984, *The Birth of History and Philosophy of Science: Kepler's A DEFENCE OF TYCHO AGAINST URSUS with essays on its provenance and significance*(Cambridge University Press).
- **Jarrell, Richard Adrian**, 1972, *The Life and Scientific Work of the Tübingen Astronomer Michael Maestlin, 1550-1631*, University of Toronto Ph. D. Thesis,
- ________, 1975, "Mästlin's Place in Astronomy," *Physis*, Vol. 17, pp. 5~20.
- ________, 1981, "Astronomy at the University of Tübingen: The Work of Michael Mästlin," *Wissenschaftsgeschichte um Wilhelm Schickhard*(Mohr), pp. 9~19.
- ________, 1989, "The Contemporaries of Tycho Brahe," *The General Theory of 1 Astronomy*, ed. Taton & Wilson, Vol. 2, pp. 22~32.
- **Jervis, Jane Lisa**, 1978, *Cometary Theory in Fifteenth-Century Europe*, Yale University Ph. D. Thesis, republished in *Studia Copernicana*, Vol. 26 (1985).
- ________, 1980, "Vögelin on the Comet of 1532: Error Analysis in the 16 Century," *Centaurus*, Vol. 23, pp. 216~229.
- **Jenks, Stuart**, 1983, "Astrometeorology in the Middle Ages," *ISIS*, Vol. 74, pp. 185~210.
- **Jensen, Derek**, 2006, *The Science of the Stars in Danzig from Reticus to Hevelius*, University of California Dissertation.
- **Jinno(甚野尚志)**, 1995. 「ソールスベリのジョンの学問観(솔즈베리의 존의 학문관)」, 『中世の学問観(중세의 학문관)』 上智大学中世思想研究所 편(創文社), pp. 167~202.
- **Johnson, Francis R.**, 1937, *Astronomical Thought in Renaissance England*

(The Johns Hopkins Press).
- ________, 1953, "Astronomical Text-Books in the Sixteenth Century," *Science, Medicine and History*, ed. E. A. Underwood(Oxford University Press).
- **Johnson, F. R. & Larkey, V. S.**, 1934, "Thomas Digges, the Copernican System and the Idea of the Infinity of the Universe in 1576," *The Huntington Library Bulletin*, No. 5, pp. 69~117.
- **Jones, Alexander**, 1996, 「ギリシャ後期およびビザンツの天文学(그리스 후기 및 비잔틴의 천문학)」, 『望遠鏡以前の天文学(망원경 이전의 천문학)』 山本啓二(야마모토 게이지)·川和田晶子(가와와다 아키코) 역, C. Walker 편(恒星社厚生閣, 2008), 제5장.
- **Kaiser, Christopher**, 1986, "Calvin, Copernicus, and Castellio," *Calvin Theological Journal*, Vol. 21, pp. 5~31.
- **Kaizu(海津忠雄)**, 2006, 『デューラーとその故郷(뒤러와 그 고향)』(慶應義塾大学出版会, 2006).
- **Kanda(神田茂)**, 1960, 「天文観測史(천문관측사)」, 『明治前日本天文學史 新訂版(메이지 이전 일본 천문학사 신정판)』 제4편, 日本學士院편(野間科学医学研究資料館, 1979).
- **Karpinski, Louis C.**, 1943, "The Progress of the Copernican Theory," *Scripta Mathematica*, Vol. 9, pp. 139~154.
- **Karrow Jr., Robert William**, 1993, *Mapmakers of the Sixteenth Century and their Maps*(Speculum Orbis Press).
- ________, 1999, *Intellectual Foundations of the Cartographic Revolution*, Loyola University Chicago Ph. D. Thesis.
- **Kaufmann, Thomas**, 2006, 『ルター—異端から宗教改革へ(루터—이단에서 종교개혁으로)』 宮谷尙美(미야타니 나오미) 역(教文館, 2010).
- **Kaunzner, Wolfgang**, 1968a, "Introduction to the Supplements," in Zinner, *Regiomontanus*, pp. 289~298.
- ________, 1968b, "On Regiomontanus's Arithmetic and Algebra in *De triangulis ominimodis libri quinque*," in Zinner, *Regiomontanus*, pp. 373~386.
- **Kawakita(川喜多愛郎)**, 1977, 『近代医学の史的基盤 上(근대의학의 사적 기반 상)』(岩波書店).
- **Kearney, Hugh**, 1971, 『科学革命の時代(과학혁명의 시대)』 中山茂(나카야마 시

게루)·高柳雄一(다카야나기 유이치) 역(平凡社, 1983).
- Kellner, Menachem, 1991, "On the status of the astronomy and physics in Maimonides' *Mishneh Torah* and *Guide of the Perplexed*: a chapter in the history of science," *BJHS*, Vol. 24, pp. 453~463.
- Kelly, Susanne, 1965, *The DE MUNDO of William Gilbert*(Menno Hertzberger & Co.).
- Kennedy, E. S., 1966, "Late Medieval Planetary Theory," *ISIS*, Vol. 57, pp. 365~377.
- Kennedy E. S. & Robert V., 1959, "The Planetary Theory of Ibn al-Shātir," *ISIS*, Vol. 50, pp. 227~235.
- King, David A., 1996, 「イスラーム世界の天文学(이슬람 세계의 천문학)」, 『望遠鏡以前の天文学(망원경 이전의 천문학)』 ed. Walker, Ch. 8.
- Kintzinger, Martin, 2003, 『中世の知識と権力(중세의 지식과 권력)』 井本晌二(이모토 쇼지)·鈴木麻衣子(스즈키 마이코) 역(法政大学出版局, 2010).
- Kish, George, 1967, *Medicina·Mensura·Mathematica: The Life and Works on Gemma Frisius, 1508-1555*(The Associates of the James Ford Bell Collection).
- ________, "Apian, Peter," *DSB*, I.
- ________, "Gemma Frisius," *DSB*, V.
- ________, "Waldseemüller, Martin," *DSB*, XIV.
- Kirchvogel, Paul A., 1967, "Wilhelm IV, Tycho Brache, and Eberhard Baldewein-the Missing Instruments of the Kassel Observatory," *Vistas in Astronomy*, Vol. 9, pp. 109~121.
- Klebs, Arnold C., 1938, "Incunabula Scientifica et Medica," *Osiris*, Vol. 4, pp. 1~359.
- Knoll, Paul W., 1975, "The World of the Young Copernicus: Society, Science, and the University," *Science and Society: Past, Present and Future*, ed. N. H. Steneck(University of Michigan Press), pp. 19~51.
- Kobe, Donald H., 1998, "Copernicus and Martin Luther: An Encounter between Science and Religion," *American Journal of Physics*, Vol. 66, pp. 190~196.
- Koestler, Arthur, 1959, *The Sleepwalkers: A History of Man's Changing Vision of the Universe*(The Macmillan Company), 원저 Pt. 3 『人とその体系 コペルニクス(인물과 그 체계 코페르니쿠스)』 有賀寿(아리가 히사시) 역(すぐ書房, 1973),

원저 Pt. 4『ヨハネス・ケプラー—近代宇宙観の夜明け(요하네스 케플러—근대 우주관의 여명)』小尾信彌(오비 신야)・木村博(기무라 히로시) 역(とくま学芸文庫, 2008).

- **Kokott, Wolfgang**, 1981, "The Comet of 1533" *JHA*, Vol. 12, pp. 95~112.
- **Koyré, Alexandre**, 1939,『ガリレオ研究(갈릴레오 연구)』菅野暁(스가노 사토루) 역(法政大学出版局, 1988).
- ________, 1957, *From the Closed World to the Infinite Universe*(The Johns Hopkins University Press),『閉じた世界から無限宇宙へ(닫힌 세계에서 무한우주로)』横山雅彦(요코야마 마사히코) 역(みすず書房, 1973).
- ________, 1961, 영역 *The Astronomical Revolution: Copernicus-Kepler-Borelli*, tr. R. E. W. Maddison(Meuthen, 1980).
- **Kozhamthadam, Job**, 1994, *The Discovery of Kepler's Law: The Interaction of Science, Philosophy, and Religion*(University of Notre Dame Press).
- **Krafft, Fritz**, 1975, "Nicolaus Copernicus and Johannes Kepler: New Astronomy from Old Astronomy," *Vistas in Astronomy*, Vol. 18, pp. 287~306.
- **Krebs, Christopher B.**, 2011, *A Most Dangerous Book-Tacitus's Germania from the Roman Empire to the Third Reich*(W. W. Norton).
- **Kremer, Richard L.**, 1980, "Bernard Walter's Astronomical Observations," *JHA*, Vol. 11, pp. 174~191.
- ________, 1981, "The Use of Bernard Walter's Astronomical Observations: Theory and Observation in early modern Astronomy," *JHA*, Vol. 12, pp. 124~132.
- ________, 1983, "Walter's Solar Observations: A Reply to R. R. Newton," *Quarterly Journal of the Royal Astronomical Society*, Vol. 24, pp. 36~47.
- ________, 2004, "Text to Trophy: Shifting Representations of Regiomontanus's Library," *Lost Libraries: the destruction of great book collections since antiquity*, ed. J. Raven(Palgrave Macmillan), pp. 75~90.
- **Kren, Claudia**, 1968, "Homocentric Astronomy in the Latin West The *De reprobatione ecentricorum et epiciclorum* of Henry of Hesse," *ISIS*, Vol. 59, pp. 269~281.
- ________, 1969, "A Medieval Objection to "Ptolemy", *BJHS*, Vol. 4, pp. 378~393.

- ________, 1983, "Astronomical Teaching at the Late Medieval University of Vienna," *History of Universities*, Vol. 3, pp. 15~30.
- **Kristeller, Paul Oskar**, 1961, *Renaissance Thought*(Harper & Row), 『ルネサンスの思想(르네상스의 사상)』 渡辺守道(와타나베 모리미치) 역(東京大学出版会, 1977).
- ________, 1964, 『イタリア・ルネサンスの哲学者(이탈리아 르네상스의 철학자)』 佐藤三夫(사토 미쓰오) 감역(みすず書房, 1993).
- **Kuhn, Thomas**, 1957, *The Copernican Revolution: Planetary Astronomy in the Development of Western Thought*(Harvard University Press), 『コペルニクス革命—科学思想史序説(코페르니쿠스 혁명—과학사상사 서설)』 常石敬一(쓰네이시 게이치) 역(紀伊国屋書店, 1976).
- ________, 1970, *The Structure of Scientific Revolution*, 2nd ed., enlarged (The University of Chicago Press), 『科学革命の構造(과학혁명의 구조)』 中山茂(나카야마 시게루) 역(みすず書房, 1971).
- **Kunitzsch, Paul**, 1987, "Peter Apian and 'AZOPHI': Arabic Constellations in Renaissance Astronomy," *JHA*, Vol. 18, pp. 117~124.
- **Kurze, Dietrich**, 1986, "Popular Astrology and Prophecy in the fifteenth and sixteenth Centuries: Johannes Lichtenberger," *Astrologi hallucinati*, ed. Zambelli, pp. 177~193.
- **Kusukawa, Sachiko**, 1993, "Aspectio divinorum operum-Melanchthon and astrology for Lutheran medics," *Medicine and the Reformation*, ed. O.p. Grell & A. Cunningham(Routledge), pp. 33~56.
- ________, 1995, *The Transformation of Natural Philosophy: The Case of Philip Melanchthon*(Cambridge University Press).
- ________, 2000, "Incunables and Sixteenth-Century Books," *Thornton and Tully's Scientific Books, Libraries and Collectors*, ed. A. Hunter, 4th ed. (Ashgate), Ch. 4.
- **Kusukawa, S. & Maclean, I. ed.**, 2006, *Transmitting Knowledge: Words, Images, and Instruments in Early Modern Europe*(Oxford University Press).
- **Lammens, Cindy**, 2002, *Sic patet iter ad astra*, Universiteit Gent Ph. D. Thesis.
- **Landes, David S.**, 2000, *Revolution in Time: Clocks and the Making of the Modern World*, revised and enlarged edition(Harvard University Press).

- **Landau, David & Parshall, Peter**, 1994, *The Renaissance Print 1470-1550*(Yale University Press).
- **Lattis, James M.**, 1994, *Betweem Copernicus and Galileo: Christoph Clavius and the Collapse of Ptolemaic Cosmology*(The University of Chicago Press).
- **Lemay, Richard**, 1976, "The Teaching of Astronomy in Medieval Universities, Principally at Paris in Fourteenth Century," Manuscripta, Vol. 20, pp. 197~217.
- **Lhotsky, Alphons & d'Occhieppo, Konradin Ferrari**, 1960, "Zwei Gutachten Georgs von Peuerbach über Kometen(1456 und 1457)," *Mitteilungen des Instituts für Österreichische Geschichtsforschung*, Vol. 68, pp. 266~290.
- **Lindberg, David C.**, 1978, "The Transmission of Greek and Arabic Learning to the West," *Science in the Middle Ages*, ed. Lindberg, pp. 52~90.
- ________, 2007, 『近代科学の源流—前史時代から中世まで(근대과학의 원류—선사시대부터 중세까지)』 高橋憲一(다카하시 겐이치) 역(朝倉書店, 2011).
- **Lindberg, David C. ed.**, 1978, *Science in the Middle Ages*(The University of Chicago Press).
- **Lindgren, Uta**, 2007, "Land Surveys, Instruments, and Practitioners in the Renaissance," *History of Cartography*, Vol. 3, pp. 477~508.
- **Lloyd, Alan**, 1957, 「機械時計(기계시계)」 小川豊(오가와 유타카) 역, 『技術の歴史 6 ルネサンスから産業革命へ(기술의 역사 6 르네상스에서 산업혁명으로)』 ed. C. Singer et al.(筑摩書房, 1978), pp. 548~571.
- **Lloyd, Geoffrey E. R.**, 1973, 『後期ギリシャ科学—アリストテレス以降(후기 그리스 철학—아리스토텔레스 이후)』 山野耕治(야마노 고지)·山口義久(야마구치 요시히사)·金山弥平(가나야마 야스히라) 역(法政大学出版局, 2000).
- ________, 1978, "Saving the Appearances," *Classical Quarterly*, Vol. 28, pp. 202~222.
- **Long, Pamera**, 1988, "Humanism and Science," *Renaissance Humanism: Foundation, Firms, and Legacy*, ed. A. Rabil Jr., Vol. 3, pp. 486~512.
- **Lopez, Robert S.**, 1976, 『中世の商業革命—ヨーロッパ950~1350(중세의 상업혁명—유럽 950~1350)』 宮松浩憲(미야마쓰 히로노리) 역(法政大学出版局, 2007).
- **Lovejoy, Arthur O.**, 1936, 『存在の大いなる連鎖(존재의 거대한 연쇄)』 内藤健二(나이토 겐지) 역(晶文社, 1975).
- **Lytle, Guy Fitch**, 1983, "The Renaissance, the Reformation and the City of

Nuremberg," *Nuremberg*, ed. J. C. Smith, pp. 17~22.

- **Maor, Eli**, 1998, *Trigonometric Delights*(Princeton University Press).
- **Marrow, Glenn R.**, "Proclus," *DSB*, XI.
- **Martens, Rhonda**, 2000, *Kepler's Philosophy and the New Astronomy* (Princeton University Press).
- **Mason, S. F.**, 1953, 『科学の歴史(과학의 역사)』(上下(상하)) 矢島祐利(야지마 스케토시) 역(岩波書店, 1955).
- **Mayall, Newton**, 1964, "Making Portable Sundials," *Sky and Telescope*, Vol. 28, pp. 9~12.
- **McCluskey, Stephen C.**, 1990, "Gregory of Tours, Monastic Timekeeping, and Early Christian Attitude to Astronomy," *ISIS*, Vol. 81, pp. 9~22.
- **McColley, Grant**, 1937, "An early friends of the Copernican Theory: Gemma Frisius," *ISIS*, Vol. 26, pp. 322~325.
- ________, 1938, "Nicolas Reymers and the Fourth System of the World," *Popular Astronomy*, Vol. 46, pp. 25~38.
- **McEvoy, James**, 1982, *The Philosophy of Robert Grosseteste*(Clarendon Press).
- **McGrath, Aliester E.**, 1999, 『科学と宗教(과학과 종교)』 稲垣久和(이나가키 히사카즈)·倉沢正則(구라사와 마사노리)·小林高徳(고바야시 다카노리) 역(教文館, 2009).
- **McKitterick, David**, 2003, *Print, Manuscript and the Search for Order 1450-1830*(Cambridge University Press).
- **McMenomy, Christe Ann**, 1984, *The Discipline of Astronomy in the Middle Ages*, University of California Ph. D. Thesis.
- **Mendelssohn, Kurt**, 1976, 『科学と西洋の世界制覇(과학과 서양의 세계 제패)』 常石敬一(쓰네이시 게이치) 역(みすず書房, 1980).
- **Methuen, Charlotte**, 1996a, "The Role of the Heavens in the Thought of Philip Melanchthon," *JHI*, Vol. 57, pp. 385~403.
- ________, 1996b, "Maestlin's Teaching of Copernicus: The Evidence of His University Textbook and Disputations," *ISIS*, Vol. 87, pp. 230~247.
- ________, 1998, *Kepler's Tübingen: Stimulus to a Theological Mathematics* (Ashgate).

● ________, 2008, *Science and Theology in the Reformation*(T&T Clark).
● **Meurer, Peter H.**, 2007, "Cartography in the German Lands, 1450-1650," *History of Cartography*, Vol. 3, pp. 1172~1245.
● **Meuthen, Erich**, 1964, 『ニコラウス・クザーヌス 1401-1464(니콜라우스 쿠자누스 1401-1464)』 酒井修(사카이 오사무) 역(法政文化社, 1974).
● **Michel, Paul-Henri**, 1962, 영역 *The Cosmology of Giordano Bruno*, tr. R. E. W. Maddison(Cornell University Press, 1973).
● **Milanesi, Marica**, 1994, "Geography and Cosmology in Italy from XV to XVI Century," *Memorie della Societa Astronomica Italiana*, Vol. 65, pp. 443~468.
● **Mimura(三村太郎)**, 2010, 『天文学の誕生—いスラーム文化の役割(천문학의 탄생—이슬람 문화의 역할)』(岩波書店).
● **Mittelstrass, Jürgen**, 1972, "Methodological Elements of Keplerian Astronomy," *Studies in Histroy and Philosophy of Science*, Vol. 3, pp. 203~232.
● **Moesgaard, Kristian Peder**, 1972a, "Copernican Influence on Tycho Brahe," *Studia Copernica*, Vol. 5, pp. 31~55.
● ________, 1972b, "How Copernicanism took Root in Denmark and Norway," *The Reception of Copernicus' Heliocentric Theory*, ed. J. Dobrzycki(D. Reidel), pp. 117~151.
● **Moran, Bruce Thomas**, 1973, "The Universe of Philip Melanchthon: Criticism and Use of the Copernican Theory," *Comitatus: Studies in old and middle English Literature*, Vol. 4, pp. 1~23.
● ________, 1978, *Science at the Court of Hesse-Kassel: Informal Communication, Collaboration and the Role of the Prince-Practitioner in the Sixteenth Century*, University of California Ph. D. Thesis.
● ________, 1980, "Wilhelm IV of Hesse-Kassel: Informal Communication and the Aristocratic Context of Discovery," *Scientific Discovery, case studies*, ed. T. Nickles(D. Reidel), pp. 67~96.
● ________, 1981, "German Prince-Practitioners: Aspects in the Development of Courtly Science, Technology, and Procedures in the Renaissance," *Technology and Culture*, Vol. 22, pp. 253~274.
● ________, 1982, "Christoph Rothmann, the Copernican Theory, and Institutional and Technical Influences on the Criticism of Aristotelian Cosmology,"

Sixteenth Century Journal, Vol. 8, pp. 85~108.

- **Morison, Samuel Eliot**, 1942, *Admiral of the Ocean Sea: A Life of Christopher Columbus*(Little, Brown).
- **Morita(森田安一)**, 2008, 「宗教改革期の占星術――一五二四年の大会合へむけて(종교개혁기의 점성술—1524년의 대회합을 향해)」, 『日本女子大学紀要 文学部(일본여자대학 기요 문학부)』 No. 58, pp. 35~54.
- ________, 2013, 『木版画を読む—占星術·「死の舞踏」そして宗教改革(목판화를 읽다—점성술·'죽음의 무도' 그리고 종교개혁)』(山川出版社).
- **Mosley, Adam**, 2006, "Objects of Knowledge: Mathematics and Models in Sixteenth Century Cosmology and Astronomy," *Transmitting Knowledge*, ed. S. Kusukawa & I. Maclean(Oxford University Press), pp. 193~216.
- **Müller, Konrad**, 1963, "Ph. Melanchthon und das Kopernikanische Weltsystem," *Centaurus*, Vol. 9, pp. 16~28.
- **Müller, Michael G.**, 2001, "Science and Religion in Royal Prussia around 1600," *Religious Confessions and the Sciences in the Sixteenth Century*, ed. J. Helm & A. Winkelmann(Brill), pp. 35~43.
- **Mundy, John**, 1942~1943, "John of Gmunden," *ISIS*, Vol. 34, pp. 196~205.
- **Murdoch, J. E. & Sylla, E. D.**, 1978, "The Science of Motions," *Science in the Middle Ages*, ed. Lindsay, pp. 206~264.
- **Nagata(永田諒一)**, 2004, 『宗教改革の真実—カトリックとプロテスタントの社会史(종교개혁의 진실—가톨릭과 프로테스탄트의 사회사)』(講談社現代親書).
- **Nakajima(中島秀人)**, 1997, 『ロバーと・フック(로버트 훅)』(朝倉書店).
- **Nauert Jr., Charles G.**, 1979, "Humanists, Scientist, and Pliny: Changing Approaches to a Classical Author," *American Historical Review*, Vol. 84, pp. 72~85.
- **Neugebauer, Otto**, 1957, *The Exact Science in Antiquity*, 2nd ed.(Harper Torchbooks, 1962), 『古代の精密科学(고대의 정밀과학)』 矢野道雄(야노 미치오)·斎藤潔(사이토 기요시) 역(恒星社厚生閣, 1990).
- ________, 1968, "On the Planetary Theory of Copernicus," *Vistas in Astronomy*, Vol. 10, pp. 89~103.
- **Newton, Robert R.**, 1973, "The Authenticity of Ptolemy's Parallax Data-Part I," *Quarterly Journal of the Astronomical Society*, Vol. 14, pp. 367~388.

- ________, 1976, *Ancient Planetary Observations and the Validity of Ephemeris Time*(The Johns Hopkins University Press).
- ________, 1982, "An Analysis of the Solar Observations of Regiomontanus and Walter," *Quarterly Journal of the Royal Astronomical Society*, Vol. 23, pp. 67~93.
- **Nicolson, Marjorie Hope**, 1948, 『月世界への旅(달세계로의 여행)』 高山宏(다카야마 히로시) 역(国書刊行会, 1986).
- **Nishimura(西村秀雄)**, 1990, 「火星の大きさの変化とコペルニクス体系(화성의 크기 변화와 코페르니쿠스 체계)」, 『科学史研究(과학사 연구)』 II-29, pp. 219~224.
- **Norlind, Wilhelm**, 1953, "Copernicus and Luther: A Critical Study," *ISIS*, Vol. 44, pp. 273~276.
- **North, John D.**, 1966/1967, "Werner, Apian, Blagrave and the Meteoroscope," *BJHS*, Vol. 3, pp. 57~65.
- ________, 1975, "The Reluctant Revolutionaries: Astronomy after Copernicus," *Studia Copernicana*, pp. 169~184.
- ________, 1980, "Astorology and the Fortunes of Churches," *Centaurus*, Vol. 24, pp. 181~211.
- ________, 1983, "The Western Calender: *Intolerabilis, Horribilis et Derisibilis*; Four Centuries of Discontent," in *Gregorian Reform of Calender: Proceedings of the Vatican Conference to Commemorate its 400th Anniversary, 1582-1982*, ed. G. V. Coyne, M. A. Hoskin & 0. Pedersen, pp. 75~113.
- ________, 1986, "Celestial Influence-the major premiss of astrology," *Astrologi hallucinati*, ed. Zambelli, pp. 45~100.
- **Nouhuys, Tabitta van**, 1998, *The Age of the Two-Faced Janus: Comets of 1577 and 1618 and the Decline of the Aristotelian World View in the Netherlands*(Brill).
- **Nutton, Vivian**, 1998, "Medicine at the German Universities, 1348-1500: A Preliminary Sketch," *Medicine from the Black Death to the French Diesease*, ed. R. French(Ashgate), pp. 85~109.
- **Oberman, Heiko A.**, 1975, "Reformation and Revolution: Copernicus' Discovery in an Era of Change," *The Nature of Scientific Discovery*, ed. Gingerich, pp. 134~169.

- **Ogawa(小川劲)**, 1991, 「理性で聴く惑星の音楽(이성으로 듣는 행성의 음악)」, 渡辺(와타나베) 편 『ケプラーと世界の調和(케플러와 세계의 조화)』 pp. 105~133.
- **Ohashi(大橋博司)**, 1976, 『パラケルススの生涯と思索(파라켈수스의 생애와 사색)』(思索社).
- **O'Malley, Charles D.**, 1964, *Andreas Vesalius of Brussels 1514-1564*(University of California Press), 『ブリュッセルのアンドレアス・ヴェサリウス 1514-1564(브뤼셀의 안드레아스 베살리우스 1514~1564)』 坂井建雄(사카이 다쓰오) 역(エルゼビア・サイエンス ミクス, 2001).
- **Ore, Oystein**, 1968, "Foreword," in Cardano, *The GREAT ART*, pp. vii - xiii.
- **Overfield, James H.**, 1984, *Humanism and Scholasticism in Late Medieval Germany*(Princeton University Press).
- **Pagel, Walter**, 1958, *Paracelsus-An Introduction to Philosophical Medicine in the Era of the Renaissance*(S. Karger).
- **Pannekoek, A.**, 1951, 영역 *A History of Astronomy*(George Allen & Unwin, 1961).
- **Pantin, Isabelle**, 2006, "Kepler's Epitome: New Images for an Innovative Book," *Transmitting Knowledge*, ed. S. Kusukawa & I. Maclean(Oxford University Press), pp. 216~237.
- **Panofsky, Erwin**, 1953, 「芸術家・科学者・天才(예술가, 과학자, 천재)」 木田元(기다 겐) 역, 『現代思想(현대사상)』 Vol. 5~7(1977) 6, pp. 94~133.
- **Park, Kaharine & Daston, Lorraine J.**, 1981, "Unnatural Conceptions: The Study of Monsters in Sixteenth-and Seventeenth-Century France and England," *Past and Presnt*, Vol. 92, pp. 20~54.
- **Pauli, Wolfgang**, 1952, "Der Einfluss Archetypischer Vorstellungen auf die Bildung Naturwissenschaftlicher Theorien bei Kepler," *Collected Scientific Papers by Wolfgang Pauli*, ed. R. Kronig & V. F. Weisskopf(John Wiley & Sons., 1964), Vol. 1, pp. 1023~1114, 「元型的観念がケプラーの科学理論に与えた影響(원형적 관념이 케플러의 과학이론에 미친 영향)」 村上陽一郎(무라카미 요이치로) 역, 『自然現象と心の構造—非因果的連関の原理(자연현상과 마음의 구조—비인과적 연관의 원리)』(海鳴社, 1976), pp. 147~212.
- **Pedersen, Olaf**, 1974, *A Survey of the Almagest*(Odense University Press).
- ________, 1978a, "Astronomy," *Science in the Middle Ages*, ed. Lindberg, pp.

303~337.
- ________, 1978b, "The Decline and Fall of the *THEORICA PLANETARUM*: Renaissance Astronomy and the Art of Printing," *Studia Copernicana*, Vol. 16, pp. 157~185.
- ________, 1985, "In Questo of Sacrobosco," *JHA*, Vol. 16, pp. 175~221.
- ________, 1996, 「中世ヨーロッパの天文学(중세 유럽의 천문학)」, 『望遠鏡以前の天文学(망원경 이전의 천문학)』 ed. Walker, Ch. 9.
- ________, "Astronomy", "Astrology," *DMA*, Bd. 1.
- **Pedersen, Olaf & Pihl, Mogens**, 1974, *Early Physics and Astronomy: A Historical Introduction*(Macdonald and Janes, and American Elsevier INC).
- **Penrose, Boies**, 1952, 『大航海時代ー旅と発見の二世紀(대항해 시대—여행과 발견의 2세기)』 荒尾克己(아라오 가쓰미) 역(筑摩書房, 1985).
- **Pogo, Alexander**, 1935, "Gemma Frisius, his method of determining differences of longitude by transporting timepieces(1530), and his treatise on triangulation (1533)," *ISIS*, Vol. 22, pp. 469~507.
- **Price, Derek J. de Solla**, 1955, *The Equatorie of the Planetis*(Cambridge at the University Press).
- ________, 1957, 「科学器機の製作—1500年頃~1700年頃(과학기기의 제작—1500년경~1700년경)」 高木純一(다카기 준이치로) 역, 『技術の歴史 6 ルネサンスから産業革命へ 下(기술의 역사 6 르네상스에서 산업혁명으로 하)』 ed. C. Singer et al.(筑摩書房, 1978), pp. 527~547.
- ________, 1959a, "Contra-Copernicus: A Critical Re-Estimation of the Mathematical Planetary Theory of Ptolemy, Copernicus, and Kepler," *Critical Problems in the History of Science*, ed. M. Clagett(The University of Wisconsin Press), pp. 197~218.
- ________, 1959b, "The first Scientific Instrument of the Renaissance," *Physis*, Vol. 1, pp. 26~30.
- **Prowe, Leopold**, 1883~1884, *Nicolaus Coppernicus*, I-i, I-ii, II(Neudruck; Osnabrük Otto Zeller, 1967), 약칭 *NC*.
- **Pruckner, Hubert**, 1933, *Studien zu den Astrologischen Schriften des Heinrich von Langenstein*(B. G. Teubner).
- **Rabin, Sheila J.**, 1987, *Two Reniassance Views of Astrology: Pico and Kepler*,

The City Univerisity of New York Ph. D. Thesis.

- Randles, W.G.L., 1995, "Portuguese and Spanish Attempts to Measure Longitude in the Sixteenth Century," *The Mariner's Mirror*, Vol. 81, pp. 402~408.
- Rashdall, Hastings, 1936, 『大学の起源ーヨーロッパ中世の大学(대학의 기원—유럽 중세의 대학)』(상중하) 横尾壮英(요코오 다케히데) 역(東洋館出版社, 1966, 1967, 1968).
- Ravetz, Jerome R., 1966, "The Origins of the Copernican Revolution," *Scientific American*, Vol. 215, pp. 88~98.
- Reich, Karin, 1990, "Problems of Calender Reform from Regiomontanus to the Present," in Zinner, *Regiomontanus*, pp. 345~362.
- Richeson, A. W., 1966, *English Land Measuring to 1800: Instruments and Practices*(The Society for the History of Technology and The M.I.T. Press).
- Riesenhuber, Klaus, 1998, 「シャルトルのティエリにおける一性の算術と形而上学(샤르트르의 티에리에게 있어서 일체성의 산술과 형이상학)」, 小山宙丸(고야마 주마루) 편 『ヨーロッパ中世の自然観(유럽중세의 자연관)』(創文社), pp. 59~112.
- ________, 2002, 『中世思想史(중세사상사)』 村井則夫(무라이 노리오) 역(平凡社, 2003).
- Roberts, Victor, 1957, "The Solar and Lunar Theory of Ibn ash-Shātir: A Pre-Copernican Copernican Model," *ISIS*, Vol. 48, pp. 428~432.
- Roche, John J., 1981, "The Radius Astronomicus in England," *Annales of Science*, Vol. 38, pp. 1~32.
- Rörig, Fritz, 1964, 『中世ヨーロッパ都市と市民文化(중세유럽도시와 시민문화)』 魚住昌良(우오즈미 마사요시)・小倉欣一(오구라 긴이치) 역(創文社, 1978).
- Rose, Paul Lawrence, 1976, *The Italian Renaissance of Mathematics: Studies on Humanists and Mathematicians from Petrarcha to Galileo*(Librarie Droz).
- Rosen, Edward, 1957a, "The Ramus-Rheticus Correspondence," *Roots of scientific thought: a cultural perspective*, ed. P. P. Wiener & A. Noland(Basic Books), pp. 287~292.
- ________, 1957b, "Maurolico's Attitude toward Copernicus," *Proceedings of the American Philosophical Society*, Vol. 101, pp. 177~194.
- ________, 1958, "Galileo's Misstatements about Copernicus," *ISIS*, Vol. 49, pp.

319~330.
- ________, 1960, "Calvin's Attitude toward Copernicus," *JHI*, Vol. 21, pp. 431~441.
- ________, 1961a, "A Reply to Dr. Ratner," *JHI*, Vol. 22, pp. 386~388.
- ________, 1961b, "Copernicus and Al-Bitruji," *Centaurus*, Vol. 7, pp. 151~156.
- ________, 1967, "In Defence of Kepler," *Aspect of the Renaissance: a symposium*, ed. R. Lewis(University of Texas Press), pp. 141~158.
- ________, 1975a, "Was Copernicus' Revolutions Approved by the Pope?" *JHI*, Vol. 36, pp. 531~542.
- ________, 1975b, "Kepler's Place in the History of Science," *Vistas in Astronomy*, Vol. 18, pp. 279~285.
- ________, 1975c, "Copernicus' Spheres and Epicycles," *AIHS*, Vol. 25, pp. 82~92.
- ________, 1976a, "Reply to N. Swerdlow," *AIHS*, Vol. 26, pp. 301~304.
- ________, 1976b, "The Alfonsine Table and Copernicus," with the assistance of E. Hilfstein, *Manuscripta*, Vol. 20, pp. 163~174.
- ________, 1982, "Tycho Brahe and Erasmus Reinhold," *AIHS*, Vol. 32, pp. 1~8.
- ________, 1984a, "Francesco Patrizi and the Celestial Spheres," *Physis*, Vol. 26, pp. 305~324.
- ________, 1984b, "Kepler's attitude toward astrology and mysticism," *Occult Scientific Mentalities in the Renaissance*, ed. B. Vickers(Cambridge University Press), pp. 253~272.
- ________, 1984c, *Copernicus and the Scientific Revolution*(Robert E. Krieger).
- ________, 1985, "The Dissolution of Solid Celestial Sphere," *JHI*, Vol. 46, pp. 13~31.
- ________, 1986, *Three Imperial Mathematicians: Kepler trapped between Tycho Brahe and Ursus*(Abaris Book).
- ________, 1987, "Copernicus' Earliest Astronomical Treatise," with the assistance of E. Hilfstein, *Dialectics and Humanism*, Vol. 1, pp. 257~265.
- ________, "Regiomontanus," *DSB*, XI.
- **Rosen, Edward ed.**, 1958, *Three Copernican Treatises*, translated with

introduction, notes and bibliography by E. Rosen, 2nd editon(Dover), 약칭 *TCT*.

- **Rosenfeld, Hans-Friedrich & Rosenfeld, Hellmut**, 1978, 『中世後期のドイツ文化(중세 후기의 독일 문화)』 鎌野多美子(가마노 다미코) 역(三修社, 1999).
- **Rossi, Paolo L.**, 1981, "Francesco Patrizi: Heavenly Spheres and Flocks of Cranes," *Italian Studies in the Philosophy of Science*, ed. M. Luisa dalla Chiara (D. Reidel), pp. 363~388.
- ________, 1991, "Society, Culture and the Dissemination of Learning," *Science, Culture and Popular Belief in Renaissance Europe*, ed. S. Pumfrey, P. L. Rossi & M. Slawinski (Manchester University Press), pp. 143~175.
- **Rowland, Ingrid, P.**, 2004, "Athanasius Kircher, Giordano Bruno, and the *Panspermia* of the Infinite Universe," *Athanasius Kircher: the Last Man who Knew Everything*, ed. P. Findlen (Routledge), pp. 191~205.
- **Ruffner, James Ala**, 1966, *The Background and Early Development of Newton's Theory of Comets*, Indiana University Ph. D. Dissertation.
- **Russell Bertrand**, 1946, 『西洋哲学史(서양철학사)』(상중하) 市井三郎(이치이 사부로) 역(みすず書房, 1954~1956).
- **Russell, J. L.**, 1964, "Kepler's Laws of Planetary Motion: 1609-1666," *BJHS*, Vol. 2, pp. 1~24.
- **Rutkin, H. Darrel**, 2002, *Astrology, Natural Philosophy and the History of Science, C. 1250-1700: Studies toward an Interpretation of Giovanni Pico Della Mirandola's "Disputati adversus astrologiam divinatricem"*, Indiana University Ph. D. Dissertation.
- **Sabra, A. I.**, "Al-Fargāni," *DSB*, IV.
- **Sakuma(佐久間宏展)**, 1999, 『ドイツ手工業・同業組合の研究(독일수공업・동업조합 연구)』(創文社).
- **Santillana, Giorigio de**, 1955, 『ガリレオ裁判(갈릴레오 재판)』 武谷三男(다케타니 미쓰오) 감수, 一瀨幸雄(이치노세 유키오) 역(岩波書店, 1973).
- ________, 1966, "Paolo Toscanelli and his Friends," *The Renaissance Image of Man and the World*, ed. Bernard O'Kelly(Ohaio State University Press), pp. 105~127.
- **Sarton, George**, 1935, "The First Explanation of Decimal Fractions and

measures 1585," *ISIS*, Vol. 23, pp. 153~244.

- ________, 1938, "The Scientific Literature transmitted through the Incunabula," *Osiris*, Vol. 5, pp. 41~244.
- ________, 1949, "Incunabula Wrongly Dated," *ISIS*, Vol. 40, pp. 227~240.
- ________, 1954, 『古代の科学史―現代文明の源流として(고대 과학사―현대 문명의 원류로서)』 好田順治(고다 준지) 역(河出書房新社, 1981).
- ________, 1957, *Six Wings: Men of Science in the Renaissance*(Indiana University Press).
- ________, 1959, *Helenistic Science and Culture in the Last three Centuries B. C.* (reprinted; Dover, 1993), poft
- ________, 『古代中世 科學文化史(고대중세 과학문화사)』(I~V) 平田寛(히라타 유타카) 역(岩波書店, 1951~1966).
- **Sasaki(佐々木博光)**, 2011, 「ペスト観の脱魔術化―近代ヨーロッパの神学的ペスト文書(페스트를 보는 시각의 탈마술화―근대 유럽의 신학적 페스트 문서)」, 『大阪府立大学紀要(오사카부립대학 기요)』 7, pp. 59~91.
- **Scherer, Wilhelm**, 1883, 『ドイツ文学史 第2券(독일문학사 제2권)』 吹田順助(스이타 준스케) 감수(創元社, 1949).
- **Schipperges, Heinrich**, 1985, 『中世の医学―医療と養生の文化史(중세의 의학―의료와 양생의 문화사)』 大橋博司(오하시 히로시)·濱中淑彦(하마나카 도시히코)·波多野和夫(하다노 가즈오)·山岸洋(야마기시 요) 역(人文書院, 1988).
- **Schmeidler, Felix**, 1968, "Supplement to Zinner's Book, *Leben und Wirken des Johannes Müller von Königsberg, Gennant Regiomontanus*," in Zinner, *Regiomontanus*, pp. 313~324.
- **Schnelbögl, Fritz**, 1966, "Life and Work of the Nurenberg Cartographer Erhard Etzlaub(†1532), *Imago Mundi*, Vol. 20, pp. 11~26.
- **Schofield, Christine Jones**, 1965, "The Geoheliocentric Mathematical Hypothesis in Sixteenth-Century Planetary Theory," *BJHS*, Vol. 2, pp. 290~296.
- ________, 1981, *Tychonic and Semi-Tychonic World Systems*(Anno Press).
- ________, 1989, "The Tychonic and semi-Tychonic World Systems," *The General History of Astronomy*, ed. Taton & Wilson, Vol. 2, Pt. A, pp. 33~44.
- **Scribner, R. W. & Dixon, C. S.**, 2003, 『ドイツ宗教改革(독일종교개혁)』 森田安一(모리타 야스카즈) 역(岩波書店, 2009).

- **Shackelford, Jole Richard**, 1989, *Paracelsianism in Denmark and Norway in the 16th and 17th Centuries*, The University of Wisconsin Ph. D. Dissertation.
- ________, 1993, "Tycho Brahe, Laboratory Design, and the Aim of Science," *ISIS*, Vol. 84, pp. 211~230.
- **Shank, Michael H.**, 1982, "Regiomontanus and Homocentric Astronomy," *Bulletin of the American Astronomical Society*, Vol. 14, p. 897.
- ________, 1988, "Unless You Believe, You Shall Not Understand" *Logic, University, and Society in Late Medieval Vienna*(Princeton University Press).
- ________, 1992, "The "Notes on Al-Bitrūji" attributed to Regiomontanus: Second thoughts," *JHA*, Vol. 23, pp. 15~30.
- ________, 1997, "Academic Consulting in Fifteenth-Century Vienna: The Case of Astrology," *Texts and Contexts in ancient and medieval Science: Studies on the Occasion of John E. Murdoch's seventieth birthday*, ed. E. Sylla & M. McVaugh(Brill's studies in intellectual history: v. 78), pp. 245~270.
- ________, 1998, "Regiomontanus and Homocentric Astronomy," *JHA*, Vol. 29, pp. 157~166.
- ________, 2002, "Regiomontanus on Ptolemy, Physical Orbs, and Astronomical Fictionalism: Goldstein Themes in the "Defense of Theon against George of Trebizond"," *Perspectives on Science*, Vol. 10, pp. 179~207.
- ________, 2003, "Rings in a Fluid Heaven: The Equatorium-Driven Physical Astronomy of Guido de Marchia(fl. 1292-1310)," *Centaurus*, Vol. 45, pp. 175~203.
- **Shirley, Rodney**, 1984, *The Mapping of the World: Early printed World Maps 1472-1700*(Holland Press).
- **Shimizu(清水純一)**, 1994, 『ルネサンス―人と思想(르네상스―사람과 사상)』 均藤恒一편(平凡社).
- **Shinohara(篠原愛人)**, 『アメリゴ=ヴェスプッチ(아메리고 베스푸치)』(清水書院).
- **Shipman, Joseph C.**, 1967, "Johannes Petreius, Nuremberg Publisher of Scientific Works, 1524~1550," *Homage to a Bookman*, ed. H. Lehman-Haupt (Gebr Mann Verlag), pp. 147~162.
- **Singham, Mano**, 2007, 「コペルニクスろめぐる俗説の誤り(코페르니쿠스를 둘

러싼 속설의 오류)」 家泰弘(이에 야스히로) 역, 『パリティ(패리티)』 Vol. 23, No. 9, pp. 29~37.

- Siraisi, Nancy, 1973, *Art and Science at Padua: The STUDIUM of Padua before 1350*(Pontifical Institute of Medieval Studies).
- Skelton, R. A., 1963, "Bibliographical Note," Ptolemy, *Cosmographia*(1482, reprinted 1963), pp. V~XI.
- ________, 1966a, "Bibliographical Note," Ptolemaeus, *Geographia*(1513, reprinted 1966), pp. V~XXII.
- ________, 1966b, "Bibliographical Note," Ptolemaeus, *Geographia*(1540, reprinted 1966), pp. V~XXIII.
- Skinner, Quentin, 1978, 『近代政治思想の基礎ールネサンス, 宗教改革の時代(근대정치사상의 기초ー르네상스, 종교개혁의 시대)』 門間都喜郎(몬마 도키오) 역(春風社, 2009).
- Smith, Charlotte Fell, 1909, *John Dee(1527-1608)*(Constable & Company).
- Smith, David Eugene, 1908, *Rara Arithmetica*(Ginn and Company),
- ________, 1923~1925, *History of Mathematics*, 2 vols.(reprinted; Dover, 1953).
- Smith, Jeffrey Chipps, 1983, *NUREMBERG A Renaissance City, 1500-1618*(University of Texas Press).
- Smoller, Laura Ackerman, 1991, *History, Prophecy, and the Stars: The Christian Astrology of Pierre D'Ailly(1350-1420)*, Harvard University Ph. D. Thesis(republished; Princeton University Press, 1994).
- Sobel, Dava, 1995, 『経度への挑戦——一秒にかけた四百年(경도에 대한 도전—1초에 걸친 400년)』 藤井留美(후지이 루미) 역(翔泳社, 1997).
- ________, 1999, 『ガリレオの娘—科学と信仰と愛についての父への手紙(갈릴레오의 딸—과학과 신앙과 사랑에 관해 아버지에게 보내는 편지)』 田中一郎(다나카 이치로) 감수, 田中勝彦(다나카 가쓰히코) 역(DHC, 2002).
- Stahl, William H., 1962, *Roman Science, Origin, Development and Influence to the Later Middle Ages*(The University of Wisconsin Press).
- Stephenson, Bruce, 1987, *Kepler's Physical Astronomy*(Springer-Verlag).
- Stimson, Dorothy, 1917, *The Gradual Acceptance of the Copernican Theory of the Universe*(republished; Peter Smith, 1972).
- Steneck, Nicholas H., 1976, *Science and Creation in the Middle Ages: Henry*

of Langenstein on genesis(University of Notre Dame Press).

- **Störig, Hans Joachim**, 1954, 『西洋科学史II(서양과학사 II)』 菅井準一(스가이 준이치)·長野敬(나가노 게이)·佐藤満彦(사토 미쓰히코) 역(現代教養文庫, 1975).
- **Straker, Stephen**, 1981, "Kepler, Tycho, and *Optical Part of Astronomy*: the Genesis of Kepler's Theory of Pinhole Images," *AHES*, Vol. 24, pp. 267~293.
- **Strauss, Gerald**, 1957, '*German Illustratà: Topographical-Historical Description of Germany in the Sixteenth Century*, Columbia University Ph. D. Thesis.
- ________, 1959, *Sixteenth-century Germany: its topography and topographers*(University of Wisconsin Press).
- ________, 1966, *Nuremberg in the Sixteenth Century*(John Willey & Sons).
- **Struik, Dirk J.**, 1936, "Mathematics in the Netherlands during the first half of the XVI century," *ISIS*, Vol. 25, pp. 46~56.
- ________, 1958, *Het Land van Stevin en Huygens*(Amsterdam), 영역 *The Land of Stevin and Huygens*(D. Reidel, 1981).
- **Swerdlow, Noel M.**, 1972, "Aristotelian Planetary Theory in the Renaissance: Giovanni Battista Amico's Homocentric Sphere," *JHA*, Vol. 3, pp. 36~48.
- ________, 1973, "The Derivation and first Draft of Copernicus's Planetary Theory: A Translation of the Commentariolus with Commentary," *Proceedings of the American Philosophical Society*, Vol. 117, pp. 423~512.
- ________, 1976, "PSEUDODOXIA COPERNICANA: or, Enquiries into very many recieved tenents and commonly presumed truths, mostly concerning spheres," *AIHS*, Vol. 26, pp. 108~158.
- ________, 1990, "Regiomontanus on the Critical Problems of Astronomy," *Nature, Experiment, and the Sciences: Essays on Galileo and the History of Science in Honour of Stillman Drake*, ed. T. H. Levere & W. R. Shea(Kluwer Academic Publishers), pp. 165~195.
- ________, 1992, "Annals of Scientific Publishing-Johannes Petreius's Letter to Rheticus," *ISIS*, Vol. 83, pp. 270~274.
- ________, 1993, "Science and Humanism in the Renaissance: Regiomontanus's Oration on the Dignity and Utility of the Mathematical Sciences," *World Change: Thomas Kuhn and the Nature of Science*, ed. P. Horwich(The M. I. T. Press), pp. 131~168.

- ________, 1996, 「ルネサンスの天文学(르네상스의 천문학)」, 『望遠鏡以前の天文学(망원경 이전의 천문학)』 ed. Walker, Ch. 10.
- ________, 1999, "Regiomontanus's Concentric-sphere Models for the Sun and Moon," *JHA*, Vol. 30, pp. 1~23.
- **Swerdlow, N. M. & Neugebauer, O.**, 1984, *Mathematical Astronomy in Copernicus's De revolutionibus*(Springer Verlag).
- **Takahashi(高橋憲一)**, 1993, 『コペルニクス・天球回転論(코페르니쿠스 천구회전론)』(みすっず書房).
- ________, 2008, 서평, 『科学史研究(과학사 연구)』 II-47, pp. 121~124.
- **Taton, R. & Wilson, C. ed.**, 1989, *The General History of Astronomy*, Vol. 2, *Planetary Astronomy from the Renaissance to the Rise of Astrophysics*, Part A: Tycho Brahe to Newton(Cambridge University Press).
- **Taylor, Eva Germine Rimington**, 1930, *Tudor Geography 1485-1583*(Methuen & Co.).
- ________, 1934, *Late Tudor and early Stuart Geography 1583-1650*(Methuen).
- ________, 1950, "Five Centuries of Dead Reckoning," *Journal of the Institute of Navigation*, Vol. 3, pp. 280~285.
- ________, 1954, *Mathematical Practitioners of Tudor & Stuart England* (Cambridge University Press).
- ________, 1956, *The Haven-Findin Art*(Hollis & Carter).
- **Tester, S. Jim**, 1987, 『西洋占星術の歴史(서양점성술의 역사)』 山本啓二(야마모토 게이지) 역(恒星社厚生閣, 1997).
- **Thomas, Keith**, 2001, 『歴史と文学—近代イギリス史論集(역사와 문학—근대영국사 논집)』 中島俊郎(야카지마 도시로) 편역(みすず書房).
- **Thoren, Victor**, 1965, *Tycho Brahe on the Lunar Theory*, Indiana University Ph. D. Thesis.
- ________, 1973a, "Tycho Brahe: Past and Future Research," *History of Science*, Vol. 11, pp. 270~282.
- ________, 1973b, "New Light on Tycho's Instruments," *JHA*, Vol. 4, pp. 25~45,
- ________, 1979, "The Comet of 1577 and Tycho Brahe's System of the World," *AIHS*, Vol. 29, pp. 53~67.
- ________, 1990, *The Lord of Uraniborg: A Biobraphy of Tycho Brahe*

(Cambridge University Press).

- **Thorndike, Lynn**, 1923~1958, *History of Magic and Experimental Science*, I~VIII(Columbia University Press), 약칭 *HMES*,
- ________, 1945a, "Peter of Limoges on the Comet of 1299," *ISIS*, Vol. 36, pp. 3~6.
- ________, 1945b, "Franco de Polonia and the Turquet," *ISIS*, Vol. 36, pp. 6~7.
- ________, 1950, "Giovanni Bianchini in Paris Manuscripts," *Scripta Mathematica*, Vol. 16, pp. 5~12, 169~180.
- ________, 1953, "Giovanni Bianchini in Itarian Manuscripts," *Scripta Mathematica*, Vol. 19, pp. 5~17.
- ________, 1955, "The True Place of Astronomy in the History of Science," *ISIS*, Vol. 46, pp. 273~278.
- ________, 1963, *Science and Thought in the Fifteenth Century*(Hafner Publishing Company).
- **Thorndike, Lynn ed.**, 1949, *The Sphere of Sacrobosco and Its Commentators* (The University of Chicago Press).
- **Tooley, R. V. & Bricker, Charles**, 1976, *Landmarks of Mapmaking*(Wordsworth).
- **Toomer, G. J.**, 1996, 「プトレマイオスとその先行者たち(프톨레마이오스와 그 선행자들)」, 『望遠鏡以前の天文学(망원경 이전의 천문학)』 ed. Walker, Ch. 3.
- ________, "Heraclides Pontius," *DSB*, XV.
- **Tredwell, Katherine Anne**, 2004, "Michael Maestlin and the Fate of the *NARRATIO PRIMA*," *JHA*, Vol. 35, pp. 305~325.
- ________, 2005, *The Exact Sciences in Lutheran Germany and Tudor England*, University of Oklahoma Dissertation.
- **Troeltsch, Ernst**, 1911, 『近代世界とプロテスタンティズム(근대세계와 프로테스탄티즘)』 西村貞二(니시무라 데이지) 역(創元社, 1950).
- ________, 1913, 『ルネサンスと宗教改革(르네상스와 종교개혁)』 内田芳明(우치다 요시아키) 역(岩波文庫, 1959).
- **Tsuchiya(土屋吉正)**, 1987, 『暦とキリスト教(역과 기독교)』(オリエンス宗教研究所).
- **Van Berkel, K**, 1985, 『オランダ科学史(네덜란드 과학사)』 塚田東吾(쓰카다 도고) 역(朝倉書店, 2000).

- **Van Duzer, Chet**, 2010, *Johann Schöner's Globe of 1515: Transcription and Study*(American Philosophical Society).
- **Van der Krogt**, Peter, 1993, *Globi Neerlandici: The Production of Globes in the Low Countries*(Hes Publishers).
- **Van der Waerden, B. L.**, 1954, 『数学の黎明―オリエントからギリシアへ(수학의 여명―오리엔트에서 그리스로)』 村田全(무라타 다모쓰)·佐藤勝造(사토 가쓰조) 역(みすず書房, 1984).
- **Van Helden, Albert**, 1985, *Measuring the Universe: Cosmic Dimensions from Aristarchus to Halley*(The University of Chicago Press).
- **Verger, Jacques**, 1973, 『中世の大学(중세의 대학)』 大高順雄(오타카 요리오) 역(みすず書房, 1979).
- ________, 1998, 『ヨーロッパ中世末期の学識者(유럽 중세 말기의 지식인)』 野口洋二(노구치 요지) 역(創文社, 2004).
- **Vocht, Henry de**, 1961, *John Dantiscus and his Netherlandish Friends as revealed by their correspondences 1522-1546*(Louvain Librerarie Universitaire, W. Vandermeulen).
- **Voelkel, James Robert**, 1994, *The Development and Reception of Kepler's Physical Astronomy 1593-1609*, Indiana University Ph. D. Thesis.
- **Vogel, Klaus A.**, 2007, "Cosmography," *The Cambridge History of Science*, tr. A. Rankin, ed. K. Park & L. Daston(Cambridge University Press), Vol. 3, pp. 469~496.
- **Vogel, Kurt**, "John of Gmunden," *DSB*, VII.
- **Voisé, Waldemar**, 1975, "Kepler-A Modern View," *Vistas in Astronomy*, Vol. 18, pp. 309~312.
- **Walker, C. ed.**, 1996, 『望遠鏡以前の天文学(망원경 이전의 천문학)』 山本啓二(야마모토 게이지)·川和田晶子(가와와다 아키코) 역(恒星社厚生閣, 2008).
- **Walker, Daniel Pickering**, 1958, 『ルネサンスの魔術思想―フィチーノからカンパネッラへ(르네상스의 마술사상―피치노에서 캄파넬라로)』 田口清一(다구치 세이이치) 역(平凡社, 1993).
- ________, 1972, 『古代神学――五――八世紀のキリスト教プラトン主義研究(고대신학―15~18세기 기독교 플라톤주의 연구)』 榎本武文(에노모토 다케후미) 역(平凡社, 1994).

- **Wallece, William A.**, 1977, *Galileo's Early Notebooks: The Physical Questions*, a translation from the Latin, with historical and paleographical commentary (University of Notre Dame Press).
- ________, 1984, *Galileo and his Sources: The Heritage of the Collegio Romano in Galileo's Science*(Princeton University Press).
- **Wandruszka, Adam**, 1968, 『ハプスブルク家ーヨーロッパの一王朝の歴史(합스부르크가—한 유럽 왕조의 역사)』江村洋(에무라 히로시) 역(谷沢書房, 1981).
- **Warburg, Aby**, 1920, 「ルター時代の言葉と図像に見る異教的=古代的予言(루터 시대의 언어와 도상에서 보는 이교적=고대적 예언)」, 『異教的ルネサンス(이교적 르네상스)』進藤英樹(신도 히데키) 역(ちくま学芸文庫, 2004), pp. 113~297, 『ヴァールブルク著作集 6(바르부르크 저작집 6』伊藤博明(이토 히로아키) 감역, 富松保文(도미마쓰 야스후미) 역(ありな書房, 2006), pp. 7~115.
- **Wardeska, Zofia**, 1977, "Die Universität Altdorf als Zentrum der Copernicus Rezeption um die Wende vom 16. zum 17. Jahrhundert," *Zudhoffs Archiv*, Bd. 61, pp. 156~164.
- **Warner, Deborah, J.**, 1979, *The Sky Explored: Celestial Cartography 1500-1800*(Alan R. Liss).
- **Watanabe(渡辺正雄) ed.**, 1991, 『ケプラーと世界の調和(케플러와 세계의 조화)』(共立出版).
- **Waterbolk, E. H.**, 1974, "The "Reception" of Copernicus's Teachings by Gemma Frisius(1508-1555)," *Lias: sources and documents relating to the early modern history of ideas*, Vol. 1, pp. 225~242.
- **Wattenberg, Diedrich**, 1967, *Peter Apianus und sein Astronomicum Caesareum* (Edition Leipzig).
- **Watts, Pauline Moffitt**, 1985, "Prophecy and Discovery: On the Spiritual Origins of Christopher Columbus's "Enterprise of the Indies"," *American Historical Review*, Vol. 90, pp. 73~102.
- **Webster, Charles**, 1982, *From Paracelsus to Newton: Magic and the Making of Modern Science*(Cambridge University Press), 『パラケルススからニュートンへ一魔術と科学のはざま(파라켈수스에서 뉴턴으로—마술과 과학의 갈림길)』金子務(가네코 쓰토무) 감역, 神山義茂(고야마 요시시게)·織田紳也(오다 신야) 역(平凡社, 1999).

- Wesley, Walter G., 1978, "The Accuracy of Tycho Brahe's Instruments," *JHA*, Vol. 9, pp. 42~53.
- Westfall, Richard S., 1971, *The Construction of Modern Science*(Cambridge University Press), 『近代科学の形成(근대과학의 형성)』 渡辺正雄(와타나베 마사오)·小川真理子(오가와 마리코) 역(みすず書房, 1980).
- Westman, Robert S., 1971, *Johannes Kepler's Adoption of the Copernican Hypothesis*, The University of Michigan Ph. D. Thesis.
- ________, 1972, "Kepler's Theory of Hypothesis and 'Realist Dilemma'," *Studies in History and Philosophy of Science*, Vol. 3, pp. 233~264.
- ________, 1972~73, "The Comet and the Cosmos: Kepler, Mästlin and the Copernican Hypothesis," *Studia Copernicana*, Vol. 5~6, pp. 7~30.
- ________, 1975a, "The Melanchthon Circle, Rheticus, and the Wittenberg Interpretation of the Copernican Theory," *ISIS*, Vol. 66, pp. 165~193.
- ________, 1975b, "Michael Mästlin's Adoption of the Copernican Theory," *Studia Copernicana*, Vol. 14, pp. 53~63.
- ________, 1975c, "Introduction: The Copernican Achievement," *Copernican Achievement*, ed. Westman, pp. 1~16.
- ________, 1975d, "Three Responses to the Copernican Theory: Johannes Praetrius, Tycho Brahe, and Michael Maestlin," *Copernican Achievement*, ed. Westman, pp. 285~345.
- ________, 1975e, "The Wittenberg Interpretation of the Copernican Theory," *The Nature of Scientific Discovery*, ed. Gingerich, pp. 393~457.
- ________, 1977, "Magical Reform and Astronomical Reform: The Yates Thesis Reconcidered," in R. S. Westman & J. E. McGuire, *Hermeticism and the Scientific Revolution*(William Andrews Clark Memorial Library), pp. 1~91.
- ________, 1980, "The Astronomer's Role in the Sixteenth Century: A Preliminary Study," *History of Science*, Vol. 18, pp. 105~147.
- ________, 1986, 「コペルニクス主義者と緒教会(코페르니쿠스주의자와 교회들)」 西村秀雄(니시무라 히데오)·渡辺正雄(와타나베 마사오) 역, 『神と自然—歴史における科学とキリスト教(신과 자연—역사에서 과학과 기독교)』 ed. D. G. Lindberg & R. L. Numbers(みすず書房, 1994), pp. 83~122.
- ________, 2011, *The Copernican Question: Prognostication, Skepticism, and*

Celestial Order(University of California Press).

- Westman, Robert S. ed., 1975, *The Copernican Achievement*(University of California Press).
- White Jr., Lynn, 1978, *Medieval Religion and Technology: Collected Essays*(University of California Press).
- White, Robert, 1980, "Calvin and Copernicus: The Problem Reconsidered," *Calvin Theological Journal*, Vol. 15, pp. 233~243.
- Whitfield, Peter, 1994, *The Image of the World: 20 Centuries of World Maps*(Pomegrante Artbooks), 『世界図の歴史(세계도의 역사)』 樺山紘一(가바야마 고이치) 감수, 和田真理子(와다 마리코)·加藤修治(가토 슈지) 역(ミュージアム図書, 1997).
- ________, 1995, 『天球図の歴史(천구도의 역사)』 樺山紘一(가바야마 고이치) 감수, 有光秀行(아리미쓰 히데유키) 역(ミュージアム図書, 1997).
- Whewell, William, 1857, *History of the Inductive Science*, Pt. 1(reprinted; Frank Cass & Co., 1967).
- Wightman, William. P. D., 1962, *Science and the Renaissance*, 2 vols.(Oliver and Boyd).
- ________, 1972, *Science in a Renaissance Society*(Hutchinson University Library).
- Wilson, Curtis A., 1968, "Kepler's Derivation of the Elliptical Path," *ISIS*, Vol. 59, pp. 5~25.
- ________, 1972, "How did Kepler discover his first two laws?" *Scientific American*, Vol. 226, pp. 93~106, 「ケプラーの法則はいかにして発見されたか(케플러의 법칙은 어떻게 발견되었는가)」 中山茂(나가야마 시게루) 역, 『サイエンス(사이언스)』 No. 5(1972), pp. 103~115.
- ________, 1975, "Rheticus, Ravetz, and the "Necessity" of Copernicus' Innovation," *The Copernican Achievement*, ed. Westman, pp. 17~39.
- ________, 1989, "Predictive Astronomy in the Century of Kepler," *The General History of Astronomy*, ed. Taton & Wilson, pp. 161~206.
- Wilson, Peter H., 『神聖ローマ帝国1495-1806(신성로마제국 1495~1806)』 山本六彦(야마모토 무쓰히코) 역(岩波書店, 2005).
- Wolff, Hans ed., 1992, *AMERICA: Early Maps of the New World*(Prestel).

- **Wolff, Philippe**, 1968, 『ヨーロッパの知的覚醒(유럽의 지적 각성)』 渡邊昌美(와타나베 마사미) 역(白水社, 2000).
- **Woolf, Harry**, 1959, *The Transits of Venus: A Study of Eighteenth Century Science*(Princeton University Press).
- **Wrightsman, Amos Bruce**, 1970, *Andreas Osiander and Lutheran Contributions to the Copernican Revolution*, University of Wisconsin Ph. D. Thesis.
- ________, 1975, "Andreas Osiander's Contributions to the Copernican Achievement," *The Copernican Achievement*, ed. Westman, pp. 213~243.
- ________, 1980, "The Legitimation of Scientific Belief: Theory Justification by Copernicus," *Scientific Discovery, Case Studies*, ed. T. Nickles(D. Reidel), pp. 51~66.
- **Wussing, Hans**, 1968, "Regiomontanus and Leipzig," Zinner, in *Regiomontanus*, pp. 307~311.
- **Yates, Frances A.**, 1964, *Giordano Bruno and the Hermetic Tradition*(A Vintage Book, 1969), 『ジョルダノ・ブルーノとヘルメス教の伝統(조르다노 브루노와 헤르메스교의 전통)』 前野佳彦(마에노 요시히코) 역(工作舎, 2010).
- **Yamamoto(山本義隆)**, 1981, 『重力と力学的世界(중력과 역학적 세계)』(現代数学社).
- ________, 1997, 『古典力学の形成―ニュートンからラグランジュへ(고전역학의 형성―뉴턴에서 라그랑주로)』(日本評論社).
- ________, 2003, 『磁力と重力の発見(자력과 중력의 발견)』 3권(みすず書房).
- ________, 2007, 『一六世紀文化革命(16세기 문화혁명)』 2권(みすず書房).
- ________, 2009, 「シモン・ステヴィンをめぐって―数学的自然科学の誕生(시몬 스테빈을 둘러싸고―수학적 자연과학의 탄생)」, Devreese & Van den Berghe 『科学革命の先駆者 シモン・ステヴィン(과학혁명의 선구자 시몬 스테빈)』 권말해설 pp. 367~442.
- **Yamori(矢守一彦)**, 1986, 「書評 『プトレマイオス地理学』(서평 『프톨레마이오스 지리학』)」, 『歴史地理学(역사지리학)』 No. 135, pp. 36~38.
- **Yeomans, Donald K.**, 1991, *Comets: A Chronological History of Observation, Science, Myth, and Forklore*(John Wiley and Sons).
- **Zambelli, Paola**, 1986a, "Introduction," *Astrologi hallucinati*, ed. Zambelli, pp. 1~28.

- ________, 1986b, "Many ends for the world. Luca Gaurico Instigator of the Debate in Italy and in Germany," *Astrologi hallucinati*, ed. Zambelli, pp. 239-263.
- ________, 1992, "The SPECULUM ASTRONOMIAE and its Enigma," *Albertus Magnus and his Contemporaries*(Klaus Academic Publication).
- **Zambelli, Paola ed.**, 1986, *Astrologi hallucinati: stars and the end of the world in Luther's time*(W. de Gruyter).
- **Zeller, Mary Claudia**, 1946, *The Development of Trigonometry, from Regiomontanus to Pitiscus*, Univeristy of Michigan Dissertation.
- **Zilsel, Edgar**, 1942, "The Sociological Roots of Science," *The American Journal of Sociology*, Vol. 47, pp. 544~562, 「科学の社会学的基盤(과학의 사회학적 기반)」, 『科学と社会(과학과 사회)』 青木靖三(아오키 세이조) 역(みすず書房, 1967), pp. 1~30.
- ________, 1945, "The Genesis of the Concept of Scientific Progress," *Journal of the History of Ideas*, Vol. 6, pp. 325~349, 「科学の進歩という概念の起源(과학의 진보라는 개념의 기원)」,『科学と社会(과학과 사회)』 pp. 87~127.
- **Zinner, Ernst**, 1951, *Deutsche und niederlandische astronomische Instrumente des 11-18 Jahrhunderts*(C. H. Beck),
- ________, 1968, 영역 *Regiomontanus: His Life and Work*, tr. E. Brown (North Holland, 1990).
- **작자미상**, 1959, "Regiomontanus's Astorolabe at the National Maritime Museum," *Nature*, Vol. 183, pp. 508~509.

주

상세한 참고문헌은 앞의 「참고문헌」 목록을 확인하기 바란다.
복수의 인용 페이지를 나타내는 경우는 본문에서 인용한 순서대로 페이지를 배열했다.

잡지명, 전집명, 사전명, 저서명의 약칭

AHES	*Archive for History of Exact Sciences*
AIHS	*Archives Internationales d'Histoire des Sciences*
BJHS	*The British Journal for the History of Science*
DMA	*Dictionary of the Middle Ages*
DSB	*Dictionary of Scientific Biography*
GBWW	*Great Books of the Western World*
HMES	*History of Magic and Experimental Science* by Thorndike
JHA	*Journal for the History of Astronomy*
JHI	*Journal of the History of Ideas*
JKGW	*Johannes Kepler Gesammelte Werke*
JROC	*Joannis Regiomontani Opera Collectanea*
NC	*Nicolaus Coppernicus by Prowe*
SBMS	*A Source Book in Medieval Science*
SHPS	*Studies in History and Philosophy of Science*
TBOO	*Tycho Brahe Opera Omnia*
TCT	*Three Copernican Treatise* ed. by Rosen
TPW	*Theophrastus Paracelsus Werke*

제9장 혜성에 대한 시각의 전환 — 이원적 세계 용해의 시작

1 Westman(1977), p. 26.

2 Bruno, Opere, II, p. 166, 일역 p. 204. 인용은 시미즈清水 번역에 의거했는데 orbi deferenti의 역어를 '수송궤도'에서 '수송천구'로, astro nostro e mondo를 '우리의 별, 세계'에서 '우리의 별과 세계'로 고쳤다. '볼록면 구와 오목면 구', '많은 별과 세계'도 마찬가지.

3 Barker & Goldstein(1988), p. 300.

4 『気象論(기상론)』 Bk. 1, Ch. 7, 344a9-20.

5 Seneca, 『自然研究(자연연구)』(원제는 『자연의 문제들Naturales quaestiones』). 일역은 岩波書店(이와나미쇼텐) 『セネカ哲学全集(세네카 철학전집)』에 수록된 土屋(쓰치야) 역과 東海大学出版会(도카이대학 출판회) 『自然研究(全)(자연연구(전))』의 茂手木(모테기) 역이 있는데 이하 인용은 土屋역에 따랐다. 이곳의 인용은 『セネカ哲学全集 4(세네카철학전집 4)』 제7권, pp. 106, 114. 세네카의 혜성 이론은 Genuth(1997), pp. 18~23에 상세하다.

6 Albertus Magnus, *On Comets*, *SBMS*, pp. 541, 542, 545.

7 McEvoy(1982), pp. 165, 181f., 508f.; Crombie(1971), p. 90; Thorndike, *HMES,* II, p. 446f.

8 R. Bacon, *Opus majus*, 영역 pp. 400, 592, 高橋(다카하시) 역 p. 370. ibid, 영역 p. 160, 高橋(다카하시) 역 p. 138도 보라.

9 Albertus Magnus, *On Comets*, *SBMS*, p. 543. Nouhuys(1998), p. 70f도 보라.

10 Thorndike(1945a), p. 5.

11 Oresme, *Le Liure du ciel et du monde*, p. 534f, 『中世科学論集(중세과학론집)』 p. 340.

12 Thorndike, *HMES*, III, p. 493; Hellman(1944), p. 62f.

13 Pierre d'Ailly, *Ymago mundi*, *SBMS*, p. 633.

14 Pedro de Medina, *A Navigator's Universe*, p. 168.

15 『回転論(회전론)』 Bk. 1, Ch. 8. 혜성의 형상에 기반하는 '코메타이(발성髮星)'와 '포고니아(자성髭星)'의 구별은 아리스토텔레스 『気象論(기상론)』(B. 1, Ch. 7, 344a22)에 의한다.

16 Prowe, *NC*, I－ii, p. 271f; Hellman(1944), p. 100; Thorndike, *HMES*, V, p. 410 참조.

17 Galileo 『偽金鑑識官(위폐감식관)』 p. 304.

18 Manilius『占星術または天の聖なる学(점성술 또는 하늘의 성스러운 학문)』 p. 73.

19 Brant『阿呆船(下)(바보 배(하))』 p. 29; Bayle『彗星雜考(혜성잡고)』 pp. 122, 133.

20 *TBOO*, Tom. 4, p. 390, Christianson(1979), p. 137.

21 Paracelsus, *Hermetic and Alchemical Writings*, II, p. 295.

22 Genuth(1997), p. 27.

23 Origenes『ケルソス論駁(켈수스 논박)』 5권 12, 10(II, p. 194), 1권 59(I, p. 68).

24 Nouhuys(1998), p. 60.

25 Isidorus, *Etymologies*, Bk. 3, Ch. 27, p. 143, Ch. 71, p. 152. Thorndike, *HMES*, I, p. 633; Tester(1987), pp. 25, 166~168.도 보라.

26 Beda『中世思想原典集成 6(중세사상원전집성 6)』 p. 99;『イギリス教会史(앵글인의 교회사)』 p. 447.

27 Guillaume de Conches『中世思想原典集成 8(중세사상원전집성 8)』 p. 357. Thorndike, *HMES*, II, p. 58도 보라.

28 Thorndike, *HMES*, II, p. 459.

29 Albertus Magnus, *On Comets*, *SBMS*, p. 542.

30 Alberti『家族論(가족론)』 p. 414.

31 『ジュリアス・シーザー(율리어스 카이사르)』 2막 2장, 小田島雄志(오다시마 유시) 역, p. 71.

32 『気象論(기상론)』 Bk. 1, Ch. 7, 344b20-30.

33 Albertus Magnus, *On Comets*, *SBMS*, p. 547. Jervis(1978), p. 36; Genuth (1997), p. 94f.; Nouhuys(1998), p. 71f.도 보라.

34 Genuth(1997), p. 96.

35 Thorndike, *HMES*, III, p. 493f.; Hellman(1944), p. 62f.; Genuth(1997), p. 97.

36 Ptolemaios, *Tetrabiblos*, pp. 217, 193~195.

37 1299년 기록의 원문과 영역은 Thorndike(1945a), p. 5f에 있다. Jervis(1978), p. 37; Nouhuys(1998), p. 76도 보라.

38 Siraisi(1973), p. 89에서.

39 Thorndike, *HMES*, III, Ch. 19, 권말 Appendix 19; Hellman(1944), p. 57f.; Jervis(1978), pp. 39~41; Nouhuys(1998), p. 77f. 물론 제페리의 관심은 점성술에 있었고, 이 점에 관해서는 Genuth(1997), p. 96f; Campion(2009), p. 145f.

참조.

40 Jervis(1978), p. 74f. Thorndike, *HMES*, IV, Ch. 40; Hellman(1944), pp. 66~70. 이 인물은 레기오몬타누스의 『지리학』을 라틴어로 번역한 동명의 인물과는 다른 사람.

41 이 서간의 일역은 Las Casas 『インディアス史(一)(인디아스사(1))』, 12장; Hernando Colon 『コロンブス提督伝(콜럼버스 제독전)』 Ch. 8, 및 青木(아오키)(1983, 1989)에 있다. 그 신빙성을 둘러싼 논의에 관해서는 青木 논문 및 Watts(1985), p. 80f; Jervis(1978), p. 89 참조.

42 인용 부분은 Vespasiano da Visticci의 교유록(『ルネサンスを彩った人びと(르네상스를 수놓은 사람들)』)의 일역에는 포함되어 있지 않으며 Rose(1976), p. 29에 의한다.

43 Garin(1967), pp. 200, 213; Rose(1976), p. 29; Meuthen(1964), pp. 17f, 165.

44 Regiomontanus to Biancini, 'Briefwechsel,' p. 264, Zinner(1968), pp. 58, 67.

45 Jervis(1978). 이하 이 논문의 인용은 주에 기입하지 않고 페이지 수만을 직접 기록한다.

46 Hellman(1944), p. 74.

47 Genuth(1997), p. 104.

48 Laplace 『確率についての哲学的試論(확률에 관한 철학적 시론)』 p. 165; Sarton (1957), p. 73; Thorndike, *HMES*, IV, p. 414.

49 관측 기록의 원문 전문은 Lhotsky & d'Occhieppo(1960), pp. 271~276에 있다. 인용부분은 ibid., p. 271f., 영역 Jervis(1978), p. 146f.; Yeomans(1991), p. 27 참조.

50 Barker & Goldstein(1988), p. 312.

51 Lhotsky & d'Occhieppo(1960), p. 274, 영역 Jervis(1978), p. 148.

52 Zinner(1968), p. 24. Hellman(1944), p. 73f도 보라.

53 Lhotsky & d'Occhieppo(1960), p. 276.

54 Jervis(1978), 1531년판 원문의 포토 카피는 pp. 224~236, 그 영역은 Ch. 8. 1544년에 뉘른베르크에서 인쇄된 판은 *JROC*, pp. 731~749에 있다.

55 Jervis(1978), p. 158f, *JROC*, pp. 731~733.

56 Jervis(1978), p. 174, *JROC*, p. 744.

57 Jervis(1978), p. 162, *JROC*, p. 735.

58 Jervis(1978), p. 164, *JROC*, p. 736.

59 Jervis(1978), 영역 pp. 191~194, 원문 pp. 237~240.

60 Jervis(1978), p. 190. Zinner(1951), p. 132도 보라. Hellman(1944) pp. 80~82는 저자를 레기오몬타누스라고 하고 있다.

61 Jervis(1978), pp. 192f, 239. Ruffner(1966), p. 38도 보라.

62 Jervis(1978), pp. 193, 239. 대기층의 두께가 포이어바흐의 것과 크게 다르다.

63 Jervis(1978), pp. 191, 237.

64 Jervis(1978), p. 195. 달의 경우 $\overline{EG}_{\max}=64r$ 이므로 $\theta=\sin^{-1}(1/64) \fallingdotseq 1°$.

65 Zinner(1968), p. 131; Jervis(1978), p. 194f. C. A. Wilson(1989), p. 202도 보라.

66 Jervis(1978), p. 180; *JROC*, p. 748.

67 Hayton (2004), p. 409. 단 그의 관측이 그렇게 정확하지는 않았던 듯하다: Hellamn(1944), p. 98.

68 Hayton(2004), p. 411.

69 Wattenberg(1967), p. 47에서.

70 Gregory(1726), p. 900에서. Sarton(1957), p. 73f.도 보라. 상세한 바는 D. W. Hughes(1990), 특히 pp. 357~359 참조. 이 논문 Table 17. 1에는 이 세 혜성의 궤도요소표가 있다.

71 Hayton(2004), p. 412.

72 Webster(1982), p. 25f., 일역 pp. 68~70; Genuth(1997), p. 47; Hellman(1944), p. 100f.

73 Warburg 『ヴァールブルク著作集 6(바르부르크 저작집 6)』 pp. 151, 14, 86에서.

74 Warburg 『ヴァールブルク著作集 6(바르부르크 저작집 6)』 p. 151에서.

75 Warburg 『ヴァールブルク著作集 6(바르부르크 저작집 6)』 p. 18.

76 Kokott(1981), p. 95.

77 Genuth(1997), p. 48.

78 상세한 바는 Jervis(1980) 참조.

79 Apianus, *Astronomicum Caesareum*, II, Caput 15, Ionides(1936), p. 387.

80 Kokott(1981), p. 95.

81 *Astronomicum Caesareum*, II, Caput 15, Ionides(1936), p. 386; Barker (1993), p. 10 n. 12.

82 Barker(1993), p. 10.

83 川喜多(가와키타)(1977), 上, pp. 187~190.

84 Jervis(1978), p. 197; Hellman(1944), pp. 86~88; Dreyer(1890), pp. 6, 166; idem(1906), p. 300(이 책은 프라카스토로에 대해 상세하다, pp. 296~301); Barker(1993), p. 9.

85 Kokott(1981), p. 99f.; Lammens(2002), I, p. 48.

86 Kokott(1981), p. 106, Table 2.

87 Kokott(1981) p. 96.

88 Cardano, *Opera*, III, p. 420; Hellman(1944), pp. 92~96; Ruffner(1966), p. 41; Jervis(1978), p. 198; Barker(1993), p. 13f.; Genuth(1997), p. 261 n. 4; Nouhuys (1998), p. 85.

89 Hellman(1944), p. 96; Thorndike, *HMES*, VI, p. 71; Barker(1993), p. 12f.; Nouhuys(1998), p. 87. 페나에 관해서는 Thorndike, *HMES*, V, p. 304f. 참조.

90 Barker(1993), p. 3. Goldstein(1972), p. 46; Nouhuys(1998), pp. 86, 143f도 보라.

91 Hine, *DSB*, XII, 'Seneca' 항목, p. 330. Grant(1994), p. 648도 보라.

92 Ruffner(1966), p. 34f.

93 Petrarca 『わが秘密(나의 비밀)』 제3권, p. 227.

94 Jervis(1978), p. 73. Thorndike, *HMES*, IV, p. 83도 보라.

95 Kusukawa(2000), p. 125.

96 Cardano, *Opera*, III, p. 420, Hellman(1944), p. 92.

97 Seneca 『自然研究(자연연구)』 VII, 8~9(로마숫자는 권, 아라비아숫자는 장). 이하 이 책(土屋(쓰치야) 역)의 인용은 권과 장 번호만을 기술하고 주에 기입하지 않는다.

98 Cardano, *Opera*, III, p. 420.

99 Nouhuys(1998), p. 143f. 세네카의 인용은 VII. 30.

100 Barker(1993), p. 14.

101 Cardano, *Opera*, III, p. 420, Hellman(1944), p. 92f. n. 151.

102 Kepler 『神秘(신비)』 제2판, 주 4, 일역 p. 20.

103 Acosta 『新大陸自然文化史(上)(신대륙 자연문화사(상))』 pp. 194, 154f, 114f.

104 Kepler, *De cometis*, *JKGW*, Bd. 8, p. 131.

105 Paracelsus, *TPW*, I, pp. 512, 506, 일역 pp. 43, 33f; *TPW*, II, p. 466, 일역 p. 96.

106 이 점에 관해서는 졸저 『一六世紀文化革命 1(16세기 문화혁명 1)』 Ch. 2, 6절을 보아주셨으면 한다.

107 상세한 바는 일역이 있는 『奇蹟の医の糧(パラグラーヌム)(기적의 의술의 알맹이)』, 『奇蹟の医書(ヴォルーメン・パラミールム)(기적의 의서)』(볼루멘 파라미룸volumen paramirum _옮긴이), 『医師の迷宮(의사의 미궁)』, 『目に見えない病気(눈에 보이지 않는 병)』, 그리고 大橋博司(오하시 히로시) 『パラケルスス

の生涯と思想(파라켈수스의 생애와 사상)』, 川喜多愛郎(가와키타 요시오) 『近代医学の史的基盤(근대 의학의 사적 기반)』 제10장 4 등을 보아주셨으면 한다.

108 *TPW*, II, pp. 31, 52; ibid, p. 454, 일역 p. 62.

109 *TPW*, I, p. 513, 일역 p. 45.

110 *TPW*, I, p. 190, 일역 p. 75.

111 *TPW*, I, p. 524f, 일역 p. 62f.

112 Barker & Goldstein(1988), p. 300.

113 『彗星の起源(혜성의 기원)』 *TBOO*, Tom. 4, p. 386, 영역 Christianson(1979), p. 135.

114 *JKGW*, Bd. 8, p. 419; Drake & O'Malley 영역 p. 346f.

115 Barker(1993), p. 17.

제10장 아리스토텔레스적 세계의 해체 — 1570년대의 신성과 혜성

1 Hellman(1960), p. 326에서.

2 Flamsteed, *Gresham Lectures*, p. 330; Brewster, *The Martyrs of Science*, p. 128; Danielson(2006), p. 187, 일역 p. 239.

3 Hellman(1944), p. 112; idem(1963), p. 298.

4 Plinius 『博物誌(박물지)』 제2권 24, 일역 I, p. 93.

5 『天体論(천체론)』 Bk. 1, Ch. 3, 270b13-14.

6 Kepler(1604b), *JKGW*, Bd. 1, p. 394, 영역 p. 333.

7 Koestler(1959), p. 288, 일역(ちくま文庫(치쿠마 분코)), p. 134.

8 『大日本史料(대일본사료)』 第2編之 5, p. 661; 神田(간다)(1960), p. 475. Goldstein (1965)도 보라.

9 神田(간다)(1960), p. 476; 石田(이시다)(1973), p. 35; Williams(1981), pp. 332~336.

10 Apianus to Ludwig, 26 Dec. 1572. Methuen(2008), p. 41에서.

11 Methuen(2008), p. 33.

12 『予備研究(예비연구)』 *TBOO*, Tom. 3, p. 311.

13 Moran(1978), p. 243. ibid, p. 247f.; Methuen(2008), p. 43.도 보라.

14 Dreyer(1890), p. 68; Hellman(1944), p. 116f.; Capp(1979), p. 168.

15 Hellman(1960), p. 330; Lattis(1994), p. 145. 모로리코에 관한 상세한 바는

Rosen(1957b); Rose(1976), Ch. 8 참조.

16 Lattis(1994), p. 150f. 에서.

17 Jonson『古ぎつね(여우 볼포네)』 제2권 제1장, p. 54.

18 Donne「ハンティンドン伯爵夫人へ(헌팅던 백작부인에게)」,『ジョン・ダン全詩集(존 던 전시집)』 p. 342.

19 Galileo『天文対話(上)(천문대화(상))』 pp. 82~84.

20 Apianus to Wilhelm, 26 Dec. 1572, *TBOO*, Tom. 3, pp. 158~161, Moran (1978), p. 325.

21 Hellman(1963), p. 301; idem(1964), pp. 284, 290.

22 Dreyer(1890), p. 58; Hellman(1944), p. 115 n. 279; idem(1963), p. 300f.

23 Hellman(1963), p. 306; Lattis(1994), pp. 150, 155; Thorndike, *HMES*, VI, p. 74.

24 Johnson(1937), pp. 155ff., 204; Hellman(1944), p. 112f.; Thoren(1990), p. 94.

25 Kelly(1965), p. 99; Hellman(1944), p. 98; idem(1963), p. 306.

26 Galileo『天文対話(下)(천문대화(하))』 p. 31.

27 이 과정에 관해 상세한 바는 졸저『一六世紀文化革命 1(16세기 문화혁명 1)』 Ch. 3을 참조해 주셨으면 한다.

28 Moran(1980), pp. 70~73.

29 이하의 기술은 Moran(1978); idem(1980); Dreyer(1890); Gaulke(2009) 등에 의거했다.

30 Hellmann, *DSB*, XIV, 'Wilhelm IV' ; Moran(1981), p. 257.

31 Kirchvogel(1967), pp. 110~112.

32 Cipolla(1967), pp. 33~35; Gimpell(1975), pp. 177~186; White Jr.(1978), p. 302f.

33 Alan Lloyd(1957), p. 557; Wattenberg(1967), p. 62; Gaulke(2009), p. 87f.

34 Moran(1978), pp. 234f., 242f.; idem(1980), pp. 79, 81..

35 Moran(1978), p. 188f.; idem(1980), pp. 75, 79f.; Gaulke(2009), p. 95.

36 Moran(1978), p. 190; idem(1981), p. 254에서.

37 Moran(1981), p. 274. idem(1980), p. 74도 보라.

38 Moran(1981), pp. 258, 261; idem(1980), pp. 75, 77.

39 Gaulke(2009), p. 90.

40 Moran(1978), p. 317f.; idem(1980), p. 86; idem(1981), p. 263.

41 Jarrell(1989), p. 23.

42 Gaulke(2009), p. 90.

43 Wilhelm to Peucer, 14 Dec. 1572, *TBOO*, Tom. 3, p. 114; Wilhelm to Ludwig, 14 Jan. 1973, Methuen(2008), p. 42.

44 Moran(1980), pp. 83~85.

45 Moran(1978), p. 31; idem(1981), pp. 262f., 265f.; Granada(2007), pp. 106ff.

46 阿部(아베)(1998), p. 132.

47 Moran(1980), pp. 68~70.

48 Gascoigne(1990), p. 222.

49 Cardano『自伝(자서전)』p. 148.

50 Thoren(1990), p. 10.

51 Dreyer(1890), p. 16f.; Westman(1975a), p. 171; idem(1975d), p. 305.

52 Thoren(1990), p. 17f.

53 Christianson(1967), p. 202; Thoren(1990), p. 11f.; Hellman, *DSB*, II, 'Brahe, Tycho' 항목에서.

54 Dreyer(1890), p. 13.

55 『新しい天文学の機械(새로운 천문학의 기계)』는 이하 『機械(기계)』로 주에 기입. *TBOO*, Tom. 5, p. 107, 영역 p. 107f. Rutkin(2002), p. 434도 보라.

56 Thoren(1990), p. 30f.

57 Dreyer(1890), p. 33; Christianson(1964), pp. 17, 20; Westman(2011), p. 169; Thoren(1990), pp. 31~35.

58 Christianson(1964); Thoren(1990), pp. 45, 50ff. 참조.

59 Debus(1977), p. 131, 일역 p. 125.

60 Grell(1995), p. 78.

61 Thorndike, *HMES*, VI, p. 371f.

62 Grell(1995), p. 79; Shackelford(1989), pp. 36~39.

63 Christianson(2000), pp. 25, 54.

64 Debus(1977), p. 200, 일역 p. 187.

65 Grell(1995), p. 79; Hellman, *DSB*, II, 'Brahe, Tycho' 항목에서.

66 Thoren(1990), pp. 25, 44, 53f. Shackelford(1989), pp. 187ff.; idem(1993), pp. 225~230도 보라.

67 『新星について(신성에 관하여)』는 이하 『新星(신성)』으로 주에 기입. 또한 『新星(신성)』은 『予備研究(예비연구)』(*TBOO*, Tom. 3)에도 수록되어 있다.

이 해당 부분은 *TBOO*, Tom. 1, p. 16, Tom. 3, p. 97, 영역 p. 13.

68 『新星(신성)』 *TBOO*, Tom. 1, p. 19, Tom. 3, p. 100; Granada(2007), p. 101.

69 『予備研究(예비연구)』 *TBOO*, Tom. 2, pp. 331~342; 『機械(기계)』 *TBOO*, Tom. 5, pp. 80~84, 영역 pp. 80~84; Christianson(1964), pp. 124~126; Dreyer (1890), p. 38f.

70 『新星(신성)』 *TBOO*, Tom. 1, p. 27f, Tom. 3, p. 105, 영역 p. 19. 시차에 관한 논의는 양해를 구하지 않았으나 그럼도 포함하여 레기오몬타누스의 것과 똑같은 것이다.

71 Jarrell(1972), p. 104.

72 Scribner & Dixon(2003), p. 79.

73 Koestler(1959), p. 232f, 일역(ちくま文庫(치쿠마분코)) 27f.

74 Rashdall(1936), 中, p. 263.

75 Jarrell(1972), p. 17f; idem(1981), p. 10.

76 Jarrell(1975), p. 10.

77 Gingerich(2002), pp. 219~227; idem(2004), p. 204; Westman(2011), pp. 260, 560 n. 5.

78 메슈틀린의 관측기록 『신성의 위치의 천문학적 증명』은 튀빙겐대학의 시와 역사 교수 니코데무스 피슐린의, 신성은 그리스도 재래의 전조라고 말하는 장편의 시 『신성의 고찰』(1573년 간행)에 부록으로서 게재되었고(Jarrell, 1975, p. 10f), 나중에 튀코의 『예비연구』(1602)에 수록되었는데(*TBOO*, Tom. 3, pp. 58~62, 튀코의 비판적 주석은 pp. 62~67), 단독으로는 출판되지 않았다. 수록될 때 튀코가 덧붙인 전문前文에는 관측된 곳이 '바크낭 마을'이라고 했으나 이것은 오류로 올바르게는 튀빙겐이다. 튀코는 1577년의 혜성 관측과 혼동했다.

79 *TBOO*, Tom. 3, p. 62; Jarrell(1972), p. 107; Granada(2007), p. 102.

80 『イーリアス(일리아스)』 제18서, 486; Galileo(1610), p. 38.

81 Jarrell(1972), p. 91; idem(1975), p. 10f.

82 Hellman(1944), p. 144.

83 인용 부분은 *TBOO*, Tom. 3, p. 60. 영역은 Jarrell(1972), p. 107; idem(1975), p. 12.

84 *TBOO*, Tom. 3, p. 59f; Granada(2007), 영역 p. 103, 원문 p. 118f.

85 『新星(신성)』 *TBOO*, Tom. 1, p. 16, Tom. 3, p. 97, 영역 p. 13.

86 Wilhelm to Peucer, 14 Dec. 1572, *TBOO*, Tom. 3, p. 114. Dreyer(1890), p. 57f; Moran(1978), p. 320f.도 보라.

87 *TBOO*, Tom. 3, p. 60; Westman(2011), p. 261.
88 Lattis(1994), p. 151; Grant(1994), p. 216.
89 Thorndike, *HMES*, VI, p. 68; Chapman(1989), p. 70; Lovejoy(1936), p. 109.
90 Jarrell(1972), p. 103; Hellman(1944), p. 111.
91 Peucer to Wilhelm IV, Jan. 1573, *TB00*, Tom. 3, p. 121; Moran(1978), p. 322; idem(1981), p. 264.
92 Dreyer(1890), p. 58; Hellman(1944), p. 115; Moran(1978), p. 324f.
93 Dreyer(1890), pp. 60, 63f; Hellman(1944), p. 117.
94 『彗星の起源(혜성의 기원)』 *TBOO*, Tom. 4, p. 382, 영역 p. 133.
95 Drake(1978), p. 104, 일역 p. 137.
96 Kepler(1604b), *JKGW*, Bd. 1, p. 394, 영역 p. 333.
97 Lattis(1994), p. 155, p. 252 n. 29.
98 Drake(1978), p. 105, 일역 p. 138. Fantoli(1993), pp. 75~82.도 보라.
99 Thoren(1990), p. 78.
100 Thoren(1990), pp. 10, 79; Christianson(1979), p. 112.
101 Christianson(2000), pp. 14, 54.
102 Thoren(1990), p. 207f.
103 『機械(기계)』 *TBOO*, Tom. 5, p. 109, 영역 p. 109.
104 연금술 실험실에 관해서는 Shakelford(1989), pp. 194~202 참조.
105 Christianson(2000), pp. 145, 149; Thoren(1990), p. 197.
106 Thoren(1990), p. 197f; idem(2000), p. 98f.
107 『宇宙の神秘(우주의 신비)』의 '헌사'에 대한 1621년의 주석. *JKGW*, Bd. 8, p. 20, 영역 p. 59.
108 『機械(기계)』 *TBOO*, Tom. 5, p. 62f, 영역 p. 63.
109 Bruckhardt(1860), 上(상), p. 145.
110 튀코의 이른바 '귀천 상혼(morganatic marriage)에 관해서는 Dreyer(1890), pp. 70~72; Christianson(2000), p. 12f. 참조.
111 Sarton(1957), p. 67.
112 Bruno(1584b), *Opere*, II, p. 127, 일역 p. 149.
113 이것은 케플러가 지인에게 보낸 편지에서 말했다. Kepler to Fabricius, 4 Jul. 1603, *JKGW*, Bd. 14, p. 416, Westman(1971), p. 82, n. 56.
114 Hellman(1944), pp. 262~265; Westman(2011), p. 263.
115 Bayle 『彗星雜考(혜성잡고)』 p. 153.

116 Hellman(1944), p. 9; Lattis(1994), p. 156.

117 Kepler(1604), *JKGW*, Bd. 2, p. 231, 영역 p. 275.

118 『新星(신성)』 *TBOO*, Tom. 1, p. 27f, 영역 p. 19. Hellman(1944), p. 121도 보라. 또한 튀코는 이 책자를 『예비연구』에 수록할 때 Albategnius를 Albumassar로 정정했다: *TBOO*, Tom. 3, p. 105; Thoren(1990), p. 68 n. 57; Westman(1972~1973), p. 20.

119 Westman(1975b), p. 54.

120 『彗星の起源(혜성의 기원)』 *TBOO*, Tom. 4, p. 384, 영역 p. 134. 이 보고는 1922년까지 인쇄되지 않았다. Christianson의 영역 외에, 각 절의 꽤 상세한 대략적인 의미는 Hellman(1944), pp. 123~136에 있다.

121 Hellman(1944), p. 121.

122 『彗星の起源(혜성의 기원)』 *TBOO*, Tom. 4, p. 387f., 영역 p. 135f. 이 인용 직전에 혜성 꼬리 방향에 대한 언급은 같은 책 p. 386, 영역 p. 135.

123 『最近の現象(최근의 현상)』 *TBOO*, Tom. 4, p. 134, Jervis(1978), p. 202.

124 『最近の現象(최근의 현상)』 *TBOO*, Tom. 4, p. 126, Jervis(1978), p. 202.

125 모든 데이터는 Westman(1971), p. 46에 있다.

126 Jarrell(1972), p. 119; Westman(1971), p. 61f.

127 Jarrell(1972), p. 112; idem(1975), p. 13에서. 또한 『観測と証明(관측과 증명)』의 각 장 내용에 관해서는 Hellman(1944), pp. 146~159, 및 Jarrell(1972), pp. 109~121에 상세하다.

128 Hellman(1944), Ch. 3; Westman(1971), p. 39; idem(1972~1973), p. 10; Jarrell(1972), p. 111; idem(1975), p. 13, n. 34; idem(1989), p. 24.

129 Hellman(1944), p. 201.

130 결과는 튀코의 『최근의 현상』 제10장에서 처음으로 인쇄되었다: *TBOO*, Tom. 4, pp. 182~185. 그 뛰어난 정밀도는 튀코 자신이 인정했다: Kirchvogel(1967), p. 109 참조.

131 Wilhelm to Tycho 14 Apr. 1588, *TBOO*, Tom. 6, p. 49, Moran(1978), p. 338; idem(1980), p. 87.

132 『彗星の起源(혜성의 기원)』 *TBOO*, Tom. 4, pp. 382, 384, 영역 p. 133f; 『最近の現象(최근의 현상)』 *TBOO*, Tom. 4, p. 162, 영역 p. 263.

133 Ruffner(1966), p. 56f.; Jarrell(1972), p. 119f.

134 『彗星の起源(혜성의 기원)』 *TBOO*, Tom. 4, p. 388, 영역 p. 136.

135 Jarrell(1972), p. 114; idem(1975), p. 14에서.

136 Jarrell(1989), p. 26.

137 Thorndike, *HMES*, VI, p. 69.

138 Wilhelm to August von Saxen, 4 Dec. 1572, Granada(2007), p. 120, n. 40; Wilhelm to Ludwig, 14 Jan. 1973, Methuen(2008), p. 42.

139 Peucer to August von Saxen, 9 Dec. 1572, Methuen(2008), p. 44.

140 *TBOO*, Tom. 3, p. 60; Granada(2007), p. 104.

141 Ernst(1986), p. 270f. 신성에 관한 코르넬리우스 겜마의 견해에 관하여 상세한 바는 Nouhuys(1998), pp. 150~154 참조.

142 Westman(2011), p. 225.

143 *TBOO*, Tom. 3, p. 60; Granada(2007), p. 104, p. 109, n. 28.

144 Barker & Goldstein(1988), p. 300.

145 Hellman(1944), p. 121; Jarrell(1972), p. 122; idem(1975), p. 15. 또한 이 점에 관해서는 뢰슬린도 포함할 수 있다: Hellman, ibid., pp. 159~173.

146 『最近の現象(최근의 현상)』 *TBOO*, Tom. 4, pp. 159, 162, 영역 pp. 261, 263.

147 이 문서의 독일어판 서문은 Christianson(1968)에 있다. 인용 부분은 p. 316. Hellman, *DSB*, 'Brahe, Tycho', p. 410도 보라.

148 Paracelsus 『奇蹟の医の糧(기적의 의술의 알맹이)』 일역 제2권 역주 08, 13 및 해설 p. 228 참조.

149 Seneca 『自然研究(자연연구)』 II, 4, 『セネカ哲学全集 3(세네카 철학전집 3)』 p. 66.

150 Paracelsus 『奇蹟の医書(기적의 의서)』 pp. 147f, 151f; 『奇蹟の医の糧(기적의 의술의 알맹이)』 p. 93; Agrippa von Nettesheim, *Occult Philosophy of Magic*, p. 88f. Ptolemaios에 관해서는 Tester(1987), p. 83, 튀코에 관해서는 Dreyer(1890), p. 76f. 참조.

151 Thoren(1990), p. 82.

152 『彗星の起源(혜성의 기원)』 *TBOO*, Tom. 4, p. 382f., 영역 p. 133. Donahue (1975), p. 254도 보라.

153 『彗星の起源(혜성의 기원)』 *TBOO*, Tom. 4, p. 383, 영역 p. 133.

154 N. Jardine(1984), p. 244; Donahue(1975), p. 255.

155 Thorndike, *HMES*, IV, p. 501.

156 Fantoli(1993), p. 65; Drake(1978), p. 108, 일역 p. 141.

157 Barker & Goldstein(1988), p. 306.

158 Kepler 『光学(광학)』 *JKGW*, Bd. 2, p. 223, 영역 p. 266. Kepler(1610b)에 대한

Rosen 영역의 note 273에도 이 부분이 있다. 괄호 안은 케플러의 보충.

159 Galileo(1610), 일역 p. 35.

160 Sobel(1999), p. 6.

161 Cohen(1960), p. 94. 단 1985년의 제2판(p. 63)에는 메슈틀린의 발견이 가필되어 있다. Nicolson(1948), p. 55도 보라.

162 Kepler(1610), *JKGW*, Bd. 4, p. 301, Rosen 역 p. 32.

163 Leonard da Vinci, *The Literary Works of Leonard*, Vol. 2, No. 896, p. 125.

164 Jarrell(1972), p. 99.

165 『神秘(신비)』 *JKGW*, Bd. 1, p. 55f., 영역 p. 165, 일역 p. 223.

166 『光学(광학)』 *JKGW*, Bd. 2, p. 221, 영역 p. 263.

167 Kepler, *Somnium*, 원주 223, 일역 pp. 118~124.

168 Gilbert, *De magnete*, p. 232, 일역 p. 266.

169 『新天文学(신천문학)』 *JKGW*, Bd. 3, p. 25, 영역 p. 55. 케플러의 중력이론에 관한 상세한 바는 졸저 『磁力と重力の発見 3(자력과 중력의 발견 3)』 Ch. 18을 보아주셨으면 한다.

170 Störig(1954), II, p. 165; Panofsky(1953), p. 119; Kuhn(1957), p. 221, 일역 p. 312f.

171 Barker & Goldstein(1984), p. 150.

172 Gingerich(2002), 원문 p. 223, 영역 p. 225; idem(2004), p. 156f.; 일역 p. 205; Westman(1975b), p. 62f.; idem(2011), p. 265. 3행째의 '그것에 적절한 가설'의 원어는 hypotheses convenientibus로, Gingerich의 역은 appropriate hypotheses, Westman의 역은 harmonious hypotheses(1975) 및 internally consistent hypotheses(2011)로, 여기서는 Gingerich의 역에 따랐다.

173 Maestlin(1596a), *JKGW*, Bd. 1, p. 83. 해당 부분의 영역은 Westman(1971), p. 113에 있다. Jarrell(1972), p. 151f.도 보라.

174 Jarrell(1972), p. 133f.; idem(1975), p. 8; idem(1981), p. 14f.

175 Jarrell(1981), p. 14.

176 Jarrell(1972), p. 67에서.

177 Jarrell(1972), p. 139; idem(1975), p. 20; Westman(2011), pp. 262f. 에서.

178 Jarrell(1972), p. 176; Westman(2011), p. 561 n. 28.

179 Dodds(1951), p. 298.

180 Baldwin(1985), p. 157. Cabeo의 점성술에 관해서는 Thorndike, *HMES*, VII, pp. 422~425 참조.

181 Coudere(1951), p. 77.

182 Rutkin(2002), p. 119에서.

183 Kuhn(1957), p. 93, 일역 p. 132.

184 Thomas(1971, 80), 上, p. 508; North(1975), p. 174.

185 Rutkin(2002), p. 1.

186 Zambelli(1986a), p. 3.

187 Dreyer(1890), pp. 75~78; Thoren(1990), pp. 81~84. 강연 「수학에 관하여」의 전문은 *TBOO*, Tom. 1, pp. 145~173. 점성술에 관한 부분은 p. 153 이하.

188 『数学について(수학에 관하여)』 *TBOO*, Tom. 1, p. 163, Thoren(1990), p. 83.

189 Thoren(1990), pp. 194, 214f. Hellman, *DSB*, 'Brahe, Tycho', p. 410.

190 Thoren(1990), p. 84. 튀코가 홀로스코프에 기반한 점성술 예측을 최종적으로 포기했다는 점에 관해서는 ibid., p. 216f 참조.

191 『機械(기계)』 *TBOO*, Tom. 5, p. 117, 영역 p. 117f. 인용 3행째의 '기하학적 geometrica'은 영역에서는 mathematical.

192 Thoren(1990), p. 218.

193 Brewster, *The Martyrs of Science*, p. 172.

194 Donahue(1975) 참조.

195 Donahue(1975), pp. 250f., 254.

196 Jarrell(1989), p. 26.

제11장 튀코 브라헤의 체계 — 강체적 행성천구의 소멸

1 「数学について(수학에 관하여)」 *TBOO*, Tom. 1, p. 149, 해당 문장의 라틴어-영어 대역 Lammens(2002), I, p. 196, 영역 Moesgaard(1972), p. 32; Westman (1975d), p. 307; idem(2011), p. 244f.

2 「数学について(수학에 관하여)」 *TBOO*, Tom. 1, p. 172, 영역 Moesgaard (1972), p. 32; Rosen(1986), p. 174.

3 『機械(기계)』 *TBOO*, Tom. 5, p. 107, 영역 p. 107.

4 Moesgaard(1972), p. 33f., Blair(1990), pp. 358, 369~374.

5 Tycho to Rothmann, 20 Jan. 1587, *TBOO*, Tom. 6, p. 102, Moesgaard(1972), p. 38.

6 『新星(신성)』 *TBOO*, Tom. 1, p. 19.

7 『最近の現象(최근의 현상)』 *TBOO*, Tom. 4, p. 156, 영역 p. 258.

8 *TBOO*, Tom. 6, p. 219; Koyré(1939), p. 170f.; Westman(1971), p. 111; Westman(1972), p. 237 참조.

9 Tycho to Kepler, 9 Dec. 1599, *JKGW*, Bd. 14, p. 94, Koyré(1961), p. 162.

10 Tycho to Brucaeus, 4 Nov. 1588, *TBOO*, Tom. 7, p. 152, Blair(1990), p. 371. 다음도 보라. Thoren(1965), p. 44; idem(1990), p. 218f.

11 『彗星の起源(혜성의 기원)』 *TBOO*, Tom. 4, p. 386f., 영역 p. 135.

12 『彗星の起源(혜성의 기원)』 *TBOO*, Tom. 4, p. 383f., 영역 p. 133.

13 Tycho to Brucaeus, 4 Nov. 1588, *TBOO*, Tom. 7, p. 153, Blair(1990), p. 371.

14 『回転論(회전론)』 V. 30, folio 169r, 영역, p. 284f[793f].

15 Tycho to Magini, 1 Dec. 1590, *TBOO*, Tom. 8, p. 208, Blair(1990), p. 371f.

16 Tycho to Hieronymus Wolf, *TBOO*, Tom. 7, p. 53, Thoren(1990), p. 140.

17 Tycho to Peucer, 13 Sep. 1588, *TBOO*, Tom. 7, p. 139, Blair(1990), p. 69.

18 『科学博物館(과학박물관)』 p. 17.

19 『機械(기계)』 *TBOO*, Tom. 5, p. 25, 영역 p. 25.

20 Dreyer(1890), pp. 20, 330; Moran(1982), p. 95; Thoren(1990), p. 18.

21 『機械(기계)』 *TBOO*, Tom. 5, p. 153, 영역 p. 141; Thoren(1990), p. 156.

22 Goldstein(1977) 참조.

23 Roche(1981), p. 6; Johnson & Larkey(1934), p. 108; Lammens(2002), I, p. 45f. eccentricity에 관한 상세한 논의는 Haasbroek(1968), pp. 25~29 참조.

24 『機械(기계)』 *TBOO*, Tom. 5, p. 97, 영역 p. 96f.

25 Hooke(1674), p. 8.

26 Berry(1898), p. 142; Hall(1983), p. 136, p. 146, n. 20; Thoren(1990), p. 190; idem(1973a), p. 273; idem(1973b), p. 42.

27 Pannekoek(1951), p. 214f.

28 Chapman(1990), p. 19; Thoren(1973a), p. 273에서. 상세한 바는 1582~1585년이 47″, 1586년이 38″, 1587~1590년이 21″.

29 Hall(1983), p. 136; Neugebauer(1968), p. 90.

30 Chapman(1990), pp. 12, 21~23.

31 中島(나카지마)(1997), p. 199f.

32 Thoren(1973a), p. 279.

33 Tycho to Hervart, 31 Aug. 1599, *TBOO*, Tom. 8, p. 161, Blair(1990), p. 370.

34 Tycho to Magini, 28 Nov. 1598, *TBOO*, Tom. 8, p. 121, Blair(1990), p. 376.

35 『機械(기계)』 *TBOO*, Tom. 5, p. 109, 영역 p. 109.

36 Leibniz 『天体の運動についての試論(천체 운동에 관한 시론)』(1687), p. 397.

37 Neugebauer(1957), p. 206, 일역 p. 190.

38 『最近の現象(최근의 현상)』 *TBOO*, Tom. 4, p. 156f., 영역 p. 258f.

39 Tycho to Peucer, 13 Sep. 1588, *TBOO*, Tom. 7, p. 128, Blair(1990), p. 359f.

40 『最近の現象(최근의 현상)』 *TBOO*, Tom. 4, p. 156, 영역 p. 258.

41 Tycho to Rothmann, 17 Aug. 1588, *TBOO*, Tom. 6, p. 147.

42 Tycho to Rothmann, *TBOO*, Tom. 6, p. 33, Schofield(1981), p. 36.

43 Hall(1954), p. 65 n.1, G. E. R. Lloyd(1973), p. 85; Pedersen & Pihl(1974), p. 62f. 헤라클레이데스에 대한 이 해석에는 이론[異論]도 있다. Toomer, *DSB*, XV, 'Heraclides Ponticus' 항목; Lindberg(2007), p. 103, n. 17 참조.

44 Westman(1975d), p. 323f.; idem(2011), pp. 248~250, 282. Heninger Jr.(1977), p. 58f.; Eastwood(1982), p. 372.

45 Rosen(1986), p. 170; Gingerich & Westman(1988), p. 8, Fig. 2; Westman (2011), p. 282f.

46 Moran(1981), p. 256.

47 Wilhelm to Rantzov, 20 Oct. 1585, *TBOO*, Tom. 6, p. 31. 다음도 보라. Thoren(1990), p. 267. Moran(1978), p. 210에는 이 서간이 튀코 브라헤에게 보낸 것으로 나와 있으나 정확히는 헨리크 란초에게 보낸 것이다. 그러나 란초는 빌헬름과 튀코 사이에 섰던 인물로 사실상 튀코에게 보낸 셈이며, 빌헬름은 이것을 튀코가 읽었다고 간주하고 썼다.

48 Tycho to Wilhelm, 20 Jan. 1587, *TBOO*, Tom. 6, p. 89; Moran(1978), p. 211f.

49 Tycho to Hagecius(Hayek), 1 Jul. 1586, *TBOO*, Tom. 7, p. 109, Thoren (1990), p. 270; Tycho to Hagecius, 14 Mar. 1592, *TBOO*, Tom. 7, p. 324, Rosen(1986), p. 271.

50 Moran(1982), p. 92.

51 Gingerich & Dobrzycki(1993), p. 235; Gingerich(2002), pp. 8~14; Westman (2011), p. 283f.

52 그 경위는 Gingerich & Westman(1988), pp. 20~23에 상세하다.

53 발견의 경위는 Gingerich(2004), Ch.5에 있다.

54 Gingerich(1973b); Westman(1975d).

55 Gingerich & Westman(1988), Appendix I, pp. 77~140.

56 Gingerich & Westman(1988), p. 140. 다음도 보라. Gingerich(2002), pp.

105~108.

57 Gingerich & Westman(1988), pp. 86f., 118f., 130f., 138f.; Gingerich(2002), pp. 105~108; Westman(2011), pp. 284~286; Thoren(1990), pp. 239~246.

58 Schofield(1981), p. 199b.

59 『擁護(옹호)』 라틴어 원문 p. 133, 영역 p. 206.

60 Birkenmajer(1957), p. 176f.; Schofield(1965), p. 293; idem(1981), p. 23f.; Thoren(1973a), p. 254f.; Rosen(1982), p. 5; idem(1986), p. 163.

61 Thoren(1973a), p. 276; idem(1990), p. 254f.

62 Tycho to Peucer, 13 Sep. 1588, *TBOO,* Tom. 7, p. 130, Westman(1975d), p. 327; Rosen(1984a), p. 322; idem(1985), p. 19; Thoren(1979), p. 60; idem(1990), p. 254; Schofield(1981), p. 58.

63 페나에 관해서는 Barker(1993), p. 12, 디에 관해서는 Johnson(1937), p. 155; Hellman(1944), p. 112 참조. 브루노는 『無限(무한)』 *Opere*, II, p. 166, 일역 p. 204.

64 Moran(1978), p. 165; Aiton(1991a), p. 13; Jensen(2006), p. 48; Caspar(1948), p. 56; Rosen(1986), p. 338, n. 10.

65 Hellman(1944), p. 176.

66 Frugoni(2001), p. 129; Landes(2000), p. 109. 뷔르기의 시계 개량에 관해 상세한 바는 같은 책 p. 127f. 참조.

67 Gaulke(2009), p. 92.

68 Gaulke(2009), pp. 92, 95.

69 Tycho Brahe(1598), *TBOO*, Tom. 5, 79, 영역 p. 79. 다음도 보라. Moran(1980), p. 78.

70 Moran(1981), p. 256. 로스만의 10월 8일~11월 10일과 튀코의 10월 18일~11월 10일의 모든 관측 데이터는 Moran(1978), pp. 348~350에 있다.

71 Wilhelm to Tycho, 14 Apr. 1586, *TBOO*, Tom. 6, p. 48; Moran(1978), p. 223.

72 Hellmann, *DSB*, XIV, 'Wilhelm IV' 항목.

73 Moran(1981), p. 269; idem(1982), p. 88.

74 Rothmann to Wilhelm, 15 Nov. 1585. Moran(1978), p. 346에서.

75 이 페나의 강의 전문은 원문과 영역 모두 Lammens(2002), I, p. 47f.에 있다. 다음도 보라. Aiton(1981), p. 101; Barker(1993), p. 11f.; Goldstein & Barker (1995), p. 390.

76 『数学集成(알마게스트)』 영역(Toomer 역) pp. 39, 421(Taliaferro 역) pp. 8,

271, 일역 pp. 7, 380. 다음도 보라. Goldstein(1997a), p. 5.

77 Lammens(2002), I, p. 170f.; Goldstein(1987). p. 173. 다음도 보라. ibid., p. 178.

78 Aiton(1981), p. 101; Barker(1993), p. 12.

79 이것은 로스만 생전에는 출판되지 않았고 1618년의 혜성에 관한 스넬의 책 부록으로서 1619년에 처음 출판되었다.

80 Rosen(1984a), p. 323; idem(1985), p. 28f; Gigerich & Westman(1988), p. 74; Westman(2011), p. 288에서.

81 Moran(1978), p. 340; idem(1980), p. 88에서.

82 Tycho to Rothmann, 20 Jan. 1587, *TBOO*, Tom. 6, pp. 85, 88, Rosen(1985), p. 27; Gingerich & Westman(1988), p. 75; Westman(2011), p. 289.

83 Rosen(1984a), p. 322.

84 인용은 Tycho to Rothmann, 21 Feb. 1598, *TBOO*, Tom. 6, p. 167, Barker (1993), p. 17, n. 38.

85 *TBOO*, Tom. 6, pp. 39~40, 134~140, 56~58. 다음도 보라. Flamsteed, *Gresham Lectures*, p. 426f; Moran(1982), p. 104.

86 『最近の現象(최근의 현상)』 *TBOO*, Tom. 4, p. 222, R. Boas & Hall(1959), p. 255.

87 *TBOO*, Tom. 4, p. 159, 영역 p. 259f.

88 『機械(기계)』 *TBOO*, Tom. 5, p. 117, 영역 p. 117.

89 『予備研究(예비연구)』 *TBOO*, Tom. 3, p. 111.

90 『新天文学(신천문학)』 *JKGW*, Bd. 3, p. 34, 영역 p. 67, ibid., Ch. 33, p. 237, 영역 p. 377.

91 Swerdlow(1973), p. 113; Goldstein & Barker(1995), p. 385.

92 Rosen(1985), p. 29에서.

93 Westman(1975d), p. 339.

94 Goldstein & Barker(1995), p. 391에서.

95 Rothmann to Tycho, 13 Oct. 1588, *TBOO*, Tom. 6, 인용은 순서대로 p. 156, p. 158, p. 159; Moran(1982), pp. 100, 107; Barker(2000), p. 80; Rosen(1986), p. 47; Moesgaard(1972), p. 49. 다음도 보라. Goldstein & Barker(1995), p. 399. Rosen의 책(1986)과 Moesgaard의 논문(1972)에서 이 서간의 날짜는 19 Sep. 1588.

96 Tycho to Rothmann, 24 Nov. 1589, *TBOO*, Tom. 6, p. 197.

97 Tycho to Kepler, 1 Apr. 1598, *JKGW*, Bd. 13, p. 199, Rosen(1986), p. 108.

98 Tycho to Rothmann, 24 Nov. 1589, *TBOO*, Tom. 6, p. 197, Bliar(1990), p. 364.

99 Rothmann to Tycho, 18 Apr. 1590, *TBOO*, Tom. 6, p. 216f., Helden(1985), p. 52.

100 Moran(1978), p. 353; idem(1980), p. 89.

101 Barker(2004), p. 44.

102 Moran(1978), p. 365.

103 Goldstein & Barker(1995), pp. 397~401. 튀코와의 논의 이전에 로스만이 코페르니쿠스설을 버렸을 가능성에 관해서는 Barker(2004) 참조.

104 Hellman(1963), p. 295; Mendelssohn(1976), p. 87.

105 Hellman(1963), p. 313.

106 『新天文学(신천문학)』 序(서문), *JKGW*, Bd. 3, p. 33, 영역 p. 66.

107 McColley(1938), p. 25.

108 Gregory(1726), I, p. 194.

109 Westman(2011), p. 281; Hall(1954), p. 65.

110 Gascoigne(1990), p. 214; Donahue(1975), p. 250.

111 클라비우스의 수학교육 이념에 관해서는 Crombie(1996), pp. 119~122 참조.

112 Duhem(1908), p. 95; Wreightsman(1970), p. 399; Lattice(1994), 영문 p. 139, 원문 p. 249, n. 76; Hallyn(2004), 영역과 원문 p. 73f.

113 N. Jardine(1979), p. 142에서. 다음도 보라. Lattice(1994), pp. 70, 91, 126~128.

114 Lattice(1994), p. 133.

115 Lattice(1994), p. 204.

116 Westman(1986), p. 103; Schofield(1981), p. 283f; idem(1989), p. 41f.; Hellman (1963), p. 313; Wallece(1984), pp. 295f, 309; Lattice(1994), p. 208f; Gingerich (2000), p. 338; Bangert(1986), p. 130. 마지막 인용은 Brooke(1991), p. 104.

117 인용은 Rowland(2004), p. 192에서. J. Godwin(1979), p. 13f; idem(2009), pp. 18, 30, 32. 다음도 보라. Schofield(1981), p. 284.

118 Descartes(1644), 일역 pp. 116, 106. 번역문 "단순한 가설로서 ……했기 때문이다" 부분은 원문 및 영역에 기반하여 조금 수정했다.

119 Heninger Jr. (1977), pp. 66~71; Schofield(1981), p. 176f; Westman(2011), pp. 499~501.

120 Koyré(1939), pp. 295~307, p. 406, n. 60.

121 Heninger Jr.(1977), p. 63f. 다음도 보라. Dreyer(1906), p. 418; Brett(1908), p. 28; Schofield(1981), pp. 185f, 292f.

122 Hellman(1963), p. 309; Stimson(1917), p. 74.

123 상세한 바는 졸저 『一六世紀文化革命 2(16세기 문화혁명 2)』 Ch. 8. 2; 『磁力と重力の発見 3(자력과 중력의 발견 3)』 Ch. 17. 8 참조.

124 Capp(1979), p. 192.

125 Hooke(1674), p. 2.

126 Stimson(1917), p. 77f.

127 Schofield(1989), p. 41.

128 Stimson(1917), p. 98; Schofield(1981), p. 182.

129 Schofield(1981), pp. 201, 212.

130 Schofield(1981), p. 199; idem(1989), p. 41.

131 McColley(1938), p. 29, n. 3.

132 『晩餐(만찬)』 *Opere*, I, p. 494, 영역 p. 98.

133 『晩餐(만찬)』 *Opere*, I, p. 507, 영역 p. 111f.

134 Johnson & Larkey(1934), pp. 98, 78. 졸저 『磁力と重力の発見 3(자력과 중력의 발견 3)』 Ch. 17 참조.

135 Drake(1975), p. 180. 디게스와 브루노의 무한우주의 차이점에 관해서는 Michel(1962), p. 228f. 및 Koyré(1957), p. 38f, 일역 p. 30 참조.

136 Lucretius 『物の本質について(사물의 본질에 관하여)』 I, 958, 1070.

137 Cusanus 『知ある無知(무지의 지)』 II, 11, pp. 135ff.

138 『晩餐(만찬)』 *Opere*, I, p. 543, 영역 p. 143.

139 『無限(무한)』 *Opere*, II, p. 89, 일역 p. 101. 이하 같은 책의 인용은 기본적으로 清水(시미즈) 번역에 따랐으나 약간의 어구와 한자에 정정을 가했다.

140 『無限(무한)』 *Opere*, II, p. 67f, 일역 p. 71f. 인용은 清水(시미즈) 번역은 아니다. 특히 estremo와 termine은 시미즈 역에서는 모두 '극한'이지만 '주변周縁'과 '주위'로 고쳤다.

141 『無限(무한)』 *Opere*, II, p. 17, 일역 p. 14.

142 『無限(무한)』 *Opere*, II, pp. 17, 41, 일역 pp. 13f, 41f. Bruno는 『만찬』 시점에서는 용어 사용에서 '우주l'universo'와 '세계il mondo'를 이렇게 엄밀하게 구별하지는 않았던 듯하다. mondi는 mondo의 복수형, gli는 복수정관사.

143 『無限(무한)』 *Opere*, II, pp. 89, 91, 100. 일역 pp. 102, 104, 114.

144 『無限(무한)』 Opere, II, p. 109f., 일역 p. 125f. pianeti는 pianeta(행성)의 복수

형, terre는 terra(지구)의 복수형. le는 복수정관사. 清水(시미즈) 번역은 몇 군데 수정했다.

145 『無限(무한)』 *Opere*, II, pp. 150, 158, 일역 pp. 183, 194. orbi(orbe의 복수)는 清水(시미즈) 번역의 '궤도권'을 '천구'로 수정했다.

146 『天体論(천체론)』 Bk. 2, Ch. 6, 288a28, 『自然学(자연학)』 Bk. 7, Ch. 1, 241b24.

147 『無限(무한)』 *Opere*, II, pp. 148, 19, 일역 pp. 181, 16.

148 Donahue(2006), p. 576. 다음도 보라. Swerdlow(1976), p. 113.

149 Duhem(1908), p. 71; Barker & Goldstein(1998), p. 236, n. 6.

150 『晩餐(만찬)』 *Opere*, I, pp. 531, 512, 영역 pp. 134, 116; 『無限(무한)』 *Opere*, II, p. 84f, 일역 p. 94.

151 『無限(무한)』 *Opere*, II, pp. 149, 88, 일역 pp. 182, 100.

152 『原因(원인)』 *Opere*, I, p. 690, 일역 p. 123.

153 Lattice(1994), p. 209.

154 Dreyer(1906), p. 351; Kristeller(1964), p. 175; Copenhaver & Schmitt(1992), pp. 189~192.

155 Kristeller(1964), p. 169.

156 Kristeller(1964), p. 186f.; Copenhaver & Schmitt(1992), p. 194f.

157 Schofield(1981), pp. 102~106; idem(1989), p. 35; Lattice(1994), p. 96; Thorndike, *HMES*, VI, p. 376.

158 Rosen(1984a), p. 306f. 에서.

159 Rossi(1981), p. 372; Rosen(1984a), p. 308; Thorndike, *HMES*, VI, p. 375.

160 Rossi(1981), p. 366에서.

161 Westman(1977), p. 52; Rossi(1981), p. 369에서.

162 Rossi(1981), p. 367.

163 N. Jardine(1984), p. 235.

164 Koyré(1957), p. 54, 일역 p. 43.

165 Kelly(1965), p. 36f.; Thorndike, *HMES*, VI, p. 380.

166 Dreyer(1906), p. 357f.

167 Johnson(1937), p. 321; Hellman(1944), p. 312 n. 12.

168 Applebaum(1969), p. 49f.

169 Donahue(1973), pp. 192~194에서. 다음도 보라. Johnson(1937), p. 321.

170 Donahue(2006), p. 572.

171 Gilbert(1600), p. 224, 일역 p. 258.

172 이 점에 관해서는 졸저 『磁力と重力の発見 3(중력과 자력의 발견 3)』에서 먼저 언급했으므로 이쪽을 읽어주셨으면 한다.

제12장 요하네스 케플러 — 물리학적 천문학의 탄생

1 『宇宙の神秘(우주의 신비)』는 이하 『神秘(신비)』로 주에 기입. 여기서의 인용은 *JKGW*, Bd. 1, p. 9, 일역 p. 26, 영역(라틴어-영어 대역의 영문 페이지) p. 63. 이 책의 인용은 기본적으로 大槻(오쓰키)·岸本(기시모토) 역을 기초로 하여 원문과 영역을 참조하여 용어를 몇 군데 변경했다.

2 관측 데이터는 Westman(1971), p. 46, Table 1에 있다.

3 Westman(1971), pp. 48, 55; idem(1972~1973), p. 19에서. 다음도 보라. Hellman(1944), p. 156f; Jarrell(1972), p. 116f.

4 Jarrell(1972), p. 120; idem(1975), p. 14, n. 40에서. 다음도 보라. Westman (1971), p. 51.

5 Westman 앞의 2 논문.

6 Jarrell(1972), p. 118; Jarrell(1975), p. 15.

7 Gingerich(2002), pp. 222f, 226; Westman(1975b), pp. 59, 61, 62; idem(2011), pp. 264f, 267. 코페르니쿠스설을 지지한 이 이유는 나중에 레티쿠스의 『제1가설』에 메슈틀린이 덧붙인 「서문」에서 명백하게 기술된다: Westman(1975d), p. 333f, n. 113.

8 『神秘(신비)』 Ch. 1, *JKGW*, Bd. 1, p. 16f, 일역 p. 51, 영역 p. 79.

9 『天文学の光学的部分(천문학의 광학적 부분)』은 이하 『光学(광학)』으로 주에 기입. 이 부분은 *JKGW*, Bd. 2, p. 287, 영역 p. 345.

10 『神秘(신비)』 Ch. 1, *JKGW*, Bd. 1, p. 16, 일역 p. 49f., 영역 p. 77f. 다음도 보라. Kepler to Maestlin, 3 Oct. 1595, *JKGW*, Bd. 13, p. 34f, Crombie(1994), I, p. 539.

11 『神秘(신비)』 序(서문), *JKGW*, Bd. 1, p. 9, 일역 p. 27, 영역 p. 63.

12 Gerrish(1968), p. 243, n. 32. 종교상의 문제가 아니라는 설도 있다. Aiton (1991a), p. 7f.

13 『新天文学(신천문학)』(문헌 Kepler, 1609)은 이하 『新天文学(신천문학)』으로 주에 기입. 여기서 인용한 것은 Ch. 7, *JKGW*, Bd. 3, p. 108, 영역 p. 183f.

14 Casper(1948), p. 60; Koestler(1959), p. 242f, 일역(ちくま文庫(치쿠마분코))

p. 46f.

15 Maestlin to Kepler, 15 Nov. 1596, *JKGW*, Bd. 13, p. 95.

16 『新天文学(신천문학)』 *JKGW*, Bd. 3, p. 19, 영역 p. 47.

17 『神秘(신비)』 Ch. 1, *JKGW*, Bd. 1, pp. 15f, 일역 pp. 48f, 영역 pp. 75~77.

18 『神秘(신비)』 *JKGW*, Bd. 1, pp. 15, 26, 일역 pp. 48, 87, 영역 pp. 77, 99.

19 Platon 『ティマイオス(티마이오스)』 46DE.

20 『神秘(신비)』 *JKGW*, Bd. 1, p. 9, 일역 p. 27, 영역 p. 63.

21 Kepler to Maestlin, 3 Oct. 1595, *JKGW*, Bd. 13, p. 35, Rabin(1987), p. 242.

22 『神秘(신비)』 Ch. 14, *JKGW*, Bd. 1, p. 48, 일역 p. 190, 영역 p. 157.

23 Kepler to Maestlin, 2 Aug. 1595, *JKGW*, Bd. 13, p. 27.

24 상세한 바는 졸저 『磁力と重力の発見 3(자력과 중력의 발견 3)』 Ch. 18을 참조해 주셨으면 한다. 그림 12. 4는 1619년의 『세계의 조화』에 있는 것으로 『신비』의 입체적인 그림은 나의 이 책에 게재했다. 또한 이 '구면'에 관하여 일역에서는 '입체에 내접하는 구'라 했으며 여기서는 그 '구'를 알기 쉽게 '구면'으로 표현했는데 원문은 circulus(원)이다(*JKGW*, Bd. 1, p. 13, line 18~23). 제2장의 '내접구와 외접구'의 '구'의 원어는 orbis, 제14장의 '제10천구'에 대해서는 sphaera가 사용되었다(ibid., p. 27, line 13, p. 47, line 10). 케플러가 circulum, orbis, sphaera를 어떻게 구별했는지는 잘 알 수 없으나 케플러의 경우 이것들은 모두 기하학적인 구로 물리적인 구는 아니다.

25 Maestlin to Mathias Hafenreffer, Mai 1596, *JKGW*, Bd. 13, p. 84, Westman (1971), p. 205. 메슈틀린이 튀빙겐 의회로 보낸 같은 취지의 서간은 Koeslter (1959), p. 275f, 일역(ちくま文庫(치쿠마분코)) p. 109f. 에 있다.

26 Barker & Goldstein(2001), p. 99. 또한 이 논문에서는 케플러가 서명書名으로 사용한 '신비mysterium'가 영어로는 통상 mystery나 secret으로 번역되지만 그 의미는 오히려 '성스러운 비밀sacred mystery'이라고 한다. 신의 숨겨진 목적이다.

27 『神秘(신비)』 Ch. 20, *JKGW*, Bd. 1, p. 70, 일역 p. 283, 영역 p. 199.

28 『神秘(신비)』 Ch. 18, *JKGW*, Bd. 1, p. 59, 일역 p. 243, 영역 p. 177.

29 『神秘(신비)』 제2판, *JKGW*, Bd. 8, p. 9, 영역 p. 39. 다음도 보라. ibid., p. 21, line 29~30, 영역 p. 61. 이 부분은 모두 일역에는 없다.

30 『神秘(신비)』 *JKGW*, Bd. 1, p. 5, 일역 p. 10, 영역 p. 53.

31 Kepler to Maestlin, 3 Oct. 1595, *JKGW*, Bd. 13, p. 40. 다음도 보라. Baumgardt (1951), p. 31; Krafft(1975), p. 300.

32 Kepler to Herwart, 9/10 Apr. 1599, *JKGW*, Bd. 13, p. 309, Westman(1971),

p. 185; Mittelstrass(1972), p. 228. 『新天文学(신천문학)』 Ch. 7, *JKGW*, Bd. 3, p. 102, 영역 p. 183.

33 Gingerich(1973c), p. 521.

34 Tycho to Kepler, 1 Apr. 1598, *JKGW*, Bd. 13, p. 197f. 다음도 보라. Voelkel (1994), p. 115f; Koyré(1961), p. 160.

35 Kepler to Maestlin, 10/20 Dec. 1601, *JKGW*, Bd. 14, p. 203, Koyré(1961), p. 397f.

36 Tycho to Jan Jesensky, 28 Mar. 1600. *TBOO*, Tom. 8, p. 282, Rosen(1986), p. 260.

37 Tycho to Kepler, Apr. 1598, *JKGW*, Bd. 13, p. 199, Rosen(1986), p. 110.

38 『機械(기계)』 *TBOO*, Tom. 5, p. 115f, 영역 p. 115f.

39 『新天文学(신천문학)』 Ch. 7, *JKGW*, Bd. 3, p. 109, 영역 p. 184.

40 Kepler to Herwart, 12 Jul. 1600, *JKGW*, Bd. 14, p. 130, Koyré(1961), p. 396; Baumgardt(1951), p. 61; Crombie(1959), Vol. 2, p. 194. 일역 p. 191; idem (1994), I, p. 540.

41 『新天文学(신천문학)』 Ch. 11, *JKGW*, Bd. 1, p. 126, 영역 p. 210f.

42 『新天文学(신천문학)』 Ch. 11, *JKGW*, Bd. 1, p. 124, 영역 p. 207.

43 Kepler to Maestlin, 8 Feb. 1601, *JKGW*, Bd. 14, p. 161, Baumgardt(1951), p. 64.

44 Kepler to Herwart, 12 Jul. 1600, *JKGW*, Bd. 14, p. 130, Baumgardt(1951), p. 61; Koyré(1961), p. 396.

45 Pannekoek(1951), p. 111; Dreyer(1906), p. 101; Toomer(1996), p. 67.

46 Plinius 『博物誌(박물지)』 제2권 15, I, p. 88; Lammens(2002), I, p. 198.

47 『新天文学(신천문학)』 *JKGW*, Bd. 1, p. 8, 영역 p. 32.

48 『新天文学(신천문학)』 Ch. 7, *JKGW*, Bd. 1, p. 109, 영역 p. 185.

49 Kepler to Herwart, 12 Nov. 1602, *JKGW*, Bd. 14, p. 299, Voelkel(1994), p. 219.

50 Kepler to Maestlin, 10/20 Dec. 1601, *JKGW*, Bd. 14, p. 203, Voelkel(1994), p. 180.

51 그 상세한 바는 Caspar(1948), pp. 139~141; Voelkel(1994), pp. 215~218 등 참조.

52 Kepler to Heydon, Oct. 1605, *JKGW*, Bd. 15, p. 232, Voelkel(1994), p. 215, n. 405.

53 Kepler 『宇宙の調和(우주의 조화)』는 이하 『調和(조화)』로 주에 기입. 여기서

의 인용은 *JKGW*, Bd. 6, p. 280, 영역 p. 377, 일역 p. 393.

54 Leibniz 『天体運動の原因についての試論(천체 운동의 원인에 관한 시론)』 p. 397.

55 Tycho to Ranzau, 21 Dec. 1588, *TBOO*, Tom. 7, p. 388, Rosen(1986), p. 43; Tycho to Rothmann, 21 Feb. 1589, *TBOO*, Tom. 6, p. 179, Rosen(1986), p. 48; Tycho to Kepler, 1 Apr. 1598, *JKGW*, Bd. 13, p. 200, N. Jardine(1984), p. 14.

56 Rosen(1986), pp. 29~45; Schofield(1981), pp. 108~119; Gingerich & Westman (1988), pp. 50~69. 인용은 Schofield, p. 166; Sarton(1957), p. 64; Koestler (1959), p. 297, 일역 p. 153.

57 Dreyer(1890), p. 185.

58 McColley(1938), pp. 25~29. 다음도 보라. N. Jardine(1979), p. 150, n. 32.

59 Kepler to Maestlin, Oct. 1597, *JKGW*, Bd. 13, p. 143; Rosen(1986), p. 90f.

60 Kepler to Herwart, 26 Mar. 1598, *JKGW*, Bd. 13, p. 193, Rosen(1986), pp. 98, 100, 101; Voelkel(1994), p. 128f.

61 Kepler to Tycho, 9 Feb. 1599. *JKGW*, Bd. 13, p. 289, N. Jardine(1944), p. 19; Kepler to Herwart von Hohenburg, 30 Mai 1599, *JKGW*, Bd. 13, p. 346, Rosen(1986), p. 210.

62 Maestlin, *JKGW*, Bd. 1, p. 84; Westman(1971), p. 72; idem(1972~1973), p. 28.

63 N. Jardine(1984), p. 9; Rosen(1986), p. 323. 처음 인쇄된 것은 Christian Frisch가 *Joannis Kepleri astronomi opera omnia*를 편찬한 1858년.

64 Kepler to David Fabricius, 2 Dec. 1602, *JKGW*, Bd. 14, p. 334; Rosen(1986), p. 318.

65 Pannekoek(1951), p. 311; Berry(1898), p. 154; Christianson(2000), pp. 273~276. 파브리키우스와 변광성에 관해서는 Rosen 역, Kepler, *Sominium*, Appendix K, pp. 226~232에 상세하다.

66 Voelkel(1994), p. 184.

67 N. Jardine(1984), pp. 42, 43, 41f.

68 B.H. Bennett(1999), p. 62.

69 N. Jardine(1979), p. 150.

70 Koyré(1961), p. 28.

71 Fantoli(1993), p. 182f.; Santillana(1955), p. 210f.

72 高橋(다카하시)(1993), p. 74f.

73 Kepler, *Apologia pro Tychone contra Ursusm*은 N. Jardine(1984)에 라틴어 전문과 그 영역이 수록되어 있다. 이하에서는 『擁護(옹호)』로 주에 기입하고 라틴어문 페이지와 영역 페이지를 기술했다. 여기서의 인용은 라틴어문 p. 100, 영역 p. 156.

74 『擁護(옹호)』 라틴어문 p. 98, 영역 p. 154.

75 『調和(조화)』 Bk. 5, Ch. 4, *JKGW*, Bd. 6, p. 306, 일역 p. 429, 영역 p. 417.

76 『擁護(옹호)』 라틴어문 p. 98, 영역 p. 153.

77 『神秘(신비)』 Ch. 1, *JKGW*, Bd. 1, p. 16, 일역 p. 50, 영역 p. 77; 『新天文学(신천문학)』 序(서문) *JKGW*, Bd. 3, p. 22, 영역 p. 51.

78 Platon 『ティマイオス(티마이오스)』 92C; 『国家(국가)』 380D; 『回転論(회전론)』 folio iijv, 영역, p. 4 [508], 高橋(다카하시) 역 p. 15.

79 『神秘(신비)』 Ch. 2, *JKGW*, Bd. 1, p. 23, 일역 p. 81, 영역 p. 93.

80 『擁護(옹호)』 라틴어문 p. 92, 영역 p. 143f.

81 Kepler to Maestlin, 3 Oct. 1595, *JKGW*, Bd. 13, p. 34; Voelkel(1994), p. 31.

82 『神秘(신비)』 Ch. 1, *JKGW*, Bd. 1, p. 15, 일역 p. 46f. 영역 p. 75.

83 『新天文学(신천문학)』 Ch. 21, *JKGW*, Bd. 3, p. 183, 영역 p. 294.

84 『擁護(옹호)』 라틴어문 pp. 92, 89, 영역 pp. 143, 139f.

85 『神秘(신비)』774] Ch. 1, *JKGW*, Bd. 1, p. 15, 일역 p. 47, 영역 p. 75.

86 『擁護(옹호)』 라틴어문 p. 90, 영역 p. 141.

87 『擁護(옹호)』 라틴어문 pp. 89, 90, 영역 pp. 140, 141f..

88 『擁護(옹호)』 라틴어문 p. 91, 영역 p. 142.

89 『神秘(신비)』 Ch. 1, *JKGW*, Bd. 1, p. 16, 일역 p. 49f., 영역 p. 77.

90 『新天文学(신천문학)』 *JKGW*, Bd. 3, p. 19f., 영역 p. 48.

91 Hugo 『中世思想原典集成 9(중세사상원전집성 9)』 p. 64.

92 Kepler to Herwart, 10 Feb. 1605, *JKGW*, Bd. 15, p. 146, Voelkel(1994), p. 249.

93 Kepler to Herwart, 30 Mai 1599, *JKGW*, Bd. 13, p. 347, Rosen(1986), p. 212.

94 Kepler to Maestlin, 16/26, Feb. 1955, *JKGW*, Bd. 13, p. 291.

95 B. H. Bennett(1999), p. 13.

96 『擁護(옹호)』 라틴어문 p. 94, 영역 p. 147.

97 『擁護(옹호)』 라틴어문 p. 94, 영역 p. 147.

98 『擁護(옹호)』 라틴어문 p. 89, 영역 p. 139. Duhem(1914), p. 52. 다음도 보라.

ibid., p. 117.

99 『神秘(신비)』 序(서문), *JKGW*, Bd. 1, p. 9, 일역 p. 26, 영역 p. 63; 『擁護(옹호)』 라틴어문 p. 92f, 영역 p. 144f.

100 Kepler to Longomontanus, 1605, *JKGW*, Bd. 15, p. 137, Holton(1956), p. 342.

101 『新天文学(신천문학)』, *JKGW*, Bd. 3, pp. 19, 34, 영역 pp. 47, 67.

102 N. Jardine(1984), p. 237f에서.

103 『新天文学(신천문학)』 *JKGW*, Bd. 3, p. 6, 영역 p. 28.

104 Kristeller(1961), p. 45, 일역 58f.

105 Kepler 『ルドルフ表の序文(루돌프표의 서문)』에서. *JKGB*, Bd. 10, p. 43, 영역 p. 371.

106 Praetorius to Herwart von Hohenburg, 23 Apr. 1598, *JKGW*, Bd. 13, p. 206. 다음도 보라. Voelkel(1994), p. 103f.; Westman(2011), p. 340.

107 『新天文学(신천문학)』 *JKGW*, Bd. 3, p. 17, 영역 p. 43.

108 Maestlin to Kepler, 21 Sep. 1616, *JKGW*, Bd. 17, p. 187. 다음도 보라. Holton (1956), p. 345; Applebaum(1969), p. 43; Mittelstrass(1972), p. 209; Kozhamthadam(1994), p. 103. Holton 논문에서는 날짜가 1 Oct.로 되어 있는데 이것은 그레고리력으로 고친 것이라 생각된다.

109 Jarrell(1981), p. 13.

110 B. H. Bennett(1999), p. 13. 다음도 보라. N. Jardine(1984), p. 5.

111 『神秘(신비)』 Ch. 20, 22, *JKGW*, Bd. 1, pp. 70, 76, 일역 pp. 283f., 316, 영역 pp. 199, 217.

112 Voelkel(1994), 라틴어문과 영역 p. 17; Burtt(1932), p. 48, 일역 p. 54.

113 Kepler to Maestlin, 14 Sep. 1595, 3 Oct. 1595, *JKGW*, Bd. 13, pp. 32, 35, Voelkel(1994), p. 28; Koyré(1961), p. 154.

114 Kepler, *JKGW*, Bd. 1, p. 234. 다음도 보라. Field(1988), p. 28.

115 상세한 바는 졸저 『磁力と重力の発見 3(자력과 중력의 발견 3)』 Ch. 18를 참조해 주셨으면 한다.

116 『コペルニクス天文学概要(코페르니쿠스 천문학 개요)』(문헌 Kepler 1618~1621)는 이하 『概要(개요)』로 주에 기입, 여기서 인용한 부분은 *JKGW*, Bd. 7, p. 260, 영역 *GBWW*, 16, p. 855.

117 『神秘(신비)』 Ch, 22, *JKGW*, Bd. 1, p. 76, 일역 p. 315, 영역 p. 217.

118 『神秘(신비)』 Ch. 22, *JKGW*, Bd. 1, p. 77, 일역 p. 318, 영역 p. 219.

119 『擁護(옹호)』 라틴어문 p. 98, 영역 p. 153.

120 Stephensen(1987), p. 29.

121 Koyré(1961), p. 169; B. H. Bennett(1999), p. 85 참조.

122 『光学(광학)』 Ch. 1, *JKGW*, Bd. 2, p. 19, 영역 p. 20.

123 Kepler to Herwart, 10 Feb, 1605, *JKGW*, Bd. 15, p. 146; Voelkel(1994), p. 249.

124 『新天文学(신천문학)』 Ch. 2, *JKGW*, Bd. 3, p. 69, 영역 p. 126.

125 『新天文学(신천문학)』 序(서문), *JKGW*, Bd. 3, pp. 34, 23, 영역 pp. 67, 52.

126 『神秘(신비)』 Ch. 15, *JKGW*, p. 50f., 일역 p. 198f., 영역 p. 159f.

127 『新天文学(신천문학)』 Ch. 6, *JKGW*, Bd. 3, p. 89f., 영역 p. 157.

128 『新天文学(신천문학)』 Ch. 22, *JKGW*, Bd. 3, p. 192, 영역 p. 306 란외.

129 『新天文学(신천문학)』 序(서문), *JKGW*, Bd. 3, p. 20, 영역 p. 48.

130 『新天文学(신천문학)』 Ch. 6, *JKGW*, Bd. 3, p. 91, 영역 p. 160.

131 『新天文学(신천문학)』 序(서문), *JKGW*, Bd. 3, p. 34, 영역 p. 67.

132 『新天文学(신천문학)』 Ch. 6, *JKGW*, Bd. 3, p. 92f., 영역 p. 162. 『神秘(신비)』 제2판(1621) 제15장 주 1(일역 p. 208f.)에서 다시금 이 점을 지적하고 있다.

133 『新天文学(신천문학)』 Ch. 14, *JKGW*, Bd. 3, p. 140f., 영역 p. 232f., 『回転論(회전론)』 VI-1, 영역 p. 307[813].

134 『新天文学(신천문학)』 Ch. 8, *JKGW*, Bd. 3, p. 96, 영역 p. 167.

135 『新天文学(신천문학)』 Ch. 14, *JKGW*, Bd. 3, p. 141, 영역 p. 233.

136 Gingerich(1975d), p. 264.

137 Small(1804), p. 174.

138 Gauss(1809), p. 1

139 Holton(1956), p. 347f.

140 Kepler to Maestlin, 20 Dec. 1601, *JKGW*, Bd. 14, p. 203; Koyré(1961), p. 397.

141 『新天文学(신천문학)』 Ch. 18, *JKGW*, Bd. 3, p. 171, 영역 p. 276.

142 『新天文学(신천문학)』 Ch. 19, *JKGW*, Bd. 3, p. 176, 영역 p. 283f.

143 『新天文学(신천문학)』 Ch. 19, *JKGW*, Bd. 3, p. 177, 영역 p. 285.

144 『新天文学(신천문학)』 Ch. 19, *JKGW*, Bd. 3, p. 177, 영역 p. 286.

145 『新天文学(신천문학)』 Ch. 19, *JKGW*, Bd. 3, p. 178, 영역 p. 286.

146 Kozhamthadam(1994), p. 170.

147 Kepler to Maestlin, 5 Mar. 1605, *JKGW,* Bd. 15, p. 170, Koyré(1961), p. 398.

148 『新天文学(신천문학)』 *JKGW*, Bd. 3, p. 34, 영역 p. 67.
149 『新天文学(신천문학)』 Ch. 4, *JKGW*, Bd. 3, p. 75, 영역 p. 135.
150 현재 알려져 있는 지구 궤도의 이심률은 $e = 0.0167$.
151 『新天文学(신천문학)』 Ch. 29, *JKGW*, Bd. 3, p. 225, 영역 p. 358.
152 『新天文学(신천문학)』 Ch. 25, *JKGW*, Bd. 3, p. 203, 영역 p. 324.
153 『新天文学(신천문학)』 Ch. 32, *JKGW*, Bd. 3, p. 233, 영역 p. 372.
154 『神秘(신비)』 *JKGW*, Bd. 8, p. 104, 일역 p. 258, 영역 p. 187.
155 『新天文学(신천문학)』 Ch. 33, *JKGW*, Bd. 3, p. 238, 영역 p. 379.
156 Voelkel(1994), pp. 143, 220, 343.
157 『新天文学(신천문학)』 Ch. 32, *JKGW*, Bd. 3, p. 233f., 영역 p. 373.
158 『新天文学(신천문학)』 Ch. 32, *JKGW*, Bd. 3, p. 235, 영역 p. 375.
159 『新天文学(신천문학)』 Ch. 33, *JKGW*, Bd. 3, p. 236, 영역 p. 376.
160 『新天文学(신천문학)』 序(서문), *JKGW*, Bd. 3, p. 34, 영역 p. 67.
161 『新天文学(신천문학)』 Ch. 33, *JKGW*, Bd. 3, p. 240, 영역 p. 381f.
162 Voelkel(1994), p. 378.
163 『新天文学(신천문학)』 Ch. 4, *JKGW*, Bd. 3, p. 75, 영역 p. 137 란외.
164 『新天文学(신천문학)』 Ch. 40, *JKGW*, Bd. 3, p. 263, 영역 p. 417f.
165 『新天文学(신천문학)』 Ch. 40, *JKGW*, Bd. 3, p. 264, 영역 p. 418.
166 『新天文学(신천문학)』 Ch. 40, *JKGW*, Bd. 3, p. 265, 영역 p. 419f.
167 『新天文学(신천문학)』 Ch. 40, *JKGW*, Bd. 3, pp. 267, 268, 영역 pp. 422, 424.
168 이 점에 관해 상세한 바는 졸저 『古典力学の形成(고전역학의 형성)』 제1부를 참조해 주셨으면 한다.
169 『新天文学(신천문학)』 Ch. 44, *JKGW*, Bd. 3, p. 286, 영역 p. 453.
170 『新天文学(신천문학)』 Ch. 44, *JKGW*, Bd. 3, p. 287, 영역 p. 454.
171 『新天文学(신천문학)』 Ch. 40, *JKGW*, Bd. 3, p. 263, 영역 p. 417.
172 Aiton(1978).
173 『新天文学(신천문학)』 Ch. 47, *JKGW*, Bd. 3, p. 298, 영역 p. 471.
174 『新天文学(신천문학)』 Ch. 49, *JKGW*, Bd. 3, p. 313, 영역 p. 494.
175 Kepler to Fabricius, 11 Oct. 1605, *JKGW*, Bd. 15, p. 247f., Voelkel(1994), p. 296. 다음도 보라. Koyré(1961), p. 259.
176 『新天文学(신천문학)』 Ch. 50, *JKGW*, Bd. 3, p. 317, 영역 p. 500.
177 『新天文学(신천문학)』 Ch. 56, *JKGW*, Bd. 3, p. 346, 영역 p. 543.
178 『新天文学(신천문학)』 Ch. 56, *JKGW*, Bd. 3, p. 347, 영역 p. 546.

179 『新天文学(신천문학)』 序(서문), *JKGW*, Bd. 3, p. 34, 영역 p. 67.

180 『新天文学(신천문학)』 *JKGW*, Bd. 3, p. 367, 영역 p. 577.

181 『新天文学(신천문학)』 Ch. 58, *JKGW*, Bd. 3, p. 366, 영역 p. 575f.

182 『概要(개요)』 *JKGW*, Bd. 7, p. 372, 영역 p. 975.

183 『調和(조화)』 Bk. 5, Ch. 3, *JKGW*, Bd. 6, p. 300, 일역 p. 421, 영역 p. 408.

184 Maimonides, *The Guide for the Perplexed*, Pt. II, Ch. 10, p. 165.

185 『回転論(회전론)』 I-4, folio 2v, 영역 p. 11[514], 高橋(다카하시) 역 p. 22.

186 Tycho to Kepler, 9 Dec. 1599, *JKGW*, Bd. 14, p. 94; Holton(1956), p. 345; Koyré(1961), p. 162; Mittelstrass(1972), p. 210; Voelkel(1994), p. 119.

187 Gingerich(1973a), p. 58, PlateII(b); idem(1973b), p. 98; idem(1973c), p. 515; idem(2002), p. 269; idem(2004), pp. 48, 83; Westman(1975a), p. 176; idem (1975e), p. 403; idem(1980), p. 114; idem(2011), p. 151; Gingerich & Westmann (1988), p. 28; Lammens(2002), I, p. 86.

188 Koyré(1961), p. 166.

189 Newton, *Principia*, 3rd ed.(1727), p. 461f, Motte 역, p. 475. 제3판이라 하지만 필시 제2판의 것이리라 생각된다. 이 기술은 1667년의 초판에는 없다. Thoren(1965), p. 179 참조.

190 예를 들어 Pannekoek(1951), p. 249; Berry(1898), p. 202.

191 Kepler, *JKGW*, Bd. 10, p. 169. 다음도 보라. *JKGW*, Bd. 7, p. 444; Thoren (1965), p. 180.

192 『新天文学(신천문학)』 Ch. 59, *JKGW*, Bd. 3, p. 369, 영역 p. 580f.

193 『新天文学(신천문학)』 Ch. 59, *JKGW*, Bd. 3, p. 369, 영역 p. 582.

194 『新天文学(신천문학)』 Ch. 59, *JKGW*, Bd. 3, p. 372, 영역 p. 587.

195 『概要(개요)』 *JKGW*, Bd. 7, p. 378f., 영역 p. 983.

196 『調和(조화)』 *JKGW*, Bd. 6, p. 300, 일역 p. 421f., 영역 p. 409.

197 『調和(조화)』 Bk, 5, Ch. 3, p. 302, 일역 p. 423f., 영역 p. 411.

198 『調和(조화)』 일역 pp. 430, 435.

199 『概要(개요)』 *JKGW*, Bd. 7, p. 251, 영역 845.

200 『概要(개요)』 *JKGW*, Bd. 7, p. 291, 영역 p. 888. '주主행성'이란 지구의 달이나 새롭게 발견된 목성의 위성을 빼고, 지구를 포함한 여섯 행성을 가리킨다.

201 『概要(개요)』 *JKGW*, Bd. 7, p. 298, 영역 p. 895.

202 『概要(개요)』 *JKGW*, Bd. 7, p. 301, 영역 p. 899.

203 『新天文学(신천문학)』 Chs. 34, 39, *JKGW*, Bd. 3, pp. 244, 256, 영역 pp. 388, 407.

204 Euler, *Leonhardi Euleri opera omunia*, Ser. 2, Vol. 1, p. 31f.

205 『無限(무한)』 *Opere*, II, p. 22, 일역 p. 19.

206 『神秘(신비)』 Ch. 16, n. 5, *JKGW*, Bd. 8, p. 94, 일역 p. 231, 영역 p. 171.

207 Newton, *Principia*, 1st ed.(1687), p. 1f., Def. 1 and 3.

208 『神秘(신비)』 Ch. 20, *JKGW*, Bd. 1, p. 71, 일역 p. 285, 영역 p. 201; 『新天文学(신천문학)』 Ch. 39, *JKGW*, Bd. 3, p. 256, 영역 p. 407. 『신비』의 인용문은 'unum elongationem Planete ab Sole majorem bis faccere ad augendam periodum.' 영역으로는 'one excess in the distance of a planet from the Sun acts twice over in increasing the period.' 그에 비해 『신천문학』의 '2제곱의 비'의 원문은 'in dupla proportione,' 영역으로는 'in the duplicate ratio of'로 명확하다.

209 Kepler to Maestlin, 3 Oct. 1595, *JKGW*, Bd. 13, p. 38, Voelkel(1994), p. 34f. 사실상 같은 논의는 『神秘(신비)』 Ch. 20, 일역 p. 284f.에 있다.

210 Kepler to Herwart, 12 Jul. 1600, 및 Kepler to Magini, 1 Jun. 1601, *JKGW*, Bd. 14, pp. 130, 173.

211 Kepler(1602), *JKGW*, Bd. 4, p. 22, Field 역, p. 250, M. A. Rossi 역, p. 97.

212 *JKGW*, Bd. 8, p. 21, 영역 p. 61. 이 부분은 일역에는 없다.

213 Brewster, *Martyrs*, p. 196.

214 Kuhn(1957), p. 217, 일역 p. 307; Westfall(1971), p. 4, 일역 p. 5.

215 『神秘(신비)』 Ch. 2, pp. 26, 23, 26, 일역 pp. 86, 80, 87, 영역 pp. 97, 93, 99.

216 Kepler to Galileo, 13 Oct. 1597, *JKGW*, Bd. 13, p. 145, Baumgardt(1951), p. 41.

217 『調和(조화)』 Bk. 2, *JKGW*, Bd. 6, p. 81, 일역 p. 107, 영역 p. 115; 『神秘(신비)』 Ch. 2, *JKGW*, Bd. 1, p. 26, 일역 p. 87, 영역 99.

218 Pauli(1952), *Collected Papers*, Vol. 1, p. 1041, 일역 p. 171.

219 Robertus Angelicus, *Commentary*, 라틴어문 p. 153, 영역 p. 208.

220 Kepler to Heydon, Oct. 1605, *JKGW*, Bd. 15, p. 235, Field(1988), p. 167.

221 Kepler(1606), *JKGW*, Bd. 1, p. 192. 다음도 보라. Barker(1997), p. 366.

222 Kepler(1610), *JKGW*, Bd. 4, p. 204.

223 『調和(조화)』 *JKGW*, Bd. 6, pp. 15, 299, 일역 pp. 17, 420, 영역 pp. 9, 407.

224 『調和(조화)』 *JKGW*, Bd. 6, pp. 100, 21f., 223f., 일역 pp. 132, 27, 310, 영역 pp. 139, 19, 304.

225 『調和(조화)』 *JKGW*, Bd. 6, p. 298f., 일역 p. 419f,. 영역 p. 406f.

226 Casper(1948), p. 92; Westman(1972), p. 255f.; Barker(1997), p. 362; Field (1988), pp. 167~170; Kozhamthadam(1994), p. 51f.; Aiton(1997), p. xiv; Martens(2000), p. 34f.

227 Chastel(1954), p. 188에서.

228 Kepler to Herwart von Hohenburg, 9/10 Apr. 1599, *JKGW*, Bd. 13, p. 309, Westman(1971), p. 185.

229 『調和(조화)』 *JKGW*, Bd. 6, pp. 223, 225, 226, 일역 pp. 310, 312, 314, 영역 pp. 304, 305, 307f.

230 『調和(조화)』 *JKGW*, Bd. 6, p. 226, 일역 p. 313f., 영역 p. 307; Pauli(1952), p. 1024f., 일역 pp. 152~154 참조.

231 『調和(조화)』 *JKGW*, Bd. 6, pp. 221, 217, 일역 pp. 309, 300f., 영역 pp. 302, 297.

232 Herschel(1830), pp. 178, 268.

233 Mill 『論理学体系(논리학 체계)』 Bk. 3, Ch, 2, §3; Hanson(1958), p. 84, 일역 p. 151에서.

234 Poe(1848), 谷崎(다니자키) 역 p. 17.

235 『神秘(신비)』 Bd. 1, p. 26, 일역 p. 87, 영역 p. 99.

236 『擁護(옹호)』 라틴어문 p. 92, 영역 p. 144; Kepler to Fabricius, 4 Jul. 1603, *JKGW*, Bd. 14, p. 412; 『新天文学(신천문학)』 序(서문), *JKGW*, Bd. 3, p. 35, 영역 p. 68.

237 Kepler(1606), *JKGW*, Bd. 1, p. 251f.; Koyré(1957), p. 59, 일역 p. 47f.

238 Platon 『国家(국가)』 531A.

239 『調和(조화)』 *JKGW*, Bd. 6, pp. 99~100, 119f., 102f., 일역 pp. 130~132, 160, 135, 영역 pp. 137~139, 165, 144.

240 Martens(2000), pp. 35, 49.

241 『調和(조화)』 *JKGW*, Bd. 6, p. 372, 일역 p. 528, 영역 p. 503.

242 Yates(1964), p. 440f., 일역 p. 641. 케플러와 플루드의 논쟁에 관해 상세한 바는 Pauli(1958), §6 참조.

243 『神秘(신비)』 Ch. 13, *JKGW*, Bd. 1, p. 43, 일역 p. 176, 영역 p. 149.

244 Kepler to Herwart, 12 Jul. 1600, *JKGW*, Bd. 14, p. 130; Baumgardt(1951), p. 61.

245 Martens(2000), p. 5.

246 J. L. Russell(1964), p. 8에서.

247 Woolf(1959), p. 10. 다음도 보라. Rosen(1975b), p. 280.

248 Applebaum(1969), p. 70f.; Woolf(1959), p. 12f.

249 Gauss(1809), p. ix.

250 『概要(개요)』 *JKGW*, Bd. 7, pp. 23, 25.

251 『新天文学(신천문학)』 Ch. 33, *JKGW*, Bd. 3, p. 236, 영역 p. 376.

252 B. H. Bennett(1999), p. 12; Gingerich(1972), pp. 346, 359.

253 졸저 『磁力と重力の発見 3(자력과 중력의 발견 3)』 Ch. 18.

254 Cassirer(1922), pp. 317, 321.

255 Stephenson(1987), p. 21.

과학혁명과 세계관의 전환 III

초판 1쇄 찍은날 2023년 6월 23일
초판 1쇄 펴낸날 2023년 6월 30일
지은이 야마모토 요시타카
옮긴이 박철은
펴낸이 한성봉
편집 최창문·이종석·조연주·오시경·이동현·김선형·전유경
디자인 권선우·최세정
마케팅 박신용·오주형·강은혜·박민지·이예지
경영지원 국지연·강지선
펴낸곳 도서출판 동아시아
등록 1998년 3월 5일 제1998-000243호
주소 서울시 중구 퇴계로 30길 15-8 [필동1가 26]
페이스북 www.facebook.com/dongasiabooks
전자우편 dongasiabook@naver.com
블로그 blog.naver.com/dongasiabook
인스타그램 www.instargram.com/dongasiabook
전화 02) 757-9724, 5
팩스 02) 757-9726
ISBN 978-89-6262-570-7 93400

※ 잘못된 책은 구입하신 서점에서 바꿔드립니다.

만든 사람들
편집 김경아
표지 디자인 김경주